全国优秀数学教师专著系列

自主招生

Independent Recruitment

● 甘志国 著

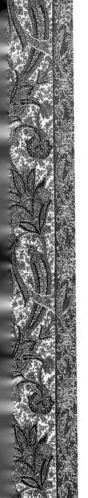

哈尔滨工业大学出版社
HARBIN INSTITUTE OF TECHNOLOGY PRESS

内容提要

本书是一部高中数学教学参考用书,主要讲述自主招生试题,系统、详尽地阐述了高中数学解题技巧,有理论、有实践.本书注重科学性、系统性和趣味性.

全书共含 51 篇小文章,每篇文章各自独立成文,所以本书可系统性地研读,也可有选择性地阅读.本书可作为高三复习备考用书,也可供高中、大学师生及初等数学爱好者研读,或作为高中数学竞赛辅导资料和师范大学数学教法方面的教材.

图书在版编目(CIP)数据

数学解题与研究丛书.自主招生/甘志国著.—哈尔滨:哈尔滨工业大学出版社,2014.5
ISBN 978-7-5603-4426-3

Ⅰ.①数… Ⅱ.①甘… Ⅲ.①中学数学课-高中-教学参考资料 Ⅳ.①G633.603

中国版本图书馆 CIP 数据核字(2013)第 274063 号

策划编辑	刘培杰　张永芹
责任编辑	张永芹　刘春雷
封面设计	孙茵艾
出版发行	哈尔滨工业大学出版社
社　　址	哈尔滨市南岗区复华四道街 10 号　邮编 150006
传　　真	0451—86414749
网　　址	http://hitpress.hit.edu.cn
印　　刷	哈尔滨市石桥印务有限公司
开　　本	787mm×1092mm　1/16　印张 25.25　字数 438 千字
版　　次	2014 年 5 月第 1 版　2014 年 5 月第 1 次印刷
书　　号	ISBN 978-7-5603-4426-3
定　　价	58.00 元

(如因印装质量问题影响阅读,我社负责调换)

◎ 序言

我在读小学时,就喜欢上数学课,喜欢做数学题.喜欢的原因很简单(学数学只需一张纸、一支笔和一个不太聪明的大脑就行了),从做题中也体验到了成功的喜悦;到了读中学时,这种兴趣就更强烈了,每天除了完成学习任务之外,就是到学校图书室去借阅各种数学习题集来做,也翻阅《数学通报》、《数学通讯》等数学杂志;到了参加工作时,更是酷爱数学这门科学了,一边进行数学教学,一边攻读大学数学课程和研究生课程,还利用一切业余时间进行初等数学研究,并有不少论文发表(几乎每周都有论文发表在期刊上),哈尔滨工业大学出版社分别于2008、2009年出版了我的专著《初等数学研究(Ⅰ)》、《初等数学研究(Ⅱ)》(总计230万字),这两部书也很受读者喜爱,有网友说它们是数学教学中的"圣经",也有网友留言"他确实是我相当佩服的老师,如果高中时他能教我那该多好啊!可惜我现在已经到了大学,不过我还是对初等数学充满了强烈的兴趣,他的《初等数学研究》让我十分着迷".

我是如何学数学并获得一些快乐的,从哈尔滨工业大学出版社第一编辑室主任刘培杰在《初等数学研究(Ⅰ)》(哈尔滨工业大学出版社,2008)中所写的序言(这篇"序言"也被《中学数学教学参考》(上旬)2008年第10期转载)里可以找到部分答案:

甘先生的研究历程带给我的感受有三点.

一是坚持的重要. 甘先生如同中国象棋中的小卒, 一直向前拱到底线终成大器. 一位青年数学教师写一篇小文章并不难, 难的是坚持数十年, 由青年至中年, 一篇积成几百篇, 这就要有一种精神了, 这可能就是湖北人的韧劲. 甘先生不是天才, 但勤奋有加, 靠后天努力终成正果.

二是定位的自觉. 搞研究定位十分重要, 它决定着将来学问的规模、层次与格调, 有些人眼高手低, 非世界难题不搞, 结果与自身能力不相匹配, 终落得"壮志未酬身先死". 单墫教授曾有比喻, 二流人才搞三流问题, 结果必是一流的, 而二流人才搞一流问题, 其结果必是三流的. 甘先生定位准确, 结合本职工作, 立足岗位成材, 主攻初等数学研究, 终于取得了可喜的成果.

三是对事业的热爱. 曾国藩曾在其家书中告诫自己的后代, 交友一定要交有嗜好有癖之人. 后代不解, 追问没有嗜好没有癖的人有何不可, 曾国藩说: "其没有深情也!" 对某项事业、某种物件、某位佳人一往情深是一个人幸福的基础, 也是事业成功的必要条件. 甘先生就是一位对初等数学情有独钟, 嗜数如命的青年教师. 曾经贫穷过, 曾经疾病过, 但都不改初衷, 坚持钻研, 并从中得到了乐趣. 法国数学家泊松(Poisson Simeon Denis Baron, 1781—1840)有一句名言: 人生最大的乐趣有二, 一为数学的发现, 一为数学的教学. 甘先生兼而有之想必人生充满乐趣.

一位教育专家曾说, 教师有两种类型: 一类是"为生存而教育", 一类是"为教育而生存". 甘先生显然是后者. 现在随着国家对教育的重视, 中学教师特别是数语外教师靠自己的知识和劳动也跻身于中产阶级行列. 享受生活成为这一阶层的生活核心, 如 C·赖特·密斯瓦所说: "中产阶级的气质意味着对自己的生活感到满意, 意味着形而上学的情思的枯竭, 意味着人生的终极关怀的丧失, 意味着探索精神之路的断绝." 我们很高兴看到甘志国式的青年教师有追求有理想有成果. 1996 年美国"数学与美国未来全国委员会"发表了引发转折的标志性报告《至关重要: 美国未来的数学》, 其中提出"高胜任教师"(highly qualified teacher)的概念. 可以断言, 只有不断钻研初等数学的中学数学教师才能是一位新时代的高胜任教师.

英国《泰晤士报》曾刊发过一篇题为"未来是橙色的"的署名文章. 其中介绍了一个奇特现象, 那就是北纬 $53°$ 盛产数学家. 据安德鲁斯大学研究人员计算得出: 过去的 400 年中, 54% 的数学家出生在北纬 $53°$

的地方.这个国外的研究结论在中国是否适用不得而知,但中国有句俗语:"天上九头鸟,地上湖北佬".湖北人聪明勤奋,数学自然不弱,读完甘先生的大作相信你一定会有这样的感觉:唯楚有才!

我喜欢轻松与享受,例如,倾听优美的音乐与品尝可口的美味,但是许多科学实验已经证明,永远的"轻松与享受"的代价就是寿命的减短,因此生物的本性需要在"轻松与享受"和"劳累和克服"之间来回振荡.我认为,如果一本书能在轻松之间让读者对某种对象产生了兴趣,虽然是一种成功,但如果到此为止,就有些不够.这就像一位人士被你说得胃口大开,正想去实际品尝一下,却不知餐馆在何处一样.所以我的愿望是既让你有了胃口,又要能让你吃到一些真实的菜.即使这道菜以你目前的水平还不能享受,但是经过努力学习后,就随时可以享用了.

我还想回答一个问题,就是学习数学是需要吃一些苦的,是需要克服一些困难的,克服这些困难实际上是对自己的一种磨炼,是自己对自己的强制与要求.于是有的人就要问,那你为什么要受这种苦?值得吗?我的回答是:爱什么是不需要任何理由的!甘愿吃苦的原因和动力来自对数学的喜爱,就因为你就是这种人,你的回报就在于你每一次得知答案时的满足和享受.

你可以不受这些苦,但你也就体会不到那种快乐.

我认真研读过冯贝叶编著的《数学拼盘和斐波那契魔方》(哈尔滨工业大学出版社,2010),该书"序言"末的一首小诗也写出了我对数学的挚爱,现抄录下来(略有改动)供数学爱好者欣赏:

美丽的数学女神

你就像一个蒙着神秘面纱的美丽女神,
面纱的后面总是闪耀着宝石的光芒;
红宝石,蓝宝石,绿宝石,
多姿多彩,吸引着我去摘取.

但是,当我想揭开这面纱,
摘取这些迷人的宝石的时候,
我却发现,
这里有很多机关.
我必须先回答一些问题,

找出答案后,
才能获得你的微笑.
伴随着你的微笑,
一颗带着芳香的小宝石,
轻轻落入我的手心.
啊!多么美丽,多么雅致,
像有一股可口的清泉,滋润着我的心田.
我用一个精致的盒子将这颗宝石收藏,
作为永久的纪念.

我是这样的贪心,
得到一颗宝石之后,
还想立即摘取下一颗,
而你的问题就愈加困难.

随着我收藏的宝石的增多,
这困难就成了折磨,
但我甘愿忍受你的折磨,
因为,不让我忍受你的折磨,
本身就是一种更大的折磨.

这宝石,我不时拿出来欣赏,
每当此时,就是我最大的快乐.
不要问我,
这宝石值多少钱?
可能在你看来,它一钱不值,
但是对我来说,
它却是无价之宝.

美丽的女神,
经过一生的追求,
我才知道,
你的魅力,
就在于,
蒙在你脸上的面纱,

永远不可能彻底揭开.
但是,你又是那样慷慨,
只要对你有追求,
你就有无穷的宝石,
伴随着你的微笑,
再次落到我的手中.
所以,我要永远追求你,
永远享受着你的折磨.

我还想敬告本书的部分读者——高中生,学习数学一定要建立在喜欢的基础上,也就是要培养浓厚的兴趣.同学们要深信以下三点:

第一,数学是有用的.

宇宙之大,粒子之微,火箭之速,化工之巧,地球之变,生物之谜,日用之繁,无处不用数学.

——华罗庚

数学是科学的女皇.

——高　斯

一门科学只有成功地运用数学,才算达到真正完善的地步.

——马克思

发表在《人民日报》的文章"数学——撬起未来的杠杆"(该文曾选入高一(下)语文自读课本)中写道:"数学家们还介绍,美国国家研究委员会从1984年起,向美国政府提出了四份关于美国数学和数学教育的报告.报告指出:高技术的出现把我们的社会推到了数学技术的新时代,'很少有人认识到,被如此称颂的高技术,本质上是数学技术'.报告说:未来社会最好的工作和岗位,属于准备好了处理数学问题能力的人;数学已不单是一门学科,而且是重要的潜在资源;现今技术发达的社会里,扫除'数学盲'的任务已取代了扫除'文盲'的任务."

这些名言及论述都说明了数学的重要性和作用.

我们来举一个漂洗衣服的例子吧:

在洗衣服时,衣服上已打好了肥皂,揉搓得很充分了,再拧一拧,当然不能把水全部拧干,设衣服上还有残留污物的水 1 kg,用 20 kg 的清水来漂洗,怎样才能漂洗得更干净?

方案 1　如果把衣服一下子放到 20 kg 的清水中,那么连同衣服上那 1 kg 水,一共 21 kg 水.让污物均匀分布到这 21 kg 水中,拧"干"后,衣服上还有 1 kg 水,所以污物残留量是原来的 1/21.

方案 2　通常我们会把 20 kg 水分两次用,比如,第一次用 5 kg,可使污物减少到 1/6;再用 15 kg 水,污物又减少到 1/6 的 1/16,即 1/96.分两次漂洗,效果好多了!

方案3 同样分两次漂洗,也可以每次用 10 kg 水,每次可使污物减少到原来的 1/11,两次漂洗后,污物减少到原有量的 1/121.

多学点数学,并用数学的眼光看世界,将会使你的生活更美好!(可见笔者发表于"中学数学杂志"2010(11)第 57～60 页的文章"数学,让你生活得更美好")

第二,学数学是需要花时间的.

在欧几里得(Euclid,约前 325—前 265)的时代,学点几何学是很时髦的事.相传,当时的托勒密国王也来请欧几里得教他学几何,但没学多久,国王就不耐烦了,问欧几里得,学习几何有没有更简便的方法.欧几里得答道:"学习几何无王者之道!"意思是,在几何学里,没有专门为国王铺设的康庄大道!

数学以计算为主,所以,做一道题是需要花时间的,比如,做一道解析几何题就要花半个小时,小学生做"36×37"这样的一道题也要花一两分钟,而做一道文科的选择题可能只需一瞬间.当然,这里不是说学数学要花很多时间,我们干任何事情都要争取达到"会者不难"的一种境界,只是在打好数学基础时肯定要花时间,甚至是大量的时间.学好数学必须做题,并且是有效率地做题,我曾经发表过"思探练变题"的解题法(见《中小学数学》(高中)2009(12):7),值得大家在学习高中数学时借鉴.学数学,要打好基础,绝不可只顾盲目作题,要反思、要总结.

本书中的练习题都是我在二十多年的高中数学教学中积累下来的.我善于积累,在平时的教学中,遇到一道好题,认真研究后记载下来,供以后教学时使用.这就是本书中练习题的来历,所以本书中的习题,读者应抽出时间认真完成(可作为考试来对待),这样,你才会有大的收获.

学数学,要特别重视思考,且不能急于求成.我有时想一道题,要想几年(当然是间断地想)才获解决.

第三,不要畏惧数学,因为数学好学.

我认为,数学学科的规律性最强,题意清楚明白,不会出现模棱两可的现象,有公式可套,有例题可仿,打好基础、适当训练、循序渐进、注重反思,就可学好数学.

最后,作为一名经常战斗在高三教学第一线的数学老师,多次亲历了学子们的顽强战斗.也作为你们的朋友,针对你们的高考复习备考,我想对你们说几句知心话.

吃苦耐劳,无怨无悔. 诚然,高中学习是够累的,没有双休日,很少有节假日,早上 6:30 就开始起床,晚上 10:30 还不能上床休息,用"披星戴月"这个词来形容是再恰当不过的了.但是,要把学习搞好,必须有充足的学习时间,谁在时间上拥有了优先权,谁就可能在学习上赢得竞争的胜利.同学们,别以为人生漫长,美国人是这样算出一生的学习时间的:一生以60年计,穿衣梳洗5年,路途旅行5年,娱乐8年,生病3年,打电话1年,照镜子70天,擤鼻涕10天,……这样,即使一个人终生学习,学习时间也不足12年,不够4 300天.高中三年更是求学的黄金时期,千万不要浪费每一点时间.同学们,也别埋怨求学时间短暂,雷巴柯夫曾强调:"时间是一个常数,但对勤奋者来说,又是一个变数,用'分'来计算时间的人比用'时'来计算时间的人时间多59倍."如何争取时间,也听两首通俗的诗吧:一首是"无事此静卧,一日算半日,若活七十岁,只算三十五."另一首是"无事此静坐,一日算两日,若活七十岁,便是百四十."有迟到习惯的同学,你还能天天迟到吗?

康熙皇帝是中国历史上很有作为的一位帝王,在位长达61年之久.他一生不仅勤勉为政,还酷爱自然科学.康熙皇帝14岁时,看到新旧历法之争相当激烈,自己因对自然科学知之不多,而无法判明是非,于是暗下决心要努力学习自然科学,并拜请比利时传教士南怀仁(Ferdinand Verbiest,1623—1688)为师.因每日需早朝,故只能把学习时间安排在早朝前,命南怀仁半夜起床赶到宫中上课,小康熙刻苦学习、虚心请教,按时交纳作业.一位封建帝王竟如此好学,我们高中生还能懒惰吗?

鼓足信心,扬起理想风帆.斗转星移,以前每次考试成绩的酸甜苦辣都将与我们一一作别,或是成功,或是失败,或是顺航,或是逆流,都成了无可挽留的昨天.古人云:"弃我去者,昨日之日不可留."为什么你总对过去纠缠不休而耿耿于怀呢?从今天开始,让我们带着灿烂的、甜蜜的笑脸,怀揣超脱喜悦的心情,重新打扮一下自己,你便是一个全新的你:有信心,有理想,自然就会有抱负,有作为.

勤奋拼搏,弹奏壮丽凯歌.同学们一定从电视上欣赏过体育竞赛的激动场面,上千人上万人的体育运动会都是有的,运动员的拼搏精神值得我们认真学习.我们要努力,我们要拼搏.人生难得几回搏,此时不搏,更待何时?

成长不可无书,成功不能无知.据说美国历史上曾有这样的两个家族,一个是爱德华家族,其始祖爱德华是位满腹经纶的哲学家,他的八代子孙中出了13位大学校长,100多位教授,20多位文学家,20多位议员和一位副总统;另一个家族的始祖叫珠克,他是个缺乏文化修养的赌徒和酒鬼,他的八代子孙中有300多位乞丐,7个杀人犯和60多个盗窃犯.同学们,一个人有没有文化修养,竟能产生如此源远流长的影响.你是作一个造福子孙的"拼搏者",还是作一个遗臭万年的"懒汉"呢?

同学们,你们是凭才学才选择并实现读××高中的,××高中每年都要走出数以千计的大学生,很多大学生又要通过自己的刻苦努力在知识上成为金字塔尖上的佼佼者.实际上,你们离这些佼佼者并不遥远,在高考前的这一阶段,再努一把力,调整好心态,你也可以同他们一样成为佼佼者.

  下面,也赋诗一首《奔向远方》与你们共勉:

    满怀青春的憧憬与幻想,我匆匆前行.
    我仿佛听见远方的呼唤:
      走吧,朋友!让我们鼓起风帆,去搏击狂风去搏击恶浪去搏击苦涩的日子吧!远方有旖旎的风光,远方有壮丽的辉煌,远方是太阳升起的地方.
      走吧,朋友!放飞你蓝色的梦,去讴歌生命去讴歌壮丽去讴歌远方的风景吧!不要再贪恋港湾的温馨了,它不过是暂时栖息的地方;不要采撷往日的绿叶,它已随秋风舞落在地,不要回眸身后孤寂的足迹,它已被涨起的海潮冲得无影无踪.
      走吧,朋友!只要我们不息地奋斗,我们都能到达那理想的绿地!

祝高三学子在高考中取得优异成绩!
谢谢大家!

甘志国
北京丰台二中
2013年8月1日

目 录

§1　自主招生,你准备好了吗　// 1

§2　由一道课本题巧解三道大学自主招生题　// 14

§3　介绍几道不定方程大学自主招生试题　// 19

§4　再谈抽象函数问题的解法　// 24

§5　也谈证明 $\sqrt{2}$ 是无理数　// 31

§6　对 2011 年华约自主招生数列题的加强及推广　// 34

§7　对一道 2011 年北约自主招生三角题的研究　// 37

§8　2011 年北约自主招生函数题的一般情形　// 39

§9　小学生简解一道北约自主招生题　// 43

§10　2011 年复旦千分考概率题的简解　// 45

§11　谈一道 2010 年北京大学自主招生数学试题　// 48

§12　解答 2009 年北京大学自主招生试题第 4 题的一般情形　// 50

§13　对 2009 年北京大学自主招生试题第 2 题的研究　// 58

§14　一道 2009 年清华大学自主招生数学试题的背景　// 60

§15　源于教材的一道清华大学自主招生数学试题　// 62

§16　介绍几道 2008 年自主招生数学试题　// 64

§17　用 $\sin 18° = \dfrac{\sqrt{5}-1}{2}$ 解题　// 70

§18　一种重要的三角变换——桃园三结义　// 72

§19　用两种三角变换巧证不等式竞赛题　// 76

§20　一道课本三角题的伴随结论　// 80

§21　外接圆半径及若干边之和均为定值的圆内接三角形面积的取值范围　// 81

§22 研究二次曲线内接三角形的内切圆、旁切圆问题 //88
§23 介绍几道自主招生数学模拟题 //110
§24 自主招生试题集锦(集合、函数与方程) //116
§25 自主招生试题集锦(数列) //129
§26 自主招生试题集锦(三角函数) //154
§27 自主招生试题集锦(不等式) //174
§28 自主招生试题集锦(平面解析几何) //187
§29 自主招生试题集锦(立体几何) //199
§30 自主招生试题集锦(排列、组合与二项式定理) //214
§31 自主招生试题集锦(概率与统计) //219
§32 自主招生试题集锦(平面向量与复数) //229
§33 自主招生试题集锦(微积分) //242
§34 自主招生试题集锦(多项式) //255
§35 自主招生试题集锦(平面几何) //268
§36 自主招生试题集锦(初等数论) //278
§37 自主招生试题集锦(组合数学) //291
§38 2014年综合性大学自主选拔录取联合考试　自然科学基础——理科试卷数学部分(北约) //305
§39 2014年综合性大学自主选拔录取联合考试　自然科学基础——文科试卷数学部分(北约) //309
§40 2014年华约自主招生数学试题 //311
§41 2013年北约自主招生数学试题 //315
§42 2013年华约自主招生数学试题 //319
§43 2013年卓越联盟自主招生数学试题 //324
§44 2012年北约自主招生数学试题 //328
§45 2012年华约自主招生数学试题 //331
§46 2012年卓越联盟自主招生数学试题 //338
§47 2011年北约自主招生数学试题 //346
§48 2011年华约自主招生数学试题 //349
§49 2011年卓越联盟自主招生数学试题 //356
§50 2010年北约自主招生数学试题 //363
§51 2010年华约自主招生数学试题 //367

编辑手记 //375

§1　自主招生,你准备好了吗

1. 自主招生概况

自主招生是高校扩大招生自主权的重要举措,属于新生事物.但凡新生事物,多欠完备,却是发展的机遇.

目前,在全国112所"211工程"院校中,已经有75所(占67%)参与到自主招生中;在39所"985工程"高校中除了三大(北约、华约、卓越联盟)一小(京都联盟)四联盟中的27所高校,再加上"单飞"的复旦大学、南开大学及湖南大学,一共有30所,已占到985高校的77%.

"四联盟"的具体内涵是:

"北约"联盟成员(12所):北京大学、北京大学医学部、北京航空航天大学、北京师范大学、厦门大学、山东大学、武汉大学、华中科技大学、中山大学、四川大学、兰州大学、香港大学.

"华约"联盟成员(7所):清华大学、浙江大学、南京大学、西安交通大学、中国科学技术大学、中国人民大学、上海交通大学.

"卓越"联盟成员(9所):北京理工大学、重庆大学、东南大学、大连理工大学、哈尔滨工业大学、华南理工大学、天津大学、同济大学、西北工业大学.

"京都"联盟成员(5所):北京邮电大学、北京交通大学、北京林业大学、北京化工大学、北京科技大学.

参加自主招生考试对于高校和考生来说,是个双赢的过程.考生要想如愿读名校,参加自主招生考试是最好的捷径.可以预见,在未来的一段时间里,自主招生将会持续高热.易曰:君子见机而作,不俟终日!

2. 自主招生试题特点

下面谈谈数学自主招生试题的若干特点.

目前,高中生在数学思维和数学素养方面表现出诸多不足,比如思维广度不开阔;思路不清晰,对题目的分析不周全,难以准确识别模型以尽快将其转化为相应的数学问题;学生普遍知识面狭窄(如对复数等许多基本知识都不了解);运算能力较低等等.尤其是创新意识和动手操作能力较差.

针对以上情形,自主招生试题有如下特点:

特点一,自主招生试题突出考查考生的数学思维与数学素养.

自主招生的目的是选拔顶尖的优秀人才,所以试题必然会突出这一特点,因为它是各种能力的核心.

试题1 (2009年清华大学自主招生试题)有限条抛物线及其内部(指含焦点的区域)能覆盖整个平面吗?证明你的结论.

分析 本题就不是简单考查抛物线的知识,顺利解答本题需要整体考查抛物线的图形特征,解答如下:

假设有限条抛物线及其内部能覆盖整个平面,则一定有有限条抛物线的内部能覆盖整个平面.所以平面直角坐标系上的定点 A(其坐标待定)在某一条定抛物线 Γ:$(ax+by+c)^2=dx+ey+f$(得 $ax+by+c=0$,$dx+ey+f=0$ 表示两条相交直线)内.

设抛物线 Γ 的焦点坐标是 (s,t),把抛物线 Γ 沿向量 $(-s,-t)$ 平移后,抛物线 Γ 变为抛物线 Γ':$(ax+by+c')^2=dx+ey+f'$(其焦点坐标为坐标原点 $(0,0)$);又设定点 A 变为两相交直线 $ax+by+c'=0$,$dx+ey+f'=0$ 的交点 A',得点 A' 在抛物线 Γ':$(ax+by+c')^2=dx+ey+f'$ 上.

而点 A 在抛物线 Γ 内,所以平移后,点 A' 也在抛物线 Γ' 内.前后矛盾!所以欲证成立.

另证 不能.与抛物线的对称轴不平行的直线与该抛物线的位置关系有且仅有三种:(1)相交;(2)相切;(3)相离.

对于(1),抛物线及其内部仅覆盖该直线上的一段线段;对于(2),抛物线及其内部仅覆盖该直线上的一个点;对于(3),抛物线及其内部不能覆盖该直线上的任意一个点.

由这三种情况可得:用有限条抛物线及其内部不能覆盖与这有限条抛物线的对称轴均不平行的直线.所以欲证成立.

注 容易证明:有限条双曲线及其内部(指含焦点的区域)能覆盖整个平面.

特点二,自主招生试题突出考查思维的广阔性(如发散思维)、深刻性与灵活性.

数学思维的关键是思维品质,如思维的宽阔与深厚.宽阔主要表现在能迅速理解题意寻找出各种不同的解题思路;深刻性则主要表现为能较快地看清问题的数学本质,在更为深入的层面上等价转化问题,即在不同的背景下寻求相同的数学结构.

样题 (2010年清华大学等五校自主招生试题)甲、乙等4人传球,第一次由甲将球传出,每次传球时,传球者将球等可能地传给另外3人中的任何1人.

(1)经过2次传球后,球在甲、乙两人手中的概率各是多少?

(2) 经过 n 次传球后,球仍在甲手中的概率记为 $p_n(n=1,2,\cdots)$,试求出 p_{n+1} 与 p_n 的关系式及 $\lim\limits_{n\to\infty}p_n$.

解 (1) 用树形图(即列举法)可得答案:经过 2 次传球后,球在甲、乙两人手中的概率分别是 $\dfrac{1}{3},\dfrac{2}{9}$.

(2) p_{n+1} 与 p_n 的关系式为 $p_{n+1}=\dfrac{1}{3}(1-p_n)(n=1,2,\cdots)$.

可求得 $p_n=\dfrac{1}{4}\left[1-\left(-\dfrac{1}{3}\right)^{n-1}\right](n=1,2,\cdots),\lim\limits_{n\to\infty}p_n=\dfrac{1}{4}$.

本题与下面的三道题有相同的数学本质(结构),请注意体会:

(1)(2003 年高考新课程卷文科第 16 题)将 3 种作物种植在图 1 的 5 块试验田里,每块种植一种作物且相邻的试验田不能种植同一作物,不同的种植方法共有_____种(以数字作答).

图 1

参考答案 42.

(2)(排数模型)用 $1,2,3$ 三个数字排成 6 位整数,要求首位和末位排 1,且任意相邻的两个数字不相同,可以得到多少个不同的 6 位整数?

参考答案 10 个.

(3)(涂色问题)用 $m(m\geqslant 2)$ 种不同的颜色给图 2 中的 n 个区域 $1,2,\cdots,n$ 涂色,要求任意两个相邻区域涂不同颜色,且规定区域 1 只涂一种指定颜色,则不同的涂色方法有多少种?

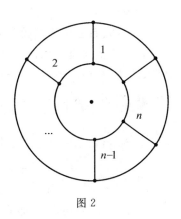

图 2

参考答案 $\dfrac{(m-1)^n+(-1)^n(m-1)}{m}$ 种.

特点三,许多自主招生试题有深刻背景,可以引申推广.

题 2 (2005 年上海交通大学自主招生试题)4 封不同的信放入 4 只写好地址的信封中,全装错的概率为_____,恰好只有一次装错的概率为_____.

参考答案 $\dfrac{3}{8},\dfrac{1}{3}$.

分析 本题的背景是组合数学中著名的"错位排列"问题.

题 3 (2010 年南开大学数学特长班试题)求证:$\sin x > x - \dfrac{1}{6}x^3, x\in$

$\left(0, \dfrac{\pi}{2}\right)$.

分析 本题的背景是泰勒(Brook Taylor,1685—1731)展开式,用三次求导即可获证.

题 4 (2009年清华大学自主招生试题)请写出三个数(正数)均为质数,且它们形成公差为8的等差数列,并证明你的结论.

参考答案 3,11,19.

质数问题非常古老,其中的猜想很多也很有名,比如哥德巴赫(Goldbach,1690—1764)猜想等. 华裔数学家陶哲轩(Terence Tao,1975—)在第25届(2006年)国际数学家大会上获得菲尔兹奖,数学天才陶哲轩的一项重要贡献就是证明了存在任意长(至少三项)的素数等差数列(指各项都是素数的等差数列,素数就是质数). 这就是这道自主招生题的深刻背景.

关于此题的研究读者还可研读文献[1].

下面的这道自主招生试题也涉及数论的核心问题——质数.

题 5 (2013年北约自主招生试题)最多能找多少个两两不相等的正整数,使其任意三个数之和为质数,并证明你的结论.

参考答案 4个,比如1,5,7,11.

特点四,自主招生试题覆盖面广.

自主招生还没有明确的考试大纲,试题的覆盖面很广,很多题的难度超出高考、联赛,甚至高中数学的知识范围而涉及高等数学,需要考生"见多识广".

题 6 (2010年南京大学特色考试试题)已知 $A=\left\{x\left|\dfrac{2x+1}{x-3}\geqslant 1\right.\right\}$,$B=\left\{y\left|y=b\arctan t,-1\leqslant t\leqslant\dfrac{\sqrt{3}}{3},b\leqslant 0\right.\right\}$,$A\cap B=\varnothing$,求 b 的取值范围.

参考答案 $\left[-\dfrac{12}{\pi},0\right]$.

分析 解答本题时要用到反正切函数是增函数的性质,而该知识在全国所有教材中均未讲述,但却在自主招生命题范围内.

题 7 (2010年华约自主招生试题)设定点 A,B,C,D 是以点 O 为中心的正四面体的顶点,用 σ 表示空间以直线 OA 为轴满足条件 $\sigma(B)=C$ 的旋转,用 τ 表示空间关于 OCD 所在平面的镜面反射,设 l 是过 AB 中点与 CD 中点的直线,用 ω 表示空间以 l 为轴的180°旋转. 设 $\sigma\circ\tau$ 表示变换的复合,先作 τ,再作 σ,则 ω 可以表示为( )

A. $\sigma\circ\tau\circ\sigma\circ\tau\circ\sigma$ B. $\sigma\circ\tau\circ\sigma\circ\tau\circ\sigma\circ\tau$

C. $\tau\circ\sigma\circ\tau\circ\sigma\circ\tau$ D. $\sigma\circ\tau\circ\sigma\circ\tau\circ\sigma\circ\tau\circ\sigma$

参考答案 D.

分析 解答本题时要用到变换及其运算的概念,而这在《高等代数》中才能学到.

题 8 (2005年上海交通大学推优、保送生考试试题) 已知 $\sqrt{2\sqrt{3}-3} = \sqrt{\sqrt{3}x} - \sqrt{\sqrt{3}y}$,其中 $x,y \in \mathbf{Q}$,则 $(x,y) =$ _____.

参考答案 $\left(\dfrac{3}{2}, \dfrac{1}{2}\right)$.

分析 解答本题就要用到结论"若 $a+b\sqrt{m} = c+d\sqrt{m}$ ($a,b,c,d \in \mathbf{Q}$, $\sqrt{m}$ 是无理数),则 $a=c, b=d$",而此结论教材上没有,学生只能在课外书籍中获得. 解答下面的题 9 也要用到与此类似的结论.

特点五,部分自主招生试题(比如涉及恒等变形、解析几何的题)运算量较大且有较强的技巧性.

运算能力是各种思维能力和技巧的显化,各种思维与创意往往体现在简捷巧妙的"计算"上,需要考生仔细体会"想"与"算"的关系,运用纯熟!"想"得深远,可以"算"得既快又好;"算"得到位,可以验证并延伸"想"的奇妙.

题 9 (2013年北约自主招生试题) 以 $\sqrt{2}$ 和 $1-\sqrt[3]{2}$ 为根的有理系数多项式的项的最高次数为( )

A. 2   B. 3   C. 5   D. 6

解 C. 显然,多项式 $f(x) = (x^2-2)[(x-1)^3+2]$ 以 $\sqrt{2}$ 和 $1-\sqrt[3]{2}$ 为根且是有理系数多项式.

若存在一个次数不超过 4 的有理系数多项式 $g(x) = ax^4 + bx^3 + cx^2 + dx + e$ 其有根 $\sqrt{2}$ 和 $1-\sqrt[3]{2}$,其中 a,b,c,d,e 不全为 0,得
$$g(\sqrt{2}) = (4a+2c+e) + (2b+d)\sqrt{2} = 0$$
所以
$$4a+2c+e = 2b+d = 0$$
$$g(1-\sqrt[3]{2}) = -(7a+b-c-d-e) - (2a+3b+2c+d)\sqrt[3]{2} + (6a+3b+c)\sqrt[3]{4} = 0$$
所以
$$7a+b-c-d-e = 2a+3b+2c+d = 6a+3b+c = 0$$
得方程组
$$\begin{cases} 4a+2c+e = 0 & \text{①} \\ 2b+d = 0 & \text{②} \\ 7a+b-c-d-e = 0 & \text{③} \\ 2a+3b+2c+d = 0 & \text{④} \\ 6a+3b+c = 0 & \text{⑤} \end{cases}$$

①+③,得
$$11a+b+c-d=0 \qquad ⑥$$
②+⑥,得
$$11a+3b+c=0 \qquad ⑦$$
④+⑥,得
$$13a+4b+3c=0 \qquad ⑧$$

⑦-⑤,得 $a=0$,再由 ⑦⑧,得 $b=c=0$,又由 ①②,得 $d=e=0$. 所以 $a=b=c=d=e=0$,与 a,b,c,d,e 不全为 0 矛盾!所以不存在一个次数不超过 4 的有理系数多项式 $g(x)=ax^4+bx^3+cx^2+dx+e$ 其有根 $\sqrt{2}$ 和 $1-\sqrt[3]{2}$.

所以选 C.

题 10 (2013 年北约自主招生试题) 对于任意 θ,求 $32\cos^6\theta-\cos 6\theta-6\cos 4\theta-15\cos 2\theta$ 的值.

参考答案 10.

题 11 (2010 年华约自主招生试题)(1) 正四棱锥的体积 $V=\dfrac{\sqrt{2}}{3}$,求正四棱锥的表面积的最小值;

(2) 一般的,设正 n 棱锥的体积 V 为定值,试给出不依赖于 n 的一个充分必要条件,使得正 n 棱锥的表面积取得最小值.

参考答案 (1)4;

(2) 当且仅当正 n 棱锥的表面积是底面积的 4 倍时,……

特点六,自主招生试题注重引导培养考生创新意识和动手操作能力.

毫无疑问,这是自主招生考试的主旨和方向.

题 12 (2011 年华约自主招生试题) 已知圆柱形水杯质量为 a g,其重心在圆柱轴的中点处(杯底厚度及质量忽略不计,且水杯直立放置). 质量为 b g 的水恰好装满水杯,装满水后的水杯的重心在圆柱轴的中点处.

(1) 若 $b=3a$,求装入半杯水的水杯的重心到水杯底面的距离与水杯高的比值;

(2) 水杯内装多少克水可以使装入水后的水杯的重心最低?为什么?

参考答案 (1) $\dfrac{7}{20}$;(2) $\sqrt{a^2+ab}-a$.

特点七,部分自主招生试题解法简捷新颖,用到知识也很少.

题 13 (2008 年复旦大学自主招生试题) 已知 $a,b\in\mathbf{R}$,满足 $(a+b)^{59}=-1,(a-b)^{60}=1$,则 $a^{59}+a^{60}+b^{59}+b^{60}=(\quad)$

A. -2 B. -1 C. 0   D. 1

参考答案 C.

题 14 （2011年北约自主招生试题）是否存在四个正实数,它们两两乘积分别是 2,3,5,6,10,16.

对于该题,笔者在文献[2]中给出的两种解法均只用到了小学数学知识.

3. 自主招生试题来源

由于自主招生试题命题人多是大学教授、专家或数学界知名人士,他们视野宽阔,经常站在数学学科和社会发展的前沿思考问题,因此每年的自主招生试题都令人耳目一新,难以捉摸;但仔细分析近10年来的推优、保送生自主招生试题,还是可以看出其一些特点的,比如原创是其最大的特点.笔者认为自主招生试题的来源有以下六个方面.

来源一,教材.

教材是命题的基本依据,不少自主招生试题有教材背景,是教材上例题、习题、定义、定理的组合改编,甚至有时就是原题.

题 15 （2008年复旦大学自主招生试题）求证:$\sqrt{2}$ 是无理数.

本题就是普通高中课程标准实验教科书《数学·选修2-2·A版》（人民教育出版社,2007年第2版）第90页的例5.

早在公元前五世纪,古希腊的数学家希帕索斯(Hippasus,约前500)就发现等腰直角三角形的直角边和斜边的比不能用两个整数的比来表示,用现在的话来说就是发现了 $\sqrt{2}$ 是一个无理数.这个不同凡响的结论对当时信奉"万物皆数"（即一切数都可以用整数或整数之比来表示）的毕达哥拉斯(Pythagoras,前572—前497)学派来说,无异于一场动摇根基的风暴,导致了数学史上的第一次危机.这位发现真理的数学家被人投进海里,献出了宝贵的生命.

这道题常用反证法来证:尾数法,同为偶数法,质因子证法,算术基本定理证法,与最小值性质相矛盾的证法;直接证法就是无限连分数法.

题 16 （2002年上海交通大学自主招生试题）欲建面积为 144 m² 的长方形围栏,它的一边靠墙（如图3）,现有铁丝网50 m,问筑成这样的围栏最少要用铁丝网多少米?并求此时围栏的长度.

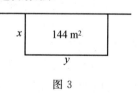

图3

参考答案 最少要用铁丝网 $24\sqrt{2}$ m.

本题与普通高中课程标准实验教科书《数学5·必修·A版》（人民教育出版社,2007年第3版）（下简称《必修5》）第100页的习题第2题如出一辙（虽说前者先于后者）:

如图4,一段长为30 m的篱笆围成一个一边靠墙的矩形菜园,墙长18 m,问这个矩形的长、宽各为多少时,菜园的面积最大?最大面积是多少?

图 4

题 17 (2005 年上海交通大学自主招生试题)是否存在三边为连续自然数的三角形,使得

(1) 最大角是最小角的两倍;(2) 最大角是最小角的三倍.

若存在,求出该三角形;若不存在,请说明理由.

参考答案 (1) 存在,且三角形的三边长是 $4,5,6$;(2) 不存在.

这道题源于普通高中课程标准实验教科书《数学 5·必修·A 版》(人民教育出版社,2007 年第 3 版)(下简称《必修 5》)《第一章 解三角形》复习参考题的最后一题是 B 组的第 3 题:

研究一下,是否存在一个三角形同时具有下面两条性质:

(1) 三边是三个连续的自然数;

(2) 最大角是最小角的 2 倍.

题 18 (2005 年上海交通大学自主招生试题)已知月利率为 γ,采用等额还款方式,若本金为 1 万元,试推导每月等额还款金额 m 关于 γ 的函数关系式(假设贷款时间为 2 年).

参考答案 $m = \dfrac{\gamma(1+\gamma)^{24}}{(1+\gamma)^{24}-1}$(万元).

本题来源于全日制普通高级中学教科书(必修)《数学·第一册(上)》(人民教育出版社,2006 年第 2 版)第 144~145 页的"研究性学习课题:数列在分期付款中的应用".

题 19 (2011 年华约自主招生试题)已知 $\triangle ABC$ 不是直角三角形.

(1) 证明:$\tan A + \tan B + \tan C = \tan A \tan B \tan C$;

(2) 若 $\sqrt{3}\tan C - 1 = \dfrac{\tan B + \tan C}{\tan A}$,且 $\sin 2A,\sin 2B,\sin 2C$ 的倒数成等差数列,求 $\cos \dfrac{A-C}{2}$ 的值.

参考答案 (1) 略;(2) 1 或 $\dfrac{\sqrt{6}}{4}$.

题 20 (2009年南京大学自主招生试题)求所有满足条件 $\tan A + \tan B + \tan C \leqslant [\tan A] + [\tan B] + [\tan C]$ 的非直角三角形.(笔者注:这里"$[x]$"表示不大于实数 x 的最大整数.)

参考答案 所有满足条件的三角形是三边长之比为 $\sqrt{5}:2\sqrt{2}:3$ 的三角形.

题 21 (2005年复旦大学自主招生试题)在 $\triangle ABC$ 中,已知 $\tan A : \tan B : \tan C = 1:2:3$,求 $\dfrac{AC}{AB}$ 的值.

参考答案 $\dfrac{2}{3}\sqrt{2}$.

这三道自主招生试题都源于普通高中课程标准实验教科书《数学4·必修·B版》(人民教育出版社)第154页"巩固与提高"的第7题(即题19(1)),也是全日制普通高级中学教科书(必修)《数学·第一册(下)》(人民教育出版社,2006年)第46页的第15题的特例.

关于对这三道题的研究,读者还可浏览文献[3].

来源二,国内外高考试题.

许多稍难的高考试题更适合更高层次的选拔,所以有些就被改编成了自主招生试题.

题 22 (2013年卓越联盟自主招生试题)已知数列 $\{a_n\}$ 满足 $a_{n+1} = a_n^2 - na_n + \alpha$,首项 $a_1 = 3$.

(1) 如果 $a_n \geqslant 2n$ 恒成立,求 α 的取值范围;

(2) 如果 $\alpha = -2$,求证:$\dfrac{1}{a_1-2} + \dfrac{1}{a_2-2} + \cdots + \dfrac{1}{a_n-2} < 2$.

参考答案 (1) $[-2, +\infty)$;(2) 略.

显然,本题是由2002年高考全国卷理科压轴题(即第21题)改编的:

设数列 $\{a_n\}$ 满足 $a_{n+1} = a_n^2 - na_n + 1 (n=1,2,3,\cdots)$.

(1) 当 $a_1 = 2$ 时,求 a_2, a_3, a_4,并由此猜想出 a_n 的一个通项公式;

(2) 当 $a_1 \geqslant 3$ 时,证明:对所有的 $n \geqslant 1$,有

(a) $a_n \geqslant n+2$;

(b) $\dfrac{1}{1+a_1} + \dfrac{1}{1+a_2} + \cdots + \dfrac{1}{1+a_n} \leqslant \dfrac{1}{2}$.

题 23 (2011年卓越联盟自主招生试题)已知椭圆的两个焦点为 $F_1(-1,0), F_2(1,0)$,且椭圆与直线 $y = x - \sqrt{3}$ 相切.

(1) 求椭圆的方程;

(2) 过椭圆焦点 F_1 作两条互相垂直的直线 l_1, l_2,与椭圆分别交于点 P,Q 及点 M,N,求四边形 $PMQN$ 面积的最大值与最小值.

显然,本题是由2005年高考全国卷(Ⅱ)理科第21题及2013年高考全国卷(Ⅱ)理科第20题改编的,这两道高考题分别是:

P,Q,M,N四点都在椭圆$x^2+\dfrac{y^2}{2}=1$上,F为椭圆在y轴正半轴上的焦点. 已知$\overrightarrow{PF}$与$\overrightarrow{FQ}$共线,$\overrightarrow{MF}$与$\overrightarrow{FN}$共线,且$\overrightarrow{PF}\cdot\overrightarrow{MF}=0$. 求四边形$PMQN$的面积的最小值与最大值.

平面直角坐标系xOy中,过椭圆$M:\dfrac{x^2}{a^2}+\dfrac{y^2}{b^2}=1(a>b>0)$右焦点的直线$x+y=0$交$M$于$A,B$两点,$P$为$AB$的中点,且$OP$的斜率为$\dfrac{1}{2}$.

(1) 求M的方程;

(2) C,D为M上的两点,若四边形$ACBD$的对角线$CD\perp AB$,求四边形$ACBD$面积的最大值.

题24 (2011年卓越联盟自主招生试题)(1) 设$f(x)=x\ln x$,求$f'(x)$;

(2) 设$0<a<b$,求常数c,使得$\dfrac{1}{b-a}\int_a^b|\ln x-c|\,dx$取得最小值;

(3) 记(2)中的最小值为$m_{a,b}$,证明:$m_{a,b}<\ln 2$.

参考答案 (1) $f'(x)=\ln x+1$;(2) $c=\ln\dfrac{a+b}{2}$;(3) 略.

本题应当是改编于2004年高考全国卷(Ⅲ)第23题:

已知函数$f(x)=\ln(1+x)-x,g(x)=x\ln x$.

(1) 求函数$f(x)$的最大值;

(2) 设$0<a<b$,证明:$0<g(a)+g(b)-2g\left(\dfrac{a+b}{2}\right)<\ln 2$.

题24(3)与这道高考题(2)中右边的不等式完全一致. 这道高考题有着丰富的高等数学背景,比如可看成是泰勒展开式的特例,用泰勒定理给予证明;其中所证不等式组右边的不等式的背景正是高等数学中的有界平均振荡函数(简称BMO). 在中学数学中经常使用的基本初等函数中,只有对数函数是典型的无界BMO函数. 上述不等式所表达的内容就是$\ln x\in$BMO 即 $\dfrac{1}{b-a}\int_a^b|\ln x-c_I|\,dx\leqslant\ln 2$. 更确切的结果是$\|\ln x\|_{\text{BMO}}=\ln 2$. BMO函数是一类非常重要的函数,它出现在许多数学前沿问题中;著名数学家C.Fefferman主要是因为对BMO函数的深入研究而荣获1978年度菲尔兹奖.

来源三,历年的保送推优自主招生试题.

由于自主招生命题系统的多样性与复杂性,所以历年的保送推优自主招生试题也是不可回避的极好命题源. 由下面的一组试题可看出这一特点:

题25 (2008年北京大学自主招生试题)已知六边形$AC_1BA_1CB_1$中,

$AC_1 = AB_1, BC_1 = BA_1, CA_1 = CB_1, \angle A + \angle B + \angle C = \angle A_1 + \angle B_1 + \angle C_1$,求证：$\triangle ABC$ 的面积是六边形 $AC_1BA_1CB_1$ 面积的一半.

题 26 （2008 年北京大学自主招生试题）求证：边长为 1 的正五边形的对角线长为 $\dfrac{\sqrt{5}+1}{2}$.

题 27 （2010 年北京大学自主招生试题）已知 A, B 为边长为 1 的正五边形上的点，证明：线段 AB 长度的最大值为 $\dfrac{\sqrt{5}+1}{2}$.

题 28 （2012 年北约自主招生试题）求证：若圆内接五边形的每个角都相等，则它为正五边形.

关于题 28，笔者得到了以下结论：

(1) 各边相等的圆内接 n 边形是正 n 边形；

(2) 各角相等的圆内接奇数边形是正多边形；

(3) 各角相等的圆内接偶数边形不一定是正多边形.

证明 (1) 设圆 O 的内接 n 边形 $A_1A_2\cdots A_n$ 各边相等，则 $\angle A_1OA_2 = \angle A_2OA_3 = \cdots$. 再由等腰三角形 $OA_1A_2, OA_2A_3, \cdots$ 可得 n 边形 $A_1A_2\cdots A_n$ 各内角相等，所以 n 边形 $A_1A_2\cdots A_n$ 是正 n 边形.

(2) 设圆 O 的内接奇数边形是 $2n+1$ 边形 $A_1A_2\cdots A_{2n+1}$, 只证 $n \geqslant 2$ 的情形.

由圆 O 的内接四边形 $A_1A_2A_3A_4$ 对角相等，可得 $\angle A_1 + \angle A_2 = \pi$，所以 $A_1A_4 \parallel A_2A_3$. 得 $\overset{\frown}{A_1A_2} = \overset{\frown}{A_3A_4}, A_1A_2 = A_3A_4$.

同理，$A_2A_3 = A_4A_5 = A_6A_7 = \cdots = A_{2n}A_{2n+1} = A_1A_2$.

同理，$A_1A_2 = A_2A_3 = A_3A_4 = \cdots$. 所以多边形 $A_1A_2\cdots A_{2n+1}$ 是正多边形.

(3) 比如，各角相等的圆内接四边形不一定是正方形.

来源四，各级各类竞赛试题.

由于自主招生试题总体难度介于高考和联赛之间，从高观点看，各级各类竞赛如全国联赛、希望杯竞赛，甚至国外一些竞赛试题，也会成为自主招生命题的重要借鉴.

题 29 （2012 年北约自主招生试题）求

$$\sqrt{x+11-6\sqrt{x+2}} + \sqrt{x+27-10\sqrt{x+2}} = 1$$

实数解的个数.

参考答案 0.

编拟本题时借鉴了 2010 年浙江省高中数学竞赛题：

满足方程 $\sqrt{x-2009-2\sqrt{x-2010}} + \sqrt{x-2009+2\sqrt{x-2010}} = 2$ 所有实数解为 _____.

参考答案　$2010 \leqslant x \leqslant 2011$.

来源五,某些初等数学研究成果.

如前面的题 2.

来源六,高等数学.

突出选拔性的一个重要命题特点就是考虑考生进入高校后继续学习、研究的潜力,这必然在自主招生试题中有重要体现.

题 30　(2002 年上海交通大学保送生考试试题)(1) 用数学归纳法证明以下结论:

$$1+\frac{1}{2^2}+\frac{1}{3^2}+\cdots+\frac{1}{n^2}<2-\frac{1}{n} \quad (n\geqslant 2, n\in \mathbf{N}^*)$$

(2) 已知当 $0<x\leqslant 1$ 时, $1-\frac{x^2}{6}<\frac{\sin x}{x}<1$,试用此式与(1)的不等式求

$$\lim_{n\to\infty}\frac{1}{n}\left(1\sin 1+2\sin\frac{1}{2}+\cdots+n\sin\frac{1}{n}\right)$$

参考答案　(1) 略;(2) 1.

注　解答第(2)问除了要运用第(1)问结论外,还要使用高等数学中数列极限的"夹逼定理".

4. 应对自主招生试题的策略

考生在日常学习中应该重新审视高考中"不太考"的知识和方法,并做必要的拓展,增强对数学问题的探究意识,关注高中数学后续内容的学习,注重数学思想方法的学习和创造性思维的培养,细述如下:

策略一,考生要自觉加强基本运算能力的训练.

千里之行,始于足下;强化基本功训练,是今后延拓与快速提高的资本!

策略二,注重知识的延伸与拓展.

日常学习中不能仅仅局限于课本,要学得更深更广.

(1) 注重在不同的知识阶段及时延伸与拓展.

如学习函数时,不仅要学习函数的定义、基本性质及各类基本初等函数,还要见缝插针,乘势及时学习函数方程与函数思想方法的应用等高级和深化的知识与方法.这有助于对函数理解得更为完整与深刻,在更为高级的层面上构建知识结构和认知结构.

(2) 关注 AP 课程及其他多种形式的学习.

AP 课程是指针对 AP 众多的考试科目进行的授课辅导,目前以 Calculus AB(微积分 AB)、Calculus BC(微积分 BC)、Statistics(统计学)、Physics B(物理 B)、Macroeconomics(宏观经济学)、Microeconomics(微观经济)等几门课程为主.

AP课程中的许多内容和方法已经进入自主招生试题,如极限理论中的数列收敛准则、夹逼定理、函数极限存在定理、迫敛性定理、两个重要极限、洛必达法则,微积分中的微积分定义、罗尔定理、拉格朗日中值定理、积分中值定理、牛顿－莱布尼茨公式等.

策略三,注重数学思想方法的学习与运用.

这是提升数学思维水平,铸造学科思维能力的必经之途.如反证法、奇偶分析法、构造法、数学归纳法等等.

策略四,培养推广与探究的意识.

这是立足于研究问题的重要方法.

策略五,建立大学习观.

串串门,建立多学科的数学模型,你会发现数学是极为有趣、富有魅力的!

从前面的题12及下面的题31可见一斑.

题31 (2010年华约自主招生试题)假定亲本总体中三种基因型式:AA,Aa,aa 的比例为 $u:2v:w(u>0,v>0,w>0,u+2v+w=1)$ 且数量充分多,参与交配的亲本是该总体中随机的两个.

(1) 求子一代中,三种基因型式的比例;

(2) 子二代的三种基因型式的比例与子一代的三种基因型式的比例相同吗?并说明理由.

参考答案 (1)$p^2:2pq:q^2$;(2) 相同.

策略六,培养自主学习能力.

21世纪最重要的个人能力首推自主学习能力!有了过硬的自学能力和意识,即可与时俱进,从容应对很多新问题.

到此,读者可能对自主招生试题有了比较全面深入的了解,希望你提前做好规划、及时行动、充分应变,并在做中体味、修正、总结、提高.你还可抽时间浏览笔者发表的关于自主招生的文章[1]～[5].

祝你成功!

参考文献

[1] 甘志国.一道2009年清华大学自主招生数学试题的背景[J].中学数学月刊,2010(9):41.

[2] 甘志国.小学生简解北约自主招生题[J].新高考(高二·数学·文科),2013(5):48.

[3] 甘志国.由一道课本题巧解三道大学自主招生题[J].数学教学,2013(2):43-44.

[4] 甘志国.谈一道2010年北京大学自主招生数学试题[J].数学通讯,2011(10上):56-58.

[5] 甘志国.介绍几道2008年自主招生数学试题[J].中学数学杂志,2009(1):54-56.

§2 由一道课本题巧解三道大学自主招生题

全日制普通高级中学教科书(必修)《数学·第一册(下)》(人民教育出版社,2006年)第46页的第15,17题分别是:

题1 已知 $\alpha + \beta + \gamma = n\pi(n \in \mathbf{Z})$,求证:$\tan \alpha + \tan \beta + \tan \gamma = \tan \alpha \tan \beta \tan \gamma$.(提示:在等式 $\alpha + \beta = n\pi - \gamma$ 两边同时取正切.)

题2 求证:$\tan(x-y) + \tan(y-z) + \tan(z-x) = \tan(x-y)\tan(y-z)\tan(z-x)$.

在题1中可令 $\alpha = x-y, \beta = y-z, \gamma = z-x, n=0$,便得题2成立. 由此可见,题1是一个有用的结论. 不过,在使用题1这个结论时,要注意 $\tan \alpha, \tan \beta, \tan \gamma$ 要均有意义. 由题1还可得下面的结论:

定理 在不是直角三角形的 $\triangle ABC$ 中,有 $\tan A + \tan B + \tan C = \tan A \tan B \tan C$.

该定理也即普通高中课程标准实验教科书《数学4·必修·B版》(人民教育出版社)第154页"巩固与提高"的第7题.

下面用该定理解答三道大学自主招生题.

题3 (2005年复旦大学自主招生试题)在 $\triangle ABC$ 中,已知 $\tan A : \tan B : \tan C = 1 : 2 : 3$,求 $\dfrac{AC}{AB}$ 的值.

解 由题设知,可设 $\tan A = k, \tan B = 2k, \tan C = 3k$. 显然 $k \neq 0$,所以 $\tan A, \tan B, \tan C$ 同号,又 A, B, C 中至多有一个是钝角,所以 $k > 0$. 由定理,得

$$k + 2k + 3k = k \cdot 2k \cdot 3k$$
$$k = 1$$
$$\tan A = 1, \tan B = 2, \tan C = 3$$
$$\sin B = \frac{2}{\sqrt{5}}, \sin C = \frac{3}{\sqrt{10}}$$

由正弦定理,得 $\dfrac{AC}{AB} = \dfrac{\sin B}{\sin C} = \dfrac{2}{\sqrt{5}} \cdot \dfrac{\sqrt{10}}{3} = \dfrac{2}{3}\sqrt{2}$.

题4 (2009年南京大学自主招生试题)求所有满足条件 $\tan A + \tan B + \tan C \leqslant [\tan A] + [\tan B] + [\tan C]$ 的非直角三角形.(笔者注:这里"$[x]$"表示不大于实数 x 的最大整数)

解 由题设,可得
$$\tan A + \tan B + \tan C \leqslant [\tan A] + [\tan B] + [\tan C] \leqslant \tan A + \tan B + \tan C$$

所以
$$[\tan A] + [\tan B] + [\tan C] = \tan A + \tan B + \tan C$$
$$[\tan A] = \tan A, [\tan B] = \tan B, [\tan C] = \tan C$$

设 $\tan A = x, \tan B = y, \tan C = z$,得 $x, y, z \in \mathbf{Z}$. 还可不妨设 $x \leqslant y \leqslant z$, $xyz \neq 0$.

再由定理,得 $x + y + z = xyz$.

若 $x < 0$,得 $z \geqslant y \geqslant 1, yz \geqslant 1$,所以 $x + y + z = xyz \leqslant x < x + y + z$,矛盾!得 $x > 0, 1 \leqslant x \leqslant y \leqslant z$,所以 A, B, C 都是锐角,得 $A \leqslant B \leqslant C$. 在 $\triangle ABC$ 中,有 $0 < A \leqslant \frac{\pi}{3}$,所以 $0 < x \leqslant \sqrt{3}$,又 $x \in \mathbf{Z}$,得 $x = 1$(也可这样得出 $x = 1$:若 $x \geqslant 2$,则 $2 \leqslant x \leqslant y \leqslant z$,得 $xyz \geqslant 4z > x + y + z$,矛盾!).

由 $x + y + z = xyz$,得
$$y = 1 + \frac{2}{z-1} \quad (z > 1)$$

因为 $y, z \in \mathbf{N}^*$,所以 $\frac{2}{z-1} \in \mathbf{N}$,得 $z - 1 = 1$ 或 $2, z = 2$ 或 3,进而可得 $x = 1, y = 2, z = 3$. 即 $\tan A = 1, \tan B = 2, \tan C = 3$,也即
$$a : b : c = \sin A : \sin B : \sin C = \sqrt{5} : 2\sqrt{2} : 3$$

得所有满足条件的三角形是三边长之比为 $\sqrt{5} : 2\sqrt{2} : 3$ 的三角形.

题 5 (2011年华约自主招生试题) 已知 $\triangle ABC$ 不是直角三角形.

(1) 证明:$\tan A + \tan B + \tan C = \tan A \tan B \tan C$;

(2) 若 $\sqrt{3} \tan C - 1 = \frac{\tan B + \tan C}{\tan A}$,且 $\sin 2A, \sin 2B, \sin 2C$ 的倒数成等差数列,求 $\cos \frac{A-C}{2}$ 的值.

解 (1) 略.

(2) 由 $\sqrt{3} \tan C - 1 = \frac{\tan B + \tan C}{\tan A}$,得
$$\tan A + \tan B + \tan C = \sqrt{3} \tan A \tan C$$

再由(1)的结论及 $\tan A \tan C \neq 0$,得 $\tan B = \sqrt{3}, B = \frac{\pi}{3}, A + C = \frac{2\pi}{3}$.

又由 $\sin 2A, \sin 2B, \sin 2C$ 的倒数成等差数列,得
$$\frac{1}{\sin 2A} + \frac{1}{\sin 2C} = \frac{4}{\sqrt{3}}$$

$$\frac{2\sin(A+C)\cos(A-C)}{-\frac{1}{2}[\cos(2A+2C)-\cos(2A-2C)]}=\frac{4}{\sqrt{3}}$$

$$3\cos(A-C)=1+2\cos(2A-2C)=4\cos^2(A-C)-1$$

$$\cos(A-C)=1 \text{ 或} -\frac{1}{4}$$

由 $A,C\in\left(0,\dfrac{2\pi}{3}\right)$，得 $\cos\dfrac{A-C}{2}\in\left(\dfrac{1}{2},1\right]$，所以

$$\cos\frac{A-C}{2}=\sqrt{\frac{1+\cos(A-C)}{2}}=1 \text{ 或} \frac{\sqrt{6}}{4}$$

所有的考题都是源于教材的，自主招生试题也不例外. 但好的考题会对教材知识重新整合、综合、拓展、加工，形成"源于课本，高于课本"的创新程度高的考题.

这三道自主招生试题都源于课本上的一道典型基础题(该题结论的一个伴随结论也用途很广：在 $\triangle ABC$ 中，$\sum \tan\dfrac{A}{2}\tan\dfrac{B}{2}=1$)，但它们在难度、知识考查上还有差异：

题3常规基础，但要使用小学生经常使用的"在比例分配中设一份是 k"的小技巧，若忽视了这一点，难以顺利解答本题.

题4难度大，题中使用了竞赛知识高斯函数符号且不作说明(体现了部分自主招生试题的竞赛性质)，解题的切入点就是使用两边夹法则化不等式为等式，再由不等式取等号的条件得出三个等式，增加了已知条件；而后是解不定方程，要使用大部分考生都感到陌生的知识放缩技巧、减元思想、整数性质(约数、倍数)来求解.

题5不难但高于高考，要求考生能熟练使用和差化积、积化和差公式(而这八个公式记不住的考生很多，原因是高考不用). 而高考中真的不会用到它们吗？高考只是说，不用它们也能解答相应的高考题. 这八个公式均是课本上的例题或习题，整体记忆是容易的，很多考题，用它们两三步即可简洁求解，不用它们须七八步才能求解. 相关的论述可见笔者发表的文章《记住积化和差、和差化积公式等于做十道难题》(河北理科教学研究，2012(3)：26－28). 这说明我们的学习要扎实、巩固，对待自主招生更是如此. 本题还有陷阱：角的取值范围容易弄错，导致答案不全或漏掉.

三角函数是高中数学的四大部分知识(代数、三角函数、解析几何、立体几何)之一，所以中国的各种考试多有涉及(除CMO)，且这部分考题也很常规很基础(比如，高考中的三角大题多是第一题，少为第二题)，但国外的三角函数高考题却很有难度，中国的自主招生试题三角题会这么难吗？也很难说，考生应做好充分准备.

我们来看近年莫斯科大学数学力学系入学考试试题中的三道题及其解答：

2009 年第 5(1) 题（口试题第一题） 叙述并证明正弦和差化积公式、余弦和差化积公式.

2010 年第 4 题 在 $\triangle ABC$ 中，$\angle ABC = \dfrac{\pi}{12}$，$BC = 5$，$2AC > AB$，中线 CD 与边 AC 所成的角为 $\dfrac{5\pi}{12}$，求这个三角形的面积.

2010 年第 10 题 梯形 $PQRS$ 的底 $PS = 2$，对角线 PR 与 QS 交于点 T，且 $TS = 2QT$，$\angle PSQ = \angle QPR = 30°$，两腰 PQ，RS 的长度不相等，求这两腰的长.

2009 年第 5(1) 题的解答 略.

2010 年第 4 题的解答 如图 1，设 $\angle A = \alpha$，可得 $\angle BDC = \alpha + \dfrac{5\pi}{12}$，$\angle DCB = \dfrac{\pi}{2} - \alpha$，$AC > AD = BD$.

由 $S_{\triangle BCD} = S_{\triangle ACD}$，得 $5\sin\dfrac{\pi}{12} = AC\sin\alpha$.

还可得 $\triangle ACD$ 中 CD 边上的高与 $\triangle BCD$ 中 CD 边上的高相等，所以

$$AC\sin\dfrac{5\pi}{12} = 5\sin\left(\dfrac{\pi}{2} - \alpha\right)$$

把得到的两式相乘，可得 $\sin\dfrac{\pi}{6} = \sin 2\alpha$.

由 $AC > AD$，得 $\dfrac{7\pi}{12} - \alpha > \dfrac{5\pi}{12}$，$0 < \alpha < \dfrac{\pi}{6}$，所以 $\alpha = \dfrac{\pi}{12}$.

所以 $CB = CA = 5$，$\angle ACB = \dfrac{5\pi}{6}$，得

$$S_{\triangle ABC} = \dfrac{1}{2}CA \cdot CB \cdot \sin\dfrac{5\pi}{6} = \dfrac{25}{4}$$

另解 如图 2，作 $\triangle ABC$ 的外接圆，延长 CD 交外接圆于点 P，联结 AP，有 $\angle APC = \angle ABC = \dfrac{\pi}{12}$. 又 $\angle ACD = \dfrac{5\pi}{12}$，所以 $\angle PAC = \dfrac{\pi}{2}$，得 CP 为 $\triangle ABC$ 外接圆的直径.

因为 D 为线段 AB 的中点，所以 $CP \perp AB$ 或者 AB 是直径.

若 $CP \perp AB$，得 $CA = CB = 5$，$\angle ACB = \dfrac{5}{6}\pi$（满足 $2AC > AB$），所以

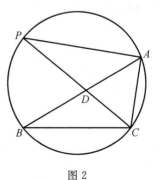

图 2

$$S_{\triangle ABC} = \frac{1}{2}AC \cdot BC \cdot \sin\angle ACB = \frac{1}{2} \times 5 \times 5 \times \frac{1}{2} = \frac{25}{4}$$

若 AB 是直径，可得不满足 $2AC > AB$。所以 $S_{\triangle ABC} = \frac{25}{4}$。

2010 年第 10 题的解答　　如图 3，可设 $QT = a$，$TS = 2a$，$\angle PQS = \theta$，$\angle TPS = 120° - \theta$。

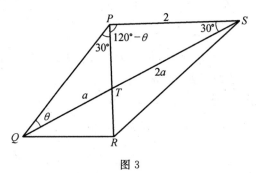

图 3

在 $\triangle PQT$，$\triangle PST$ 中用正弦定理，得

$$\frac{PT}{\sin\theta} = \frac{a}{\sin 30°}, \frac{PT}{\sin 30°} = \frac{2a}{\sin(120° - \theta)}$$

$$\frac{PT}{a} = \frac{\sin\theta}{\sin 30°} = \frac{2\sin 30°}{\sin(120° - \theta)}$$

可得 $\theta = 30°$。所以 $PS = PQ = 2$。

在 $\triangle PST$ 中还可求得 $a = \frac{2}{\sqrt{3}}$。

还可得 $\angle SQR = \angle PSQ = 30°$，$\angle PRQ = \angle SPR = 90°$，$\angle STR = \angle QTP = 120°$。在 $\text{Rt}\triangle TRQ$ 中，可求得 $TR = \frac{1}{\sqrt{3}}$。

在 $\triangle STR$ 中，用余弦定理可求得 $RS = \sqrt{7}$。

即两腰 PQ，RS 的长度分别是 2，$\sqrt{7}$（满足不相等）。

§3 介绍几道不定方程大学自主招生试题

题 1 （2012 年清华大学保送生考试试题）求方程 $\frac{1}{x}+\frac{1}{y}+\frac{1}{z}=1$ 的所有正整数解 (x,y,z).

解 可不妨设 $2 \leqslant x \leqslant y \leqslant z$.

若 $x=2$，得 $\frac{1}{y}+\frac{1}{z}=\frac{1}{2}(y \geqslant 3)$. 若 $y=3$，得 $z=6$；若 $y=4$，得 $z=4$；若 $y \geqslant 5$，得 $\frac{1}{y}+\frac{1}{z} \leqslant \frac{2}{5} < \frac{1}{2}$，矛盾！

若 $x=3$，可得 $\frac{1}{x}+\frac{1}{y}+\frac{1}{z} \leqslant 1$（当且仅当 $x=y=z=3$ 时取等号），所以此时的解为 $x=y=z=3$.

所以原方程的所有正整数解 $(x,y,z)=(2,3,6),(2,4,4),(3,3,3)$ 等 10 组.

注 形如 $\sum_{i=1}^{n}\frac{1}{x_i}=c(c,n$ 已知$)$ 的不定方程有单位分数（也叫埃及分数）背景，其解法同上：先将未知数排序，再用放缩法缩小未知数的取值范围，最终可求得符合要求的正整数解.

题 1 与 2003 年上海交通大学冬令营选拔测试数学试题第 12 题"3 个自然数倒数和为 1，求所有的解"实质相同.

题 2 （2011 年复旦大学自主招生试题）设正整数 n 可以等于 4 个不同的正整数的倒数之和，则这样的 n 的个数是（　　）

A. 1　　　　B. 2　　　　C. 3　　　　D. 4

解 B. 可设 $n=\frac{1}{a}+\frac{1}{b}+\frac{1}{c}+\frac{1}{d}(a<b<c<d;a,b,c,d \in \mathbf{N}^*)$，得 $n \leqslant 1+\frac{1}{2}+\frac{1}{3}+\frac{1}{4}=\frac{25}{12}$，$n=1$ 或 2.

当 $n=1$ 时，有 $1=\frac{1}{2}+\frac{1}{4}+\frac{1}{6}+\frac{1}{12}$ 满足题设；当 $n=2$ 时，有 $1=\frac{1}{1}+\frac{1}{2}+\frac{1}{3}+\frac{1}{6}$ 满足题设. 所以满足题设的 n 的个数是 2.

注 可求得不定方程 $n=\frac{1}{a}+\frac{1}{b}+\frac{1}{c}+\frac{1}{d}(a<b<c<d;a,b,c,d,n \in \mathbf{N}^*)$ 的全部正整数解是 $(n,a,b,c,d)=(1,2,3,7,42),(1,2,3,8,24),(1,2,3,$

9,18),(1,2,3,10,15),(1,2,4,5,20),(1,2,4,6,12),(2,1,2,3,6).

题 3 (2009年上海交通大学自主招生试题) 求有限集合 $A = \{a_1, a_2, \cdots, a_n\}(n \geqslant 2)$，其中 $a_1, a_2, \cdots, a_n$ 为正整数，使得 $a_1 a_2 \cdots a_n = a_1 + a_2 + \cdots + a_n$.

解 可不妨设 $a_1 < a_2 < \cdots < a_n$.

(1) 若 $n=2$，得 $a_1 a_2 = a_1 + a_2$, $\frac{1}{a_1} + \frac{1}{a_2} = 1$，有 $a_1 \geqslant 2, a_2 \geqslant 3$，所以 $\frac{1}{a_1} + \frac{1}{a_2} \leqslant \frac{1}{2} + \frac{1}{3} < 1$，矛盾！

(2) 若 $n=3, a_1 a_2 a_3 = a_1 + a_2 + a_3, \frac{1}{a_1 a_2} + \frac{1}{a_2 a_3} + \frac{1}{a_3 a_1} = 1$；

若 $a_1 \geqslant 2$，得 $a_2 \geqslant 3, a_3 \geqslant 4$，所以 $\frac{1}{a_1 a_2} + \frac{1}{a_2 a_3} + \frac{1}{a_3 a_1} \leqslant \frac{1}{3 \times 4} + \frac{1}{4 \times 2} + \frac{1}{2 \times 3} < 1$，矛盾！

所以 $a_1 = 1, a_2 \geqslant 2, a_3 \geqslant 3$，得 $\frac{1}{a_1 a_2} + \frac{1}{a_2 a_3} + \frac{1}{a_3 a_1} \leqslant \frac{1}{1 \times 2} + \frac{1}{2 \times 3} + \frac{1}{3 \times 1} = 1$，所以由 $a_1 a_2 a_3 = a_1 + a_2 + a_3$，得 $(a_1, a_2, a_3) = (1,2,3), A = \{1,2,3\}$.

(3) 若 $n \geqslant 4$，可证 $a_1 a_2 \cdots a_n > a_1 + a_2 + \cdots + a_n$，即证 $\frac{a_1 + a_2 + \cdots + a_n}{a_1 a_2 \cdots a_n} < 1$. 即

$$\frac{a_1 + a_2 + \cdots + a_n}{a_1 a_2 \cdots a_n} < \frac{na_n}{a_1 a_2 \cdots a_n} = \frac{n}{a_1 a_2 \cdots a_{n-1}} \leqslant \frac{n}{(n-1)!} < 1$$

所以所求答案为 $A = \{1,2,3\}$.

注 本题的解法也是先把所给不定方程转化成 $\sum_{i=1}^{n} \frac{1}{x_i} = c(c, n$ 已知$)$ 的形式，再求解. 本题与清华大学2006年自主招生数学试题第4题"求由正整数组成的集合 S，使 S 中的元素之和等于元素之积"如出一辙.

题 4 (2013年华约自主招生试题) 设 x, y, z 是三个两两不等且都大于1的正整数，若 xyz 整除 $(xy-1)(xz-1)(yz-1)$，求 x, y, z 的所有可能值.

解法 1 可得 $\frac{(xy-1)(xz-1)(yz-1)}{xyz} = xyz - (x+y+z) + \frac{xy+yz+zx-1}{xyz}$ 为整数. 所以可设 $txyz = xy + yz + zx - 1 (t \in \mathbf{N}^*)$.

得 $1 \leqslant t = \frac{1}{x} + \frac{1}{y} + \frac{1}{z} - \frac{1}{xyz} < \frac{1}{x} + \frac{1}{y} + \frac{1}{z} \leqslant \frac{1}{2} + \frac{1}{3} + \frac{1}{4} = \frac{13}{12}$，所以 $t = 1$.

可不妨设 $1 \leqslant x < y < z$，得 $1 = \frac{1}{x} + \frac{1}{y} + \frac{1}{z} - \frac{1}{xyz} < \frac{3}{x}, x = 2$.

由 $txyz=xy+yz+zx-1$,可得 $y=2+\dfrac{3}{z-2}$,所以 $z-2$ 是 3 的正约数,得 $z-2=1$ 或 3,……进而可得 $(x,y,z)=(2,3,5)$.

如果没有 $x<y<z$ 的限制,得所有的答案是 $(x,y,z)=(2,3,5),(2,5,3),(3,2,5),(3,5,2),(5,2,3),(5,3,2)$.

解法 2 当 x,y,z 中的偶数个数大于 1 时,可得 xyz 为偶数,$(xy-1)(xz-1)(yz-1)$ 为奇数,所以 xyz 不整除 $(xy-1)(xz-1)(yz-1)$.说明 x,y,z 中的偶数个数为 0 或 1.

在解法 1 中已得 $1\leqslant t=\dfrac{1}{x}+\dfrac{1}{y}+\dfrac{1}{z}-\dfrac{1}{xyz}(t\in\mathbf{N}^*)$.

还可不妨设 $2\leqslant x<y<z$.若 $z\geqslant 6$,得

$$1\leqslant t=\dfrac{1}{x}+\dfrac{1}{y}+\dfrac{1}{z}-\dfrac{1}{xyz}<\dfrac{1}{2}+\dfrac{1}{3}+\dfrac{1}{6}=1,$$

矛盾!所以 $2\leqslant x<y<z\leqslant 5$.再由 x,y,z 中的偶数个数为 0 或 1,得 $(x,y,z)=(2,3,5)$ 或 $(3,4,5)$.可验证得 $(x,y,z)=(2,3,5)$.进而可得全部答案(共 6 组).

解法 3 在解法 1 中已得 $1\leqslant t=\dfrac{1}{x}+\dfrac{1}{y}+\dfrac{1}{z}-\dfrac{1}{xyz}(t\in\mathbf{N}^*)$.

还可不妨设 $2\leqslant x<y<z$.若 $x>2$,得 $1\leqslant t=\dfrac{1}{x}+\dfrac{1}{y}+\dfrac{1}{z}-\dfrac{1}{xyz}<\dfrac{1}{3}+\dfrac{1}{3}+\dfrac{1}{3}=1$,矛盾!所以 $x=2$.

若 $y>3$,得 $1\leqslant t=\dfrac{1}{x}+\dfrac{1}{y}+\dfrac{1}{z}-\dfrac{1}{xyz}<\dfrac{1}{2}+\dfrac{1}{4}+\dfrac{1}{5}<1$,矛盾!所以 $y=3$.

由 $x=2,y=3$ 及在解法 1 的第一段中得到的 $xyz\mid xy+yz+zx-1$,得 $6z\mid 5z+5,6z\leqslant 5z+5,z\leqslant 5$,又 $z>y$,得 $z=4,5$,可得 $z=5$.所以 $(x,y,z)=(2,3,5)$.进而可得全部答案(共 6 组).

解法 4 在解法 1 的第一段中已得 $txyz=xy+yz+zx-1(t\in\mathbf{N}^*)$.

可不妨设 $2\leqslant x<y<z$,得 $xyz\leqslant xy+yz+zx-1<3yz$,所以 $x=2$.

得 $2yz\mid yz+2y+2z-1,2yz\leqslant yz+2y+2z-1,yz\leqslant 2y+2z-1<4z$,$y<4$,又 $y>x=2$,所以 $y=3$.得 $6z\mid 5z+5,6z\leqslant 5z+5,z\leqslant 5$,又 $z>y$,得 $z=4,5$,可得 $z=5$.所以 $(x,y,z)=(2,3,5)$.进而可得全部答案(共 6 组).

解法 5 由 $xyz\mid(xy-1)(xz-1)(yz-1)$,可得 $x\mid(xy-1)(xz-1)(yz-1)$,又 x 与 $xy-1,xz-1$ 均互质,所以 $x\mid yz-1$.同理有 $y\mid xz-1$,$z\mid xy-1$,所以 x,y,z 两两互质.

可不妨设 $2\leqslant x<y<z$.在解法 2 中已得 $2\leqslant x<y<z\leqslant 5$.

再由 x,y,z 两两互质,得 $(x,y,z)=(2,3,5)$,还可验证它满足题设.所以 $(x,y,z)=(2,3,5)$.进而可得全部答案(共6组).

本题与2011年福建省高一数学竞赛试题第12题"已知 a,b,c 为正整数,$c>b>a>1$,$\left(a-\dfrac{1}{c}\right)\left(b-\dfrac{1}{a}\right)\left(c-\dfrac{1}{b}\right)$ 为整数,则 $a+b+c=$ _____.

(答案10)"也如出一辙.

据北京师范大学数学科学学院博士生梅松竹介绍,该题满分15分,文科考生平均分1.27分,零分率58.60%,不少于10分的得分率为0.69%;理科考生平均分2.87分,零分率36.28%,不少于10分的得分率为8.55%.由此可见,考生对数论知识及解法很陌生.

下面再用以上解法5来解答.

题4的一般问题 设 x,y,z 是正整数且 $x\leqslant y\leqslant z$,若 xyz 整除 $(xy-1)(xz-1)(yz-1)$,求 x,y,z 的所有可能值.

解 若 $x=1$,可得 $yz\mid y+z-1$,所以 $yz\leqslant y+z-1<2z$,$y<2$,$y=1$.此时得 $(x,y,z)=(1,1,n)(n\in\mathbf{N}^*)$.

当 $x\geqslant 2$ 时,得 $2\leqslant x\leqslant y\leqslant z$.由题4的诸解法,也可得本题的诸解法,下面只叙述一种.

由题4的解法5,可得 x,y,z 两两互质,得 $2\leqslant x<y<z$.

若 $z\geqslant 6$,由题4的解法2,可得 $1\leqslant t=\dfrac{1}{x}+\dfrac{1}{y}+\dfrac{1}{z}-\dfrac{1}{xyz}<\dfrac{1}{2}+\dfrac{1}{3}+\dfrac{1}{6}=1(t\in\mathbf{N}^*)$,矛盾!所以 $2\leqslant x<y<z\leqslant 5$.

再由 x,y,z 两两互质,得 $(x,y,z)=(2,3,5)$,还可验证它满足题设.所以 $(x,y,z)=(2,3,5)$.

得全部答案为 $(x,y,z)=(2,3,5)$ 或 $(1,1,n)(n\in\mathbf{N}^*)$.

题4的类似问题 (《美国数学月刊》数学问题第11 021题,见冯贝叶编译的《500个世界著名数学征解问题》(哈尔滨工业大学出版社,2009年)第175页) 求出同时满足 $z\mid xy-2$,$x\mid yz-2$,$y\mid zx-2$ 的正整数 x,y,z.

解 由已知,可得 $\dfrac{(xy-2)(xz-2)(yz-2)}{xyz}=xyz-2(x+y+z)+\dfrac{4(xy+yz+zx-2)}{xyz}$ 为整数.所以可设 $xyz\mid 4(xy+yz+zx-2)$.还可不妨设 $1\leqslant x\leqslant y\leqslant z$.

若 $x=y=1$,可得 $z=1,2,4$,再由题设 $z\mid xy-2$,$x\mid yz-2$,$y\mid zx-2$,得 $(x,y,z)=(1,1,1)$.

若 $1=x<y\leqslant z$,得 $yz\mid 4(y+z-2)$,$yz\leqslant 4(y+z-2)<8z$,$2\leqslant y\leqslant$

7.

把 $y=2,3,\cdots,7$ 代入 $yz\mid 4(y+z-1)$ 逐一验证后可得:$(x,y,z)=(1,2,n)(n\geqslant 2,n\in \mathbf{N}),(1,5,12),(1,6,8)$.

再由题设 $z\mid xy-2,x\mid yz-2,y\mid zx-2$,得答案 $(x,y,z)=(1,1,1),(1,2,2k+4)(k\in \mathbf{N})$.

若 $x=2$,得 $yz\mid 4(y+z-1)$,也得 $2\leqslant y\leqslant 7$.

通过逐一验证,可得 $(x,y,z)=(2,2,2),(2,3,4),(2,5,16),(2,6,10),(2,7,8)$,再由题设 $z\mid xy-2,x\mid yz-2,y\mid zx-2$,得答案 $(x,y,z)=(2,2,2),(2,3,4),(2,6,10)$.

当 $3\leqslant x\leqslant y\leqslant z$ 时:若 $x=y$,由 $x\mid yz-2$,得 $x\mid 2$,与 $x\geqslant 3$ 矛盾!若 $y=z$,由 $y\mid zx-2$,得 $y\mid 2$,与 $y\geqslant 3$ 矛盾!

所以 $3\leqslant x<y<z$.

由 $xyz\mid 4(xy+yz+zx-2)$,得 $xyz\leqslant 4(xy+yz+zx-2)<12yz$, $x\leqslant 11$.

由 $z\mid xy-2$ 知,可设 $xy-2=kz(k\in \mathbf{N}^*)$,有 $xy-2=kz<xz$,所以 $k\leqslant x-1$.

由 $x^2y-2(x+k)=k(xz-2),y\mid xz-2$,得 $y\mid 2(x+k)$,所以 $y\leqslant 2(x+k)\leqslant 4x-2$.

由 $3\leqslant x\leqslant 11,x+1\leqslant y\leqslant 4x-2,y+1\leqslant z\leqslant xy-2$ 及整除性质并运用题设 $z\mid xy-2,x\mid yz-2,y\mid zx-2$,可试验出此时的全部答案为 $(x,y,z)=(3,8,22),(3,10,14),(4,5,18),(4,6,11),(6,14,82),(6,22,26)$.

所以,本题满足 $x\leqslant y\leqslant z$ 的全部答案为 $(x,y,z)=(1,1,1),(1,2,n)(n\geqslant 2,n\in \mathbf{N}),(1,5,12),(1,6,8),(2,2,2),(2,3,4),(2,6,10),(3,8,22),(3,10,14),(4,5,18),(4,6,11),(6,14,82),(6,22,26)$.

注 《500个世界著名数学征解问题》第175~176页给出的解答中漏掉了 $x=1,2$ 的情形。用此法还可求解"求出同时满足 $z\mid xy-a,x\mid yz-b,y\mid zx-c(a,b,c$ 是已知的整数)的正整数 x,y,z"(这只是从理论上来说,笔算很繁,最好用计算机编程计算).

§4 再谈抽象函数问题的解法

笔者发表的文献[1]介绍了抽象函数问题的解法,本文再结合大学自主招生数学试题及一些竞赛题来谈谈该问题.

1. 通过解函数方程组求抽象函数的解析式

题1 若 $x \in \mathbf{R}$ 时都有 $f(x) + 2f(3-x) = x+3$,求 $f(x)$ 的解析式.

解 令 $3-x = t$,得 $x = 3-t$,所以

$$\begin{cases} f(3-t) + 2f(t) = 6-t \\ 2f(3-t) + f(t) = t+3 \end{cases}$$

解这个关于 $f(t), f(3-t)$ 的方程组,得 $f(t) = 3-t$,所以 $f(x) = 3-x (x \in \mathbf{R})$.

题2 若 $x \neq 0$ 时均有 $f(x) - 2f\left(\dfrac{1}{x}\right) = x^2$,求函数 $f(x)$ 的解析式.

解 令 $\dfrac{1}{x} = t$,得 $x = \dfrac{1}{t}$,所以

$$\begin{cases} f\left(\dfrac{1}{t}\right) + 2f(t) = \dfrac{1}{t^2} \\ -2f\left(\dfrac{1}{t}\right) + f(t) = t^2 \end{cases}$$

得 $f(t) = \dfrac{t^4+2}{5t^2}$,所以 $f(x) = \dfrac{x^4+2}{5x^2} (x \neq 0)$.

题3 (2005年复旦大学自主招生试题第一大题第9题) 定义在 $\mathbf{R}$ 上的函数 $f(x) (x \neq 1)$ 满足 $f(x) + 2f\left(\dfrac{x+2\,002}{x-1}\right) = 4\,015 - x$,则 $f(2\,004) = $ _____.

解 $2\,005$. 设 $\dfrac{x+2\,002}{x-1} = t$,得 $x = \dfrac{t+2\,002}{t-1}$,所以

$$2f(t) + f\left(\dfrac{t+2\,002}{t-1}\right) = 4\,014 - \dfrac{2\,003}{t-1}$$

又

$$f(t) + 2f\left(\dfrac{t+2\,002}{t-1}\right) = 4\,015 - t$$

令 $t = 2\,004$ 后解相应的方程组,可得 $f(2\,004) = 2\,005$.

题 4 （2007 年上海交通大学冬令营选拔测试试题第一题第 1 题）设函数 $f(x)$ 满足 $2f(3x)+f(2-3x)=6x+1$，则 $f(x)=$ _____．

解 $2x-1$．分别令 $3x=t, 2-3x=t$ 后解相应的函数方程组即可．

定理 1 若函数 $\varphi(x)$ 的反函数 $\varphi^{-1}(x)=\varphi(x)$，且 $f(x)+kf(\varphi(x))=h(x)$（常数 $k\neq \pm 1$），则 $f(x)=\dfrac{kh(\varphi(x))-h(x)}{k^2-1}$．

证明 当 $\varphi(x)=x$ 时，可得欲证成立．

当 $\varphi(x)\neq x$ 时，令 $\varphi(x)=t$，得 $x=\varphi^{-1}(t)$，再由 $f(x)+kf(\varphi(x))=h(x)$，得
$$f(\varphi(t))+kf(t)=h(\varphi(t))$$
所以
$$\begin{cases} f(x)+kf(\varphi(x))=h(x) \\ kf(x)+f(\varphi(x))=h(\varphi(x)) \end{cases}$$
通过解方程组也可得欲证．

注 当 $\varphi^{-1}(x)=\varphi(x)$ 时，同上还可研究"满足 $\alpha(x)\cdot f(x)+\beta(x)\cdot f(\varphi(x))=h(x)$ 时 $f(x)$ 的解析式的求法"．

题 5 （1999 年第 12 届韩国数学奥林匹克试题）若 $f\left(\dfrac{x-3}{x+1}\right)+f\left(\dfrac{x+3}{1-x}\right)=x$，求 $f(x)$ 的解析式．

解 设 $x=\dfrac{t-3}{t+1}$，再由所给等式可得
$$f\left(\dfrac{t+3}{1-t}\right)+f(t)=\dfrac{t-3}{t+1} \qquad ①$$
设 $x=\dfrac{t+3}{1-t}$，可得
$$f\left(\dfrac{t-3}{t+1}\right)+f(t)=\dfrac{t+3}{1-t} \qquad ②$$
①＋② 并用题设，可得
$$f(t)=\dfrac{t^3+7t}{2-2t^2}$$
于是，$f(x)$ 的解析式为
$$f(x)=\dfrac{x^3+7x}{2-2x^2}$$

定理 2 若 $\varphi(\varphi(\varphi(x)))=x$（即 $\varphi(\varphi(x))=\varphi^{-1}(x)$），且 $f(\varphi(x))+kf(\varphi^{-1}(x))=h(x)$（常数 $k\neq -1$），则
$$f(x)=\dfrac{k^2h(\varphi(x))-kh(x)+h(\varphi^{-1}(x))}{k^3+1}$$

证明 令 $\varphi(x) = t$,得
$$f(t) + kf(\varphi(t)) = h(\varphi^{-1}(t))$$
令 $\varphi^{-1}(x) = t$,得
$$f(\varphi^{-1}(t)) + kf(t) = h(\varphi(t))$$
又有
$$f(\varphi(t)) + kf(\varphi^{-1}(t)) = h(t)$$
解此关于 $f(t), f(\varphi(t)), f(\varphi^{-1}(t))$ 的方程组,可求得 $f(t)$,进而得欲证成立.

题 6 若 $f(x) + f\left(1 - \dfrac{1}{x}\right) = x + 1$,求 $f(x)$ 的解析式.

解 设 $x = 1 - \dfrac{1}{t}$,可得
$$f\left(\frac{1}{1-t}\right) + f\left(1 - \frac{1}{t}\right) = 2 - \frac{1}{t} \qquad ③$$
设 $x = \dfrac{1}{1-t}$,可得
$$f\left(\frac{1}{1-t}\right) + f(t) = \frac{t-2}{t-1} \qquad ④$$
④ － ③ 并用题设,可求得 $f(t)$,进而可求得
$$f(x) = \frac{x^3 - x^2 - 1}{2x^2 - 2x}$$

2. 求多项式

题 7 已知多项式 $f(x), g(x)$ 满足 $[f(x)]^3 = x^{2014}[g(x)]^3$,求 $f(x), g(x)$.

解 若 $f(x), g(x)$ 中有零多项式,则 $f(x) = g(x) = 0$.

若 $f(x), g(x)$ 均不是零多项式,则可设它们的次数分别是自然数 m, n,得多项式 $[f(x)]^3, x^{2014}[g(x)]^3$ 的次数相等,即 $3m = 2014 + 3n$,得 2014 是 3 的倍数,这不可能!

所以本题的答案为 $f(x) = g(x) = 0$.

题 8 设实数 c 是一个给定的常数,试求满足条件 $f(cx) = xf(x)$ 的所有多项式 $f(x)$.

解 若 $c = 0$,得 $xf(x) = f(0) = $ 常数,所以 $f(x) = 0$.

若 $c \neq 0$,当 $f(x)$ 不是零多项式时,多项式 $f(cx)$ 比 $xf(x)$ 的次数小 1,这与 $f(cx) = xf(x)$ 矛盾!所以 $f(x) = 0$.

综上,$f(x) = 0$.

题 9 试求所有满足 $xf(x-1) = (x-15)f(x)$ 的多项式 $f(x)$.

解 得 $x \mid f(x), x-15 \mid f(x-1)$ 即 $x \mid f(x), x-14 \mid f(x)$,所以 $x(x-$

14)$|f(x)$.

设 $f(x)=x(x-14)g(x)$，$g(x)$ 是多项式，代入题设，得
$$x(x-1)(x-15)g(x-1)=x(x-14)(x-15)g(x)$$
$$(x-1)g(x-1)=(x-14)g(x)$$

同理，可证得 $(x-1)(x-13)|g(x)$. 所以可设 $f(x)=x(x-1)(x-13)(x-14)h(x)$，$h(x)$ 是多项式.

同理，可设 $f(x)=x(x-1)\cdots(x-14)u(x)$，$u(x)$ 是多项式，代入题设，得
$$u(x)=u(x-1)$$

所以 $u(x)=c$（c 是常数），即 $f(x)=cx(x-1)\cdots(x-14)$（c 是常数）.

3. 函数迭代问题

题 10 （2008 年上海交通大学冬令营选拔测试试题第二题第 2 题）已知函数 $f(x)=ax^2+bx+c(a\neq 0)$，且 $f(x)=x$ 没有实数根. 问：$f(f(x))=x$ 是否有实数根？并证明你的结论.

证法 1 因为方程 $f(x)-x=ax^2+(b-1)x+c=0$ 无实根，所以其判别式 $\Delta_1=(b-1)^2-4ac<0$.

方程 $f(f(x))=x$ 即
$$a[(ax^2+bx+c)^2-x^2]+ax^2+b(ax^2+bx+c)+c-x=0$$
$$a[ax^2+(b-1)x+c][ax^2+(b+1)x+c]+$$
$$(b+1)[ax^2+(b-1)x+c]=0$$

因为方程 $ax^2+(b-1)x+c=0$ 无实根，所以上方程即
$$a^2x^2+a(b+1)x+ac+1=0$$

因为其判别式 $\Delta_2=a^2[(b+1)^2-4ac-4]<-4a^2<0$，所以方程 $f(f(x))=x$ 无实根.

证法 2 因为方程 $f(x)=x$ 无实根，所以：

(1) 当 $a>0$ 时，可得 $f(x)>x$ 恒成立，所以 $f(f(x))>f(x)>x$.

(2) 当 $a<0$ 时，可得 $f(x)<x$ 恒成立，所以 $f(f(x))<f(x)<x$.

所以方程 $f(f(x))=x$ 无实根.

注 由证法 2，还可把本题的结论推广为：若 $f(x)$ 是二次函数且方程 $f(x)=x$ 无实根，则方程 $\underbrace{f(f(\cdots(f(x))))}_{n\uparrow f}=x$ 也无实根.

题 11 （2009 年上海交通大学自主招生试题第二题第 3 题）证明：若 $f(f(x))$ 有唯一不动点，则 $f(x)$ 也有唯一不动点.

证明 设 x_0 是函数 $f(f(x))$ 的唯一不动点，得方程 $f(f(x))=x$ 有唯一解 $x=x_0$.

存在性. 设 $f(x_0)=t$,得 $f(f(x_0))=f(t)=x_0$,$f(f(t))=f(x_0)=t$. 由方程 $f(f(x))=x$ 有唯一解 $x=x_0$,得 $x_0=t$,即函数 $f(x)$ 有不动点 x_0.

唯一性. 假设 $f(s)=s(s\neq x_0)$,得 $f(f(s))=f(s)=s$. 再由方程 $f(f(x))=x$ 有唯一解 $x=x_0$,得 $s=x_0$,矛盾! 所以唯一性成立.

证毕!

题 12 (2010 年浙江大学自主招生试题第 1 题) 设 $M=\{x\mid f(x)=x\}$,$N=\{x\mid f(f(x))=x\}$.

(1) 求证:$M\subseteq N$;

(2) $f(x)$ 为单调递增函数时,是否有 $M=N$? 并证明.

解 (1) 设 $x_0\in M$,得 $f(x_0)=x_0$,所以 $f(f(x_0))=f(x_0)=x_0$,即 $x_0\in N$,所以 $M\subseteq N$.

(2) 当 $f(x)$ 为单调递增函数时,有 $M=N$. 证明如下:

只需证明 $N\subseteq M$. 设 $x_0\in N$,得 $f(f(x_0))=x_0$.

假设 $f(x_0)>x_0$,可得 $f(f(x_0))>f(x_0)>x_0$,矛盾!

假设 $f(x_0)<x_0$,可得 $f(f(x_0))<f(x_0)<x_0$,也得矛盾!

所以 $f(x_0)=x_0$,$x_0\in M$,$N\subseteq M$.

证毕!

题 13 设 $f(x)=x^2+2x$,求 $\underbrace{f(f(\cdots(f(x))))}_{n\text{个}f}$.

解 用数学归纳法可证得 $\underbrace{f(f(\cdots(f(x))))}_{n\text{个}f}=(x+1)^{2^n}-1$.

题 14 (2007 年上海交通大学冬令营选拔测试试题第 10 题) 已知函数 $f_1(x)=\dfrac{2x-1}{x+1}$,定义 $f_{n+1}(x)=f_1(f_n(x))(n\in\mathbf{N}^*)$. 若 $f_{35}(x)=f_5(x)$,则 $f_{28}(x)=\underline{\qquad}$.

解 $\dfrac{1}{1-x}$. 可得 $f_1(x)=\dfrac{2x-1}{x+1}$,$f_2(x)=\dfrac{x-1}{x}$,$f_3(x)=\dfrac{x-2}{2x-1}$,$f_4(x)=\dfrac{1}{1-x}$,$f_5(x)=\dfrac{x+1}{2-x}$,$f_6(x)=x$,所以 $f_{n+6}(x)=f_n(x)(n\in\mathbf{N}^*)$.

由此立得 $f_{35}(x)=f_5(x)$,$f_{28}(x)=f_4(x)=\dfrac{1}{1-x}$.

4. 求抽象函数的函数值及证明问题

题 15 设 $f(n)$ 是定义在 $\mathbf{N}^*$ 上的函数,且满足 ① $f(f(n))=4n+9(n\in\mathbf{N}^*)$;② $f(2^k)=2^{k+1}+3(k\in\mathbf{N})$,求 $f(1\,789)$ 的值.

解 对 n 用数学归纳法可证得 $f(2^k+n+3(2^n-1))=2^{k+n+1}+3(2^{n+1}-1)(k,n\in\mathbf{N})$.

再令 $k=2, n=8$，得 $f(1\,789)=3\,581$.

题 16 （2008年西北工业大学自主招生试题第16题）已知函数 $f(x)$ 满足 $f(p+q)=f(p)f(q), f(1)=3$，求 $\dfrac{[f(1)]^2+f(2)}{f(1)}+\dfrac{[f(2)]^2+f(4)}{f(3)}+\dfrac{[f(3)]^2+f(6)}{f(5)}+\dfrac{[f(4)]^2+f(8)}{f(7)}$ 的值.

解 可先得 $f(n)=[f(1)]^n=3^n (n\in \mathbf{N}^*)$，所以所求答案为 24.

题 17 （2006年清华大学自主招生试题第7题）已知 $f(x)$ 满足：对实数 a, b 有 $f(a\cdot b)=af(b)+bf(a)$，且 $|f(x)|\leqslant 1$，求证：$f(x)$ 恒为零.

（可用以下结论：若 $\lim\limits_{x\to\infty}g(x)=0, |f(x)|\leqslant M, M$ 为一常数，则 $\lim\limits_{x\to\infty}(f(x)\cdot g(x))=0$.）

证明 易得 $f(0)=0$. 设 $g(x)=\begin{cases}\dfrac{f(x)}{x} & (x\neq 0)\\ 0 & (x=0)\end{cases}$，由题设及提示的结论，得 $\lim\limits_{x\to\infty}g(x)=0$.

由题设可得 $\dfrac{f(a\cdot b)}{ab}=\dfrac{f(a)}{a}+\dfrac{f(b)}{b}(ab\neq 0)$，从而可验证 $g(x+y)=g(x)+g(y)(x,y\in \mathbf{R})$.

假设 $\exists x_0\neq 0$ 使得 $g(x_0)\neq 0$，可得 $g(kx_0)=kg(x_0)(k\in \mathbf{Z})$，所以 $\lim\limits_{k\to\infty}g(kx_0)=g(x_0)\lim\limits_{k\to\infty}k=\infty$，这与前面得到的 $\lim\limits_{x\to\infty}g(x)=0$ 矛盾！

所以 $g(x)=0$ 恒成立，也得欲证成立.

题 18 设函数 $y=f(x), x,y\in \mathbf{N}^*$ 满足：

① $\forall a,b\in \mathbf{N}^*, a\neq b$ 有 $af(a)+bf(b)>af(b)+bf(a)$；

② $\forall n\in \mathbf{N}^*$，有 $f(f(n))=3n$.

(1) 求证：函数 $y=f(x)$ 是增函数；

(2) 求 $f(1)+f(6)+f(28)$；

(3) 设 $a_n=f(3^n)(n\in \mathbf{N}^*)$，求证：$\dfrac{1}{a_1}+\dfrac{1}{a_2}+\dfrac{1}{a_3}+\cdots+\dfrac{1}{a_n}<\dfrac{1}{4}$.

解 (1) 在 ① 中令 $b=a+1$ 后可获证.

(2) 有 $f(1)\geqslant 1$. 若 $f(1)=1$，在题设 ② 中令 $n=1$，得 $f(1)=3$，矛盾！所以 $f(1)\geqslant 2$.

又在 ② 中令 $n=1$，得 $3=f(f(1))\geqslant f(2)>f(1)\geqslant 2$.

从而可得 $f(1)=2, f(2)=3$.

由 ② 还可得 $f(3n)=f(f(f(n)))=3f(n)$，所以
$$f(3^k n)=3f(3^{k-1}n)=3^2 f(3^{k-2}n)=\cdots=3^k f(n) \quad (k\in \mathbf{N}, n\in \mathbf{N}^*)$$
$$f(3^n)=3^n f(1)=2\cdot 3^n, f(2\cdot 3^n)=3^n f(2)=3\cdot 3^n$$

因为$(2\cdot 3^n, 3\cdot 3^n)$内共有3^n-1个整数,$(3^n, 2\cdot 3^n)$内也共有3^n-1个整数;又$f(n)$严格递增,所以
$$f(3^n+m)=2\cdot 3^n+m \quad (m\in\mathbf{N}, n\in\mathbf{N}^*, m\leqslant 3^n) \quad (*)$$
$$f(2\cdot 3^n+m)=f(f(3^n+m))=3(3^n+m) \quad (m\in\mathbf{N}, n\in\mathbf{N}^*, m\leqslant 3^n)$$

对于任意的正整数n,$f(n)$均可求出:

在$(*)$中可分别令$(m,n)=(3,1),(1,3)$,得$f(6)=9, f(28)=55$. 又$f(1)=2$,所以$f(1)+f(6)+f(28)=66$.

(3) 在第(2)问的解答中,已得$f(3^n)=2\cdot 3^n(n\in\mathbf{N}^*)$,所以$a_n=2\cdot 3^n(n\in\mathbf{N}^*)$,得

$$\frac{1}{a_1}+\frac{1}{a_2}+\frac{1}{a_3}+\cdots+\frac{1}{a_n}<\frac{1}{a_1}+\frac{1}{a_2}+\frac{1}{a_3}+\cdots+\frac{1}{a_n}+\cdots=\frac{\frac{1}{6}}{1-\frac{1}{3}}=\frac{1}{4}$$

参考文献

[1] 甘志国.解抽象函数问题举例[J].数学通讯,2007(2,4):4-5.

§5 也谈证明 $\sqrt{2}$ 是无理数

普通高中课程标准实验教科书《数学·选修 2—2·A 版》(人民教育出版社,2007 年第 2 版) 第 90 页的例 5 是"求证 $\sqrt{2}$ 是无理数",本题也是 2008 年复旦大学自主招生试题.

早在公元前五世纪,古希腊的数学家希帕索斯(Hippasus,约前 500)就发现等腰直角三角形的直角边和斜边的比不能用两个整数的比来表示,用现在的话来说就是发现了 $\sqrt{2}$ 是一个无理数. 这个不同凡响的结论对当时信奉"万物皆数"(即一切数都可以用整数或整数之比来表示)的毕达哥拉斯(Pythagoras,前 572—前 497) 学派来说,无异于一场动摇根基的风暴,导致了数学史上的第一次危机. 这位发现真理的数学家被人投进海里,献出了宝贵的生命.

下面用多种方法证明 $\sqrt{2}$ 是无理数.

证法 1 若 $\sqrt{2}$ 是有理数,则可设 $\sqrt{2} = \dfrac{q}{p}$ (p,q 是互质的正整数),所以 $2p^2 = q^2$.

因为正整数的平方的个位数字只能是 0,1,4,5,6,9,所以 $2p^2$ 的个位数字只能是 0,2,8,所以 $2p^2, q^2$ 的个位数字均是 0,即 p 的个位数字是 0 或 5,q 的个位数字是 0,所以 p,q 有公因数 5. 这与 p,q 互质矛盾!所以 $\sqrt{2}$ 是无理数.

注 用这种证法还可证得:个位数字是 2,3,7,8 的正整数的算术平方根均是无理数.

证法 2 若 $\sqrt{2}$ 是有理数,则可设 $\sqrt{2} = \dfrac{q}{p}$ (p,q 是互质的正整数),所以 $2p^2 = q^2$.

得 q^2 是偶数,所以 q 也是偶数. 设 $q = 2q'$,得 $p^2 = 2q'^2$,再得 p 也是偶数. 所以 p,q 有公因数 2. 这与 p,q 互质矛盾!所以 $\sqrt{2}$ 是无理数.

注 这种证法就是希帕索斯的证法,也是最经典的证法. 该证法也是《选修 2—2》给出的证法.

证法 3 若 $\sqrt{2}$ 是有理数,则可设 $\sqrt{2} = \dfrac{q}{p}$ (p,q 是互质的正整数,且 $p \geqslant 2$),所以 $2p^2 = q^2$. 得 q 是偶数,且 $p^2 = \dfrac{q}{2} \cdot q$.

因为正整数 $p \geqslant 2$,所以正整数 p 有质因数 p_0,得 $\dfrac{q}{2}$ 或 q 有质因数 p_0,所以

q 有质因数 p_0,这与 p,q 互质矛盾！所以 $\sqrt{2}$ 是无理数.

证法 4 若 $\sqrt{2}$ 是有理数,则可设 $\sqrt{2}=\dfrac{q}{p}$(p,q 是互质的正整数,且 $p\geqslant 2$),所以 $2p^2=q^2$,$p^2=(q+p)(q-p)$.

因为正整数 $p\geqslant 2$,所以正整数 p 有质因数 p_0,得 $q+p$ 或 $q-p$ 有质因数 p_0,所以 q 有质因数 p_0,这与 p,q 互质矛盾！所以 $\sqrt{2}$ 是无理数.

证法 5 若 $\sqrt{2}$ 是有理数,则可设 $\sqrt{2}=\dfrac{q}{p}$(p,q 是互质的正整数,且 $p\geqslant 2$),所以 $2p^2=q^2$.

由 $p\geqslant 2$,得 $q\geqslant 2$. 由算术基本定理知,p,q 均可分解质因数且分解方法是唯一的. 所以可设

$$p=p_1^{\alpha_1}\cdots p_k^{\alpha_k}\ (p_1,\cdots,p_k\ \text{是两两不同的质数},\alpha_1,\cdots,\alpha_k\in \mathbf{N}^*)$$
$$q=q_1^{\beta_1}\cdots q_l^{\beta_l}\ (q_1,\cdots,q_l\ \text{是两两不同的质数},\beta_1,\cdots,\beta_l\in \mathbf{N}^*)$$

所以

$$2p_1^{2\alpha_1}\cdots p_k^{2\alpha_k}=q_1^{2\beta_1}\cdots q_l^{2\beta_l} \qquad ①$$

这将与算术基本定理相矛盾:式 ① 左端 2 的指数一定是奇数,而右端不存在 2 的奇数次幂. 所以 $\sqrt{2}$ 是无理数.

证法 6 同证法 5,得出式 ①,它将与算术基本定理相矛盾:式 ① 左端是奇数个质数之积,而右端是偶数个质数之积. 所以 $\sqrt{2}$ 是无理数.

证法 7 若 $\sqrt{2}$ 是有理数,则可设 $\sqrt{2}=\dfrac{q}{p}$(p,q 是正整数,$p<q<2p$),且可设 q 是最小的. 还可得

$$\sqrt{2}=\dfrac{q}{p}=\dfrac{2p-q}{q-p}$$

由 $p<q<2p$,得 $q>2p-q\geqslant 1$,这与"q 最小"矛盾！所以 $\sqrt{2}$ 是无理数.

证法 8 若 $\sqrt{2}$ 是有理数,则可设 $\sqrt{2}=\dfrac{q}{p}$(p,q 是正整数,$p<q<2p$),且可设 p 是最小的. 还可得

$$\sqrt{2}=\dfrac{q}{p}=\dfrac{2p-q}{q-p}$$

由 $p<q<2p$,得 $p>q-p\geqslant 1$,这与"p 最小"矛盾！所以 $\sqrt{2}$ 是无理数.

上面的证法都是反证法. 下面再给出一种直接证法:

证法 9 由 $(\sqrt{2}-1)(\sqrt{2}+1)=1$,得

$$\sqrt{2}=1+\dfrac{1}{1+\sqrt{2}}$$

反复运用此式,可得

$$\sqrt{2}=1+\cfrac{1}{2+\cfrac{1}{2+\cfrac{1}{2+\ddots}}}$$

因为它是无穷的循环连分数,所以 $\sqrt{2}$ 是无理数.

§6 对2011年华约自主招生数列题的加强及推广

2011年华约自主招生数列题 已知函数 $f(x)=\dfrac{2x}{ax+b}, f(1)=1, f\left(\dfrac{1}{2}\right)=\dfrac{2}{3}\{x_n\}$,数列 $\{x_n\}$ 满足 $x_{n+1}=f(x_n)$,且 $x_1=\dfrac{1}{2}$.

(1) 求数列 $\{x_n\}$ 的通项;

(2) 求证:$x_1x_2\cdots x_n > \dfrac{1}{2\mathrm{e}}$(其中 $\mathrm{e}=2.71828\cdots$ 是自然对数的底数).

解 (1) $x_n=\dfrac{1}{1+\dfrac{1}{2^{n-1}}}$(详细过程见文献[1]).

(2) 只需证明

$$\left(1+\dfrac{1}{2}\right)\left(1+\dfrac{1}{2^2}\right)\cdots\left(1+\dfrac{1}{2^n}\right) < \mathrm{e} \quad (n\in\mathbf{N}^*) \qquad ①$$

由均值不等式,可得

$$\left(1+\dfrac{1}{2}\right)\left(1+\dfrac{1}{2^2}\right)\cdots\left(1+\dfrac{1}{2^n}\right) \leqslant \left[\dfrac{n+\dfrac{1}{2}+\dfrac{1}{2^2}+\cdots+\dfrac{1}{2^n}}{n}\right]^n <$$

$$\left[1+\dfrac{\dfrac{1}{2}+\dfrac{1}{2^2}+\cdots+\dfrac{1}{2^n}+\cdots}{n}\right]^n =$$

$$\left(1+\dfrac{1}{n}\right)^n < \mathrm{e} \quad (n\in\mathbf{N}^*)$$

注 该证明中用到了大学《数学分析》中的一个结论

$$\left(1+\dfrac{1}{n}\right)^n < \mathrm{e} \quad (n\in\mathbf{N}^*)$$

但绝大部分高中生并不知晓该结论,常规方法也难以证明,下面证明其加强:

$$\left(1+\dfrac{1}{x}\right)^x < \mathrm{e} \quad (x>0) \qquad ②$$

即证 $x\ln\left(1+\dfrac{1}{x}\right)<1,\ln\left(1+\dfrac{1}{x}\right)<\dfrac{1}{x}(x>0)$,而它等价于以下常用不等式

$$t>\ln(t+1) \quad (t>0)$$

(它用导数易证),所以 ② 成立.

先给出结论 ① 的加强及推广:

定理 若 $n,k \in \mathbf{N}^*, a>1$,则

(1)① $\left(1+\dfrac{1}{2}\right)\left(1+\dfrac{1}{2^2}\right)\cdots\left(1+\dfrac{1}{2^n}\right) < \dfrac{3}{2}\sqrt{e} = 2.47308\cdots$;

② $\left(1+\dfrac{1}{2}\right)\left(1+\dfrac{1}{2^2}\right)\cdots\left(1+\dfrac{1}{2^n}\right) < \dfrac{15}{8}\sqrt[4]{e} = 2.40754\cdots$;

③ $\left(1+\dfrac{1}{2}\right)\left(1+\dfrac{1}{2^2}\right)\cdots\left(1+\dfrac{1}{2^n}\right) < \dfrac{135}{64}\sqrt[8]{e} = 2.39023\cdots$;

④ $\left(1+\dfrac{1}{2}\right)\left(1+\dfrac{1}{2^2}\right)\cdots\left(1+\dfrac{1}{2^n}\right) < \dfrac{2\,295}{1\,024}\sqrt[16]{e} = 2.38575\cdots$;

⑤ $\left(1+\dfrac{1}{2}\right)\left(1+\dfrac{1}{2^2}\right)\cdots\left(1+\dfrac{1}{2^n}\right) < \left(1+\dfrac{1}{2}\right)\left(1+\dfrac{1}{2^2}\right)\cdots\left(1+\dfrac{1}{2^k}\right)\cdot\sqrt[2^k]{e}$(还可证该式右边是 k 的减函数,所以该式左边的精确上界是下面问题 1 中的常数 g_2).

(2)① $\left(1+\dfrac{1}{a}\right)\left(1+\dfrac{1}{a^2}\right)\cdots\left(1+\dfrac{1}{a^n}\right) < e^{\frac{1}{a-1}}$;

② $\left(1+\dfrac{1}{a}\right)\left(1+\dfrac{1}{a^2}\right)\cdots\left(1+\dfrac{1}{a^n}\right) < \left(1+\dfrac{1}{a}\right)\left(1+\dfrac{1}{a^2}\right)\cdots\left(1+\dfrac{1}{a^k}\right)e^{\frac{1}{(a-1)a^k}}$.

证明 (1) 因为在 ⑤ 中令 $k=1,2,3,4$,便得结论 ①—④,所以下面只证 ⑤:可得 $n \leqslant k$ 时成立,下证 $n>k$ 时成立. 只需证明

$$\left(1+\dfrac{1}{2^{k+1}}\right)\left(1+\dfrac{1}{2^{k+2}}\right)\cdots\left(1+\dfrac{1}{2^{k+n}}\right) < \sqrt[2^k]{e} \quad (k,n \in \mathbf{N}^*)$$

用均值不等式及结论 ② 证明如下:

$$\left(1+\dfrac{1}{2^{k+1}}\right)\left(1+\dfrac{1}{2^{k+2}}\right)\cdots\left(1+\dfrac{1}{2^{k+n}}\right) \leqslant \left[\dfrac{n+\dfrac{1}{2^{k+1}}+\dfrac{1}{2^{k+2}}+\cdots+\dfrac{1}{2^{k+n}}+\cdots}{n}\right]^n =$$

$$\left[\left(1+\dfrac{1}{2^k n}\right)^{2^k n}\right]^{\frac{1}{2^k}} < \sqrt[2^k]{e} \quad (n,k \in \mathbf{N}^*)$$

(2) 只证 ② 中 $n>k$ 的情形. 只需证明

$$\left(1+\dfrac{1}{a^{k+1}}\right)\left(1+\dfrac{1}{a^{k+2}}\right)\cdots\left(1+\dfrac{1}{a^{k+n}}\right) < e^{\frac{1}{(a-1)a^k}} \quad (n,k \in \mathbf{N}^*)$$

用均值不等式及结论 ② 证明如下:

$$\left(1+\dfrac{1}{a^{k+1}}\right)\left(1+\dfrac{1}{a^{k+2}}\right)\cdots\left(1+\dfrac{1}{a^{k+n}}\right) \leqslant \left[\dfrac{n+\dfrac{1}{a^{k+1}}+\dfrac{1}{a^{k+2}}+\cdots+\dfrac{1}{a^{k+n}}+\cdots}{n}\right]^n =$$

$$\left\{\left[1+\dfrac{1}{(a-1)a^k n}\right]^{(a-1)a^k n}\right\}^{\frac{1}{(a-1)a^k}} <$$

$$e^{\frac{1}{(a-1)a^k}} \quad (n,k \in \mathbf{N}^*)$$

由定理(1)① 可知数列 $\left\{\left(1+\dfrac{1}{2}\right)\left(1+\dfrac{1}{2^2}\right)\cdots\left(1+\dfrac{1}{2^n}\right)\right\}$ 严格递增且有上界,

所以其极限存在;由定理(2)① 可知数列 $\left\{\left(1+\dfrac{1}{a}\right)\left(1+\dfrac{1}{a^2}\right)\cdots\left(1+\dfrac{1}{a^n}\right)\right\}(a>1)$ 严格递增且有上界,所以其极限也存在. 所以这里提出

问题 设常数

$$g_2 = \lim_{n\to\infty}\left(1+\dfrac{1}{2}\right)\left(1+\dfrac{1}{2^2}\right)\cdots\left(1+\dfrac{1}{2^n}\right)$$

$$g_a = \lim_{n\to\infty}\left(1+\dfrac{1}{a}\right)\left(1+\dfrac{1}{a^2}\right)\cdots\left(1+\dfrac{1}{a^n}\right)(常数\ a>1)$$

请求出 g_2, g_a 的精确值并判断它们是有理数还是无理数?是代数数还是超越数?

参考文献

[1] 范端喜.2011名校(华约、北约、卓越联盟等)自主招生试题解析[J].数学通讯,2011(5下):44-50.

§7 对一道2011年北约自主招生三角题的研究

2011年北约自主招生第4题[1]　在 $\triangle ABC$ 中,$a+b \geq 2c$,求证:$\angle C \leq 60°$.(笔者注:这里 a,b,c 分别表示 $\triangle ABC$ 的三个内角 A,B,C 的对边,下文中均有此约定.)

本文将推广该结论.

定理1　设 α 是一已知数,$\alpha=1,2,3,4$ 或 $\alpha=\dfrac{1}{n}(n\in \mathbf{N}^*, n\geq 2)$,若 $a^\alpha+c^\alpha \geq 2b^\alpha$,则 $B\leq 60°$.

证明　我们来证明其逆否命题:

设 α 是一已知正数,$\alpha\leq 4$,若 $B>60°$,则 $a^\alpha+c^\alpha<2b^\alpha$.

(1) 证明 $\alpha=1,2,3,4$ 时成立.

① 证明 $\alpha=4$ 时成立. 由 $B>60°$,得 $\cos B=\dfrac{a^2+c^2-b^2}{2ac}<\dfrac{1}{2}$,$a^2+c^2<b^2+ac$,所以

$$a^4+c^4=(a^2+c^2+\sqrt{2}ac)(a^2+c^2-\sqrt{2}ac)<$$
$$[b^2+(\sqrt{2}+1)ac][b^2-(\sqrt{2}-1)ac]=$$
$$b^4+2acb^2-a^2c^2=$$
$$2b^4-(ac-b^2)^2\leq 2b^4$$
$$a^4+c^4<2b^4$$

② 证明 $\alpha=2$ 时成立. 已证得 $a^4+c^4<2b^4$,所以
$$(a^2+c^2)^2\leq 2(a^4+c^4)<4b^4$$
$$a^2+c^2<2b^2$$

③ 同理可证 $\alpha=1$ 时也成立.

④ 证明 $\alpha=3$ 时成立. 已证得 $a^4+c^4<2b^4$,$a^2+c^2<2b^2$,所以
$$(a^3+c^3)^2\leq (a^4+c^4)(a^2+c^2)<2b^4\cdot 2b^2=4b^6$$
$$a^3+c^3<2b^3$$

(2) 证明 $\alpha=\dfrac{1}{n}(n\in \mathbf{N}^*, n\geq 2)$ 时成立.

已证得 $a+c<2b$,所以

$$\sqrt[n]{\dfrac{a}{b}}+\sqrt[n]{\dfrac{c}{b}}=\sqrt[n]{\dfrac{a}{b}\cdot \underbrace{1\cdot 1\cdot \cdots \cdot 1}_{n-1\text{个}1}}+\sqrt[n]{\dfrac{c}{b}\cdot \underbrace{1\cdot 1\cdot \cdots \cdot 1}_{n-1\text{个}1}}\leq$$

$$\frac{1}{n}\left(\frac{a+c}{b}+2n-2\right)<2$$

$$\sqrt[n]{a}+\sqrt[n]{c}<2\sqrt[n]{b}$$

定理 2 设 α 是一已知负数,若 $a^\alpha+c^\alpha\leqslant 2b^\alpha$,则 $B\leqslant 60°$(当且仅当 $a=b=c$ 时 $B=60°$).

证明 可得 $b^\alpha\geqslant\dfrac{a^\alpha+c^\alpha}{2}\geqslant\sqrt{a^\alpha c^\alpha}$,$b^2\leqslant ac$,所以

$$(a-c)^2\geqslant 0\geqslant b^2-ac, a^2+c^2-ac\geqslant b^2$$

$$(a-c)^2\geqslant 0\geqslant b^2-ac, a^2+c^2-b^2\geqslant ac$$

$$\cos B=\frac{a^2+c^2-b^2}{2ac}\geqslant\frac{1}{2}, B\leqslant 60°$$

参考文献

[1] 范端喜.2011 名校(华约、北约、卓越联盟等)自主招生试题解析[J].数学通讯,2011(5 下):44-50.

§8　2011年北约自主招生函数题的一般情形

2011年北约自主招生题第7题(即压轴题)[1]　求函数 $f(x)=|x-1|+|2x-1|+\cdots+|2\,011x-1|$ 的最小值.

解　$f(x)=|x-1|+\left(\left|x-\dfrac{1}{2}\right|+\left|x-\dfrac{1}{2}\right|\right)+\cdots+\left(\left|x-\dfrac{1}{2\,011}\right|+\left|x-\dfrac{1}{2\,011}\right|+\cdots+\left|x-\dfrac{1}{2\,011}\right|\right)$(共 $1+2+3+\cdots+2\,011=1\,006\times 2\,011$ 项)

运用结论"对于函数 $g(x)=|x-a|+|x-b|(a\leqslant b)$,则当且仅当 $a\leqslant x\leqslant b$ 时,$g(x)$ 取到最小值"并运用首尾配对法可得:

考虑 $1\,006\cdot 2\,011$ 项的数列 $1,\dfrac{1}{2},\dfrac{1}{2},\cdots,\dfrac{1}{2\,011},\cdots,\dfrac{1}{2\,011}$,得当且仅当 x 取第 $503\cdot 2\,011+1$ 项到第 $503\cdot 2\,011$ 项之间的实数时,$f(x)$ 取到最小值. 下面求该数列的第 $503\cdot 2\,011,503\cdot 2\,011+1$ 项.

先把该数列分为 $2\,011$ 组(各组分别为 $1,2,3,\cdots,2\,011$ 项):

$$1,\left(\dfrac{1}{2},\dfrac{1}{2}\right),\left(\dfrac{1}{3},\dfrac{1}{3},\dfrac{1}{3}\right),\cdots,\left(\dfrac{1}{2\,011},\dfrac{1}{2\,011},\cdots,\dfrac{1}{2\,011}\right)$$

因为 $503\cdot 2\,011=(1+2+\cdots+1\,421)+1\,202$,所以该数列的第 $503\cdot 2\,011,503\cdot 2\,011+1$ 项均为 $\dfrac{1}{1\,422}$.

所以当且仅当 $x=\dfrac{1}{1\,422}$ 时,$f(x)$ 取到最小值,且最小值为

$$\begin{aligned}
f\!\left(\dfrac{1}{1\,422}\right) &= \left[\left(1-\dfrac{1}{1\,422}\right)+\left(1-\dfrac{2}{1\,422}\right)+\cdots+\left(1-\dfrac{1\,421}{1\,422}\right)\right]+\\
&\quad \left(1-\dfrac{1\,422}{1\,422}\right)+\left[\left(1-\dfrac{1\,423}{1\,422}\right)+\right.\\
&\quad \left.\left(1-\dfrac{1\,424}{1\,422}\right)+\cdots+\left(1-\dfrac{2\,011}{1\,422}\right)\right]=\\
&\quad \left(1\,421-\dfrac{1+2+3+\cdots+1\,421}{1\,422}\right)+0+\\
&\quad \dfrac{1+2+3+\cdots+589}{1\,422}=\dfrac{592\,043}{711}=832\dfrac{491}{711}.
\end{aligned}$$

本文将研究该题的一般情形.

定理 1　函数

$$f(x) = \sum_{i=1}^{n} a_i |x - b_i| + ax \quad (a_i, b_i, a \in \mathbf{R},$$
$$a_i \neq 0 (i=1,2,\cdots,n), b_1 < b_2 < \cdots < b_n; x \in \mathbf{R}) \qquad ①$$

的值域 A 为(以下 $m = \min\limits_{1 \leqslant i \leqslant n} f(b_i), M = \max\limits_{1 \leqslant i \leqslant n} f(b_i)$):

(1) 当 $\sum\limits_{i=1}^{n} a_i = a = 0$ 时，$A = [m, M]$;

(2) 当 $\sum\limits_{i=1}^{n} a_i \in (-a, a)(a > 0)$ 或 $\sum\limits_{i=1}^{n} a_i \in (a, -a)(a < 0)$ 时，$A = \mathbf{R}$;

(3) 当 $\sum\limits_{i=1}^{n} a_i = a > 0$ 或 $\sum\limits_{i=1}^{n} a_i = -a > 0$ 或 $\sum\limits_{i=1}^{n} a_i \pm a > 0$ 时，$A = [m, +\infty)$;

(4) 当 $\sum\limits_{i=1}^{n} a_i = a < 0$ 或 $\sum\limits_{i=1}^{n} a_i = -a < 0$ 或 $\sum\limits_{i=1}^{n} a_i \pm a < 0$ 时，$A = (-\infty, M]$.

证明 因为函数 ① 在分段点 $b_1, b_2, \cdots, b_n$ 处均连续，所以可把函数 ① 改写成如下分段函数

$$f(x) = \begin{cases} (a - \sum\limits_{i=1}^{n} a_i)x + \sum\limits_{i=1}^{n} a_i b_i & x \in (-\infty, b_1] \\ a'_1 x + b'_1 & x \in [b_1, b_2] \\ a'_2 x + b'_2 & x \in [b_2, b_3] \\ \vdots & \vdots \\ a'_{n-1} x + b'_{n-1} & x \in [b_{n-1}, b_n] \\ (a + \sum\limits_{i=1}^{n} a_i)x - \sum\limits_{i=1}^{n} a_i b_i & x \in [b_n, +\infty) \end{cases} \qquad ②$$

其中常数 $a'_j, b'_j \in \mathbf{R}(j=1,2,\cdots,n-1)$.

(1) 得 $x \in (-\infty, b_1]$ 时，$f(x) = \sum\limits_{i=1}^{n} a_i b_i$; $x \in [b_n, +\infty)$ 时，$f(x) = -\sum\limits_{i=1}^{n} a_i b_i$.

因为分段函数的最小值、最大值(存在时)分别就是各段函数最小值、最大值(存在时)中的最小、最大者，又 ② 中各段函数都是闭区间上的一次函数或常数函数，其最小值、最大值一定是某个端点的函数值，所以函数 ① 的最小值、最大值分别为 $m = \min\limits_{1 \leqslant i \leqslant n} f(b_i), M = \max\limits_{1 \leqslant i \leqslant n} f(b_i)$.

再由函数 ③ 在 $\mathbf{R}$ 上连续，立得函数 ① 的值域是 $[m, M]$.

(2) 当 $a > 0$ 时，得 $a \pm \sum\limits_{i=1}^{n} a_i > 0$，所以 $\lim\limits_{x \to -\infty} f(x) = -\infty$, $\lim\limits_{x \to +\infty} f(x) = +\infty$.

当 $a < 0$ 时，得 $a \pm \sum\limits_{i=1}^{n} a_i < 0$，所以 $\lim\limits_{x \to -\infty} f(x) = +\infty$, $\lim\limits_{x \to +\infty} f(x) = -\infty$.

再由函数①在 **R** 上连续,立得函数①的值域是 **R**.

(3) 当 $\sum_{i=1}^{n} a_i = a > 0$ 时,由②得 $\lim_{x \to +\infty} f(x) = +\infty$,进而可得此时要证结论成立.

其余的情形,也可证得要证结论成立.

(4) 同(3) 可证.

在定理 1 中,令 $a=0$,可得

推论 函数
$$f(x) = \sum_{i=1}^{n} a_i |x - b_i| \quad (a_i, b_i \in \mathbf{R},$$
$$a_i \neq 0 (i=1,2,\cdots,n), b_1 < b_2 < \cdots < b_n; x \in \mathbf{R})$$

的值域 A 为(以下 $m = \min_{1 \leqslant i \leqslant n} f(b_i), M = \max_{1 \leqslant i \leqslant n} f(b_i)$):

(1) 当 $\sum_{i=1}^{n} a_i > 0$ 时,$A = [m, +\infty)$,且 $\lim_{x \to \infty} f(x) = +\infty$;

(2) 当 $\sum_{i=1}^{n} a_i < 0$ 时,$A = (-\infty, M]$,且 $\lim_{x \to \infty} f(x) = -\infty$;

(3) 当 $\sum_{i=1}^{n} a_i = 0$ 时,$A = [m, M]$.

例 求函数 $f(x) = |x| - |x-1| - |x-2| + |x-3| (x \in \mathbf{R})$ 的值域.

解 $f(0) = 1, f(1) = f(2) = 2, f(3) = 0$.

由推论(3),得 $[f(x)]_{\min} = \min\{f(0), f(1), f(2), f(3)\} = 0$;$[f(x)]_{\max} = \max\{f(0), f(1), f(2), f(3)\} = 2$.

再由函数 $f(x)$ 的连续性可画出 $f(x)$ 的图象,从而得

当且仅当 $x \geqslant 3$ 时,$f(x)$ 取到最小值;当且仅当 $1 \leqslant x \leqslant 2$ 时,$f(x)$ 取到最大值.

定理 2 设 $f(x) = \sum_{i=1}^{n} |x - b_i|^\alpha (\alpha > 1; b_1, b_2, \cdots, b_n$ 是公差为 $d(d \geqslant 0)$ 的实数项等差数列),则函数 $f(x)$ 的值域是 $[A, +\infty)$,且有:

(1) 若 $n = 2k-1 (k \in \mathbf{N}^*)$,则当且仅当 $x = b_k = b_1 + (k-1)d$ 时,$f(x)$ 取到最小值 A,且 $A = 2d^\alpha \sum_{i=1}^{k-1} i^\alpha$(当 $k=1$ 时,$A=0$);

(2) 若 $n = 2k (k \in \mathbf{N}^*)$,则当且仅当 $x = \frac{b_1 + b_{2k}}{2} = b_1 + (k - \frac{1}{2})d$ 时,$f(x)$ 取到最小值 A,且 $A = 2^{1-\alpha} d^\alpha \sum_{i=1}^{k} (2i-1)^\alpha$.

证明 若 $d=0$,要证结论显然成立. 下证 $d>0$ 时也成立,得 $b_1 <$

$b_2 < \cdots < b_n$.

可先用导数证得:

设 $g(x) = x^\alpha (\alpha > 1; x > 0)$,则 $g(x)$ 是增函数;且 $g''(x) > 0$,所以 $g(x)$ 是下凸函数,得

$$\frac{a^\alpha + b^\alpha}{2} \geq \left(\frac{a+b}{2}\right)^\alpha \quad (a, b \in \mathbf{R}_+, \alpha > 1)(当且仅当 a = b 时取等号)$$

(1) $|x - b_1|^\alpha + |x - b_{2k-1}|^\alpha \geq 2\left(\frac{|x-b_1| + |x-b_{2k-1}|}{2}\right)^\alpha$(当且仅当 $|x - b_1| = |x - b_{2k-1}|$ 即 $x = \frac{b_1 + b_{2k-1}}{2} = b_k = b_1 + (k-1)d$ 时取等号) $\geq 2\left(\frac{b_{2k-1} - b_1}{2}\right)^\alpha$(因为 $|x-b_1| + |x-b_{2k-1}| \geq |(x-b_1) - (x-b_{2k-1})|$,当且仅当 $x \in [b_1, b_{2k-1}]$ 时取等号)

又 $b_k \in [b_1, b_{2k-1}]$,所以

$|x - b_1|^\alpha + |x - b_{2k-1}|^\alpha \geq 2\left(\frac{b_{2k-1} - b_1}{2}\right)^\alpha (= 2d^\alpha(k-1)^\alpha)$(当且仅当 $x = b_k = b_1 + (k-1)d$ 时取等号)

同理,可得

$|x - b_2|^\alpha + |x - b_{2k-2}|^\alpha \geq 2\left(\frac{b_{2k-2} - b_2}{2}\right)^\alpha (= 2d^\alpha(k-2)^\alpha)$(当且仅当 $x = b_k = b_1 + (k-1)d$ 时取等号)

⋮

$|x - b_{k-1}|^\alpha + |x - b_{k+1}|^\alpha \geq 2\left(\frac{b_{k+1} - b_{k-1}}{2}\right)^\alpha (= 2d^\alpha \cdot 1^\alpha)$(当且仅当 $x = b_k = b_1 + (k-1)d$ 时取等号)

$|x - b_k|^\alpha \geq 0$(当且仅当 $x = b_k = b_1 + (k-1)d$ 时取等号)

把这些不等式相加,便可得结论(1)成立.

(2) 同(1)可证.

参考文献

[1] 范端喜.2011 名校(华约、北约、卓越联盟等)自主招生试题解析[J].数学通讯,2011(5 下):44-50.

§9 小学生简解一道北约自主招生题

高校自主招生考试数学试题材料鲜活,不易压中,试题的结构常以 5～7 道解答题的形式出现(如北京大学等 12 校自主招生试题(简称北约)及清华大学等 7 校自主招生试题(简称华约)),也有与本省高考数学试卷的形式类似的(如 2008 年山东大学自主招生试题),试题的难度一般略高于高考题[1],但也有的题只用很少的知识就可求解,兹举一例.

北约 2011 年第 5 题 是否存在四个正实数,它们两两乘积分别是 2,3,5,6,10,16.

文献[2]给出了该题的两种解法,但都不够简捷和严谨,下面笔者仅用小学知识给出该题的两种简捷解法.

解法 1 设这四个数分别是 a,b,c,d,它们的两两乘积是六个数 ab,ac,ad,bc,bd,cd,而这六个数就是六个数 2,3,5,6,10,16,但并不是分别对应相等.

我们注意到 $ab \cdot cd = ac \cdot bd = ad \cdot bc$ 及 $2<3<5<6<10<16$,所以
$$2 \cdot 16 = 3 \cdot 10 = 5 \cdot 6$$
而这不可能!说明所求的四个实数不存在.

注 该解法简捷新颖,并且没有用到"正实数"的条件.

由此解法,还可证得:六个正数 a^2,b^2,c^2,d^2,e^2,f^2 ($0<a<b<c<d<e<f$) 是某四个正数的两两之积的充要条件是 $a^2 f^2 = b^2 e^2 = c^2 d^2$,且这四个正数为 $\dfrac{ab}{d}, \dfrac{ad}{b}, \dfrac{bd}{a}, \dfrac{c^2 d}{ab}$.

解法 2 可把题设中的"正实数"放宽为"实数"后再求解.

设这四个实数分别是 a,b,c,d,且 $|a| \leqslant |b| \leqslant |c| \leqslant |d|$.

由题设"它们两两乘积分别是 2,3,5,6,10,16(这六个数是互异的)",得六个数 $|a|\cdot|b|, |a|\cdot|c|, |a|\cdot|d|, |b|\cdot|c|, |b|\cdot|d|, |c|\cdot|d|$ 就是六个数 2,3,5,6,10,16,但并不是分别对应相等.

因为 $|a|\cdot|b|, |a|\cdot|c|, |a|\cdot|d|, |b|\cdot|c|, |b|\cdot|d|, |c|\cdot|d|$ 两两互异,所以 $|a|,|b|,|c|,|d|$ 也两两互异,得 $|a|<|b|<|c|<|d|$,所以
$$|a|\cdot|b| < |a|\cdot|c| < |a|\cdot|d| < |b|\cdot|c| < |b|\cdot|d| < |c|\cdot|d|$$
或
$$|a|\cdot|b| < |a|\cdot|c| < |b|\cdot|c| < |a|\cdot|d| < |b|\cdot|d| < |c|\cdot|d|$$
又 $2<3<5<6<10<16$,所以

$$\begin{cases} |a| \cdot |b| = 2 & ① \\ |a| \cdot |c| = 3 & ② \\ |b| \cdot |d| = 10 & ③ \\ |c| \cdot |d| = 16 & ④ \end{cases}$$

$\dfrac{①}{②}$,得 $\dfrac{|b|}{|c|} = \dfrac{2}{3}$;$\dfrac{③}{④}$,得 $\dfrac{|b|}{|c|} = \dfrac{5}{8}$,矛盾! 所以所求的四个实数不存在.

参考文献

[1] 甘志国.介绍几道 2008 年自主招生数学试题[J].中学数学杂志,2009(1):54-56.
[2] 甘大旺.高中数学解题专家(高一分册)[M].杭州:浙江大学出版社,2012.

§10　2011年复旦千分考概率题的简解

2011年复旦千分考概率题第25题　在半径为1的圆周上随机选取三点，它们能构成一个锐角三角形的概率是（　　）

A. $\dfrac{1}{2}$　　　　B. $\dfrac{1}{3}$　　　　C. $\dfrac{1}{4}$　　　　D. $\dfrac{1}{5}$

文献[1]的解法不够简捷，下面的解法简捷、自然、清晰：

如图1，设 A,B,C 是半径为1的圆周上的任意三点，$\overparen{AB},\overparen{AC},\overparen{BC}$ 的长度分别为 $x,y,2\pi-x-y$，得

试验的全部结果所构成的区域为
$$\Omega=\{(x,y)\mid x、y、2\pi-x-y\in(0,2\pi)\}$$

设事件 T 表示三点 A,B,C 是一个锐角三角形的三个顶点，它所构成的区域为 $T=\{(x,y)\mid x、y、2\pi-x-y\in(0,\pi)\}$.

这是一个几何概型，可用面积来算.

画出图2后，可得（不需计算）
$$P(T)=\dfrac{S_T}{S_\Omega}=\dfrac{1}{4}$$

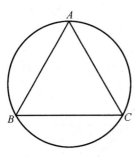

图1

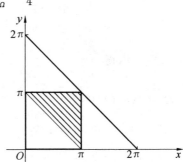

图2

文献[1]在解此道题时设出三个变量是不妥的. 一般的，如果涉及三个独立的变量时，才设出三个变量. 我们再来看：

题目　在线段 OA 上随机地取三个点，它们到点 O 的三条线段的长度能是某三角形的三边长的概率为_____.

分析　设随机地取三个点分别为 R,S,T，又可设 $OA=1$，$OR=x$，$OS=y$，$OT=z$.

试验的全部结果所构成的区域为

45

$\Omega=\{(x,y,z)\,|\,x,y,z\in[0,1],x\neq y,y\neq z,z\neq x\}$

事件 B 表示 x、y、z 能是某三角形的三边长,它所构成的区域为

$$B=\left\{(x,y,z)\,\bigg|\,\begin{matrix}x,y,z\in[0,1],x\neq y,y\neq z,z\neq x\\x+y>z,y+z>x,z+x>y\end{matrix}\right\}$$

这是一个几何概型,用体积来算

$$P(B)=\frac{V_B}{V_\Omega}$$

易得 $V_\Omega=1$,但高中生难以画出区域 B,所以不会求 V_B,思路受阻,…… 对于这个三维问题是否就不能解决了呢?

解法 1 设随机地取三个点分别为 R,S,T(它们离点 O 越来越远,离点 A 越来越近),又可设 $OR=x,OS=y,OT=z$,得 $0\leqslant x<y<z$.

试验的全部结果所构成的区域为 $\Omega=\{(x,y,z)\,|\,0\leqslant x<y<z\}$,事件 B 表示 x、y、z 能是某三角形的三边长,它所构成的区域为

$$B=\left\{(x,y,z)\,\bigg|\,\begin{matrix}0\leqslant x<y<z\\x+y>z\end{matrix}\right\}$$

下面把两个区域 Ω、B 进行转化:

$$\Omega=\{(x,y,z)\,|\,0\leqslant x<y<z\}=\left\{(x,y,z)\,\bigg|\,0\leqslant\frac{x}{z}<\frac{y}{z}<1\right\}$$

$$B=\left\{(x,y,z)\,\bigg|\,\begin{matrix}0\leqslant\frac{x}{z}<\frac{y}{z}<1\\ \frac{x}{z}+\frac{y}{z}>1\end{matrix}\right\}$$

令 $\frac{x}{z}=u,\frac{y}{z}=v$,得

$$\Omega'=\{(u,v)\,|\,0\leqslant u<v<1\},\quad B'=\left\{(u,v)\,\bigg|\,\begin{matrix}0\leqslant u<v<1\\u+v>1\end{matrix}\right\}$$

画出图 3 后,可得(不需计算)

$$P(B)=\frac{S_B}{S_\Omega}=\frac{S'_B}{S'_\Omega}=\frac{1}{2}$$

解法 2 设随机地取三个点分别为 R,S,T(它们离点 O 越来越远,离点 A 越来越近),又可设 $OR=x,OS=y,OT=1$,得 $0\leqslant x<y<1$.

试验的全部结果所构成的区域为 $\Omega=\{(x,y)\,|\,0\leqslant x<y<1\}$,事件 B 表示 x、y、1 能是某三角形的三边长,它所构成的区

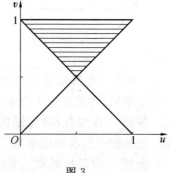

图 3

域为
$$B = \left\{(x,y) \middle| \begin{matrix} 0 \leqslant x < y < 1 \\ x + y > 1 \end{matrix} \right\}$$

画图后(同图 3),可得(不需计算)
$$P(B) = \frac{S_B}{S_\Omega} = \frac{1}{2}$$

参考文献

[1] 范端喜.2011 名校(华约、北约、卓越联盟等)自主招生试题解析[J].数学通讯,2011(5下):44-50.

§11 谈一道 2010 年北京大学自主招生数学试题

题目 (2010 年北京大学自主招生试题理第 5 题) 存不存在 $0 < x < \frac{\pi}{2}$, 使得 $\sin x, \cos x, \tan x, \cot x$ 为等差数列.

解法 1 若存在 $x \in \left(0, \frac{\pi}{2}\right)$, 使得 $\sin x, \cos x, \tan x, \cot x$ 为等差数列, 得 $\tan x > \sin x$, 所以该等差数列的公差是正数, 得 $\sin x < \cos x$.

在正项递增等差数列 $\sin x, \cos x, \tan x, \cot x$ 中, 有
$$\sin x \cdot \cot x < \cos x \cdot \tan x$$
$$\cos x < \sin x$$

前后矛盾! 所以不存在 $x \in \left(0, \frac{\pi}{2}\right)$, 使得 $\sin x, \cos x, \tan x, \cot x$ 为等差数列.

解法 2 我们来证明更广的结论:

若 $\tan x, \cot x$ 均有意义, 则 $\sin x, \cos x, \tan x, \cot x$ 不可能成等差数列.

因为 $\tan x, \cot x$ 均有意义, 所以由万能公式, 得

$$\sin x = \frac{2\tan\frac{x}{2}}{1+\tan^2\frac{x}{2}}, \cos x = \frac{1-\tan^2\frac{x}{2}}{1+\tan^2\frac{x}{2}}$$

$$\tan x = \frac{2\tan\frac{x}{2}}{1-\tan^2\frac{x}{2}}, \cot x = \frac{1-\tan^2\frac{x}{2}}{2\tan\frac{x}{2}}$$

所以, 若 $\sin x, \cos x, \tan x, \cot x$ 为等差数列, 设 $\tan\frac{x}{2} = t$, 得

$$\frac{1-t^2}{1+t^2} - \frac{2t}{1+t^2} = \frac{2t}{1-t^2} - \frac{1-t^2}{1+t^2} = \frac{1-t^2}{2t} - \frac{2t}{1-t^2}$$

$$\begin{cases} t^4 - 2t^2 - 2t + 1 = 0 \\ t^6 + 2t^5 - 9t^4 - 4t^3 - 9t^2 + 2t + 1 = 0 \end{cases}$$

又

$$t^6 + 2t^5 - 9t^4 - 4t^3 - 9t^2 + 2t + 1 = (t^2 + 2t - 7)(t^4 - 2t^2 - 2t + 1) + 2(t^3 - 10t^2 - 7t + 4)$$

所以

$$t^3 - 10t^2 - 7t + 4 = 0$$

又

$$t^4 - 2t^2 - 2t + 1 = (t+10)(t^3 - 10t^2 - 7t + 4) + 105t^2 + 64t - 39$$

所以

$$105t^2 + 64t - 39 = 0 \qquad ①$$

又

$$105(t^3 - 10t^2 - 7t + 4) = t(105t^2 + 64t - 39) - 2(557t^2 + 348t - 210)$$

所以

$$557t^2 + 348t - 210 = 0 \qquad ②$$

视 ①、② 均为关于 t^2、t 的方程,解此方程组,得

$$t^2 = \frac{33}{223}, t = \frac{327}{892}$$

这两者是矛盾的！这就说明 $\sin x, \cos x, \tan x, \cot x$ 不可能成等差数列.

解法 3 若 $\sin x, \cos x, \tan x, \cot x$ 为等差数列,设 $\tan x = t$,得

$$\begin{cases} \tan x = 2\cos x - \sin x \\ \cot x = 2\tan x - \cos x = 3\cos x - 2\sin x \end{cases}$$

所以

$$(2\cos x - \sin x)(3\cos x - 2\sin x) = 1$$

$$4\cos^2 x - 7\sin x \cos x + 1 = 0$$

$$7\sin 2x - 4\cos 2x = 6$$

设 $\tan x = t$,由万能公式得

$$7 \cdot \frac{2t}{1+t^2} - 4 \cdot \frac{1-t^2}{1+t^2} = 6$$

$$t = \frac{7 \pm \sqrt{29}}{2}$$

进而,得(以下"+"、"—"的选取有序)

$$\begin{cases} \tan x = \dfrac{7+\sqrt{29}}{2} \\ \sin x = \pm \dfrac{7+\sqrt{29}}{\sqrt{82+14\sqrt{29}}} \\ \cos x = \pm \dfrac{2}{\sqrt{82+14\sqrt{29}}} \end{cases} \quad 或 \quad \begin{cases} \tan x = \dfrac{7-\sqrt{29}}{2} \\ \sin x = \pm \dfrac{7-\sqrt{29}}{\sqrt{82-14\sqrt{29}}} \\ \cos x = \pm \dfrac{2}{\sqrt{82-14\sqrt{29}}} \end{cases}$$

它们均与 $\sin x, \cos x, \tan x$ 为等差数列矛盾！所以 $\sin x, \cos x, \tan x, \cot x$ 不可能成等差数列.

§12 解答 2009 年北京大学自主招生试题第 4 题的一般情形

题 1 (2009 年北京大学自主招生试题第 4 题) 已知对任意实数 x 均有 $a\cos x + b\cos 2x \geqslant -1$ 恒成立,求 $a+b$ 的最大值.

巧解 $a\cos x + b\cos 2x \geqslant -1(x \in \mathbf{R})$ 恒成立即 $2b\cos^2 x + a\cos x - b + 1 \geqslant 0(x \in \mathbf{R})$ 恒成立.

令 $\cos x = -\dfrac{1}{2}$,得 $a+b \leqslant 2$.

又当 $a = \dfrac{4}{3}, b = \dfrac{2}{3}$ 时,$2b\cos^2 x + a\cos x - b + 1 = \dfrac{1}{3}(2\cos x + 1)^2 \geqslant 0$ $(x \in \mathbf{R})$ 恒成立,所以所求 $a+b$ 的最大值是 2.

对巧解的疑问 此解法简洁巧妙,但是如何想到的呢?为何要令 $\cos x = -\dfrac{1}{2}$?为何又要令 $a = \dfrac{4}{3}, b = \dfrac{2}{3}$?这是偶然还是必然?

$a\cos x + b\cos 2x \geqslant -1(x \in \mathbf{R})$ 恒成立即 $a\cos x + b(2\cos^2 x - 1) \geqslant -1$ $(x \in \mathbf{R})$ 恒成立.

欲求 $a+b$ 的最大值,自然想到令 $\cos x = 2\cos^2 x - 1 < 0$,得 $\cos x = -\dfrac{1}{2}$,且有 $a+b \leqslant 2$.

若能再证得 $a+b=2$ 可成立(即存在 $b \in \mathbf{R}$ 使 $2b\cos^2 x + (2-b)\cos x - b + 1 \geqslant 0(x \in \mathbf{R})$ 恒成立),则求得 $a+b$ 的最大值是 2.

而这只需关于 $\cos x$ 的二次三项式 $2b\cos^2 x + (2-b)\cos x - b + 1$ 满足
$$\begin{cases} 2b > 0 \\ \Delta = (2-b)^2 - 4 \cdot 2b \cdot (1-b) = (3b-2)^2 \leqslant 0 \end{cases}$$
即
$$b = \dfrac{2}{3}, a = 2 - b = \dfrac{4}{3}$$

这就弄清了巧解是如何想到的.

下面给出题 1 的几道变式题及其巧解.

题 2 已知 $\forall x \in \mathbf{R}$ 均有 $a\cos x + b\cos 2x \geqslant -1$ 恒成立,求 $a+b$ 的取值范围.

解 $a\cos x + b\cos 2x \geqslant -1(x \in \mathbf{R})$ 恒成立即 $a\cos x + b(2\cos^2 x - 1) \geqslant$

$-1(x \in \mathbf{R})$ 恒成立.

令 $\cos x = 2\cos^2 x - 1 > 0$,得 $\cos x = 1$,且有 $a+b \geqslant -1$.

若能再证得 $a+b = -1$ 可成立(即存在 $b \in \mathbf{R}$ 使 $2b\cos^2 x - (b+1)\cos x - b + 1 \geqslant 0(x \in \mathbf{R})$ 恒成立),则求得 $a+b$ 的最小值是 -1.

而这只需关于 $\cos x$ 的二次三项式 $2b\cos^2 x - (b+1)\cos x - b + 1$ 满足

$$\begin{cases} 2b > 0 \\ \Delta = (b+1)^2 - 4 \cdot 2b \cdot (1-b) = (3b-1)^2 \leqslant 0 \end{cases}$$

即

$$b = \frac{1}{3}, a = -1 - b = -\frac{4}{3}$$

即又当 $a = -\frac{4}{3}, b = \frac{1}{3}$ 时 $a\cos x + b\cos 2x \geqslant -1(x \in \mathbf{R})$ 恒成立(即 $\frac{2}{3}(\cos x - 1)^2 \geqslant 0$),所以 $a+b$ 的最小值是 -1.

又题 1 中已求得 $a+b$ 的最大值是 2,且 $a+b$ 的值是连续变化的,所以 $a+b$ 的取值范围是 $[-1,2]$.

题 3 已知 $\forall x \in \mathbf{R}$ 均有 $a\cos x + b\cos 2x \geqslant -1$ 恒成立,求 a 的取值范围.

解 $a\cos x + b\cos 2x \geqslant -1(x \in \mathbf{R})$ 恒成立即 $a\cos x + b(2\cos^2 x - 1) \geqslant -1(x \in \mathbf{R})$ 恒成立.

令 $\begin{cases} \cos x > 0 \\ 2\cos^2 x - 1 = 0 \end{cases}$,得 $\cos x = \frac{1}{\sqrt{2}}$,且有 $a \geqslant -\sqrt{2}$.

若能再证得 $a = -\sqrt{2}$ 可成立(即存在 $b \in \mathbf{R}$ 使 $2b\cos^2 x - \sqrt{2}\cos x - b + 1 \geqslant 0(x \in \mathbf{R})$ 恒成立),则求得 a 的最小值是 $-\sqrt{2}$.

而这只需关于 $\cos x$ 的二次三项式 $2b\cos^2 x - \sqrt{2}\cos x - b + 1$ 的满足

$$\begin{cases} 2b > 0 \\ \Delta = 2 - 4 \cdot 2b \cdot (1-b) = 2(2b-1)^2 \leqslant 0 \end{cases}$$

即

$$b = \frac{1}{2}$$

即又当 $a = -\sqrt{2}, b = \frac{1}{2}$ 时 $a\cos x + b\cos 2x \geqslant -1(x \in \mathbf{R})$ 恒成立(即 $\left(\cos x - \frac{1}{\sqrt{2}}\right)^2 \geqslant 0$),所以 a 的最小值是 $-\sqrt{2}$.

同理可求得 a 的最大值是 $\sqrt{2}$. 所以 a 的取值范围是 $[-\sqrt{2}, \sqrt{2}]$.

题 4 已知 $\forall x \in \mathbf{R}$ 均有 $a\cos x + b\cos 2x \geqslant -1$ 恒成立,求 b 的取值范围.

解 $a\cos x + b\cos 2x \geqslant -1(x \in \mathbf{R})$ 恒成立即 $a\cos x + b(2\cos^2 x - 1) \geqslant$

$-1(x \in \mathbf{R})$ 恒成立.

令 $\cos x = 0$,得 $b \leqslant 1$.

若能再证得 $b = 1$ 可成立(即存在 $a \in \mathbf{R}$ 使 $2\cos^2 x + a\cos x \geqslant 0(x \in \mathbf{R})$ 恒成立),则求得 b 的最大值是 1.

而这只需关于 $\cos x$ 的二次三项式 $2\cos^2 x + a\cos x$ 的判别式 $\Delta = a^2 - 4 \cdot 2 \cdot 0 = a^2 \leqslant 0$,即 $a = 0$.

即又当 $a = 0, b = 1$ 时 $a\cos x + b\cos 2x \geqslant -1(x \in \mathbf{R})$ 恒成立(即 $2\cos^2 x \geqslant 0$),所以 b 的最大值是 1.

下面再来求 b 的最小值.

当 $0 \leqslant b \leqslant 1$ 时,$\exists a = 0$ 使 $a\cos x + b(2\cos^2 x - 1) \geqslant -b \geqslant -1(x \in \mathbf{R})$ 恒成立.

当 $b < 0$ 时(得 $a^2 + 8b(b-1) > 0$)

$a\cos x + b(2\cos^2 x - 1) \geqslant -1(x \in \mathbf{R})$ 恒成立 $\Leftrightarrow$

$2b\cos^2 x + a\cos x + 1 - b \geqslant 0(x \in \mathbf{R})$ 恒成立 $\Leftrightarrow$

$$\begin{cases} 2b \cdot (-1)^2 + a \cdot (-1) + 1 - b \geqslant 0 \\ 2b \cdot 1^2 + a \cdot 1 + 1 - b \geqslant 0 \end{cases} \Leftrightarrow$$

$b + 1 \geqslant |a|$

所以,当 $-1 \leqslant b < 0$ 时,$\exists a = 0$ 使 $a\cos x + b(2\cos^2 x - 1) \geqslant -1(x \in \mathbf{R})$ 恒成立;当 $b < -1$ 时,不存在 a 使 $a\cos x + b(2\cos^2 x - 1) \geqslant -1(x \in \mathbf{R})$ 恒成立.

这就说明 b 的最小值是 -1,得 b 的取值范围是 $[-1, 1]$.

题 5 已知 $\forall x \in \mathbf{R}$ 均有 $a\cos x + b\cos 2x \geqslant -1$ 恒成立,求 $ka + lb(k, l$ 是已知的实数,$k \geqslant l, k > 0)$ 的最小值.

解 $a\cos x + b\cos 2x \geqslant -1(x \in \mathbf{R})$ 恒成立即 $a\cos x + b(2\cos^2 x - 1) \geqslant -1(x \in \mathbf{R})$ 恒成立.

当 $k \geqslant l, k > 0$ 时,可证 $0 < \dfrac{l + \sqrt{8k^2 + l^2}}{4k} \leqslant 1$,所以可令

$\begin{cases} \dfrac{2\cos^2 x - 1}{\cos x} = \dfrac{l}{k} \\ \cos x > 0 \end{cases}$,得 $\cos x = \dfrac{l + \sqrt{8k^2 + l^2}}{4k}$,且有 $ka + lb \geqslant \dfrac{l - \sqrt{8k^2 + l^2}}{2}$.

若能再证得 $ka + lb = \dfrac{l - \sqrt{8k^2 + l^2}}{2}$ 可成立(即存在 $b \in \mathbf{R}$ 使 $2b\cos^2 x + a\cos x - b + 1 \geqslant 0(x \in \mathbf{R})$ 恒成立,这里 $a = \dfrac{l(1-2b) - \sqrt{8k^2 + l^2}}{2k}$),则求得 $ka + lb$ 的最小值是 $\dfrac{l - \sqrt{8k^2 + l^2}}{2}$.

而这只需关于 $\cos x$ 的二次三项式 $2b\cos^2 x + a\cos x - b + 1$ 满足

$$\begin{cases} 2b > 0 \\ \Delta = a^2 - 4 \cdot 2b \cdot (1-b) = \left(\dfrac{\sqrt{8k^2+l^2}}{k}b + \dfrac{l-\sqrt{8k^2+l^2}}{2k}\right)^2 \leqslant 0 \end{cases}$$

即

$$b = \frac{1}{2} - \frac{l}{2\sqrt{8k^2+l^2}}, a = -\frac{4k}{\sqrt{8k^2+l^2}}$$

即又当 $a = -\dfrac{4k}{\sqrt{8k^2+l^2}}, b = \dfrac{1}{2} - \dfrac{l}{2\sqrt{8k^2+l^2}}$ 时 $a\cos x + b\cos 2x \geqslant -1$ $(x \in \mathbf{R})$ 恒成立（即 $\left(1 - \dfrac{l}{\sqrt{8k^2+l^2}}\right)\left(\cos x - \dfrac{l+\sqrt{8k^2+l^2}}{4k}\right)^2 \geqslant 0$），所以 $ka+lb$ 的最小值是 $\dfrac{l-\sqrt{8k^2+l^2}}{2}$.

题 6 已知 $\forall x \in \mathbf{R}$ 均有 $a\cos x + b\cos 2x \geqslant -1$ 恒成立，求 $ka+lb$ (k,l 是已知的实数, $k \geqslant -l, k > 0$) 的最小值.

解 $a\cos x + b\cos 2x \geqslant -1$ ($x \in \mathbf{R}$) 恒成立即 $a\cos x + b(2\cos^2 x - 1) \geqslant -1$ ($x \in \mathbf{R}$) 恒成立.

当 $k \geqslant -l, k > 0$ 时，可证 $-1 \leqslant \dfrac{l-\sqrt{8k^2+l^2}}{4k} < 0$，所以可令

$$\begin{cases} \dfrac{2\cos^2 x - 1}{\cos x} = \dfrac{l}{k} \\ \cos x < 0 \end{cases}, 得 \cos x = \dfrac{l-\sqrt{8k^2+l^2}}{4k}, 且有 ka+lb \leqslant \dfrac{l+\sqrt{8k^2+l^2}}{2}.$$

若能再证得 $ka+lb = \dfrac{l+\sqrt{8k^2+l^2}}{2}$（即存在 $b \in \mathbf{R}$ 使 $2b\cos^2 x + a\cos x - b + 1 \geqslant 0$ ($x \in \mathbf{R}$) 恒成立，这里 $a = \dfrac{\sqrt{8k^2+l^2}+l(1-2b)}{2k}$），则求得 $ka+lb$ 的最大值是 $\dfrac{l+\sqrt{8k^2+l^2}}{2}$.

而这只需关于 $\cos x$ 的二次三项式 $2b\cos^2 x + a\cos x - b + 1$ 满足

$$\begin{cases} 2b > 0 \\ \Delta = a^2 - 4 \cdot 2b \cdot (1-b) = \left(\dfrac{\sqrt{8k^2+l^2}}{k}b - \dfrac{\sqrt{8k^2+l^2}+l}{2k}\right)^2 \leqslant 0 \end{cases}$$

即

$$b = \frac{1}{2} + \frac{l}{2\sqrt{8k^2+l^2}}, a = \frac{4k}{\sqrt{8k^2+l^2}}$$

即又当 $a = \dfrac{4k}{\sqrt{8k^2+l^2}}, b = \dfrac{1}{2} + \dfrac{l}{2\sqrt{8k^2+l^2}}$ 时 $a\cos x + b\cos 2x \geqslant -1$ ($x \in$

R)恒成立(即 $\left(1+\dfrac{l}{\sqrt{8k^2+l^2}}\right)\left(\cos x+\dfrac{\sqrt{8k^2+l^2}-l}{4k}\right)^2\geqslant 0$),所以 $ka+lb$ 的最大值是 $\dfrac{l+\sqrt{8k^2+l^2}}{2}$.

题 7 已知 $\forall x\in$ **R** 均有 $a\cos x+b\cos 2x\geqslant -1$ 恒成立,求 $ka+lb(k,l$ 是已知的实数,$k\geqslant |l|,k>0)$ 的取值范围.

解 由题 5、题 6 的结论,立得答案是 $\left[\dfrac{l-\sqrt{8k^2+l^2}}{2},\dfrac{l+\sqrt{8k^2+l^2}}{2}\right]$.

题 8 已知 $\forall x\in$ **R** 均有 $a\cos x+b\cos 2x\geqslant -1$ 恒成立,求 $ka+lb(k,l$ 是已知的实数,$0<k\leqslant l)$ 的取值范围.

解 $a\cos x+b\cos 2x\geqslant -1(x\in$ **R**) 恒成立即 $2b\cos^2 x+a\cos x+1-b\geqslant 0(x\in$ **R**) 恒成立.

(1) 当 $b>0$ 时,又包括两种情形:

① 又 $\Delta=a^2-4\cdot 2b\cdot(1-b)\leqslant 0$ 即 $\dfrac{a^2}{2}+\dfrac{\left(b-\dfrac{1}{2}\right)^2}{\dfrac{1}{4}}\leqslant 1$ 时,用线性规划知识(如图 1)可求得此时 $ka+lb(0<k\leqslant l)$ 的取值范围是

$$A=\left[\dfrac{l-\sqrt{8k^2+l^2}}{2},\dfrac{l+\sqrt{8k^2+l^2}}{2}\right]$$

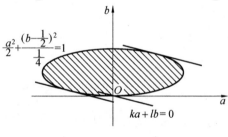

图 1

② 又 $\Delta>0$ 即 $\dfrac{a^2}{2}+\dfrac{\left(b-\dfrac{1}{2}\right)^2}{\dfrac{1}{4}}>1$ 时,得 $\dfrac{-a-\sqrt{\Delta}}{4b}\geqslant 1$(即 $\sqrt{\Delta}\leqslant -a-4b$)

或 $\dfrac{-a+\sqrt{\Delta}}{4b}\leqslant -1$(即 $\sqrt{\Delta}\leqslant a-4b$)(即 $\sqrt{\Delta}\leqslant |a|-4b$),即

$$\begin{cases}\dfrac{a^2}{2}+\dfrac{\left(b-\dfrac{1}{2}\right)^2}{\dfrac{1}{4}}>1\\ 4b\leqslant |a|\leqslant b+1\end{cases},用线性规划知识(如图 2)可求得此时 ka+lb(0<k\leqslant l)$$

的取值范围是 $B = \left[-l, \dfrac{4k+l}{3}\right]$.

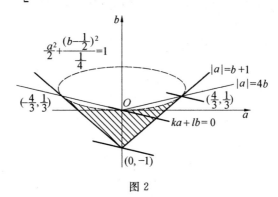

图 2

(2) 当 $b = 0$ 时,题设即 $a\cos x + 1 \geqslant 0 (x \in \mathbf{R})$ 恒成立,得 $-1 \leqslant a \leqslant 1$,所以此时 $ka + lb (0 < k \leqslant l)$ 的取值范围是 $C = [-k, k]$.

(3) 当 $b < 0$ 时,得 $\begin{cases} 2b \cdot (-1)^2 + a \cdot (-1) + 1 - b \geqslant 0 \\ 2b \cdot 1^2 + a \cdot 1 + 1 - b \geqslant 0 \end{cases}$ (即 $b \geqslant |a| - 1$),

即 $\begin{cases} b < 0 \\ b \geqslant |a| - 1 \end{cases}$,用线性规划知识(如图 3)可求得此时 $ka + lb (0 < k \leqslant l)$ 的取值范围是 $D = [-l, k]$.

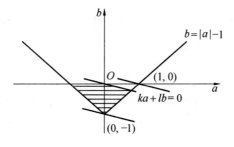

图 3

易证 $D \subseteq B, C \subseteq B$,所以 $B \cup C \cup D = B$.

又 $\dfrac{l - \sqrt{8k^2 + l^2}}{2} \geqslant -l$(当 $0 < k \leqslant l$ 时),$\dfrac{l + \sqrt{8k^2 + l^2}}{2} > \dfrac{l}{2} + \sqrt{2}k > \dfrac{l}{3} + \dfrac{4}{3}k = \dfrac{4k + l}{3}$.

所以所求 $ka + lb (0 < k < l)$ 的取值范围是 $A \cup B \cup C \cup D = A \cup B = \left[-l, \dfrac{l + \sqrt{8k^2 + l^2}}{2}\right]$.

题 9 已知 $\forall x \in \mathbf{R}$ 均有 $a\cos x + b\cos 2x \geqslant -1$ 恒成立,求 $ka + lb (k, l$

是已知的实数,$0<k\leqslant -l$)的取值范围.

解 $a\cos x+b\cos 2x\geqslant -1(x\in \mathbf{R})$ 恒成立,即 $2b\cos^2 x+a\cos x+1-b\geqslant 0(x\in \mathbf{R})$ 恒成立.

(1) 当 $b>0$ 时,又包括两种情形:

① 又 $\Delta=a^2-4\cdot 2b\cdot (1-b)\leqslant 0$ 即 $\dfrac{a^2}{2}+\dfrac{\left(b-\dfrac{1}{2}\right)^2}{\dfrac{1}{4}}\leqslant 1$ 时,用线性规划知识(如图 4)可求得此时 $ka+lb(0<k\leqslant -l)$ 的取值范围是 $A'=\left[\dfrac{l-\sqrt{8k^2+l^2}}{2},\dfrac{l+\sqrt{8k^2+l^2}}{2}\right]$.

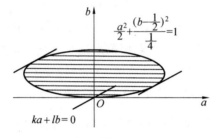

图 4

② 又 $\Delta>0$ 即 $\dfrac{a^2}{2}+\dfrac{\left(b-\dfrac{1}{2}\right)^2}{\dfrac{1}{4}}>1$ 时,得 $\dfrac{-a-\sqrt{\Delta}}{4b}\geqslant 1$ 或 $\dfrac{-a+\sqrt{\Delta}}{4b}\leqslant -1$,

即 $\begin{cases}\dfrac{a^2}{2}+\dfrac{\left(b-\dfrac{1}{2}\right)^2}{\dfrac{1}{4}}>1\\ 4b\leqslant |a|\leqslant b+1\end{cases}$,用线性规划知识(如图 5)可求得此时 $ka+lb(0<k\leqslant -l)$ 的取值范围是 $B'=\left(\dfrac{l-4k}{3},-l\right]$.

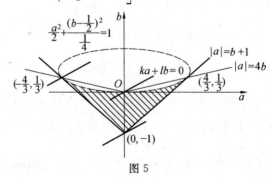

图 5

(2) 当 $b=0$ 时,题设即 $a\cos x+1\geqslant 0(x\in \mathbf{R})$ 恒成立,得 $-1\leqslant a\leqslant 1$, 所以此时 $ka+lb(0<k\leqslant -l)$ 的取值范围是 $C'=[-k,k]$.

(3) 当 $b<0$ 时,得 $\begin{cases}2b\cdot(-1)^2+a\cdot(-1)+1-b\geqslant 0\\ 2b\cdot 1^2+a\cdot 1+1-b\geqslant 0\end{cases}$ (即 $b\geqslant |a|-1$),

即 $\begin{cases}b<0\\ b\geqslant |a|-1\end{cases}$,用线性规划知识(如图6)可求得此时 $ka+lb(0<k\leqslant -l)$ 的取值范围是 $D'=(-k,-l]$.

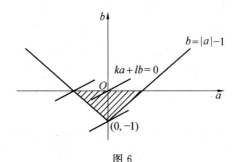

图 6

易证 $D'\subseteq B',C'\subseteq B'$,所以 $B'\cup C'\cup D'=B'$.

当 $0<k\leqslant -l$ 时可证:$\dfrac{l+\sqrt{8k^2+l^2}}{2}\leqslant -l,\dfrac{l-\sqrt{8k^2+l^2}}{2}<\dfrac{l-4k}{3}$(即 $8k+l<3\sqrt{8k^2+l^2}$,可用平方法证得 $|8k+l|<3\sqrt{8k^2+l^2}$).

所以所求 $ka+lb(0<k\leqslant -l)$ 的取值范围是 $A'\cup B'\cup C'\cup D'=A'\cup B'=\left[\dfrac{l-\sqrt{8k^2+l^2}}{2},-l\right]$.

题10 已知 $\forall x\in \mathbf{R}$ 均有 $a\cos x+b\cos 2x\geqslant -1$ 恒成立,求 $ka+lb(k,l$ 是已知的实数,$k\geqslant 0)$ 的取值范围.

解(1) 当 $k=0$ 时,由题4的结论立得答案是 $\{t\mid -|l|\leqslant t\leqslant |l|\}$;

(2) 当 $k\geqslant |l|,k>0$ 时,由题7的结论立得答案是

$$\left[\dfrac{l-\sqrt{8k^2+l^2}}{2},\dfrac{l+\sqrt{8k^2+l^2}}{2}\right]$$

(3) 当 $0<k<l$ 时,由题8的结论立得答案是 $\left[-l,\dfrac{l+\sqrt{8k^2+l^2}}{2}\right]$;

(4) 当 $0<k<-l$ 时,由题9的结论立得答案是 $\left[\dfrac{l-\sqrt{8k^2+l^2}}{2},-l\right]$.

注 由题10的结论还可得出在题10的条件下求 $ka+lb(k,l$ 是已知的实数,$k<0)$ 的取值范围的结论;本文的问题都可仿照题8或题9用线性规划的知识来解决.

§13 对2009年北京大学自主招生试题第2题的研究

2009年北京大学自主招生试题第2题 已知一无穷等差数列中,有三项分别为:13,25,41,求证:2 009为数列中的一项.

首先,笔者指出该题是有瑕疵的:无穷等差数列$\{45-4n\}$的第8,5,1项分别是13,25,41,但2 009不是该数列的项(因为该数列的最大项是首项41).

可把该题修正为以下两个结论之一:

结论1 若13,25,41均为一无穷递增等差数列的项,则2 009也为该数列的项.

结论2 (定义广义数列$\{a_n\}$中的自变量n取全体整数,所以广义等差数列$\{a_n\}$的通项公式是$a_n=a_0+nd$(d是公差,$n\in \mathbf{Z}$))若13,25,41均为一广义无穷等差数列的项,则2 009也为该数列的项.

容易理解结论1、结论2是等价的(因为$\{a_n\}$是等差数列$\Leftrightarrow \{-a_n\}$是等差数列),下面给出结论2的证明:

可不妨设13,25,41分别是公差为$d(d\neq 0)$的广义无穷等差数列$\{a_n\}$的第$0,k,l$($0,k,l$是两两不等的整数)项,得
$$25-13=12=kd, 41-13=28=ld$$
$$\frac{k}{l}=\frac{3}{7}$$
所以可设$k=3t, l=7t$(t是非零整数),再由$12=kd$或$28=ld$,得$4=td$,所以
$$2\ 009=13+4\cdot 499=13+499td=a_{499t}$$

证毕!

仿此证明,还可证得

结论3 若13,25,41均为一无穷递增等差数列的项,则$4i+13(i\in \mathbf{N})$也为该数列的项.

结论4 若13,25,41均为一广义无穷等差数列的项,则$4i+1(i\in \mathbf{Z})$也为该数列的项.

我们还可把结论4推广为

结论5 满足条件"若13,25,41均为一广义无穷等差数列的项,则δ也为该数列的项"的复数δ的集合是$\{4i+1 | i\in \mathbf{Z}\}$.

结论6 满足条件"若复数$\alpha,\beta,\gamma(\alpha<\beta<\gamma)$均为一广义无穷等差数列的项(其充要条件是可设$\beta-\alpha=pt, \gamma-\alpha=qt(t\in \mathbf{R}_+, p,q$是互质的非零整数)),

则 δ 也为该数列的项"的复数 δ 的集合是 $\{\alpha+it\,|\,i\in\mathbf{Z}\}$.

因为结论 3,4,5 均是结论 6 的特例,所以下面只证结论 6:

结论 6 的证明 先证明关于充要条件的结论:

可不妨设复数 α,β,γ 分别是公差为 $d(d\neq 0)$ 的广义无穷等差数列 $\{a_n\}$ 的第 $0,k,l(0,k,l$ 是两两不等的整数)项,得

$$\beta-\alpha=kd,\gamma-\alpha=ld$$

$$\frac{\beta-\alpha}{\gamma-\alpha}=\frac{k}{l}$$

设非零整数 k,l 的最大公约数是正整数 s,得 $k=ps,l=qs(p,q$ 是互质的非零整数),所以 $\frac{\beta-\alpha}{\gamma-\alpha}=\frac{p}{q}(p,q$ 是互质的非零整数,且可设 $\beta-\alpha=pt,\gamma-\alpha=qt$,其中 $t\in\mathbf{R}_+)$.

反之,若 $\beta-\alpha=pt,\gamma-\alpha=qt(t\in\mathbf{R}_+),p,q$ 是互质的非零整数,则复数 α,β,γ 分别是公差为 t 的广义无穷等差数列的第 $0,p,q$ 项.

所以关于充要条件的结论成立.

下面再证明"复数 δ 的集合是 $\{\alpha+it\,|\,i\in\mathbf{Z}\}$".

先证明复数 δ 一定能表示成 $\alpha+it(i\in\mathbf{Z})$ 的形式.

在上面的推导过程中,当 $s=1$ 时,可得 $k=p,l=q,d=t$,所以广义无穷等差数列 $\{a_n\}$ 的通项公式是 $a_n=\alpha+nt(n\in\mathbf{Z})$,所以广义数列的项 δ 一定能表示成 $\alpha+it(i\in\mathbf{Z})$ 的形式.

再证明 $\alpha+it(i\in\mathbf{Z})$ 一定是该广义无穷等差数列的项.

因为 p,q 是互质的非零整数,所以存在整数 x,y 满足 $ptx+qty=it$.

再由 $\beta-\alpha=pt=kd,\gamma-\alpha=qt=ld$,得 $\alpha+it=\alpha+(kx+ly)d=a_{kx+ly}$,即 $\alpha+it(i\in\mathbf{Z})$ 是广义无穷等差数列 $\{a_n\}$ 的第 $kx+ly$ 项.

证毕!

推论 (1)满足条件"若复数 $\alpha,\beta,\gamma(\alpha<\beta<\gamma)$ 均为一无穷递增等差数列的项(其充要条件是可设 $\beta-\alpha=pt,\gamma-\alpha=qt(t\in\mathbf{R}_+,p,q$ 是互质的非零整数)),则 δ 也为该数列的项"的复数 δ 的集合是 $\{\alpha+it\,|\,i\in\mathbf{N}\}$;

(2)满足条件"若复数 $\alpha,\beta,\gamma(\alpha>\beta>\gamma)$ 均为一无穷递减等差数列的项(其充要条件是可设 $\beta-\alpha=pt,\gamma-\alpha=qt(t\in\mathbf{R}_+,p,q$ 是互质的非零整数)),则 δ 也为该数列的项"的复数 δ 的集合是 $\{\alpha-it\,|\,i\in\mathbf{N}\}$.

文献[1]给出了已知的三个数能为某个等差(比)数列的项的充要条件,读者可以参阅.

参考文献

[1] 甘志国.已知的三个数能为某个等差(比)数列的项的充要条件[J].数学教学,2010(3):26-27.

§14 一道 2009 年清华大学自主招生数学试题的背景

2009 年清华大学自主招生数学试题有一道理科题是(见《数学通讯》2010 年第 3(下) 期第 57 页题 8)：

请写出三个数(正数)均为质数,且它们形成公差为 8 的等差数列,并证明你的结论.

解 设这个等差数列为 $a, a+8, a+16$.

若 $a=3n(n\in \mathbf{N}^*)$,因为 a 为质数,所以 $a=3$,得这个等差数列为 $3,11,19$,符合题意；

若 $a=3n+1(n\in \mathbf{N}^*)$,这与 $a+8$ 为质数矛盾：$a+8=3(n+3)(n\in \mathbf{N}^*)$；

若 $a=3n+2(n\in \mathbf{N})$,这与 $a+16$ 为质数矛盾：$a+8=3(n+3)(n\in \mathbf{N}^*)$.

所以所求答案为 $3,11,19$.

质数问题非常古老,其中的猜想很多也很有名,比如哥德巴赫(Goldbach, 1690—1764) 猜想等[1]. 华裔数学家陶哲轩(Terence Tao, 1975—)在第 25 届 (2006 年) 国际数学家大会上获得菲尔兹奖,数学天才陶哲轩的一项重要贡献就是证明了存在任意长(至少三项) 的素数等差数列(指各项都是素数的等差数列,素数就是质数)[2]. 这就是这道自主招生题的深刻背景.

1985 年,文献[3] 用较多笔墨得到：公差为 $2、4、8、14$ 的质数等差数列分别只有一个,它们分别是 $3,5,7;3,7,11;3,11,19;3,17,3$；不存在公差为 16 的质数等差数列.

笔者在文献[4] 中证得了：

定理 1 首项不是 3 的质数等差数列的公差是 6 的倍数.

证明 即证：若质数 $p\neq 3, n\in \mathbf{N}^*, p+n$ 与 $p+2n$ 均为质数,则 $6\mid n$.

易证 $2\mid n$,下证 $3\mid n$.

可得 p 是 $3k\pm 1(k\in \mathbf{N}^*)$ 数,所以 $3\mid p^2-1$. 假设 $3\nmid n$(即 3 不整除 n),得 $3\mid n^2-1$,所以 $3\mid p^2-n^2, 3\mid (p+n)(p+2n), 3\mid p+n$ 或 $3\mid p+2n$,所以 $p+n$ 或 $p+2n$ 是合数,这与题设矛盾！所以 $3\mid n$,欲证成立.

定理 2 公差不是 6 的倍数的质数等差数列的首项与项数均是 3.

证明 由定理 1 知,首项为 3,下证项数是 3.

假设项数不小于 4,得 $3,3+n,3+2n,3+3n(n\in \mathbf{N}^*)$ 均为质数,这不可能！所以项数是 3.

推论 设 $n \in \mathbf{N}^*$，$6 \nmid n$，则

(1) 存在公差为 n 的质数等差数列 $\Leftrightarrow 3+n$ 与 $3+2n$ 均为质数；

(2) 不存在公差为 n 的质数等差数列 $\Leftrightarrow 3+n$ 或 $3+2n$ 为合数。

由推论易得文献[3]的结论，还可得：公差为 2、4、8、14、20、28、34、38、40、50 的质数等差数列分别只有一个（且首项与项数均是 3）；不存在公差为 16、22、26、32、44、46 的质数等差数列。

高校自主招生考试数学试题材料鲜活，给人耳目一新的感觉[5],[6]，这道题不难，但有着深刻的数学背景，据笔者所知，很多考生对数学史及常见的整数性质一无所知，这在考试中是要吃亏的[7]。

参考文献

[1] 杨之. 初等数学研究的问题与课题[M]. 长沙：湖南教育出版社，1993.

[2] 甘志国. 他未到 13 岁就赢得 IMO 金牌[J]. 中学生数学，2007(5 上)：29.

[3] 薛大庆. 关于素数成等差数列的问题[J]. 初等数学论丛(第 8 辑)，1985(1)：17.

[4] 甘志国. 初等数学研究(Ⅰ)[M]. 哈尔滨：哈尔滨工业大学出版社，2008.

[5] 甘志国. 介绍几道 2008 年自主招生数学试题[J]. 中学数学杂志，2009(1)：54-56.

[6] 甘志国. 强烈推荐两种数学考试题型——阅读题和作文题[J]. 中学数学(高中)，2010(4)：11-15,63.

[7] 甘志国. 2007 年高考湖北卷的一大特色——整数性质[J]. 数学通讯，2007(18)：19-20,18.

§15 源于教材的一道清华大学自主招生数学试题

2009 年清华大学自主招生数学试题第 2(1) 题是：

已知 $x,y \in \mathbf{R}$，且 $x+y=1, n \in \mathbf{N}^*$，求证：$x^{2n} + y^{2n} \geq \dfrac{1}{2^{2n-1}}$.

分析 1 当 $n=1$ 时，易得欲证，所以下面只证 $n \geq 2$ 时成立．即证 $\dfrac{x^{2n}+y^{2n}}{2} \geq \left(\dfrac{x+y}{2}\right)^{2n}$ ($x,y \in \mathbf{R}, n \geq 2, n \in \mathbf{N}$)，只需证明 $\dfrac{a^{2t}+b^{2t}}{2} \geq \left(\dfrac{a+b}{2}\right)^{2t}$ ($a,b,t \in \mathbf{R}, t > 1$)，这只需证明函数 $g(x)=x^{2t}$ ($x,t \in \mathbf{R}, t>1$) 是下凸函数，而这用导数易证．

大纲教材全日制普通高级中学教科书（必修）《数学·第二册（上）》（人民教育出版社，2006 年）第 12 页第 1 题是"求证 $\left(\dfrac{a+b}{2}\right)^2 \leq \dfrac{a^2+b^2}{2}$"，所以这道自主招生题是这道大纲教材题的一般化．

分析 2 新课标教材普通高中课程标准实验教科书《数学 4·必修 A 版》（人民教育出版社，2007 年第 2 版）第 144 页习题 3.2B 组第 5 题是：

设 $f(\alpha) = \sin^x\alpha + \cos^x\alpha, x \in \{n \mid n=2k, k \in \mathbf{N}_+\}$．利用三角变换，估计 $f(\alpha)$ 在 $x=2,4,6$ 时的取值情况，进而对 x 取一般值时 $f(\alpha)$ 的取值范围作出一个猜想．

文献[1]对该题做了研究，可猜测出 $f(\alpha)$ 的取值范围是"当 $x=2k, k \in \mathbf{N}_+$ 时，$\dfrac{1}{2^{k-1}} \leq f(\alpha) \leq 1$"．

要证明猜测（设 $a=\sin^2\alpha, b=\cos^2\alpha$），即证：当 $a \geq 0, b \geq 0, a+b=1, n \in \mathbf{N}_+$ 时，$\dfrac{1}{2^{n-1}} \leq a^n + b^n \leq 1$．

因为 $a^n \leq a, b^n \leq b$，所以 $a^n + b^n \leq a + b = 1$．

下证 $\dfrac{1}{2^{n-1}} \leq a^n + b^n$，即证 $\dfrac{a^n + b^n}{2} \geq \left(\dfrac{a+b}{2}\right)^n$ ($n \geq 2$)，这只需证明函数 $g(x) = x^n$ ($n \geq 2$) 是下凸函数，而这用导数易证．

文献[1]还给出了以上问题的一般情形"设 $a,b \in (0,1), a+b=1$，对于已知的实数 t，求式子 $a^t + b^t$ 的取值范围"的答案．

显然，这道自主招生题是这道新课标教材题的特例．

文献[2]（该文 ① 式中的"$\leq$"应改为"$\geq$"）运用均值不等式还给出了这道

自主招生题的一种简证：

当 $xy \leqslant 0$ 时,易得欲证,所以下面只证 $xy > 0$(即 $x, y \in \mathbf{R}_+$,因为 $x + y = 1$) 时也成立.

$$\frac{x^{2n}}{x^{2n}+y^{2n}} + \underbrace{\frac{1}{2} + \frac{1}{2} + \cdots + \frac{1}{2}}_{2n-1\text{个}} \geqslant \frac{2nx}{\sqrt[2n]{2^{2n-1}(x^{2n}+y^{2n})}}$$

$$\frac{y^{2n}}{x^{2n}+y^{2n}} + \underbrace{\frac{1}{2} + \frac{1}{2} + \cdots + \frac{1}{2}}_{2n-1\text{个}} \geqslant \frac{2ny}{\sqrt[2n]{2^{2n-1}(x^{2n}+y^{2n})}}$$

把它们相加后可得欲证.

参考文献

[1] 甘志国.对教科书中一道习题的研究[J].中学数学(高中),2010(2):27.

[2] 王亚辉.简证2009年清华大学自主招生一道数学试题[J].数学通讯,2010(8下):28.

§16　介绍几道 2008 年自主招生数学试题

高校自主招生考试数学试题材料鲜活,不易压中,试题的结构常以 5～7 道解答题的形式出现(如 2008 年清华大学、北京大学、浙江大学的自主招生试题),也有与本省高考数学试卷的形式类似的(如 2008 年山东大学自主招生试题),试题的难度一般略高于高考题.下面介绍几道 2008 年自主招生数学试题,且这里给出的解答多与原参考答案不同.

题 1 (2008 年浙江大学自主招生试题)
$$A = \left\{(x, y) \,\Big|\, (x-1)^2 + (y-2)^2 \leqslant \frac{5}{4}\right\}$$
$$B = \{(x, y) \mid |x-1| + 2|y-2| \leqslant a\}, A \subseteq B$$

求 a 的取值范围.

原参考解答是:通过换元后可知,题意即

若 $\left\{(x, y) \,\Big|\, x^2 + y^2 \leqslant \dfrac{5}{4}\right\} \subseteq \{(x, y) \mid |x| + 2|y| \leqslant a\}$,求正数 a 的取值范围.

再通过画图(由对称性,可以只考虑第一象限的图形),得圆 $x^2 + y^2 \leqslant \dfrac{5}{4}$ 的圆心即坐标原点到直线 $x + 2y = a$ 的距离不小于该圆的半径 $\dfrac{\sqrt{5}}{2}$,得所求 a 的取值范围是 $\left[\dfrac{\sqrt{5}}{2}, +\infty\right)$.

下面给出一种所用知识更少的解法.

解 题意即

若 $(x-1)^2 + (y-2)^2 \leqslant \dfrac{5}{4} \Rightarrow |x-1| + 2|y-2| \leqslant a$,求实数 a 的取值范围.

因为 $(x-1)^2 + (y-2)^2 \leqslant \dfrac{5}{4} \Leftrightarrow |y-2| \leqslant \sqrt{\dfrac{5}{4} - (x-1)^2}$,所以题设等价于 $|x-1| + 2\sqrt{\dfrac{5}{4} - (x-1)^2} \leqslant a$ 恒成立.设 $|x-1| = t$,得 $t \geqslant 0$,题设即函数 $z = t + \sqrt{5 - 4t^2}$ $(t \geqslant 0)$ 的最大值 $z_{\max} \leqslant a$,下面用两种方法求 $z_{\max}$.

解法一 可得

$$(z-t)^2 = 5 - 4t^2$$
$$5t^2 - 2zt + (z^2 - 5) = 0$$
$$\Delta = 4z^2 - 20(z^2 - 5) \geqslant 0$$
$$-\frac{5}{2} \leqslant z \leqslant \frac{5}{2}$$

还可得当且仅当 $t = \frac{1}{2}$ 即 $x = \frac{3}{2}$，或 $-\frac{1}{2}$ 时，$z = \frac{5}{2}$，所以 $z_{\max} = \frac{5}{2}$.

解法二 可得 $5 - 4t^2 \geqslant 0, 0 \leqslant t \leqslant \frac{\sqrt{5}}{2}$，所以可设 $t = \frac{\sqrt{5}}{2} \sin\theta$ $\left(0 \leqslant \theta \leqslant \frac{\pi}{2}\right)$，得

$$z = t + \sqrt{5 - 4t^2} = \frac{\sqrt{5}}{2}\sin\theta + \sqrt{5}\cos\theta =$$
$$\frac{5}{2}\left(\frac{1}{\sqrt{5}}\sin\theta + \frac{2}{\sqrt{5}}\cos\theta\right) =$$
$$\frac{5}{2}\sin(\theta + \varphi)\left(0 \leqslant \theta \leqslant \frac{\pi}{2}\right)$$

其中 $\varphi = \arccos\frac{1}{\sqrt{5}}$.

由此也可得：当且仅当 $\theta + \varphi = \frac{\pi}{2}$ 即 $\theta = \arcsin\frac{1}{\sqrt{5}}$ 也即 $t = \frac{1}{2}$ 就是 $x = \frac{3}{2}$，或 $-\frac{1}{2}$ 时，$z_{\max} = \frac{5}{2}$.

所以所求 a 的取值范围是 $\left[\frac{\sqrt{5}}{2}, +\infty\right)$.

题 2 （2008 年浙江大学自主招生试题）已知 $x > 0, y > 0, a = x + y, b = \sqrt{x^2 + xy + y^2}, c = m\sqrt{xy}$，问是否存在正数 m 使得对于任意正数 x, y 可使 a、b、c 为一个三角形的三条边，如果存在，求出 m 的值；如果不存在，请说明理由.

解 因为 $a > b$，所以存在正数 m 满足题意的充要条件是对于任意的正数 x, y 有下式成立

$$\begin{cases} x + y + \sqrt{x^2 + xy + y^2} > m\sqrt{xy} \\ \sqrt{x^2 + xy + y^2} + m\sqrt{xy} > x + y \end{cases}$$

可设 $y = k^2 x (k > 0)$，得

$$\begin{cases} 1 + k^2 + \sqrt{1 + k^2 + k^4} > mk \\ \sqrt{1 + k^2 + k^4} + mk > 1 + k^2 \end{cases}$$

$$\left[\left(k + \frac{1}{k}\right) + \sqrt{\left(k + \frac{1}{k}\right)^2 - 1}\right]_{\min} > m > \left[\left(k + \frac{1}{k}\right) - \sqrt{\left(k + \frac{1}{k}\right)^2 - 1}\right]_{\max}$$

设 $k+\dfrac{1}{k}=t$，得 $t\geqslant 2$，所以

$$(t+\sqrt{t^2-1})_{\min} > m > \left(\dfrac{1}{t+\sqrt{t^2-1}}\right)_{\max}$$

再由函数的单调性，可立得满足题意的正数 m 存在，且 m 的值有无数多个，其取值范围是 $(2-\sqrt{3}, 2+\sqrt{3})$。

题 3 （2008 年南京大学自主招生试题）设 a,b,c 为正数，且 $a+b+c=1$，求证：$\left(a+\dfrac{1}{a}\right)^2+\left(b+\dfrac{1}{b}\right)^2+\left(c+\dfrac{1}{c}\right)^2\geqslant\dfrac{100}{3}$。

证明 由三元均值不等式，可得 $0<(\sqrt[3]{abc})^2\leqslant\dfrac{1}{9}$，又函数 $y=x+\dfrac{1}{x}(0<x\leqslant 1)$ 是减函数，所以

$$\left(a+\dfrac{1}{a}\right)^2+\left(b+\dfrac{1}{b}\right)^2+\left(c+\dfrac{1}{c}\right)^2=(a^2+b^2+c^2)+\left(\dfrac{1}{a^2}+\dfrac{1}{b^2}+\dfrac{1}{c^2}\right)\geqslant$$

$$3\left[(\sqrt[3]{abc})^2+\dfrac{1}{(\sqrt[3]{abc})^2}\right]+6\geqslant$$

$$3\left(\dfrac{1}{9}+9\right)+6=\dfrac{100}{3}$$

注 用下面题 4 的结论易证题 3，所以说下面的题 4 是题 3 的加强。

题 4 （2008 年南京大学自主招生试题的加强）设 a,b,c 为正数，且 $a+b+c=1$，求证：$\left(a+\dfrac{1}{a}\right)\left(b+\dfrac{1}{b}\right)\left(c+\dfrac{1}{c}\right)\geqslant\dfrac{1\,000}{27}$。

高中生在学习"不等式的证明"时，大多都证明过这样的题：

若正数 a、b 满足 $a+b=1$，求证：$\left(a+\dfrac{1}{a}\right)\left(b+\dfrac{1}{b}\right)\geqslant\dfrac{25}{4}$。

简证如下：先得 $0<ab\leqslant\left(\dfrac{a+b}{2}\right)^2=\dfrac{1}{4}$，又函数 $f(x)=x+\dfrac{1}{x}$ 在 $(0,1)$ 上是减函数，所以 $ab+\dfrac{1}{ab}\geqslant\dfrac{1}{4}+4=\dfrac{17}{4}$，再得

$$\left(a+\dfrac{1}{a}\right)\left(b+\dfrac{1}{b}\right)\geqslant\left(ab+\dfrac{1}{ab}\right)+\left(\dfrac{b}{a}+\dfrac{a}{b}\right)\geqslant\dfrac{17}{4}+2=\dfrac{25}{4}$$

对于该题的深入研究，就会得到题 3 的问题。下面给出题 3 的两个简证，并推广其结论。

证法 1 因为在题 3 的不等式中，当且仅当 $a=b=c=\dfrac{1}{3}$ 时取等号，为了使 $a+\dfrac{1}{a}=a+\dfrac{1}{ma}+\dfrac{1}{ma}+\cdots+\dfrac{1}{ma}$（共 m 个 $\dfrac{1}{ma}$）能使用均值不等式且等号能取

到,应让 $a = \dfrac{1}{ma}$ 且 $a = \dfrac{1}{3}$,得 $m = 9$,所以有如下证法

$$a + \dfrac{1}{a} = a + \dfrac{1}{9a} + \dfrac{1}{9a} + \cdots + \dfrac{1}{9a}(共 9 个 \dfrac{1}{9a}) \geqslant 10 \cdot \sqrt[10]{\dfrac{a}{(9a)^9}}$$

同理,有

$$b + \dfrac{1}{b} \geqslant 10 \cdot \sqrt[10]{\dfrac{b}{(9b)^9}}, c + \dfrac{1}{c} \geqslant 10 \cdot \sqrt[10]{\dfrac{c}{(9c)^9}}$$

所以

$$\left(a + \dfrac{1}{a}\right)\left(b + \dfrac{1}{b}\right)\left(c + \dfrac{1}{c}\right) \geqslant 10^3 \cdot \sqrt[10]{\dfrac{abc}{(9^3 abc)^9}}$$

再由 $0 < abc \leqslant \left(\dfrac{a+b+c}{3}\right)^3 = \dfrac{1}{27}$,可得 $\left(a + \dfrac{1}{a}\right)\left(b + \dfrac{1}{b}\right)\left(c + \dfrac{1}{c}\right) \geqslant \dfrac{1\,000}{27}$(当且仅当 $a = b = c = \dfrac{1}{3}$ 时取等号).

由此思路,还可证得

推广 1 若正数 $a_1, a_2, \cdots, a_n$ 满足 $\sum_{i=1}^{n} a_i = 1$,则 $\prod_{i=1}^{n}\left(a_i + \dfrac{1}{a_i}\right) \geqslant \left(n + \dfrac{1}{n}\right)^n$(当且仅当 $a_1 = a_2 = \cdots = a_n = \dfrac{1}{n}$ 时取等号).

证法 2 $\left(a + \dfrac{1}{a}\right)\left(b + \dfrac{1}{b}\right)\left(c + \dfrac{1}{c}\right) = \dfrac{a^2 + 1}{a} \cdot \dfrac{b^2 + 1}{b} \cdot \dfrac{c^2 + 1}{c} =$

$\dfrac{a^2 b^2 c^2 + (a^2 b^2 + b^2 c^2 + c^2 a^2) + (a^2 + b^2 + c^2) + 1}{abc} \geqslant$

$\dfrac{a^2 b^2 c^2 + 3 \cdot (\sqrt[3]{a^2 b^2 c^2})^2 + 3 \cdot (\sqrt[3]{a^2 b^2 c^2}) + 1}{abc} =$

$\left(\sqrt[3]{abc} + \dfrac{1}{\sqrt[3]{abc}}\right)^3$

再由 $0 < abc \leqslant \left(\dfrac{a+b+c}{3}\right)^3 = \dfrac{1}{27}$,及函数 $f(x) = x + \dfrac{1}{x}$ 在 $(0,1)$ 上是减函数,可得要证结论成立!

推广 2 若 $a, a_1, a_2, \cdots, a_n \in \mathbf{R}_+$,$\sum_{i=1}^{n} a_i \leqslant n\sqrt{a}$,则

$$\prod_{i=1}^{n}\left(a_i + \dfrac{a}{a_i}\right) \geqslant \left[\dfrac{\sum_{i=1}^{n} a_i}{n} + \dfrac{na}{\sum_{i=1}^{n} a_i}\right]^n$$ (当且仅当 $a_1 = a_2 = \cdots = a_n$ 时取等号).

证明 $\prod_{i=1}^{n}\left(a_i+\dfrac{a}{a_i}\right)=\dfrac{\prod_{i=1}^{n}(a_i^2+a)}{\prod_{i=1}^{n}a_i}=\dfrac{1}{\prod_{i=1}^{n}a_i}(a^n+a^{n-1}\sum_{1\leqslant i_1\leqslant n}a_{i_1}^2+$

$a^{n-2}\sum_{1\leqslant i_1<i_2\leqslant n}a_{i_1}^2 a_{i_2}^2+\cdots+$

$a\sum_{1\leqslant i_1<i_2<\cdots<i_{n-1}\leqslant n}a_{i_1}^2 a_{i_2}^2\cdots a_{i_{n-1}}^2+a_1^2 a_2^2\cdots a_n^2)=$

$\dfrac{a^n+\sum_{k=1}^{n}a^{n-k}\sum_{1\leqslant i_1<i_2<\cdots<i_k\leqslant n}(a_{i_1}a_{i_2}\cdots a_{i_k})^2}{\prod_{i=1}^{n}a_i}$

注意到和式 $\sum_{1\leqslant i_1<i_2<\cdots<i_k\leqslant n}(a_{i_1}a_{i_2}\cdots a_{i_k})^2$ 是 C_n^k 项的和, 由均值不等式, 得

$\sum_{1\leqslant i_1<i_2<\cdots<i_k\leqslant n}(a_{i_1}a_{i_2}\cdots a_{i_k})^2\geqslant C_n^k\cdot\sqrt[C_n^k]{\prod_{1\leqslant i_1<i_2<\cdots<i_k\leqslant n}(a_{i_1}a_{i_2}\cdots a_{i_k})^2}=$

$C_n^k\cdot\sqrt[C_n^k]{(a_1 a_2\cdots a_n)^{\frac{2kC_n^k}{n}}}=$

$C_n^k\left(\sqrt[n]{\prod_{i=1}^{n}a_i}\right)^{2k}$ (当且仅当 $a_1=a_2=\cdots=a_n$ 时取等号)

所以

$\prod_{i=1}^{n}\left(a_i+\dfrac{a}{a_i}\right)\geqslant\dfrac{a^n+\sum_{k=1}^{n}a^{n-k}C_n^k\left(\sqrt[n]{\prod_{i=1}^{n}a_i}\right)^{2k}}{\prod_{i=1}^{n}a_i}=\dfrac{\left[a+\left(\sqrt[n]{\prod_{i=1}^{n}a_i}\right)^2\right]^n}{\left(\sqrt[n]{\prod_{i=1}^{n}a_i}\right)^n}$

$\prod_{i=1}^{n}\left(a_i+\dfrac{a}{a_i}\right)\geqslant\left(\sqrt[n]{\prod_{i=1}^{n}a_i}+\dfrac{a}{\sqrt[n]{\prod_{i=1}^{n}a_i}}\right)^n$ (当且仅当 $a_1=a_2=\cdots=a_n$ 时取等号)

又由均值不等式, 得

$0<\sqrt[n]{\prod_{i=1}^{n}a_i}\leqslant\dfrac{\sum_{i=1}^{n}a_i}{n}\leqslant\sqrt{a}$ (当且仅当 $a_1=a_2=\cdots=a_n$ 时第一个"$\leqslant$"取等号)

再由函数 $f(x)=x+\dfrac{a}{x}$ 在 $(0,\sqrt{a}]$ 上是减函数, 可得

$$\sqrt[n]{\prod_{i=1}^{n}a_i}+\frac{a}{\sqrt[n]{\prod_{i=1}^{n}a_i}}\geqslant\frac{\sum_{i=1}^{n}a_i}{n}+\frac{na}{\sum_{i=1}^{n}a_i}>0(当且仅当 a_1=a_2=\cdots=a_n 时 "\geqslant"$$

取等号)

从而可得推广 2 成立(推广 1 显然是推广 2 的特例).

§17 用 $\sin 18° = \dfrac{\sqrt{5}-1}{2}$ 解题

亲爱的读者,你能求出 $\sin 18°$ 的值吗?你知道

$$\sin 18° = \dfrac{\sqrt{5}-1}{2}$$ ①

吗?本文将给出 $\sin 18°$ 的求法及其应用.

2008 年的北京大学自主招生数学试题(共 5 道)的第 1 题就是与正五边形有关的题目:

题 1 求证:边长为 1 的正五边形对角线长为 $\dfrac{\sqrt{5}+1}{2}$.

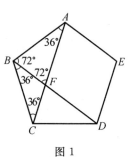

图 1

解 在图 1 的正五边形 $ABCDE$ 中,边长 $AB=1$,对角线 AC,BD 交于点 F,可得 $\triangle ABC \backsim \triangle BFC$,所以 $\dfrac{AC}{BC} = \dfrac{BC}{FC}$.

设 $AC = x(x>0)$,得 $\dfrac{x}{1} = \dfrac{1}{x-1}$,$x = \dfrac{\sqrt{5}+1}{2}$,即欲证成立.

对于题 1,我们还有以下思考:在图 1 中,用余弦定理,得

$$AC^2 = 1^2 + 1^2 - 2 \cdot 1 \cdot 1 \cdot \cos 108° = 2 + 2\sin 18° = \left(\dfrac{\sqrt{5}+1}{2}\right)^2 = \dfrac{\sqrt{5}+3}{2}$$

$$\sin 18° = \dfrac{\sqrt{5}-1}{2}$$

由此,还可得

$$\cos 18° = \dfrac{\sqrt{10+2\sqrt{5}}}{4}, \sin 36° = \dfrac{\sqrt{10-2\sqrt{5}}}{4}, \cos 36° = \dfrac{\sqrt{6+2\sqrt{5}}}{4}$$ ②

当然,不用三角形相似,也可得出结论 ①(再得结论 ②),即

题 2 (1)请仅用 $\sin \alpha$ 表示 $\sin 3\alpha$,仅用 $\cos \alpha$ 表示 $\cos 3\alpha$;
(2)求 $\sin 18°$ 的值.

解 (1) $\sin 3\alpha = 3\sin \alpha - 4\sin^3 \alpha$,$\cos 3\alpha = 4\cos^3 \alpha - 3\cos \alpha$.
(2)在 $\cos 3\alpha = 4\cos^3 \alpha - 3\cos \alpha$ 中令 $\alpha = 18°$,得

$$\cos 54° = \sin 36°, \cos(3 \times 18°) = \sin(2 \times 18°)$$

$$4\cos^3 18° - 3\cos 18° = 2\sin 18° \cos 18°$$

$$4\cos^2 18° - 3 = 2\sin 18° = 4(1-\sin^2 18°) - 3$$

$$(2\sin 18°)^2 + (2\sin 18°) - 1 = 0$$
$$2\sin 18° = \frac{\sqrt{5}-1}{2}, \sin 18° = \frac{\sqrt{5}-1}{4}$$

亲爱的读者,你还听说过"九五顶五九,八五两边分"吗?这是中国民间总结出的正五边形的近似作图方法:

如图2,在线段AH上作点G,使$AG=5.9, GH=9.5$;又作线段$BE \perp AH$,$CD \perp AH$,垂足分别为G、H,且点B、C在直线AH的一侧,点E、D在直线AH的另一侧,$GB=GE=8, HC=HD=5$,联结AB、BC、DE、EA,则五边形$ABCDE$是一个近似的正五边形.

下面,我们来看以上作法为什么是正确的?

如图3,在边长为10的正五边形$A'B'C'D'E'$,G'、H'分别是对角线$B'E'$、边$C'D'$的中点,作$C'F' \perp B'G'$于点F',用结论②可得
$$A'G' = 10\sin 36° = 5.8778\cdots \approx 5.9$$
$$G'H = F'C' = 10\cos 18° = 9.5105\cdots \approx 9.5$$
$$G'B' = G'E' = 10\cos 36° = 8.0901\cdots \approx 8$$
$$H'C' = H'D' = 5$$

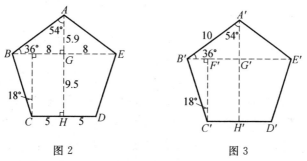

图2　　　　　图3

因为按图2的作法作出的五边形(可近似地认为图2中的$AG=10\sin 36°$,$GH=10\cos 18°, GB=GE=10\cos 36°, HC=HD=5$)是唯一确定的,又已证图3中的正五边形$A'B'C'D'E'$满足$A'G'=10\sin 36°, G'H'=10\cos 18°, G'B'=G'E'=10\cos 36°, H'C'=H'D'=5$,所以可近似地认为图2中的五边形$ABCDE$与图3中的五边形$A'B'C'D'E'$全等,得图2中的五边形$ABCDE$是近似的边长为10的正五边形.

§18 一种重要的三角变换 —— 桃园三结义

读者一定熟知桃园三结义的故事,正因为有了刘备、关羽、张飞桃园三结义的"不求同生,但求同死"的海誓山盟、同甘共苦、肝胆相照,才有蜀国的鼎盛辉煌.

在三角函数中有一个重要公式"$\sin^2 x + \cos^2 x = 1$",由此立得
$$2\sin x\cos x = (\sin x + \cos x)^2 - 1 = 1 - (\sin x - \cos x)^2$$
所以,在 $\sin x\cos x, \sin x + \cos x, \sin x - \cos x$ 三个式子中,只要知道任一个,就可求出另外两个:

(1) 若知道 $\sin x\cos x = r$,得 $\sin x + \cos x = \pm\sqrt{1+2r}$,$\sin x - \cos x = \pm\sqrt{1-2r}$;

(2) 若知道 $\sin x + \cos x = t$,得 $\sin x\cos x = \dfrac{t^2-1}{2}$,$\sin x - \cos x = \pm\sqrt{2-t^2}$;

(3) 若知道 $\sin x - \cos x = s$,得 $\sin x\cos x = \dfrac{1-s^2}{2}$,$\sin x + \cos x = \pm\sqrt{2-s^2}$.

笔者在教学时就把这种变换叫做"桃园三结义".在使用时,还应注意 r,s,t 均有有限的范围;"±"要根据具体情形选取,有时只能选其一,有时两者均可取到;求出 $\sin x + \cos x, \sin x - \cos x$ 后还可立即求得 $\sin x, \cos x$.所以"桃园三结义"一定有广泛、快捷的应用.

题 1 求函数 $y = \sin 2x - 3(\sin x + \cos x)$ 的值域.

解 可设 $\sin x + \cos x = t(-\sqrt{2}\leqslant t\leqslant \sqrt{2})$,得 $\sin 2x = t^2 - 1$,所以 $y = t^2 - 3t - 1(-\sqrt{2}\leqslant t\leqslant \sqrt{2})$,可求得函数 y 的值域是 $[1-3\sqrt{2}, 1+3\sqrt{2}]$.

题 2 求函数 $y = \dfrac{\sin x\cos x}{1+\sin x+\cos x}$ 的值域.

解 可设 $\sin x + \cos x = t(-\sqrt{2}\leqslant t\leqslant \sqrt{2}$ 且 $t\neq -1)$,得 $\sin x\cos x = \dfrac{t^2-1}{2}$,所以 $y = \dfrac{t^2-1}{2(t+1)} = \dfrac{t-1}{2}(-\sqrt{2}\leqslant t\leqslant \sqrt{2}$ 且 $t\neq -1)$,可得函数 y 的值域是 $\left[-\dfrac{\sqrt{2}+1}{2}, -1\right) \cup \left(-1, \dfrac{\sqrt{2}-1}{2}\right]$.

题 3 (2007 年上海交通大学冬令营选拔测试数学试题第 8 题)设 $a\geqslant 0$,

且函数 $f(x)=(a+\cos x)(a+\sin x)$ 的最大值为 $\dfrac{25}{2}$,则 $a=$ _____.

解 $2\sqrt{2}$. 设 $\sin x+\cos x=t(-\sqrt{2}\leqslant t\leqslant\sqrt{2})$,得 $2f(x)=(t+a)^2+a^2-1$.

(1) 当 $-a\leqslant-\sqrt{2}$ 即 $a\geqslant\sqrt{2}$ 时,可得 $(\sqrt{2}+a)^2+a^2-1=25,a=2\sqrt{2}$;

(2) 当 $-\sqrt{2}<-a<\sqrt{2}$ 即 $0\leqslant a<\sqrt{2}$ 时,可得 $a^2-1=25,a=\sqrt{26}$(舍去);

(3) 当 $-a\geqslant\sqrt{2}$ 即 $a\leqslant-\sqrt{2}$ 时,与 $a\geqslant 0$ 矛盾!

所以 $a=2\sqrt{2}$.

题 4 (2008 年全国高中数学联赛陕西赛区预赛第 13 题) 若实数 x,y 满足 $x^2+y^2=1$,则 $\dfrac{2xy}{x+y-1}$ 的最小值是 _____.

解 $1-\sqrt{2}$. 可设 $x=\cos\alpha,y=\sin\alpha$,得

$$\frac{2xy}{x+y-1}=\frac{2\sin\alpha\cos\alpha}{\sin\alpha+\cos\alpha-1}$$

又设 $\sin\alpha+\cos\alpha=t(-\sqrt{2}\leqslant t\leqslant\sqrt{2}$ 且 $t\neq 1)$,得 $2\sin\alpha\cos\alpha=t^2-1$,所以 $\dfrac{2xy}{x+y-1}=t+1(-\sqrt{2}\leqslant t\leqslant\sqrt{2}$ 且 $t\neq 1)$,得其最小值为 $1-\sqrt{2}$.

题 5 (2004 年首届中国东南地区数学奥林匹克竞赛试题第五题) 已知对任意 $\theta\in\left[0,\dfrac{\pi}{2}\right]$,均有 $\sqrt{2}(2a+3)\cos\left(\theta-\dfrac{\pi}{4}\right)+\dfrac{6}{\sin\theta+\cos\theta}-2\sin 2\theta<3a+6$,求实数 a 的取值范围.

解 设 $\sin\theta+\cos\theta=x(1\leqslant x\leqslant\sqrt{2})$,得 $\cos\left(\theta-\dfrac{\pi}{4}\right)=\dfrac{x}{\sqrt{2}},\sin 2\theta=x^2-1$,所以原不等式即

$$(2a+3)x+\frac{6}{x}-2(x^2-1)<3a+6$$

$$(2x-3)\left(x+\frac{2}{x}-a\right)>0$$

因为 $1\leqslant x\leqslant\sqrt{2}$,所以 $2x-3<0$,得题设即 $x+\dfrac{2}{x}<a(1\leqslant x\leqslant\sqrt{2})$ 恒成立,所以所求实数 a 的取值范围是 $(3,+\infty)$.

题 6 (2008 年第四届北方数学奥林匹克邀请赛试题第七题) 设 a,b,c 为直角三角形的三边长,其中 c 为斜边长,求使得 $\dfrac{a^3+b^3+c^3}{abc}\geqslant k$ 成立的 k 的最大值.

解 可设 $a=c\cos\theta,b=c\sin\theta\left(0<\theta<\dfrac{\pi}{2}\right)$,得

$$\frac{a^3+b^3+c^3}{abc}=\frac{\cos^3\theta+\sin^3\theta+1}{\cos\theta\sin\theta}=\frac{(\sin\theta+\cos\theta)(1-\sin\theta\cos\theta)+1}{\sin\theta\cos\theta}$$

设 $\sin\theta+\cos\theta=t(1<t\leqslant\sqrt{2})$，得 $\sin\theta\cos\theta=\dfrac{t^2-1}{2}$，所以 $\dfrac{a^3+b^3+c^3}{abc}=\dfrac{2}{t-1}-t$.

易知函数 $f(t)=\dfrac{2}{t-1}-t(1<t\leqslant\sqrt{2})$ 是减函数，所以函数 $[f(t)]_{\min}=f(\sqrt{2})=2+\sqrt{2}$，所以所求 k 的最大值是 $2+\sqrt{2}$.

题 7 $\triangle ABC$ 的三边长 $AB=c, BC=a, CA=b$，且 $\overrightarrow{AB}^2=\overrightarrow{AB}\cdot\overrightarrow{AC}+\overrightarrow{BA}\cdot\overrightarrow{BC}+\overrightarrow{CA}\cdot\overrightarrow{CB}$.

(1) 判断 $\triangle ABC$ 的形状并求 $\sin A+\sin B$ 的取值范围；

(2) 若不等式 $a^2(b+c)+b^2(c+a)+c^2(a+b)\geqslant kabc$ 恒成立，求 k 的取值范围.

解 (1) 得 $c^2=bc\cos A+ca\cos B+ab\cos C$，再由余弦定理可得 $a^2+b^2=c^2$，即 $\triangle ABC$ 是直角三角形.

可得 $\sin A+\sin B=\sin A+\cos A=\sqrt{2}\sin\left(A+\dfrac{\pi}{4}\right)\left(0<A<\dfrac{\pi}{2}\right)$ 的取值范围是 $(1,\sqrt{2}]$.

(2) 由正弦定理，可得题设即 $(1+\sin A+\cos A)\left(1+\dfrac{1}{\sin A\cos A}\right)\geqslant k+1$.

可设 $\sin A+\cos A=t(1<t\leqslant\sqrt{2})$，得 $\sin A\cos A=\dfrac{t^2-1}{2}$，所以

$$(1+\sin A+\cos A)\left(1+\dfrac{1}{\sin A\cos A}\right)=(t-1)+\dfrac{2}{t-1}+2$$

可求得函数 $f(t)=(t-1)+\dfrac{2}{t-1}+2(1<t\leqslant\sqrt{2})$ 的最小值是 $f(\sqrt{2})=3\sqrt{2}+3$，所以所求 k 的取值范围是 $(-\infty,3\sqrt{2}+2]$.

题 8 （普通高中课程标准实验教科书《数学 4·必修·A 版》（人民教育出版社，2007 年第 2 版）第 147 页复习参考题 B 组第 4 题）已知 $\cos\left(\dfrac{\pi}{4}+x\right)=\dfrac{3}{5}$，$\dfrac{17\pi}{12}<x<\dfrac{7\pi}{4}$，求 $\dfrac{\sin 2x+2\sin^2 x}{1-\tan x}$.

解 由 $\cos\left(\dfrac{\pi}{4}+x\right)=\dfrac{3}{5}$，$\dfrac{5\pi}{3}<\dfrac{\pi}{4}+x<2\pi$，得 $\sin\left(\dfrac{\pi}{4}+x\right)=-\dfrac{4}{5}$，所以

$$\begin{cases}\cos x-\sin x=\dfrac{3}{5}\sqrt{2}\\ \cos x+\sin x=-\dfrac{4}{5}\sqrt{2}\end{cases},\begin{cases}\sin x=-\dfrac{7}{10}\sqrt{2}\\ \cos x=-\dfrac{\sqrt{2}}{10}\end{cases}$$

所以
$$\frac{\sin 2x + 2\sin^2 x}{1 - \tan x} = -\frac{28}{75}$$

题 9 （2008 年复旦大学自主招生试题第 116 题）已知 $\sin\alpha, \cos\alpha$ 是关于 x 的方程 $x^2 - ax + a = 0$ 的两个根，这里 $a \in \mathbf{R}$. 则 $\sin^3\alpha + \cos^3\alpha = $ _____.

A. $-1 - \sqrt{2}$ B. $1 + \sqrt{2}$ C. $-2 + \sqrt{2}$ D. $2 - \sqrt{2}$

解 C. 得 $\begin{cases} \sin\alpha + \cos\alpha = a \\ \sin\alpha\cos\alpha = a \\ a^2 - 4a \geqslant 0 \end{cases}$，由 $(\sin\alpha + \cos\alpha)^2 = 1 + 2\sin\alpha\cos\alpha$, $-\sqrt{2} \leqslant a \leqslant \sqrt{2}$ 可求得 $a = 1 - \sqrt{2}$.

所以 $\sin^3\alpha + \cos^3\alpha = (\sin\alpha + \cos\alpha)(1 - \sin\alpha\cos\alpha) = a(1 - a) = -2 + \sqrt{2}$.

题 10 （2008 年上海交通大学冬令营选拔测试数学试题第一题第 5 题）已知 $\cos x - \sin x = \frac{1}{2}$，求 $\cos^3 x - \sin^3 x$.

解 把已知等式两边平方，可得 $\sin x \cos x = \frac{3}{8}$. 所以
$$\cos^3 x - \sin^3 x = (\cos x - \sin x)(1 + \sin x \cos x) = \frac{1}{2}\left(1 + \frac{3}{8}\right) = \frac{11}{16}$$

题 11 （2005 年复旦大学自主招生试题第二题第 5 题）已知 $\sin\alpha + \cos\alpha = a (0 \leqslant a \leqslant \sqrt{2})$，求 $\sin^n\alpha + \cos^n\alpha$ 关于 a 的表达式.

解 可得 $\begin{cases} \sin\alpha + \cos\alpha = a \\ \sin\alpha\cos\alpha = \dfrac{a^2 - 1}{2} \end{cases}$，所以
$$\sin^n\alpha + \cos^n\alpha = \left(\frac{a + \sqrt{2 - a^2}}{2}\right)^n + \left(\frac{a - \sqrt{2 - a^2}}{2}\right)^n$$

题 12 设 $x \in \left(0, \dfrac{\pi}{2}\right)$，求 $\dfrac{5 + \sin 2x}{\sin\left(x + \dfrac{\pi}{4}\right)}$ 的取值范围.

解 可设 $\sin x + \cos x = t (1 < t \leqslant \sqrt{2})$，得
$$\frac{5 + \sin 2x}{\sin\left(x + \frac{\pi}{4}\right)} = \sqrt{2} \cdot \frac{t^2 + 4}{t} = \sqrt{2}\left(t + \frac{4}{t}\right)$$

可得所求取值范围是 $[6, 5\sqrt{2})$.

注 该题是《中学数学教学参考》（上旬）2012 年第 4 期第 36 页的问题 6，原答案 $[6, +\infty)$ 是不对的.

§19 用两种三角变换巧证不等式竞赛题

结论 1 （两种三角变换）(1) 若正数 x,y,z 满足 $x+y+z=1$，则可设 $x=\tan\alpha\tan\beta, y=\tan\beta\tan\gamma, z=\tan\gamma\tan\alpha$（$\alpha,\beta,\gamma$ 是锐角，且 $\alpha+\beta+\gamma=\dfrac{\pi}{2}$）；

(2) 若正数 x,y,z 满足 $xy+yz+zx=1$，则可设 $x=\tan\alpha, y=\tan\beta, z=\tan\gamma$（$\alpha,\beta,\gamma$ 是锐角，且 $\alpha+\beta+\gamma=\dfrac{\pi}{2}$）.

证明 (1) 这是因为有结论"对于任意的和为直角的三个锐角 α,β,γ，均有 $\tan\alpha\tan\beta+\tan\beta\tan\gamma+\tan\gamma\tan\alpha=1$"，所以在"正数 x,y,z 满足 $x+y+z=1$"中可设 $x=\tan\alpha\tan\beta, y=\tan\beta\tan\gamma$（$\alpha,\beta,\gamma$ 是锐角，且 $\alpha+\beta+\gamma=\dfrac{\pi}{2}$），得 $z=\tan\gamma\tan\alpha$. 即欲证成立.

(2) 因为 x,y,z 是正数，所以可设 $x=\tan\alpha, y=\tan\beta, z=\tan\gamma$（$\alpha,\beta,\gamma$ 是锐角）.

先由 $x=\tan\alpha, y=\tan\beta$ 及 $xy+yz+zx=1$，得

$$z=\frac{1-\tan\alpha\tan\beta}{\tan\alpha+\tan\beta}$$

因为 $z>0$，所以 $1-\tan\alpha\tan\beta>0$，得

$$z=\frac{1}{\dfrac{\tan\alpha+\tan\beta}{1-\tan\alpha\tan\beta}}=\frac{1}{\tan(\alpha+\beta)}$$

由 α,β 是锐角及 $z=\dfrac{1}{\tan(\alpha+\beta)}>0$，得 $\alpha+\beta$ 是锐角.

再由 $z=\tan\gamma$，所以 $\dfrac{1}{\tan(\alpha+\beta)}=\tan\gamma$，$\tan(\alpha+\beta)\tan\gamma=1$.

又 $\alpha+\beta,\gamma$ 都是锐角，所以 $\alpha+\beta+\gamma=\dfrac{\pi}{2}$. 即欲证成立.

结论 2 若 α,β,γ 是锐角，且 $\alpha+\beta+\gamma=\dfrac{\pi}{2}$，则

(1)①$\cos\alpha+\cos\beta+\cos\gamma\leqslant\dfrac{3}{2}\sqrt{3}$；

②$\cos\alpha\cos\beta\cos\gamma\leqslant\dfrac{3}{8}\sqrt{3}$；

③$\tan\alpha+\tan\beta+\tan\gamma\geqslant\sqrt{3}$.

(2)① $\sin \alpha + \sin \beta + \sin \gamma \leqslant \dfrac{3}{2}$；

② $\tan \alpha \tan \beta \tan \gamma \leqslant \dfrac{1}{3\sqrt{3}}$.

证明 （1）由函数 $y = \cos x \left(0 < x < \dfrac{\pi}{2}\right)$ 上凸及琴生不等式可得①成立,再由三元均值不等式可得②成立;由函数 $y = \tan x \left(0 < x < \dfrac{\pi}{2}\right)$ 下凸及琴生不等式可得③成立. 下面再分别给出它们的初等证法（要用四元均值不等式）：

① $\cos \alpha + \cos \beta + \cos \gamma = 2\cos\dfrac{\alpha+\beta}{2}\cos\dfrac{\alpha-\beta}{2} + 2\sin\dfrac{\alpha+\beta}{2}\cos\dfrac{\alpha+\beta}{2} \leqslant$
$$2\cos\dfrac{\alpha+\beta}{2}\left(1+\sin\dfrac{\alpha+\beta}{2}\right)$$

$\cos^2\dfrac{\alpha+\beta}{2}\left(1+\sin\dfrac{\alpha+\beta}{2}\right)^2 = \dfrac{1}{3}\left(3-3\sin\dfrac{\alpha+\beta}{2}\right)\left(1+\sin\dfrac{\alpha+\beta}{2}\right)^3 \leqslant$
$$\dfrac{1}{3}\left(\dfrac{6}{4}\right)^4 = \dfrac{27}{16}$$

可得欲证成立.

② $2\cos\alpha\cos\beta\cos\gamma = [\cos(\alpha+\beta)+\cos(\alpha-\beta)]\cos\gamma \leqslant$
$$(\sin\gamma+1)\cos\gamma$$

$(\sin\gamma+1)^2\cos^2\gamma = \dfrac{1}{3}(1+\sin\gamma)^3(3-3\sin\gamma) \leqslant \dfrac{1}{3}\left(\dfrac{6}{4}\right)^4 = \dfrac{27}{16}$

也可得欲证成立.

③ 设 $\tan\alpha = u, \tan\beta = v (u>0, v>0)$，欲证即
$$u + v + \dfrac{1-uv}{u+v} = \dfrac{u^2+uv+v^2+1}{u+v} \geqslant \sqrt{3}$$

这由 $\left(u+\dfrac{v-\sqrt{3}}{2}\right)^2 + \left(\dfrac{\sqrt{3}v-1}{2}\right)^2 \geqslant 0$ 可得,所以欲证成立.

③ 的另证 即证 $\tan\alpha + \tan\beta + \dfrac{1-\tan\alpha\tan\beta}{\tan\alpha+\tan\beta} \geqslant \sqrt{3}$.

可设 $\tan\alpha + \tan\beta = u, \tan\alpha\tan\beta = v$，易得 $u^2 \geqslant 4v, -\dfrac{v}{u} \geqslant -\dfrac{u}{4}$. 证明如下：

$\tan\alpha + \tan\beta + \dfrac{1-\tan\alpha\tan\beta}{\tan\alpha+\tan\beta} = u + \dfrac{1-v}{u} \geqslant u + \dfrac{1}{u} - \dfrac{u}{4} \geqslant \dfrac{3u}{4} + \dfrac{1}{u} \geqslant \sqrt{3}$

(2)① $\sin\alpha + \sin\beta + \sin\gamma = 2\sin\dfrac{\alpha+\beta}{2}\cos\dfrac{\alpha-\beta}{2} + \sin\gamma \leqslant 2\sin\dfrac{\dfrac{\pi}{2}-\gamma}{2} +$

$\sin \gamma$.

用导数可证 $2\sin\dfrac{\dfrac{\pi}{2}-\gamma}{2}+\sin\gamma\leqslant\dfrac{3}{2}\left(0<\gamma<\dfrac{\pi}{2}\right)$,所以欲证成立.

② 即证 $\tan\alpha\tan\beta\cdot\dfrac{1-\tan\alpha\tan\beta}{\tan\alpha+\tan\beta}\leqslant\dfrac{1}{3\sqrt{3}}$.

可设 $\tan\alpha+\tan\beta=u$,$\tan\alpha\tan\beta=v$,易得 $u^2\geqslant 4v$,$\dfrac{1}{u}\leqslant\dfrac{1}{2\sqrt{v}}$.

即证 $\dfrac{v(1-v)}{u}\leqslant\dfrac{1}{3\sqrt{3}}$,只需证 $\dfrac{v(1-v)}{2\sqrt{v}}\leqslant\dfrac{1}{3\sqrt{3}}$,$2v\cdot(1-v)\cdot(1-v)\leqslant\dfrac{8}{27}$,

而这由三元均值不等式立得,所以欲证成立.

题 1 (2005 年法国数学竞赛题)设 $x,y,z\in\mathbf{R}_+$,$x+y+z=1$,求证:
$\sqrt{\dfrac{xy}{xy+z}}+\sqrt{\dfrac{yz}{yz+x}}+\sqrt{\dfrac{zx}{zx+y}}\leqslant\dfrac{3}{2}$.

证明 由结论 1(1) 知,可设 $x=\tan\alpha\tan\beta$,$y=\tan\beta\tan\gamma$,$z=\tan\gamma\tan\alpha$ (α,β,γ 是锐角,且 $\alpha+\beta+\gamma=\dfrac{\pi}{2}$),得

$$\sqrt{\dfrac{xy}{xy+z}}=\sqrt{\dfrac{\tan\alpha\tan\beta\cdot\tan\beta\tan\gamma}{\tan\alpha\tan\beta\cdot\tan\beta\tan\gamma+\tan\gamma\tan\alpha}}=\sin\beta$$

$$\sqrt{\dfrac{yz}{yz+x}}=\sin\gamma,\sqrt{\dfrac{zx}{zx+y}}=\sin\alpha$$

所以欲证即 $\sin\alpha+\sin\beta+\sin\gamma\leqslant\dfrac{3}{2}$,而这就是结论 2(2)①.

题 2 (2010 年全国高中数学联赛广东省预赛解答题第 3 题)设非负实数 a,b,c 满足 $a+b+c=1$,求证:$9abc\leqslant ab+bc+ca\leqslant\dfrac{1}{4}(1+9abc)$.

证明 这里只证左边(右边的证明可见甘志国著《数列与不等式》(哈尔滨工业大学出版社,2014,第 196 页),且只需证明 a,b,c 是正数的情况).由结论 1(1) 知,可设 $x=\tan\alpha\tan\beta$,$y=\tan\beta\tan\gamma$,$z=\tan\gamma\tan\alpha$(α,β,γ 是锐角,且 $\alpha+\beta+\gamma=\dfrac{\pi}{2}$),得欲证的左边即

$$\tan\alpha+\tan\beta+\tan\gamma\geqslant 9\tan\alpha\tan\beta\tan\gamma$$

只需证明 $3\sqrt[3]{\tan\alpha\tan\beta\tan\gamma}\geqslant 9\tan\alpha\tan\beta\tan\gamma$,$\tan\alpha\tan\beta\tan\gamma\leqslant\dfrac{1}{3\sqrt{3}}$,

而这即结论 2(2)②,所以欲证的左边成立.

题 3 (2006 年土耳其数学奥林匹克国家队选拔考试题)已知正数 x,y,z 满足 $xy+yz+zx=1$,求证:

$$\frac{27}{4}(x+y)(y+z)(z+x) \geq (\sqrt{x+y}+\sqrt{y+z}+\sqrt{z+x})^2 \geq 6\sqrt{3}$$

证明 由结论1(2)知,可设 $x=\tan\alpha, y=\tan\beta, z=\tan\gamma$ (α,β,γ 是锐角),所以

$$\sqrt{x+y}=\sqrt{\tan\alpha+\tan\beta}=\sqrt{\frac{\sin\alpha}{\cos\alpha}+\frac{\sin\beta}{\cos\beta}}=\sqrt{\frac{\sin(\alpha+\beta)}{\cos\alpha\cos\beta}}=$$

$$\sqrt{\frac{\cos\gamma}{\cos\alpha\cos\beta}}$$

$$\sqrt{y+z}=\sqrt{\frac{\cos\alpha}{\cos\beta\cos\gamma}}, \sqrt{z+x}=\sqrt{\frac{\cos\beta}{\cos\gamma\cos\alpha}}$$

所以欲证结论即

$$\frac{27}{4\cos\alpha\cos\beta\cos\gamma} \geq \left(\sqrt{\frac{\cos\gamma}{\cos\alpha\cos\beta}}+\sqrt{\frac{\cos\alpha}{\cos\beta\cos\gamma}}+\sqrt{\frac{\cos\beta}{\cos\gamma\cos\alpha}}\right)^2 \geq 6\sqrt{3}$$

左边即

$$\frac{27}{4} \geq (\sqrt{\cos\alpha\cos\beta\cos\gamma})^2 \left(\sqrt{\frac{\cos\gamma}{\cos\alpha\cos\beta}}+\sqrt{\frac{\cos\alpha}{\cos\beta\cos\gamma}}+\sqrt{\frac{\cos\beta}{\cos\gamma\cos\alpha}}\right)^2$$

$$(\cos\alpha+\cos\beta+\cos\gamma)^2 \leq \frac{27}{4}$$

这由结论2(1)① 立得.

由三元均值不等式及结论2(1)② 可证右边:

$$\left(\sqrt{\frac{\cos\gamma}{\cos\alpha\cos\beta}}+\sqrt{\frac{\cos\alpha}{\cos\beta\cos\gamma}}+\sqrt{\frac{\cos\beta}{\cos\gamma\cos\alpha}}\right)^2 \geq \left(\frac{3}{\sqrt[3]{\sqrt{\cos\alpha\cos\beta\cos\gamma}}}\right)^2 =$$

$$\frac{9}{\sqrt[3]{\cos\alpha\cos\beta\cos\gamma}} \geq 6\sqrt{3}$$

所以欲证结论成立.

新编题 已知正数 x,y,z 满足 $xy+yz+zx=4$, 求证: $x+y+z \geq 2\sqrt{3}$.

证明 题设即正数 $\frac{x}{2}, \frac{y}{2}, \frac{z}{2}$ 满足 $\frac{x}{2}\cdot\frac{y}{2}+\frac{y}{2}\cdot\frac{z}{2}+\frac{z}{2}\cdot\frac{x}{2}=1$, 由结论1知可设 $x=2\tan\alpha, y=2\tan\beta, z=2\tan\gamma$ (α,β,γ 是锐角, 且 $\alpha+\beta+\gamma=\frac{\pi}{2}$).

再由结论2(1)③ 知欲证成立.

§20　一道课本三角题的伴随结论

文献[1]给出了普通高中课程标准实验教科书《数学4·必修·A版》(人民教育出版社,2007年第2版)第147页第7题的五个伴随结论,这里再给出以下更丰富的结果(囿于篇幅,它们的证明均略去):

定理　如图1,点E,F分别在正方形$ABCD$的边BC,CD上;AE,AF分别与对角线BD交于点G,M;四边形$EFMG$的对角线交于点O;作$AH \perp EF$于点H,则以下17个条件互相等价:

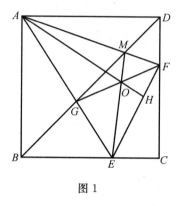

图1

(1)$\angle EAF = 45°$ 或 $\angle BAE + \angle DAF = 45°$;

(2)$BE + DF = EF$;

(3)$AH = AB$ 或 △$ABE \cong$ △AHE 或 △$ADF \cong$ △AHF;

(4)$AG = GF$ 或 $AM = ME$;

(5)$BG^2 + MD^2 = GM^2$;

(6)$FG \perp AE$ 或 $EM \perp AF$;

(7)O 是 △AEF 的垂心;

(8)A 是 △CEF 的旁心;

(9)△CEF 的周长等于 $2AB$;

(10)$S_{\triangle AEF} = S_{\triangle ABE} + S_{\triangle ADF}$;

(11)$S_{五边形ABEFD} = 2S_{\triangle AEF}$;

(12)$S_{正方形ABCD} : S_{\triangle AEF} = 2AB : EF$;

(13)$\angle AEB = \angle AEF$ 或 $\angle AFD = \angle AFE$;

(14)$\angle AMG = \angle AEB$ 或 $\angle AGM = \angle AFD$;

(15)△$DMF \sim$ △AEF 或 △$BEG \sim$ △AEF;

(16)△$DMF \sim$ △BEG;

(17)点G,E,C,F共圆或点E,C,F,M共圆.

参考文献

[1] 王怀明,方章慧.对一道课本习题的探究[J].数学通讯,2013(7,8上):66-67.

§21 外接圆半径及若干边之和均为定值的圆内接三角形面积的取值范围

引理 设函数 $f(x) = x^4 + 2x^3 - 2x + \dfrac{l^2}{16R^2} - 1 = 0 (0 < l < 3\sqrt{3}R)$，则

(1) $f(x)$ 在 $\left[0, \dfrac{1}{2}\right]$，$\left[\dfrac{1}{2}, 1\right]$ 上分别是减函数、增函数；

(2) 当 $0 < l \leqslant 4R$ 时，方程 $f(\cos A) = 0$ 在 $A \in \left(0, \dfrac{\pi}{2}\right)$ 时有唯一实根（本文记为 A_0，且 $A_1 \in \left(0, \dfrac{\pi}{4}\right)$），不等式 $f\left(\sin\dfrac{A}{2}\right) < 0$ 在 $A \in \left(0, \dfrac{\pi}{3}\right)$ 上恒成立；

(3) 当 $4R < l < 3\sqrt{3}R$ 时，方程 $f(\cos A) = 0$ 在 $A \in \left[0, \dfrac{\pi}{2}\right]$ 上有且仅有两个实根，且它们分别在 $\left(0, \dfrac{\pi}{3}\right)$，$\left(\dfrac{\pi}{3}, \dfrac{\pi}{2}\right)$ 上（本文把前者记为 A_1），方程 $f\left(\sin\dfrac{A}{2}\right) = 0$ 在 $A \in \left[0, \dfrac{\pi}{3}\right]$ 时有唯一解（本文记作 A_2，且有 $A_2 \in \left(0, \dfrac{\pi}{3}\right)$），不等式 $f\left(\sin\dfrac{A}{2}\right) \leqslant 0$ 在 $A \in \left[0, \dfrac{\pi}{3}\right]$ 上的解集为 $\left[A_2, \dfrac{\pi}{3}\right]$.

证明 (1) 可得 $f'(x) = 2(x+1)^2(2x-1)$，所以欲证成立.

(2) 由 (1) 得函数 $g(A) = f(\cos A)$ 在 $\left[0, \dfrac{\pi}{3}\right]$，$\left[\dfrac{\pi}{3}, \dfrac{\pi}{2}\right]$ 上分别是减函数、增函数，又

$$g(0) = f(1) = \dfrac{l^2}{16R^2} > 0$$

$$g\left(\dfrac{\pi}{4}\right) = f\left(\dfrac{1}{\sqrt{2}}\right) = -\left(\dfrac{1}{\sqrt{2}} - \dfrac{1}{4}\right) - \left(1 - \dfrac{l^2}{16R^2}\right) < 0$$

$$g\left(\dfrac{\pi}{3}\right) = f\left(\dfrac{1}{2}\right) = \dfrac{l^2 - 27R^2}{16R^2} < 0$$

$$g\left(\dfrac{\pi}{2}\right) = f(0) = \dfrac{l^2}{16R^2} - 1 \leqslant 0$$

所以前一部分结论成立.

由 (1) 得函数 $h(A) = f\left(\sin\dfrac{A}{2}\right)$ 在 $\left(0, \dfrac{\pi}{3}\right)$ 上是减函数，又 $h(0) = f(0) = \dfrac{l^2}{16R^2} - 1 \leqslant 0$，所以后一部分结论也成立.

(3) 由(1)得函数 $g(A)=f(\cos A)$ 在 $\left[0,\dfrac{\pi}{3}\right]$，$\left[\dfrac{\pi}{3},\dfrac{\pi}{2}\right]$ 上分别是减函数、增函数，又 $g(0)>0, g\left(\dfrac{\pi}{3}\right)<0, g\left(\dfrac{\pi}{2}\right)=f(0)=\dfrac{l^2}{16R^2}-1>0$，所以前一部分结论成立.

由(1)得函数 $h(A)=f\left(\sin\dfrac{A}{2}\right)$ 在 $\left[0,\dfrac{\pi}{3}\right]$ 上是减函数，又 $h(0)=f(0)>0$，$h\left(\dfrac{\pi}{3}\right)=f\left(\dfrac{1}{2}\right)<0$，所以后两部分结论成立.

定理 设 $\triangle ABC$ 的三边长 $BC=a, CA=b, AB=c$，面积为 S，外接圆半径为 $R, l=a+b+c, a+b=4g$（由正弦定理可得 $0<l\leqslant 3\sqrt{3}R, 0<g<R$），则

(1) 当 R 及 a（显然 $0<a\leqslant 2R$）均为定值时，S 的取值范围是 $\left(0,\dfrac{aR}{2}+\dfrac{a}{4}\sqrt{4R^2-a^2}\right]$，当且仅当 $bc\to 0$ 时 $S\to 0$，当且仅当 $2B=2C=\pi-\arcsin\dfrac{a}{2R}$ 时 $S=\dfrac{aR}{2}+\dfrac{a}{4}\sqrt{4R^2-a^2}$；

(2) 当 R 及 g 均为定值时，S 的取值范围是 $\left(0,\dfrac{4g^3}{R^2}\sqrt{R^2-g^2}\right]$，当且仅当 $(a\to 2g, b\to 2g, c\to 0)$ 或 $(a\to 0, b\to 4g, c\to 4g)$ 或 $(a\to 4g, b\to 0, c\to 4g)$ 时 $S\to 0$，当且仅当 $\left(a=b=2g, c=4g\sqrt{1-\left(\dfrac{g}{R}\right)^2}\right)$ 时 $S=\dfrac{4g^3}{R^2}\sqrt{R^2-g^2}$；

(3) 当 R 及 l 均为定值时：

① 若 $0<l\leqslant 4R$，S 的取值范围是 $(0, 2R^2\sin^2 A_0\sin 2A_0]$（$A_0$ 见引理），当且仅当 a,b,c 中有两个趋向于 $\dfrac{l}{2}$ 另一个趋向于 0 时 $S\to 0$，当且仅当 a,b,c 中有两个取 $2R\sin A_0$ 另一个取 $l-4R\sin A_0$ 时 $S=2R^2\sin^2 A_0\sin 2A_0$；

② 若 $4R<l<3\sqrt{3}R$（设 $\alpha=\min\{R^2\sin 2A_1(1-\cos 2A_1), R^2\sin A_2(1+\cos A_2)\}, \beta=\max\{R^2\sin 2A_1(1-\cos 2A_1), R^2\sin A_2(1+\cos A_2)\}$)，$S$ 的取值范围是 $[\alpha,\beta]$，当且仅当 a,b,c 中有两个取 $2R\sin A_1$ 另一个取 $2R\sin 2A_1$ 时 $S=R^2\sin 2A_1(1-\cos 2A_1)$，当且仅当 a,b,c 中有两个取 $2R\cos\dfrac{A_2}{2}$ 另一个取 $2R\sin A_2$ 时 $S=R^2\sin A_2(1+\cos A_2)$；

③ 若 $l=3\sqrt{3}R, a=b=c=\sqrt{3}R, S=\dfrac{3\sqrt{3}}{4}R^2$.

证明 (1) 可得 $\dfrac{a}{\sin A}=2R, \cos A=\pm\sqrt{1-\left(\dfrac{a}{2R}\right)^2}$，所以

$$\dfrac{2S}{aR}=2\sin B\sin C=\cos(B-C)-\cos(B+C)\leqslant$$

$$1+\cos A \leqslant 1+\sqrt{1-\left(\frac{a}{2R}\right)^2}$$

所以 $S \leqslant \frac{aR}{2}+\frac{a}{4}\sqrt{4R^2-a^2}$，当且仅当 $2B=2C=\pi-\arcsin\frac{a}{2R}$ 时取等号.

由 $S=aR\sin B\sin C$ 可得：$S>0$，当且仅当 $B\to 0$ 或 $C\to 0$ 即 $bc\to 0$ 时 $S\to 0$.

再由 S 的取值是连续变化的，得欲证成立.

(2) 由正、余弦定理可得
$$a^2+b^2-2ab\cos C=c^2=(2R\sin C)^2$$
$$ab=\frac{8g^2-2R^2\sin^2 C}{1+\cos C}$$
$$S=\frac{1}{2}ab\sin C=(4g^2-R^2\sin^2 C)\cdot\frac{\sin C}{1+\cos C}$$
$$S=4g^2x-\frac{4R^2x^3}{(x^2+1)^2}\text{（其中 }x=\tan\frac{C}{2}\text{）} \quad ①$$

下证 $S\leqslant\frac{4g^3}{R^2}\sqrt{R^2-g^2}$. 设 $t=\sqrt{\left(\frac{R}{g}\right)^2-1}$，即证
$$x-(t^2+1)\cdot\frac{x^3}{(x^2+1)^2}\leqslant\frac{t}{t^2+1}$$
$$(t^2+1)x^5-tx^4-(t^4-1)x^3-2tx^2+(t^2+1)x-t\leqslant 0$$
$$(x-t)\cdot[(t^2+1)x^4+t^3x^3+x^2-tx+1]\leqslant 0$$

因为 $t>0, x>0$，所以
$$t^3x^3+1-tx=\left(t^3x^3+\frac{1}{2}+\frac{1}{2}\right)-tx\geqslant 3\cdot\sqrt[3]{\left(\frac{1}{2}\right)^2 t^3x^3}-tx=$$
$$\left(\frac{3}{2}\sqrt[3]{2}-1\right)tx>0$$
$$(t^2+1)x^4+t^3x^3+x^2-tx+1>0$$

因为
$$4g=a+b=2R(\sin A+\sin B)=4R\sin\frac{A+B}{2}\cos\frac{A-B}{2}\leqslant$$
$$4R\sin\frac{A+B}{2}=4R\cos\frac{C}{2}$$

所以
$$x=\tan\frac{C}{2}\leqslant\sqrt{\left(\frac{R}{g}\right)^2-1}=t$$

即 $x-t\leqslant 0$.

所以 $S\leqslant\frac{4g^3}{R^2}\sqrt{R^2-g^2}$，还可得当且仅当 $x=t$ 即 $(a=b=2g, c=$

$4g\sqrt{1-\left(\dfrac{g}{R}\right)^2}$) 时取等号.

因为 S 是 $\triangle ABC$ 的面积,所以 $S > 0$. 由 ① 还可得:当且仅当 ($x \to 0$ 即 $a \to 2g, b \to 2g, c \to 0$) 或 $\dfrac{g}{R} \to \dfrac{x}{x^2+1} = \dfrac{\sin C}{2}$ (即 $c \to 4g$) 也即 ($a \to 0, b \to 4g, c \to 4g$) 或 ($a \to 4g, b \to 0, c \to 4g$) 时 $S \to 0$.

再由 S 的取值是连续变化的,得欲证成立.

(3) ① 可不妨设 $0 < A \leqslant B \leqslant C$. 由 $\sin A + \sin B + \sin C = \dfrac{l}{2R}$, 得 $0 < A < \arcsin \dfrac{l}{6R} < \dfrac{\pi}{4}$, 还得

$$\sin A + 2\cos \dfrac{A}{2} \cos \dfrac{C-B}{2} = \dfrac{l}{2R}$$

$$\cos \dfrac{C-B}{2} = \dfrac{\dfrac{l}{2R} - \sin A}{2\cos \dfrac{A}{2}}$$

由引理 2(2) 的后一部分结论,可得 $\dfrac{l}{2R} < 2\cos \dfrac{A}{2}\left(\sin \dfrac{A}{2} + 1\right) = \sin A + 2\cos \dfrac{A}{2}$, 所以 $\dfrac{\dfrac{l}{2R} - \sin A}{2\cos \dfrac{A}{2}} \in (0,1)$ (所以 $0 < A \leqslant B < C$), 得 $\dfrac{C-B}{2} = \arccos \dfrac{\dfrac{l}{2R} - \sin A}{2\cos \dfrac{A}{2}}$. 再由 $B + C = \pi - A$, 得

$$\begin{cases} B = \dfrac{\pi - A}{2} - \arccos \dfrac{\dfrac{l}{2R} - \sin A}{2\cos \dfrac{A}{2}} \\ C = \dfrac{\pi - A}{2} + \arccos \dfrac{\dfrac{l}{2R} - \sin A}{2\cos \dfrac{A}{2}} \end{cases}$$

所以

$$A \leqslant B \Leftrightarrow 2\sin \dfrac{3A}{2} \cos \dfrac{A}{2} + \sin A \leqslant \dfrac{l}{2R} \Leftrightarrow$$

$$\sin 2A + 2\sin A \leqslant \dfrac{l}{2R} \Leftrightarrow \sin A(1 + \cos A) \leqslant \dfrac{l}{4R} \Leftrightarrow$$

$$f(\cos A) \geqslant 0 \Leftrightarrow$$

$$f(\cos A) \geqslant f(\cos A_0) \Leftrightarrow$$
$$0 < A \leqslant A_0 (A_0 \text{ 见引理})$$

即 A 的取值范围是 $(0, A_0]$.

下面用拉格朗日乘数法[1]求函数 $S = S(A,B,C) = 2R^2 \sin A \sin B \sin C (0 < A \leqslant B < C < \pi, 0 < A \leqslant A_0)$ 在条件 $A + B + C = \pi$, $\sin A + \sin B + \sin C = \dfrac{l}{2R} (0 < l \leqslant 4R)$ 下的上、下确界. 令

$$L(A,B,C,\lambda,\mu) = 2R^2 \sin A \sin B \sin C + \lambda(A+B+C-\pi) +$$
$$\mu\left(\sin A + \sin B + \sin C - \frac{l}{2R}\right)$$

对该函数求一阶偏导数,令它们都等于 0,得

$$\begin{cases} L_A = 2R^2 \cos A \sin B \sin C + \lambda + \mu \cos A = 0 \\ L_B = 2R^2 \sin A \cos B \sin C + \lambda + \mu \cos B = 0 \\ L_C = 2R^2 \sin A \sin B \cos C + \lambda + \mu \cos C = 0 \\ L_\lambda = A + B + C - \pi = 0 \\ L_\mu = \sin A + \sin B + \sin C - \dfrac{l}{2R} = 0 \end{cases}$$

把头三个等式两两相减后,可把它们等价变形为

$$\begin{cases} A = B \text{ 或 } \cos A + \cos B = \dfrac{-\mu}{2R^2} \\ B = C \text{ 或 } \cos B + \cos C = \dfrac{-\mu}{2R^2} \\ C = A \text{ 或 } \cos C + \cos A = \dfrac{-\mu}{2R^2} \\ A + B + C = \pi \\ \sin A + \sin B + \sin C = \dfrac{l}{2R} \end{cases}$$

即

$$\begin{cases} A = B \text{ 或 } B = C \text{ 或 } C = A \\ A + B + C = \pi \\ \sin A + \sin B + \sin C = \dfrac{l}{2R} \end{cases}$$

由 $0 < A \leqslant B < C$ 得 $A = B$,得 $C = \pi - 2A$, $0 < A \leqslant A_1 < \dfrac{\pi}{4}$,所以

$$\sin A(1 + \cos A) = \frac{l}{4R}$$

平方后可得引理(2)中的方程 $f(\cos A) = 0$ 在这里成立,再由引理(2)得

$(A,B,C) = (A_0, A_0, \pi - 2A_0)$.

由所给函数 $S = S(A,B,C)$ 的区域是 $(0 < A \leqslant B < C < \pi, 0 < A \leqslant A_0)$ 知,该函数的上、下确界只能在下面两个值中选择:
$$S(0, B, \pi - B) = 0, S(A_0, A_0, \pi - 2A_0) = 2R^2 \sin^2 A_0 \sin 2A_0$$
所以可得欲证成立.

② 可不妨设 $0 < A \leqslant B \leqslant C, A < C$(若 $A = C$,得 $l = a + b + c = 3\sqrt{3}R$, 与 $l < 3\sqrt{3}R$ 矛盾). 由 $\sin A + \sin B + \sin C = \dfrac{l}{2R}$,得 $0 < A < \arcsin \dfrac{l}{6R} < \dfrac{\pi}{3}$, 还得
$$\sin A + 2\cos\frac{A}{2}\cos\frac{C-B}{2} = \frac{l}{2R}$$

$$\cos\frac{C-B}{2} = \frac{\dfrac{l}{2R} - \sin A}{2\cos\dfrac{A}{2}} \leqslant 1$$

$$\frac{l}{2R} \leqslant \sin A + 2\cos\frac{A}{2} = 2\cos\frac{A}{2}\left(\sin\frac{A}{2} + 1\right)$$

由引理 2(3) 的最后一部分结论, 可得 $A_2 \leqslant A < \arcsin\dfrac{l}{6R} < \dfrac{\pi}{3}$, 此时

$\dfrac{\dfrac{l}{2R} - \sin A}{2\cos\dfrac{A}{2}} \in (0,1]$, 同上得

$$\begin{cases} B = \dfrac{\pi - A}{2} - \arccos \dfrac{\dfrac{l}{2R} - \sin A}{2\cos\dfrac{A}{2}} \\ C = \dfrac{\pi - A}{2} + \arccos \dfrac{\dfrac{l}{2R} - \sin A}{2\cos\dfrac{A}{2}} \end{cases}$$

所以
$$A \leqslant B \Leftrightarrow 2\sin\frac{3A}{2}\cos\frac{A}{2} + \sin A \leqslant \frac{l}{2R} \Leftrightarrow$$
$$\sin 2A + 2\sin A \leqslant \frac{l}{2R} \Leftrightarrow$$
$$\sin A(1 + \cos A) \leqslant \frac{l}{4R} \Leftrightarrow$$
$$f(\cos A) \geqslant 0 \Leftrightarrow f(\cos A) \geqslant f(\cos A_1) \Leftrightarrow$$
$$0 < A \leqslant A_1 (A_1 \text{ 见引理})$$

即 A 的取值范围是 $[A_2, A_1]$，且 $A = A_2$ 时 $B = C, A = A_1$ 时 $A = B$.

下面用拉格朗日乘数法求函数 $S = S(A,B,C) = 2R^2 \sin A \sin B \sin C (0 < A \leqslant B \leqslant C < \pi, A < C, A_2 \leqslant A \leqslant A_1)$ 在条件 $A + B + C = \pi, \sin A + \sin B + \sin C = \dfrac{l}{2R}(4R < l < 3\sqrt{3}R)$ 下的上、下确界. 令

$$L(A,B,C,\lambda,\mu) = 2R^2 \sin A \sin B \sin C + \lambda(A + B + C - \pi) + \mu\left(\sin A + \sin B + \sin C - \dfrac{l}{2R}\right)$$

对该函数求一阶偏导数，令它们都等于 0，同上可得

$$\begin{cases} A = B \text{ 或 } B = C \\ A + B + C = \pi \\ \sin A + \sin B + \sin C = \dfrac{l}{2R} \end{cases}$$

若 $A = B$，得 $C = \pi - 2A, 0 < A \leqslant A_1 < \dfrac{\pi}{3}$，所以

$$\sin A(1 + \cos A) = \dfrac{l}{4R}$$

$$(1 - \cos^2 A)(1 + \cos A)^2 = \dfrac{l^2}{16R^2}$$

展开后，得引理(3)中的方程 $f(\cos A) = 0$ 在这里成立. 由引理(3)得 $(A, B, C) = (A_1, A_1, \pi - 2A_1)$. 此时 $S = R^2 \sin 2A_1 (1 - \cos 2A_1)$.

若 $B = C$，得 $B = C = \dfrac{\pi - A}{2}, 0 < A \leqslant A_1 < \dfrac{\pi}{3}$，所以

$$\cos \dfrac{A}{2}\left(\sin \dfrac{A}{2} + 1\right) = \dfrac{l}{4R}$$

平方后可得引理(3)中的方程 $f\left(\sin \dfrac{A}{2}\right) = 0$ 在这里成立，再由引理(3)得 $(A,B,C) = \left(A_2, \dfrac{\pi - A_2}{2}, \dfrac{\pi - A_2}{2}\right)$. 此时 $S = R^2 \sin A_0 (1 + \cos A_0)$.

再由所给函数 $S = S(A,B,C)$ 的区域是 $(0 < A \leqslant B \leqslant C < \pi, A < C, A_2 \leqslant A \leqslant A_1)$ 及 "$A = A_2$ 时 $B = C, A = A_1$ 时 $A = B$"，可得欲证成立.

③ 读者易证.

参考文献

[1] 华东师范大学数学系编. 数学分析(下册)[Z]. 北京：高等教育出版社, 1981.

§22 研究二次曲线内接三角形的内切圆、旁切圆问题

1. 这方面已有的结论、赛题、高考题

题1 （2009年第六届中国东南地区数学奥林匹克竞赛试题第6题，陶平生供题）如图1，已知圆 O、圆 I 分别是 $\triangle ABC$ 的外接圆和内切圆；证明：过圆 O 上的任意一点 D，都可作一个 $\triangle DEF$，使得圆 O、圆 I 分别是 $\triangle DEF$ 的外接圆和内切圆.

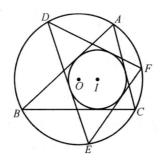

图1

题2 （2009年高考江西卷文科第22题）如图2，已知圆 $G:(x-2)^2+y^2=r^2$ 是椭圆 $\dfrac{x^2}{16}+y^2=1$ 的内接 $\triangle ABC$ 的内切圆，其中 A 为椭圆的左顶点.

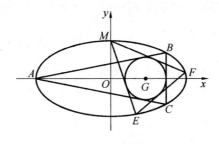

图2

(1) 求圆 G 的半径 r；

(2) 过点 $M(0,1)$ 作圆 G 的两条切线交椭圆于 E,F 两点，证明：直线 EF 与圆 G 相切.

答案:(1)$r=\dfrac{2}{3}$;(2)略.

题 3 (文献[1]·例 3)过抛物线 $y=x^2$ 上的任意点 A 向圆 $x^2+(y-2)^2=1$ 引两条切线 AB,AC,交抛物线于点 B,C,联结 BC,证明:BC 也是圆的切线.

题 4 (文献[2]·题 1)过抛物线 $y=x^2-2$ 上的任意点 A 向圆 $x^2+y^2=1$ 引两条切线 AB,AC,交抛物线于点 B,C,联结 BC,证明:BC 也是圆的切线.

题 5 (文献[2]·题 2)过抛物线 $y=(x-1)^2+1$ 上的任意点 A 向圆 $(x-1)^2+(y-3)^2=1$ 引两条切线 AB,AC,交抛物线于点 B,C,联结 BC,证明:BC 也是圆的切线.

还可用平移给出这三道题之间的联系:把题 2 中的抛物线和圆分别按向量 $(0,2)$、$(1,3)$ 平移后得到的结论就是题 3、题 5 的结论.

文献[3]的例 3 用较长篇幅及椭圆的参数方程证得了结论"设 A,B,C 是椭圆 $\dfrac{x^2}{a^2}+\dfrac{y^2}{b^2}=1(a>b>0)$ 上的三点,若直线 AB,AC 均是圆 $x^2+y^2=\left(\dfrac{ab}{a+b}\right)^2$ 的切线,则直线 BC 也是该圆的切线."

因为该证明中并未用到条件"$a>b>0$",所以有

定理 1 设 A,B,C 是曲线 $\dfrac{x^2}{a^2}+\dfrac{y^2}{b^2}=1(a>0,b>0)$ 上的三点,若直线 AB,AC 均是圆 $x^2+y^2=\left(\dfrac{ab}{a+b}\right)^2$ 的切线,则直线 BC 也是该圆的切线.

把定理 1 中的 x,y 互换,得

定理 1' 设 A,B,C 是曲线 $\dfrac{x^2}{b^2}+\dfrac{y^2}{a^2}=1(a>0,b>0)$ 上的三点,若直线 AB,AC 均是圆 $x^2+y^2=\left(\dfrac{ab}{a+b}\right)^2$ 的切线,则直线 BC 也是该圆的切线.

在定理 1' 中作变换 $\begin{cases}x=\dfrac{b}{a+b}x'\\y=\dfrac{a}{a+b}y'\end{cases}$(作此变换后直线与原曲线的公共点的个数不会改变),得

定理 2 设 A,B,C 是圆 $x^2+y^2=(a+b)^2(a>0,b>0)$ 上的三点,若直线 AB,AC 均是曲线 $\dfrac{x^2}{a^2}+\dfrac{y^2}{b^2}=1$ 的切线,则直线 BC 也是该曲线的切线.

把定理 2 中的 x,y 互换,得

定理 2' 设 A,B,C 是圆 $x^2+y^2=(a+b)^2(a>0,b>0)$ 上的三点,若直线 AB,AC 均是曲线 $\dfrac{x^2}{b^2}+\dfrac{y^2}{a^2}=1$ 的切线,则直线 BC 也是该曲线的切线.

全国初等／中等教育类核心期刊《中学数学教学参考》(上旬)2012 年第 3 期发表的文献[4]及 2013 年第 4 期发表的文献[5]分别得到了如下结论：

结论 1[4]　如图 3,过抛物线 $x^2=2py(p>0)$ 上的点 A 向圆 $I:(x-a)^2+(y-b)^2=r^2(b>0,r>0)$ 引两条切线 AB,AC，交抛物线于点 B,C，联结 BC，那么直线 BC 与圆 I 相切的充要条件是 $2pb=a^2+r^2+2r\sqrt{a^2+p^2}$.

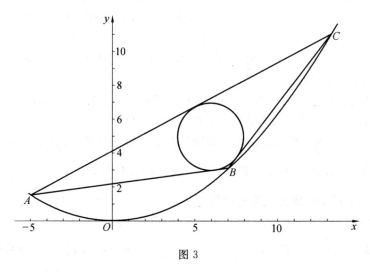

图 3

结论 2[5]　如图 4,已知抛物线 $y^2=2px(p>0)$,点 $I(a,b)$ 是抛物线内任意一点,过抛物线上任意一点 A 作圆 $I:(x-a)^2+(y-b)^2=r^2(r>0)$ 的两条切线,与抛物线分别交于 B,C 两点,则当且仅当 $r=\sqrt{p^2+2pa}-\sqrt{p^2+b^2}$ 时，圆 I 是 $\triangle ABC$ 的内切圆.

易知结论 1,2 是等价的:把结论 2 中的 x 与 y,a 与 b 均互换后,得结论 2 中的"当且仅当 $r=\sqrt{p^2+2pa}-\sqrt{p^2+b^2}$"换为"当且仅当 $r=\sqrt{p^2+2pb}-\sqrt{p^2+a^2}$",也即"当且仅当 $(r+\sqrt{p^2+a^2})^2=\sqrt{p^2+2pb}$",即"当且仅当 $2pb=a^2+r^2+2r\sqrt{a^2+p^2}$".

这里先说明以上两个结论及其证明均有误,以下以结论 1[4]来说明:

如图 5,过抛物线 $x^2=y$ 上的点 $A(\sqrt{3},3)$ 向圆 $x^2+(y-6)^2=9$ 引两条切线 $AB:y=3,AC:y=\sqrt{3}x$,分别交抛物线于点 $B(-\sqrt{3},3),C(0,0)$,可得直线 $BC:y=-\sqrt{3}x$ 也是圆的切线. 但结论 1[4]中的"$2pb=a^2+r^2+2r\sqrt{a^2+p^2}$"不成立,而"$2pb=a^2+r^2-2r\sqrt{a^2+p^2}$"成立(这说明结论 1[4]可能还有另外的一半结论).

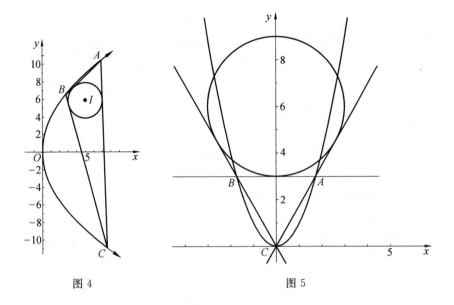

图 4   图 5

结论 $1^{[4]}$ 出错的原因是其证明中的"注意到圆 I 在抛物线开口内"(见文献 [4] 倒数第三段)是不对的(文献[4]倒数第三段第三行中的"Fx_1^3"均应改为"Fx_1^2").

结论 $1^{[4]}$ 的证明也有误:由"$x_1 \in \mathbf{R}$ 且 $x_1 \neq a \pm r$"得到文献[4]中的"$P^2 = Dr^2, 2PQ = Er^2, Q^2 + 2PR = Er^2, 2QR = Gr^2, R^2 = Hr^2$ 应同时成立"是对的,但结论 $1^{[4]}$ 中的点 A 显然不是"任意一点 A"而是"某一点 A",所以得不出"$x_1 \in \mathbf{R}$ 且 $x_1 \neq a \pm r$".因而该证明是错误的.

结论 $1^{[4]}$ 中 $a = 0$ 时的情形就是文献[6]的结论,所以文献[6]的结论及其证明也均有误.

本文将用初等方法研究二次曲线内接三角形的内切圆、旁切圆的问题,当二次曲线是圆或抛物线时,得到了完整的结论.

2. 引理

引理 1 (1) 如图 6,点 I 在 $\triangle ABC$ 的 $\angle A$ 的平分线上且在 $\triangle ABC$ 内,射线 AI 与 $\triangle ABC$ 的外接圆交于点 P,则 $PI = PB \Leftrightarrow$ 点 I 是 $\triangle ABC$ 的内心;

(2) 如图 7,点 I 在 $\triangle ABC$ 的 $\angle A$ 的平分线上且在 $\triangle ABC$ 外,线段 AI 与 $\triangle ABC$ 的外接圆交于点 P,则 $PI = PB \Leftrightarrow$ 点 I 是 $\triangle ABC$ 的关于点 A 的旁心(即点 I 在 $\triangle ABC$ 的 $\angle A$ 的平分线上).

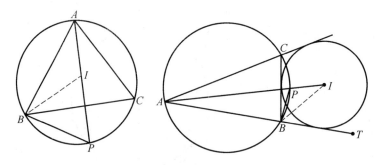

图 6　　　　　　图 7

证明　分别用图 6,图 7 来证. 先联结 IB.

(1)$\Rightarrow$　由题设得 $\angle PBI = \angle PIB$,所以

$$2(\angle PBC + \angle IBC) = 2\angle PBI = \angle PIB + \angle PBI = 180° - \angle APB =$$
$$180° - \angle ACB = \angle BAC + \angle ABC =$$
$$2\angle PAC + \angle ABC = 2\angle PBC + \angle ABC$$
$$\angle ABC = 2\angle IBC$$

可得点 I 是 $\triangle ABC$ 的内心.

$\Leftarrow$　由题设得 $\angle ABC = 2\angle IBC$,所以

$$\angle PIB + \angle PBI = 180° - \angle APB = 180° - \angle ACB = 2\angle PAC + 2\angle IBC =$$
$$2(\angle PBC + \angle IBC) = 2\angle PBI$$
$$\angle PIB = \angle PBI$$

所以 $PI = PB$.

(2)$\Rightarrow$　由题设得 $\angle PBI = \angle PIB$,所以

$$2(\angle IBC - \angle PBC) = 2\angle PBI = \angle APB = \angle ACB = \angle CBT - 2\angle IAC =$$
$$\angle CBT - 2\angle PBC$$
$$\angle CBT = 2\angle IBC$$

可得点 I 是 $\triangle ABC$ 关于点 A 的旁心.

$\Leftarrow$　由题设得 $\angle CBT = 2\angle IBC$,所以

$$\angle APB = \angle ACB = \angle CBT - 2\angle IAC = \angle CBT - 2\angle PBC =$$
$$2(\angle IBC - \angle PBC) = 2\angle PBI$$
$$\angle PIB = \angle PBI$$

所以 $PI = PB$.

引理 2　若 $\triangle ABC$ 各顶点的坐标分别是 $A(x_1, y_1), B(x_2, y_2), C(x_3, y_3)$, 则 $\triangle ABC$ 内心 I 的坐标是 $\left(\dfrac{ax_1 + bx_2 + cx_3}{a+b+c}, \dfrac{ay_1 + by_2 + cy_3}{a+b+c}\right)$, 其中

$$a = \sqrt{(x_2 - x_3)^2 + (y_2 - y_3)^2}$$
$$b = \sqrt{(x_3 - x_1)^2 + (y_3 - y_1)^2}$$

$$c = \sqrt{(x_1-x_2)^2+(y_1-y_2)^2}$$

证明 设

$$AB = \sqrt{(x_1-x_2)^2+(y_1-y_2)^2} = c$$
$$BC = \sqrt{(x_2-x_3)^2+(y_2-y_3)^2} = a$$
$$CA = \sqrt{(x_3-x_1)^2+(y_3-y_1)^2} = b$$

如图 8,设 AI 交 BC 于点 D,联结 BI,CI.

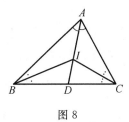

图 8

由三角形的内角平分线性质,得 $\dfrac{BD}{DC} = \dfrac{c}{b}$,$\overrightarrow{BD} = \dfrac{c}{b}\overrightarrow{DC}$,再由定比分点坐标公式,得 $D\left(\dfrac{bx_2+cx_3}{b+c}, \dfrac{by_2+cy_3}{b+c}\right)$.

还得 $\dfrac{AI}{ID} = \dfrac{BA}{BD} = \dfrac{CA}{CD}$.再由等比性质,得

$$\dfrac{AI}{ID} = \dfrac{AB+AC}{BD+DC} = \dfrac{b+c}{a}, \overrightarrow{AI} = \dfrac{b+c}{a}\overrightarrow{ID}$$

再由定比分点坐标公式,得 $I\left(\dfrac{ax_1+bx_2+cx_3}{a+b+c}, \dfrac{ay_1+by_2+cy_3}{a+b+c}\right)$.

引理 3 若 $\triangle ABC$ 各顶点的坐标分别是 $A(x_1,y_1)$,$B(x_2,y_2)$,$C(x_3,y_3)$,则 $\triangle ABC$ 在内角 A 的角平分线上的旁心 I_A(下文就把旁心 I_A 及旁切圆 I_A 分别叫做 $\triangle ABC$ 关于点 A 的旁心、旁切圆)的坐标是

$$\left(\dfrac{bx_2+cx_3-ax_1}{b+c-a}, \dfrac{by_2+cy_3-ay_1}{b+c-a}\right)$$

其中

$$a = \sqrt{(x_2-x_3)^2+(y_2-y_3)^2}$$
$$b = \sqrt{(x_3-x_1)^2+(y_3-y_1)^2}$$
$$c = \sqrt{(x_1-x_2)^2+(y_1-y_2)^2}$$

证明 设

$$AB = \sqrt{(x_1-x_2)^2+(y_1-y_2)^2} = c$$
$$BC = \sqrt{(x_2-x_3)^2+(y_2-y_3)^2} = a$$
$$CA = \sqrt{(x_3-x_1)^2+(y_3-y_1)^2} = b$$

下面分三种情形求旁心 I_A 的坐标.

(1) 当 $c > a$ 时,如图 9,可证 $\triangle ABC$ 的 $\angle ABC$ 外角的平分线与边 AC 的延长线一定相交(设交点为 D):即证 $\angle CBD < \angle ACB$,也即

$$2\angle CBD < 2\angle ACB$$
$$180° - \angle ABC < 2(180° - \angle ABC - \angle BAC)$$
$$2\angle BAC < 180° - \angle ABC$$

$$\angle BAC < 180° - \angle ABC - \angle BAC$$
$$\angle BAC < \angle ACB$$
$$c > a$$

所以欲证成立.

如图9,由三角形的外角平分线性质,得 $\dfrac{AD}{CD}=\dfrac{c}{a}$,$\overrightarrow{AD}=-\dfrac{c}{a}\overrightarrow{DC}$,再由定比分点坐标公式,得 $D\left(\dfrac{ax_1-cx_3}{a-c},\dfrac{ay_1-cy_3}{a-c}\right)$.

还得 $\dfrac{BI_A}{I_AD}=\dfrac{CB}{CD}=\dfrac{AB}{AD}$,再由等比性质,得 $\dfrac{BI_A}{I_AD}=\dfrac{AB-CB}{AD-CD}=\dfrac{c-a}{b}$,$\overrightarrow{BI_A}=\dfrac{c-a}{b}\overrightarrow{I_AD}$,再由定比分点坐标公式可得此时欲证成立.

(2) 当 $c=a$ 时,如图10,可得 $\angle CBI_A=\angle ACB$,所以 $BI_A\parallel AC$,得 $\dfrac{AD}{DI_A}=\dfrac{CD}{DB}=\dfrac{b}{c}$,$\overrightarrow{AD}=\dfrac{b}{c}\overrightarrow{DI_A}$. 有 $\dfrac{BD}{DC}=\dfrac{c}{b}$,$\overrightarrow{BD}=\dfrac{c}{b}\overrightarrow{DC}$,得 $D\left(\dfrac{bx_2+cx_3}{b+c},\dfrac{by_2+cy_3}{b+c}\right)$.

再由 $\overrightarrow{AD}=\dfrac{b}{c}\overrightarrow{DI_A}$,可得此时欲证也成立.

(3) 当 $c<a$ 时,如图11,可得 $\triangle ABC$ 的 $\angle ABC$ 外角的平分线与边 CA 的延长线一定相交(设交点为 D). 得 $\dfrac{AD}{CD}=\dfrac{c}{a}$,$\overrightarrow{AD}=-\dfrac{c}{a}\overrightarrow{DC}$,所以 $D\left(\dfrac{ax_1-cx_3}{a-c},\dfrac{ay_1-cy_3}{a-c}\right)$.

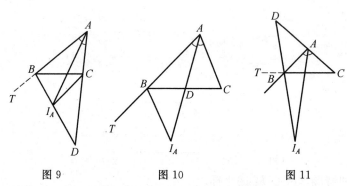

图9　　　　图10　　　　图11

由 BD 是 $\triangle ABC$ 的外角 $\angle ABT$ 的平分线知 $\dfrac{BI_A}{I_AD}=\dfrac{CB}{CD}$,由 AI_A 是 $\triangle ABD$ 的外角 $\angle BAC$ 的平分线知 $\dfrac{BI_A}{I_AD}=\dfrac{AB}{AD}$,所以 $\dfrac{BI_A}{I_AD}=\dfrac{CB}{CD}=\dfrac{AB}{AD}$,再由等比性质,得 $\dfrac{BI_A}{I_AD}=\dfrac{CB-AB}{CD-AD}=\dfrac{a-c}{b}$,$\overrightarrow{BI_A}=\dfrac{a-c}{b}\overrightarrow{I_AD}$,也可得此时欲证成立.

引理 4 若 $x_1 > x_2 > x_3$,则

(1) $(x_1 - x_2)\sqrt{[(x_1+x_3)^2+1][(x_2+x_3)^2+1]} +$
$(x_1 - x_3)\sqrt{[(x_1+x_2)^2+1][(x_2+x_3)^2+1]} +$
$(x_2 - x_3)\sqrt{[(x_1+x_2)^2+1][(x_1+x_3)^2+1]} -$
$(x_1 - x_2)(x_2 - x_3)(x_1 - x_3) > 0$

(2) $(x_1 - x_2)\sqrt{[(x_1+x_3)^2+1][(x_2+x_3)^2+1]} +$
$(x_1 - x_3)\sqrt{[(x_1+x_2)^2+1][(x_2+x_3)^2+1]} +$
$(x_1 - x_2)(x_1 - x_3)(x_2 - x_3) -$
$(x_2 - x_3)\sqrt{[(x_1+x_2)^2+1][(x_1+x_3)^2+1]} > 0$

(3) $(x_1 - x_2)\sqrt{[(x_1+x_3)^2+1][(x_2+x_3)^2+1]} +$
$(x_2 - x_3)\sqrt{[(x_1+x_2)^2+1][(x_1+x_3)^2+1]} +$
$(x_1 - x_2)(x_1 - x_3)(x_2 - x_3) -$
$(x_1 - x_3)\sqrt{[(x_1+x_2)^2+1][(x_2+x_3)^2+1]} > 0$

(4) $(x_1 - x_3)\sqrt{[(x_1+x_2)^2+1][(x_2+x_3)^2+1]} +$
$(x_2 - x_3)\sqrt{[(x_1+x_2)^2+1][(x_1+x_3)^2+1]} +$
$(x_1 - x_2)(x_1 - x_3)(x_2 - x_3) -$
$(x_1 - x_2)\sqrt{[(x_1+x_2)^2+1][(x_2+x_3)^2+1]} > 0$

证明 设 $a = x_1 + x_2, b = x_1 + x_3, c = x_2 + x_3$,得 $a > b > c$.

(1) 只需证明
$$(b-c)|bc| + (a-b)|ab| + (a-c)|ac| \geqslant (a-b)(b-c)(a-c)$$

又

左边 $= (b-c)|bc| + (a-b)|ab| + (a-b)|ac| + (b-c)|ac| =$
$(a-b)|a|(|b| + |c|) + (b-c)|c|(|a| + |b|)$

右边 $= a(a-b)(b-c) - c(a-b)(b-c)$

所以只需证明 $|a|(|b|+|c|) \geqslant a(b-c), |c|(|a|+|b|) \geqslant -c(a-b)$.

前者可由 $\begin{cases} |a| \geqslant a \\ |b| + |c| \geqslant b - c > 0 \end{cases}$ 再分 $a \geqslant 0$ 和 $a < 0$ 两种情形可证;后者同理可证.

所以欲证成立.

(2) 只需证明
$$(a-c)\sqrt{(a^2+1)(c^2+1)} + (b-c)\sqrt{(b^2+1)(c^2+1)} +$$
$$(a-b)(b-c)(a-c) > (a-b)\sqrt{(a^2+1)(b^2+1)}$$

$$[(a-b)+(b-c)]\sqrt{(a^2+1)(c^2+1)}+(b-c)\sqrt{(b^2+1)(c^2+1)}+$$
$$(a-b)(b-c)(a-c) > (a-b)\sqrt{(a^2+1)(b^2+1)}$$
$$(b-c)\sqrt{c^2+1}(\sqrt{a^2+1}+\sqrt{b^2+1})+(b-c)(a-b)(a-c) >$$
$$(a-b)\sqrt{a^2+1} \cdot \frac{(b+c)(b-c)}{\sqrt{b^2+1}+\sqrt{c^2+1}}$$
$$\sqrt{c^2+1}(\sqrt{a^2+1}+\sqrt{b^2+1})+(a-b)(a-c) >$$
$$(a-b)\sqrt{a^2+1} \cdot \frac{b+c}{\sqrt{b^2+1}+\sqrt{c^2+1}}$$

因为 $b \leqslant |b| < \sqrt{b^2+1}$, $c < \sqrt{c^2+1}$, 所以 $b+c < \sqrt{b^2+1}+\sqrt{c^2+1}$, $\frac{b+c}{\sqrt{b^2+1}+\sqrt{c^2+1}} < 1$, 即只需证明

$$\sqrt{c^2+1}(\sqrt{a^2+1}+\sqrt{b^2+1})+(a-b)(a-c) > (a-b)\sqrt{a^2+1}$$
$$\sqrt{c^2+1}(\sqrt{a^2+1}+\sqrt{b^2+1}) > (a-b)(\sqrt{a^2+1}-a+c)$$

因为 $\sqrt{a^2+1}+\sqrt{b^2+1} > |a|+|b| \geqslant a-b > 0$, 所以只需证明

$$\sqrt{c^2+1} > \sqrt{a^2+1}-a+c$$
$$\sqrt{c^2+1}-c > \sqrt{a^2+1}-a$$

用导数易证函数 $f(x)=\sqrt{x^2+1}-x$ 在 **R** 上是减函数, 所以欲证成立.

(3) 只需证明

$$(a-b)\sqrt{(a^2+1)(b^2+1)}+(b-c)\sqrt{(b^2+1)(c^2+1)}+$$
$$(a-b)(b-c)(a-c) > (a-c)\sqrt{(a^2+1)(c^2+1)}$$
$$(a-b)\sqrt{(a^2+1)(b^2+1)}+(b-c)\sqrt{(b^2+1)(c^2+1)}+$$
$$(a-b)(b-c)(a-c) >$$
$$(a-b)\sqrt{(a^2+1)(c^2+1)}+(b-c)\sqrt{(a^2+1)(c^2+1)}$$
$$\frac{(a-b)(b+c)(b-c)\sqrt{a^2+1}}{\sqrt{b^2+1}+\sqrt{c^2+1}}+(a-b)(b-c)(a-c) >$$
$$\frac{(b-c)(a+b)(a-b)\sqrt{c^2+1}}{\sqrt{a^2+1}+\sqrt{b^2+1}}$$
$$a-c > \frac{(a+b)\sqrt{c^2+1}}{\sqrt{a^2+1}+\sqrt{b^2+1}}-\frac{(b+c)\sqrt{a^2+1}}{\sqrt{b^2+1}+\sqrt{c^2+1}}$$

用导数可证函数 $f(x)=\frac{x}{\sqrt{x^2+1}}$ 在 **R** 上是增函数, 所以

$$\frac{a}{\sqrt{a^2+1}} > \frac{b}{\sqrt{b^2+1}}, \frac{b}{\sqrt{b^2+1}} > \frac{c}{\sqrt{c^2+1}}$$

由前者可得

$$\frac{a}{\sqrt{a^2+1}} > \frac{a+b}{\sqrt{a^2+1}+\sqrt{b^2+1}}, \frac{a\sqrt{c^2+1}}{\sqrt{a^2+1}} > \frac{(a+b)\sqrt{c^2+1}}{\sqrt{a^2+1}+\sqrt{b^2+1}}$$

由后者可得

$$\frac{b+c}{\sqrt{b^2+1}+\sqrt{c^2+1}} > \frac{c}{\sqrt{c^2+1}}, -\frac{c\sqrt{a^2+1}}{\sqrt{c^2+1}} > -\frac{(b+c)\sqrt{a^2+1}}{\sqrt{b^2+1}+\sqrt{c^2+1}}$$

所以

$$\frac{a\sqrt{c^2+1}}{\sqrt{a^2+1}} - \frac{c\sqrt{a^2+1}}{\sqrt{c^2+1}} > \frac{(a+b)\sqrt{c^2+1}}{\sqrt{a^2+1}+\sqrt{b^2+1}} - \frac{(b+c)\sqrt{a^2+1}}{\sqrt{b^2+1}+\sqrt{c^2+1}}$$

即只需证明

$$a - c \geqslant \frac{a\sqrt{c^2+1}}{\sqrt{a^2+1}} - \frac{c\sqrt{a^2+1}}{\sqrt{c^2+1}}$$

$$a - c \geqslant \frac{(a-c)(1-ac)}{\sqrt{a^2+1} \cdot \sqrt{c^2+1}}$$

只需证明$\sqrt{a^2+1} \cdot \sqrt{c^2+1} \geqslant |1-ac|$,这平方后易证. 所以欲证成立!

(4) 只需证明

$$(a-b)\sqrt{(a^2+1)(b^2+1)} + (a-c)\sqrt{(a^2+1)(c^2+1)} +$$
$$(a-b)(b-c)(a-c) > (b-c)\sqrt{(b^2+1)(c^2+1)}$$

在(2)证明的第一个不等式中令$a=-c', b=-b', c=-a'$,得$a'>b'>c'$时,有

$$(a'-b')\sqrt{(a'^2+1)(b'^2+1)} + (a'-c')\sqrt{(a'^2+1)(c'^2+1)} +$$
$$(a'-b')(b'-c')(a'-c') > (b'-c')\sqrt{(b'^2+1)(c'^2+1)}$$

而这正是欲证!

证毕!

引理 5 (1) $(x_1-x_2)^2[(x_1+x_3)^2+1][(x_2+x_3)^2+1] +$
$(x_1-x_3)^2[(x_1+x_2)^2+1][(x_2+x_3)^2+1] +$
$(x_2-x_3)^2[(x_1+x_2)^2+1][(x_1+x_3)^2+1] +$
$[(x_1-x_2)(x_2-x_3)(x_1-x_3)]^2 =$
$(4x_1^2+1)(x_2-x_3)^2[(x_2+x_3)^2+1] +$
$(4x_2^2+1)(x_1-x_3)^2[(x_1+x_3)^2+1] +$
$(4x_3^2+1)(x_1-x_2)^2[(x_1+x_2)^2+1]$

(2) $(pa^2 + 4p^3t^2 - 4p^2at - pr^2)^2 + (a^3 + ar^2 + 4p^2at^2$
$- 4pa^2t + 2ar\sqrt{a^2+p^2} - 4prt\sqrt{a^2+p^2})^2 =$

$$(2a^2r - 4part + r^2\sqrt{a^2+p^2} -$$
$$4pat\sqrt{a^2+p^2} + 4p^2t^2\sqrt{a^2+p^2} + a^2\sqrt{a^2+p^2})^2$$

(3) $(pa^2 + 4p^3t^2 - 4p^2at - pr^2)^2 + (a^3 + ar^2 + 4p^2at^2 -$
$$4pa^2t - 2ar\sqrt{a^2+p^2} + 4prt\sqrt{a^2+p^2})^2 =$$
$$(2a^2r - 4part - r^2\sqrt{a^2+p^2} + 4pat\sqrt{a^2+p^2} -$$
$$4p^2t^2\sqrt{a^2+p^2} - a^2\sqrt{a^2+p^2})^2$$

证明 把左右两边展开后均可获证.

3. 关于圆的内接三角形的内切圆、旁切圆的完整结论

定理 3 设圆 I 与圆 O 的半径及圆心距分别为 r,R,d.

(1) 设圆 I 是圆 O 的某个内接三角形的内切圆,则 $d^2 + 2rR = R^2$;

(2) 若 $d^2 + 2rR = R^2$,则圆 I 在圆 O 内,所以过圆 O 上的任意一点 A 可作圆 I 的两条不同切线,设它们分别交圆 O 于另外的点 B,C,则圆 I 是 $\triangle ABC$ 的内切圆.

证明 只证 $d > 0$ 时的情形. 如图 12,延长 AI 交圆 O 于点 K,联结 KB,延长 IO,OI 交圆 O 于点 M,N.

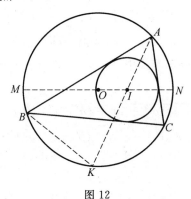

图 12

(1) 由引理 1(1) 得 $KB = KI = 2R\sin\dfrac{\angle BAC}{2}$. 还有 $AI = \dfrac{r}{\sin\dfrac{\angle BAC}{2}}$,所以 $IA \cdot IK = 2rR$. 有 $(R+d)(R-d) = IN \cdot IN = IA \cdot IK = 2rR$,所以 $d^2 + 2rR = R^2$.

(2) 可先得若 $r < R$,再证 $d < R - r$,所以圆 I 内含于圆 O.

由引理 1(1) 知,要证圆 I 是 $\triangle ABC$ 的内切圆,只需证明 $KB = KI$. 得
$$KB = 2R\sin\dfrac{\angle BAC}{2}, AI = \dfrac{r}{\sin\dfrac{\angle BAC}{2}}$$

再由$(R+d)(R-d) = IN \cdot IN = IA \cdot IK = 2rR$，得$KB = KI$.

证毕.

定理 4 设圆I与圆O的半径及圆心距分别为r, R, d.

(1) 设圆I是圆O的某个内接三角形的旁切圆，则$d^2 - 2rR = R^2$；

(2) 当$d^2 - 2rR = R^2$时，圆I上有点在圆O外但不一定有点在圆O内，当且仅当这两个圆相交即$r < 4R$时，圆I上有点在圆O内，此时过圆O上且在圆I外的任意一点A可作圆I的两条不同切线，设它们分别交圆O于另外的点B，C，则圆I也是$\triangle ABC$的旁切圆.

证明 如图13，联结AI交圆O于点K，联结KB，易知点O, I不重合，所以可延长IO, OI交圆O于点M, N.

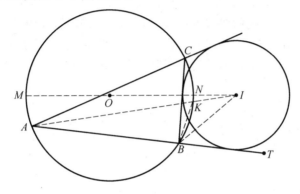

图 13

(1) 只证明圆I是圆O的某个内接$\triangle ABC$的关于点A的旁切圆的情形.

由引理1(2)，得$KI = KB = 2R\sin\dfrac{\angle BAC}{2}, AI = \dfrac{r}{\sin\dfrac{\angle BAC}{2}}$.

有$(d+R)(d-R) = IM \cdot IN = IA \cdot IK = 2rR$，即$d^2 - 2rR = R^2$.

(2) 由$d^2 - 2rR = R^2$，得$d > R$，所以圆I上有点在圆O外.

可得$d < r + R$，所以当且仅当$d^2 > (R-r)^2$即$r < 4R$也即圆I与圆O相交时，圆I上有点在圆O内.

由引理1(2)知，要证圆I是$\triangle ABC$的内切圆，只需证明$KB = KI$.

得$BK = 2R\sin\dfrac{\angle BAC}{2}, AI = \dfrac{r}{\sin\dfrac{\angle BAC}{2}}$.

再由$IA \cdot IK = IM \cdot IN = (d+R)(d-R) = 2rR = BK \cdot AI$，得$KB = KI$.

证毕.

推论 1 设圆I与圆O的半径及圆心距分别为r, R, d. 过圆O上在圆I外的点A可作圆I的两条不同切线，设它们分别交圆O于另外的点B, C，则直线

BC 也与圆 I 相切的充要条件是 $d^2 \pm 2rR = R^2$.

4. 关于抛物线内接三角形的内切圆、旁切圆的完整结论

定理 5 (1) 设圆 $I:(x-a)^2+(y-b)^2=r^2(r>0)$ 是抛物线 $\Gamma:x^2=2py(p>0)$ 的某个内接三角形的内切圆,则 $2pb=a^2+r^2+2r\sqrt{a^2+p^2}$;

(2) 当 $2pb=a^2+r^2+2r\sqrt{a^2+p^2}$ 时,圆 $I:(x-a)^2+(y-b)^2=r^2(r>0)$ 在抛物线 $\Gamma:x^2=2py(p>0)$ 内;

(3) 过抛物线 $\Gamma:x^2=2py(p>0)$ 上的任意一点 A 可作 $I:(x-a)^2+(y-b)^2=r^2(r>0,2pb=a^2+r^2+2r\sqrt{a^2+p^2})$ 的两条不同切线,设分别交 Γ 于另外的点 B,C,则圆 I 也是 $\triangle ABC$ 的内切圆.

证明 (1) 可设抛物线 Γ 的内接三角形是 $\triangle ABC$,其中 $A(2px_1,2px_1^2)$, $B(2px_2,2px_2^2),C(2px_3,2px_3^2)$($x_1,x_2,x_3$ 两两不等)(下面只证明 $x_1>x_2>x_3$ 的情形,其余的情形可类似证明),由引理 2 可得 $\triangle ABC$ 的内心 I 的横、纵坐标分别是

$a=2p\cdot$

$\dfrac{x_1(x_2-x_3)\sqrt{(x_2+x_3)^2+1}+x_2(x_1-x_3)\sqrt{(x_1+x_3)^2+1}+x_3(x_1-x_2)\sqrt{(x_1+x_2)^2+1}}{(x_2-x_3)\sqrt{(x_2+x_3)^2+1}+(x_1-x_3)\sqrt{(x_1+x_3)^2+1}+(x_1-x_2)\sqrt{(x_1+x_2)^2+1}}$

$b=2p\cdot$

$\dfrac{x_1^2(x_2-x_3)\sqrt{(x_2+x_3)^2+1}+x_2^2(x_1-x_3)\sqrt{(x_1+x_3)^2+1}+x_3^2(x_1-x_2)\sqrt{(x_1+x_2)^2+1}}{(x_2-x_3)\sqrt{(x_2+x_3)^2+1}+(x_1-x_3)\sqrt{(x_1+x_3)^2+1}+(x_1-x_2)\sqrt{(x_1+x_2)^2+1}}$

又 $\triangle ABC$ 的面积为

$$S_{\triangle ABC}=\left|\dfrac{1}{2}\begin{vmatrix}1 & 2px_1 & 2px_1^2 \\ 1 & 2px_2 & 2px_2^2 \\ 1 & 2px_3 & 2px_3^2\end{vmatrix}\right|=2p^2(x_1-x_2)(x_2-x_3)(x_1-x_3)$$

所以 $\triangle ABC$ 的内切圆半径是

$r=\dfrac{2S_{\triangle ABC}}{AB+BC+CA}=$

$\dfrac{2p(x_1-x_2)(x_2-x_3)(x_1-x_3)}{(x_2-x_3)\sqrt{(x_2+x_3)^2+1}+(x_1-x_3)\sqrt{(x_1+x_3)^2+1}+(x_1-x_2)\sqrt{(x_1+x_2)^2+1}}$

所以欲证的结论即

$[x_1^2(x_2-x_3)\sqrt{(x_2+x_3)^2+1}+x_2^2(x_1-x_3)\sqrt{(x_1+x_3)^2+1}+x_3^2(x_1-x_2)\sqrt{(x_1+x_2)^2+1}]\cdot[(x_2-x_3)\sqrt{(x_2+x_3)^2+1}+(x_1-x_3)\sqrt{(x_1+x_3)^2+1}+(x_1-x_2)\sqrt{(x_1+x_2)^2+1}]=$

$[x_1(x_2-x_3)\sqrt{(x_2+x_3)^2+1}+x_2(x_1-x_3)\sqrt{(x_1+x_3)^2+1}+$

$$x_3(x_1-x_2)\sqrt{(x_1+x_2)^2+1}]^2 + [(x_1-x_2)(x_2-x_3)(x_1-x_3)]^2 +$$
$$(x_1-x_2)(x_2-x_3)(x_1-x_3)\{4[x_1(x_2-x_3)\sqrt{(x_2+x_3)^2+1} +$$
$$x_2(x_1-x_3)\sqrt{(x_1+x_3)^2+1} + x_3(x_1-x_2)\sqrt{(x_1+x_2)^2+1}]^2 +$$
$$[(x_2-x_3)\sqrt{(x_2+x_3)^2+1} + (x_1-x_3)\sqrt{(x_1+x_3)^2+1} +$$
$$(x_1-x_2)\sqrt{(x_1+x_2)^2+1}]^2\}^{\frac{1}{2}}$$

也即
$$(x_1-x_2)\sqrt{[(x_1+x_3)^2+1][(x_2+x_3)^2+1]} +$$
$$(x_1-x_3)\sqrt{[(x_1+x_2)^2+1][(x_2+x_3)^2+1]} +$$
$$(x_2-x_3)\sqrt{[(x_1+x_2)^2+1][(x_1+x_3)^2+1]} -$$
$$(x_1-x_2)(x_2-x_3)(x_1-x_3) =$$
$$\{4[x_1(x_2-x_3)\sqrt{(x_2+x_3)^2+1} + x_2(x_1-x_3)\sqrt{(x_1+x_3)^2+1} +$$
$$x_3(x_1-x_2)\sqrt{(x_1+x_2)^2+1}]^2 +$$
$$[(x_2-x_3)\sqrt{(x_2+x_3)^2+1} + (x_1-x_3)\sqrt{(x_1+x_3)^2+1} +$$
$$(x_1-x_2)\sqrt{(x_1+x_2)^2+1}]^2\}^{\frac{1}{2}}$$

由引理 4(1) 知该式左边是正数,所以即证

$$\{(x_1-x_2)\sqrt{[(x_1+x_3)^2+1][(x_2+x_3)^2+1]} +$$
$$(x_1-x_3)\sqrt{[(x_1+x_2)^2+1][(x_2+x_3)^2+1]} +$$
$$(x_2-x_3)\sqrt{[(x_1+x_2)^2+1][(x_1+x_3)^2+1]} -$$
$$(x_1-x_2)(x_2-x_3)(x_1-x_3)\}^2 =$$
$$4[x_1(x_2-x_3)\sqrt{(x_2+x_3)^2+1} + x_2(x_1-x_3)\sqrt{(x_1+x_3)^2+1} +$$
$$x_3(x_1-x_2)\sqrt{(x_1+x_2)^2+1}]^2 + [(x_2-x_3)\sqrt{(x_2+x_3)^2+1} +$$
$$(x_1-x_3)\sqrt{(x_1+x_3)^2+1} + (x_1-x_2)\sqrt{(x_1+x_2)^2+1}]^2$$

也即
$$(x_1-x_2)^2[(x_1+x_3)^2+1][(x_2+x_3)^2+1] +$$
$$(x_1-x_3)^2[(x_1+x_2)^2+1][(x_2+x_3)^2+1] +$$
$$(x_2-x_3)^2[(x_1+x_2)^2+1][(x_1+x_3)^2+1] +$$
$$[(x_1-x_2)(x_2-x_3)(x_1-x_3)]^2 +$$
$$2(x_1-x_2)(x_1-x_3)[(x_2+x_3)^2+1]\sqrt{[(x_1+x_2)^2+1][(x_1+x_3)^2+1]} +$$
$$2(x_1-x_2)(x_2-x_3)[(x_1+x_3)^2+1]\sqrt{[(x_1+x_2)^2+1][(x_2+x_3)^2+1]} +$$
$$2(x_1-x_3)(x_2-x_3)[(x_1+x_2)^2+1]\sqrt{[(x_1+x_3)^2+1][(x_2+x_3)^2+1]} -$$
$$2(x_1-x_2)^2(x_2-x_3)(x_1-x_3)\sqrt{[(x_1+x_3)^2+1][(x_2+x_3)^2+1]} -$$

$$2(x_1-x_2)(x_2-x_3)(x_1-x_3)^2\sqrt{[(x_1+x_2)^2+1][(x_2+x_3)^2+1]}-$$
$$2(x_1-x_2)(x_2-x_3)^2(x_1-x_3)\sqrt{[(x_1+x_2)^2+1][(x_1+x_3)^2+1]}=$$
$$4x_1^2(x_2-x_3)^2[(x_2+x_3)^2+1]+4x_2^2(x_1-x_3)^2[(x_1+x_3)^2+1]+$$
$$4x_3^2(x_1-x_2)^2[(x_1+x_2)^2+1]+$$
$$8x_1x_2(x_1-x_3)(x_2-x_3)\sqrt{[(x_1+x_3)^2+1][(x_2+x_3)^2+1]}+$$
$$8x_1x_3(x_1-x_2)(x_2-x_3)\sqrt{[(x_1+x_2)^2+1][(x_2+x_3)^2+1]}+$$
$$8x_2x_3(x_1-x_2)(x_1-x_3)\sqrt{[(x_1+x_2)^2+1][(x_1+x_3)^2+1]}+$$
$$(x_2-x_3)^2[(x_2+x_3)^2+1]+(x_1-x_3)^2[(x_1+x_3)^2+1]+$$
$$(x_1-x_2)^2[(x_1+x_2)^2+1]+$$
$$2(x_1-x_3)(x_2-x_3)\sqrt{[(x_1+x_3)^2+1][(x_2+x_3)^2+1]}+$$
$$2(x_1-x_2)(x_2-x_3)\sqrt{[(x_1+x_2)^2+1][(x_2+x_3)^2+1]}+$$
$$2(x_1-x_2)(x_1-x_3)\sqrt{[(x_1+x_2)^2+1][(x_1+x_3)^2+1]}$$

这由引理 5(1) 立得,所以欲证成立.

(2) 只需证明:当 $(x_0, y_0) = (a+r\cos\theta, b+r\sin\theta)$ $(\theta \in \mathbf{R})$ 时,恒有 $x_0^2 - 2py_0 < 0$.

$$x_0^2 - 2py_0 = (a+r\cos\theta)^2 - 2p(b+r\sin\theta) =$$
$$a^2 + 2ar\cos\theta + r^2\cos^2\theta - 2pb - 2pr\sin\theta =$$
$$-2r\sqrt{a^2+p^2} + 2r(a\cos\theta - p\sin\theta) - r^2\sin^2\theta =$$
$$-2r\sqrt{a^2+p^2} - 2r\sqrt{a^2+p^2}\sin(\theta-\theta_0) -$$
$$r^2\sin^2\theta \text{(其中 } \sin\theta_0 = \frac{a}{\sqrt{a^2+p^2}}, \cos\theta_0 = \frac{p}{\sqrt{a^2+p^2}}) =$$
$$-2r\sqrt{a^2+p^2}[1+\sin(\theta-\theta_0)] - r^2\sin^2\theta$$

由此可证 $x_0^2 - 2py_0 < 0$.

(3) 设 $A(2pt, 2pt^2)$,易知过点 A 作圆 I 的切线的斜率 k 均存在,可设该切线的方程为

$$y - 2pt^2 = k(x-2pt)$$

即

$$2pkx - 2py + 4p^2t^2 - 4p^2kt = 0$$

得

$$\frac{|2pka - a^2 - r^2 - 2r\sqrt{a^2+p^2} + 4p^2t^2 - 4p^2kt|}{2p\sqrt{k^2+1}} = r$$

$$[(2pa-4p^2t)k - (a^2+r^2+2r\sqrt{a^2+p^2}-4p^2t^2)]^2 = 4p^2r^2k^2 + 4p^2r^2$$
$$(4p^2a^2+16p^4t^2-16p^3at-4p^2r^2)k^2-$$

$$4(pa-2p^2t)(a^2+r^2+2r\sqrt{a^2+p^2}-4p^2t^2)k+$$
$$(a^2+r^2+2r\sqrt{a^2+p^2}-4p^2t^2)^2-4p^2r^2=0$$

设切线 AB,AC 的斜率分别为 k_1,k_2,可得 $B(2p(k_1-t),2p(k_1-t)^2)$, $C(2p(k_2-t),2p(k_2-t)^2)$,且直线 BC 的方程是

$$BC:(k_1+k_2-2t)x-y-2p(k_1-t)(k_2-t)=0$$

还可得

$k_1+k_2=$

$$\frac{pa^3+par^2-4p^3at^2-2p^2a^2t-2p^2r^2t+8p^4t^3+2par\sqrt{a^2+p^2}-4p^2rt\sqrt{a^2+p^2}}{p^2a^2+4p^4t^2-4p^3at-p^2r^2}$$

$k_1k_2=$

$$\frac{a^4+r^4+6a^2r^2+16p^4t^4-8p^2a^2t^2-8p^2r^2t^2+4a^2r\sqrt{a^2+p^2}+4r^3\sqrt{a^2+p^2}-16p^2rt^2\sqrt{a^2+p^2}}{4p^2a^2+16p^4t^2-16p^3at-4p^2r^2}$$

所以

$(k_1+k_2-2t)a=$

$$\frac{2a^4+2a^2r^2+8p^2a^2t^2-8pa^3t+4a^2r\sqrt{a^2+p^2}-8part\sqrt{a^2+p^2}}{2pa^2+8p^3t^2-8p^2at-2pr^2}-$$

$2p(k_1-t)(k_2-t)=$

$$\frac{-a^4-r^4-6a^2r^2-4p^2a^2t^2+4p^2r^2t^2+4pa^3t+4par^2t-4a^2r\sqrt{a^2+p^2}-4r^3\sqrt{a^2+p^2}+8part\sqrt{a^2+p^2}}{2pa^2+8p^3t^2-8p^2at-2pr^2}$$

由引理 5(2) 可证得圆心 $I\left(a,\dfrac{a^2+r^2+2r\sqrt{a^2+p^2}}{2p}\right)$ 到直线 BC 的距离是 r,所以直线 BC 也是圆 I 的切线.

再由(2)的结论立得圆 I 也是 $\triangle ABC$ 的内切圆.

证毕!

推论 2 若圆 $I:(x-a)^2+(y-b)^2=r^2(r>0)$ 是抛物线 $\Gamma:x^2=2py$ ($p>0$) 的某个内接三角形的内切圆(可证其充要条件是 $2pb=a^2+r^2+2r\sqrt{a^2+p^2}$),则过抛物线 Γ 上的任意一点 A 可作圆 I 的两条不同切线分别交 Γ 于另外的点 B,C,圆 I 也是 $\triangle ABC$ 的内切圆.

定理 6 (1) 设圆 $I:(x-a)^2+(y-b)^2=r^2(r>0)$ 是抛物线 $\Gamma:x^2=2py(p>0)$ 的某个内接三角形的旁切圆,则 $2pb=a^2+r^2-2r\sqrt{a^2+p^2}$;

(2) 当 $2pb=a^2+r^2-2r\sqrt{a^2+p^2}$ 时,圆 $I:(x-a)^2+(y-b)^2=r^2(r>0)$ 上有点在抛物线 $\Gamma:x^2=2py(p>0)$ 外,也有点在抛物线 Γ 内;

(3) 过抛物线 $\Gamma:x^2=2py(p>0)$ 上且在圆 $I:(x-a)^2+(y-b)^2=r^2$ ($r>0,2pb=a^2+r^2-2r\sqrt{a^2+p^2}$) 外的任意一点 A 可作圆 I 的两条不同切

线,当切线均不是铅垂线时,设这两条切线分别交 Γ 于另外的点 B,C,则圆 I 也是 $\triangle ABC$ 的旁切圆.

证明 (1) 可设抛物线 Γ 的内接三角形是 $\triangle ABC$,其中 $A(2px_1,2px_1^2)$, $B(2px_2,2px_2^2)$, $C(2px_3,2px_3^2)$ (x_1,x_2,x_3 两两不等)(下面只证明 $x_1 > x_2 > x_3$ 的情形,其余的情形可类似证明).

当圆心 I 是 $\triangle ABC$ 关于点 A 的旁心时,由引理 3 可得圆心 I 的横、纵坐标分别是

$a = 2p \cdot$

$$\frac{x_1(x_3-x_2)\sqrt{(x_2+x_3)^2+1}+x_2(x_1-x_3)\sqrt{(x_1+x_3)^2+1}+x_3(x_1-x_2)\sqrt{(x_1+x_2)^2+1}}{(x_3-x_2)\sqrt{(x_2+x_3)^2+1}+(x_1-x_3)\sqrt{(x_1+x_3)^2+1}+(x_1-x_2)\sqrt{(x_1+x_2)^2+1}}$$

$b = 2p \cdot$

$$\frac{x_1^2(x_3-x_2)\sqrt{(x_2+x_3)^2+1}+x_2^2(x_1-x_3)\sqrt{(x_1+x_3)^2+1}+x_3^2(x_1-x_2)\sqrt{(x_1+x_2)^2+1}}{(x_3-x_2)\sqrt{(x_2+x_3)^2+1}+(x_1-x_3)\sqrt{(x_1+x_3)^2+1}+(x_1-x_2)\sqrt{(x_1+x_2)^2+1}}$$

又 $\triangle ABC$ 的面积为

$$S_{\triangle ABC} = 2p^2(x_1-x_2)(x_2-x_3)(x_1-x_3)$$

所以 $\triangle ABC$ 关于点 A 的旁切圆半径是

$$r = \frac{2S_{\triangle ABC}}{AB-BC+CA} = $$

$$\frac{2p(x_1-x_2)(x_2-x_3)(x_1-x_3)}{(x_3-x_2)\sqrt{(x_1+x_2)^2+1}+(x_1-x_3)\sqrt{(x_2+x_3)^2+1}+(x_1-x_2)\sqrt{(x_1+x_3)^2+1}}$$

所以欲证的结论即

$[x_1^2(x_3-x_2)\sqrt{(x_2+x_3)^2+1}+x_2^2(x_1-x_3)\sqrt{(x_1+x_3)^2+1}+x_3^2(x_1-x_2)\sqrt{(x_1+x_2)^2+1}][(x_3-x_2)\sqrt{(x_2+x_3)^2+1}+(x_1-x_3)\sqrt{(x_1+x_3)^2+1}+(x_1-x_2)\sqrt{(x_1+x_2)^2+1}] =$

$[x_1(x_3-x_2)\sqrt{(x_2+x_3)^2+1}+x_2(x_1-x_3)\sqrt{(x_1+x_3)^2+1}+x_3(x_1-x_2)\sqrt{(x_1+x_2)^2+1}]^2 + [(x_1-x_2)(x_1-x_3)(x_3-x_2)]^2 + (x_1-x_2)(x_1-x_3)(x_3-x_2)\{4[x_1(x_3-x_2)\sqrt{(x_2+x_3)^2+1}+x_2(x_1-x_3)\sqrt{(x_1+x_3)^2+1}+x_3(x_1-x_2)\sqrt{(x_1+x_2)^2+1}]^2 + [(x_3-x_2)\sqrt{(x_2+x_3)^2+1}+(x_1-x_3)\sqrt{(x_1+x_3)^2+1}+(x_1-x_2)\sqrt{(x_1+x_2)^2+1}]^2\}^{\frac{1}{2}}$

也即

$(x_1-x_2)\sqrt{[(x_1+x_3)^2+1][(x_2+x_3)^2+1]} +$
$(x_1-x_3)\sqrt{[(x_1+x_2)^2+1][(x_2+x_3)^2+1]} +$

$(x_3-x_2)\sqrt{[(x_1+x_2)^2+1][(x_1+x_3)^2+1]}-$
$(x_1-x_2)(x_1-x_3)(x_3-x_2)=$
$\{4[x_1(x_3-x_2)\sqrt{(x_2+x_3)^2+1}+x_2(x_1-x_3)\sqrt{(x_1+x_3)^2+1}+$
$x_3(x_1-x_2)\sqrt{(x_1+x_2)^2+1}]^2+[(x_3-x_2)\sqrt{(x_2+x_3)^2+1}+$
$(x_1-x_3)\sqrt{(x_1+x_3)^2+1}+(x_1-x_2)\sqrt{(x_1+x_2)^2+1}]^2\}^{\frac{1}{2}}$

由引理 4(2) 知该式左边是正数,所以即证

$\{(x_1-x_2)\sqrt{[(x_1+x_3)^2+1][(x_2+x_3)^2+1]}+$
$(x_1-x_3)\sqrt{[(x_1+x_2)^2+1][(x_2+x_3)^2+1]}+$
$(x_3-x_2)\sqrt{[(x_1+x_2)^2+1][(x_1+x_3)^2+1]}-$
$(x_1-x_2)(x_1-x_3)(x_3-x_2)\}^2=$
$4[x_1(x_3-x_2)\sqrt{(x_2+x_3)^2+1}+x_2(x_1-x_3)\sqrt{(x_1+x_3)^2+1}+$
$x_3(x_1-x_2)\sqrt{(x_1+x_2)^2+1}]^2+[(x_3-x_2)\sqrt{(x_2+x_3)^2+1}+$
$(x_1-x_3)\sqrt{(x_1+x_3)^2+1}+(x_1-x_2)\sqrt{(x_1+x_2)^2+1}]^2$

这由引理 5(1) 立得,所以此时欲证成立.

当圆心 I 是 $\triangle ABC$ 关于点 B 的旁心时,用引理 3,4(3),5(1) 同理可得欲证成立.

当圆心 I 是 $\triangle ABC$ 关于点 C 的旁心时,用引理 3,4(4),5(1) 同理可得欲证成立.

(2) 可设圆 I 上的点 (x_0,y_0) 为 $(a+r\cos\theta,b+r\sin\theta)(\theta\in\mathbf{R})$,有
$x_0^2-2py_0=(a+r\cos\theta)^2-2p(b+r\sin\theta)=$
$\qquad a^2+2ar\cos\theta+r^2\cos^2\theta-2pb-2pr\sin\theta=$
$\qquad 2r\sqrt{a^2+p^2}+2r(a\cos\theta-p\sin\theta)-r^2\sin^2\theta=$
$\qquad 2r\sqrt{a^2+p^2}-2r\sqrt{a^2+p^2}\sin(\theta-\theta_0)-$
$\qquad r^2\sin^2\theta($其中 $\sin\theta_0=$
$\qquad \dfrac{a}{\sqrt{a^2+p^2}},\cos\theta_0=\dfrac{p}{\sqrt{a^2+p^2}})=$
$\qquad 2r\sqrt{a^2+p^2}\,[1-\sin(\theta-\theta_0)]-r^2\sin^2\theta$

选 $\theta-\theta_0=\dfrac{\pi}{2}$ 时,可证 $x_0^2-2py_0<0$,即圆 I 上的点 (x_0,y_0) 在抛物线 Γ 内.

可选 θ 使 $a\cos\theta=|a|$,得 $\sin\theta=0$,所以 $x_0^2-2py_0=2r\sqrt{a^2+p^2}+2r|a|>0$,即圆 I 上的点 (x_0,y_0) 在抛物线 Γ 外.

(3) 设 $A(2pt,2pt^2)$,由题设知过点 A 作圆 I 的切线的斜率 k 存在,可设该切线的方程为

即
$$y - 2pt^2 = k(x - 2pt)$$

得
$$\frac{|2pka - a^2 - r^2 + 2r\sqrt{a^2+p^2} + 4p^2t^2 - 4p^2kt|}{2p\sqrt{k^2+1}} = r$$

$$[(2pa - 4p^2t)k - (a^2 + r^2 - 2r\sqrt{a^2+p^2} - 4p^2t^2)]^2 = 4p^2r^2k^2 + 4p^2r^2$$

$$(4p^2a^2 + 16p^4t^2 - 16p^3at - 4p^2r^2)k^2 -$$

$$4(pa - 2p^2t)(a^2 + r^2 - 2r\sqrt{a^2+p^2} - 4p^2t^2)k +$$

$$(a^2 + r^2 - 2r\sqrt{a^2+p^2} - 4p^2t^2)^2 - 4p^2r^2 = 0$$

设切线 AB, AC 的斜率分别为 k_1, k_2, 可得 $B(2p(k_1-t), 2p(k_1-t)^2)$, $C(2p(k_2-t), 2p(k_2-t)^2)$, 且直线 BC 的方程是

$$BC: (k_1 + k_2 - 2t)x - y - 2p(k_1-t)(k_2-t) = 0$$

还可得

$k_1 + k_2 =$

$$\frac{pa^3 + par^2 - 4p^3at^2 - 2p^2a^2t - 2p^2r^2t + 8p^4t^3 - 2par\sqrt{a^2+p^2} + 4p^2rt\sqrt{a^2+p^2}}{p^2a^2 + 4p^4t^2 - 4p^3at - p^2r^2}$$

$k_1 k_2 =$

$$\frac{a^4 + r^4 + 6a^2r^2 + 16p^4t^4 - 8p^2a^2t^2 - 8p^2r^2t^2 - 4a^2r\sqrt{a^2+p^2} - 4r^3\sqrt{a^2+p^2} + 16p^2rt^2\sqrt{a^2+p^2}}{4p^2a^2 + 16p^4t^2 - 16p^3at - 4p^2r^2}$$

所以

$(k_1 + k_2 - 2t)a =$

$$\frac{2a^4 + 2a^2r^2 + 8p^2a^2t^2 - 8pa^3t - 4a^2r\sqrt{a^2+p^2} + 8part\sqrt{a^2+p^2}}{2pa^2 + 8p^3t^2 - 8p^2at - 2pr^2} -$$

$2p(k_1-t)(k_2-t) =$

$$\frac{-a^4 - r^4 - 6a^2r^2 - 4p^2a^2t^2 + 4p^2r^2t^2 + 4pa^3t + 4par^2t + 4a^2r\sqrt{a^2+p^2} + 4r^3\sqrt{a^2+p^2} - 8part\sqrt{a^2+p^2}}{2pa^2 + 8p^3t^2 - 8p^2at - 2pr^2}$$

由引理 5(3) 可证得圆心 $I\left(a, \dfrac{a^2 + r^2 - 2r\sqrt{a^2+p^2}}{2p}\right)$ 到直线 BC 的距离是 r, 所以直线 BC 也是圆 I 的切线.

再由(2)的结论立得圆 I 也是 $\triangle ABC$ 的旁切圆.

证毕!

推论 3 若圆 $I: (x-a)^2 + (y-b)^2 = r^2 (r > 0)$ 是抛物线 $\Gamma: x^2 = 2py (p > 0)$ 的某个内接三角形的旁切圆(可证其充要条件是 $2pb = a^2 + r^2 -$

$2r\sqrt{a^2+p^2}$),则过抛物线 Γ 上的圆 I 外任意一点 A 可作圆 I 的两条不同切线(当切线均不是铅垂线时)分别交 Γ 于另外的点 B,C,圆 I 也是 $\triangle ABC$ 的旁切圆.

推论4 若过抛物线 $\Gamma:x^2=2py(p>0)$ 上的点 A 能作圆 $I:(x-a)^2+(y-b)^2=r^2(r>0)$ 的两条不同切线且分别交 Γ 于点 $B,C(A,B,C$ 两两不重合),则直线 BC 也是圆 I 的切线的充要条件是 $2pb=a^2+r^2\pm2r\sqrt{a^2+p^2}$.

文献[1],[2] 中的例题(即以上题 3,4,5)就是推论 3 中"充分性"的应用,由推论 3 及平移可以编拟出很多类似于题 3、4、5 的题目来,比如

题6 过抛物线 $y^2=x$ 上的点 A 向圆 $(x-12)^2+y^2=9$ 引两条切线 AB,AC,交抛物线于点 B,C,联结 BC,证明:BC 也是圆的切线.

题7 如图 3,过抛物线 $x^2=16y$ 上的任意点 A 向圆 $(x-6)^2+(y-5)^2=4$ 引两条切线 AB,AC,交抛物线于点 B,C,联结 BC,证明:BC 也是圆的切线.

题8 如图 14,过抛物线 $x^2=6y$ 上的任意点 A 向圆 $(x-4)^2+(y-36)^2=400$ 引两条切线 AB,AC,交抛物线于点 $B,C(A,B,C$ 两两不重合),联结 BC,证明:BC 也是圆的切线.

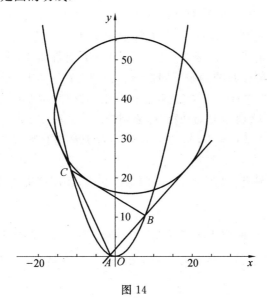

图 14

题9 过抛物线 $y^2=x$ 上的点 A 向圆 $(x-r^2\pm r)^2+y^2=r^2(r>0)$ 引两条切线 AB,AC,交抛物线于点 $B,C(A,B,C$ 两两不重合),联结 BC,证明:BC 也是圆的切线.

5. 由高等几何得到的简洁结论

由著名几何学家朱德祥(1911—1995)编著的高等学校试用教材《高等几何》[7]第120页的习题"6.5　△ABC 和 △A'B'C' 同时外切于一二次曲线,证明它们的六个顶点在另一二次曲线上. 逆定理也成立."可得:

引理6　(1)设由两两互异的六个点 A,B,C,A',B',C' 能联结成 △ABC 和 △A'B'C',若这两个三角形均外切于二次曲线 Γ,则这六个顶点均在另一二次曲线 Γ' 上;

(2) 设两两互异的五个点 $A,B,C,B',C'(A,B,C$ 不共线) 在二次曲线 Γ' 上,若 △ABC 外切于二次曲线 Γ,则过点 B',C' 分别作 Γ 的除 $B'C'$ 切线的交点在 Γ' 上.

笔者注:这里的"三角形均外切于二次曲线 Γ"即"三角形三边所在的直线均与二次曲线 Γ 相切",比如文献[7]第142页的习题"8.10　证明外切于一抛物线的三角形,它的外接圆通过抛物线的焦点"就是这个意思. 所以,当引理6(1)中的二次曲线 Γ 是圆时,"三角形外切于圆"中的"圆"可以是该三角形内切圆也可以是旁切圆.

可把引理6(2)改述为:

定理7　对于二次曲线 Γ' 和二次曲线 Γ,若过 Γ' 上的点 A 能作 Γ 的两条不同切线且分别交 Γ' 于点 $B,C(A,B,C$ 两两不重合),且直线 BC 与 Γ 也相切,则称点 A 对于 Γ 有性质 Ψ. 若 Γ' 上有一点对于 Γ 有性质 Ψ,则 Γ' 上的任意一点 A'(要求过点 A' 能作 Γ 的两条不同切线且分别交 Γ' 于点 B',C' 且 A',B',C' 两两不重合) 对于 Γ 均有性质 Ψ(这时就说二次曲线 Γ' 对于 Γ 均有性质 Ψ).

问题　设二次曲线 Γ',Γ 的方程分别为 $ax^2+bxy+cy^2+dx+ey+f=0,(x-h)^2+(y-k)^2=r^2$,若二次曲线 Γ' 对于 Γ 均有性质 Ψ(见定理),求 a,b,c,d,e,f,h,k,r 的等量关系.

当曲线 Γ 是圆或抛物线时,该问题均已解决;还需解决曲线 Γ 是椭圆、双曲线的情形.

猜想　若二次曲线 $\Gamma':\dfrac{x^2}{a^2}+\dfrac{y^2}{b^2}=1(a>0,b>0)$ 对于 $\Gamma:(x-m)^2+y^2=r^2(r>0)$ 均有性质 Ψ(见定理) 的充要条件是 $(a^2-b^2)r^2+2ab^2r+b^2(m^2-a^2)=0$.

参考文献

[1] 梁开华. 解数学题的分步进行[J]. 数学通报,2007(10):31-32.

[2] 耿恒考. 对一道例题的看法——兼与梁开华老师商榷[J]. 数学通报,2011(3):62-63.

[3] 梁开华.与椭圆有关的圆的若干问题[J].中学数学月刊,2013(4):39-42.

[4] 李昌.抛物线中的一个优美结论[J].中学数学教学参考(上旬),2012(3):72.

[5] 胡福林.以抛物线内任意一点为圆心的"三角切圆"方程[J].中学数学教学参考(上旬),2013(4):56-57.

[6] 杨华,江明鑫,钱学吉.对一道例题的探究与发现[J].数学通报,2011(3):36-37.

[7] 朱德祥.高等几何[M].北京:高等教育出版社,1983.

§23 介绍几道自主招生数学模拟题

高校自主招生考试数学试题材料鲜活,不易压中,试题的结构常以5～7道解答题的形式出现(如2008年清华大学、北京大学、浙江大学的自主招生试题),也有与本省高考数学试卷的形式类似的(如2008年山东大学自主招生试题),试题的难度一般略高于高考题[1].下面介绍几道自主招生模拟试题供考生备考时选用.

题1 (1)已知$0<a_1<b_1,0<a_2<b_2,\dfrac{a_1}{b_1}<\dfrac{a_2}{b_2}$,求证:$\dfrac{a_1}{b_1}<\dfrac{a_1+a_2}{b_1+b_2}<\dfrac{a_2}{b_2}$,并以生活中的一个实例解释其意义;

(2)若$0<a_i<b_i(i=1,2,\cdots,2\,012),\dfrac{1}{2\,012}<\dfrac{a_1}{b_1}<\dfrac{a_2}{b_2}<\cdots<\dfrac{a_{2\,012}}{b_{2\,012}}<\dfrac{1}{2\,010}$,求证:$\dfrac{1}{2\,012}<\dfrac{a_1+2a_2+2^2a_3+\cdots+2^{2\,011}a_{2\,012}}{b_1+2b_2+2^2b_3+\cdots+2^{2\,011}b_{2\,012}}<\dfrac{1}{2\,010}$.

解 (1)设$\dfrac{a_1}{b_1}=m,\dfrac{a_2}{b_2}=M$,得$a_1=mb_1,a_2=Mb_2,0<m<M<1$.所以:

$$\dfrac{a_1+a_2}{b_1+b_2}=\dfrac{mb_1+Mb_2}{b_1+b_2}>\dfrac{mb_1+mb_2}{b_1+b_2}=m=\dfrac{a_1}{b_1}$$

$$\dfrac{a_1+a_2}{b_1+b_2}=\dfrac{mb_1+Mb_2}{b_1+b_2}<\dfrac{Mb_1+Mb_2}{b_1+b_2}=M=\dfrac{a_2}{b_2}$$

即

$$\dfrac{a_1}{b_1}<\dfrac{a_1+a_2}{b_1+b_2}<\dfrac{a_2}{b_2}$$

设想有两杯糖水,第一杯是a_1 g糖溶解在b_1 g糖水中,第二杯是a_2 g糖溶解在b_2 g糖水中,且$\dfrac{a_1}{b_1}<\dfrac{a_2}{b_2}$.把这两杯糖水混合后,就是$a_1+a_2$ g糖溶解在b_1+b_2 g糖水中,可知得到的糖水比第一杯甜比第二杯淡,可得它们糖的质量分数的关系式是$\dfrac{a_1}{b_1}<\dfrac{a_1+a_2}{b_1+b_2}<\dfrac{a_2}{b_2}$.

(2)设$\dfrac{a_i}{b_i}=n_i,a_i=n_ib_i(i=1,2,\cdots,2\,012)$,得

$$\dfrac{1}{2\,012}<n_1<n_2<\cdots<n_{2\,012}<\dfrac{1}{2\,010}$$

所以

$$\frac{a_1 + 2a_2 + 2^2 a_3 + \cdots + 2^{2011} a_{2012}}{b_1 + 2b_2 + 2^2 b_3 + \cdots + 2^{2011} b_{2012}} =$$

$$\frac{n_1 b_1 + 2n_2 b_2 + 2^2 n_3 b_3 + \cdots + 2^{2011} n_{2012} b_{2012}}{b_1 + 2b_2 + 2^2 b_3 + \cdots + 2^{2011} b_{2012}} >$$

$$\frac{\frac{1}{2012}(b_1 + 2b_2 + 2^2 b_3 + \cdots + 2^{2011} b_{2012})}{b_1 + 2b_2 + 2^2 b_3 + \cdots + 2^{2011} b_{2012}} = \frac{1}{2012}$$

$$\frac{a_1 + 2a_2 + 2^2 a_3 + \cdots + 2^{2011} a_{2012}}{b_1 + 2b_2 + 2^2 b_3 + \cdots + 2^{2011} b_{2012}} =$$

$$\frac{n_1 b_1 + 2n_2 b_2 + 2^2 n_3 b_3 + \cdots + 2^{2011} n_{2012} b_{2012}}{b_1 + 2b_2 + 2^2 b_3 + \cdots + 2^{2011} b_{2012}} <$$

$$\frac{\frac{1}{2010}(b_1 + 2b_2 + 2^2 b_3 + \cdots + 2^{2011} b_{2012})}{b_1 + 2b_2 + 2^2 b_3 + \cdots + 2^{2011} b_{2012}} = \frac{1}{2010}$$

得欲证成立.

题 2 求证:若一经过三棱锥 $P-ABC$ 的重心 G 的平面分别与三条侧棱 PA,PB,PC 交于点 A_1,B_1,C_1,且 $\overrightarrow{PA_1}=x\overrightarrow{PA}$, $\overrightarrow{PB_1}=y\overrightarrow{PB}$, $\overrightarrow{PC_1}=z\overrightarrow{PC}$,则 $\frac{1}{x}+\frac{1}{y}+\frac{1}{z}=4$.

证明 因为点 G 是三棱锥 $P-ABC$ 的重心,所以

$$\overrightarrow{GP}+\overrightarrow{GA}+\overrightarrow{GB}+\overrightarrow{GC}=\mathbf{0}$$

$$-\overrightarrow{PG}+(\overrightarrow{PA}-\overrightarrow{PG})+(\overrightarrow{PB}-\overrightarrow{PG})+(\overrightarrow{PC}-\overrightarrow{PG})=\mathbf{0}$$

$$\overrightarrow{PG}=\frac{1}{4}(\overrightarrow{PA}+\overrightarrow{PB}+\overrightarrow{PC})$$

又因为 G,A_1,B_1,C_1 四点共面,所以可设

$$\overrightarrow{PG}=\alpha\overrightarrow{PA_1}+\beta\overrightarrow{PB_1}+\gamma\overrightarrow{PC_1}(\alpha+\beta+\gamma=1)$$

再由题设,得

$$\overrightarrow{PG}=x\alpha\overrightarrow{PA}+y\beta\overrightarrow{PB}+z\gamma\overrightarrow{PC}=\frac{1}{4}(\overrightarrow{PA}+\overrightarrow{PB}+\overrightarrow{PC})$$

由空间向量基本定理,得

$$x\alpha=y\beta=z\gamma=\frac{1}{4}$$

又由 $\alpha+\beta+\gamma=1$,立得 $\frac{1}{x}+\frac{1}{y}+\frac{1}{z}=4$.

题 3 设 $\cos\alpha+\cos\beta+\cos\gamma=1, \alpha,\beta,\gamma\in\left[0,\frac{\pi}{2}\right]$,求 $\sin^4\alpha+\sin^4\beta+\sin^4\gamma$ 的最大值与最小值.

解 设 $x=\cos\alpha, y=\cos\beta, z=\cos\gamma$,得 $x,y,z\in[0,1]$

$$\sin^4\alpha + \sin^4\beta + \sin^4\gamma = (1-x^2)^2 + (1-y^2)^2 + (1-z^2)^2$$

又设 $a = xyz, b = xy + yz + zx$,得

$$\sin^4\alpha + \sin^4\beta + \sin^4\gamma = (1-x^2)^2 + (1-y^2)^2 + (1-z^2)^2 =$$
$$3 - 2(x^2 + y^2 + z^2) + x^4 + y^4 + z^4 =$$
$$3 - 2(1-2b) + (x^2+y^2+z^2)^2 - 2(x^2y^2 + y^2z^2 + z^2x^2) =$$
$$3 - 2(1-2b) + (1-2b)^2 - 2(b^2 - 2a) = 2 + 2b^2 + 4a$$

所以当且仅当 $a = b = 0$ 即 x, y, z 中两个取 0、一个取 1 时,$\sin^4\alpha + \sin^4\beta + \sin^4\gamma$ 有最小值 2.

又因为 $a \leqslant \left(\dfrac{x+y+z}{3}\right)^3 = \dfrac{1}{27}, b \leqslant \dfrac{(x+y+z)^2}{3} = \dfrac{1}{3}$,所以

$$\sin^4\alpha + \sin^4\beta + \sin^4\gamma \leqslant 2 + \dfrac{2}{9} + \dfrac{4}{27} = \dfrac{64}{27}$$

即当且仅当 $x = y = z = \dfrac{1}{3}$ 时 a, b 均取到最大值 $\dfrac{1}{27}, \dfrac{1}{3}$,所以 $\sin^4\alpha + \sin^4\beta + \sin^4\gamma$ 有最大值 $\dfrac{64}{27}$.

题 4 若 $x_1, x_2, \cdots, x_n \in \mathbf{N}(n \geqslant 2), x_1 + x_2 + \cdots + x_n = x_1 x_2 \cdots x_n$,求 x_n 的最大值.

解 由对称性知,可不妨设 $x_1 \leqslant x_2 \leqslant \cdots \leqslant x_n$.

若 $x_1 = 0$,得 $x_1 + x_2 + \cdots + x_n = x_1 x_2 \cdots x_n = 0$,所以 $x_1 = x_2 = \cdots = x_n = 0$.

下面研究 $x_1, x_2, \cdots, x_n \in \mathbf{N}^*$ 的情形,可限定 $x_1, x_2, \cdots, x_{n-1}$ 不全为 1(因为 $x_1 = x_2 = \cdots = x_{n-1} = 1$ 时不满足题意).

下面对 n 用数学归纳法证明:若 $x_1, x_2, \cdots, x_n \in \mathbf{N}^*(n \geqslant 2), x_1 \leqslant x_2 \leqslant \cdots \leqslant x_n, x_1, x_2, \cdots, x_{n-1}$ 不全为 1,$x_n \geqslant n + 1$,则 $x_1 x_2 \cdots x_n > x_1 + x_2 + \cdots + x_n$.

当 $n = 2$ 时,得 $x_1 \geqslant 2, x_2 \geqslant 3$,所以 $x_1 x_2 \geqslant 2 x_2 \geqslant x_1 + x_2$,可得 $x_1 x_2 \geqslant x_1 + x_2$(当且仅当 $x_1 = x_2 = 2$ 时取等号),所以 $x_1 x_2 > x_1 + x_2$,即 $n = 2$ 时成立.

假设 $n = k(k \geqslant 2)$ 时成立,下证 $n = k + 1$ 时也成立.

(1) 当 $x_1 = x_2 = \cdots = x_{k-1} = 1$ 时,$x_k \geqslant 2$,即证 $x_k x_{k+1} > k - 1 + x_k + x_{k+1}$.

① 当 $x_k = 2$ 时,即证 $x_{k+1} > k + 1$,这在 $x_n \geqslant n + 1$ 中选 $n = k + 1$ 立得.

② 当 $x_k \geqslant 3$ 时,$x_k x_{k+1} \geqslant x_{k+1} + x_{k+1} + x_{k+1} > k - 1 + x_k + x_{k+1}$.

(2) 当 $x_1, x_2, \cdots, x_{k-1}$ 不全为 1 时,得 $x_1 + x_2 + \cdots + x_{k-1} \geqslant k, x_k \geqslant 2$,所以 $(k+1)(x_1 + x_2 + \cdots + x_k - 1) - 1 > 0$.

由归纳假设,得

$$x_1 x_2 \cdots x_k x_{k+1} > (x_1 + x_2 + \cdots + x_k) x_{k+1} =$$
$$(x_1 + x_2 + \cdots + x_k - 1) x_{k+1} + x_{k+1} \geqslant$$
$$(x_1 + x_2 + \cdots + x_k - 1)(k+2) + x_{k+1} =$$
$$x_1 + x_2 + \cdots + x_k +$$
$$[(x_1 + x_2 + \cdots + x_k - 1)(k+1) - 1] + x_{k+1} >$$
$$x_1 + x_2 + \cdots + x_k + x_{k+1}.$$

得欲证成立.

说明 $x_n \leqslant n$. 而 $x_1 = x_2 = \cdots = x_{n-2} = 1, x_{n-1} = 2, x_n = n$ 满足题设及"$x_1, x_2, \cdots, x_n \in \mathbf{N}^* (n \geqslant 2), x_1 \leqslant x_2 \leqslant \cdots \leqslant x_n, x_1, x_2, \cdots, x_{n-1}$ 不全为 1",所以所求 x_n 的最大值是 n.

题5 若某次考试共有 500 名学生作对了 2 011 道题,作对 4 道及以下为不及格,作对 7 道及以上为优秀,问不及格和优秀的人数哪个多?

解 设不及格的人数为 x,优秀的人数为 y,作对 5 道、6 道的人数分别为 a, b.

先考虑极端的情形:不及格的人全作对 4 道,优秀的人全作对 7 道,得
$$\begin{cases} x + y + a + b = 500 \\ 4x + 7y + 5a + 6b = 2\ 011 \end{cases}$$

$3x = 1\ 489 - 2a - b, 3y = 11 - a - 2b, 3(x - y) = 1\ 478 - a + b$

因为 $a, b \in \{0, 1, 2, \cdots, 500\}$,所以得 $x > y$.

当实际情形不为这种极端情形时,不及格的人数不小于极端情形的人数,优秀的人数不大于极端情形的人数.

所以,总有 $x > y$,即不及格的人数多.

题6 已知关于 x 的方程 $x^4 + ax^3 + bx^2 + ax + 1 = 0 (a, b \in \mathbf{R})$ 有实根,求 $a^2 + b^2$ 的最小值.

解 易知 $x \neq 0$,所以原方程即
$$\left(x + \frac{1}{x}\right)^2 + a\left(x + \frac{1}{x}\right) + b - 2 = 0$$

所以题设即关于 t 的方程
$$t^2 + at + b - 2 = 0 \quad (|t| \geqslant 2)$$

有实根,也即关于 t 的方程
$$2t = -a \pm \sqrt{a^2 - 4(b-2)} \quad (|t| \geqslant 2)$$

有实根,其充要条件是
$$\begin{cases} |a|^2 - 4(b-2) \geqslant 0 \\ |a| + \sqrt{|a|^2 - 4(b-2)} \geqslant 4 \end{cases}$$

设 $|a| = A$,即在条件

$$\begin{cases} A^2 \geqslant 4(b-2) \\ \sqrt{A^2-4(b-2)} \geqslant 4-A \\ A \geqslant 0 \end{cases}$$

即

$$\begin{cases} 0 \leqslant A \leqslant 4 \\ b \leqslant 2A-2 \\ A^2 \geqslant 4(b-2) \end{cases} \text{或} \begin{cases} A > 4 \\ A^2 \geqslant 4(b-2) \end{cases}$$

下,求 A^2+b^2 的最小值.

用线性规划知识作出可行域(如图1)后,由 A^2+b^2 的几何意义,可得当且仅当 $(A,b)=\left(\dfrac{4}{5},-\dfrac{2}{5}\right)$ 时 A^2+b^2 取到最小值,且最小值是 $\dfrac{4}{5}$. 即当且仅当 $(a,b)=\left(\pm\dfrac{4}{5},-\dfrac{2}{5}\right)$ 时 A^2+b^2 取到最小值,且最小值是 $\dfrac{4}{5}$.

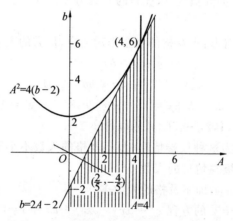

图 1

题 7 已知函数 $f(x)$ 是一个四次多项式,x^2+1 是函数 $f(x)-1$ 的因式,且函数 $f(x)$ 有两个相同的根 x_1,x_2,且使等式 $x\sqrt{x_1(x-x_1)}+y\sqrt{x_2(y-x_2)}=\sqrt{|\lg(x-x_1)-\lg(x_2-y)|}$ 有意义,同时数列 $\{a_n\}$ 满足 $a_{n+2}=\dfrac{f(a_{n+1})}{f(a_n)}(n\in \mathbf{N}^*)$,$a_1=1,a_2=10$,求数列 $\{a_n\}$ 的通项公式.

解 题设中的等式有意义,即

$$\begin{cases} x_1(x-x_1) \geqslant 0 \\ x_2(y-x_2) \geqslant 0 \\ x-x_1 > 0 \\ x_2-y > 0 \end{cases}$$

由第一、三式得 $x_1 \geqslant 0$,由第二、四式得 $x_2 \leqslant 0$. 又 $x_1=x_2$,所以 $x_1=x_2=0$.

所以可设 $f(x)=x^2(x^2+ax+b)$. 又 x^2+1 是函数 $f(x)-1$ 的因式,所以可设
$$x^2(x^2+ax+b)-1=(x^2+1)(x^2+cx+d)$$
展开后比较同类项的系数可得,$a=b=c=0,d=-1$,所以 $f(x)=x^4$.

由 $a_{n+2}=\dfrac{f(a_{n+1})}{f(a_n)}=\dfrac{a_{n+1}^4}{a_n^4}$,得 $\lg a_{n+2}=4\lg a_{n+1}-4\lg a_n$.

设 $\lg a_n=b_n(n\in \mathbf{N}^*)$,得 $b_{n+2}-2b_{n+1}=2(b_{n+1}-2b_n)$.

又 $b_2=\lg a_2=1,b_1=\lg a_1=0$,得 $b_2-2b_1=1$,所以
$$b_{n+1}-2b_n=1\times 2^{n-1}=2^{n-1}$$
$$\dfrac{b_{n+1}}{2^{n+1}}-\dfrac{b_n}{2^n}=\dfrac{1}{4}$$

又 $\dfrac{b_1}{2}=0$,所以 $\dfrac{b_n}{2^n}=\dfrac{n-1}{4}$,$b_n=\lg a_n=(n-1)\cdot 2^{n-2}$,得所求数列 $\{a_n\}$ 的通项公式是 $a_n=10^{(n-1)\cdot 2^{n-2}}$.

关于自主招生考试数学试题的规律及其研究,读者还可研读文献[1]—[7]. 笔者发表的文献[8]也可作为自主招生考试数学模拟题很好的参考资料.

参考文献

[1] 甘志国. 介绍几道 2008 年自主招生考试数学试题[J]. 中学数学杂志,2009(1):54-56.

[2] 王亚辉. 简证 2009 年清华大学自主招生一道数学试题[J]. 数学通讯,2010(8 下):28.

[3] 甘志国. 一道 2009 年清华大学自主招生数学试题的背景[J]. 中学数学月刊,2010(9):41.

[4] 甘志国. 谈一道 2010 年北京大学自主招生数学试题[J]. 数学通讯,2011(10 上):56-58.

[5] 甘志国. 两道概率题的简解[J]. 数学通讯,2011(9 上):29.

[6] 范端喜.2011 名校(华约、北约、卓越联盟等)自主招生试题解析[J]. 数学通讯,2011(5 下):44-50.

[7] 重点高校自主招生信息平台主编. 全国重点高校自主招生备考指南(高三冲刺版 北约版)[Z]. 上海:华东师范大学出版社,2011.

[8] 甘志国.《美国数学月刊》数学问题精选[J]. 中学数学杂志,2011(1):22-27.

§24 自主招生试题集锦(集合、函数与方程)

集 合

1.(2009年复旦大学自主招生试题第22题)$A=\{x \mid x=a+b\sqrt{2}, a, b \in \mathbf{Q}\}$,以下和 A 相等的集合是( )

A. $\{2x \mid x \in A\}$ 　　B. $\{\sqrt{2}x \mid x \in A\}$

C. $\left\{\dfrac{1}{x} \mid x \in A\right\}$ 　　D. $\{x^2 \mid x \in A\}$

2.(2008年复旦大学自主招生试题第109题)若非空集合 $X=\{x \mid a+1 \leqslant x \leqslant 3a-5\}$,$Y=\{x \mid 1 \leqslant x \leqslant 16\}$,则使得 $X \subseteq X \cap Y$ 成立的所有 a 的集合是( )

A. $\{a \mid 0 \leqslant a \leqslant 7\}$ 　　B. $\{a \mid 3 \leqslant a \leqslant 7\}$

C. $\{a \mid a \leqslant 7\}$ 　　D. 空集

3.(2008年南京大学自主招生试题第1题)已知 $A=\{x \mid -2<x<-1,$ 或 $x>1\}$,$B=\{x \mid x^2+ax+b \leqslant 0\}$,且 $A \cup B=\{x \mid x>-2\}$,$A \cap B=\{x \mid 1<x \leqslant 3\}$,则 $a=$_____,$b=$_____.

参考答案与提示

1. AB.

2. B. 得 $X \subseteq X \cap Y \Leftrightarrow X \subseteq Y$.

因为 $5a+1 \leqslant 3a-5$,所以题意即 $1 \leqslant a+1 \leqslant 3a-5 \leqslant 16$,得 $3 \leqslant a \leqslant 7$.

3. $-2, -3$. 先得 $B=[-1, 3]$.

函数与方程

1.(2009年复旦大学自主招生试题第23题)$x>y>0, 0<a<b<1$,则以下恒成立的是( )

A. $x^a>y^b$ 　　B. $x^a<y^b$ 　　C. $a^x>b^y$ 　　D. $a^x<b^y$

2.(2008年复旦大学自主招生试题第108题)设函数 $y=f(x)$ 对一切实数 x 均满足 $f(5+x)=f(5-x)$,且方程 $f(x)=0$ 恰好有6个不同的实根,则这6个实根的和为( )

A. 10　　　　B. 12　　　　C. 18　　　　D. 30

3.(2008年复旦大学自主招生试题第124题)函数 $y=2x+\sqrt{1-2x}$ 的最值为(　　)

A. $y_{\min}=-\dfrac{5}{4}, y_{\max}=\dfrac{5}{4}$　　　　B. 无最小值,$y_{\max}=\dfrac{5}{4}$

C. $y_{\min}=-\dfrac{5}{4}$,无最大值　　　　D. 既无最小值也无最大值

4.(2008年复旦大学自主招生试题第129题)设有三个函数,第一个是 $y=f(x)$,它的反函数就是第二个函数,而第三个函数的图象与第二个函数的图象关于直线 $x+y=0$ 对称,则第三个函数是(　　)

A. $y=-f(x)$　　B. $y=-f(-x)$　　C. $y=-f^{-1}(x)$　　D. $y=-f^{-1}(-x)$

5.(2008年复旦大学自主招生试题第130题)设 $f(x)$ 是定义在实数集上的周期为2的周期函数,且是偶函数.已知当 $x\in[2,3]$ 时,$f(x)=x$,则当 $x\in[-2,0]$ 时,$f(x)$ 的解析式为(　　)

A. $x+4$　　　B. $2-x$　　　C. $3-|x+1|$　　　D. $2+|x+1|$

6.(2007年北京大学自主招生试题文科第10题)已知函数 $f(x)=3^{x-b}(2\leqslant x\leqslant 4,b$ 是常数$)$过点$(2,1)$,则 $F(x)=[f^{-1}(x)]^2-f^{-1}(x^2)$ 的值域为(　　)

A. $[2,5]$　　　B. $[1,+\infty)$　　　C. $[2,10]$　　　D. $[2,3]$

7.(2007年上海财经大学自主招生试题)函数 $f(x)=1-|1-2x|, x\in[0,1]$,函数 $g(x)=x^2-2x+1, x\in[0,1]$,定义函数 $F(x)=\begin{cases}f(x)(f(x)\geqslant g(x))\\ g(x)(f(x)\leqslant g(x))\end{cases}$,那么方程 $F(x)\cdot 2^x=1$ 的实根的个数是(　　)

A. 0个　　　B. 1个　　　C. 2个　　　D. 3个

8.(2009年湖南省高中数学竞赛试题第4题)设 $f(x)$ 为 $\mathbf{R}\to\mathbf{R}$,且对任意实数 x 有 $f(x^2+x)+2f(x^2-3x+2)=9x^2-15x$,则 $f(50)=$(　　)

A. 72　　　B. 73　　　C. 144　　　D. 146

9.(2008年南京大学自主招生试题第一题第3题)若对任意实数 x 都有 $f(x)=\log_a(2+\mathrm{e}^{x-1})\leqslant -1$,则 a 的取值范围是_____.

10.(2008年南京大学自主招生试题第一题第7题)函数 $f(x)=\mathrm{e}^x-\ln(1+x)+2$ 的单调减区间为_____.

11.(2008年上海交通大学冬令营选拔测试数学试题第10题)函数 $y=\dfrac{x+1}{x^2+8}$ 的最大值为_____.

12.(2008年西北工业大学自主招生试题第15题)若 $a>a^2>b>0, m=$

$\log_b \frac{a}{b}, m = \log_a \frac{a}{b}, p = \log_b a, q = \log_a b$，则把 m, n, p, q 从小到大的排列顺序是_____.

13.（2008 年上海财经大学自主招生试题第 12 题）函数 $y = ax^2 - 2(a-3)x + a - 2$ 中，a 为负整数，则使函数至少有一个整数零点的所有 a 的值之和为_____.

14.（2013 年清华大学保送生考试试题第 3 题）已知 $abc = -1, \frac{a^2}{c} + \frac{b}{c^2} = 1, a^2b + b^2c + c^2a = t$，求 $ab^5 + bc^5 + ca^5$ 的值.

15.（2012 年北约自主招生试题第 1 题）求 x 的取值范围使得 $f(x) = |x+2| + |x| + |x-1|$ 是增函数.

16.（2009 年复旦大学自主招生试题第 12 题）$f(x) = \log_a \left| \frac{1-x}{1+x} \right|$ 在 $[1, +\infty)$ 是递增函数，问在 $(-\infty, -1)$ 和 $(-1, 1)$ 上的单调性.

17.（2009 年复旦大学自主招生试题第 15 题）函数 $f(x) = \log_2 \log_{\frac{1}{2}} 2^{ax^2 + bx + 1}$ 在 $(-\infty, +\infty)$ 上都有定义，求 a, b 的取值范围.

18.（2009 年浙江大学自主招生试题第 1 题）已知 $a \geqslant \frac{1}{2}$，设二次函数 $f(x) = -a^2 x^2 + ax + c$，其中 a, c 均为实数. 证明：对于任意 $x \in [0, 1]$，均有 $f(x) \leqslant 1$ 成立的充要条件是 $c \leqslant \frac{3}{4}$.

19.（2008 年清华大学自主招生试题）若 $\lim\limits_{x \to 0} f(x) = f(0) = 1, f(2x) - f(x) = x^2$，求 $f(x)$.

20.（2008 年西北工业大学自主招生试题文科第 20 题）已知函数 $f(x) = \frac{1}{3}x^3 + ax + b$ 在 $x = 1$ 处取得极值 $\frac{1}{3}$.

(1) 求函数 $f(x)$ 的解析式；

(2) 若 $P(x_0, y_0)(x_0 > 3)$ 为 $f(x)$ 图象上的点，直线 l 与 $f(x)$ 的图象切于点 P，直线 l 的斜率为 k，求函数 $g(x_0) = \dfrac{k}{\frac{1}{3}x_0^3 - f(x_0) - 2}$ 的最小值.

21.（2007 年北京大学自主招生保送生测试数学试题第 1 题）已知 $f(x) = x^2 - 53x + 196 + |x^2 - 53x + 196|$，求 $f(1) + f(2) + \cdots + f(50)$.

22.（2006 年复旦大学推优、保送生考试试题第 2 题）试构造函数 $f(x), g(x)$，其定义域为 $(0, 1)$，值域为 $[0, 1]$，并且对于任意 $a \in [0, 1], f(x) = a$ 只有一解，而 $g(x) = a$ 有无穷多个解.

23.（2006 年复旦大学推优、保送生考试试题第 2 题）若 $f(x)$ 在 $[1, +\infty)$

上单调递增,且对任意 $x,y \in [1,+\infty)$,都有 $f(x+y)=f(x)+f(y)$ 成立,证明:存在常数 k,使 $f(x)=kx$ 在 $x \in [1,+\infty)$ 上成立.

24.(1)(2005 年上海交通大学推优、保送生试题第二大题第 3 题)$y=\dfrac{ax^2+8x+b}{x^2+1}$ 的最大值为 9,最小值为 1,求实数 a,b;

(2)(2005 年复旦大学自主招生试题第 27 题)$y=\dfrac{ax^2+bx+b}{x^2+2}$ 的最大、最小值分别为 6,4,求 a,b.

25.(2011 年世界数学团体锦标赛·青年组团体赛第 13 题)已知方程 $x^2-ax+b=0$ 有两个正实根,求 $a+\dfrac{1-b}{a}$ 的取值范围.

26. 设 $f(x)=3ax^2-2bx+c$,若 $a-b+c=0, f(0)>0, f(1)>0$.
(1) 求证:方程 $f(x)=0$ 在区间 $(0,1)$ 内有两个不等的实数根;
(2) 若 a,b,c 都为正整数,求 $a+b+c$ 的最小值.

27. 设 $f(x)=x^2+ax+b\cos x$,求所有的实数对 (a,b) 使得方程 $f(x)=0$ 和 $f(f(x))=0$ 的实数解集相同而且非空.

28. 解方程 $\log_{12}(\sqrt{x}+\sqrt[4]{x})=\dfrac{1}{2}\log_9 x$.

29. 解方程 $\ln(\sqrt{x^2+1}+x)+\ln(\sqrt{4x^2+1}+2x)+3x=0$.

30. 解方程组 $\begin{cases}\sqrt{x(1-y)}+\sqrt{y(1-x)}=\dfrac{1}{2}\\\sqrt{xy}+\sqrt{(1-x)(1-y)}=\dfrac{\sqrt{3}}{2}\end{cases}$.

31. 解不等式 $\log_{\frac{1}{5}}(x^2-2x-3)>x^2-2x-9$.

32. 若对于任意的实数 $a(a\neq 0)$ 和 b,不等式 $|a+b|+|a-b|\geq |a|(|x-1|+|x-2|)$ 恒成立,求实数 x 的取值范围.

33. 已知函数 $f(x)=\dfrac{x^2+c}{ax+b}$ 为奇函数,$f(1)<f(3)$,不等式 $0\leq f(x)\leq \dfrac{3}{2}$ 的解集是 $[-2,-1]\cup[2,4]$.

(1) 求函数 $f(x)$ 的解析式;

(2) 是否存在实数 m 使不等式 $f(\sin\theta-2)<\dfrac{3}{2}-m^2$ 对 $\theta\in \mathbf{R}$ 恒成立?若存在,求出 m 的取值范围;若不存在,请说明理由.

34. 对于定义在集合 D 上的函数 $f(x)$ 和 $g(x)$,如果对于任意 $x\in D$,都有 $|f(x)-g(x)|\leq 1$ 成立,那么称函数 $f(x)$ 在区间 D 上可被函数 $g(x)$ 替代.

(1) 若 $f(x)=x,g(x)=1-\dfrac{1}{4x}$,试判断在区间 $\left[\dfrac{1}{4},\dfrac{3}{2}\right]$ 上 $f(x)$ 能否被

$g(x)$ 替代?

(2) $f(x)=\lg(ax^2+x)(x\in D, D=\{x|ax^2+x>0\}), g(x)=\sin x$ $(x\in \mathbf{R})$,问是否存在常数 a,使得 $f(x)$ 在 $D\cap \mathbf{R}$ 上可被函数 $g(x)$ 替代?若存在,求出 a 的取值范围;若不存在,请说明理由.

35. 试求所有的函数 $f:\mathbf{R}\to\mathbf{R}$,使得
$$(x-y)f(x+y)-(x+y)f(x-y)=4xy(x^2-y^2)$$

36. 求满足下列条件的函数 $f:\mathbf{N}^*\to\mathbf{N}^*$,使得

(1) $f(2)=2$;

(2) $f(mn)=f(m)f(n)(m,n\in\mathbf{N}^*)$;

(3) 若 $m<n$,则 $f(m)<f(n)$.

37. 如果连续函数 $f(x)$ 满足 $f(x)\neq 0(x\in\mathbf{R})$ 且 $f(\sqrt{x^2+y^2})=f(x)f(y)(x,y\in\mathbf{R})$,证明:$f(x)=(f(1))^{x^2}$.

参考答案与提示

1. D. 因为 $a^x<a^y<b^y$.

2. D. 因为曲线 $y=f(x)$ 关于直线 $x=5$ 对称,所以函数 $y=f(x)$ 的零点也关于直线 $x=5$ 对称,得对称的两个零点之和为 10. 所以题中 6 个实根的和为 30.

3. B. 可用换元法求解.

4. B. 设三个函数图象上的动点是 $M(x,y)$,则它关于直线 $x+y=0$ 对称的点 $N(-y,-x)$ 在第二个函数的图象 $x=f(y)$ 上,所以 $-y=f(-x)$ 即 $y=-f(-x)$,此即第三个函数的解析式.

5. C. 当 $x\in[-3,-2]$ 时,$-x\in[2,3]$,所以 $f(x)=f(-x)=-x$. 所以当 $x\in[-1,0]$ 时,$x-2\in[-3,-2]$,所以 $f(x)=f(x-2)=2-x$.

当 $x\in[-2,-1]$ 时,$x+4\in[2,3]$,所以 $f(x)=f(x+4)=x+4$. 所以,可得当 $x\in[-2,0]$ 时,$f(x)=3-|x+1|$.

6. A. 得 $f^{-1}(x)=\log_3 x+2(1\leqslant x\leqslant 9)$,所以
$$F(x)=(\log_3 x+2)^2-(2\log_3 x+2)(1\leqslant x\leqslant 3),\cdots$$

7. D. 可得 $F(x)=\begin{cases}(x-1)^2 & (0\leqslant x<2-\sqrt{3})\\ 2x & (2-\sqrt{3}\leqslant x\leqslant \frac{1}{2})\\ 2-2x & (\frac{1}{2}<x\leqslant 1)\end{cases}$,方程 $F(x)\cdot 2^x=1$ 即 $F(x)=\left(\frac{1}{2}\right)^x$ 的实根的个数即曲线 $y=F(x), y=\left(\frac{1}{2}\right)^x$ 交点的个数. 运用

$2^{\sqrt{3}-2} > (\sqrt{3}-1)^2$(即证 $2^{4-\sqrt{3}} < (\sqrt{3}+1)^2$：$2^{4-\sqrt{3}} < 2^{2.5} = 4\sqrt{2} < 6 < (\sqrt{3}+1)^2$) 作出图 1 后,得交点个数是 3.

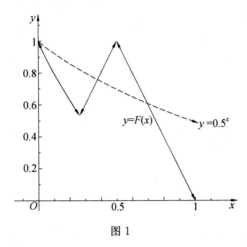

图 1

8. D. 令 $x = \dfrac{\sqrt{201}-1}{2}$,得

$$x^2 + x = 50, x^2 - 3x + 2 = 54 - \sqrt{201}, 9x^2 - 15x = 462 - 12\sqrt{201}$$

所以

$$f(50) + 2f(54 - \sqrt{201}) = 462 - 12\sqrt{201}$$

又令 $x = \dfrac{3-\sqrt{201}}{2}$,得

$$x^2 + x = 54 - 2\sqrt{201}, x^2 - 3x + 2 = 50, 9x^2 - 15x = 450 - 6\sqrt{201}$$

所以

$$f(54 - 2\sqrt{201}) + 2f(50) = 450 - 6\sqrt{201}$$

可解方程组,得 $f(50) = 146$.

9. $\left[\dfrac{1}{2}, 1\right)$. 若 $a > 1$,得 $2 + \mathrm{e}^{x-1} \leqslant \dfrac{1}{a}$ 恒成立,这不可能！所以 $0 < a < 1$,得 $2 + \mathrm{e}^{x-1} \geqslant \dfrac{1}{a}$ 恒成立,即 $2 \geqslant \dfrac{1}{a}, \dfrac{1}{2} \leqslant a < 1$. 得 a 的取值范围是 $\left[\dfrac{1}{2}, 1\right)$.

10. $(-1, 0]$. 可得 $f'(x) = \mathrm{e}^x + \dfrac{-1}{1+x} (x > -1)$ 是增函数,所以

$$f'(x) = \mathrm{e}^x + \dfrac{-1}{1+x} \leqslant 0 = f'(0)(x > -1) \Leftrightarrow -1 < x \leqslant 0$$

11. $\dfrac{1}{4}$. 用判别式法、取倒数法均可求解.

12. $n < p < m < q$.

13. -14. 令 $ax^2-2(a-3)x+a-2=0(a<0,a,x\in\mathbf{Z})$,可设 $t=x-1(t\in\mathbf{Z})$,得 $-at^2=6t+4$. 所以 $t\neq 0$,得 $-a=\dfrac{6t+4}{t^2}$.

因为 $a<0$,所以 $t>-\dfrac{2}{3}$. 由 $t\in\mathbf{Z},t\neq 0$,得 $t\in\mathbf{N}^*$.

当 $t=1,2$ 时,分别得 $a=-10,-4$.

当 $t=3,4,5,6$ 时,均得 $a\notin\mathbf{Z}$. 当 $t\geqslant 7$ 时,可得 $6t+4<t^2$,所以 $a\notin\mathbf{Z}$.

所以 $a=-10$ 或 -4,得所有 a 值之和为 -14.

14. 把 $b=-\dfrac{1}{ac}$ 代入 $\dfrac{a^2}{c}+\dfrac{b}{c^2}=1$,得 $a^3c^2=ac^3+1$,所以

$$ab^5+bc^5+ca^5=-\dfrac{1}{a^4c^5}-\dfrac{c^4}{a}+ca^5=\dfrac{a^9c^6-1-a^3c^9}{a^4c^5}=$$

$$\dfrac{(ac^3+1)^3-1-a^3c^9}{a^4c^5}=$$

$$\dfrac{3a^2c^6+3ac^3}{a^4c^5}=\dfrac{3ac^3+3}{a^3c^2}=3.$$

注 该解法没用到题设 $a^2b+b^2c+c^2a=t$.

15. 通过分类讨论可得答案为 $[0,+\infty)$.

16. 用复合函数单调性的判别法"同增异减"可求解:先得 $a>1$,函数 $f(x)$ 在 $(-\infty,-1)$ 和 $(-1,1)$ 上分别是增函数、减函数.

17. 题设即 $f(x)=\log_2[-(ax^2+bx+1)]$ 在 $(-\infty,+\infty)$ 上都有定义,得 a,b 的取值范围由 $\begin{cases}a<0\\b^2-4a<0\end{cases}$ 确定,即 a,b 的取值范围均是 $\varnothing$.

18. 得 $-a^2<0$,所以抛物线 $f(x)$ 的对称轴 $x=\dfrac{1}{2a}\left(0<\dfrac{1}{2a}\leqslant 1\right)$.

所以在 $[0,1]$ 上函数 $f(x)$ 的最大值为 $f\left(\dfrac{1}{2a}\right)=c+\dfrac{1}{4}$,由此得:

对于任意 $x\in[0,1]$,均有 $f(x)\leqslant 1$ 成立的充要条件是 $c+\dfrac{1}{4}\leqslant 1$ 即 $c\leqslant\dfrac{3}{4}$.

19. 得 $f(x)-f\left(\dfrac{x}{2}\right)=\left(\dfrac{x}{2}\right)^2,f\left(\dfrac{x}{2}\right)-f\left(\dfrac{x}{4}\right)=\left(\dfrac{x}{4}\right)^2,\cdots,f\left(\dfrac{x}{2^{n-1}}\right)-f\left(\dfrac{x}{2^n}\right)=\left(\dfrac{x}{2^n}\right)^2$,叠加得 $f(x)-f\left(\dfrac{x}{2^n}\right)=\dfrac{x^2}{3}\left(1-\dfrac{1}{4^n}\right)$,令 $n\to\infty$,得 $f(x)=\dfrac{x^2}{3}+1$.

20. (1) $f(x)=\dfrac{1}{3}x^3-x+1$.

(2) 因为 $k = x_0^2 - 1$,所以 $g(x_0) = \dfrac{x_0^2 - 1}{x_0 - 3}(x_0 > 3)$. 可设 $x_0 - 3 = t(t > 0)$,

得 $g(x_0) = \dfrac{t^2 + 6t + 8}{t} = t + \dfrac{8}{t} + 6 \geqslant 4\sqrt{2} + 6$,可得当且仅当 $t = 2\sqrt{2}$ 即 $x_0 = 2\sqrt{2} + 3$ 时, 函数 $g(x_0)$ 取到最小值,且最小值是 $4\sqrt{2} + 6$.

21. 因为 $x^2 - 53x + 196 = (x - 4)(x - 49)$,所以当 $4 \leqslant x \leqslant 49$ 时, $f(x) = 0$,得

$$f(1) + f(2) + \cdots + f(50) = f(1) + f(2) + f(3) + \cdots + f(50) = 1\,052$$

22. 构造 $f(x) = \begin{cases} h(x) & x \text{ 是}(0,1) \text{ 中的有理数} \\ x & x \text{ 是}(0,1) \text{ 中的无理数} \end{cases}$,下面再构造满足条件的 $h(x)$.

① 将 $(0,1)$ 中的有理数先化成既约分数再排序(分母小的在前,分母相同者分子小的在前):

$$\dfrac{1}{2}, \dfrac{1}{3}, \dfrac{2}{3}, \dfrac{1}{4}, \dfrac{3}{4}, \cdots$$

② 将 $[0,1]$ 中的有理数仿上排序:

$$0, 1, \dfrac{1}{2}, \dfrac{1}{3}, \dfrac{2}{3}, \dfrac{1}{4}, \dfrac{3}{4}, \cdots$$

③ $h(x)$ 即将①② 中排序的数一一对应:

$$h\left(\dfrac{1}{2}\right) = 0, h\left(\dfrac{1}{3}\right) = 1, h\left(\dfrac{2}{3}\right) = \dfrac{1}{2}, h\left(\dfrac{1}{4}\right) = \dfrac{1}{3}, h\left(\dfrac{3}{4}\right) = \dfrac{2}{3}, \cdots$$

显然,这样构造的函数 $h(x)$ 满足题意.

$g(x) = \left| \sin \dfrac{1}{x} \right|$.

23. 得 $f(nx) = nf(x)$,令 $x = \dfrac{q}{p}, (p, q) = 1$,得 $f\left(n \cdot \dfrac{q}{p}\right) = nf\left(\dfrac{q}{p}\right)$.

又 $f\left(n \cdot \dfrac{q}{p}\right) = f\left(q \cdot \dfrac{n}{p}\right) = qf\left(\dfrac{n}{p}\right)$,所以 $qf\left(\dfrac{n}{p}\right) = nf\left(\dfrac{q}{p}\right)$.

又令 $n = p$,得 $qf(1) = pf\left(\dfrac{q}{p}\right), f\left(\dfrac{q}{p}\right) = \dfrac{q}{p}f(1)$.

所以当 $x \in \mathbf{Q}$ 时, $f(x) = xf(1)$.

又因为 $f(x)$ 在 $[1, +\infty)$ 上单调递增,所以当 $x \in \mathbf{R}$ 时, $f(x) = xf(1) = kx$,其中 $k = f(1)$.

24. (1) 得函数 $y = \dfrac{ax^2 + 8x + b}{x^2 + 1}(x \in \mathbf{R})$ 的值域是 $[1, 9]$. 该函数的值域也即由等式

$$(a - y)x^2 + 8x + b - y = 0 \quad (x \in \mathbf{R})$$

确定的 y 的取值范围.

当 $y=a$ 时,$x=\dfrac{a-b}{8}$,即值域中有 a.

当 $y\neq a$ 时,上述等式是关于 x 的一元二次方程,由 $x\in \mathbf{R}$ 知,上式中 y 的取值范围由其判别式 $\Delta \geqslant 0$ 的解集确定(但要去掉 a).

所以,原函数的值域就是由以上等式(即形式上的关于 x 的一元二次方程)的判别式 $\Delta \geqslant 0$ 的解集确定.

即 $64-4(a-y)(b-y)\geqslant 0$ 的解集为 $[1,9]$.由此可求得 $a=b=5$.

另解 可得 $\dfrac{ax^2+8x+b}{x^2+1}\leqslant 9(x\in\mathbf{R})$ 即 $(9-a)x^2-8x+9-b\geqslant 0$ $(x\in\mathbf{R})$ 恒成立且等号取得到,所以

$$\begin{cases}9-a>0\\ \Delta_1=64-4(9-a)(9-b)=0\end{cases}$$

还可得 $\dfrac{ax^2+8x+b}{x^2+1}\geqslant 1(x\in\mathbf{R})$ 恒成立且等号取得到,所以

$$\begin{cases}a-1>0\\ \Delta_2=64-4(a-1)(b-1)=0\end{cases}$$

可解得 $a=b=5$.

(2)同上,可求得答案 $(a,b)=(4,12)$ 或 $\left(\dfrac{28}{3},\dfrac{4}{3}\right)$.

25.可设方程 $x^2-ax+b=0$ 的两个正实根为 u,v,得 $u+v=a,uv=b$,所以

$$a+\dfrac{1-b}{a}=u+v+\dfrac{1-uv}{u+v}=\dfrac{u^2+uv+v^2+1}{u+v}$$

由 $\left(u+\dfrac{v-\sqrt{3}}{2}\right)^2+\left(\dfrac{\sqrt{3}v-1}{2}\right)^2\geqslant 0$(当且仅当 $u=v=\dfrac{1}{\sqrt{3}}$ 时取等号),可得 $a+\dfrac{1-b}{a}\geqslant\sqrt{3}$(当且仅当 $a=\dfrac{2}{\sqrt{3}},b=\dfrac{1}{3}$ 时取等号).

当 $v=\dfrac{1}{u}$ 时,$a+\dfrac{1-b}{a}=u+v+\dfrac{1-uv}{u+y}=u+\dfrac{1}{u}$,再让 $u\to +\infty$,得 $a+\dfrac{1-b}{a}\to +\infty$,所以 $a+\dfrac{1-b}{a}$ 的取值范围是 $[\sqrt{3},+\infty)$.

26.由题设可得 $\begin{matrix}f(0)>0\\ f(1)>0\end{matrix}\Leftrightarrow\begin{cases}a-b+c=0\\ b=a+c\\ a>c>0\end{cases}$.

(1)因为易证

$$\begin{cases} 0 < \dfrac{b}{3a} < 1 \\ f\left(\dfrac{b}{3a}\right) < 0 \end{cases}$$

(2) 易得 a,b,c 的最小值分别是 $2,3,1$,所以 $a+b+c$ 的最小值是 6.

27. $(-\infty,-2]$. 设 α 是两者的一个相同根,得 $f(\alpha)=0, f(f(\alpha))=0$. 所以 $f(f(\alpha))=f(0)=b=0$,得 $f(x)=x^2+ax$.

(1) 当 $a=0$ 时,满足题意.

(2) 当 $a\neq 0$ 时,方程 $f(x)=0$ 的实数解集为 $\{0,-a\}$. 方程 $f(f(x))=0$ 即 $x(x+a)(x^2+ax+a)=0$,因为 $0,-a$ 均不是方程 $x^2+ax+a=0$ 的解,所以由两者的实数解集相同,得方程 $x^2+ax+a=0$ 无解,即 $0<a<4$.

可得所求的所有实数对 (a,b) 是 $\{(a,0)\,|\,0\leqslant a<4\}$.

28. 设 $\dfrac{1}{2}\log_9 x=t$,得 $x=9^{2t}$,原方程即

$$9^t+3^t=12^t$$
$$\left(\dfrac{3}{4}\right)^t+\left(\dfrac{1}{4}\right)^t=1$$

易知函数 $f(t)=\left(\dfrac{3}{4}\right)^t+\left(\dfrac{1}{4}\right)^t$ 是减函数,所以以上方程 $f(t)=f(1)$ 的解为 $t=1$,即原方程的解为 $x=81$.

29. 用导数易证函数 $f(x)=\ln(\sqrt{x^2+1}+x)(x\in \mathbf{R})$ 是增函数,所以函数 $g(x)=f(x)+f(2x)+3x(x\in \mathbf{R})$ 也是增函数.

原方程即 $g(x)=g(0)$,所以原方程的解为 $x=0$.

30. 因为 $x,y\in[0,1]$,所以可设 $x=\sin^2\alpha,y=\sin^2\beta;\alpha,\beta\in\left[0,\dfrac{\pi}{2}\right]$,得原方程组即

$$\begin{cases} \sin(\alpha+\beta)=\dfrac{1}{2} \\ \cos(\alpha-\beta)=\dfrac{\sqrt{3}}{2} \end{cases}$$

由 $0\leqslant \alpha+\beta\leqslant \pi,-\dfrac{\pi}{2}\leqslant \alpha-\beta\leqslant \dfrac{\pi}{2}$,得

$$\begin{cases} \alpha+\beta=\dfrac{\pi}{6},\dfrac{5\pi}{6} \\ \alpha-\beta=\pm\dfrac{\pi}{6} \end{cases}$$

即

$$\begin{cases} \alpha = \dfrac{\pi}{6} \\ \beta = 0 \end{cases} \text{或} \begin{cases} \alpha = \dfrac{\pi}{2} \\ \beta = \dfrac{\pi}{3} \end{cases} \text{或} \begin{cases} \alpha = 0 \\ \beta = \dfrac{\pi}{6} \end{cases} \text{或} \begin{cases} \alpha = \dfrac{\pi}{3} \\ \beta = \dfrac{\pi}{2} \end{cases}$$

所以原方程组的解为

$$\begin{cases} x = \dfrac{1}{4} \\ y = 0 \end{cases} \text{或} \begin{cases} x = 1 \\ y = \dfrac{3}{4} \end{cases} \text{或} \begin{cases} x = 0 \\ y = \dfrac{1}{4} \end{cases} \text{或} \begin{cases} x = \dfrac{3}{4} \\ y = 1 \end{cases}$$

31. 令 $t = x^2 - 2x - 3$,得原不等式即 $t + \log_5 t < 6$.

因为函数 $f(t) = t + \log_5 t$ 是增函数,原不等式即 $f(t) < f(5)$,也即 $0 < t < 5$.

可得原不等式的解集为 $(-2, -1) \cup (3, 4)$.

32. 因为 $|a+b| + |a-b| \geqslant |(a+b) + (a-b)| = 2|a|$,所以当且仅当 $-|a| \leqslant b \leqslant |a|$ 时,$(|a+b| + |a-b|)_{\min} = 2|a|$. 所以题设即 $2|a| \geqslant |a|(|x-1| + |x-2|)$ 恒成立,因为 $a \neq 0$,所以 $2 \geqslant |x-1| + |x-2|$,解得实数 x 的取值范围是 $\left[\dfrac{1}{2}, \dfrac{5}{2}\right]$.

33.(1) 由 $f(x) = -f(-x)$ 即 $\dfrac{x^2+c}{ax+b} = \dfrac{x^2+c}{ax-b}$ 也即 $b = 0$,得 $f(x) = \dfrac{x^2+c}{ax}$.

$f(1) < f(3) \Leftrightarrow a(c-3) < 0$.

由 $f(2) \geqslant 0$ 且 $f(-2) \geqslant 0$,可得 $c = -4$,所以 $f(x) = \dfrac{x^2-4}{ax}$.

再由 $0 \leqslant f(x) \leqslant \dfrac{3}{2}$ 的解集是 $[-2, -1] \cup [2, 4]$ 及"不等式解集的边界是对应函数定义域的边界或对应方程的根",可得 $f(-1) = f(4) = \dfrac{3}{2}$,得 $a = 2$,所以 $f(x) = \dfrac{x^2-4}{2x}$.

还可验证 $f(x) = \dfrac{x^2-4}{2x}$ 满足所有的题设,所以函数 $f(x)$ 的解析式为 $f(x) = \dfrac{x^2-4}{2x}$.

(2) 可得 $f(x) = \dfrac{x}{2} + \dfrac{-2}{x}$ 在 $[-3, -1]$ 上是增函数且最大值为 $\dfrac{3}{2}$,所以题设即 $\dfrac{3}{2} < \dfrac{3}{2} - m^2$ 也即 $m^2 < 0$,即满足题设的实数 m 不存在.

34.(1) 能(过程略).

(2) 假设 $f(x)$ 在 $D \cap \mathbf{R}$ 上可被函数 $g(x)$ 替代,则当 $x \in D \cap \mathbf{R}$ 时:
$$|\lg(ax^2 + x) - \sin x| \leqslant 1$$
$$\sin x - 1 \leqslant \lg(ax^2 + x) \leqslant \sin x + 1$$
恒成立. 但这是不可能的:

当 $a > 0$ 时, $D \cap \mathbf{R} = \left(-\infty, -\dfrac{1}{a}\right) \cup (0, +\infty)$, 而 x 足够大时 $\lg(ax^2 + x) > \sin x + 1$;

当 $a = 0$ 时, $D \cap \mathbf{R} = (0, +\infty)$, 而 x 足够大时也有 $\lg(ax^2 + x) > \sin x + 1$;

当 $a < 0$ 时, $D \cap \mathbf{R} = \left(0, -\dfrac{1}{a}\right)$, 而 x 是足够小的正数时 $\sin x - 1 > \lg(ax^2 + x)$.

所以不存在常数 a, 使得 $f(x)$ 在 $D \cap \mathbf{R}$ 上可被函数 $g(x)$ 替代.

35. 设 $u = x + y$, $v = x - y$, 得 $x = \dfrac{u+v}{2}$, $y = \dfrac{u-v}{2}$, 所以
$$vf(u) - uf(v) = uv(u^2 - v^2) \quad (u, v \in \mathbf{R})$$
当 $uv \neq 0$ 时,上式即
$$\dfrac{f(u)}{u} - \dfrac{f(v)}{v} = u^2 - v^2$$
$$\dfrac{f(u)}{u} - u^2 = \dfrac{f(v)}{v} - v^2$$
令 $\dfrac{f(u)}{u} - u^2 = c \, (u \neq 0)$, 其中 c 是定值. 所以 $f(u) = cu + u^3 \, (u \neq 0)$.

在 $vf(u) - uf(v) = uv(u^2 - v^2)(u, v \in \mathbf{R})$ 中取 $u = 0, v = 1$, 得 $f(0) = 0$, 也符合 $f(u) = cu + u^3$.

又 $f(u) = cu + u^3$ 符合 $vf(u) - uf(v) = uv(u^2 - v^2)(u, v \in \mathbf{R})$, 所以所求解为 $f(x) = cx + x^3$, 其中 c 是任意常数.

36. 下面用数学归纳法证明: $f(n) = n (n \in \mathbf{N}^*)$.

① 由(2)可得 $f(1) = 1$; (1) 即 $f(2) = 2$.

② 假设 $f(1) = 1, f(2) = 2, \cdots, f(2k) = 2k$, 由(2)及 $k + 1 \leqslant 2k$ 得
$$f(2k + 2) = 2f(k + 1) = 2(k + 1) = 2k + 2$$
又由(3)得, $2k = f(2k) < f(2k + 1) < f(2k + 2) = 2k + 2$, 所以 $f(2k + 1) = 2k + 1$.

由数学归纳法知,欲证成立.

37. 令 $x = y = 0$, 得 $f(0) = 1$.

令 $y = 0$, 得 $f(|x|) = f(x)f(0) = f(x)$ 恒成立. 即 $f(x)$ 是偶函数.

下面对 n 用数学归纳法证明: $f(\sqrt{n}y) = (f(y))^n (n, y \in \mathbf{N})$.

易知 $n=0$ 时成立.

假设 $n=k$ 时成立,得
$$f(\sqrt{k+1}\,y)=f(\sqrt{ky^2+y^2})=f(\sqrt{k}\,y)f(y)=(f(y))^k f(y)=(f(y))^{k+1}$$
即 $n=k+1$ 时成立,所以欲证成立.

在所得的结论中,分别令 $y=1,y=\sqrt{n}$,分别得 $f(\sqrt{n})=(f(1))^n$,$f(n)=(f(\sqrt{n}))^n$,所以 $f(n)=(f(1))^{n^2}$.

当 $x=\dfrac{q}{p}(p,q\in\mathbf{N}^*)$ 时,因为 $f(p)=(f(1))^{p^2}$,$f(p)=f(\sqrt{q^2}\cdot\dfrac{p}{q})=f(\dfrac{p}{q})^{q^2}$,所以 $f(\dfrac{p}{q})=(f(1))^{\frac{p^2}{q^2}}$.

再由 $f(x)$ 是偶函数,可得 $f(x)=(f(1))^{x^2}$ $(x\in\mathbf{Q})$.

由 $f(x)$ 的连续性知:对于无理数 x,用有理数列 $\{x_n\}$ 来逼近 x,可得 $f(x_n)=(f(1))^{x_n^2}$,所以 $\lim\limits_{n\to\infty}f(x_n)=f(\lim\limits_{n\to\infty}x_n)=f(x)$,又 $\lim\limits_{n\to\infty}(f(1))^{x_n^2}=(f(1))^{\lim\limits_{n\to\infty}x_n^2}=(f(1))^{x^2}$,所以对于无理数 x,有 $f(x)=(f(1))^{x^2}$.

所以 $f(x)=(f(1))^{x^2}$ $(x\in\mathbf{R})$.

§25 自主招生试题集锦(数列)

数　　列

1. (2013年清华大学保送生考试试题第1题)求证:
$$\sum_{i=0}^{\left[\frac{n}{3}\right]}\left[\frac{n-3i}{2}\right]=\left[\frac{n^2+2n+4}{12}\right] \quad (n \in \mathbf{N}^*)$$

2. 设 $a_n=(n^2+994)\left(\dfrac{994}{995}\right)^n (n \in \mathbf{N}^*)$, 求 n 为何值时 a_n 取最大值?

3. (1) 在数列 $\{a_n\}$ 中, $a_1=2$, $a_{n+1}=1-\dfrac{1}{a_n}(n \in \mathbf{N}^*)$, 求 $\sum_{i=1}^{2013}a_i$;

(2) 设数列 $\{a_n\}$ 的前 n 项和是 S_n, 且 $a_{n+2}=a_{n+1}-a_n(n \in \mathbf{N}^*)$, $S_{1492}=1985$, $S_{1985}=1492$, 求 S_{2012};

(3) 在数列 $\{a_n\}$ 中, $a_1=1$, $a_2=2$, $a_n a_{n+1} a_{n+2}=a_n+a_{n+1}+a_{n+2}$ 且 $a_{n+1}a_{n+2}\neq 1(n \in \mathbf{N}^*)$, 求 $\sum_{i=1}^{2006}a_i$;

(4) 在数列 $\{a_n\}$ 中, $a_1=a_2=1$, $a_3=2$, $a_n a_{n+1} a_{n+2} a_{n+3}=a_n+a_{n+1}+a_{n+2}+a_{n+3}$ 且 $a_{n+1}a_{n+2}a_{n+3}\neq 1(n \in \mathbf{N}^*)$, 求 $\sum_{i=1}^{100}a_i$;

4. 已知数列 $\{a_n\}(n \in \mathbf{N})$ 满足 $a_0=0$, $a_1=1$ 且 $a_{n+2}=2a_{n+1}+2007a_n(n \in \mathbf{N})$, 求使 $2008 \mid a_n$ 的最小正整数 n.

5. (2005年上海交通大学自主招生试题第二大题第5题(即压轴题))对于数列 $\{a_n\}$: $1,3,3,3,5,5,5,5,5,\cdots$, 即正奇数 k 有 k 个, 是否存在整数 r,s,t, 使得对于任意正整数 n 都有 $a_n=r[\sqrt{n+s}]+t$ 恒成立. (其中 $[x]$ 表示不超过 x 的最大整数)

6. 求删去正整数数列 $\{n\}$ 中的完全平方数得到的新数列的第2003项.

7. 已知函数 $f(n)=k$, k 是循环小数 $0.\dot{9}1827364\dot{5}$ 的小数点后的第 n 位数字, 求 $\underbrace{f\{\cdots[f(1)]\}}_{2004个f}$.

8. 设奇数列 $1,3,5,7,9,\cdots$ ① 按 $2,3,2,3,\cdots$ 的个数分群如下: $(1,3),(5,7,9),(11,13),(15,17,19),\cdots$ ②.

(1) 试问数列 ① 中的2007是分群数列 ② 中的第几群中的第几个元素?

(2) 求第 n 个群中所有元素的和.

9.(1) 设 $a_1 a_2 a_3 \neq 0$,若 $(a_1+a_2+\cdots+a_n)^2 = a_1^3+a_2^3+\cdots+a_n^3$ 对 $n=1$,2,3 恒成立,求出所有这样的数列 a_1,a_2,a_3;

(2) 是否存在各项均不为 0 的无穷数列 $\{a_n\}$ 满足 $(a_1+a_2+\cdots+a_n)^2 = a_1^3+a_2^3+\cdots+a_n^3$ 对 $n \in \mathbf{N}^*$ 恒成立且 $a_{2013}=-2012$ 若存在,请求出几个;若不存在,请说明理由.

参考答案与提示

1.令 $S_n = \sum\limits_{i=0}^{\left[\frac{n}{3}\right]} \left[\frac{n-3i}{2}\right], T_n = \left[\frac{n^2+2n+4}{12}\right], n \in \mathbf{N}.$

$$S_{n+6} = \sum_{i=0}^{\left[\frac{n+6}{3}\right]} \left[\frac{n+6-3i}{2}\right] = \sum_{i=0}^{\left[\frac{n}{3}\right]+2} \left(3 + \left[\frac{n-3i}{2}\right]\right) =$$

$$3\left(\left[\frac{n}{3}\right]+3\right) + S_n + \left[\frac{n-3\left(\left[\frac{n}{3}\right]+1\right)}{2}\right] + \left[\frac{n-3\left(\left[\frac{n}{3}\right]+2\right)}{2}\right]$$

可设 $n=3k+r (k \in \mathbf{N}, r=0,1,2)$,得

$$S_{n+6} = S_n + 3k+9 + \left[\frac{3k+r-3(k+1)}{2}\right] + \left[\frac{3k+r-3(k+2)}{2}\right] =$$

$$S_n + 3k + 4 + \left[\frac{r+1}{2}\right] + \left[\frac{r}{2}\right]$$

可证 $\left[\frac{r+1}{2}\right] + \left[\frac{r}{2}\right] = r (r=0,1,2)$,所以

$$S_{n+6} = S_n + 3k + 4 + r = S_n + n + 4$$

又

$$T_{n+6} = \left[\frac{(n+6)^2+2(n+6)+4}{12}\right] = \left[n+4+\frac{n^2+2n+4}{12}\right] = T_n + n + 4$$

所以 $S_{n+6} - T_{n+6} = S_n - T_n (n \in \mathbf{N}).$

又 $S_0 = T_0 = 0, S_1 = T_1 = 0, S_2 = T_2 = 1, S_3 = T_3 = 1, S_4 = T_4 = 2, S_5 = T_5 = 3,$ 所以数列 $\{S_n - T_n\}(n \in \mathbf{N})$ 是常数列 $\{0\}$,得欲证成立.

2.可得 $a_{n+1} - a_n = \cdots = \frac{1}{995}[994^2-(n-994)^2]\left(\frac{994}{995}\right)^n (n \in \mathbf{N}^*)$,再得

$$a_{n+1} - a_n > 0 \Leftrightarrow 1 \leqslant n \leqslant 1987$$

$$a_1 < a_2 < \cdots < a_{1988} = a_{1989}, a_{1989} > a_{1990} > a_{1991} > \cdots$$

所以,当且仅当 $n = 1988$ 或 1989 时,a_n 取最大值.

3.(1) 可得 $a_{n+2} = \cdots = \frac{1}{1-a_n}, a_{n+3} = 1 - \frac{1}{a_{n+2}} = \cdots = a_n (n \in \mathbf{N}^*)$,所以

$\{a_n\}$ 是以 3 为周期的周期数列,得
$$\sum_{i=1}^{2\,013} a_i = \frac{2\,013}{3}(a_1+a_2+a_3) = \frac{2\,013}{2}$$

(2) 可得 $S_{n+2} = a_1 + a_2 + (a_2-a_1) + (a_3-a_2) + \cdots + (a_{n+1}-a_n) = a_{n+1} + a_2 (n \in \mathbf{N}^*)$,再得 $S_{n+1} = a_n + a_2 (n \in \mathbf{N}^*)$,所以
$$S_{1\,492} = a_{1\,491} + a_2 = a_3 + a_2 = 1\,985$$
$$S_{1\,985} = a_{1\,984} + a_2 = a_4 + a_2 = a_3 = 1\,492$$
$$a_3 = 1\,492, a_2 = 493$$
$$S_{2\,012} = a_{2\,011} + a_2 = a_1 + a_2 = 2a_2 - a_3 = -506$$

(3) 可得 $a_{n+1}a_{n+2}a_{n+3} = a_{n+1} + a_{n+2} + a_{n+3}$,$a_n a_{n+1} a_{n+2} = a_n + a_{n+1} + a_{n+2}$,把它们相减后可得 $a_{n+3} = a_n$,即 $\{a_n\}$ 是以 3 为周期的周期数列.
又 $a_1 + a_2 + a_3 = 6$,所以
$$\sum_{i=1}^{2\,006} a_i = \sum_{i=1}^{2\,004} a_i + a_{2\,005} + a_{2\,006} = 6 \cdot \frac{2\,004}{3} + a_1 + a_2 = 4\,011$$

(4) 200:解法同(3).

4. 得 $a_{n+2} \equiv 2a_{n+1} - a_n, a_{n+2} - a_{n+1} \equiv a_{n+1} - a_n (\bmod 2\,008)(n \in \mathbf{N})$,又 $a_1 - a_0 \equiv 1 (\bmod 2\,008)$,所以可得 $a_2 - a_1 \equiv 1, a_3 - a_2 \equiv 1, \cdots (\bmod 2\,008)$,相加后可得 $a_n \equiv n (\bmod 2\,008)(n \in \mathbf{N})$,所以使 $2\,008 \mid a_n$ 的最小正整数 n 为 $2\,008$.

5. 可证 $a_n = 2[\sqrt{n-1}] + 1$:
当 $m^2 + 1 \le n < (m+1)^2 + 1 (m \in \mathbf{N}, n \in \mathbf{N}^*)$ 时,$a_n = 2m+1$. 且此时 $\sqrt{n-1} - 1 < m \le \sqrt{n-1}$,所以 $m = \sqrt{n-1}$. 证毕.

6. 在数列 $1, 2, 3, \cdots, 2\,003$ 中删去了 44 个完全平方数(因为 $44^2 = 1\,936$),现把得到的数列再补上 44 项,得 $2, \cdots, 2\,003, \cdots, 2\,047$. 所补的 44 个数中还有一个完全平方数($2\,025 = 45^2$),把它也要删除,所以还要再补上 $2\,048$. 即新数列的第 $2\,003$ 项是 $2\,048$.

7. 记 $\underbrace{f\{\cdots [f(1)]\}}_{n \uparrow f} = f_n(1)(n \in \mathbf{N}^*)$,可得 $f_{9s+t}(1) = f_t(1)(s, t \in \mathbf{N}^*)$,所以 $f_{2\,004}(1) = f_6(1) = 8$.

8. (1) 把数列 ① 重新分群(每个群含 5 个元素):$(1, 3, 5, 7, 9), (11, 13, 15, 17, 19), \cdots$ ③.
易知 $2\,007$ 是数列 ① 的第 $1\,004$ 项,所以 $2\,007$ 是分群数列 ③ 中的第 201 群中的第 4 个元素. 对照分群数列 ②③,可得 ③ 中的第 201 个群中的第 4 个元素是数列 ② 的第 402 个群中的第 2 个元素.

(2) 若 n 为偶数,可设 $n = 2k (k \in \mathbf{N}^*)$,得数列 ② 的第 n 群的元素是数列

③ 的第 k 群的第 $3,4,5$ 个元素. 因为数列 ③ 的第 k 群的第 5 个元素是 $10k-1$, 所以数列 ② 的第 n 群的元素之和是 $(10k-5)+(10k-3)+(10k-1)=30k-9=15n-9$.

若 n 为偶奇数, 可设 $n=2k+1(k\in \mathbf{N})$, 得数列 ② 的第 n 群的元素是数列 ③ 的第 $k+1$ 群的第 $1,2$ 个元素. 因为数列 ③ 的第 $k+1$ 群的第 1 个元素是 $10k+1$, 所以数列 ② 的第 n 群的元素之和是 $(10k+1)+(10k+3)=20k+4=10n-6$.

9. (1) 通过解方程可得全部答案有三个: $1,2,3,\cdots;1,2,-2,\cdots;1,-1,1,\cdots$.

(2) 令 $S_n=a_1+a_2+\cdots+a_n$, 得 $S_n^2=a_1^3+a_2^3+\cdots+a_n^3$, 所以
$$(S_n+a_{n+1})^2=a_1^3+a_2^3+\cdots+a_n^3+a_{n+1}^3$$
把后两式相减, 得 $2S_n=a_{n+1}^2-a_{n+1}$.

所以 $2S_{n+1}=a_{n+2}^2-a_{n+2}$. 把这两式相减, 得
$$(a_{n+1}+a_{n+2})(a_{n+2}-a_{n+1}-1)=0 \quad (n\in \mathbf{N}^*)$$
又可求得 $a_1=1$, 所以可得以下一些答案均满足题设:

① $a_n=\begin{cases} n & (1\leqslant n\leqslant 2\,012) \\ 2\,012(-1)^n & (n\geqslant 2\,013) \end{cases}$;

② $a_n=\begin{cases} n & (1\leqslant n\leqslant 2\,012) \\ 1-n & (n\geqslant 2\,013) \end{cases}$;

③ $a_n=\begin{cases} (-1)^n & (1\leqslant n\leqslant 2\,012) \\ 2\,012(-1)^n & (n\geqslant 2\,013) \end{cases}$;

④ $a_n=\begin{cases} (-1)^n & (1\leqslant n\leqslant 2\,012) \\ -2\,012 & (n=2\,013) \\ 2\,012 & (n=2\,014) \\ n-2 & (n\geqslant 2\,015) \end{cases}$;

⑤ $a_n=\begin{cases} n & (1\leqslant n\leqslant 2\,012) \\ -2\,012 & (n=2\,013, 2\,015) \\ 2\,012 & (n=2\,014) \\ n-4 & (n\geqslant 2\,016) \end{cases}$;

⑥ $a_n=\begin{cases} n & (1\leqslant n\leqslant 2\,012) \\ n-4\,025 & (2\,013\leqslant n\leqslant 4\,024) \\ n-4\,024 & (n\geqslant 4\,025) \end{cases}$;

⑦ $a_n=\begin{cases} (-1)^n & (1\leqslant n\leqslant 2\,012) \\ n-4\,025 & (2\,013\leqslant n\leqslant 4\,024) \\ n-4\,024 & (n\geqslant 4\,025) \end{cases}$.

等差数列与等比数列

1. (2009年复旦大学自主招生试题第21题) $\frac{bc}{a}, \frac{ac}{b}, \frac{ab}{c}$ 为等差数列,以下不等式正确的是( )

   A. $|b| \leqslant \sqrt{ac}$ B. $b^2 \geqslant ac$ C. $|b| \geqslant \frac{|a|+|c|}{2}$ D. $|b| \leqslant \frac{|a|+|c|}{2}$

2. (2008年复旦大学自主招生试题第120题) 设 $\{a_n\}$ 是正数列,其前 n 项和为 S_n,满足:对一切 $n \in \mathbf{Z}_+$,a_n 和2的等差中项等于 S_n 和2的等比中项,则 $\lim\limits_{n\to\infty} \frac{a_n}{n} = (\quad)$

3. (2008年复旦大学自主招生试题第125题) 在等差数列 $\{a_n\}$ 中,$a_5 < 0$,$a_6 > 0, a_6 > |a_5|$,S_n 是前 n 项之和,则下列正确的是( )

   A. S_1, S_2, S_3 均小于0,而 $S_4, S_5, \cdots$ 均大于0

   B. $S_1, S_2, \cdots, S_5$ 均小于0,而 $S_6, S_7, \cdots$ 均大于0

   C. $S_1, S_2, \cdots, S_9$ 均小于0,而 $S_{10}, S_{11}, \cdots$ 均大于0

   D. $S_1, S_2, \cdots, S_{10}$ 均小于0,而 $S_{11}, S_{12}, \cdots$ 均大于0

4. (2008年南京大学自主招生试题第一大题第4题) 设 S_n 是等差数列 $\{a_n\}$ 的前 n 项和,$S_9 = 18, a_{n-4} = 30 (n>9), S_n = 336$,则 n 的值_____.

5. (2005年上海交通大学推优、保送生数学试题第一大题第10题) 已知在等差数列 $\{a_n\}$ 中,$a_3 + a_7 + a_{11} + a_{19} = 44$,则 $a_5 + a_9 + a_{16} = $ _____.

6. (2004年复旦大学推优、保送生数学试题第一大题第5题) 已知在等比数列 $\{a_n\}$ 中,$a_1 = 3$,且第一项至第八项的几何平均数为9,则第三项为_____.

7. 记实数等比数列 $\{a_n\}$ 的前 n 项和为 S_n,若 $S_{10} = 10, S_{30} = 70$,则 $S_{40} = $ _____.

8. (2012年全国高中数学联赛广东省预赛第5题) 如图1是一个 5×5 的数表,其中 $a_{i1}, a_{i2}, a_{i3}, a_{i4}, a_{i5} (i=1,2,3,4,5)$ 成等差数列,$a_{1j}, a_{2j}, a_{3j}, a_{4j}, a_{5j} (j=1,2,3,4,5)$ 成等比数列,每一列的公比都相等,且 $a_{24} = 4, a_{41} = -2, a_{43} = 10$,则 $a_{11} a_{55} = $ _____.

a_{11}	a_{12}	a_{13}	a_{14}	a_{15}
a_{21}	a_{22}	a_{23}	a_{24}	a_{25}
a_{31}	a_{32}	a_{33}	a_{34}	a_{35}
a_{41}	a_{42}	a_{43}	a_{44}	a_{45}
a_{51}	a_{52}	a_{53}	a_{54}	a_{55}

图1

9.(2013年复旦千分考)若 $x^3+px+q=0$ 的三个解成等比数列,那么公比是多少?

10.(2012年北京大学保送生考试试题第1题)已知数列 $\{a_n\}$ 为正项等比数列,且 $a_3+a_4-a_1-a_2=5$,求 a_5+a_6 的最小值.

11.(2008年上海财经大学自主招生试题第18题)在1和9两数之间插入 $2n-1$ 个正数 $a_1,a_2,a_3,\cdots,a_{2n-1}$,使这 $2n+1$ 个正数成等比数列,又在1和9之间插入 $2n-1$ 个正数 $b_1,b_2,b_3,\cdots,b_{2n-1}$,使这 $2n+1$ 个正数成等差数列,设 $A_n=a_1a_2a_3\cdots a_{2n-1}$ 及 $B_n=b_1+b_2+b_3+\cdots+b_{2n-1}$.

(1) 求数列 $\{A_n\}$ 及 $\{B_n\}$ 的通项;

(2) 若 $f(n)=9A_n+4B_n+17(n\in\mathbf{N}^*)$,试求最大的自然数 p,使得 $f(n)$ 均能被 p 整除.

12.(2007年上海交通大学冬令营第15题)已知等差数列 $\{a_n\}$ 的首项为 a,公差为 b,等比数列 $\{b_n\}$ 的首项为 b,公比为 a,$n=1,2,\cdots$,其中 a,b 均为正整数,$a_1<b_1<a_2<b_2<a_3$.

(1) 求 a 的值;

(2) 若存在实数 m,n 满足关系式 $a_m+1=b_n$,试求 b;

(3) 对于满足(2)中关系式的 a_m,试求 $a_1+a_2+\cdots+a_m$.

13.(2003年复旦大学保送生考试题第15题)一圆锥的底面半径为12,高为16,球 O_1 内切于圆锥,球 O_2 内切于圆锥侧面,与球 O_1 外切,$\cdots$,以此类推.

(1) 求所有这些球的半径 r_n 的通项公式;

(2) 设所有这些球的体积分别为 $V_1,V_2,\cdots,V_n,\cdots$,求 $\lim_{n\to+\infty}(V_1+V_2+\cdots+V_n)$.

14.圆锥 $x,y\in\mathbf{R},|x|<1,|y|<1$,求证:$\dfrac{1}{1-x^2}+\dfrac{1}{1-y^2}\geqslant\dfrac{2}{1-xy}$.

15.设等差数列 $\{a_n\}$ 首项及公差 d 均为自然数,项数 $n\geqslant 3$,所有项的和为 97^2,求出所有这样的数列.

16.各项均为实数的等差数列的公差为4,其首项的平方与其余各项之和不超过100,这样的数列最多有几项?

17.已知 $a_n=\dfrac{1}{4^n+2^{100}}(n\in\mathbf{N}^*)$,求 $S_{99}=a_1+a_2+\cdots+a_{99}$.

参考答案与提示

1. A. 得 $2a^2c^2=b^2(a^2+c^2)\geqslant 2b^2|ac|$,$|ac|\geqslant b^2$,得 $|b|\leqslant\sqrt{ac}$.

2. B. 3. C. 4. 21. 5. 33. 6. $3^{\frac{11}{7}}$.

7. 记 $b_1=S_{10},b_2=S_{20}-S_{10},b_3=S_{30}-S_{20},b_4=S_{40}-S_{30}$. 则由等比数列前

n 项和 S_n 的性质,知 b_1, b_2, b_3, b_4 也成等比数列,设公比为 r,于是 $70 = S_{30} = b_1 + b_2 + b_3 = b_1(1 + r + r^2) = 10(1 + r + r^2)$,即 $r^2 + r - 6 = 0$,解得 $r = 2$ 或 -3。依题意 $r > 0$,所以 $r = 2$。故 $S_{40} = 10(1 + r + r^2 + r^3) = 150$。

8. 设第四行的公差为 d,则 $d = \dfrac{a_{43} - a_{41}}{2} = 6$,

于是 $a_{42} = a_{41} + d = 4, a_{44} = a_{43} + d = 16, a_{45} = a_{44} + d = 22$。

设每列的公比为 q,则 $q^2 = \dfrac{a_{44}}{a_{42}} = 4$,所以 $a_{11} = \dfrac{a_{41}}{q^3} = \dfrac{-2}{q^3}$, $a_{55} = q a_{45} = 22q$,

$a_{11} a_{55} = \dfrac{-2}{q^3} \times 22q = \dfrac{-44}{q^2} = -11$。

9. 在不改变题意的前提下,将字母调整为 $x^3 + mx + n = 0$。设方程的三个根为 $\dfrac{a}{q}, a, aq (a \neq 0, q \neq 0)$,依题意得

$$x^3 + mx + n = (x - a)(x - \dfrac{a}{q})(x - aq) =$$

$$x^3 - a(1 + \dfrac{1}{q} + q)x^2 + a^2(1 + \dfrac{1}{q} + q)x - a^3$$

根据对应项系数相等,有 $1 + \dfrac{1}{q} + q = 0$,解得 $q = -\dfrac{1}{2} \pm \dfrac{\sqrt{3}}{2}i$。即公比为 $-\dfrac{1}{2} \pm \dfrac{\sqrt{3}}{2}i$。

10. 设数列 $\{a_n\}$ 的公比为 $q (q > 0)$,则 $a_1 q^2 + a_1 q^3 - a_1 - a_1 q = 5$,所以

$$a_1 = \dfrac{5}{q^2 + q^3 - 1 - q} = \dfrac{5}{(q+1)(q^2-1)}$$

由 $a_1 > 0$ 知 $q > 1$。所以

$$a_5 + a_6 = a_1 q^4 + a_1 q^5 = a_1(q^4 + q^5) = \dfrac{5}{(q+1)(q^2-1)} \cdot q^4(q+1) =$$

$$\dfrac{5q^4}{q^2 - 1} = 5\left(q^2 + 1 + \dfrac{1}{q^2 - 1}\right) =$$

$$5\left(q^2 - 1 + \dfrac{1}{q^2 - 1} + 2\right) \geqslant 20$$

当且仅当 $q^2 - 1 = \dfrac{1}{q^2 - 1}$,即 $q = \sqrt{2}$ 时,$a_5 + a_6$ 有最小值 20。

11. (1) 可得 $a_1 a_{2n-1} = a_2 a_{2n-2} = \cdots = a_{n-1} a_{n+1} = a_n a_n = 1 \times 9 = 9$,又 $a_n > 0$,所以

$$A_n = a_1 a_2 a_3 \cdots a_{2n-1} = 3^{2n-1}$$

有 $b_1 + b_{2n-1} = b_2 + b_{2n-2} = \cdots = b_{n-1} + b_{n+1} = b_n + b_n = 1 + 9 = 10$,所以

$$B_n = b_1 + b_2 + b_3 + \cdots + b_{2n-1} = 10n - 5$$

(2) 可得 $f(n) = 3^{2n+1} + 40n - 3(n \in \mathbf{N}^*)$ 是递增函数,所以 $f(n) \geqslant f(1) = 64(n \in \mathbf{N}^*)$,可用数学归纳法证得 $64 | f(n)(n \in \mathbf{N}^*)$,所以所求的最大自然数 p 为 64.

12.(1) 可得 $a < b < a + b < ab < a + 2b$,所以 $0 < \dfrac{a}{b} < 1, 1 < 1 + \dfrac{a}{b} < a < 2 + \dfrac{a}{b} < 3$,得 $a = 2$.

(2) 因为 $a_n = a + (n-1)b, b_n = ba^{n-1}$,所以
$$a + (m-1)b = ba^{n-1}, b = \dfrac{3}{a^{n-1} - m + 1} = \dfrac{3}{2^{n-1} - m + 1}$$
由 $b > a = 2, b \in \mathbf{N}^*$,得 $b = 3$.

(3) 得 $a_m = b_n - 1 = 3 \cdot 2^{n-1} - 1$,所以
$$a_1 + a_2 + \cdots + a_m = 3 \cdot 2^n - n - 3$$

13.(1) 作圆锥的轴截面如图 2 所示,得 $AH_1 = 12, PH_1 = 16$. 由 $AH_1 = 12, PH_1 = 16$,得
$$2S_{\triangle PA_1B_1} = (24 + 20 + 20)r_1 = 24 \times 16, r_1 = 6$$
过圆 O_1 与圆 O_2 的切点 H_2 作直线 A_2B_2 分别交 PA_1, PB_1 于点 A_2, B_2. 有点 H_2 在线段 PH_1 上,$A_2B_2 \perp PH_1, A_1B_1 \parallel A_2B_2$,所以
$$\dfrac{r_2}{r_1} = \dfrac{PH_2}{PH_1} = \dfrac{PH_1 - 2r_1}{PH_1} = \dfrac{16 - 12}{16} = \dfrac{1}{4}$$

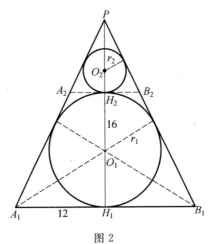

图 2

还可得 $\triangle PA_nB_n \backsim \triangle PA_{n+1}B_{n+1}$,其相似比为 $\dfrac{r_{n+1}}{r_n} = \dfrac{AH_{n+1}}{AH_n} = \dfrac{1}{4}$. 又 $r_1 = 6$,所以 $r_n = \dfrac{24}{4^n}$.

(2) 由 $V_n = \frac{4}{3}\pi r_n^3$ 及无穷递缩等比数列各项和公式可得答案为 $\frac{2\,048}{7}\pi$.

14. 可得 $|x^2| < 1, |y^2| < 1, |xy| < 1$, 所以
$$\frac{1}{1-x^2} + \frac{1}{1-y^2} = (1+x^2+x^4+x^6+\cdots) + (1+y^2+y^4+y^6+\cdots) =$$
$$2 + (x^2+y^2) + (x^4+y^4) + (x^6+y^6) + \cdots \geqslant$$
$$2[1+(xy)+(xy)^2+(xy)^3+\cdots] = \frac{2}{1-xy}.$$

15. 可得 $n[2a_1+(n-1)d] = 2\times 97^2$, 所以 $n = 97, 2\times 97, 97^2$, 或 2×97^2.

(1) 若 $d = 0$, 得 $na_1 = 97^2$, 所以

① $n = a_1 = 97$, 得 $a_n = 97 (n=1,2,\cdots,97)$;

或 ② $n = 97^2, a_1 = 1$, 得 $a_n = 1 (n=1,2,\cdots,97^2)$.

(1) 若 $d \in \mathbf{N}^*$, 得 $2\times 97^2 = 2na_1 + n(n-1)d \geqslant n(n-1)$, 所以 $n = 97$. 又得 $2\times 97 = 2a_1 + 96d \geqslant 96d, d = 1$ 或 2, 所以

③ $d = 1, a_1 = 49, a_n = n+48 (n=1,2,\cdots,97)$;

或 ④ $d = 2, a_1 = 1, a_n = 2n-1 (n=1,2,\cdots,97)$.

即满足题设的数列有且仅有四个: ①②③④.

16. 设该等差数列为 $a_1, a_2, \cdots, a_n$, 得 $a_k = a_1 + 4(k-1)(k=1,2,\cdots,n)$, 且
$$a_1^2 + a_2 + a_3 + \cdots + a_n = a_1^2 + \frac{(n-1)(a_1+4+a_n)}{2} =$$
$$a_1^2 + (n-1)[a_1+2+2(n-1)] \leqslant 100$$
$$a_1^2 + (n-1)a_1 + (2n^2-2n-100) \leqslant 0$$

得 $\Delta = (n-1)^2 - 4(2n^2-2n-100) \geqslant 0$ 即 $7n^2-6n-401 \leqslant 0$ 也即 $\frac{3-\sqrt{2\,186}}{7} \leqslant n \leqslant \frac{3+\sqrt{2\,186}}{7}$ 才能保证 a_1 存在, 所以可得 n 的最大值是 8, 即满足题设的数列最多有 8 项.

17. 可得 $a_n + a_{100-n} = 2^{-100}$, 再用倒序相加法, 得 $S_{99} = \frac{99}{2^{101}}$.

递推数列

1. (2008年上海财经大学自主招生试题第15题) 数列 $\{a_n\}$ 满足 $a_1 = 3, a_2 = 4$ 及递推关系 $a_{n+2} = \sqrt{a_{n+1}a_n - \frac{1}{a_{n+1}}}$, 那么此数列的项数最多有 (   )

   A. 50 项   B. 51 项   C. 49 项   D. 48 项

2. (2005年全国高中数学联合竞赛浙江省预赛试卷第8题) 已知数列 x_n, 满足 $(n+1)x_{n+1} = x_n + n$, 且 $x_1 = 2$, 则 $x_{2\,005} =$ _____.

3. (2012年全国高中数学联赛上海市预赛第8题)数列$\{a_n\}$定义如下:$a_1=1,a_2=2,a_{n+2}=\frac{2(n+1)}{n+2}a_{n+1}-\frac{n}{n+2}a_n,n=1,2,\cdots$. 若$a_m>2+\frac{2011}{2012}$,则正整数$m$的最小值为_____.

4. (2011年全国高中数学联赛湖北省预赛第2题)已知数列$\{a_n\}$满足:$a_1=2,a_2=1,a_na_{n+1}a_{n+2}=a_n+a_{n+1}+a_{n+2}(n\in\mathbf{N}^*)$,则$a_1+a_2+\cdots+a_{2011}=$_____.

5. 在数列$\{a_n\}$中,设$a_1=2013,a_2=2012,a_{n+2}=a_{n+1}-a_n,n\in\mathbf{N}^*$,则$a_{2013}=$_____.

6. (2013年复旦大学千分考)已知$x_0=0,x_1=1,2x_{n+1}=x_n+x_{n-1}$,求$\{x_n\}$的极限.

7. (2012年全国高中数学联赛甘肃省预赛第9题)已知数列$\{a_n\}$满足$\frac{a_{n+1}+a_n-1}{a_{n+1}-a_n+1}=n(n\in\mathbf{N}^*)$,且$a_2=6$.

(1)求数列$\{a_n\}$的通项公式;

(2)设$b_n=\frac{a_n}{n+c}(n\in\mathbf{N}^*)$,$c$为非零常数,若数列$\{b_n\}$是等差数列,记$c_n=\frac{b_n}{2^n}$,$S_n=c_1+c_2+\cdots+c_n$,求$S_n$.

8. (2012年全国高中数学联赛河北省预赛第19题)给定两个数列$\{x_n\}$,$\{y_n\}$,满足$x_0=y_0=1,x_n=\frac{x_{n-1}}{2+x_{n-1}}(n\geqslant 1),y_n=\frac{y_{n-1}^2}{1+2y_{n-1}}(n\geqslant 1)$. 证明:对于任意的自然数$n$,都存在自然数$j_n$,使得$y_n=x_{j_n}$.

9. (1990年第7届巴尔干地区数学奥林匹克试题第1题)设数列$\{a_n\}$满足$a_1=1,a_2=3$,对一切$n\in\mathbf{N}^*$有$a_{n+2}=(n+3)a_{n+1}-(n+2)a_n$,求所有能被11整除的$a_n$的$n$的值.

10. (1981年第22届IMO预选题)在数列$\{a_n\}$中,$a_1=1,a_{n+1}=\frac{1}{16}(1+4a_n+\sqrt{1+24a_n})$,求该数列的通项公式$a_n$.

11. 设正项数列$a_0,a_1,a_2,\cdots,a_n,\cdots$满足$a_0=a_1=1$,$\sqrt{a_na_{n-2}}-\sqrt{a_{n-1}a_{n-2}}=2a_{n-1}(n\geqslant 2)$,求该数列的通项公式$a_n$.

12. 设数列$\{a_n\}$满足$a_0=1,a_{n+1}=\frac{7a_n+3\sqrt{5a_n^2-4}}{2}$,求证:$a_na_{n+1}-1(n\in\mathbf{N})$是完全平方数.

13. 设p是奇数,数列$\{a_n\}$满足$a_1=5,na_{n+1}=(n+1)a_n-\left(\frac{p}{2}\right)^4$,求证:

$16 \mid a_{81}$.

14. 用 1,2,3 三个数字写 n 位数,要求数中不出现紧挨着的两个 1,问能构成多少个这样的 n 位数?

15. 已知数列 $\{a_n\}$, $\{b_n\}$ 分别满足 $a_1 = \frac{\sqrt{2}}{2}$, $a_{n+1} = a_n\sqrt{1-\sqrt{1-a_n^2}}$; $b_1 = 1$, $b_{n+1} = \frac{\sqrt{1+b_n^2}-1}{b_n}$,求证: $a_n < \frac{\pi}{2^{n+1}} < b_n$.

参考答案与提示

1. C. 得 $a_{n+1}a_{n+2}^2 = a_n a_{n+1}^2 - 1$,再由等差数列的通项公式及 $a_n \geqslant 0 (n \in \mathbf{N}^*)$,得 $a_n a_{n+1}^2 = 49 - n \geqslant 0, n \leqslant 49$. 还可验证 $n = 49$ 能成立.

2. $1 + \frac{1}{2\,005!}$. 可得 $\frac{x_{n+1}-1}{x_n-1} = \frac{1}{n+1}$,用累乘法可得 $x_n - 1 = \frac{1}{n!}$,所以 $x_{2\,005} = 1 + \frac{1}{2\,005!}$.

3. 4 025. 由已知得 $(n+2)a_{n+2} + na_n = 2(n+1)a_{n+1}$,所以 $\{na_n\}$ 是等差数列,又 $1 \times a_1 = 1, 2 \times a_2 = 4$,得数列 $\{na_n\}$ 的首项为 1,公差为 3,从而 $na_n = 1 + 3(n-1) = 3n - 2$,即 $a_n = \frac{3n-2}{n}$. 由 $a_m > 2 + \frac{2\,011}{2\,012}$,得 $\frac{3m-2}{m} > 2 + \frac{2\,011}{2\,012}$,解得 $m > 4\,024$. 所以正整数 m 的最小值为 4 025.

4. 4 022. 由已知求得数列的前几项为 $2,1,3,2,1,3,\cdots$,所以 $\{a_n\}$ 是以 3 为周期的数列,故 $a_1 + a_2 + \cdots + a_{2\,011} = 670(a_1 + a_2 + a_3) + a_1 = 670 \times 6 + 2 = 4\,022$.

5. -1. 由已知可求得数列的前几项为 $2\,013, 2\,012, -1, -2\,013, -2\,012, 1, 2\,013, 2\,012, \cdots$,所以 $\{a_n\}$ 是以 6 为周期的数列,故 $a_{2\,013} = a_3 = -1$.

6. 由 $2x_{n+1} = x_n + x_{n-1}$,得 $2(x_{n+1} - x_n) = -(x_n - x_{n-1})$,所以 $\{x_n - x_{n-1}\}$ 是以 1 为首项,$-\frac{1}{2}$ 为公比的等比数列,且 $x_n - x_{n-1} = (-\frac{1}{2})^{n-1}$. 由叠加法得 $x_n = \frac{2}{3}[1-(-\frac{1}{2})^n]$, $\lim_{n \to \infty} x_n = \frac{2}{3}$.

7. (1) 由已知 $\frac{a_{n+1}+a_n-1}{a_{n+1}-a_n+1} = n (n \in \mathbf{N}^*) \Rightarrow (n-1)a_{n+1} - (n+1)a_n = -(n+1)$. 当 $n = 1$ 时,解得 $a_1 = 1$.

当 $n \geqslant 2$ 时

$$\frac{a_{n+1}}{n+1} - \frac{a_n}{n-1} = -\frac{1}{n-1}$$

进一步有

$$\frac{a_{n+1}}{n(n+1)} - \frac{a_n}{n(n-1)} = -\frac{1}{n(n-1)} = -\left(\frac{1}{n-1} - \frac{1}{n}\right)$$

从而

$$\frac{a_{n+1}}{n(n+1)} - \frac{a_2}{2} = -\left[\left(\frac{1}{1} - \frac{1}{2}\right) + \left(\frac{1}{2} - \frac{1}{3}\right) + \cdots + \left(\frac{1}{n-1} - \frac{1}{n}\right)\right] = \frac{1}{n} - 1$$

又 $a_2 = 6$,得 $a_{n+1} = (n+1)(2n+1)$,即当 $n \geqslant 3$ 时,$a_n = n(2n-1)$,且对 $a_1 = 1$, $a_2 = 6$ 也成立. 故对任意 $n \in \mathbf{N}^*, a_n = n(2n-1)$.

(2) 由 $b_n = \frac{a_n}{n+c} = \frac{n(2n-1)}{n+c}$,知 $b_1 = \frac{1}{1+c}, b_2 = \frac{6}{2+c}, b_3 = \frac{15}{3+c}$. 又 $\{b_n\}$ 是等差数列,所以 $2b_2 = b_1 + b_3$,即 $\frac{12}{2+c} = \frac{1}{1+c} + \frac{15}{3+c}$,得 $c = -\frac{1}{2}$. 从而

$$b_n = 2n, \quad c_n = \frac{2n}{2^n} = \frac{n}{2^{n-1}}$$

$$S_n = 1 + \frac{2}{2^1} + \cdots + \frac{n}{2^{n-1}}, \quad 2S_n = 2 + \frac{2}{2^0} + \cdots + \frac{n}{2^{n-2}}$$

两式相减得

$$S_n = 3 + \frac{1}{2} + \frac{1}{2^2} + \cdots + \frac{1}{2^{n-2}} - \frac{n}{2^{n-1}} = 4 - \frac{n+2}{2^{n-1}}$$

8. 由 $x_n = \frac{x_{n-1}}{2 + x_{n-1}}$,得 $x = \frac{x}{2+x}$,解得不动点 $x = 0$ 或 -1. $x_n + 1 = \frac{x_{n-1}}{2+x_{n-1}} + 1 = \frac{2(x_{n-1}+1)}{2+x_{n-1}}, \frac{x_n+1}{x_n} = 2\frac{x_{n-1}+1}{x_{n-1}}$,所以 $\left\{\frac{x_n+1}{x_n}\right\}$ 是以 2 为公比的等比数列,又 $\frac{x_0+1}{x_0} = 2$,得 $\frac{x_n+1}{x_n} = 2^{n+1}$,解得 $x_n = \frac{1}{2^{n+1}-1}$. 由同样方法,可求得 $y_n = \frac{1}{2^{2^n}-1}$. 所以对于任意的自然数 n,都存在自然数 $j_n = 2^n - 1$,使得 $y_n = x_{j_n}$.

9. 得 $a_{n+2} - a_{n+1} = (n+2)(a_{n+1} - a_n), a_{n+1} - a_n = n!(n \geqslant 2), a_n = \sum_{i=1}^{n} i!$,进而可得答案为 $4, 8$ 及大于 9 的整数.

10. 设 $b_n = \sqrt{1 + 24a_n}$(得 $b_n \geqslant 0$),得 $b_1 = 5, a_n = \frac{b_n^2 - 1}{24}$,所以

$$a_n = \frac{b_{n+1}^2 - 1}{24} = \frac{1}{16}\left(1 + 4 \cdot \frac{b_n^2 - 1}{24} + b_n\right), (2b_{n+1})^2 = (b_n + 3)^2$$

$$2b_{n+1} = b_n + 3, b_n = 2^{2-n} + 3$$

$$a_n = \frac{2^{2n-1} + 3 \cdot 2^{n-1} + 1}{3 \cdot 2^{2n-1}}$$

11. $\sqrt{\frac{a_n}{a_{n-1}}} - 2\sqrt{\frac{a_{n-1}}{a_{n-2}}} = 1, \sqrt{\frac{a_n}{a_{n-1}}} + 1 = 2^n, \frac{a_n}{a_{n-1}} = (2^n - 1)^2 (n \geqslant 2), a_n = \prod_{i=1}^{n}(2^i - 1)^2$.

12. 可得 $a_1=5$，$\{a_n\}$ 是严格的递增数列．
得 $(2a_{n+1}-7a_n)^2=5a_n^2-4$，即
$$a_{n+1}^2-7a_na_{n+1}+a_n^2+9=0 \qquad ①$$
又
$$a_{n+2}^2-7a_{n+1}a_{n+2}+a_{n+1}^2+9=0$$
相减后可得 $a_{n+2}=7a_{n+1}-a_n$，所以 $a_n\in\mathbf{N}^*$．

由 ① 得 $a_na_{n+1}-1=\left(\dfrac{a_n+a_{n+1}}{3}\right)^2$，所以欲证成立．还可得 $a_na_{n+1}-1$（$n\in\mathbf{N}$）是正整数的平方．

13. 可得 $\dfrac{a_{n+1}}{n+1}-\dfrac{a_n}{n}=-\dfrac{p^4}{16n(n+1)}$，$a_n=5n-\dfrac{n-1}{16}p^4$．

再得 $16\mid a_{81}\Leftrightarrow 16\mid p^4-1\Leftrightarrow 8\mid p^2-1$，而由 p 是奇数可证 $8\mid p^2-1$，所以 $16\mid a_{81}$．

14. 设符合条件的 n 位数有 a_n 个，得：

(1) 首位是 2，3 的各有 a_{n-1} 个；

(2) 首位是 1 时，第二位只能是 2 或 3，得 a_{n-2} 个．

所以 $a_1=3$，$a_2=8$，$a_n=2a_{n-1}+2a_{n-2}$（$n\geqslant 3$），再求得
$$a_n=\dfrac{3+2\sqrt{3}}{6}(1+\sqrt{3})^n+\dfrac{3-2\sqrt{3}}{6}(1-\sqrt{3})^n$$

15. 可得 $a_n\in[0,1]$，所以可设 $a_n=\sin\alpha_n\left(0\leqslant\alpha_n\leqslant\dfrac{\pi}{2}\right)$，得
$$a_{n+1}=\sin\dfrac{\alpha_n}{2}=\sin\alpha_{n+1},\alpha_{n+1}=\dfrac{\alpha_n}{2},\alpha_n=\dfrac{\pi}{4}\left(\dfrac{1}{2}\right)^{n-1}=\dfrac{\pi}{2^{n+1}},a_n=\sin\dfrac{\pi}{2^{n+1}}$$

可设 $b_n=\tan\beta_n\left(0<\beta_n<\dfrac{\pi}{2}\right)$，得
$$b_{n+1}=\tan\dfrac{\beta_n}{2}=\tan\beta_{n+1},\beta_{n+1}=\dfrac{\beta_n}{2},\beta_n=\dfrac{\pi}{4}\left(\dfrac{1}{2}\right)^{n-1}=\dfrac{\pi}{2^{n+1}},b_n=\tan\dfrac{\pi}{2^{n+1}}$$

可得欲证成立．

裂项求和

1. (2003 年复旦大学保送生考试试题第 16 题) 已知数列 $\{a_n\}$ 的前 n 项和是 S_n，$a_n=\dfrac{1}{(\sqrt{n-1}+\sqrt{n})(\sqrt{n-1}+\sqrt{n+1})(\sqrt{n}+\sqrt{n+1})}$，求 S_{2003}．

2. (2006 年上海交通大学推优、保送生考试试题第 10 题) 已知 $a_k=\dfrac{k+2}{k!+(k+1)!+(k+2)!}$，则数列 $\{a_n\}$ 的前 100 项和为 _____．

3. 设 $a_n = \dfrac{1}{n\sqrt{n+1}+(n+1)\sqrt{n}}$，则数列 $\{a_n\}$ 的前 99 项之和 $S_{99} = $ _____.

4. 设 $a_n = \dfrac{3^n}{3^{2n+1}-4\cdot 3^n+1}$，求数列 $\{a_n\}$ 的前 n 项和 S_n.

5. 求 $\cos\dfrac{\pi}{2\,013}+\cos\dfrac{3\pi}{2\,013}+\cos\dfrac{5\pi}{2\,013}+\cdots+\cos\dfrac{2\,011\pi}{2\,013}$.

6. 求证：$\dfrac{1}{1^2}+\dfrac{1}{2^2}+\dfrac{1}{3^2}+\cdots+\dfrac{1}{n^2}<\dfrac{5}{3}$.

7. 求 $\dfrac{1}{\sqrt{1}}+\dfrac{1}{\sqrt{2}}+\dfrac{1}{\sqrt{3}}+\cdots+\dfrac{1}{\sqrt{100}}$ 的整数部分.

8. 设 $a_1,a_2,\cdots,a_n \in \mathbf{R}_+(n\geqslant 2)$，求证：$\dfrac{a_2}{(a_1+a_2)^2}+\dfrac{a_3}{(a_1+a_2+a_3)^2}+\cdots+\dfrac{a_n}{(a_1+a_2+\cdots+a_n)^2}<\dfrac{1}{a_1}$.

9. 若数列 $\{a_n\}$ 满足 $a_1=2, a_{n+1}=a_n^2-a_n+1$，求证：$\sum\limits_{i=1}^{n}\dfrac{1}{a_i}<1$.

10. 求证：$\dfrac{1}{2\cdot 3}+\dfrac{1}{3\cdot 5}+\dfrac{1}{4\cdot 7}+\cdots+\dfrac{1}{(n+1)(2n+1)}<\dfrac{5}{12}$.

11. 求 $S_n = \dfrac{1}{\sin 2\theta}+\dfrac{1}{\sin 2^2\theta}+\cdots+\dfrac{1}{\sin 2^n\theta}$.

12. (1) 求数列 $\{n(n+1)(n+2)\}$ 的前 n 项和是 S_n；

(2) 求数列 $\{n(n+1)^2(n+2)\}$ 的前 n 项和是 T_n.

参考答案与提示

1. $a_n = \dfrac{\sqrt{n+1}-\sqrt{n-1}}{2(\sqrt{n-1}+\sqrt{n})(\sqrt{n}+\sqrt{n+1})} = \dfrac{(\sqrt{n+1}-\sqrt{n})+(\sqrt{n}-\sqrt{n-1})}{2(\sqrt{n-1}+\sqrt{n})(\sqrt{n}+\sqrt{n+1})} = $

$\dfrac{1}{2}\left[\dfrac{1}{\sqrt{n-1}+\sqrt{n}}+\dfrac{1}{\sqrt{n}+\sqrt{n+1}}\right] = $

$\dfrac{1}{2}[(\sqrt{n}-\sqrt{n-1})+(\sqrt{n+1}-\sqrt{n})] = $

$\dfrac{1}{2}(\sqrt{n+1}-\sqrt{n-1})$

所以 $S_{2\,003} = \dfrac{\sqrt{2\,003}+\sqrt{2\,002}-1}{2}$.

2. $\dfrac{1}{2}-\dfrac{1}{102!}$. 因为

$a_k = \dfrac{k+2}{k!+(k+1)!+(k+2)!} = \dfrac{1}{k!+(k+1)!} = \dfrac{1}{k!\,(k+2)} = $

$$\frac{k+1}{(k+2)!} = \frac{1}{(k+1)!} - \frac{1}{(k+2)!}$$

3. $\dfrac{9}{10}$. 这是因为

$$a_n = \frac{\sqrt{n+1}-\sqrt{n}}{\sqrt{n}\sqrt{n+1}} = \frac{1}{\sqrt{n}} - \frac{1}{\sqrt{n+1}}$$

4. 因为

$$a_n = \frac{3^n}{(3^{n+1}-1)(3^n-1)} = \frac{(3^{n+1}-1)-(3^n-1)}{2(3^{n+1}-1)(3^n-1)} = \frac{1}{2}\left(\frac{1}{3^n-1} - \frac{1}{3^{n+1}-1}\right)$$

所以

$$S_n = \frac{1}{2}\left(\frac{1}{2} - \frac{1}{3^{n+1}-1}\right)$$

5. 原式 $=$

$$\frac{2\sin\dfrac{\pi}{2\,013}\left(\cos\dfrac{\pi}{2\,013} + \cos\dfrac{3\pi}{2\,013} + \cos\dfrac{5\pi}{2\,013} + \cdots + \cos\dfrac{2\,011\pi}{2\,013}\right)}{2\sin\dfrac{\pi}{2\,013}} =$$

$$\frac{\sin\dfrac{2\pi}{2\,013} + \left(\sin\dfrac{4\pi}{2\,013} - \sin\dfrac{2\pi}{2\,013}\right) + \left(\sin\dfrac{6\pi}{2\,013} - \sin\dfrac{4\pi}{2\,013}\right) + \cdots + \left(\sin\dfrac{2\,012\pi}{2\,013} - \sin\dfrac{2\,010\pi}{2\,013}\right)}{2\sin\dfrac{\pi}{2\,013}} =$$

$$\frac{\sin\dfrac{2\,010\pi}{2\,013}}{2\sin\dfrac{\pi}{2\,013}} = \frac{1}{2}$$

6. 由 $\dfrac{1}{n^2} < \dfrac{1}{\left(n-\dfrac{1}{2}\right)\left(n+\dfrac{1}{2}\right)} = \dfrac{1}{n-\dfrac{1}{2}} - \dfrac{1}{n+\dfrac{1}{2}}$ 可证.

7. 由 $\dfrac{1}{\sqrt{n}} < \dfrac{2}{\sqrt{n}+\sqrt{n-1}} = 2(\sqrt{n}-\sqrt{n-1})$,可得

$$\frac{1}{\sqrt{1}} + \frac{1}{\sqrt{2}} + \frac{1}{\sqrt{3}} + \cdots + \frac{1}{\sqrt{100}} < 1 + 2(\sqrt{100}-1) = 19$$

由 $\dfrac{1}{\sqrt{n}} > \dfrac{2}{\sqrt{n}+\sqrt{n+1}} = 2(\sqrt{n+1}-\sqrt{n})$,可得

$$\frac{1}{\sqrt{1}} + \frac{1}{\sqrt{2}} + \frac{1}{\sqrt{3}} + \cdots + \frac{1}{\sqrt{100}} > 2(\sqrt{100}-1) = 18$$

所以,所求答案为 18.

8. 由 $\dfrac{a_n}{(a_1+a_2+\cdots+a_n)^2} < \dfrac{a_n}{(a_1+a_2+\cdots+a_{n-1})(a_1+a_2+\cdots+a_n)} =$

$$\frac{1}{a_1+a_2+\cdots+a_{n-1}}-\frac{1}{a_1+a_2+\cdots+a_n}$$ 可证.

9. 可用数学归纳法证得 $a_n>1(n\in \mathbf{N}^*)$,所以

$$a_{n+1}-1=a_n(a_n-1),\frac{1}{a_{n+1}-1}=\frac{1}{a_n-1}-\frac{1}{a_n},\frac{1}{a_n}=\frac{1}{a_n-1}-\frac{1}{a_{n+1}-1}$$

由此可得欲证.

10. 下证 $n\geqslant 2$ 时成立.

$$\frac{1}{2\cdot 3}+\frac{1}{3\cdot 5}+\frac{1}{4\cdot 7}+\cdots+\frac{1}{(n+1)(2n+1)}<$$
$$\frac{1}{2\cdot 3}+\left(\frac{1}{3\cdot 4}+\frac{1}{4\cdot 6}+\cdots+\frac{1}{(n+1)\cdot 2n}\right)=$$
$$\frac{1}{6}+\frac{1}{2}\left(\frac{1}{2\cdot 3}+\frac{1}{3\cdot 4}+\cdots+\frac{1}{n(n+1)}\right)=$$
$$\frac{5}{12}-\frac{1}{n+1}<\frac{5}{12}$$

11. 用 $\dfrac{1}{\sin 2^n\theta}=\cot 2^{n-1}\theta-\cot 2^n\theta$ 求解,答案为 $\cot\theta-\cot 2^n\theta$.

12. 用裂项法求解.

(1) 因为

$$n(n+1)(n+2)=\frac{1}{4}[n(n+1)(n+2)(n+3)-(n-1)n(n+1)(n+2)]$$

所以

$$S_n=\frac{1}{4}n(n+1)(n+2)(n+3)$$

(2) 因为

$$n(n+1)^2(n+2)=n(n+1)(n+2)(n+3)-2n(n+1)(n+2)=$$
$$\frac{1}{5}[n(n+1)(n+2)(n+3)(n+4)-$$
$$(n-1)n(n+1)(n+2)(n+3)]-$$
$$\frac{1}{2}[n(n+1)(n+2)(n+3)-(n-1)n(n+1)(n+2)]$$

所以

$$T_n=\frac{1}{5}n(n+1)(n+2)(n+3)(n+4)-\frac{1}{2}n(n+1)(n+2)(n+3)=$$
$$\frac{1}{10}n(n+1)(n+2)(n+3)(2n+3).$$

数学归纳法

1. (2012 年清华大学保送生考试笔试题第二题第 3 题) $f(x)=\ln\dfrac{\mathrm{e}^x-1}{x}$,

$a_1=1, a_{n+1}=f(a_n)$.

(1) 求证：$e^x x - e^x + 1 \geqslant 0$ 恒成立；

(2) 试求 $f(x)$ 的单调区间；

(3) 求证 $\{a_n\}$ 为递减数列，且 $a_n > 0$ 恒成立.

2.（2007年高考江西卷理科第22题）设正整数数列 $\{a_n\}$ 满足：$a_2=4$，且对任意 $n \in \mathbf{N}^*$，有 $2 + \dfrac{1}{a_{n+1}} < \dfrac{\dfrac{1}{a_n}+\dfrac{1}{a_{n+1}}}{\dfrac{1}{n}-\dfrac{1}{n+1}} < 2 + \dfrac{1}{a_n}$.

(1) 求 a_1, a_3；

(2) 求数列 $\{a_n\}$ 的通项 a_n.

3.（1990年全国高中数学联赛第一试第三题）已知 a 和 b 都是正整数，且 $a > b$，$\sin \theta = \dfrac{2ab}{a^2+b^2}$，其中 $\theta \in \left(0, \dfrac{\pi}{2}\right)$. 设 $A_n = (a^2+b^2)^n \sin n\theta$，求证：对一切正整数 n，A_n 均为正整数.

4. 求证：当正整数 $n \geqslant 2$ 时，$n! < \left(\dfrac{n+1}{2}\right)^n$.

5. 若 $0 \leqslant \alpha \leqslant 1, 1 \geqslant x_1 \geqslant x_2 \geqslant \cdots \geqslant x_n > 0$，求证：
$$(1+x_1+x_2+\cdots+x_n)^\alpha \leqslant 1 + 1^{\alpha-1} x_1^\alpha + 2^{\alpha-1} x_2^\alpha + \cdots + n^{\alpha-1} x_n^\alpha$$

6. 已知数列 $\{a_n\}, \{b_n\}$ 满足 $a_1=1, b_1=-1, \dfrac{a_{n+1}}{a_n} = \dfrac{nb_{n+1}}{n+1}, b_n = b_{n+1}[1-(2na_n)^2] (n \in \mathbf{N}^*)$.

(1) 求 a_n, b_n 的表达式；

(2) 若不等式 $(1+a_1)(1+2a_2)\cdots(1+na_n) \geqslant \dfrac{t}{\sqrt{b_2 b_3 \cdots b_{n+1}}} (n \in \mathbf{N}^*)$ 恒成立，求实数 t 的取值范围.

7. 设数列 $\{a_n\}$ 满足 $a_0=1, a_{n+1}=\dfrac{1+a_n \cos \theta}{a_n}$（$\theta$ 是锐角），求证：$a_n > 1 (n \in \mathbf{N}^*)$.

8. 设 $a_n = \begin{cases} 3m(m-1)+1 & n=2m-1 \\ 3m^2 & n=2m \end{cases} (m \in \mathbf{N}^*)$，数列 $\{a_n\}$ 的前 n 项和是 S_n，求证：
$$S_{2m-1} = \dfrac{1}{2}m(4m^2-3m+1), S_{2m} = \dfrac{1}{2}m(4m^2+3m+1) \quad (m \in \mathbf{N}^*)$$

9. 设数列 $\{a_n\}$ 满足 $a_1=1, a_{n+1} = \dfrac{1}{2}a_n + \dfrac{1}{a_n} (n \in \mathbf{N}^*)$，求证：$\dfrac{2}{\sqrt{a_n^2-2}} \in \mathbf{N}^* (n \geqslant 2)$.

10. 设 $f(m,n)$ 满足 $f(m,1)=f(1,n)=1(m,n\in \mathbf{N}^*)$，$f(m,n)\leqslant f(m,n-1)+f(m-1,n)(m\geqslant 2,n\geqslant 2,m,n\in \mathbf{N}^*)$，求证：$f(m,n)\leqslant C_{m+n-2}^{m-1}$ $(m,n\in \mathbf{N}^*)$.

参考答案与提示

1.(1) 略(用导数可证).

(2) 用结论(1)及导数：只有单调增区间 $(-\infty,0)$，$(0,+\infty)$.

(3) 下面对 n 用数学归纳法证明 $0<a_{n+1}<a_n$.

当 $n=1$ 时，易证成立.

假设 $n=k(k\in \mathbf{N}^*)$ 时成立：$0<a_{k+1}<a_k$.

因为 $f(x)$ 在 $(0,+\infty)$ 上是增函数，有 $\lim_{x\to 0^+}f(x)=0$，所以 $0<f(a_{k+1})<f(a_k)$，即 $0<a_{k+2}<a_{k+1}$，也即 $n=k+1$ 时成立.

所以欲证成立.

2.(1) 令 $n=1$，可得 $\dfrac{2}{3}<a_1<\dfrac{8}{7}$，得 $a_1=1$；令 $n=2$，可得 $8<a_3<10$，得 $a_3=9$.

(2) 可用数学归纳法证得 $a_n=n^2$.

当 $n=1,2$ 时成立. 假设 $n=k(k\geqslant 2)$ 时成立，得 $a_k=k^2$.

当 $n=k+1$ 时，可得

$$2+\frac{1}{a_{k+1}}<k(k+1)\left(\frac{1}{k^2}+\frac{1}{a_{k+1}}\right)<2+\frac{1}{k^2}$$

$$(k+1)^2-\frac{(k+1)^2}{k^2+1}<a_{k+1}<(k+1)^2+\frac{1}{k-1}$$

由 $k\geqslant 2$，得 $0<\dfrac{(k+1)^2}{k^2+1}\leqslant 1$，$0<\dfrac{1}{k-1}\leqslant 1$. 又 $a_{k+1}\in \mathbf{N}^*$，所以 $a_{k+1}=(k+1)^2$.

得欲证结论成立.

3. 得 $\cos\theta=\dfrac{a^2-b^2}{a^2+b^2}$.

$$\sin n\theta+\sin(n-2)\theta=2\sin(n-1)\theta\cos\theta \quad (n\geqslant 3)$$

把 $\sin i\theta=\dfrac{A_i}{(a^2+b^2)^i}(i=n,n-1,n-2)$ 代入，得

$$A_n=2(a^2-b^2)A_{n-1}-(a^2+b^2)^2A_{n-2} \quad (n\geqslant 3)$$

由 $a,b\in \mathbf{N}^*$ 并用数学归纳法可证 $\dfrac{A_n}{2ab}$ 均是正整数：

当 $n=1,2$ 时，欲证成立.

假设 $n < k(k \geqslant 3)$ 时均成立,得 A_{k-2},A_{k-1} 均为 $2ab$ 的整数倍.
于是,由递推式知,A_k 也是 $2ab$ 的整数倍.
所以欲证成立.

4. 当 $n=2$ 时成立.

假设 $n=k(k \geqslant 2)$ 时成立即 $k! < \left(\dfrac{k+1}{2}\right)^k$,欲证 $n=k+1$ 时成立,即证 $\left(1+\dfrac{1}{k+1}\right)^{k+1} > 2$,而这用二项式定理可证.

所以欲证成立.

5. 当 $n=1$ 时成立:$(1+x_1)^a \leqslant 1+x_1 \leqslant 1+1^{a-1}x_1^a$.

假设 $n=k$ 时成立,得
$$(1+x_1+x_2+\cdots+x_{k+1})^a =$$
$$\left(1+\dfrac{x_{k+1}}{1+x_1+x_2+\cdots+x_k}\right)^a (1+x_1+x_2+\cdots+x_k)^a \leqslant$$
$$\left(1+\dfrac{x_{k+1}}{1+x_1+x_2+\cdots+x_k}\right)(1+x_1+x_2+\cdots+x_k)^a =$$
$$(1+x_1+x_2+\cdots+x_k)^a + \dfrac{x_{k+1}}{(1+x_1+x_2+\cdots+x_k)^{1-a}} \leqslant$$
$$1+1^{a-1}x_1^a+\cdots+k^{a-1}x_k^a + \dfrac{x_{k+1}}{[(k+1)x_{k+1}]^{1-a}} =$$
$$1+1^{a-1}x_1^a+2^{a-1}x_2^a+\cdots+(k+1)^{a-1}x_{k+1}^a$$
即 $n=k+1$ 时也成立. 所以欲证成立.

6. (1) 可猜测出 $a_n = \dfrac{1}{n(2n-1)}$,$b_n = \dfrac{2n-3}{2n-1}$.
还可用数学归纳法证明它们同时成立. 解毕.

(2) 设 $f(n) = (1+a_1)(1+2a_2)\cdots(1+na_n)\sqrt{b_2 b_3 \cdots b_{n+1}}$ $(n \in \mathbf{N}^*)$,得 $\dfrac{f(n+1)}{f(n)} = \sqrt{\dfrac{4n^2+8n+4}{4n^2+8n+3}} > 1$,所以数列 $\{f(n)\}$ 递增,$[f(n)]_{\min} = f(1) = \dfrac{2}{3}\sqrt{3}$,所以实数 t 的取值范围是 $\left(-\infty, \dfrac{2}{3}\sqrt{3}\right]$.

7. 可以验证 $n=1,2$ 时均成立.

假设 $n=k(k \in \mathbf{N}^*)$ 时 $a_k > 1$,下证 $a_{k+2} > 1$:
$$a_{k+2} = \dfrac{1+a_{k+1}\cos\theta}{a_{k+1}} = \dfrac{1}{a_{k+1}} + \cos\theta = \dfrac{1}{\dfrac{1}{a_k}+\cos\theta} + \cos\theta >$$
$$\dfrac{1}{1+\cos\theta} + \cos\theta = 1 + \dfrac{\cos^2\theta}{1+\cos\theta} > 1$$

所以由跳跃数学归纳法知,欲证结论成立.

8. 可以对 m 用数学归纳法证明这两个结论同时成立(也叫螺旋归纳法).

9. 可用数学归纳法证得 $a_n \neq \sqrt{2}(n \in \mathbf{N}^*)$,再由均值不等式得 $a_n > \sqrt{2}(n \geqslant 2)$.

再用数学归纳法证明加强结论:$\dfrac{2}{\sqrt{a_n^2-2}}, \dfrac{4a_n}{a_n^2-2} \in \mathbf{N}^*(n \geqslant 2)$.

可得 $n=2$ 时成立.

假设 $n=k(k \geqslant 2)$ 时成立,得

$$\dfrac{2}{\sqrt{a_{k+1}^2-2}} = \dfrac{2}{\sqrt{\left(\dfrac{a_k}{2}+\dfrac{1}{a_k}\right)^2-2}} = \dfrac{2}{\dfrac{a_k}{2}-\dfrac{1}{a_k}} = \dfrac{4a_k}{a_k^2-2} \quad \left(\dfrac{2}{\sqrt{a_{k+1}^2-2}} \in \mathbf{N}^*\right)$$

$$\dfrac{4a_{k+1}}{a_{k+1}^2-2} = \dfrac{4\left(\dfrac{a_k}{2}+\dfrac{1}{a_k}\right)}{\left(\dfrac{a_k}{2}+\dfrac{1}{a_k}\right)^2-2} = \dfrac{4a_k}{a_k^2-2} \cdot 2\left(1+\dfrac{4a_k}{a_k^2-2}\right) \quad \left(\dfrac{4a_{k+1}}{a_{k+1}^2-2} \in \mathbf{N}^*\right)$$

即 $n=k+1$ 时也成立.

由数学归纳法知,欲证成立.

10. 用二重数学归纳法来证. 把欲证的命题记作 $P(m,n)$.

易知 $P(1,n), P(m,1)$ 均成立.

假设 $P(m+1,n), P(m,n+1)$ 均成立:$f(m+1,n) \leqslant C_{m+n-1}^m, f(m,n+1) \leqslant C_{m+n-1}^{m-1}$. 得:

$$f(m+1,n+1) \leqslant f(m+1,n) + f(m,n+1) \leqslant C_{m+n-1}^m + C_{m+n-1}^{m-1} = C_{m+n}^m$$

即 $P(m+1,n+1)$ 成立. 所以欲证成立.

数列不等式

1. 使不等式 $\dfrac{1}{n+1}+\dfrac{1}{n+2}+\cdots+\dfrac{1}{2n+1} < a-2012\dfrac{1}{3}$ 对一切正整数 n 都成立的最小正整数 a 的值是_____.

2. (2013年卓越联盟自主招生试题压轴题)已知数列 $\{a_n\}$ 满足 $a_{n+1}=a_n^2-na_n+\alpha$,首项 $a_1=3$.

(1) 如果 $a_n \geqslant 2n$ 恒成立,求 α 的取值范围;

(2) 如果 $\alpha=-2$,求证:$\dfrac{1}{a_1-2}+\dfrac{1}{a_2-2}+\cdots+\dfrac{1}{a_n-2}+\dfrac{1}{a_n+1}<2$.

3. (2010年重庆大学自主招生试题)设 $\{a_n\}$ 是首项为3,公差为2的等差数列,S_n 为数列 $\left\{\dfrac{1}{a_n}\right\}$ 的前 n 项和,$T_n=S_n-\ln\sqrt{a_n}$,试证:$0<T_n-T_{4n}<\dfrac{3}{8n}$.

4. (2005年复旦大学自主招生试题第二题第7题)定义在 $\mathbf{R}$ 上的函数

$f(x) = \dfrac{4^x}{4^x+2}, S_n = f\left(\dfrac{1}{n}\right) + f\left(\dfrac{2}{n}\right) + \cdots + f\left(\dfrac{n-1}{n}\right)$ $(n=2,3,\cdots)$

(1) 求 S_n;

(2) 是否存在常数 $M > 0, \forall n \geqslant 2$, 有 $\dfrac{1}{S_2} + \dfrac{1}{S_3} + \cdots + \dfrac{1}{S_{n+1}} \leqslant M$.

5. (2012年全国高中数学联赛陕西省预赛第五题) 对于任意的正整数 n, 证明: $\dfrac{1}{3-2} + \dfrac{1}{3^2+(-2)^2} + \dfrac{1}{3^3+(-2)^3} + \cdots + \dfrac{1}{3^n+(-2)^n} < \dfrac{7}{6}$.

6. (2004年湖南省高中数学竞赛试题第17题) 设数列 $\{a_n\}$ 满足条件: $a_1 = 1, a_2 = 2$, 且 $a_1 = 1, a_{n+2} = a_{n+1} + a_n (n=1,2,3,\cdots)$. 求证: 对于任意正整数 n, 都有 $\sqrt[n]{a_{n+1}} \geqslant 1 + \dfrac{1}{\sqrt[n]{a_n}}$.

7. 设 $n \in \mathbf{N}^*$, a_n 是方程 $x^3 + \dfrac{x}{n} = 1$ 的实根, 求证:

(1) $a_{n+1} > a_n$; (2) $\sum\limits_{i=1}^{n} \dfrac{1}{(i+1)^2 a_i} < a_n$.

8. 设 $a_n = 1 + \dfrac{1}{2} + \cdots + \dfrac{1}{n} (n \in \mathbf{N}^*)$, 求证: $a_n^2 > 2\left(\dfrac{a_2}{2} + \dfrac{a_3}{3} + \cdots + \dfrac{a_n}{n}\right) + \dfrac{1}{n} (n \geqslant 2)$.

9. 在数列 $\{a_n\}$ 中, $a_1 = 1, a_{n+3} \leqslant a_n + 3, a_{n+2} \geqslant a_n + 2$, 求 $a_{2\,007}$.

10. 已知函数 $y = f(x)$ 满足 $\boldsymbol{a} = (x^2, y), \boldsymbol{b} = \left(x - \dfrac{1}{x}, -1\right)$, 且 $\boldsymbol{a} \cdot \boldsymbol{b} = -1$. 如果存在正项数列 $\{a_n\}$ 满足 $a_1 = \dfrac{1}{2}, \sum\limits_{i=1}^{n} f(a_i) - n = \sum\limits_{i=1}^{n} a_i^3 - n^2 a_n (n \in \mathbf{N}^*)$.

(1) 求数列 $\{a_n\}$ 的通项公式; (2) 证明: $\sum\limits_{i=1}^{n} \sqrt{\dfrac{a_i}{i}} < 3$.

参考答案与提示

1. 2 014. 令 $a_n = \dfrac{1}{n+1} + \dfrac{1}{n+2} + \cdots + \dfrac{1}{2n+1}$, 因为

$$a_{n+1} - a_n = \dfrac{1}{2n+2} + \dfrac{1}{2n+3} - \dfrac{1}{n+1} = \dfrac{1}{2n+3} - \dfrac{1}{2n+2} < 0$$

所以 $\{a_n\}$ 单调递减, 其最大项为 $a_1 = \dfrac{1}{2} + \dfrac{1}{3} = \dfrac{5}{6}$. 所以 $\dfrac{5}{6} < a - 2\,012\dfrac{1}{3}$, 求得最小正整数 $a = 2\,014$.

2. (1) 由 $n = 1, 2$ 时成立, 得 $\alpha \geqslant -2$. 下面用数学归纳法证明: 当 $\alpha \geqslant -2$ 时, $a_n \geqslant 2n$ 恒成立.

假设 $n=k(k\geqslant 2)$ 时成立,下证 $n=k+1$ 时也成立:
$$a_{k+1}\geqslant a_k(a_k-k)-2\geqslant 2k(2k-k)-2\geqslant 2(k+1)$$
所以 a 的取值范围是 $[-2,+\infty)$.

(2) 只证 $n\geqslant 2$ 时成立.

当 $a=-2$ 时,$a_1=3$,$\dfrac{1}{a_1-2}=1$;$a_2=4$,$\dfrac{1}{a_2-2}=\dfrac{1}{2}$.

当 $n\geqslant 2$ 时,得 $a_{n+1}-2=a_n^2-na_n-4\geqslant na_n-4\geqslant 2(a_n-2)>0$,所以
$a_n-2\geqslant 2(a_{n-1}-2)\geqslant 2^2(a_{n-2}-2)\geqslant\cdots\geqslant 2^{n-2}(a_2-2)=2^{n-1}$ ($n\geqslant 2$)
$$\dfrac{1}{a_n-2}\leqslant\dfrac{1}{2^{n-1}}\ (n\geqslant 1),\ \dfrac{1}{a_n+1}\leqslant\dfrac{1}{2^{n-1}+3}<\dfrac{1}{2^{n-1}}\ (n\geqslant 2)$$

所以当 $n\geqslant 2$ 时:
$$\dfrac{1}{a_1-2}+\dfrac{1}{a_2-2}+\cdots+\dfrac{1}{a_n-2}+\dfrac{1}{a_n+1}<1+\dfrac{1}{2}+\cdots+\dfrac{1}{2^{n-1}}+\dfrac{1}{2^{n-1}}=2$$

3. 得 $a_n=2n+1$,所以
$$T_n-T_{n+1}=\ln\sqrt{2n+3}-\ln\sqrt{2n+1}-\dfrac{1}{2n+3}=\dfrac{1}{2}\ln\left(1+\dfrac{2}{2n+1}\right)-\dfrac{1}{2n+3}$$

用导数可证 $\dfrac{x}{1+x}<\ln(1+x)<x(x>0)$,所以

$$\dfrac{1}{2}\cdot\dfrac{\dfrac{2}{2n+1}}{1+\dfrac{2}{2n+1}}-\dfrac{1}{2n+3}<\dfrac{1}{2}\ln\left(1+\dfrac{2}{2n+1}\right)-\dfrac{1}{2n+3}<$$
$$\dfrac{1}{2}\cdot\dfrac{2}{2n+1}-\dfrac{1}{2n+3}$$

所以 $0<T_n-T_{n+1}<\dfrac{1}{2n+1}-\dfrac{1}{2n+3}$. 还得
$$0<T_n-T_{4n}=\sum_{i=n}^{4n-1}\left(\dfrac{1}{2i+1}-\dfrac{1}{2i+3}\right)=\dfrac{1}{2n+1}-\dfrac{1}{8n+1}=$$
$$\dfrac{6n}{(2n+1)(8n+1)}<\dfrac{6n}{2n\cdot 8n}=\dfrac{3}{8n}$$

4. (1) 可得 $f(x)+f(1-x)=1$,由此及倒序相加法可求得 $S_n=\dfrac{n-1}{2}$;

(2) $\dfrac{1}{S_2}+\dfrac{1}{S_3}+\cdots+\dfrac{1}{S_{n+1}}=2\left(1+\dfrac{1}{2}+\cdots+\dfrac{1}{n}\right)$.

用导数可证 $\dfrac{1}{n}>\ln\dfrac{n}{n-1}$,所以 $1+\dfrac{1}{2}+\cdots+\dfrac{1}{n}>\ln n$.

由此可得,不存在常数 $M>0$,$\forall n\geqslant 2$,有 $\dfrac{1}{S_2}+\dfrac{1}{S_3}+\cdots+\dfrac{1}{S_{n+1}}\leqslant M$.

5. 记 $a_k=\dfrac{1}{3^k+(-2)^k}$,$S_n=\sum_{k=1}^{n}a_k$.

先证明:对任意 $m \in \mathbf{N}^*$,有 $a_{2m} + a_{2m+1} < \dfrac{4}{3^{2m+1}}$. 事实上:

$$a_{2m} + a_{2m+1} = \dfrac{1}{3^{2m} + 2^{2m}} + \dfrac{1}{3^{2m+1} - 2^{2m+1}} = \dfrac{3^{2m+1} - 2^{2m+1} + 3^{2m} + 2^{2m}}{(3^{2m} + 2^{2m})(3^{2m+1} - 2^{2m+1})} =$$

$$\dfrac{4 \cdot 3^{2m} - 2^{2m}}{3^{4m+1} + 6^{2m} - 2^{4m+1}} < \dfrac{4 \cdot 3^{2m}}{3^{4m+1} + 6^{2m}\left[1 - 2\left(\dfrac{2}{3}\right)^{2m}\right]}$$

因为 $1 - 2\left(\dfrac{2}{3}\right)^{2m}$ 单调递增,所以 $1 - 2\left(\dfrac{2}{3}\right)^{2m} \geqslant 1 - 2\left(\dfrac{2}{3}\right)^2 > 0$.

所以

$$a_{2m} + a_{2m+1} < \dfrac{4 \cdot 3^{2m}}{3^{4m+1}} = \dfrac{4}{3^{2m+1}}.$$

再证明:对任意 $n \in \mathbf{N}^*$,有 $S_n < \dfrac{7}{6}$.

当 $n = 1$ 时,$S_1 = 1 < \dfrac{7}{6}$,不等式成立.

当 $n \geqslant 2$ 时,若 n 为奇数,令 $n = 2m + 1 (m \in \mathbf{N}^*)$,则

$$S_n = S_{2m+1} = 1 + \sum_{k=1}^{m}(a_{2k} + a_{2k+1}) < 1 + \sum_{k=1}^{m} \dfrac{4}{3^{2k+1}} =$$

$$1 + 4 \times \dfrac{\dfrac{1}{3^3}\left[1 - \left(\dfrac{1}{9}\right)^m\right]}{1 - \dfrac{1}{9}} = \dfrac{7}{6} - \dfrac{1}{6}\left(\dfrac{1}{9}\right)^m < \dfrac{7}{6}$$

若 n 为偶数,令 $n = 2m (m \in \mathbf{N}^*)$,则 $S_n = S_{2m} < S_{2m+1} < \dfrac{7}{6}$.

综上所述,对任意 $n \in \mathbf{N}^*$,都有 $S_n < \dfrac{7}{6}$.

6. 令 $a_0 = 1$,得 $a_{k+1} = a_k + a_{k-1} (k = 1, 2, 3, \cdots)$,且 $1 = \dfrac{a_k}{a_{k+1}} + \dfrac{a_{k-1}}{a_{k+1}} (k = 1, 2, 3, \cdots)$,所以 $n = \sum_{k=1}^{n} \dfrac{a_k}{a_{k+1}} + \sum_{k=1}^{n} \dfrac{a_{k-1}}{a_{k+1}}$,再由均值不等式,得

$$1 \geqslant \sqrt[n]{\dfrac{a_1}{a_2} \cdot \dfrac{a_2}{a_3} \cdot \cdots \cdot \dfrac{a_n}{a_{n+1}}} + \sqrt[n]{\dfrac{a_0}{a_2} \cdot \dfrac{a_1}{a_3} \cdot \cdots \cdot \dfrac{a_{n-1}}{a_{n+1}}}$$

又 $a_0 = a_1 = 1$,所以 $1 \geqslant \dfrac{1}{\sqrt[n]{a_{n+1}}} + \dfrac{1}{\sqrt[n]{a_n a_{n+1}}}$,即欲证成立.

7. 可得 $0 < a_n < 1$.

(1) $0 = a_{n+1}^3 - a_n^3 + \dfrac{a_{n+1}}{n+1} - \dfrac{a_n}{n} < a_{n+1}^3 - a_n^3 + \dfrac{a_{n+1}}{n} - \dfrac{a_n}{n} = (a_{n+1} - a_n)\left(a_{n+1}^2 + a_{n+1}a_n + a_n^2 + \dfrac{1}{n}\right).$

因为 $a_{n+1}^2 + a_{n+1}a_n + a_n^2 + \frac{1}{n} > 0$，所以 $a_{n+1} > a_n$.

(2) 因为 $a_n\left(a_n^2 + \frac{1}{n}\right) = 1$，所以

$$a_n = \frac{1}{a_n^2 + \frac{1}{n}} > \frac{1}{1 + \frac{1}{n}} = \frac{n}{n+1}, \frac{1}{(n+1)^2 a_n} < \frac{1}{n(n+1)}$$

得

$$\sum_{i=1}^{n}\frac{1}{(i+1)^2 a_i} < \sum_{i=1}^{n}\frac{1}{i(i+1)} = \frac{n}{n+1} < a_n$$

8. $a_n^2 - a_{n-1}^2 = \left(1 + \frac{1}{2} + \cdots + \frac{1}{n}\right)^2 - \left(1 + \frac{1}{2} + \cdots + \frac{1}{n-1}\right)^2 =$

$$\frac{1}{n^2} + \frac{2}{n}\left(1 + \frac{1}{2} + \cdots + \frac{1}{n-1}\right) =$$

$$\frac{1}{n^2} + \frac{2}{n}\left(a_n - \frac{1}{n}\right) = \frac{2a_n}{n} - \frac{1}{n^2}$$

累加，得

$$a_n^2 - a_1^2 = 2\left(\frac{a_2}{2} + \frac{a_3}{3} + \cdots + \frac{a_n}{n}\right) - \left(\frac{1}{2^2} + \frac{1}{3^2} + \cdots + \frac{1}{n^2}\right)$$

$$a_n^2 = 2\left(\frac{a_2}{2} + \frac{a_3}{3} + \cdots + \frac{a_n}{n}\right) + \left(1 - \frac{1}{2^2} - \frac{1}{3^2} - \cdots - \frac{1}{n^2}\right) >$$

$$2\left(\frac{a_2}{2} + \frac{a_3}{3} + \cdots + \frac{a_n}{n}\right) + \left[1 - \frac{1}{1\cdot 2} - \frac{1}{2\cdot 3} - \cdots - \frac{1}{(n-1)n}\right] =$$

$$2\left(\frac{a_2}{2} + \frac{a_3}{3} + \cdots + \frac{a_n}{n}\right) + \frac{1}{n}$$

注 本题也可对 n 用数学归纳法来证.

9. 由 $a_{n+2} \geqslant a_n + 2$，得

$$a_{2\,007} \geqslant a_{2\,005} + 2 \geqslant a_{2\,003} + 2\cdot 2 \geqslant a_1 + 2\cdot 1\,003 = 2\,007$$

由 $a_n \leqslant a_{n+2} - 2$，得 $a_{n+3} \leqslant a_n + 3 \leqslant a_{n+2} - 2 + 3 = a_{n+2} + 1 (n \geqslant 1)$，所以

$$a_{2\,007} \leqslant a_{2\,006} + 1 \leqslant a_{2\,005} + 2 \leqslant \cdots \leqslant a_1 + 2\,006 = 2\,007$$

得 $a_{2\,007} = 2\,007$.

10. (1) 得 $f(x) = x^3 - x + 1 (x \neq 0)$，再得 $\sum_{i=1}^{n} a_i = n^2 a_n$.

所以 $\sum_{i=1}^{n-1} a_i = (n-1)^2 a_{n-1}$，两式相减后可得 $n(n-1)a_{n-1} = n(n+1)a_n$，得常数列 $\{n(n+1)a_n\}$，所以

$$a_n = \frac{1}{n(n+1)} \quad (n \in \mathbf{N}^*)$$

(2) $\sqrt{\dfrac{a_i}{i}} = \sqrt{\dfrac{1}{i^2(i+1)}} < \sqrt{\dfrac{1}{(i-1)i(i+1)}} <$

$\dfrac{2}{\sqrt{(i-1)(i+1)}\,(\sqrt{i-1}+\sqrt{i+1})} =$

$\dfrac{1}{\sqrt{i-1}} - \dfrac{1}{\sqrt{i+1}} \quad (i \geqslant 2)$

所以

$\sum\limits_{i=1}^{n} \sqrt{\dfrac{a_i}{i}} < \sqrt{\dfrac{1}{2}} + 1 + \dfrac{1}{\sqrt{2}} - \dfrac{1}{\sqrt{n}} - \dfrac{1}{\sqrt{n+1}} < 3$

§26 自主招生试题集锦(三角函数)

1. (2003年全国高中数学联赛一试第4题)若 $x \in \left[-\dfrac{5\pi}{12}, -\dfrac{\pi}{3}\right]$,则 $y = \tan\left(x+\dfrac{2\pi}{3}\right) - \tan\left(x+\dfrac{\pi}{6}\right) + \cos\left(x+\dfrac{\pi}{6}\right)$ 的最大值是( )

   A. $\dfrac{12}{5}\sqrt{2}$ B. $\dfrac{6}{11}\sqrt{2}$ C. $\dfrac{11}{6}\sqrt{3}$ D. $\dfrac{12}{5}\sqrt{3}$

2. (2004年同济大学自主招生优秀考生文化测试数学卷第1题)函数 $f(x) = \log_{\frac{1}{2}}(\sin x + \cos x)$ 的单调递增区间是_____.

3. (1)满足 $n\sin 1 > 5\cos 1 + 1$ 的最小正整数 n 为_____;

   (2)(2012年全国高中数学联赛第一试第7题)满足 $\dfrac{1}{4} < \sin \dfrac{\pi}{n} < \dfrac{1}{3}$ 的所有正整数 n 的和为_____.

4. (2011年全国高中数学联赛试题第一试第2题)函数 $f(x) = \dfrac{\sqrt{x^2+1}}{x-1}$ 的值域为_____.

5. (2011年全国高中数学联赛第一试第4题)如果 $\cos^5\theta - \sin^5\theta < 7(\sin^3\theta - \cos^3\theta), \theta \in [0, 2\pi)$,那么 θ 的取值范围是_____.

6. (2004年全国高中数学联赛第一试第7题)在平面直角坐标系 xOy 中,函数 $f(x) = a\sin ax + \cos ax\ (a > 0)$ 在一个最小正周期长的区间上的图象与函数 $g(x) = \sqrt{a^2+1}$ 的图象所围成的封闭区域图形的面积是_____.

7. (2002年全国高中数学联赛第一试第12题)使不等式 $\sin^2 x + a\cos x + a^2 \geqslant 1 + \cos x$ 对一切 $x \in \mathbf{R}$ 恒成立的负数 a 的取值范围是_____.

8. 设 $f(x) = a\sin 2x + b\cos 2x\ (ab \neq 0, a, b \in \mathbf{R})$,若 $f(x) \leqslant \left|f\left(\dfrac{\pi}{6}\right)\right|$ 恒成立,则以下结论中正确的是_____(填出所有正确结论的编号):

   ① $f\left(\dfrac{11\pi}{12}\right) = 0$;

   ② $\left|f\left(\dfrac{7\pi}{10}\right)\right| < \left|f\left(\dfrac{\pi}{5}\right)\right|$;

   ③ $f(x)$ 既不是奇函数也不是偶函数;

   ④ $f(x)$ 的增区间是 $\left[k\pi+\dfrac{\pi}{6}, k\pi+\dfrac{2\pi}{3}\right](k \in \mathbf{Z})$;

⑤ 存在过点 (a,b) 的直线与函数 $f(x)$ 的图象不相交.

9. (2010年北约自主招生试题) 求使得 $\sin 2x \sin 4x - \sin x \sin 3x = a$ 在 $[0,\pi)$ 上有唯一解的 a.

10. (2010年华约自主招生试题第5题) 在 $\triangle ABC$ 中, 三边长 a,b,c 满足 $a+c=3b$, 求 $\tan\dfrac{A}{2}\tan\dfrac{C}{2}$ 的值.

11. (2010年华约自主招生试题) 在 $\triangle ABC$ 中, 已知 $2\sin^2\dfrac{A+B}{2}-\cos 2C=1$, 外接圆半径 $R=2$.

(1) 求角 C 的大小;

(2) 求 $\triangle ABC$ 面积的最大值.

12. (2009年北京大学自主招生试题第1题) 如图1, 在圆内接四边形 $ABCD$ 中, $AB=1, BC=2, CD=3, DA=4$, 求四边形 $ABCD$ 的外接圆半径.

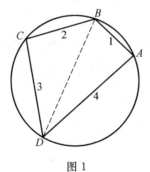

图 1

13. (2009年复旦大学自主招生试题第18题) $\sqrt{3}\sin x+2\cos^2\dfrac{x}{2}+1-a=0$ 在 $[0,2\pi]$ 上有两根, 求 a 的取值范围.

14. (2008年清华大学自主招生试题第4题) $\sin x+\cos x=\sqrt{1+\sin 2x}$, 求 x 的取值范围.

15. (2008年浙江大学自主招生试题第5题) 已知 A,B,C 为 $\triangle ABC$ 的三个内角, 求证: $\cos B+\cos C+\dfrac{2a}{b+c}\geqslant 4\sin\dfrac{A}{2}$.

16. (2008年上海财经大学自主招生试题第1题) 已知 $\tan\alpha=\dfrac{4}{3}$, 且 $\alpha\in\left(\pi,\dfrac{3\pi}{2}\right)$, 求 $\cos\dfrac{\alpha}{2}$.

17. (2008年上海财经大学自主招生试题第20题) 设 $\triangle ABC$ 的三边 a,b,c 上的高分别为 h_a,h_b,h_c, 满足 $3\dfrac{a}{h_a}-\dfrac{b}{h_b}+6\dfrac{c}{h_c}=6$.

(1) 若 △ABC 的面积为 S,试证 $S = \frac{1}{12}(3a^2 - b^2 + 6c^2)$;

(2) 用 b,c 表示 $\sin\left(A + \frac{\pi}{4}\right)$,并求 ∠A 的大小;

(3) 根据上述解题过程所得到的 △ABC 结论,请你设计一个与此三角形有关的结论,并证明你所给的结论.

18. (2007 年上海交通大学冬令营选拔测试数学试题第 12 题) 设函数 $f(x) = |\sin x| + |\cos x|$,试讨论 $f(x)$ 的函数性态(有界性,奇偶性,单调性和周期性),求其极值,并作出其在 $[0,\pi]$ 上的函数图象.

19. (2006 年清华大学自主招生试题第 3 题) 已知 $\sin\theta, \sin\alpha, \cos\theta$ 为等差数列,$\sin\theta, \sin\beta, \cos\theta$ 为等比数列,求 $\cos 2\alpha - \frac{1}{2}\cos 2\beta$ 的值.

20. (2005 年复旦大学自主招生试题第一题第 10 题) 求 $y = \frac{1 + \sin x}{2 + \cos x}$ 的最大值.

21. (2004 年复旦大学保送生考试试题第二题第 4 题) 若存在 M,使得任意 $t \in D$(D 为函数 $f(x)$ 的定义域),都有 $|f(x)| \leq M$,则称函数 $f(x)$ 有界. 问函数 $f(x) = \frac{1}{x}\sin\frac{1}{x}$ 在 $x \in \left(0, \frac{1}{2}\right)$ 上是否有界?

22. (2000 年上海交通大学保送生考试试题第三题第 5 题) 证明不等式:
$1 \leq \sqrt{\sin x} + \sqrt{\cos x} \leq 2^{\frac{3}{4}}$ ($x \in \left[0, \frac{\pi}{2}\right]$).

23. (2007 年全国高中数学联赛甘肃赛区预赛第 14 题) 设 $-\frac{\pi}{2} \leq x \leq \frac{\pi}{2}$, 且方程 $\cos 2x - 4a\cos x - a + 2 = 0$ 有两个不同的解,试求 a 的取值范围.

24. (2006 年全国高中数学联赛浙江省预赛试卷第 10 题) 设 a,b 是已知的非零实数且 $x \in \mathbf{R}$,若 $\frac{\sin^4 x}{a^2} + \frac{\cos^4 x}{b^2} = \frac{1}{a^2 + b^2}$,求 $\frac{\sin^{2008} x}{a^{2006}} + \frac{\cos^{2008} x}{b^{2006}}$.

25. 判断下列函数的周期性,若是周期函数,试求出其最小正周期:
(1) $y = \sin(\cos x)$;
(2) $y = 2\sin\frac{5}{2}x + 3\cos 6x$;
(3) $y = \sin \pi x + \cos 2x$;
(4) $y = \sin x^2$.

26. (1) 已知 $0 < a < b < \frac{\pi}{2}$,比较 $\frac{\sin b}{\sin a}, \frac{b}{a}, \frac{\tan b}{\tan a}$ 的大小;

(2) 已知 $0 < x < 1$,比较 $\frac{\sin x}{x}, \left(\frac{\sin x}{x}\right)^2, \frac{\sin x^2}{x^2}$ 的大小;

(3) 已知 $0 < x < \dfrac{\pi}{4}$，比较 $\sin(\cos x), \sin(\sin x), \cos(\sin x), \cos(\cos x)$ 的大小.

27. 设 $a, b, c \in \left(0, \dfrac{\pi}{2}\right)$，且 $\cos a = a, \sin(\cos b) = b, \cos(\sin c) = c$，比较 a, b, c 的大小.

28. 设 α, β, γ 是锐角，且 $\tan \dfrac{\alpha}{2} = \tan^3 \dfrac{\gamma}{2}, \tan \beta = \dfrac{1}{2} \tan \gamma$，求证：$\alpha, \beta, \gamma$ 成等差数列.

29. 设 $\cos x + \cos y = \cos x \cos y, \cos \dfrac{x+y}{2} = \dfrac{4}{5}$，求 $\cos \dfrac{x-y}{2}$ 的值.

30. 求 $\sin^2 20° + \cos^2 50° + \sin 20° \cos 50°$ 的值.

31. 若实数 x, y 满足 $1 + \cos^2(2x + 3y - 1) = \dfrac{x^2 + y^2 + 2(x+1)(1-y)}{x - y + 1}$，求 xy 的最小值.

32. 设 $x \geqslant y \geqslant z \geqslant \dfrac{\pi}{12}, x + y + z = \dfrac{\pi}{2}$，求 $\cos x \sin y \cos z$ 的最值.

33. 已知 $x \geqslant 0, y \geqslant 0, x + y \leqslant 2\pi$，求 $f(x, y) = \sin x + \sin y - \sin(x + y)$ 的最值.

34. 是否存在常数 $a > 1$，使函数 $f(x) = (\sin x - a)(\cos 2x - 1)$ 的最大值为 $\dfrac{64}{27}$.

35. 设 $a > 1, a, \theta \in \mathbf{R}$，求函数 $f(\theta) = \dfrac{(a + \sin \theta)(4 + \sin \theta)}{1 + \sin \theta}$ 的最小值.

36. 求证：$\sin x + \tan x > 2x \left(0 < x < \dfrac{\pi}{2}\right)$.

37. 求证：$\cos \dfrac{1}{2} \cos \dfrac{1}{3} \cos \dfrac{1}{4} \cdots \cos \dfrac{1}{n} > \dfrac{\sqrt{2}}{2} (n \geqslant 2, n \in \mathbf{N})$.

38. 求证：周长为定值的三角形中，以正三角形的面积最大.

39. 求证：$\dfrac{1}{3} < \sin 20° < \dfrac{7}{20}$.

40. 用 $[x], \{x\}$ 分别表示实数 x 的整数部分和小数部分，解方程 $\cot[x] \cdot \cot\{x\} = 1$.

41. 证明：$\cos x + \cos y + 2\cos(x + y) \geqslant -\dfrac{9}{4}$.

42. 设 O 是锐角 $\triangle ABC$ 的外心，$\triangle ABC, \triangle OBC, \triangle OAC, \triangle OAB$ 的外接圆半径分别是 R, R_1, R_2, R_3，求证：$R_1 + R_2 + R_3 \geqslant 3R$（当且仅当 $\triangle ABC$ 是正三角形时取等号）.

43. 在 △ABC 中，若 $\sin A \cos^2 \frac{C}{2} + \sin C \cos^2 \frac{A}{2} = \frac{3}{2}\sin B$，求 $\cos\frac{A-C}{2} - 2\sin\frac{B}{2}$ 的值.

44. 在 △ABC 中，若 $\tan A \tan B = \tan A \tan C + \tan C \tan B$，求 $\frac{a^2+b^2}{c^2}$ 的值.

45. 在 △ABC 中，若 $A=60°$，$AB:AC=8:5$，其内切圆半径长 $2\sqrt{3}$，求 △ABC 的面积 S.

46. 在锐角 △ABC 中，求证：$\tan^n A + \tan^n B + \tan^n C \geqslant 3^{\frac{n}{2}+1}$ ($n \in \mathbf{N}$).

47. 设点 A,B,C 分别在边长为 1 的正三角形三边上，求 $AB^2+BC^2+CA^2$ 的最小值.

48. 求下列各式的值：

(1) $\frac{3}{\sin^2 20°} - \frac{1}{\cos^2 20°} + 64\sin^2 20°$；(2) $\csc 40° + \tan 10°$；

(3) $\cos^2 36° + \sin^2 18°$；(4) $\sin^4 10° + \sin^4 50° + \sin^4 70°$.

49. 求函数 $f(a,\theta) = \frac{a^2+2a\sin\theta+2}{a^2+2a\cos\theta+2}$ ($a \neq 0, a,\theta \in \mathbf{R}$) 的值域.

50. 求所有的实数 p，使得函数 $f(x) = \frac{2(1-p)+\cos x}{p-\sin^2 x}$ 的值域包含区间 $[1,2]$.

51. 在锐角 △ABC 中，若 $\cos^2 A, \cos^2 B, \cos^2 C$ 之和等于 $\sin^2 A, \sin^2 B, \sin^2 C$ 中的某个值，求证：$\tan A, \tan B, \tan C$ 中必存在一个数等于其余两个数的算术平均值.

52. 在 △ABC 中，求证：$\cos A \cos B \cos C \leqslant \frac{1}{8}$.

53. 解方程 $8x^3 - 4x^2 - 4x + 1 = 0$.

54. 设 $x \in \left(0, \frac{\pi}{2}\right)$，求 $2\sin^2 x + \frac{2+\cot x}{\sin 2x}$ 的取值范围.

55. 设 $x \in \left(0, \frac{\pi}{2}\right)$，求使不等式 $\frac{1}{\sin 2x} + \frac{4a\sin^2\left(x+\frac{\pi}{4}\right)}{\sin 2x + 3} \geqslant \frac{7}{4}a$ 的实数 a 取值范围.

56. 求函数 $y = \frac{x^4+x^3-2x^2+x+1}{x^4+2x^2+1}$ 的值域.

参考答案与提示

1. C. 设 $x + \frac{\pi}{6} = \theta, \theta \in \left[-\frac{\pi}{4}, -\frac{\pi}{6}\right]$，得

$$y = -\cot\theta - \tan\theta + \cos\theta = \cdots = \cos\theta + \frac{-2}{\sin 2\theta}$$

因为它在定义域上是增函数，所以当且仅当 $\theta = -\frac{\pi}{6}$ 时，$y_{\max} = \frac{11}{6}\sqrt{3}$.

2. $\left[2k\pi + \frac{\pi}{4}, 2k\pi + \frac{3\pi}{4}\right) (k \in \mathbf{Z})$.

3. (1) 5. 得 $n\sin\frac{\pi}{3} > n\sin 1 > 5\cos 1 + 1 > 5\cos\frac{\pi}{3} + 1$，所以 $n > \frac{7}{\sqrt{3}} > 4$，$n \geqslant 5$.

还可证 $5\sin 1 > 5\cos 1 + 1$，即 $\sin 1 - \cos 1 > 0.2$，平方后即 $\sin^2 2 < 0.96^2$，$\cos 4 > -0.8432$，这由 $\cos 4 > \cos 225° > -0.8432$ 可得.

所以所求的最小正整数 n 为 5.

(2) 33. 由正弦曲线的凸性，得 $\frac{3}{\pi}x < \sin x < x \left(0 < x < \frac{\pi}{6}\right)$，所以

$$\sin\frac{\pi}{13} < \frac{\pi}{13} < \frac{1}{4}, \sin\frac{\pi}{12} > \frac{3}{\pi}\cdot\frac{\pi}{12} = \frac{1}{4}$$

$$\sin\frac{\pi}{10} < \frac{\pi}{10} < \frac{1}{3}, \sin\frac{\pi}{9} > \frac{3}{\pi}\cdot\frac{\pi}{9} = \frac{1}{3}$$

$$\sin\frac{\pi}{13} < \frac{1}{4} < \sin\frac{\pi}{12} < \sin\frac{\pi}{11} < \sin\frac{\pi}{10} < \frac{1}{3} < \sin\frac{\pi}{9}$$

即满足 $\frac{1}{4} < \sin\frac{\pi}{n} < \frac{1}{3}$ 的所有正整数 n 之和为 $10 + 11 + 12 = 33$.

4. $\left(-\infty, -\frac{\sqrt{2}}{2}\right] \cup (1, +\infty)$. 可设 $x = \tan\alpha \left(-\frac{\pi}{2} < \alpha < \frac{\pi}{2}$ 且 $\alpha \neq \frac{\pi}{4}\right)$，得

$$f(x) = \frac{\frac{1}{\cos\alpha}}{\tan\alpha - 1} = \frac{1}{\sin\alpha - \cos\alpha} = \frac{1}{\sqrt{2}\sin\left(\alpha - \frac{\pi}{4}\right)}$$

由此可求得答案.

5. $\left(\frac{\pi}{4}, \frac{5\pi}{4}\right)$. 所给不等式，即

$$(\cos\theta - \sin\theta)(\cos^4\theta + \cos^3\theta\sin\theta + \cos^2\theta\sin^2\theta + \cos\theta\sin^3\theta + \sin^4\theta + 7 + 7\sin\theta\cos\theta) < 0$$

$$(\cos\theta - \sin\theta)(8 - \sin^2\theta\cos^2\theta + 8\sin\theta\cos\theta) < 0$$

$$(\cos\theta - \sin\theta)[(8 - \sin 2\theta)^2 - 32] < 0$$

可证 $(8 - \sin 2\theta)^2 - 32 > 0$ 恒成立，所以 $\cos\theta - \sin\theta < 0$，得 θ 的取值范围是 $\left(\frac{\pi}{4}, \frac{5\pi}{4}\right)$.

另解 $\left(\dfrac{\pi}{4},\dfrac{5\pi}{4}\right)$. 所给不等式,即
$$7\cos^3\theta+\cos^5\theta<7\sin^3\theta+\sin^5\theta\ (\theta\in[0,2\pi))$$
又函数 $f(x)=7x^3+x^5$ 在 **R** 上是增函数,所以原不等式等价于
$$\cos\theta<\sin\theta\ (\theta\in[0,2\pi))$$
得 θ 的取值范围是 $\left(\dfrac{\pi}{4},\dfrac{5\pi}{4}\right)$.

6. $\dfrac{2\pi}{a}\sqrt{a^2+1}$. 即 $\int_0^{\frac{2\pi}{a}}\left[\sqrt{a^2+1}-(a\sin ax+\cos ax)\right]\mathrm{d}x$.

7. $(-\infty,-2]$. 得 $\left(\cos x-\dfrac{a-1}{2}\right)^2\leqslant a^2+\dfrac{(a-1)^2}{4}$ 对一切 $x\in\mathbf{R}$ 恒成立,因为 $a<0$,所以 $\dfrac{a-1}{2}<-\dfrac{1}{2}$,得当且仅当 $\cos x=1$ 时 $\left(\cos x-\dfrac{a-1}{2}\right)^2$ 取到最大值,所以 $\left(1-\dfrac{a-1}{2}\right)^2\leqslant a^2+\dfrac{(a-1)^2}{4}$, $a^2+a-2\geqslant 0$, $a\leqslant -2$.

8. ①③. 得直线 $x=\dfrac{\pi}{6}$ 是函数 $f(x)$ 的图象的一条对称轴,又 $f(x)$ 的最小正周期是 π,所以所有的对称轴是 $x=\dfrac{k\pi}{2}+\dfrac{\pi}{6}(k\in\mathbf{Z})$, 所有的对称中心是 $\left(\dfrac{k\pi}{2}-\dfrac{\pi}{12},0\right)(k\in\mathbf{Z})$.

可得 ① 正确. 因为 $f(x)$ 的最小正周期是 π,所以 $f\left(x+\dfrac{\pi}{2}\right)=-f(x)$,得 $f\left(\dfrac{7\pi}{10}\right)+f\left(\dfrac{\pi}{5}\right)=0$, $\left|f\left(\dfrac{7\pi}{10}\right)\right|=\left|f\left(\dfrac{\pi}{5}\right)\right|$, ② 不正确.

因为 $f(0)=b\neq 0$, 直线 $x=0$ 不是 $f(x)$ 的图象的对称轴,所以 ③ 正确.

因为 $f\left(k\pi+\dfrac{\pi}{6}\right)(k\in\mathbf{Z})$ 可能是 $f(x)$ 的最大值也可能是最小值,所以 ④ 不正确.

因为 $f(x)$ 的图象夹在两条水平线 $y=\pm\sqrt{a^2+b^2}$ 之间,且 $-\sqrt{a^2+b^2}<b<\sqrt{a^2+b^2}$, 所以 ⑤ 不正确.

9. 得 $\cos 6x-\cos 4x=-2a$. 设 $\cos 2x=t(-1\leqslant t\leqslant 1)$, 得 $4t^3-2t^2-3t+1=2a$.

由原方程的解 x 唯一及函数 $t=\cos 2x(0\leqslant x<\pi)$ 的图象知, $t=-1$ 或 1, 即 $a=1$ 或 0.

(1) 当 $a=1$ 时,得 $t=-1$, $x=\dfrac{\pi}{2}$, 满足题意.

(2) 当 $a=0$ 时,得 $t=1$, $\dfrac{-1\pm\sqrt{5}}{4}$, 可得原方程有 5 个解,不合题意.

所以满足题意的 $a=1$.

10. $$\sin A+\sin C=3\sin B$$
$$\sin\frac{A+C}{2}\cos\frac{A-C}{2}=3\sin\frac{A+C}{2}\cos\frac{A+C}{2}$$
$$\cos\left(\frac{A}{2}-\frac{C}{2}\right)=3\cos\left(\frac{A}{2}+\frac{C}{2}\right)$$

展开后移项……,可得 $\tan\frac{A}{2}\tan\frac{C}{2}=\frac{1}{2}$.

11. (1) $C=\frac{2\pi}{3}$.

(2) $c=2R\sin C=2\sqrt{3}$, $12=c^2=a^2+b^2+ab\geqslant 3ab$, $ab\leqslant 4$
所以
$$S=\frac{1}{2}ab\sin C\leqslant\sqrt{3}$$

即所求最大值为 $\sqrt{3}$.

12. 联结 BD,由 $\angle A+\angle C=\pi$,可得
$$1^2+4^2-8\cos A=BD^2=2^2+3^2+12\cos A$$
$$\cos A=\frac{1}{5}, BD^2=\frac{77}{5}$$

所以四边形 $ABCD$ 的外接圆半径即 $\triangle ABD$ 的外接圆半径
$$R=\frac{BD}{2\sin\angle A}=\cdots=\frac{\sqrt{2\,310}}{24}$$

13. 得原方程即 $\sin\left(x+\frac{\pi}{6}\right)=\frac{a}{2}-1\left(\frac{\pi}{6}\leqslant x+\frac{\pi}{6}\leqslant 2\frac{1}{6}\pi\right)$,作图后可得 $-1<\frac{a}{2}-1<\frac{1}{2}$ 或 $\frac{1}{2}<\frac{a}{2}-1<1$,得 a 的取值范围是 $(0,3)\cup(3,4)$.

14. 得原方程即 $\sin x+\cos x=|\sin x+\cos x|$,也即 $\sin x+\cos x\geqslant 0$,所以所求 x 的取值范围是 $\left[2k\pi-\frac{\pi}{4},2k\pi+\frac{3\pi}{4}\right](k\in\mathbf{Z})$.

15. 由正弦定理知,即证
$$2\cos\frac{B+C}{2}\cos\frac{B-C}{2}+\frac{4\sin\frac{A}{2}\cos\frac{A}{2}}{2\sin\frac{B+C}{2}\cos\frac{B-C}{2}}\geqslant 4\sin\frac{A}{2}$$
$$\cos\frac{B-C}{2}+\frac{1}{\cos\frac{B-C}{2}}\geqslant 2$$

可得 $\frac{B-C}{2}\in\left(-\frac{\pi}{2},\frac{\pi}{2}\right)$,$\cos\frac{B-C}{2}>0$,所以欲证成立.

16. 先得 $\cos \alpha = -\dfrac{3}{5}$，再得 $\cos \dfrac{\alpha}{2} = -\dfrac{\sqrt{5}}{5}$.

17. (1) 把 $h_a = \dfrac{2S}{a}, h_b = \dfrac{2S}{b}, h_c = \dfrac{2S}{c}$ 代入 $3\dfrac{a}{h_a} - \dfrac{b}{h_b} + 6\dfrac{c}{h_c} = 6$ 后可证.

(2) 得 $S = \dfrac{1}{12}(3a^2 - b^2 + 6c^2) = \dfrac{1}{2}bc\sin A, 3a^2 - b^2 + 6c^2 = 6bc\sin A$.

又 $a^2 = b^2 + c^2 - 2bc\cos A$，可得 $\sin\left(A + \dfrac{\pi}{4}\right) = \dfrac{2b^2 + 9c^2}{6\sqrt{2}\,bc} \geqslant 1$，所以 ②.

(3) 结论：若实数 x, y, z 满足 $\dfrac{xa}{h_a} + \dfrac{yb}{h_b} + \dfrac{zc}{h_c} = t$，则

① $S = \dfrac{xa^2 + yb^2 + zc^2}{2t}$；

② 当 $t = 2x$ 时，$\sin\left(A + \dfrac{\pi}{4}\right) = \dfrac{(t + 2y)b^2 + (t + 2z)c^2}{2\sqrt{2}\,tbc}$；

③ 当 $t = 2x > 0, x + y > 0, x + z > 0, (x+y)(x+z) = 2x^2$ 时，$A = \dfrac{\pi}{4}$.

证明如下：① 把 $h_a = \dfrac{2S}{a}, h_b = \dfrac{2S}{b}, h_c = \dfrac{2S}{c}$ 代入 $\dfrac{xa}{h_a} + \dfrac{yb}{h_b} + \dfrac{zc}{h_c} = t$ 后可证.

② 由 ① 可得 $\sin A = \dfrac{xa^2 + yb^2 + zc^2}{tbc}$，又 $\cos A = \dfrac{b^2 + c^2 - a^2}{2bc}$，所以 $\sin\left(A + \dfrac{\pi}{4}\right) = \dfrac{\sin A + \cos A}{\sqrt{2}} = \cdots$.

③ 由 ② 可得 $\sin\left(A + \dfrac{\pi}{4}\right) = \dfrac{(x+y)b^2 + (x+z)c^2}{2\sqrt{2}\,xbc} \geqslant 1, A = \dfrac{\pi}{4}$.

18. 得 $f(x) = \sqrt{1 + |\sin 2x|}$，$1 \leqslant f(x) \leqslant \sqrt{2}$，所以函数 $f(x)$ 有界，是偶函数不是奇函数.

显然 $\dfrac{\pi}{2}$ 是函数 $f(x)$ 的一个周期，假设存在 $T\left(0 < T < \dfrac{\pi}{2}\right)$ 使得 $f(x + T) = f(x)$，得 $|\sin(x+T)| + |\cos(x+T)| = |\sin x| + |\cos x|$ 恒成立.

取 $x = 0$，得 $|\sin T| + |\cos T| = 1$. 但 $|\sin T| + |\cos T| = \sin T + \cos T = \sqrt{2}\sin\left(T + \dfrac{\pi}{4}\right) > 1$，矛盾！所以函数 $f(x)$ 是周期函数，且最小正周期是 $\dfrac{\pi}{2}$.

函数 $f(x)$ 的增区间为 $\left[\dfrac{1}{2}k\pi, \dfrac{1}{2}k\pi + \dfrac{\pi}{4}\right](k \in \mathbf{Z})$，减区间为 $\left[\dfrac{1}{2}k\pi + \dfrac{\pi}{4}, \dfrac{1}{2}k\pi + \dfrac{\pi}{2}\right](k \in \mathbf{Z})$.

当且仅当 $x = \dfrac{1}{2}k\pi(k \in \mathbf{Z})$ 时，$f(x)$ 取到极小值且极小值是 1；当且仅当

$x = \frac{1}{2}k\pi + \frac{\pi}{4}(k \in \mathbf{Z})$ 时,$f(x)$ 取到极大值且极大值是$\sqrt{2}$.

函数 $f(x)$ 在$[0,\pi]$上的函数图象如图 2 所示.

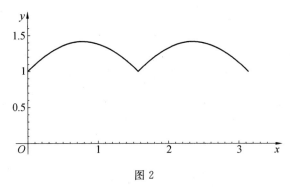

图 2

19. 得 $\sin\theta + \cos\theta = 2\sin\alpha$,$\sin\theta\cos\theta = \sin^2\beta$,所以
$$1 + 2\sin^2\beta = 4\sin^2\alpha$$
$$1 + (1 - \cos 2\beta) = 2(1 - \cos 2\alpha)$$
$$\cos 2\alpha - \frac{1}{2}\cos 2\beta = 0$$

20. 由辅助角公式或斜率公式均可求得函数 y 的值域是$\left[0, \frac{4}{3}\right]$,所以所求最大值是$\frac{4}{3}$.

21. 令$\frac{1}{x} = t(t > 2)$,得即问函数 $g(t) = t\sin t$ 在$(2, +\infty)$上是否有界?因为 $g\left(2k\pi + \frac{\pi}{2}\right) = 2k\pi + \frac{\pi}{2}(k \in \mathbf{Z})$,所以函数 $g(t) = t\sin t$ 在$(2, +\infty)$上无界,即函数 $f(x) = \frac{1}{x}\sin\frac{1}{x}$ 在 $x \in \left(0, \frac{1}{2}\right)$ 上无界.

22. 欲证结论等价于:若 $a, b \in [0,1]$,$a^4 + b^4 = 1$,求证:$1 \leqslant a + b \leqslant 2^{\frac{3}{4}}$.

也即求证函数 $f(a) = a + \sqrt[4]{1-a^4}\,(0 \leqslant a \leqslant 1)$的最小值是 1,最大值是$2^{\frac{3}{4}}$. 这用导数可证.

注 欲证结论的左边的简证:因为 $1 = \sin^2 x + \cos^2 x \leqslant (\sqrt{\sin x} + \sqrt{\cos x})^4$,所以 $1 \leqslant \sqrt{\sin x} + \sqrt{\cos x}$,$x \in \left[0, \frac{\pi}{2}\right]$.

另证 可得 $\sin x, \cos x \in [0, 1]$,所以 $\sin x + \cos x = \sqrt{2}\sin\left(x + \frac{\pi}{4}\right)$,$\frac{\pi}{4} \leqslant x + \frac{\pi}{4} \leqslant \frac{3\pi}{4}$,得 $1 \leqslant \sin x + \cos x \leqslant \sqrt{2}$,所以

$$1 \leqslant \sin x + \cos x \leqslant \sqrt{\sin x} + \sqrt{\cos x} \leqslant \sqrt{2(\sin x + \cos x)} \leqslant \sqrt{2\sqrt{2}} = 2^{\frac{3}{4}}$$

23. 得原方程即 $a(4\cos x + 1) = 2\cos^2 x + 1$.

当 $\cos x = 1$ 时, $a = \frac{3}{5}$. 但当 $a = \frac{3}{5}$ 时, $\cos x = 1$ 或 $\frac{1}{5}$, 得原方程有三个解, 不满足题意.

当 $\cos x \neq 1$ 时, 得题意即方程 $\frac{2t^2+1}{4t+1} = a(0 \leqslant t < 1)$ 有唯一解.

设 $4t + 1 = u(1 \leqslant u < 5)$, 得 $u + \frac{9}{u} = 8a + 2(1 \leqslant u < 5)$ 有唯一解, 作图后可得 $\frac{34}{5} \leqslant 8a + 2 \leqslant 10$ 或 $8a + 2 = 6$, 可得所求 a 的取值范围是 $\left\{\frac{1}{2}\right\} \cup \left[\frac{3}{5}, 1\right]$.

24. 由题设, 得

$$\sin^4 x + \cos^4 x + \frac{b^2}{a^2}\sin^4 x + \frac{a^2}{b^2}\cos^4 x = 1 = (\sin^2 x + \cos^2 x)^2$$

$$\left(\frac{b}{a}\sin^2 x - \frac{a}{b}\cos^2 x\right)^2 = 0, \frac{\sin^2 x}{a^2} = \frac{\cos^2 x}{b^2}$$

可设 $\frac{\sin^2 x}{a^2} = \frac{\cos^2 x}{b^2} = k$, 得 $\sin^2 x = ka^2, \cos^2 x = kb^2, k = \frac{1}{a^2+b^2}$, 所以

$$\frac{\sin^{2008} x}{a^{2006}} + \frac{\cos^{2008} x}{b^{2006}} = k^{1004}a^2 + k^{1004}b^2 = \frac{1}{(a^2+b^2)^{1003}}$$

25. (3), (4) 均不是周期函数; (1), (2) 均是周期函数, 且最小正周期分别是 $2\pi, 4\pi$.

26. (1) $\frac{\sin b}{\sin a} < \frac{b}{a} < \frac{\tan b}{\tan a}$, 证明如下 (下面只证 $\frac{\sin b}{\sin a} < \frac{b}{a}$):

设 $b = ka(k > 1)$, 只需证明 $\sin ka < k \sin a$.

设 $f(a) = k\sin a - \sin ka$, 得 $f'(a) = k(\cos a - \cos ka) > 0$, 所以 $f(a) > f(0) = 0$, 即 $\sin ka < k\sin a$.

(2) 用导数可证函数 $y = \frac{\sin x}{x}(0 < x < 1)$ 是减函数, 又 $0 < \frac{\sin x}{x} < 1$, 所以 $\left(\frac{\sin x}{x}\right)^2 < \frac{\sin x}{x} < \frac{\sin x^2}{x^2}$.

(3) 因为 $0 < \sin x < \cos x < \frac{\pi}{2}$, 所以

$$\sin(\cos x) > \sin(\sin x), \cos(\sin x) > \cos(\cos x)$$

又因为 $\sin x + \cos x < \sqrt{2} < \frac{\pi}{2}$, 所以 $0 < \cos x < \frac{\pi}{2} - \sin x < \frac{\pi}{2}$, 得

$$\sin(\cos x) < \sin\left(\frac{\pi}{2} - \sin x\right) = \cos(\sin x)$$

同理,还可证得 $\cos(\cos x) > \sin(\sin x)$. 所以

$$\cos(\sin x) > \sin(\cos x) > \cos(\cos x) > \sin(\sin x)$$

27. 若 $a \leqslant b$,得 $0 < \cos b \leqslant \cos a = a < \frac{\pi}{2}$,所以 $b = \sin(\cos b) < \cos b \leqslant \cos a = a, a > b$,矛盾! 所以 $a > b$.

若 $a \geqslant c$,得 $0 < \sin c < c \leqslant a < \frac{\pi}{2}$,所以 $c = \cos(\sin c) > \cos c \geqslant \cos a = a, a < c$,矛盾! 所以 $a < c$.

得 $c > a > b$.

28. $\tan\dfrac{\alpha+\gamma}{2} = \dfrac{\tan\dfrac{\alpha}{2}+\tan\dfrac{\gamma}{2}}{1-\tan\dfrac{\alpha}{2}\tan\dfrac{\gamma}{2}} = \dfrac{\tan^3\dfrac{\gamma}{2}+\tan\dfrac{\gamma}{2}}{1-\tan^4\dfrac{\gamma}{2}} = \dfrac{\tan\dfrac{\gamma}{2}}{1-\tan^2\dfrac{\gamma}{2}} = \dfrac{1}{2}\tan\gamma = \tan\beta.$

再由 α, β, γ 是锐角,可得欲证.

29. 由题设,得 $\cos(x+y) = 2\cos^2\dfrac{x+y}{2} - 1 = \dfrac{7}{25}$,且

$$2\cos\dfrac{x+y}{2}\cos\dfrac{x-y}{2} = \dfrac{1}{2}[\cos(x+y)+\cos(x-y)]$$

$$\cos^2\dfrac{x-y}{2} - \dfrac{8}{5}\cos\dfrac{x-y}{2} - \dfrac{9}{25} = 0$$

$$\cos\dfrac{x-y}{2} = -\dfrac{1}{5}\left(舍去 -\dfrac{9}{5}\right)$$

30. 原式 $= \dfrac{1-\cos 40°}{2} + \dfrac{1+\cos 100°}{2} + \dfrac{\sin 70° - \sin 30°}{2} =$

$$1 - \dfrac{1}{2}(\cos 40° + \cos 80°) + \dfrac{1}{2}\sin 70° - \dfrac{1}{4} =$$

$$1 - \cos 60°\cos 20° + \dfrac{1}{2}\sin 70° - \dfrac{1}{4} = \dfrac{3}{4}$$

另解 原式 $= (\sin 20° + \cos 50°)^2 - \sin 20°\cos 50° =$

$$(\sin 20° + \sin 40°)^2 - \dfrac{1}{2}(\sin 70° - \sin 30°) =$$

$$(2\sin 30°\cos 10°)^2 - \dfrac{1}{2}(\cos 20° - \dfrac{1}{2}) =$$

$$\dfrac{1+\cos 20°}{2} - \dfrac{\cos 20°}{2} + \dfrac{1}{4} = \dfrac{3}{4}$$

再解 设

$$A = \sin^2 20° + \cos^2 50° + \sin 20° \cos 50°$$
$$B = \cos^2 20° + \sin^2 50° + \cos 20° \sin 50°$$

得
$$A + B = 2 + \cos 20°, A - B = -\cos 40° - \sin 10° - \frac{1}{2}$$
$$2A = \frac{3}{2} + \cos 20° - \cos 40° - \sin 10° = \frac{3}{2} - 2\sin 30° \sin 10° - \sin 10° = \frac{3}{2}$$
$$A = \sin^2 20° + \cos^2 50° + \sin 20° \cos 50° = \frac{3}{4}$$

31. 由题设,得
$$\cos^2(2x + 3y - 1) = \frac{x^2 + y^2 - 2xy + x - y + 1}{x - y + 1}$$
$$\sin^2(2x + 3y - 1) + \frac{(x - y)^2}{x - y + 1} = 0$$
$$(y - x - 1)\sin^2(2x + 3y - 1) = (y - x)^2$$

设 $y - x - 1 = t$,得 $t\sin^2(2x + 3y - 1) = (t + 1)^2$,所以 $t > 0$ 或 $t = -1$.

若 $t > 0$,得 $\sin^2(2x + 3y - 1) = \frac{(t+1)^2}{t} = t + \frac{1}{t} + 2 \geqslant 4$,这不可能! 所以 $t = -1$.

得 $y = x$,题设即 $-\sin^2(5x - 1) = 0$, $x = \frac{k\pi + 1}{5}(k \in \mathbf{Z})$,得 xy 即 x^2 的最小值是 $\frac{1}{25}$.

32. 由题设,得
$$x = \frac{\pi}{2} - (x + y) \leqslant \frac{\pi}{2} - \left(\frac{\pi}{12} + \frac{\pi}{12}\right) = \frac{\pi}{3}, \sin(x - y) \geqslant 0, \sin(y - z) \geqslant 0$$

所以
$$2\cos x \sin y \cos z = \cos x[\sin(y + z) + \sin(y - z)] \geqslant \cos x \sin(y + z) = $$
$$\cos^2 x \geqslant \cos^2 \frac{\pi}{3} = \frac{1}{4}$$

得当且仅当 $x = \frac{\pi}{3}, y = z = \frac{\pi}{12}$ 时,$\cos x \sin y \cos z$ 取到最小值 $\frac{1}{8}$.

还得
$$2\cos x \sin y \cos z = \cos z[\sin(x + y) - \sin(x - y)] \leqslant \cos z \sin(x + y) = $$
$$\cos^2 z \leqslant \cos^2 \frac{\pi}{12} = \frac{2 + \sqrt{3}}{4}$$

所以当且仅当 $x = y = \frac{5\pi}{24}, z = \frac{\pi}{12}$ 时,$\cos x \sin y \cos z$ 取到最大值 $\frac{2 + \sqrt{3}}{8}$.

33. $f(x,y) = 2\sin\dfrac{x+y}{2}\cos\dfrac{x-y}{2} - \sin(x+y) \leqslant 2\sin\dfrac{x+y}{2} - \sin(x+y)$(因为$\dfrac{x-y}{2} \in [-\pi,\pi]$,所以这里当且仅当$x=y$时取等号).

设$\dfrac{x+y}{2} = \alpha(0 \leqslant \alpha \leqslant \pi)$,得$f(x,y) \leqslant g(\alpha) = 2\sin\alpha - \sin 2\alpha$.

用导数可求得函数$g(\alpha)$的最大值是$g\left(\dfrac{2\pi}{3}\right) = \dfrac{3}{2}\sqrt{3}$,所以当且仅当$x=y=\dfrac{2\pi}{3}$时,函数$f(x,y)$取到最大值$\dfrac{3}{2}\sqrt{3}$.

又$f(x,y) = 2\sin\dfrac{x+y}{2}\left(\cos\dfrac{x-y}{2} - \cos\dfrac{x+y}{2}\right) = 4\sin\dfrac{x+y}{2}\sin\dfrac{x}{2}\sin\dfrac{y}{2} \geqslant 0$,所以函数$f(x,y)$的最小值是$0$.

34. $f(x) = 2(a - \sin x)\sin^2 x$.

(1) 当$\sin x \leqslant 0$时,可设$t = -\sin x (0 \leqslant t \leqslant 1)$,得$f(x) = g(t) = 2t^2(t+a)(0 \leqslant t \leqslant 1)$.因为$a > 1$,所以$g(t)$是增函数,所以此时$f(x)$的最大值为$g(1) = 2(a+1)$.令$2(a+1) = \dfrac{64}{27}$,得$a = \dfrac{5}{27}$.不满足题意.

(2) 当$\sin x > 0$时,$f(x) = 8(a - \sin x) \cdot \dfrac{\sin x}{2} \cdot \dfrac{\sin x}{2} \leqslant 8\left(\dfrac{a}{3}\right)^3 = \left(\dfrac{2a}{3}\right)^3$(当且仅当$\sin x = \dfrac{2}{3}a$时取等号).令$\left(\dfrac{2}{3}a\right)^3 = \dfrac{64}{27}$,得$a = 2$.满足题意.

35. 设$1 + \sin\theta = t(0 < t \leqslant 2)$,得$f(\theta) = g(t) = t + \dfrac{3(a-1)}{t} + a + 2$,进而可得:

当$1 < a < \dfrac{7}{3}$时,所求最小值为$2\sqrt{3(a-1)} + a + 2$;当$a \geqslant \dfrac{7}{3}$时,所求最小值为$\dfrac{5}{2}a + \dfrac{1}{2}$.

36. 设$f(x) = \sin x + \tan x - 2x\left(0 < x < \dfrac{\pi}{2}\right)$,得

$$f'(x) = \cdots = \dfrac{(1-\cos x)[1 + \cos x(1 - \cos x)]}{\cos^2 x} > 0 \quad \left(0 < x < \dfrac{\pi}{2}\right)$$

所以$f(x)$是增函数,得$f(x) > f(0) = 0$,即欲证成立.

37. 当$n \geqslant 2, n \in \mathbf{N}$时,可得$\cos^2\dfrac{1}{n} = 1 - \sin^2\dfrac{1}{n} > 1 - \dfrac{1}{n^2} = \dfrac{n-1}{n} \cdot \dfrac{n+1}{n}$,

所以

$\cos^2\dfrac{1}{2}\cos^2\dfrac{1}{3}\cos^2\dfrac{1}{4}\cdots\cos^2\dfrac{1}{n} > \dfrac{1}{2} \cdot \dfrac{3}{2} \cdot \dfrac{2}{3} \cdot \dfrac{4}{3} \cdot \dfrac{3}{4} \cdot \dfrac{5}{4} \cdot \cdots$.

$$\frac{n-2}{n-1} \cdot \frac{n}{n-1} \cdot \frac{n-1}{n} \cdot \frac{n+1}{n} =$$
$$\frac{1}{2} \cdot \frac{n+1}{n} > \frac{1}{2}$$

得欲证成立.

38. 即证: $\frac{1}{2}ab\sin C \leqslant \frac{\sqrt{3}}{4}\left(\frac{a+b+c}{3}\right)^2$ (当且仅当 $a=b=c$ 时取等号).

由正弦定理知,即证: $(\sin A + \sin B + \sin C)^2 \geqslant 6\sqrt{3}\sin A\sin B\sin C$ (当且仅当 $\sin A = \sin B = \sin C$ 时取等号).

由三元均值不等式知,只需证明: $\sin A + \sin B + \sin C \leqslant \frac{3}{2}\sqrt{3}$ (当且仅当 $A=B=C$ 时取等号). 这由函数 $y = \sin x (0 < x < \pi)$ 上凸可证.

得欲证成立.

39. 可得 $\sin 60° = 3\sin 20° - 4\sin^3 20°$, 设 $2\sin 20° = x$, 得 $x^3 - 3x + \sqrt{3} = 0$.

设 $f(x) = x^3 - 3x + \sqrt{3}$, 用连续函数的零点存在定理或导数知识,可得方程 $f(x) = 0$ 有三个实根且分别在 $(-\infty, -1), (0,1), (1, +\infty)$ 上, 即方程 $f(x) = 0$ 在 $(0,1)$ 上的根唯一存在, 即 $2\sin 20°$.

可验证 $f\left(\frac{2}{3}\right) > 0, f\left(\frac{7}{10}\right) < 0$, 所以 $\frac{2}{3} < 2\sin 20° < \frac{7}{10}$, 即欲证成立.

40. 得 $\cot[x] = \tan\{x\} = \cot\left(\frac{\pi}{2} - \{x\}\right)$, $[x] = k\pi + \frac{\pi}{2} - \{x\}$, $[x] + \{x\} = k\pi + \frac{\pi}{2}(k \in \mathbf{Z})$, 即 $x = k\pi + \frac{\pi}{2}(k \in \mathbf{Z})$. 解毕.

41. 左边 $= 2\cos\frac{x+y}{2}\cos\frac{x-y}{2} + 2\left(2\cos^2\frac{x+y}{2} - 1\right) =$
$$\left(2\cos\frac{x+y}{2} + \frac{1}{2}\cos\frac{x-y}{2}\right)^2 - 2 - \frac{1}{4}\cos^2\frac{x-y}{2} \geqslant -\frac{9}{4}$$

42. 先证 $\cos A + \cos B + \cos C \leqslant \frac{3}{2}$ (当且仅当 $\triangle ABC$ 是正三角形时取等号):

$$\cos A + \cos B + \cos C = 2\cos\frac{A+B}{2}\cos\frac{A-B}{2} - \cos(A+B) \leqslant$$
$$2\cos\frac{A+B}{2} - 2\cos^2\frac{A+B}{2} + 1 \leqslant \frac{3}{2}$$

设 $BC = a, CA = b, AB = c$, 又 $\angle BOC = 2\angle A$, 由正弦定理, 得
$$R_1 = \frac{a}{2\sin\angle BOC} = \frac{a}{2\sin 2A} = \frac{R}{2\cos A}$$

同理,有
$$R_2 = \frac{R}{2\cos B}, R_3 = \frac{R}{2\cos C}$$

再由三元均值不等式,得
$$R_1 + R_2 + R_3 = \frac{R}{2}\left(\frac{1}{\cos A} + \frac{1}{\cos B} + \frac{1}{\cos C}\right) \geq \frac{R}{2} \cdot \frac{3}{\sqrt[3]{\cos A \cos B \cos C}} \geq$$
$$\frac{R}{2} \cdot \frac{9}{\cos A + \cos B + \cos C} \geq 3R$$

可得欲证成立.

43. 由降幂公式,可得 $\sin A + \sin C = 2\sin B$,所以
$$2\sin \frac{A+C}{2}\cos \frac{A-C}{2} = 4\sin \frac{B}{2}\cos \frac{B}{2}, \cos \frac{A-C}{2} - 2\sin \frac{B}{2} = 0$$

44. 切化弦后可得
$$\sin A \sin B \cos C = \sin^2 C, 2ab\cos C = 2c^2 = a^2 + b^2 - c^2, \frac{a^2 + b^2}{c^2} = 3$$

45. 可得 $AB : AC = \sin C : \sin(60°+C) = 8 : 5, \tan C = 4\sqrt{3}, \sin C = \frac{4}{7}\sqrt{3}.$

再由 $\tan A + \tan B + \tan C = \tan A \tan B \tan C$, 得 $\tan B = \frac{5}{11}\sqrt{3}$, $\sin B = \frac{5}{14}\sqrt{3}$.

所以 $BC : CA : AB = \sin A : \sin B : \sin C = 7 : 5 : 8$.

设 $BC = 7k, CA = 5k, AB = 8k$, 得
$$S = \frac{1}{2} \cdot 5k \cdot 8k \cdot \sin 60° = \frac{1}{2}(7k + 5k + 8k) \cdot 2\sqrt{3}$$
$$k = 2, S = 40\sqrt{3}$$

46. 由 $\tan A + \tan B + \tan C = \tan A \tan B \tan C$, 得
$$\tan A \tan B \tan C = \tan A + \tan B + \tan C \geq 3\sqrt[3]{\tan A \tan B \tan C}$$
$$\tan A \tan B \tan C \geq 3^{\frac{3}{2}}$$
$$\tan^n A + \tan^n B + \tan^n C \geq 3\sqrt[3]{(\tan A \tan B \tan C)^n} \geq 3^{\frac{n}{2}+1} \quad (n \in \mathbf{N})$$

47. 设题设中的正三角形为 $\triangle XYZ$, 点 A, B, C 分别在边 YZ, ZX, XY 上, 设 $AZ = x, BX = y, CY = z$.

由余弦定理,得
$$AB^2 = x^2 + (1-y)^2 - x(1-y)$$
$$BC^2 = y^2 + (1-z)^2 - y(1-z)$$
$$CA^2 = z^2 + (1-x)^2 - z(1-x)$$
$$AB^2 + BC^2 + CA^2 = 2(x^2 + y^2 + z^2) + (xy + yz + zx) - 3(x + y + z) + 3 \geq$$

$$(x+y+z)^2 - 3(x+y+z) + 3 =$$
$$\left(x+y+z-\frac{3}{2}\right)^2 + \frac{3}{4} \geq \frac{3}{4}$$

进而可得当且仅当 $x = y = z = \frac{1}{2}$ 时

$$(AB^2 + BC^2 + CA^2)_{\min} = \frac{3}{4}$$

48. (1) 原式 $= \dfrac{3\cos^2 20° - \sin^2 20°}{\sin^2 20° \cos^2 20°} + 64\sin^2 20° =$

$$\frac{(\sqrt{3}\cos 20° - \sin 20°)(\sqrt{3}\cos 20° + \sin 20°)}{\sin^2 20° \cos^2 20°} + 64\sin^2 20° =$$

$$\frac{2\sin(60° - 20°) \cdot 2\sin(60° + 20°)}{\frac{1}{4}\sin^2 40°} + 64\sin^2 20° =$$

$$32\cos 40° + 64\sin^2 20° =$$

$$32(2\cos^2 20° - 1) + 64\sin^2 20° = 32$$

(2) 原式 $= \dfrac{1}{\sin 40°} + \dfrac{\cos 80°}{\sin 80°} = \dfrac{2\cos 40° + \cos 80°}{\sin 80°} =$

$$\frac{\cos 40° + 2\cos 60°\cos 20°}{\sin 80°} =$$

$$\frac{\cos 40° + \cos 20°}{\sin 80°} = \frac{2\cos 30°\cos 10°}{\sin 80°} = \sqrt{3}$$

(3) 原式 $= \dfrac{1+\cos 72°}{2} + \dfrac{1-\cos 36°}{2} = 1 + \dfrac{\cos 72° - \cos 36°}{2} =$

$$1 - \sin 54°\sin 18° =$$

$$1 - \frac{\sin 54° \sin 18° \cos 18°}{\cos 18°} = \cdots = \frac{3}{4}$$

(4) $\cos 20° + \cos 100° + \cos 140° = \cos(60° - 40°) + \cos(60° + 40°) +$
$$\cos 140° = 2\cos 60°\cos 40° +$$
$$\cos 140° = 0$$

$\cos^2 20° + \cos^2 100° + \cos^2 140° = \dfrac{1+\cos 40°}{2} + \dfrac{1+\cos 200°}{2} + \dfrac{1+\cos 280°}{2} =$

$$\frac{1}{2}[3 + (\cos 40° + \cos 200° + \cos 280°)] =$$

$$\frac{1}{2}[3 + 2\cos 120°\cos 80° + \cos 280°] = \frac{3}{2}$$

所以

$$原式 = \left(\frac{1-\cos 20°}{2}\right)^2 + \left(\frac{1-\cos 100°}{2}\right)^2 + \left(\frac{1-\cos 140°}{2}\right)^2 =$$

$$\frac{1}{4}(1-2\cos 20°+\cos^2 20°+1-2\cos 100°+\cos^2 100°+1-2\cos 140°+\cos^2 140°)=$$

$$\frac{1}{4}[3-2(\cos 20°+\cos 100°+\cos 140°)+(\cos^2 20°+\cos^2 100°+\cos^2 140°)]=$$

$$\frac{1}{4}\left(3+\frac{3}{2}\right)=\frac{9}{8}$$

49. 易知 $a^2+2a\cos\theta+2>0$. 设 $f(a,\theta)=t$, 得

$$2a\sin\theta-2at\cos\theta=(t-1)(a^2+2)$$

$$\sin(\theta+\varphi)=\left|\frac{(t-1)(a^2+2)}{2a\sqrt{t^2+1}}\right|\leqslant 1$$

$$\frac{|t-1|}{\sqrt{t^2+1}}\leqslant\frac{2|a|}{a^2+2}\leqslant\frac{\sqrt{2}}{2}$$

$$2-\sqrt{3}\leqslant t\leqslant 2+\sqrt{3}$$

即所求值域为 $[2-\sqrt{3},2+\sqrt{3}]$.

50. 题意即: 当 $y\in[1,2]$ 时, 求 p 使得方程 $yp-y\sin^2 x-\cos x+2(p-1)=0$ 存在一个实数解 x, 使得 $\sin^2 x\neq p$.

令 $t=\cos x$, 得 $yt^2-t+(p-1)(y+2)=0$ 有一个实数根 $t_0\in[-1,1]$, $t_0^2\neq 1-p$.

若 $t_0^2\neq 1-p$, 得 $t_0^2=-2(1-p)$, 所以 $p=1$ 或 $\frac{3}{4}$;

又 $p=1$ 时, 方程的根为 $t_1=0,t_2=\frac{1}{y}\in\left[\frac{1}{2},1\right]$ 符合条件;

当 $p=\frac{3}{4}$ 时, 方程的根为 $t_1=-\frac{1}{2},t_2=\frac{1}{2}+\frac{1}{y}\in\left[1,\frac{3}{2}\right]$ 不符合条件;

当 $p\neq 1,\frac{3}{4}$ 时, 方程有实根, 则 $\Delta\geqslant 0$, 所以 $p\leqslant 1+\frac{1}{4y(y+2)}$ 对每个 $y\in[1,2]$ 成立, 从而 $p\leqslant\frac{33}{32}$.

另一方面, 关于 t 的二次函数 $g(t)=yt^2-t+(p-1)(y+2)$ 的对称轴为 $t=\frac{1}{2y}\in\left[\frac{1}{4},\frac{1}{2}\right]$, 从而有根在 $[-1,1]$ 上的条件为 $g(-1)\geqslant 0$ 或 $g(1)\geqslant 0$, 所以 $p\geqslant 1-\frac{y+1}{y+2}$ 对每个 $y\in[1,2]$ 成立, 即 $p\geqslant\frac{1}{3}$.

所以所求实数 p 的取值范围是 $\left[\frac{1}{3},\frac{3}{4}\right)\cup\left(\frac{3}{4},\frac{33}{32}\right]$.

51. 不妨设 $\cos^2 A + \cos^2 B + \cos^2 C = \sin^2 B$,得

$$\frac{1+\cos 2A}{2} + \cos^2 B + \frac{1+\cos 2C}{2} = 1 - \cos^2 B$$

$$\cos 2A + \cos 2C + 4\cos^2 B = 0, 2\cos(A+C)\cos(A-C) + 4\cos^2 B = 0$$

$$\cos(A-C) = -2\cos(A+C), 3\cos A\cos C = \sin A\sin C, \tan A\tan C = 3$$

所以

$$-\tan B = \tan(A+C) = \frac{\tan A + \tan C}{1 - \tan A\tan C} = \frac{\tan A + \tan C}{-2}$$

$$\tan A + \tan C = 2\tan B$$

即欲证结论成立.

52. 只需证明 A,B,C 均是锐角的情形. 设 $\triangle ABC$ 中角 A,B,C 的对边长分别是 a,b,c,由三角形射影定理及均值不等式,得

$$a = b\cos C + c\cos B \geqslant 2\sqrt{bc\cos B\cos C}$$

$$b = c\cos A + a\cos C \geqslant 2\sqrt{ac\cos A\cos C}$$

$$c = a\cos B + b\cos A \geqslant 2\sqrt{ab\cos A\cos B}$$

相乘后便得欲证.

53. 当 $\alpha = \frac{2k+1}{7}\pi (k \in \mathbf{Z})$ 时, $\cos 3\alpha + \cos 4\alpha = 0$,即

$$4\cos^3\alpha - 3\cos\alpha + 2(2\cos^2\alpha - 1)^2 - 1 = 0$$

$$8\cos^4\alpha + 4\cos^3\alpha - 8\cos^2\alpha - 3\cos\alpha + 1 = 0$$

$$(\cos\alpha + 1)(8\cos^3\alpha - 4\cos^2\alpha - 4\cos\alpha + 1) = 0$$

当 $k = 0,1,2$ 时,分别得 $\alpha = \frac{\pi}{7}, \frac{3\pi}{7}, \frac{5\pi}{7}$,所以 $\cos\alpha + 1 \neq 0$,得

$$8\cos^3\alpha - 4\cos^2\alpha - 4\cos\alpha + 1 = 0$$

又 $\cos\frac{\pi}{7}, \cos\frac{3\pi}{7}, \cos\frac{5\pi}{7}$ 两两不等 $\left(\cos\frac{\pi}{7} > \cos\frac{3\pi}{7} > \cos\frac{5\pi}{7}\right)$,所以原方程的所有根为 $\cos\frac{\pi}{7}, \cos\frac{3\pi}{7}, \cos\frac{5\pi}{7}$.

另解 当 $\alpha = \frac{4k+1}{14}\pi (k \in \mathbf{Z})$ 时,$\cos 3\alpha = \sin 4\alpha$,即

$$4\cos^3\alpha - 3\cos\alpha = 4\sin\alpha\cos\alpha\cos 2\alpha$$

当 $k = 0,1,4$ 时,分别得 $\alpha = \frac{\pi}{14}, \frac{5\pi}{14}, \frac{17\pi}{14}$,所以 $\cos\alpha \neq 0$,得

$$4(1 - \sin^2\alpha) - 3 = 4\sin\alpha(1 - 2\sin^2\alpha)$$

$$8\sin^3\alpha - 4\sin^2\alpha - 4\sin\alpha + 1 = 0$$

又 $\sin\frac{\pi}{14}, \sin\frac{5\pi}{14}, \sin\frac{17\pi}{14}$ 两两不等 $\left(\sin\frac{17\pi}{14} < \sin\frac{\pi}{14} < \sin\frac{5\pi}{14}\right)$,所以原方

程的所有根为 $\sin\dfrac{\pi}{14}, \sin\dfrac{5\pi}{14}, \sin\dfrac{17\pi}{14}$.

注 因为 $\sin\dfrac{\pi}{14}=\cos\dfrac{3\pi}{7}, \sin\dfrac{5\pi}{14}=\cos\dfrac{\pi}{7}, \sin\dfrac{17\pi}{14}=\cos\dfrac{5\pi}{7}$，所以两种解法的答案一致.

54. $2\sin^2 x+\dfrac{2+\cot x}{\sin 2x}=2\sin^2 x+\dfrac{2\tan x+1}{2\sin^2 x}$.

设 $\dfrac{1}{2\sin^2 x}=t\left(t>\dfrac{1}{2}\right)$，得 $\tan x=\dfrac{1}{\sqrt{2t-1}}$，又设 $\sqrt{2t-1}=s(s>0)$，得

$$2\sin^2 x+\dfrac{2+\cot x}{\sin 2x}=\left(\dfrac{2}{s^2+1}+\dfrac{s^2+1}{2}\right)+\left(s+\dfrac{1}{s}\right)\geqslant$$

$$4\left(\text{当且仅当 }s=1\text{ 即 }x=\dfrac{\pi}{4}\text{ 时取等号}\right)$$

所以可得所求取值范围是 $[4,+\infty)$.

55. 设 $\sin 2x=t(0<t\leqslant 1)$，得 $\dfrac{1}{t}+\dfrac{2a(t+1)}{t+3}\geqslant\dfrac{7}{4}a$ 恒成立.

设 $\dfrac{t+1}{t+3}=s\left(\dfrac{1}{3}<s\leqslant\dfrac{1}{2}\right)$，得 $t=\dfrac{3s-1}{1-s}$，即 $\dfrac{1-s}{(3s-1)\left(\dfrac{7}{4}-2s\right)}\geqslant a$ 恒成立.

设 $1-s=r\left(\dfrac{1}{2}\leqslant r<\dfrac{2}{3}\right)$，得 $\dfrac{r}{\dfrac{19}{4}-\left(6r+\dfrac{1}{2r}\right)}\geqslant a$ 恒成立，可得实数 a 取值范围是 $\left(-\infty,\dfrac{4}{3}\right]$.

56. $y=\dfrac{(x^2-1)^2+x(x^2+1)}{(x^2+1)^2}$. 可设 $x=\tan\alpha\left(-\dfrac{\pi}{2}<\alpha<\dfrac{\pi}{2}\right)$，得

$$y=\left(\dfrac{\cos^2 2\alpha}{\cos^4\alpha}+\dfrac{\sin\alpha}{\cos^3\alpha}\right)\cos^4\alpha=1-\sin^2 2\alpha+\dfrac{1}{2}\sin 2\alpha$$

设 $\sin 2\alpha=t(-1\leqslant t\leqslant 1)$，得函数 y 的值域是 $\left[-\dfrac{1}{2},\dfrac{17}{16}\right]$.

§27 自主招生试题集锦(不等式)

1. (2007年高中数学联赛一试第2题)设实数a使得不等式$|2x-a|+|3x-2a| \geq a^2$对任意实数x恒成立,则满足条件的a所组成的集合是( )

   A. $\left[-\dfrac{1}{3}, \dfrac{1}{3}\right]$ B. $\left[-\dfrac{1}{2}, \dfrac{1}{2}\right]$ C. $\left[-\dfrac{1}{4}, \dfrac{1}{3}\right]$ D. $[-3, 3]$

2. (2004年同济大学自主招生优秀考生文化测试数学卷第7题)设有正数a与b,满足$a < b$,若实数x_1, y_1, x_2, y_2使$x_1 + y_1$是a与b的算术平均数,$x_2 \cdot y_2$是a与b的几何平均数,则$\dfrac{\sqrt{x_1 \cdot y_1}}{(x_2 + y_2)^2}$的取值范围是_____.

3. (2012年北京大学保送生考试试题第5题)已知$a_i (i=1,2,\cdots,10)$满足$a_1 + a_2 + \cdots + a_{10} = 30, a_1 a_2 \cdots a_{10} < 21$,求证:$\exists a_i (i=1,2,\cdots,10)$,使$a_i < 1$.

4. (2009年清华大学,第二天第4题)有100个容纳量为1的箱子,每个箱子内装2件货物,共200件.现将货物顺序打乱,将足够多的箱子放在一条传送带上传送.若某货物能装入该箱子,则装入;若不能,则放入下一个箱子(如货物顺序为0.7, 0.5, 0.5, 0.3,则第一个箱子到面前时放入0.7的货物,放不进0.5的货物,0.5放入下一个箱子,另一个0.5也放入该箱子,0.3放入第三个箱子,这样共需要3个箱子);以此类推,直至所有货物都装箱.求最坏的情况下需要几个箱子.

5. (2009年南京大学自主招生试题第11题)P为$\triangle ABC$内一点,它到三边BC、CA、AB的距离分别为d_1, d_2, d_3,S为$\triangle ABC$的面积,求证:$\dfrac{a}{d_1} + \dfrac{b}{d_2} + \dfrac{c}{d_3} \geq \dfrac{(a+b+c)^2}{2S}$.

6. (2008年北京大学自主招生试题第3题)已知$a_1 + a_2 + a_3 = b_1 + b_2 + b_3$,$a_1 a_2 + a_2 a_3 + a_3 a_1 = b_1 b_2 + b_2 b_3 + b_3 b_1$,若$\min\{a_1, a_2, a_3\} \leq \min\{b_1, b_2, b_3\}$,求证:$\max\{a_1, a_2, a_3\} \leq \max\{b_1, b_2, b_3\}$.

7. (2006年复旦大学推优、保送生考试试题第4题)对于任意$n \in \mathbf{N}^*$,$x_1, x_2, \cdots, x_n$均为非负数,且$x_1 + x_2 + \cdots + x_n \leq \dfrac{1}{2}$,试用数学归纳法证明:$(1-x_1)(1-x_2)\cdots(1-x_n) \geq \dfrac{1}{2}$成立.

8. (2006年复旦大学推优、保送生考试试题第6题)a, b满足何种条件,可使

$\left|\dfrac{x^2+ax+b}{x^2+2x+2}\right|<1$ 恒成立.

9. (2004年复旦大学保送生考试试题第二题第5题) 求证: $1+\dfrac{1}{\sqrt{2^3}}+\dfrac{1}{\sqrt{3^3}}+\cdots+\dfrac{1}{\sqrt{n^3}}<3$.

10. (2004年复旦大学推优、保送生考试试题第二题第7题) 比较 $\log_{24}25$ 与 $\log_{25}26$ 的大小并说明理由.

11. (2004年同济大学自主招生优秀考生文化测试数学卷第10题) 求证: 对于任意实数 a 与 b, 三个数: $|a+b|$, $|a-b|$, $|1-a|$ 中至少有一个不小于 $\dfrac{1}{2}$.

12. (2003年复旦大学保送生考试试题第12题) 已知 $a_1,a_2,a_3,\cdots,a_n$ 是各不相等的正整数, 且 $x\geqslant 2$, 求证: $\left(\dfrac{1}{a_1}\right)^x+\left(\dfrac{1}{a_2}\right)^x+\left(\dfrac{1}{a_3}\right)^x+\cdots+\left(\dfrac{1}{a_n}\right)^x<2$.

13. (2012年全国高中数学联赛(A卷)第3题) 设 $x,y,z\in[0,1]$, 求 $M=\sqrt{|x-y|}+\sqrt{|y-z|}+\sqrt{|z-x|}$ 的最大值.

14. (2009年全国高中数学联赛第一试压轴题) 求函数 $y=\sqrt{x+27}+\sqrt{13-x}+\sqrt{x}$ 的最大值和最小值.

15. (2007年全国高中数学联赛第一试第13题) 设 $a_n=\sum\limits_{k=1}^{n}\dfrac{1}{k(n+1-k)}$, 求证: 当正整数 $n\geqslant 2$ 时, $a_{n+1}<a_n$.

16. (2003年全国高中数学联赛第一试第13题) 设 $\dfrac{3}{2}\leqslant x\leqslant 5$, 证明: $2\sqrt{x+1}+\sqrt{2x-3}+\sqrt{15-3x}<2\sqrt{19}$.

17. 求函数 $y=\dfrac{(x-1)^5}{(10x-6)^9}(x>1)$ 的最大值.

18. 已知 $a>0,b>0,a^2+b^2=2$.

(1) 求 $\dfrac{1}{a^2}+\dfrac{2}{b^2}$ 的最小值;

(2) 求证: $a+b\leqslant 2\leqslant a^3+b^3$;

(3) 若 $n\geqslant 4,n\in\mathbf{N}$, 问是否存在 a,b 使 $a^n+b^n<2$? 若存在, 写出一组 a, b 的值; 若不存在, 请给出证明.

19. 已知不等式 $ax^2+bx+a<0(ab>0)$ 的解集是 $\varnothing$, 求 a^2+b^2-2b 的取值范围.

20. 设 $x>0,a>0$, 求使不等式 $\sqrt{1+x}\geqslant 1+\dfrac{x}{2}-\dfrac{x^2}{a}$ 成立的 a 的最大值.

21. 设 $a \in \mathbf{R}$, 函数 $f(x) = ax^2 + x - a(-1 \leqslant x \leqslant 1)$.

(1) 若 $|a| \leqslant 1$, 求证: $|f(x)| \leqslant \dfrac{5}{4}$;

(2) 求 a 的值, 使函数 $f(x)$ 有最大值 $\dfrac{17}{8}$.

22. 已知 a,b,c 是三角形的三边长, 求证: $\dfrac{3}{2} \leqslant \dfrac{a}{b+c} + \dfrac{b}{c+a} + \dfrac{c}{a+b} < 2$.

23. 已知 $3^a + 13^b = 17^a, 5^a + 7^b = 11^b$, 比较实数 a,b 的大小.

24. 已知 $a_n = \dfrac{1}{2}\left(t^n + \dfrac{1}{t^n}\right)\left(\dfrac{1}{2} \leqslant t \leqslant 2\right)$, T_n 是数列 $\{a_n\}$ 的前 n 项和, 求证: $T_n < 2^n - \left(\dfrac{\sqrt{2}}{2}\right)^n$.

25. 设函数 $f(x)$ 的定义域为 $\mathbf{R}, \forall x_1 \neq x_2, |f(x_1) - f(x_2)| < |x_1 - x_2|$, 且 $\exists x_0$ 使得 $f(x_0) = x_0$; 在数列 $\{a_n\}$ 中, $a_1 < x_0, f(a_n) = 2a_{n+1} - a_n (n \in \mathbf{N}^*)$. 求证: 当 $n \in \mathbf{N}^*$ 时, (1) $a_n < x_0$; (2) $a_n < a_{n+1}$.

26. 设 $a,b,c \in \mathbf{R}_+, abc + a + c = b$, 求 $p = \dfrac{2}{a^2+1} - \dfrac{2}{b^2+1} + \dfrac{3}{c^2+1}$ 的最大值.

27. 设正实数 $a_i (i = 1, 2, \cdots, 10)$ 满足 $\sum\limits_{i=1}^{10} a_i = 30$, 求证: $\sum\limits_{i=1}^{10} (a_i - 1)(a_i - 2)(a_i - 3) \geqslant 0$.

28. 设 $a,b,c \in \mathbf{R}_+$, 求证: $\dfrac{(2a+b+c)^2}{2a^2+(b+c)^2} + \dfrac{(a+2b+c)^2}{2b^2+(a+c)^2} + \dfrac{(a+b+2c)^2}{2c^2+(a+b)^2} \leqslant 8$.

29. 求证: $\prod\limits_{k=2}^{n} \dfrac{k^3-1}{k^3+1} > \dfrac{2}{3}$.

30. 求证: $\sum\limits_{k=1}^{n} \dfrac{k^3 + 6k^2 + 11k + 5}{(k+3)!} < \dfrac{5}{3}$.

31. 求证: $\sum\limits_{i=1}^{n} x^i (1-x)^{2i} \leqslant \dfrac{4}{23} (0 < x < 1)$.

32. 已知 $a > 0, b > 0$, 求 $\min\left\{\max\left\{\dfrac{1}{a}, \dfrac{1}{b}, a^2 + b^2\right\}\right\}$.

33. 设正实数 x,y,z 满足 $x + y + z = 1$, 求证: $(\sqrt{x+yz} + \sqrt{yz})(\sqrt{y+zx} + \sqrt{zx})(\sqrt{z+xy} + \sqrt{xy}) \leqslant 1$.

34. 已知定义在区间 $[0,1]$ 上的函数 $f(x)$ 满足 $f(0) = f(1)$, 且 $\forall x, y \in [0,1]$, 都有 $|f(x) - f(y)| < |x - y|$. 证明: $\forall x, y \in [0,1]$, 都有 $|f(x) - f(y)| < \dfrac{1}{2}$.

35. (1) 设 $a,b \in \mathbf{R}$，求证：

$$a-b > \sqrt{a^2+1} - \sqrt{b^2+1} \Leftrightarrow \sqrt{b^2+1} - b > \sqrt{a^2+1} - a \Leftrightarrow$$
$$a-b > \sqrt{b^2+1} - \sqrt{a^2+1}$$

(2) 设 $a,b \in \mathbf{R}, a > b$，求证：

① $a-b > \sqrt{a^2+1} - \sqrt{b^2+1}, \sqrt{b^2+1} - b > \sqrt{a^2+1} - a, a-b > \sqrt{b^2+1} - \sqrt{a^2+1}$；

② $a-b > \left| \sqrt{a^2+1} - \sqrt{b^2+1} \right|$.

参考答案与提示

1. A. $a=0$ 满足题意. 当 $a \neq 0$ 时，可设 $x = ka(k \in \mathbf{R})$，得 $|2k-1| + |3k-2| \geqslant |a|$ 恒成立，得 $\frac{1}{3} \geqslant |a|(a \neq 0)$. 所以满足条件的 a 所组成的集合是 $\left[-\frac{1}{3}, \frac{1}{3}\right]$.

2. $\left[0, \frac{a+b}{16\sqrt{ab}}\right]$. 得 $a+b = 2(x_1+y_1) \geqslant 4\sqrt{x_1 y_1}, (x_2+y_2)^2 \geqslant 4x_2 y_2 = 4\sqrt{ab}$，所以 $\frac{\sqrt{x_1 \cdot y_1}}{(x_2+y_2)^2} \leqslant \frac{a+b}{4} \cdot \frac{1}{4\sqrt{ab}} = \frac{a+b}{16\sqrt{ab}}$，进而可得答案.

3. （反证法）假设 $a_i \geqslant 1 (i=1,2,\cdots,10)$，得

$$9 < (a_1+a_2+\cdots+a_{10}) - a_1 a_2 \cdots a_{10} <$$
$$a_1(1-a_2\cdots a_{10}) + (a_2+\cdots+a_{10}) <$$
$$1 - a_2\cdots a_{10} + (a_2+\cdots+a_{10}) =$$
$$a_2(1-a_3\cdots a_{10}) + (a_3+\cdots+a_{10}) + 1 \leqslant$$
$$1 - a_3\cdots a_{10} + (a_3+\cdots+a_{10}) + 1 =$$
$$a_3(1-a_4\cdots a_{10}) + (a_4+\cdots+a_{10}) + 2 \leqslant$$
$$1 - a_4\cdots a_{10} + (a_4+\cdots+a_{10}) + 2 =$$
$$a_4(1-a_5\cdots a_{10}) + (a_5+\cdots+a_{10}) + 3 \leqslant \cdots \leqslant$$
$$a_9(1-a_{10}) + a_{10} + 8 \leqslant$$
$$1 - a_{10} + a_{10} + 8 = 9$$

$9 < 9$，矛盾！所以欲证结论成立.

4. 当有 100 个箱子时，设原来 100 个箱子中两件货物的容量分别为：$\frac{1}{201}, \frac{200}{201}; \frac{2}{201}, \frac{199}{201}; \frac{3}{201}, \frac{198}{201}; \cdots; \frac{100}{201}, \frac{101}{201}$；设货物顺序打乱后的顺序为 $\frac{2}{201}, \frac{200}{201}; \frac{3}{201}, \frac{199}{201}; \frac{4}{201}, \frac{198}{201}; \cdots; \frac{100}{201}, \frac{102}{201}; \frac{1}{201}, \frac{101}{201}$，须 199 个箱子.

下证最坏的情形,也不需要 200 个箱子.

设第 $i(i=1,2,\cdots,100)$ 个箱子中两件货物的容量分别为 $x_i,y_i(x_i+y_i=1)$. 为了达到最坏的情形,打乱后的顺序一定是 x,y 的项是交错排列的,不妨设为

$$x_2,y_1,x_3,y_2,x_4,y_3,\cdots,x_{100},y_{99},x_1,y_{100}$$

若最坏的情形,是需要 200 个箱子,得以上数列连续两项之和均大于 1. 所以 $y_{99}+x_1>1=y_1+x_1,y_{99}>y_1$.

由 $y_1+x_3>1,y_3+x_5>1,\cdots,y_{97}+x_{99}>1$ 及 $y_3+x_3=1,y_5+x_5=1,\cdots,y_{99}+x_{99}=1$,得 $y_1>y_3>y_5>\cdots>y_{99}$.

前后矛盾! 得欲证成立. 所以最坏的情况下需要 199 个箱子.

5. 有 $ad_1+bd_2+cd_3=2S$,所以即证

$$(ad_1+bd_2+cd_3)\left(\frac{a}{d_1}+\frac{b}{d_2}+\frac{c}{d_3}\right)\geqslant (a+b+c)^2$$

这由柯西不等式立得!

6. 可设 $-A=a_1+a_2+a_3=b_1+b_2+b_3, B=a_1a_2+a_2a_3+a_3a_1=b_1b_2+b_2b_3+b_3b_1, -C_1=a_1a_2a_3, -C_2=b_1b_2b_3$. 考查函数

$$f(x)=(x-a_1)(x-a_2)(x-a_3)=x^3+Ax^2+Bx+C_1$$
$$g(x)=(x-b_1)(x-b_2)(x-b_3)=x^3+Ax^2+Bx+C_2$$

可不妨设 $a_1\leqslant a_2\leqslant a_3, b_1\leqslant b_2\leqslant b_3$,得 $a_1\leqslant b_1$,所以

$$f(a_1)=0, g(a_1)=(a_1-b_1)(a_1-b_2)(a_1-b_3)\leqslant 0, g(a_1)\leqslant f(a_1)$$

又 $f(a_1)=a_1^3+Aa_1^2+Ba_1+C_1, g(a_1)=a_1^3+Aa_1^2+Ba_1+C_2$,得 $C_2\leqslant C_1$.

又 $f(a_3)=a_3^3+Aa_3^2+Ba_3+C_1=0$,所以

$$g(a_3)=a_3^3+Aa_3^2+Ba_3+C_2=(a_3-b_1)(a_3-b_2)(a_3-b_3)\leqslant f(a_3)=0$$

假设 $a_3>b_3$,得 $a_3>b_3\geqslant b_2\geqslant b_1$,所以 $g(a_3)=(a_3-b_1)(a_3-b_2)(a_3-b_3)>0$. 前后矛盾! 所以 $a_3\leqslant b_3$,即欲证成立.

7. 当 $n=1$ 时,欲证成立.

假设 $n=k$ 时,欲证成立,则当 $n=k+1$ 时,有 $x_1+x_2+\cdots+x_{k-1}+(x_k+x_{k+1})\leqslant \frac{1}{2}$,得

$$(1-x_1)(1-x_2)\cdots(1-x_{k-1})(1-x_k-x_{k+1})\geqslant \frac{1}{2}$$

又因为 $(1-x_k)(1-x_{k+1})-(1-x_k-x_{k+1})=x_kx_{k+1}\geqslant 0$,所以

$$(1-x_1)(1-x_2)\cdots(1-x_{k-1})(1-x_k)(1-x_{k+1})\geqslant$$
$$(1-x_1)(1-x_2)\cdots(1-x_{k-1})(1-x_k-x_{k+1})\geqslant \frac{1}{2}$$

得 $n=k+1$ 时成立,所以欲证成立.

8. $\left|\dfrac{x^2+ax+b}{x^2+2x+2}\right|<1 \Leftrightarrow |x^2+ax+b|<x^2+2x+2 \Leftrightarrow$

$\qquad -(x^2+2x+2)<x^2+ax+b<x^2+2x+2 \Leftrightarrow$

$\qquad \begin{cases}(a-2)x+b-2<0 \\ 2x^2+(a+2)x+b+2>0\end{cases}$

由 $\left|\dfrac{x^2+ax+b}{x^2+2x+2}\right|<1$ 恒成立, 得 $(a-2)x+b-2<0$ 恒成立, 所以 $\begin{cases}a=2\\b<2\end{cases}$.

再由 $2x^2+(a+2)x+b+2>0$ 恒成立, 得 $b>-2(x+1)^2$ 恒成立, 即 $b>0$.

所以所求的条件为 $a=2$ 且 $0<b<2$.

9. 下面只证 $n\geqslant 2$ 时成立.

$$\dfrac{1}{\sqrt{m^3}}<\dfrac{1}{\sqrt{(m-1)m(m+1)}}=$$

$$\left[\dfrac{1}{\sqrt{(m-1)m}}-\dfrac{1}{\sqrt{m(m+1)}}\right]\cdot\dfrac{1}{\sqrt{m+1}-\sqrt{m-1}}=$$

$$\dfrac{1}{\sqrt{m}}\left(\dfrac{1}{\sqrt{m-1}}-\dfrac{1}{\sqrt{m+1}}\right)\cdot\dfrac{\sqrt{m+1}+\sqrt{m-1}}{2}<$$

$$\dfrac{1}{\sqrt{m-1}}-\dfrac{1}{\sqrt{m+1}}(m\geqslant 2)$$

所以

$$1+\dfrac{1}{\sqrt{2^3}}+\dfrac{1}{\sqrt{3^3}}+\cdots+\dfrac{1}{\sqrt{n^3}}<1+\left(\dfrac{1}{\sqrt{1}}-\dfrac{1}{\sqrt{3}}\right)+\left(\dfrac{1}{\sqrt{2}}-\dfrac{1}{\sqrt{4}}\right)+\cdots+$$

$$\left(\dfrac{1}{\sqrt{n-1}}-\dfrac{1}{\sqrt{n+1}}\right)=$$

$$2+\dfrac{1}{\sqrt{2}}-\dfrac{1}{\sqrt{n}}-\dfrac{1}{\sqrt{n+1}}<3$$

注 也可用定积分来证.

10. $\log_{24}25>\log_{25}26$. 证明如下: 即证

$$\dfrac{\ln 25}{\ln 24}>\dfrac{\ln 26}{\ln 25}, \ln^2 25>\ln 24\cdot\ln 26$$

再证明如下:

$4\ln^2 25=\ln^2(25^2)>\ln^2(24\cdot 26)=(\ln 24+\ln 26)^2>4\ln 24\cdot\ln 26$

11. 假设 $|a+b|<\dfrac{1}{2}, |a-b|<\dfrac{1}{2}, |1-a|<\dfrac{1}{2}$, 得 $a+b<\dfrac{1}{2}, a-b<\dfrac{1}{2}, 1-a<\dfrac{1}{2}$, 所以

$$2 = (a+b) + (a-b) + 2(1-a) < \frac{1}{2} \cdot 4 = 2$$

这不可能！所以假设错误,即欲证成立！

12. 由函数 $f(t) = t^x (x \geq 2, 0 < t \leq 1)$ 是增函数, $g(x) = a^x (0 < a < 1, x \geq 2)$ 是减函数,得

$$\left(\frac{1}{a_1}\right)^x + \left(\frac{1}{a_2}\right)^x + \left(\frac{1}{a_3}\right)^x + \cdots + \left(\frac{1}{a_n}\right)^x \leq$$

$$\left(\frac{1}{1}\right)^x + \left(\frac{1}{2}\right)^x + \left(\frac{1}{3}\right)^x + \cdots + \left(\frac{1}{n}\right)^x \leq$$

$$\frac{1}{1^2} + \frac{1}{2^2} + \frac{1}{3^2} + \cdots + \frac{1}{n^2} <$$

$$\frac{1}{1^2} + \frac{1}{1 \cdot 2} + \frac{1}{2 \cdot 3} + \cdots + \frac{1}{(n-1)n} =$$

$$1 + \left(\frac{1}{1} - \frac{1}{2}\right) + \left(\frac{1}{2} - \frac{1}{3}\right) + \cdots + \left(\frac{1}{n-1} - \frac{1}{n}\right) =$$

$$2 - \frac{1}{n} < 2$$

13. 因为该题关于 x, y, z 对称,所以可不妨设 $0 \leq x \leq y \leq z \leq 1$,得

$$M = \sqrt{|x-y|} + \sqrt{|y-z|} + \sqrt{|z-x|} = \sqrt{y-x} + \sqrt{z-y} + \sqrt{z-x}$$

因为

$$\sqrt{y-x} + \sqrt{z-y} \leq \sqrt{2[(y-x)+(z-y)]} = \sqrt{2(z-x)}$$

所以

$$M \leq (1+\sqrt{2})\sqrt{z-x} \leq (1+\sqrt{2})$$

可得当且仅当 $\begin{cases} y-x = z-y \\ x=0, z=1 \end{cases}$ 即 $(x,y,z) = \left(0, \frac{1}{2}, 1\right)$ 时, $M_{\max} = 1+\sqrt{2}$.

14. 该函数的定义域为 $[0, 13]$.

$$y = \sqrt{x+27} + \sqrt{13-x} + \sqrt{x} \geq \sqrt{x+27} + \sqrt{13 + 2\sqrt{x(13-x)}} \geq 3\sqrt{3} + \sqrt{13}$$

当且仅当 $x = 0$ 时, $y_{\min} = 3\sqrt{3} + \sqrt{13}$.

由柯西不等式,得

$$y^2 \leq \left(1 + \frac{1}{3} + \frac{1}{2}\right)[(x+27) + 3(13-x) + 2x] = 11^2$$

当且仅当 $\frac{x+27}{1} = \frac{3(13-x)}{\frac{1}{3}} = \frac{2x}{\frac{1}{2}}$ 即 $x = 9$ 时, $y_{\max} = 11$.

15. 因为 $\frac{1}{k(n+1-k)} = \frac{1}{n+1}\left(\frac{1}{k} + \frac{1}{n+1-k}\right)$,所以 $a_n = \frac{2}{n+1}\sum_{k=1}^{n}\frac{1}{k}$.

所以,当正整数 $n \geqslant 2$ 时,有

$$\frac{1}{2}(a_n - a_{n+1}) = \frac{1}{n+1}\sum_{k=1}^{n}\frac{1}{k} - \frac{1}{n+2}\sum_{k=1}^{n+1}\frac{1}{k} =$$

$$\left(\frac{1}{n+1} - \frac{1}{n+2}\right)\sum_{k=1}^{n}\frac{1}{k} - \frac{1}{(n+1)(n+2)} =$$

$$\frac{1}{(n+1)(n+2)}\left(\sum_{k=1}^{n}\frac{1}{k} - 1\right) > 0$$

$$a_{n+1} < a_n$$

16. 由柯西不等式,得

$$y^2 \leqslant (1+1+1+1)[(x+1)+(x+1)+(2x-3)+(15-3x)] =$$
$$4(14+x) \leqslant 2\sqrt{19}$$

17. $y = \frac{1}{2^5}\left(\frac{x-1}{5x-3}\right)^5 \left[\frac{\frac{1}{2}}{5x-3}\right]^4 \leqslant \frac{1}{2^5}\left[\frac{1}{9}\left(5 \cdot \frac{x-1}{5x-3} + 4 \cdot \frac{\frac{1}{2}}{5x-3}\right)\right]^9 =$

$$\frac{1}{2^5 \cdot 9^9}$$

当且仅当 $\frac{x-1}{5x-3} = \frac{\frac{1}{2}}{5x-3}$ 即 $x = \frac{3}{2}$ 时,$y_{\max} = \frac{1}{2^5 \cdot 9^9}$.

18. (1) 因为 $\frac{1}{a^2} + \frac{2}{b^2} = \frac{1}{2}\left(\frac{1}{a^2} + \frac{2}{b^2}\right)(a^2+b^2) = \frac{1}{2}\left(\frac{b^2}{a^2} + \frac{2a^2}{b^2} + 3\right) \geqslant \frac{3}{2} +$

$\sqrt{2}$,所以可得当且仅当 $a = \sqrt{2(\sqrt{2}-1)}, b = \sqrt{2(2-\sqrt{2})}$ 时,$\left(\frac{1}{a^2} + \frac{2}{b^2}\right)_{\min} =$

$\frac{3}{2} + \sqrt{2}$.

(2) $a + b = 1a + 1b \leqslant \frac{1^2+a^2}{2} + \frac{1^2+b^2}{2} = 2$.

因为 $a^3 + a^3 + 1 \geqslant 3\sqrt[3]{a^6} = 3a^2$,同理 $b^3 + b^3 + 1 \geqslant 3b^2$,相加后可得 $a^3 + b^3 \geqslant 2$.

所以 $a + b \leqslant 2 \leqslant a^3 + b^3$.

(3) 当 $n \geqslant 3, n \in \mathbf{N}$ 时:$a^n + a^n + \underbrace{1 + 1 + \cdots + 1}_{n-2\text{个}1} \geqslant n\sqrt[n]{a^{2n}} = na^2$,同理 $b^n +$

$b^n + \underbrace{1 + 1 + \cdots + 1}_{n-2\text{个}1} \geqslant nb^2$,相加后可得 $a^n + b^n \geqslant 2$.

所以当 $n \geqslant 4, n \in \mathbf{N}$ 时,不存在 a,b 使 $a^n + b^n < 2$.

注 用导数及减元法也可求解本题诸问.

19. 可得 $a > 0, b > 0$,再由 $\Delta \leqslant 0$,得 $0 < b \leqslant 2a$. 又 $a^2 + b^2 - 2b =$

$\left[\sqrt{a^2+(b-1)^2}\right]^2-1$,用几何意义可得答案为$\left[-\dfrac{4}{5},+\infty\right)$.

20. 可设$\sqrt{1+x}=t(t>1)$,得$x=t^2-1$,题设中的不等式即
$$t-1\geqslant\dfrac{t^2-1}{2}-\dfrac{(t^2-1)^2}{a},1\geqslant\dfrac{t+1}{2}-\dfrac{(t-1)(t+1)^2}{a}$$
$$\dfrac{t-1}{2}\leqslant\dfrac{(t-1)(t+1)^2}{a},\dfrac{1}{2}\leqslant\dfrac{(t+1)^2}{a}$$

因为当$t\to+\infty$时上式成立,所以$a>0$,且$a\leqslant 2(t+1)^2(t>1)$恒成立,所以a的最大值是8.

21. (1) $|f(x)|\leqslant|a||x^2-1|+|x|\leqslant|x^2-1|+|x|=1-|x|^2+|x|=\dfrac{5}{4}-\left(|x|-\dfrac{1}{2}\right)^2\leqslant\dfrac{5}{4}$.

(2) 因为$a=0$不合题意,$f(\pm 1)=\pm 1\neq\dfrac{17}{8}$,所以$\begin{cases}a<0\\-1<-\dfrac{1}{2a}<1\\f\left(-\dfrac{1}{2a}\right)=\dfrac{17}{8}\end{cases}$,解得$a=-2$.

22. 设$b+c=u,c+a=v,a+b=w(u>0,v>0,w>0)$,得$2a=-u+v+w,2b=u-v+w,2c=u+v-w$,所以欲证不等式的左边即
$$\dfrac{-u+v+w}{u}+\dfrac{u-v+w}{v}+\dfrac{u+v-w}{w}\geqslant 3$$
$$\left(\dfrac{v}{u}+\dfrac{u}{v}\right)+\left(\dfrac{w}{u}+\dfrac{u}{w}\right)+\left(\dfrac{w}{v}+\dfrac{v}{w}\right)\geqslant 6$$

这由均值不等式立得.

作出三边长分别是a,b,c的三角形的内切圆,由切线长定理知,存在正数x,y,z使$a=x+y,b=y+z,c=z+x$,所以
$$\dfrac{a}{b+c}+\dfrac{b}{c+a}+\dfrac{c}{a+b}=\dfrac{x+y}{x+y+2z}+\dfrac{y+z}{2x+y+z}+\dfrac{z+x}{x+2y+z}<$$
$$\dfrac{x+y}{x+y+z}+\dfrac{y+z}{x+y+z}+\dfrac{z+x}{x+y+z}=2$$

得欲证成立.

23. 下面用反证法证明$a<b$. 假设$a\geqslant b$,得
$$17^a=3^a+13^b\leqslant 3^a+13^a,1\leqslant\left(\dfrac{3}{17}\right)^a+\left(\dfrac{13}{17}\right)^a$$
$$11^b=5^a+7^b\geqslant 5^b+7^b,1\geqslant\left(\dfrac{5}{11}\right)^b+\left(\dfrac{7}{11}\right)^b$$

又函数$f(x)=\left(\dfrac{3}{17}\right)^x+\left(\dfrac{13}{17}\right)^x,g(x)=\left(\dfrac{5}{11}\right)^x+\left(\dfrac{7}{11}\right)^x$在**R**上均是减函数,

所以
$$f(1) < 1 \leqslant f(a), g(1) > 1 \geqslant g(b)$$
$$a < 1 < b$$

这与 $a \geqslant b$ 矛盾！所以 $a < b$.

24. 因为 $\frac{1}{2^n} \leqslant t^n \leqslant 2^n (n \in \mathbf{N}^*)$，所以当 $\frac{1}{2} \leqslant t \leqslant 2$ 时，$\left(t^n + \frac{1}{t^n}\right)_{\max} = 2^n + \frac{1}{2^n}$，所以

$$2T_n \leqslant (2 + 2^2 + \cdots + 2^n) + (2^{-1} + 2^{-2} + \cdots + 2^{-n}) =$$
$$(2^{n+1} - 2) + (1 - 2^{-n}) =$$
$$2^{n+1} - (1 + 2^{-n}) < 2^{n+1} - 2\sqrt{2^{-n}}$$

可得欲证成立.

25.(1) 用数学归纳法来证. 当 $n = 1$ 时，成立.
假设 $n = k(k \in \mathbf{N}^*)$ 时成立: $a_k < x_0$.
得
$$|f(x_0) - f(a_k)| < |x_0 - a_k| = x_0 - a_k$$
即
$$|x_0 - f(a_k)| < x_0 - a_k, a_k - x_0 < x_0 - f(a_k), f(a_k) + a_k < 2x_0$$

又 $f(a_k) = 2a_{k+1} - a_k$，得 $a_{k+1} < x_0$，即 $n = k + 1$ 时成立.
所以欲证成立.

(2) 同(1)的证明，得 $|x_0 - f(a_n)| < x_0 - a_n$，所以 $x_0 - f(a_n) < x_0 - a_n$，$f(a_n) > a_n$.

又 $f(a_n) = 2a_{n+1} - a_n$，所以 $a_n < a_{n+1}$.

26. 得 $b = \frac{a+c}{1-ac}$. 可设 $a = \tan\alpha, b = \tan\beta, c = \tan\gamma(\alpha, \beta, \gamma$ 均为锐角)，得 $\beta = \alpha + \gamma$，所以

$$p = \frac{2}{1+\tan^2\alpha} - \frac{2}{1+\tan^2\beta} + \frac{3}{1+\tan^2\gamma} = 2\cos^2\alpha - 2\cos^2(\alpha+\gamma) + 3\cos^2\gamma =$$
$$(\cos 2\alpha + 1) - [\cos(2\alpha + 2\gamma) + 1] + 3\cos^2\gamma =$$
$$2\sin\gamma\sin(2\alpha+\gamma) + 3\cos^2\gamma \leqslant$$
$$2\sin\gamma + 3(1-\sin^2\gamma) = \frac{10}{3} - 3\left(\sin\gamma - \frac{1}{3}\right)^2 \leqslant \frac{10}{3}$$

可得当且仅当 $\alpha + \beta = \frac{\pi}{2}$，$\sin\gamma = \frac{1}{3}$ 即 $a = \frac{\sqrt{2}}{2}, b = \sqrt{2}, c = \frac{\sqrt{2}}{4}$ 时，$p_{\max} = \frac{10}{3}$.

27. 设 $f(x) = (x-1)(x-2)(x-3)$，得 $f(x) = x(x-3)^2 + 2(x-3)$.
再设 $g(x) = 2(x-3)$，得 $f(x) - g(x) = x(x-3)^2 \geqslant 0(x > 0)$. 即

$f(x) \geqslant g(x)(x > 0)$.

分别令 $x = a_i(i = 1, 2, \cdots, 10)$,得 $\sum_{i=1}^{10} f(a_i) \geqslant \sum_{i=1}^{10} g(a_i)$.

因为 $\sum_{i=1}^{10} g(a_i) = \sum_{i=1}^{10} 2(a_i - 3) = 2\sum_{i=1}^{10} a_i - 60 = 0$,所以 $\sum_{i=1}^{10} f(a_i) \geqslant 0$,即欲证成立.

28. 可不妨设 $a + b + c = 1$(把欲证左边各分式的分子、分母都除以 $(a+b+c)^2$ 后即知可这样设),得即证

$$\frac{(1+a)^2}{2a^2+(1-a)^2} + \frac{(1+b)^2}{2b^2+(1-b)^2} + \frac{(1+c)^2}{2c^2+(1-c)^2} \leqslant 8$$

由

$$f(x) = \frac{(1+x)^2}{2x^2+(1-x)^2} = \frac{1}{3}\left[1 + \frac{8x+2}{3\left(x-\frac{1}{3}\right)^2 + \frac{2}{3}}\right] \leqslant \frac{12x+4}{3}$$

得

$$f(a) + f(b) + f(c) \leqslant \frac{12(a+b+c)+12}{3} = 8$$

即欲证成立.

29. 因为

$$\frac{k^3-1}{k^3+1} = \frac{(k-1)(k^2+k+1)}{(k+1)(k^2-k+1)} = \frac{k-1}{k+1} \cdot \frac{(k+1)^2-(k+1)+1}{k^2-k+1}$$

所以

$$\prod_{k=2}^{n} \frac{k^3-1}{k^3+1} = \prod_{k=2}^{n} \frac{k-1}{k+1} \cdot \frac{(k+1)^2-(k+1)+1}{k^2-k+1} = \left(\frac{1}{3} \cdot \frac{2}{4} \cdot \frac{3}{5} \cdot \cdots \cdot \frac{n-1}{n+1}\right) \cdot$$

$$\left[\frac{3^2-3+1}{2^2-2+1} \cdot \frac{4^2-4+1}{3^2-3+1} \cdot \cdots \cdot \frac{(n+1)^2-(n+1)+1}{n^2-n+1}\right] =$$

$$\frac{1 \cdot 2}{n(n+1)} \cdot \frac{(n+1)^2-(n+1)+1}{2^2-2+1} =$$

$$\frac{2}{n^2+n} \cdot \frac{n^2+n+1}{3} > \frac{2}{3}$$

30. 因为

$$\frac{k^3+6k^2+11k+5}{(k+3)!} = \frac{(k+1)(k+2)(k+3)-1}{(k+3)!} = \frac{1}{k!} - \frac{1}{(k+3)!}$$

所以

$$\sum_{k=1}^{n} \frac{k^3+6k^2+11k+5}{(k+3)!} = \frac{1}{1!} + \frac{1}{2!} + \frac{1}{3!} - \frac{1}{(n+1)!} -$$

$$\frac{1}{(n+2)!} - \frac{1}{(n+3)!} <$$

$$1 + \frac{1}{2} + \frac{1}{6} = \frac{5}{3}$$

31. 因为 $x(1-x)^2 = \frac{1}{2} \cdot 2x(1-x)(1-x) \leqslant \frac{4}{27} (0 < x < 1)$,所以

$$\sum_{i=1}^{n} x^i (1-x)^{2i} < \sum_{i=1}^{\infty} \left(\frac{4}{27}\right)^i = \frac{\frac{4}{27}}{1 - \frac{4}{27}} = \frac{4}{23} \quad (0 < x < 1)$$

32. 设 $s = \max\left\{\frac{1}{a}, \frac{1}{b}, a^2 + b^2\right\}$,得

$$3s \geqslant \frac{1}{a} + \frac{1}{b} + a^2 + b^2 = \left(\frac{1}{2a} + \frac{1}{2a} + a^2\right) + \left(\frac{1}{2b} + \frac{1}{2b} + b^2\right) \geqslant$$

$$3\sqrt[3]{\frac{1}{4}} + 3\sqrt[3]{\frac{1}{4}}, s \geqslant \sqrt[3]{2}$$

进而可得所求答案为 $\sqrt[3]{2}$.

33. 由题设及均值不等式,得

$$0 < \sqrt{x + yz} + \sqrt{yz} = \sqrt{x(x + y + z) + yz} + \sqrt{yz} =$$
$$\sqrt{(x+y)(x+z)} + \sqrt{yz} \leqslant$$
$$\frac{(x+y) + (x+z)}{2} + \frac{y+z}{2} = 1$$

同理,有 $0 < \sqrt{y + zx} + \sqrt{zx} \leqslant 1, 0 < \sqrt{z + xy} + \sqrt{xy} \leqslant 1$.
把它们相乘,即得欲证.

34. 当 $|x - y| \leqslant \frac{1}{2}$ 时,欲证成立.

当 $|x - y| > \frac{1}{2}$ 时,可不妨设 $0 \leqslant x < y \leqslant 1$,得 $y - x > \frac{1}{2}$. 由 $f(0) = f(1)$,得

$$|f(x) - f(y)| = |f(x) - f(0) + f(1) - f(y)| \leqslant$$
$$|f(x) - f(0)| + |f(1) - f(y)| <$$
$$|x - 0| + |1 - y| =$$
$$x - y + 1 < -\frac{1}{2} + 1 = \frac{1}{2}$$

所以欲证成立.

35. (1) 通过移项可证左边. 再证右边:由 $\sqrt{a^2 + 1} > |a| \geqslant -a, \sqrt{a^2 + 1} + a > 0$,同理 $\sqrt{b^2 + 1} + b > 0$,所以

$$\sqrt{b^2 + 1} - b > \sqrt{a^2 + 1} - a \Leftrightarrow \frac{1}{\sqrt{b^2 + 1} + b} > \frac{1}{\sqrt{a^2 + 1} + a} \Leftrightarrow$$

$$\sqrt{b^2+1}+b < \sqrt{a^2+1}+a \Leftrightarrow$$
$$a-b > \sqrt{a^2+1}-\sqrt{b^2+1}$$

(2)① 由(1)知,可只证第一式,即证
$$a-b > \frac{(a+b)(a-b)}{\sqrt{a^2+1}+\sqrt{b^2+1}}$$
$$\sqrt{a^2+1}+\sqrt{b^2+1} > a+b$$

这由(1)的证明开头中证得的 $\sqrt{a^2+1}+a>0, \sqrt{b^2+1}+b>0$,相加即得.

② 由①的第一、三式立得.也可直接证明(先将右边分子有理化).

§28 自主招生试题集锦(平面解析几何)

1.(2007年全国高中数学联赛第一试第一题第5题)设圆 O_1 和圆 O_2 是两个定圆,动圆 P 与这两个定圆都相切,则圆 P 的圆心轨迹不可能是( )

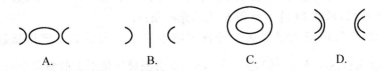

2.对所有满足 $1 \leqslant n \leqslant m \leqslant 5$ 的 m,n,极坐标方程 $\rho = \dfrac{1}{1-C_m^n \cos\theta}$ 表示的不同双曲线条数为( )

A.6   B.9   C.12   D.15

3.(2012年全国高中数学联赛第一试第4题)抛物线 $y^2=2px(p>0)$ 的焦点为 F,准线为 l,A,B 是抛物线上的两个动点,且满足 $\angle AFB = \dfrac{\pi}{3}$.设线段 AB 的中点 M 在 l 上的投影为 N,则 $\dfrac{|MN|}{|AB|}$ 的最大值是_____.

4.(2012年北京大学保送生考试试题第4题)两条射线 l_1,l_2 有公共端点 O,已知直线 l 交 l_1,l_2 于 A,B 两点,且 $S_{\triangle OAB}=c$(c 为定值),记 AB 的中点为 X,求证:点 X 的轨迹为双曲线.

5.(2012年清华大学保送生考试试题第7题)抛物线 $y=\dfrac{1}{2}x^2$ 与直线 $y=x+4$ 围成的区域中有矩形 $ABCD$,且点 A,B 在抛物线上,点 D 在直线上,其中点 B 在 y 轴右侧,且 AB 长为 $2t(t>0)$.

(1)当 AB 与 x 轴平行时,求矩形 $ABCD$ 的面积 $S(t)$ 的函数表达式;

(2)当直线 CD 与直线 $y=x+4$ 重合时,求矩形 $ABCD$ 面积的最大值.

6.(2012年清华大学保送生考试试题第10题)在 $\triangle AOB$ 内(含边界),其中 O 为坐标原点,点 A 在 y 轴的正方向上,点 B 在 x 轴的正方向上,且有 $OA=OB=2$.

(1)用不等式组表示 $\triangle AOB$ 的区域;

(2)求证:在 $\triangle AOB$ 内的任意 11 个点,总可以分成两组,使一组的横坐标之和不大于6,使另一组的纵坐标之和不大于6.

7.(2011年北京大学保送生考试试题第5题)单位圆 $x^2+y^2=1$ 上有三点

$A(x_1,y_1), B(x_2,y_2), C(x_3,y_3)$,若 $x_1+x_2+x_3=y_1+y_2+y_3=0$,求证: $x_1^2+x_2^2+x_3^2=y_1^2+y_2^2+y_3^2=\dfrac{3}{2}$.

8.(2008年西北工业大学自主招生试题第21题)顶点在原点,焦点在 y 轴上的抛物线,其内接 $\triangle ABC$ 的重心为抛物线的焦点,若直线 BC 的方程为 $x-4y-20=0$.

(1)求抛物线的方程;

(2)设 M 为抛物线上及其内部的点的集合,$N=\{(x,y)\mid x^2+(y-a)^2\leqslant 1\}$,求使 $M\cap N=N$ 成立的充要条件.

9.(2007年清华大学保送生暨自主招生北京冬令营数学笔试试题第4题)(1)求三直线 $x+y=60, y=\dfrac{1}{2}x, y=0$ 所围成三角形上的整点个数;

(2)求方程组 $\begin{cases} y<2x \\ y>\dfrac{1}{2}x \\ x+y=60 \end{cases}$ 的整数解个数.

10.(2007年上海交通大学冬令营选拔测试数学试题第13题)已知线段 AB 长为3,两端均在抛物线 $x=y^2$ 上运动,其中点记为 M,试求点 M 到 y 轴的最短距离,并求出此时点 M 的坐标.

11.(2006年复旦大学推优、保送生考试试题第9题)已知曲线 $C:\dfrac{x^2}{4}+y^2=1$,曲线 C 关于直线 $y=2x$ 对称的曲线为曲线 C',曲线 C' 与曲线 C'' 关于直线 $y=-\dfrac{1}{2}x+5$ 对称,求曲线 C', C'' 的方程.

12.(2006年北京航空航天大学自主招生试题)设动点 Q 对抛物线 $y=x^2+1$ 上任意点 P 都满足向量 $\overrightarrow{OP}, \overrightarrow{OQ}$ 的内积 $\overrightarrow{OP}\cdot\overrightarrow{OQ}\leqslant 1$,其中 O 为坐标原点.求动点 Q 的集合,并画出这个集合的草图.

13.(2006年上海交通大学推优、保送生考试试题第12题)椭圆 $\dfrac{x^2}{a^2}+y^2=1(a>1)$ 的一个顶点为 $A(0,1)$,是否存在这样的以 A 为直角顶点的内接于椭圆的等腰直角三角形,若存在,求出共有几个,若不存在,请说明理由.

14.(2004年同济大学自主招生优秀考生文化测试数学试卷第11题)设抛物线 $y=x^2-(2k-7)x+4k-12$ 与直线 $y=x$ 有两个不同的交点,且交点总可以被一个半径为1的圆片同时遮盖,试问:实数 k 应满足什么条件?

15.(2004年同济大学自主招生优秀考生文化测试数学试卷第13题)设有抛物线 $y^2=2px(p>0)$,点 B 是抛物线的焦点,点 C 在 x 轴的正半轴上,动点 A 在抛物线上,试问:点 C 在什么范围之内时 $\angle BAC$ 是锐角?

16. (2002年复旦大学基地班招生数学试题第11题) 一艘船以 $v_1 = 10$ km/h 的速度向西行驶,在西南方向 300 km 处有一台风中心,周围 100 km 为暴雨区,且以 $v_2 = 20$ km/h 的速度向北移动,问该船遭遇暴雨的时间段长度.

17. (2009年全国高中数学联赛第一试第二题第1题) 设直线 $l: y = kx + m$(其中 k, m 为整数)与椭圆 $\dfrac{x^2}{16} + \dfrac{y^2}{12} = 1$ 交于不同的两点 A, B,与双曲线 $\dfrac{x^2}{4} - \dfrac{y^2}{12} = 1$ 交于不同的两点 C, D,问是否存在直线 l,使得向量 $\overrightarrow{AC} + \overrightarrow{BD} = \mathbf{0}$,若存在,指出这样的直线有多少条? 若不存在,请说明理由.

18. (2008年全国高中数学联赛第一试第15题) 如图1, P 是抛物线 $y^2 = 2x$ 上的动点,点 B, C 在 y 轴上,圆 $(x-1)^2 + y^2 = 1$ 内切于 $\triangle PBC$,求 $\triangle PBC$ 面积的最小值.

19. 如图2,点 D 在 $\triangle ABC$ 的边 BC 上, $\angle BAD = 90°$, $\angle DAC = 30°$, $AB = CD = 1$,求 BD 的长.

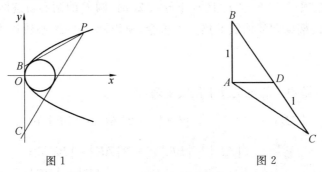

图1 　　　　　　　　图2

20. 已知圆 $C_1: x^2 + y^2 - 25 = 0$ 和 $C_2: x^2 + y^2 - 2x - 4y - 11 = 0$ 的圆心分别是 O_1, O_2.

(1) 求证:这两个圆相交;

(2) 求这两个圆的公共弦 AB 所在直线的方程;

(3) 求这两个圆的公共弦长 $|AB|$;

(4) 求四边形 $O_1 A O_2 B$ 的面积 S;

(5) 求这两个圆的公切线长.

(6) 求这两个圆的公切线的方程.

21. 设 A 是定点,点 P, F_1, F_2 分别是椭圆 $\Gamma: \dfrac{x^2}{a^2} + \dfrac{y^2}{b^2} = 1 (a > b > 0)$ 上的动点和左、右焦点,求证:

(1) 若点 A 在椭圆 Γ 内,则 $||PA| + |PF_1||$ 的取值范围是 $[2a - |AF_2|, 2a + |AF_2|]$, $||PA| - |PF_1||$ 的取值范围是 $[0, |AF_1|]$;

(2) 若点 A 在椭圆 Γ 外,则 $|PA| + |PF_1|$ 的取值范围是 $[|AF_1|, 2a +$

$|AF_2|]$.

(3) 若点 A 在椭圆 Γ 外且线段 AF_1 的中点不在椭圆 Γ 外,则 $||PA|-|PF_1||$ 的取值范围是 $[0,|AF_1|]$.

22. 设 A 是椭圆 $\Gamma:\dfrac{x^2}{a^2}+\dfrac{y^2}{b^2}=1(a>b>0)$ 长轴的一个端点,若椭圆 Γ 上存在点 P 使得 $AP \perp OP$,求椭圆 Γ 离心率的取值范围.

参考答案与提示

1. A. 设圆 O_1 和圆 O_2 的半径分别是 r_1, r_2,$|O_1O_2|=2c$,可得圆 P 的圆心轨迹是焦点均为 O_1,O_2 离心率分别为 $\dfrac{2c}{r_1+r_2}$,$\dfrac{2c}{|r_1-r_2|}$(当 $r_1=r_2$ 时,线段 O_1O_2 的中垂线是轨迹的一部分;当 $c=0$ 时,轨迹是两个同心圆).当 $r_1=r_2$ 且 $r_1+r_2<2c$ 时,圆 P 的圆心轨迹即选项 B;当 $0<2c<|r_1-r_2|$ 时,圆 P 的圆心轨迹即选项 C;当 $r_1\ne r_2$ 且 $r_1+r_2<2c$ 时,圆 P 的圆心轨迹即选项 D. 因为选项 A 中的椭圆和双曲线的焦点不重合,所以圆 P 的圆心轨迹不可能是选项 A.

2. A.

3. 1. 由抛物线的定义及中位线定理,得

$$|AB|^2 = |AF|^2+|BF|^2-2|AF|\cdot|BF|\cos\dfrac{\pi}{3}=$$
$$(|AF|+|BF|)^2-3|AF|\cdot|BF|\geqslant$$
$$(|AF|+|BF|)^2-3\left(\dfrac{|AF|+|BF|}{2}\right)^2=$$
$$\left(\dfrac{|AF|+|BF|}{2}\right)^2=$$
$$|MN|^2(当且仅当|AF|=|BF|时取等号)$$

所以所求最大值是 1.

4. 以 l_1,l_2 的角平分线所在的直线为 x 轴建立如图 3 所示的平面直角坐标系.

设

$$\angle AOx=\angle BOx=\alpha\left(0<\alpha<\dfrac{\pi}{2}\right),OA=a,OB=b,X(x,y)$$

得

$$S_{\triangle OAB}=\dfrac{1}{2}ab\sin 2\alpha=c, ab=\dfrac{2c}{\sin 2\alpha}$$

由 $A(a\cos\alpha,a\sin\alpha),B(b\cos\alpha,-b\sin\alpha)$,得

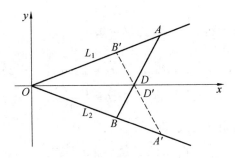

图 3

$$\begin{cases} 2x = a\cos\alpha + b\cos\alpha \\ 2y = a\sin\alpha - b\sin\alpha \end{cases}$$

$$\begin{cases} \dfrac{x}{\cos\alpha} = \dfrac{a+b}{2} \\ \dfrac{y}{\sin\alpha} = \dfrac{a-b}{2} \end{cases}$$

把这两式平方相减,得 $\dfrac{x^2}{\cos^2\alpha} - \dfrac{y^2}{\sin^2\alpha} = ab = \dfrac{2c}{\sin 2\alpha}$,所以欲证成立.

5.(1) 如图 4,得 $A\left(-t, \dfrac{1}{2}t^2\right)$, $D(-t, 4-t)(t>0)$. 因为点 D 在点 A 的上方,所以 $4-t > \dfrac{1}{2}t^2$, $0 < t < 2$,所以 $S(t) = 2t\left(4-t-\dfrac{1}{2}t^2\right) = -t^3 - 2t^2 + 8t(0 < t < 2)$.

(2) 如图 5,得抛物线 $y = \dfrac{1}{2}x^2$ 与直线 $y = x+4$ 在第二象限的交点 $E(-2,2)$,得 $k_{CE} = -1$. 又 $k_{AD} = -1$,点 D 在抛物线内的线段 $y = x+4$ 上(包括左端点),所以点 A 必在 y 轴右侧(包括原点 O).

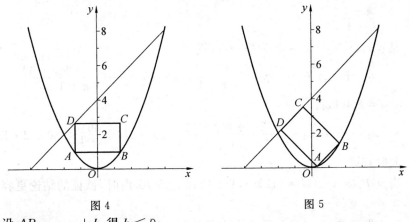

图 4　　　　　　图 5

设 $AB: y = x + b$,得 $b \leqslant 0$.

联立 $\begin{cases} y = \dfrac{1}{2}x^2 \\ y = x + b \end{cases}$，得 $x^2 - 2x - 2b = 0$.

设 $A(x_1, y_1), B(x_2, y_2)$，得 $x_1 + x_2 = 2, x_1 x_2 = -2b$，所以

$$|AB| = \sqrt{2(4+8b)} = 2t, b = \dfrac{t^2 - 2}{4} \quad (0 < t \leqslant \sqrt{2})$$

由平行线间的距离公式，得

$$|AD| = \dfrac{\left|4 - \dfrac{t^2 - 2}{4}\right|}{\sqrt{2}} = \dfrac{4 - \dfrac{t^2 - 2}{4}}{\sqrt{2}} = \dfrac{18 - t^2}{4\sqrt{2}}$$

所以

$$S_{矩形ABCD} = 2t \cdot \dfrac{18 - t^2}{4\sqrt{2}} = \dfrac{\sqrt{2}}{4}(18t - t^3) \quad (0 < t \leqslant \sqrt{2})$$

用导数可求得：当且仅当 $t = \sqrt{2}$ 时，矩形 $ABCD$ 的面积取到最大值，且最大值是 8.

6.(1) $\begin{cases} x + y - 2 \leqslant 0 \\ x \geqslant 0 \\ y \geqslant 0 \end{cases}$.

(2) 先研究 11 个点全在线段 AB 上的情形：

设 $P_i(x_i, y_i)(0 \leqslant x_i \leqslant 2, 0 \leqslant y_i \leqslant 2, x_i + y_i = 2)(i = 1, 2, \cdots, 11)$，可不妨设 $x_1 \leqslant x_2 \leqslant \cdots \leqslant x_{11}$，得 $y_1 \geqslant y_2 \geqslant \cdots \geqslant y_{11}$.

当 $\begin{cases} x_1 + x_2 + \cdots + x_k \leqslant 6 \\ x_1 + x_2 + \cdots + x_{k+1} > 6 \end{cases}$ 时，把 $x_1, x_2, \cdots, x_k$ 分为一组，同时得出 $x_{k+1} > \dfrac{6}{k+1}$（假设 $x_{k+1} \leqslant \dfrac{6}{k+1}$，得 $x_1 + x_2 + \cdots + x_{k+1} \leqslant 6$），所以 $y_{k+1} \leqslant 2 - \dfrac{6}{k+1} = \dfrac{2k-4}{k+1}$.

把 $y_{k+1}, y_{k+2}, \cdots, y_{11}$ 分为另一组，得

$$y_{k+1} + y_{k+2} + \cdots + y_{11} \leqslant \dfrac{2k-4}{k+1}(11 - k) = \dfrac{-2k^2 + 26k - 44}{k+1}$$

令 $t = k + 1$，得

$$y_{k+1} + y_{k+2} + \cdots + y_{11} \leqslant \dfrac{-2t^2 + 30t - 72}{t} = 30 - 2\left(t + \dfrac{36}{t}\right) \leqslant 30 - 2 \cdot 12 = 6$$

此时获证.

当点 $P_i(x_i, y_i)(i = 1, 2, \cdots, 11)$ 均在 $\triangle AOB$ 内时，欲证的结论更容易获证.

7. 由题意知 $\triangle ABC$ 的重心为原点 O 即与外心重合，所以 $\triangle ABC$ 是正三角

形.

不妨设 $\angle xOA = \theta$，得 $\angle xOB = \theta + \dfrac{2\pi}{3}, \angle xOC = \theta + \dfrac{4\pi}{3}$，所以

$$x_1^2 + x_2^2 + x_3^2 = \cos^2\theta + \cos^2\left(\theta + \dfrac{2\pi}{3}\right) + \cos^2\left(\theta + \dfrac{4\pi}{3}\right) = \cdots = \dfrac{3}{2}$$

同理可得 $y_1^2 + y_2^2 + y_3^2 = 3 - (x_1^2 + x_2^2 + x_3^2) = \dfrac{3}{2}$. 所以欲证成立.

8.（1）设抛物线的方程是 $x^2 = my(m \neq 0)$，与直线 BC 的方程联立得

$$4x^2 - mx + 20m = 0, x_B + x_c = \dfrac{m}{4}, y_B + y_c = \dfrac{m}{16} - 10$$

再由 $\triangle ABC$ 的重心为抛物线的焦点 $\left(0, \dfrac{m}{4}\right)$，得 $A\left(-\dfrac{m}{4}, \dfrac{11}{16}m + 10\right)$. 由点 A 在抛物线上，得 $m = -16$，所求抛物线的方程为 $x^2 = -16y$.

（2）当圆 $x^2 + (y-a)^2 = 1$ 与抛物线 $x^2 = -16y$ 相切时，是边界位置. 联立这两个方程，消元后令判别式 $\Delta = 0$，得 $a = -\dfrac{65}{16}$，所以当且仅当 $a \leqslant -\dfrac{65}{16}$ 时满足题意.

9. 作图后可得答案：(1) $21 + 21 + 61 - 3 = 100$；(2) $\dfrac{61^2 + 61}{2} - 2 \times 651 + 1 = 590$.

10. $\dfrac{5}{4}, M\left(\dfrac{5}{4}, \pm\dfrac{\sqrt{2}}{2}\right)$.

11. $C': 73x^2 + 72xy + 52y^2 = 0$；$C'': \dfrac{(x-4)^2}{4} + (y-8)^2 = 1$.

12. 设 $Q(a,b), P(x, x^2+1)$. 由 $\overrightarrow{OP} \cdot \overrightarrow{OQ} \leqslant 1$，得 $ax + b(x^2+1) \leqslant 1(x \in \mathbf{R})$ 恒成立.

记 $f(x) = bx^2 + ax + b - 1$. 要使 $f(x) \leqslant 0(x \in \mathbf{R})$ 恒成立，得 $b \leqslant 0$.

若 $b = 0$，得 $a = 0$，此时 $f(x) = -1$，满足题意.

若 $b < 0$，得 $\Delta = a^2 - 4b(b-1) \leqslant 0$.

总之，动点 Q 的集合为 $A = \{(a,b) | a^2 - 4b^2 + 4b \leqslant 0\}$. （图略）

13. 假设存在满足题设的三角形，可不妨设 $AB: y = kx + 1, AC: y = -\dfrac{1}{k}x + c(k > 0)$.

由 $\begin{cases} y = kx + 1 \\ \dfrac{x^2}{a^2} + y^2 = 1 \end{cases}$，得 $(k^2a^2 + 1)x^2 + 2ka^2x = 0$，所以 $x_B = \dfrac{-2ka^2}{k^2a^2 + 1}, x_c = \dfrac{2ka^2}{k^2 + a^2}$.

得 $|AB|=\sqrt{1+k^2}\cdot\dfrac{2ka^2}{k^2a^2+1}$,$|AC|=\sqrt{1+\dfrac{1}{k^2}}\cdot\dfrac{2ka^2}{k^2+a^2}$,所以

$$\sqrt{1+k^2}\cdot\dfrac{2ka^2}{k^2a^2+1}=\sqrt{1+\dfrac{1}{k^2}}\cdot\dfrac{2ka^2}{k^2+a^2}$$

$k^3-a^2k^2+a^2k-1=0$,$(k-1)[k^2+(1-a^2)k+1]=0$ $(k>0)$

由 $k^2+(1-a^2)k+1=0$,得 $\Delta=(a^2+1)(a^2-3)$.从而可得答案:

当 $1<a\leqslant\sqrt{3}$ 时,存在满足条件的一个三角形;当 $a>\sqrt{3}$ 时,存在满足条件的三个三角形.

14. 本题即求:当抛物线与直线有两个不同的交点时,两交点之间的距离何时不大于 2.

由 $\begin{cases}y=x^2-(2k-7)x+4k-12\\y=x\end{cases}$,得 $y=x^2-(2k-6)x+4k-12=0$.

由 $\Delta>0$,得 $k<3$ 或 $k>7$.

可得 $|AB|=2\sqrt{2}\cdot\sqrt{k^2-10k+21}\leqslant 2$,$5-\dfrac{3}{2}\sqrt{2}\leqslant k\leqslant 5+\dfrac{3}{2}\sqrt{2}$,所以 k 的取值范围是 $\left[5-\dfrac{3}{2}\sqrt{2},3\right)\cup\left(7,5+\dfrac{3}{2}\sqrt{2}\right]$.

15. 设 $A(2pt^2,2pt)$,$B\left(\dfrac{p}{2},0\right)$,$C(x_0,0)(x_0>0)$.

先求使 $\angle BAC$ 是直角的 x_0 的取值范围:由 $k_{AB}\cdot k_{AC}=-1$,得

$$\dfrac{2pt}{2pt^2-\dfrac{p}{2}}\cdot\dfrac{2pt}{2pt^2-x_0}=-1,pt^4+(3p-2x_0)t^2+\dfrac{1}{2}x_0=0$$

它是关于 t^2 的一元二次方程,得该方程有两个正根 x_1,x_2,由 $\begin{cases}\Delta\geqslant 0\\x_1+x_2>0\\x_1x_2>0\end{cases}$ 可得 $x_0\geqslant\dfrac{9}{2}p$,即当且仅当 $x_0\in\left(0,\dfrac{p}{2}\right)\cup\left(\dfrac{9}{2}p,+\infty\right)$ 时, $\angle BAC$ 是锐角.

16. 取船的初始点为坐标原点 O,分别取正东、正北方向为 x 轴、y 轴的正方向,建立平面直角坐标系如图 6 所示.

得台风中心的初始点为 $C_0\left(-\dfrac{300}{\sqrt{2}},\dfrac{300}{\sqrt{2}}\right)$,经过 t h 后船到达点 $P(-10t,0)$,台风中心到达点 $C\left(-\dfrac{300}{\sqrt{2}},\dfrac{300}{\sqrt{2}}+20t\right)$,此时暴雨区的边界为圆

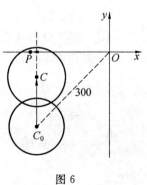

图 6

$$\left(x+\frac{300}{\sqrt{2}}\right)^2+\left(y+\frac{300}{\sqrt{2}}-20t\right)^2=100^2$$

把点 $P(-10t,0)$ 的坐标代入该方程后可得
$$t^2-18\sqrt{2}\,t+160=0$$

设该船遭遇暴雨的最初时刻、最后时刻分别为 t_1,t_2,可求得 $t_2-t_1=2\sqrt{102}$ (h).

即该船遭遇暴雨的时间段长度为 $2\sqrt{102}$ h(约为 20.2 h 即 20 h12min).

17. 由 $\begin{cases} y=kx+m \\ \dfrac{x^2}{16}+\dfrac{y^2}{12}=1 \end{cases}$,得 $(4k^2+3)x^2+8kmx+4m^2-48=0$.

设 $A(x_1,y_1),D(x_2,y_2)$,得
$$x_1+x_2=-\frac{8km}{4k^2+3},\Delta_1=(8km)^2-4(4k^2+3)(4m^2-48)>0$$

由 $\begin{cases} y=kx+m \\ \dfrac{x^2}{4}-\dfrac{y^2}{12}=1 \end{cases}$,得
$$(k^2-3)x^2+2kmx+m^2+12=0$$

设 $C(x_3,y_3),D(x_4,y_4)$,得
$$x_3+x_4=\frac{2km}{3-k^2},\Delta_2=(2km)^2-4(k^2-3)(m^2+12)>0$$

由 $x_1+x_2=x_3+x_4$,可得 $km=0$.

当 $k=0$ 时,由 $\Delta_1>0,\Delta_2>0$,得 $-2\sqrt{3}<m<2\sqrt{3}$. 又 $m\in \mathbf{Z}$,所以 $m=0,\pm 1,\pm 2,\pm 3$.

当 $m=0$ 时,由 $\Delta_1>0,\Delta_2>0$,得 $-\sqrt{3}<k<\sqrt{3}$. 又 $k\in \mathbf{Z}$,所以 $m=0,\pm 1$.

所以可得满足条件的直线共有 9 条.

18. 设 $P(x_0,y_0),B(0,b),C(0,c)$,可不妨设 $b>c$.

得直线 PB 的方程为 $y-b=\dfrac{y_0-b}{x_0}x$ 即 $(y_0-b)x-x_0y+x_0b=0$.

又圆心 $(1,0)$ 到直线 PB 的距离为 1 并用 $x_0>2$,可得 $(x_0-2)b^2+2y_0b-x_0=0$.

同理,有
$$(x_0-2)c^2+2y_0c-x_0=0$$

所以
$$b+c=\frac{-2y_0}{x_0-2},bc=\frac{-x_0}{x_0-2},(b-c)^2=\frac{4x_0^2+4y_0^2-8x_0}{(x_0-2)^2}$$

可得 $y_0^2 = 2x_0$,所以 $b - c = \dfrac{2x_0}{x_0 - 2}$.

得 $S_{\triangle PBC} = \dfrac{1}{2}(b-c)x_0 = (x_0 - 2) + \dfrac{4}{x_0 - 2} + 4 \geqslant 2\sqrt{4} + 4 = 8$(当且仅当 $x_0 = 4$, $y_0 = \pm 2\sqrt{2}$ 时取等号),所以 $\triangle PBC$ 面积的最小值是 8.

19. 如图 7 建立平面直角坐标系 xAy,得直线 $AC: x + \sqrt{3} y = 0$.

设 $D(u, 0)(u > 0)$,得直线 $BC: \dfrac{x}{u} + y = 1$.

可求得 $C\left(\dfrac{\sqrt{3}u}{\sqrt{3} - u}, \dfrac{u}{u - \sqrt{3}}\right)$,由 $CD = 1$,可得

$$u^4 + 2\sqrt{3}u - 3 = 0$$
$$(u + \sqrt{3})(u^3 - \sqrt{3}u^2 + 3u - \sqrt{3}) = 0$$
$$u^3 - \sqrt{3}u^2 + 3u - \sqrt{3} = 0$$
$$u(u^2 + 3) - \sqrt{3}(u^2 + 1) = 0$$

设 $u^2 + 1 = v$,可得 $v^3 = 4$, $v = \sqrt[3]{4}$, $BD^2 = u^2 + 1 = v = (\sqrt[3]{2})^2$, $BD = \sqrt[3]{2}$.

另解 如图 2,设 $BD = x(x > 1)$.

在 $\triangle ABC$ 中,有 $\dfrac{x+1}{\sin 120°} = \dfrac{1}{\sin C}$;在 $\triangle ACD$ 中,有 $\dfrac{\sqrt{x^2 - 1}}{\sin C} = \dfrac{1}{\sin 30°}$,所以

$$\dfrac{x+1}{\frac{\sqrt{3}}{2}} = \dfrac{2}{\sqrt{x^2 - 1}}, (x+1)\sqrt{(x+1)(x-1)} = \sqrt{3}$$

设 $x + 1 = t(t > 2)$,得

$$t\sqrt{t(t-2)} = \sqrt{3}, t^4 - 2t^3 - 3 = 0$$
$$(t+1)(t^3 - 3t^2 + 3t - 3) = 0, t^3 - 3t^2 + 3t - 3 = 0$$
$$(t-1)^3 = 2, x^3 = 2, x = \sqrt[3]{2}$$

即 $BD = \sqrt[3]{2}$.

20. (1) 圆 C_1 即 $x^2 + y^2 = 25$,圆 C_2 即 $(x-1)^2 + (y-2)^2 = 16$. 所以 $O_1(0,0)$, $O_2(1,2)$, $d = |O_1 O_2| = \sqrt{5}$,圆 C_1, C_2 的半径分别是 $R = 5$, $r = 4$.

因为可得 $|R - r| < d < R + r$,所以圆 C_1, C_2 相交.

(2) 这两个圆的公共弦 AB 所在直线的方程是

$$(x^2 + y^2 - 25) - (x^2 + y^2 - 2x - 4y - 11) = 0$$

即

$$x + 2y - 7 = 0$$

(3) 设直线 O_1O_2 交公共弦 AB 于点 H,用点到直线的距离公式,得 $|O_1H| = \dfrac{7}{5}\sqrt{5}$.

再由勾股定理,得 $|AH| = \dfrac{\sqrt{380}}{5}$, $|AB| = 2|AH| = \dfrac{2}{5}\sqrt{380}$.

(4) 我们再计算出 $|O_2H| = \dfrac{2}{5}\sqrt{5}$,又 $|O_1O_2| = \sqrt{5} = |O_1H| - |O_2H|$,还注意到点 O_1 在圆 C_2 内,点 O_2 在圆 C_1 内,所以可画出草图如图 8 所示.

所以 $S = 2 \cdot \dfrac{1}{2}|O_1O_2| \cdot |AH| = 2\sqrt{19}$.

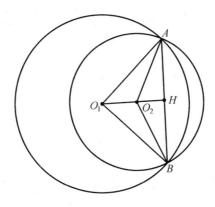

图 8

(5) 因为两圆相交,所以它们只有外公切线.

又 $|O_1O_2| = \sqrt{5}$, $R - r = 1$,所以外公切线长为 $\sqrt{(\sqrt{5})^2 - 1^2} = 2$.

(6) 可设所求直线方程为 $ax + by + c = 0$,得

$$\begin{cases} \dfrac{|c|}{\sqrt{a^2+b^2}} = 5 \\ \dfrac{|a+2b+c|}{\sqrt{a^2+b^2}} = 4 \end{cases}$$

由线性规划知识,可得

$$\begin{cases} \dfrac{c}{\sqrt{a^2+b^2}} = 5 \\ \dfrac{a+2b+c}{\sqrt{a^2+b^2}} = 4 \end{cases} \text{或} \begin{cases} \dfrac{-c}{\sqrt{a^2+b^2}} = 5 \\ \dfrac{-(a+2b+c)}{\sqrt{a^2+b^2}} = 4 \end{cases}$$

可求得答案为 $x = 5$ 及 $3x - 4y + 25 = 0$(如图 9).

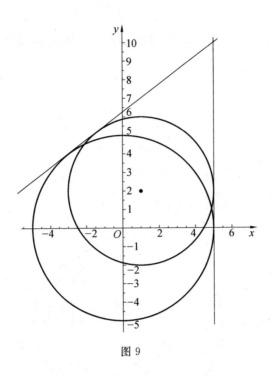

图 9

21. 略.

22. 题意即以 OA 为直径的圆 $\left(x+\dfrac{a}{2}\right)^2+y^2=\dfrac{a^2}{4}$ 与椭圆有公共点. 联立后可得

$$c^2x^2+a^3x+a^2b^2=0$$

因为两者有公共点 $(-a,0)$，所以该一元二次方程有根 $x=-a$，由韦达定理，得另一根为 $x=-\dfrac{ab^2}{c^2}$，所以题意即 $-\dfrac{ab^2}{c^2}>-a$，得椭圆 $\varGamma$ 离心率的取值范围是 $\left(\dfrac{\sqrt{2}}{2},1\right)$.

§29 自主招生试题集锦(立体几何)

1.(2008 年复旦大学自主招生试题第 112 题)在正三棱柱 $ABC-A_1B_1C_1$ 中,若 $AB=\sqrt{2}BB_1$,则 AB_1 与 C_1B 所成角的大小是(　　)

A. $60°$　　　B. $75°$　　　C. $90°$　　　D. $105°$

2.(2008 年西北工业大学自主招生试题第 9 题)在正三棱柱 $ABC-A_1B_1C_1$ 中,若 $BB_1=\frac{\sqrt{2}}{2}AB$,则 C_1B 与 AB_1 所成角的大小是(　　)

A. $15°$　　　B. $75°$　　　C. $90°$　　　D. $60°$

3.(2008 年西北工业大学自主招生试题理第 12 题)长为 5,宽为 4,高为 3 的长方体密闭容器内有一半径为 1 的小球,小球可在容器里任意运动,则容器内小球不能到达的空间的体积为(　　)

A. $32-\frac{22}{3}\pi$　　B. 6π　　C. $\frac{22}{3}\pi$　　D. $60-\pi$

4.(2008 年上海财经大学自主招生试题理第 12 题)对一个棱长为 1 的正方体 $ABCD-A_1B_1C_1D_1$,在过顶点 A_1 的三条棱上分别取点 E,F,G,使 $A_1E=A_1F=A_1G$.削掉四面体 A_1-EFG 后,以截面 $\triangle EFG$ 为底面,在立方体中打一个三棱柱的洞,使棱柱的侧棱均平行于体对角线 A_1C.当洞打穿后,顶点 C_1 被削掉,出口是一个空间多边形,则这个多边形是(　　)

A. 三角形　　B. 四边形　　C. 六边形　　D. 八边形

5.(2009 年全国高中数学联赛吉林赛区预赛第 4 题)现有一个正四面体与一个正四棱锥,它们的所有棱长都相等,将它们重叠一个侧面后,所得的几何体是(　　)

A. 四面体　　B. 五面体　　C. 六面体　　D. 七面体

6.(2006 年全国高中数学联赛试题第一试第 4 题)在直三棱柱 $A_1B_1C_1-ABC$ 中,$\angle BAC=\frac{\pi}{2}$,$AB=AC=AA_1=1$.已知 G 与 E 分别为 A_1B_1 和 CC_1 的中点,D 与 F 分别为 AC 和 AB 上的动点(不包括端点).若 $GD \perp EF$,则线段 DF 的长度的取值范围为(　　)

A. $\left[\frac{1}{\sqrt{5}},1\right)$　　B. $\left[\frac{1}{5},2\right)$　　C. $[1,\sqrt{2})$　　D. $\left[\frac{1}{\sqrt{5}},\sqrt{2}\right)$

7.(2003 年全国高中数学联赛试题第一试第 6 题)在四面体 $ABCD$ 中,设

$AB=1, CD=\sqrt{3}$,直线 AB 与 CD 的距离为 2,夹角为 $\dfrac{\pi}{3}$,则四面体 $ABCD$ 的体积等于（　　）

A. $\dfrac{\sqrt{3}}{2}$ B. $\dfrac{1}{2}$ C. $\dfrac{1}{3}$ D. $\dfrac{\sqrt{3}}{3}$

8.（2010年五校自主招生考前密题）设四棱锥 $P-ABCD$ 的底面不是平行四边形,用平面 α 去截此四棱锥,使得截面四边形是平行四边形,则这样的平面 α（　　）

A. 不存在   B. 只有 1 个   C. 恰有 4 个   D. 有无数多个

9.（2013年高考全国卷文科理科第 4 题）如图 1,在多面体 $ABCDEF$ 中,已知 $ABCD$ 是边长为 1 的正方形,且 $\triangle ADE$、$\triangle BCF$ 均为正三角形,$EF \parallel AB$,$EF=2$,则该多面体的体积为（　　）

A. $\dfrac{\sqrt{2}}{3}$ B. $\dfrac{\sqrt{3}}{3}$ C. $\dfrac{4}{3}$ D. $\dfrac{3}{2}$

10.（1999年高考全国卷文科理科第 10 题）如图 2,在多面体 $ABCDEF$ 中,已知面 $ABCD$ 是边长为 3 的正方形,$EF \parallel AB$,$EF=\dfrac{3}{2}$,EF 与面 $ABCD$ 的距离为 2,则该多面体的体积为（　　）

A. $\dfrac{9}{2}$ B. 5   C. 6   D. $\dfrac{15}{2}$

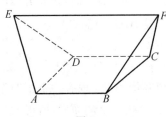

图 1

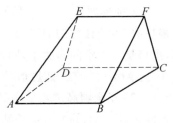

图 2

11.（2012年清华大学保送生考试试题第 6 题）某几何体的三视图如图 3 所示,用 α,β,γ 分别表示三视图中的主视图、左视图、俯视图,设 S_α、S_β、S_γ 是实际几何体中能看到的面积,则 S_α、S_β、S_γ 从小到大的顺序为 _____ .

图 3

12. (2009年南京大学自主招生试题第2题) 有一个圆柱形杯子,底面周长为12 cm,高为8 cm,点 A 在内壁距杯口2 cm处,A 对面外壁距杯底2 cm处有一只小虫,问小虫至少走_____ cm长的路才能到 A 处饱餐一顿.

13. (2005年上海交通大学推优、保送生试题第一题第8题) 一只蚂蚁沿 $1 \times 2 \times 3$ 立方体表面爬,从一对角线一端到另一端的最短距离为_____.

14. (2005年上海交通大学推优、保送生试题第4题) 将3个 $12 \text{ cm} \times 12 \text{ cm}$ 的正方形沿邻边的中点剪开,分成两部分(如图4所示),将这6部分接于一个边长为 $6\sqrt{2}$ 的正六边形上(如图5所示),若拼接后的图形是一个多面体的展开图,则该多面体的体积为_____.

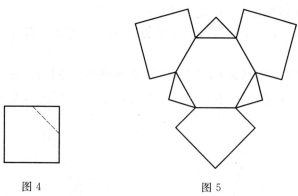

图4　　　　图5

15. (2012年全国高中数学联赛第一试第5题) 设同底的两个正三棱锥 $P-ABC$ 和 $Q-ABC$ 内接于同一个球.若正三棱锥 $P-ABC$ 的侧面与底面所成的角为 $45°$,则正三棱锥 $Q-ABC$ 的侧面与底面所成角的正切值是_____.

16. (2011年全国高中数学联赛第一试第6题) 在四面体 $ABCD$ 中,已知 $\angle ADB = \angle BDC = \angle CDA = 60°$,$AD = BD = 3$,$CD = 2$,则四面体 $ABCD$ 的外接球的半径为_____.

17. (2009年全国高中数学联赛陕西赛区预赛试题第9题) 一个含有底面的半球形容器内放置有三个两两外切的、半径都为1的小球,且每个小球都与半球的底面和球面相切,则该半球的半径 $R =$ _____.

18. (2008年全国高中数学联赛第一试第12题) 一个半径为1的小球在一个内壁棱长为 $4\sqrt{6}$ 的正四面体容器内可向各个方向自由运动,则该小球永远不可能接触到的容器内壁的面积是_____.

19. (2007年全国高中数学联赛第一试第9题) 已知正方体 $ABCD-A_1B_1C_1D_1$ 的棱长为1,以顶点 A 为球心,$\dfrac{2\sqrt{3}}{3}$ 为半径作一个球,则球面与正方体的表面相交所得到的曲线的长等于_____.

20.（2006年全国高中数学联赛第一试第10题）底面半径为 1 cm 的圆柱形容器里放有四个半径为 $\frac{1}{2}$ cm 的实心铁球，四个球两两相切，其中底层两球与容器底面相切．现往容器里注水，使水面恰好浸没所有铁球，则需要注水 _____ cm³．

21.（2003年全国高中数学联赛第一试第11题）将8个半径都为1的球分两层放置在一个圆柱内，并使得每个球和其相邻的四个球相切，且与圆柱的一个底面及侧面都相切，则此圆柱的高等于 _____．

22.（2004年上海市高中数学竞赛（CAS10杯））如图6，三个半径都是 10 cm 的小球放在一个半球面的碗中，小球的顶端恰好与碗的上沿处于同一水平面，则这个碗的半径是 _____ cm．

图 6

23.（美国邀请赛试题）图7中的多面体的底面是边长为 s 的正方形，上面的棱平行于底面，其长为 $2s$，其余棱长也都为 s，若 $s=6\sqrt{2}$，求这个多面体的体积．

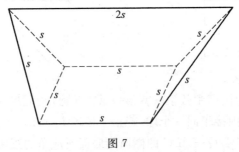

图 7

24.（2009年复旦大学自主招生试题第6题）正三棱柱 $ABC-A_1B_1C_1$ 中，$AB=AA_1=1$，在 AB 上有一点 P，使面 PB_1C_1，PA_1C_1 与底面所成角的大小分别为 α, β，求 $\tan(\alpha+\beta)$ 的最小值．

25.（2009年复旦大学自主招生试题第19题）半径为 R 的球中装了4个半径为 r 的球，求 r 的最大值．

26.（2009年复旦大学自主招生试题第29题）四面体一对对棱长为6，其余棱长为5，求其内切球半径．

27.（2009年南京大学自主招生试题第14题）在四面体 $ABCD$ 中，平行于 AB,CD 的平面 π 截四面体所得截面为 $EFGH$，AB 到平面 π 的距离为 d_1，CD 到平面 π 的距离为 d_2，且 $\frac{d_1}{d_2}=k$．求立体图形 $ABEFGH$ 与四面体 $ABCD$ 的体积之比（用 k 表示）．

28.（2008年清华大学自主招生试题第2题）(1) 一个四面体，证明：至少存

在一个顶点,从其出发的三条棱能组成一个三角形;

(2)四面体一个顶点处的三个角分别是$\frac{\pi}{2},\frac{\pi}{3}$,arctan 2,求角的大小分别为$\frac{\pi}{3}$,arctan 2的面所成的二面角.

29.(2008年南京大学自主招生试题第五题)设正方体$ABCD-A_1B_1C_1D_1$的棱长为4,F为CD的中点,E是AA_1上一点,且$AE=1$.

(1)求二面角$E-B_1C_1-F$的大小;

(2)求四面体B_1C_1EF的体积.

30.(2008年西北工业大学自主招生试题)如图8,在三棱锥$A-BCD$中,$\angle BCD=90°,BC=CD=AB=1,AB\perp$面$BCD$,$E$为$AC$的中点,$F$在线段$AD$上,$\frac{AF}{AD}=\lambda$.

(1)当λ为何值时,面$BEF\perp$面ACB,并证明;

(2)在(1)的条件下,求二面角$E-CF-B$的大小.

31.(2005年复旦大学自主招生试题第二题第3题)在正方体$ABCD-A_1B_1C_1D_1$中,点E,F,G分别为AD,AA_1,A_1B_1的中点,求:

(1)点B到面EFG的距离;

(2)二面角$G-EF-D_1$的大小θ.

32.(2004年复旦大学推优、保送生考试试题第二题第6题)已知E为棱长为a的正方体$ABCD-A_1B_1C_1D_1$的棱AB的中点,求点B到平面A_1EC的距离.

33.(2004年同济大学自主招生优秀考生文化测试试题第12题)如图9,设四棱锥$P-ABCD$中,底面$ABCD$是边长为1的正方形,且$PA\perp$面$ABCD$.

(1)求证:直线$PC\perp$直线BD;

(2)过直线BD且垂直于直线PC的平面交PC于点E,如果三棱锥$E-BCD$的体积取到最大值,求此时四棱锥$P-ABCD$的高.

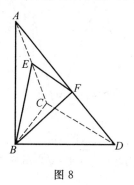

图8

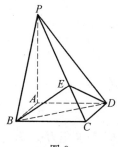

图9

34.(2010年华约五校联合测试)(1)一个正三棱锥的体积为 $\frac{\sqrt{2}}{3}$,求它的表面积的最小值;

(2)一个正 n 棱锥的体积为 V,求一个与 n 无关的充分必要条件使得正 n 棱锥的表面积取最小值.

35.在四面体 $ABCD$ 中,$AB=CD$,$AC=BD$,$AD=BC$.

(1)求证:该四面体每个面均为锐角三角形;

(2)设三个侧面与底面 BCD 所成的角分别为 α,β,γ,求证:$\cos\alpha+\cos\beta+\cos\gamma=1$.

36.已知点 G 是正三棱锥 $A-BCD$ 的侧面 ABC 的重心,$DG=1$,求该正三棱锥的侧面积 $S_{侧}$、底面积 $S_{底}$、表面积 $S_{表}$ 及体积 V 的取值范围.

参考答案与提示

1.C.　2.C.　3.A.

4.C.此三棱柱的洞打穿到点 C 后,在每个面(共三面)上留下一个三角形缺口,由于面 PQR 的右侧全部截掉,实际上并不作为多边形的边线,所以这个空间多边形是六边形.

5.B.在图10中的正四面体 $ACDF$ 中,可算得二面角 $F-AC-D$ 的大小为 $\arccos\frac{2}{3}$;在图10中的正四棱锥 $A-BCDE$ 中,可算得二面角 $B-AC-D$ 的大小为 $\pi-\arccos\frac{2}{3}$,所以二面角 $B-AC-F$ 的大小为 π,即点 A,B,C,F 共面.同理,点 A,B,E,F 也共面.所以,所得的几何体是五面体.

6.A.可建立空间直角坐标系求解.

7.B.如图11,过点 C 作 $CE \underline{\underline{\parallel}} AB$,以 $\triangle CDE$ 为底面,BC 为侧棱作棱柱 $ABF-ECD$,则所求四面体的体积 V_1 等于该棱柱的体积 V_2 的 $\frac{1}{3}$.

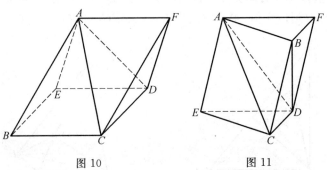

图10　　图11

得 $\triangle CDE$ 的面积为 $\frac{1}{2}CE\cdot CD\sin\angle ECD = \frac{1}{2}\cdot 1\cdot\sqrt{3}\sin 60° = \frac{3}{4}$.

AB 与 CD 的公垂线长 MN 就是棱柱 $ABF-ECD$ 的高,所以 $V_2 = \frac{3}{4} \cdot 2 = \frac{3}{2}$.

所以 $V_1 = \frac{1}{3} V_2 = \frac{1}{2}$.

8. D.　9. A.　10. D.

11. $S_\beta > S_\alpha > S_\gamma$(即 $10 > 8 > 6$).

12. 10.

13. $3\sqrt{2}$.

14. 864. 拼接后的多面体为三条侧棱两两垂直且侧棱长为 18 的三棱锥,在三个顶点截去全等的三侧棱两两垂直且棱长为 6 的三棱锥得到的多面体,所以 $V = \frac{1}{6} \cdot 18^3 - \frac{1}{3} \cdot 6^3 \cdot 3 = 864$.

15. 4. 如图 12,联结 PQ,则 $PQ \perp$ 面 ABC,垂足 H 为正 $\triangle ABC$ 的中心,且 PQ 过球心 O,联结 CH 并延长交 AB 于点 M,则 M 为 AB 的中点,且 $CM \perp AB$,易知 $\angle PMH$,$\angle QMH$ 分别为正三棱锥 $P-ABC$,$Q-ABC$ 的侧面与底面所成二面角的平面角,得 $\angle PMH = 45°$,所以 $PH = MH = \frac{1}{2} AH$.

因为 $\angle PAQ = 90°$,$AH \perp PQ$,所以 $AP^2 = PH \cdot QH = \frac{1}{2} AH \cdot QH$,得 $QH = 2AH = 4MH$,所以 $\tan \angle QMH = \frac{QH}{MH} = 4$.

16. $\sqrt{3}$. 如图 13,设四面体 $ABCD$ 的外接球的球心为 O,则点 O 在过 $\triangle ABD$ 的外心且垂直于平面 ABD 的垂线上. 由题设知,$\triangle ABD$ 是正三角形,则点 N 为 $\triangle ABD$ 的重心. 设 P,M 分别为 AB,CD 的中点,则点 N 在 DP 上,且 $ON \perp DP$,$OM \perp CD$.

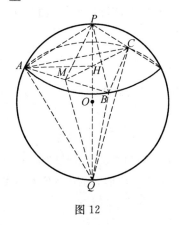

图 12

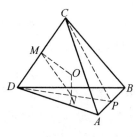

图 13

设 CD 与平面 ABD 成 θ 角,由 $\angle ADB = \angle BDC = \angle CDA = 60°$,可得 $\cos\theta = \dfrac{1}{\sqrt{3}}, \sin\theta = \dfrac{\sqrt{2}}{\sqrt{3}}$.

在 $\triangle DMN$ 中
$$DM = \frac{1}{2}CD = 1, DN = \frac{2}{3}DP = \frac{2}{3} \cdot \frac{\sqrt{3}}{2} \cdot 3 = \sqrt{3}$$

由余弦定理,得
$$MN^2 = 1^2 + (\sqrt{3})^2 - 2 \cdot 1 \cdot \sqrt{3} \cdot \frac{1}{\sqrt{3}} = 2, MN = \sqrt{2}$$

所以四边形 $DMON$ 的外接圆直径 $OD = \dfrac{MN}{\sin\theta} = \sqrt{2}/\dfrac{\sqrt{2}}{\sqrt{3}} = \sqrt{3}$,得球 O 的外接球的半径为 $\sqrt{3}$.

17. $1 + \dfrac{\sqrt{21}}{3}$. 设三个小球的球心分别为 O_1, O_2, O_3,得正 $\triangle O_1 O_2 O_3$ 的边长为 2,其外接圆半径为 $\dfrac{2}{\sqrt{3}}$.

设半球的球心为 O,小球 O_1 与半球底面相切于点 A. 如图 14,过点 O, O_1, A 作半球的截面,半圆 O 的半径 $OC \perp OA, O_1B \perp OC$ 于点 B,则 $OA = O_1 B = \dfrac{2}{\sqrt{3}}$. 在 $\text{Rt}\triangle OAO_1$ 中,由 $(R-1)^2 = \left(\dfrac{2}{\sqrt{3}}\right)^2 + 1^2$,得 $R = 1 + \dfrac{\sqrt{21}}{3}$.

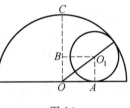

图 14

18. $72\sqrt{3}$. 如图 15,考虑小球挤在一个角时的情况.

记小球的半径为 r,作平面 $A_1B_1C_1 \parallel$ 平面 ABC,且该平面与小球切于点 D. 则小球球心 O 为正四面体 $P-A_1B_1C_1$ 的中心,所以 $PO \perp$ 面 $A_1B_1C_1$,且垂足 D 为 $\triangle A_1B_1C_1$ 的中心.

由 $V_{P-A_1B_1C_1} = \dfrac{1}{3}S_{\triangle A_1B_1C_1} \cdot PD = 4V_{O-A_1B_1C_1} = 4 \cdot \dfrac{1}{3}S_{\triangle A_1B_1C_1} \cdot OD$,得 $PD = 4OD = 4r$,所以 $PO = PD - OD = 4r - r = 3r$. 记此时小球与面 PAB 的切点为 P_1,联结 OP_1,得
$$PP_1 = \sqrt{PO^2 - OP_1^2} = \sqrt{(3r)^2 - r^2} = 2\sqrt{2}r$$

考虑小球与正四面体的一个面(不妨取 $\triangle PAB$)相切时的情况,易知小球在平面 PAB 上最靠近边的切点的轨迹仍为正三角形,记为 $\triangle P_1EF$(如图 16),记正四面体的棱长为 a,过点 P_1 作 $P_1M \perp PA$ 于点 M.

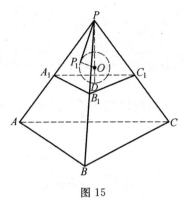
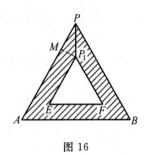

图 15   图 16

因为 $\angle MPP_1 = 30°$,所以 $PM = PP_1\cos\angle MPP_1 = 2\sqrt{2}r \cdot \dfrac{\sqrt{3}}{2} = \sqrt{6}r$. 所以小三角形的边长 $P_1E = PA - 2PM = a - 2\sqrt{6}r$.

小球与面 PAB 不能接触到的部分的面积(图 16 中阴影部分) 为

$$S_{\triangle PAB} - S_{\triangle P_1EF} = \dfrac{\sqrt{3}}{4}[a^2 - (a - 2\sqrt{6}r)^2] = 3\sqrt{2}ar - 6\sqrt{3}r^2$$

又 $r = 1, a = 4\sqrt{6}$,所以 $S_{\triangle PAB} - S_{\triangle P_1EF} = 24\sqrt{3} - 6\sqrt{3} = 18\sqrt{3}$.

由对称性,且四面体共 4 个面,知小球永远不可能接触到的容器内壁的面积是 $72\sqrt{3}$.

19. $\dfrac{5}{6}\sqrt{3}\pi$. 如图 17,球面与正方体的六个面都相交,所得交线分两类:点 A 所在的三个面即面 $AA_1B_1B, ABCD, AA_1D_1D$ 上的交线;不过点 A 的三个面即面 $BB_1C_1C, CC_1D_1D, A_1B_1C_1D_1$ 上的交线.

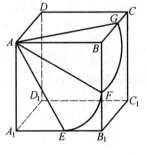

图 17

在面 AA_1B_1B 上,交线为 $\overset{\frown}{EF}$ 且在过球心 A 的大圆上,因为 $AE = \dfrac{2\sqrt{3}}{3}, AA_1 = 1$,所以 $\angle A_1AE = \dfrac{\pi}{6}$. 同理 $\angle EAF = \dfrac{\pi}{6}$,所以 $\overset{\frown}{EF}$ 的长为 $\dfrac{2\sqrt{3}}{3} \cdot \dfrac{\pi}{6} = \dfrac{\sqrt{3}}{9}\pi$. 这样的弧共有三条.

在面 BB_1C_1C 上,交线为 $\overset{\frown}{FG}$ 且在距球心 A 为 1 的平面与球面相交所得的小圆上,此时,小圆的圆心为 B,半径为 $\dfrac{\sqrt{3}}{3}, \angle FBG = \dfrac{\pi}{2}$,所以 $\overset{\frown}{FG}$ 的长为 $\dfrac{\sqrt{3}}{3} \cdot \dfrac{\pi}{2} = \dfrac{\sqrt{3}}{6}\pi$. 这样的弧也共有三条.

所以所求答案为 $3\left(\dfrac{\sqrt{3}}{9}\pi+\dfrac{\sqrt{3}}{6}\pi\right)=\dfrac{5\sqrt{3}}{6}\pi$.

20. $\left(\dfrac{1}{3}+\dfrac{\sqrt{2}}{2}\right)\pi$. 4 个等球恰好放两层,且这 4 个球的球心是一个正四面体的顶点.可求得该正四面体的对棱的距离为 $\dfrac{\sqrt{2}}{2}$,所以圆柱形容器内的注水高度为 $h=\dfrac{1}{2}+\dfrac{\sqrt{2}}{2}+\dfrac{1}{2}=1+\dfrac{\sqrt{2}}{2}$.

得需要注水 $\pi\cdot 1^2\cdot h-\dfrac{4}{3}\pi\left(\dfrac{1}{2}\right)^3\cdot 4=\left(\dfrac{1}{3}+\dfrac{\sqrt{2}}{2}\right)\pi(\mathrm{cm}^3)$.

21. $\sqrt[4]{8}+2$. 如图 18,上下两层四个球的球心 A_1,B_1,C_1,D_1,A,B,C,D 分别是上下两个边长为 2 的正方形的顶点,且以它们的外接圆为上下底面构成圆柱,同时 A_1 在底面上的射影 M 为 $\overset{\frown}{AB}$ 的中点.

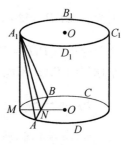

图 18

由 $A_1A=A_1B=AB=2, OM=OA=\sqrt{2}$,
$MN=\sqrt{2}-1$ 可求得 $A_1M=\sqrt{A_1N^2-MN^2}=\sqrt[4]{8}$,
所以所求的高为 $\sqrt[4]{8}+2$.

22. $\dfrac{20}{3}\sqrt{3}$. 解法全同第 18 题.

23. 288.

24. 过点 P 在平面 ABB_1A_1 内作直线 $PP_1\perp A_1B_1$ 于点 P_1,得 $PP_1\perp$ 面 $A_1B_1C_1$. 在面 $A_1B_1C_1$ 内过点 P_1 分别作 B_1C_1,A_1C_1 的垂线,垂足分别为 E,F,得

$$\tan\alpha=\dfrac{PP_1}{P_1E},\tan\beta=\dfrac{PP_1}{P_1F},\tan(\alpha+\beta)=\cdots=\dfrac{P_1E+P_1F}{P_1E\cdot P_1F-1}$$

由 $P_1E\cdot 1+P_1F\cdot 1=\dfrac{\sqrt{3}}{2}$,所以

$$\tan(\alpha+\beta)=\dfrac{\dfrac{\sqrt{3}}{2}}{P_1E\cdot P_1F-1}\geqslant\dfrac{\dfrac{\sqrt{3}}{2}}{\left(\dfrac{P_1E+P_1F}{2}\right)^2-1}=$$

$$-\dfrac{8}{13}\sqrt{3}(当且仅当 P_1E=P_1F 时取等号)$$

即 $\tan(\alpha+\beta)$ 的最小值是 $-\dfrac{8}{13}\sqrt{3}$.

25. 设 4 个半径为 r 的球的球心分别为 O_1, O_2, O_3, O_4,它们可以是一个棱长为 $2r$ 的正四面体的顶点. 可把该正四面体看成某个正方体的六个顶点中的四个, 可得该正四面体的中心到顶点的距离均为 $\frac{\sqrt{6}}{2}r$. 欲使 r 最大, 即四个小球都内切于半径为 R 的球, 此时 $\frac{\sqrt{6}}{2}r = R - r$, 得 r 的最大值为 $(\sqrt{6} - 2)R$.

26. 将该四面体补成长方体, 使其面对角线为四面体各棱长. 不妨设长方体同一顶点出发的三条棱长分别为 a, b, c, 则 $a^2 + b^2 = 25, a^2 + c^2 = 25, b^2 + c^2 = 36$, 解得 $a = \sqrt{7}, b = c = 3\sqrt{2}$. 可求得该四面体的体积为 $\frac{1}{3}\sqrt{7} \cdot 3\sqrt{2} \cdot 3\sqrt{2} = 6\sqrt{7}$.

设内切球半径为 r, 四面体的一个面面积为 12, 用体积分割法得 $4 \cdot \frac{1}{3} \cdot 12r = 6\sqrt{7}, r = \frac{3}{8}\sqrt{7}$.

27. 如图 19, 设点 A 到面 BCD 的距离为 h. 在 $\triangle ABC$ 中, 由 $\frac{AE}{EC} = \frac{d_1}{d_2}$, 得

$$S_{\triangle ABF} : S_{\triangle AEF} : S_{\triangle CEF} = (d_1^2 + d_1 d_2) : d_1 d_2 : d_2^2$$

$$\frac{V_{G-AEF}}{V_{G-ABF}} = \frac{d_1 d_2}{d_1^2 + d_1 d_2} = \frac{d_2}{d_1 + d_2}$$

而 $V_{G-AEF} = V_{G-AEH}, V_{G-ABF} = V_{A-BEH} = \frac{1}{3} S_{\triangle BFG} h$, 所以

$$\frac{V_{ABEFGH}}{V_{ABCD}} = \frac{\frac{1}{3}S_{\triangle BFG}h + \frac{2}{3} \cdot \frac{d_2}{d_1+d_2} S_{\triangle BFG}h}{\frac{1}{3}S_{\triangle BCD}h} = \frac{\left(1 + \frac{2d_2}{d_1+d_2}\right)S_{\triangle BFG}}{S_{\triangle BCD}} =$$

$$\frac{d_1 + 3d_2}{d_1 + d_2} \cdot \frac{d_1^2}{(d_1+d_2)^2} = \frac{k^2(k+3)}{(k+1)^2}$$

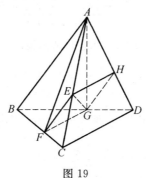

图 19

28. (1) 证明: 如图 20 所示四面体, 不妨设 $a \leqslant b \leqslant c$.
当 $a + b > c$ 时, 过顶点 A 的三条棱可以组成一个三角形.

当 $a+b \leqslant c$ 时,因为 $a+m>b, a+n>c$,所以 $2a+m+n>b+c$,得
$$m+n>b+c-2a \geqslant b+(b+a)-2a=2b-a \geqslant a$$
所以过顶点 B 的三条棱可以组成一个三角形.

(2) 如图 21 所示,在四面体 $A-BCD$ 中,过点 D 作面 $BCD \perp AD$.

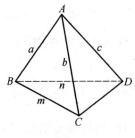

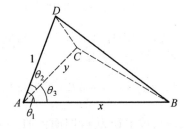

图 20

图 21

设 $\angle BAD=\theta_1, \angle CAD=\theta_2, \angle BAC=\theta_3$,则 $\angle BDC=\varphi$ 就是 θ_1 的面与 θ_2 的面所成的二面角的平面角.

得 $BD=\tan \theta_1, x=\dfrac{1}{\cos \theta_1}, CD=\tan \theta_2, y=\dfrac{1}{\cos \theta_2}$,所以
$$BC^2=x^2+y^2-2xy\cos \theta_3=\dfrac{1}{\cos^2 \theta_1}+\dfrac{1}{\cos^2 \theta_2}-\dfrac{2\cos \theta_3}{\cos \theta_1 \cos \theta_2}$$
又
$$BC^2=BD^2+CD^2-2BD \times CD \times \cos \varphi=$$
$$\tan^2 \theta_1+\tan^2 \theta_2-2\tan \theta_1 \tan \theta_2 \cos \varphi$$
作差化简得
$$1-\dfrac{\cos \theta_3}{\cos \theta_1 \cos \theta_2}+\tan \theta_1 \tan \theta_2 \cos \varphi=0$$
所以
$$\cos \varphi=\dfrac{\cos \theta_3-\cos \theta_1 \cos \theta_2}{\sin \theta_1 \sin \theta_2}$$
这就是 θ_1 的面与 θ_2 的面所成的二面角的余弦值.

在本题中 $\theta_1=60°, \theta_2=\arctan 2, \theta_3=90°, \sin \theta_2=\dfrac{2}{\sqrt{5}}, \sin \theta_2=\dfrac{1}{\sqrt{5}}$,代入上述公式得 $\cos \varphi=-\dfrac{\sqrt{3}}{6}$,所以由 θ_1 的面与 θ_2 的面所成的二面角是 $\pi-\arccos \dfrac{\sqrt{3}}{6}$.

29. (1)$\arctan \dfrac{1}{2}$;(2)$V_{F-B_1C_1E}=\dfrac{1}{3}S_{\triangle B_1C_1E}h=\dfrac{1}{3} \cdot \dfrac{1}{2} \cdot 4 \cdot 5 \cdot 2=\dfrac{20}{3}$.

30. 可以点 C 为坐标原点建立空间直角坐标系求解,答案为:(1) $\dfrac{1}{2}$;(2)$60°$.

31. 可建立空间直角坐标系求解,答案为:(1) $\frac{\sqrt{3}}{2}a$;(2) $\arctan\sqrt{2}$.

32. 可建立空间直角坐标系求解,答案为 $\frac{\sqrt{6}}{6}a$.

33. (1) 略. (2) 设 $PA=h$,点 E 到平面 $ABCD$ 的距离 $EO=x$.

因为面 $BDE \perp PC$,所以 $BE \perp PC$. 在 $\mathrm{Rt}\triangle PBC$ 中,$BC=1, PB=\sqrt{h^2+1}$,可得 $CE=\dfrac{1}{\sqrt{h^2+2}}$. 再在 $\mathrm{Rt}\triangle PAC$ 中,$\dfrac{EO}{PA}=\dfrac{EC}{PC}$ 即

$$\frac{x}{h}=\frac{\frac{1}{\sqrt{h^2+2}}}{\sqrt{h^2+2}}, x=\frac{h}{h^2+2}=\frac{1}{h+\frac{2}{h}}\leqslant \frac{1}{2\sqrt{2}}(当且仅当 h=\sqrt{2} \text{ 时取等号})$$

因为三棱锥 $E-BCD$ 的底面积一定,所以其体积最大即高 EO 即 x 最大也即四棱锥 $P-ABCD$ 的高 $h=\sqrt{2}$.

34. (1) 是(2)的特例,所以下面只求解(2):

设正 n 棱锥的一个侧面面积为 s,侧面与底面所成角的大小为锐角 θ,底面外接圆半径为 r,正 n 棱锥的表面积为 S,棱锥的高 $h=r\cos\dfrac{\pi}{n}\tan\theta$,得

$$\frac{V}{n}=\frac{1}{3}r^2\sin\frac{\pi}{n}\cos\frac{\pi}{n}\cdot r\cos\frac{\pi}{n}\tan\theta=$$

$$\frac{1}{3}\cdot\frac{\left(\frac{1}{2}r^2\sin\frac{2\pi}{n}\right)}{r\sin\frac{\pi}{n}}\tan\theta=\frac{s^2\sin^2\theta\tan\theta}{3r\sin\frac{\pi}{n}}$$

又 $s\cos\theta=\dfrac{1}{2}r^2\sin\dfrac{2\pi}{n}$,把上一式平方后与后一式相乘,得 $s=\sqrt[3]{\dfrac{9V^2\tan\dfrac{\pi}{n}}{n^2\cos\theta\sin^2\theta}}$,所以

$$S=ns(1+\cos\theta)=n\sqrt[3]{\dfrac{9V^2\tan\dfrac{\pi}{n}}{n^2}}\cdot\sqrt[3]{\dfrac{(1+x)^2}{x(1-x)}} \quad (其中 x=\cos\theta(0<x<1))$$

用导数可求得:当且仅当 $x=\dfrac{1}{3}$ 时,函数 $f(x)=\dfrac{(1+x)^2}{x(1-x)}(0<x<1)$ 取到最小值 8.

所以当且仅当正 n 棱锥的侧面与底面所成角的余弦值为 $\dfrac{1}{3}$ 时,正 n 棱锥的表面积取到最小值 $2n\sqrt[3]{\dfrac{9V^2\tan\dfrac{\pi}{n}}{n^2}}$.

35. 因为该四面体的三组对棱长分别相等,所以可把该四面体放置在长方体中,使得每组对棱分别是该长方体对面的对角线(异面),如图 22. 在长方体中,结论(1)(2)是显然的.

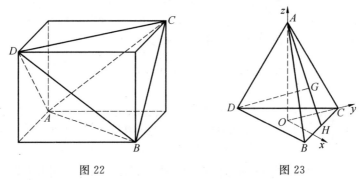

图 22   图 23

36. 设正 $\triangle BCD$ 的中心是点 O,如图 23 建立空间直角坐标系 $O-xyz$(其中 $DB \parallel x$ 轴),又设 $BC=6\sqrt{3}a, OA=3h(a>0, h>0)$,得 $A(0,0,3h), B(3\sqrt{3}a, -3a, 0), C(0, 6a, 0), D(-3\sqrt{3}a, -3a, 0), G(\sqrt{3}a, a, h)$.

由 $DG=1$,可得 $64a^2+h^2=1$,所以 a, h 的取值范围分别是 $\left(0, \dfrac{1}{8}\right), (0, 1)$.

(1) 易知正三棱锥 $A-BCD$ 的侧面积底面积 $S_{底}=S_{\triangle BCD}=\dfrac{\sqrt{3}}{4}(6\sqrt{3}a)^2=27\sqrt{3}a^2$,所以 $S_{底}$ 的取值范围是 $\left(0, \dfrac{27\sqrt{3}}{64}\right)$.

(2) 可得 $AB^2=36a^2+9h^2$,等腰 $\triangle ABC$ 的高 $AH=3\sqrt{a^2+h^2}$,所以

$$S_{\triangle ABC}=\dfrac{1}{2}BC \cdot AH = 9\sqrt{3}a\sqrt{a^2+h^2} = 9\sqrt{3} \cdot \sqrt{a^2(1-63a^2)} =$$

$$\dfrac{9\sqrt{3}}{\sqrt{63}} \cdot \sqrt{63a^2(1-63a^2)} \leqslant$$

$$\dfrac{9\sqrt{3}}{\sqrt{63}} \cdot \dfrac{63a^2+(1-63a^2)}{2} =$$

$$\dfrac{3}{14}\sqrt{21}(当且仅当 a=\dfrac{1}{14\sqrt{3}} 时取等号)$$

所以正三棱锥 $A-BCD$ 的侧面积 $S_{侧}$ 即 $3S_{\triangle ABC}$ 的取值范围是 $\left(0, \dfrac{9}{14}\sqrt{21}\right)$.

(3) 正三棱锥 $A-BCD$ 的表面积

$$S_{表}=S_{\triangle BCD}+3S_{\triangle ABC}=27\sqrt{3}(a^2+a\sqrt{1-63a^2})$$

设 $f(a) = a^2 + a\sqrt{1-63a^2}$ $\left(0 \leqslant a \leqslant \dfrac{1}{8}\right)$,得

$$f'(a) = 2a + \sqrt{1-63a^2} - \dfrac{63a^2}{\sqrt{1-63a^2}} \quad \left(0 \leqslant a \leqslant \dfrac{1}{8}\right)$$

令 $f'(a) = 0$,得 $a = \dfrac{1}{4\sqrt{7}}, \dfrac{1}{12}$(可先设 $\sqrt{1-63a^2} = t\left(\dfrac{1}{8} \leqslant t \leqslant 1\right)$,再解方程),又

$$f(0) = 0, f\left(\dfrac{1}{4\sqrt{7}}\right) = \dfrac{1}{14}, f\left(\dfrac{1}{12}\right) = \dfrac{5}{72}, f\left(\dfrac{1}{8}\right) = \dfrac{1}{32}$$

$$f(0) < f\left(\dfrac{1}{8}\right) < f\left(\dfrac{1}{12}\right) < f\left(\dfrac{1}{4\sqrt{7}}\right)$$

所以正三棱锥 $A-BCD$ 的表面积 $S_{表}$ 的取值范围是 $\left(0, \dfrac{1}{14}\right]$.

(4) 正三棱锥 $A-BCD$ 的体积

$$V = \dfrac{1}{3} S_{\triangle BCD} h = \dfrac{1}{3} \cdot 27\sqrt{3} a^2 h = \dfrac{9\sqrt{3}}{64} h(1-h^2) \quad (0 < h < 1)$$

因为

$$2h^2(1-h^2)(1-h^2) \leqslant \left[\dfrac{2h^2 + (1-h^2) + (1-h^2)}{3}\right]^3 = \dfrac{8}{27}$$

所以当且仅当 $h = \dfrac{1}{\sqrt{3}}$ 时,$V_{\max} = \dfrac{3}{32}$.

进而可得 V 的取值范围是 $\left(0, \dfrac{3}{32}\right]$.

§30 自主招生试题集锦
（排列、组合与二项式定理）

1. (2008年西北工业大学自主招生高考测试试题第3题)将4名实习老师分配到高一年级的3个班级实习,每班至少1名,则不同的分配方案有( )

   A. 6种　　　　B. 12种　　　　C. 24种　　　　D. 36种

2. (2008年复旦大学自主招生试题第107题)在$\left(x^2-\dfrac{1}{x}\right)^{10}$的展开式中系数最大的项是( )

   A. 第4,6项　　B. 第5,6项　　C. 第5,7项　　D. 第6,7项

3. (2008年复旦大学自主招生试题第132题)设a_n是$(2-\sqrt{x})^n$的展开式中x项的系数$(n=2,3,4,\cdots)$,则极限$\lim\limits_{n\to\infty}\left(\dfrac{2^2}{a_2}+\dfrac{2^3}{a_3}+\cdots+\dfrac{2^n}{a_n}\right)=$( )

   A. 15　　　　B. 6　　　　C. 17　　　　D. 8

4. (2006年全国高中数学联赛第一试第6题)数码$a_1,a_2,a_3,\cdots,a_{2006}$中有奇数个9的2007位十进制数$\overline{2a_1a_2a_3\cdots a_{2006}}$的个数为( )

   A. $\dfrac{1}{2}(10^{2006}+8^{2006})$　　　　B. $\dfrac{1}{2}(10^{2006}-8^{2006})$

   C. $10^{2006}+8^{2006}$　　　　D. $10^{2006}-8^{2006}$

5. (2004年全国高中数学联赛第一试第5题)设三位数$n=\overline{abc}$,若以a,b,c为三条边长可以构成一个等腰(含等边)三角形,则这样的三位数n有( )

   A. 45个　　　　B. 81个　　　　C. 165个　　　　D. 216个

6. (2002年全国高中数学联赛第一试第5题)已知两个实数集$A=\{a_1,a_2,\cdots,a_{100}\}$,$B=\{b_1,b_2,\cdots,b_{50}\}$,若从$A$到$B$的映射$f$使得$B$中的每个元素都有原象,且$f(a_1)\leqslant f(a_2)\leqslant\cdots\leqslant f(a_{100})$,则这样的映射个数为( )

   A. C_{100}^{50}　　B. C_{99}^{50}　　C. C_{100}^{49}　　D. C_{99}^{49}

7. (2012年清华大学保送生测试试题第一题第3题)现有6人会英语,4人会日语,2人都会(共12人),从其中选出3人做翻译,要求两种语言都有人翻译,则符合条件的选法共_____种.

8. (2009年复旦大学自主招生试题第4题)将$n+1$个不同颜色的球放入n个盒子中,每盒至少放一个球的放法数为_____.

9. (2008年上海交通大学冬令营试题第7题)$(1+x)+(1+x)^2+\cdots+(1+x)^{98}+(1+x)^{99}$中$x^3$项的系数为_____.

10. （2008年上海财经大学自主招生试题第7题）已知：$(1+2x)+(1+2x)^2+\cdots+(1+2x)^{10}=a_0+a_1(1+x)+\cdots+a_{10}(1+x)^{10}$，则$a_0-a_1+a_2-\cdots+a_{10}=$_____．（结果用数值表示）

11. （2008年西北工业大学自主招生高考测试数学试题第13题）已知$(1+x^2)\left(ax+\dfrac{1}{a}\right)^6$的展开式中含$x^4$项的系数为30，则正实数$a$的值为_____．

12. （2006年上海交通大学推优、保送生考试试题第4题）$(x^2-x+2)^{10}$的展开式中，x^3项的系数为_____．

13. （2006年上海交通大学推优、保送生考试试题第9题）2张100元，3张50元，4张10元人民币，共可组成_____种不同的面值．

14. （2004年复旦大学保送生考试试题第一题第4题）12只手套（左右有区别）形成6双不同的搭配，要从中取出4只正好能配成2双，有_____种不同的取法．

15. （2011年全国高中数学联赛第一试第5题）现安排7名同学去参加5个运动项目，要求甲、乙两同学不能参加同一个项目，每个项目都有人参加，每人只参加一个项目，则满足上述要求的不同安排方案数为_____．

16. （2008年全国高中数学联赛第一试第9题）将24个志愿者名额分配给3个学校，则每个学校至少有一个名额且各校名额互不相同的分配方法共有_____种．

17. （2005年全国高中数学联赛第一试第12题）若自然数a的各位数字之和等于7，则称a为"吉祥数"．将所有"吉祥数"从小到大排成一列$a_1,a_2,a_3,\cdots$，若$a_n=2\,005$，则$a_{5n}=$_____．

18. （2001年全国高中数学联赛第一试第12题）如图1，在正六边形的6个区域栽种观赏植物，要求同一区域种同一植物，相邻的2个区域种不同植物．现有4种不同植物可供选择，则有_____种栽法．

图1

19. （2013年北京大学保送生考试试题第4题）设$S=\{1,2,\cdots,9\}$，若S的子集中元素和为奇数，求这样的子集个数．

20. （2008年上海交通大学冬令营数学试题第二题第4题）通信工程中常用n元数组$(a_1,a_2,a_3,\cdots,a_n)$表示信息，其中$a_i=0$或1，$i,n\in\mathbf{N}^*$，设$u=(a_1,a_2,a_3,\cdots,a_n)$，$v=(b_1,b_2,b_3,\cdots,b_n)$，$d(u,v)$表示$u$和$v$中相对应的元素不同的个数．

(1) 若$u=(0,0,0,0,0)$，问存在多少个5元数组v，使得$d(u,v)=1$；

(2) 若$v=(1,1,1,1,1)$，问存在多少个5元数组v，使得$d(u,v)=3$；

(3) 令 $w=(\underbrace{0,0,0,\cdots,0}_{n个0})$, $u=(a_1,a_2,a_3,\cdots,a_n)$, $v=(b_1,b_2,b_3,\cdots,b_n)$, 求证: $d(u,w)+d(v,w) \geqslant d(u,v)$.

21. (2006年复旦大学推优、保送生考试试题第3题) 对于一个四位数, 其各位数字至多有两个不相同, 试求共有多少个这样的四位数?

22. (2006年复旦大学推优、保送生考试试题第5题) 求证: $(C_n^0)^2+(C_n^1)^2+(C_n^2)^2+\cdots+(C_n^n)^2=C_{2n}^n$.

参考答案与提示

1. D. 2. C. 3. D.

4. B. 出现奇数个9的十进制数个数为 $C_{2006}^1 9^{2005}+C_{2006}^3 9^{2003}+\cdots+C_{2006}^{2005} 9$, 即 $\frac{1}{2}[(9+1)^{2006}+(9-1)^{2006}]=\frac{1}{2}(10^{2006}+8^{2006})$.

5. C. 显然 $a,b,c \in \{1,2,\cdots,9\}$.

(1) 等边三角形共9个.

(2) 是等腰三角形但不是等边三角形共156个. 取两个不同数码 $a,b(a>b)$, 有 $2C_9^2$ 种取法(因为腰与底可以置换).

以小数为底时总能构成等腰三角形.

而以大数为底时, 得 $b<a<2b$. 下面给出不能组成三角形的情形: 当 $a=9,8$ 时, $b=4,3,2,1$, 得8种; 当 $a=7,6$ 时, $b=3,2,1$, 得6种; 当 $a=5,4$ 时, $b=2,1$, 得4种; 当 $a=3,2$ 时, $b=1$, 得2种. 共20种.

把两个数码 a,b 放入三位数码中有 C_3^2 种放法, 所以此时的三角形个数为 $C_3^2(2C_9^2-20)=156$.

所以答案为 $156+9=165$.

6. BD. 不妨设 $b_1<b_2<\cdots<b_{50}$, 将 A 中的元素按顺序分为非空的50组. 定义映射 $f:A \to B$, 使第 i 组的元素在 f 之下的象都是 $b_i(i=1,2,\cdots,50)$.

易知这样的映射 f 满足题设, 每个这样的分组都一一对应满足条件的映射, 于是满足题设的映射 f 的个数与 A 按下标顺序分为50组的分法数 C_{99}^{49} 相等.

7. 196. $C_{12}^3-C_6^3-C_4^3=196$.

8. $C_{n+1}^2 A_n^n$.

9. $C_{100}^4=3\,921\,225$.

10. 44 286. 令 $x=-2$ 即得.

11. 1 12. $-38\,400$. 13. 39.

14. 15. 只需从6双中取出2双, 有 $C_6^2=15$ 种不同的取法.

15. 15 000. 满足条件的方案有两种情形:

(1) 有一个项目有 3 人参加,共有 $C_7^3 \cdot 5! - C_5^1 \cdot 5! = 3\,600$ 种方案;

(2) 有两个项目各有 2 人参加,共有 $\frac{1}{2}(C_7^2 C_5^2) \cdot 5! - C_5^2 \cdot 5! = 11\,400$ 种方案.

所以满足条件的方案数为 $3\,600 + 11\,400 = 15\,000$.

16. 222. 用 4 条"|"间的空隙代表 3 个学校,用"*"表示名额. 如 | * * * | * … * | * * | 表示第一、二、三个学校分别有 4,18,2 个名额.

若每个"*"与每个"|"都视为一个位置,由于左右两端必须是"|",所以不同的分配方法相当于 $24 + 2 = 26$ 个位置(两端不在内)被 2 个"|"占领的一种"占位法".

"每校至少有一个名额的分法"相当于 24 个"*"之间的 23 个空隙中选出 2 个空隙插入"|",有 $C_{23}^2 = 253$ 种方法.

又在"每校至少有一个名额的分法"中"至少有两个学校的名额数相同"的分配方法有 31 种.

所以,满足题设的分配方法共有 $253 - 31 = 222$ 种.

另解 222. 设分配给 3 个学校的名额数分别为 x, y, z,则每校至少有一个名额的分法数为方程 $x + y + z = 24$ 的正整数解组数 $C_{23}^2 = 253$.

又在"每校至少有一个名额的分法"中"至少有两个学校的名额数相同"的分配方法有 31 种.

所以,满足题设的分配方法共有 $253 - 31 = 222$ 种.

17. 52 000. 因为方程 $x_1 + x_2 + \cdots + x_k = m$ 的自然数解组数为 C_{m+k-1}^m,而使 $x_1 \geq 1, x_i \geq 0 (i = 2, 3, \cdots, k)$ 的整数解个数为 C_{m+k-2}^{m-1}. 现取 $m = 7$,得 k 位"吉祥数"的个数为 $p(k) = C_{k+5}^6$.

因为 2 005 是形如 $\overline{2abc}$ 的数中最小的一个"吉祥数",且 $p(1) = C_6^6 = 1$,$p(2) = C_7^6 = 7, p(3) = C_8^6 = 28$.

对于四位"吉祥数" $\overline{1abc}$,其个数为方程 $a + b + c = 6$ 的自然数解组数 $C_{6+3-1}^6 = 28$.

因为 2 005 是第 $1 + 7 + 28 + 28 + 1 = 65$ 个"吉祥数",即 $a_{65} = 2\,005, 5n = 325$.

又 $p(4) = C_9^6 = 84, p(5) = C_{10}^6 = 210$,所以 $\sum_{k=1}^{5} p(k) = 330$.

得从大到小的最后六个五位"吉祥数"依次是 70 000,61 000,60 100,60 001,52 000,所以第 325 个"吉祥数"是 $a_{5n} = 52\,000$.

18. 732.

19. S 中共有 1,3,5,7,9 五个奇数. 因为 S 的子集中元素和为奇数,所以可以有 1 个、3 个或 5 个奇数,可得符合条件的子集个数为 $C_5^1 \cdot 2^4 + C_5^3 \cdot 2^4 + C_5^5 \cdot 2^4 = 256$.

20. (1) 5. (2) 10.

(3) 记 u,v 中对应项同时为 0 的项的个数为 p,对应项同时为 1 的项的个数为 q,则对应项一个为 1,一个为 0 的项的个数为 $n-p-q (p+q \leqslant n, p, q \in \mathbf{N})$.

$d(u,w)$ 即是 u 中 1 的个数,$d(v,w)$ 即是 v 中 1 的个数,$d(u,v)$ 是 u,v 中对应项一个为 1,一个为 0 的项的个数. 于是 $d(u,v) = n-p-q$.

u,v 中 1 共有 $2q+(n-p-q)$ 个,即 $d(u,w)+d(v,w) = n-p+q$.

所以 $d(u,w)+d(v,w)-d(u,v) = 2q \geqslant 0, d(u,w)+d(v,w) \geqslant d(u,v)$.

21. 四位数共有 $9 \cdot 10^3 = 9\,000$ 个. 其中各位数字互不相同的有 $9A_9^3 = 4\,536$ 个;恰有三个数字不同:当相同的数字有一个在千位上时有 $9 \cdot 3 \cdot A_9^2 = 1\,944$ 个,当相同的数字不在千位上时有 $9 \cdot 3 \cdot 9 \cdot 8 = 1\,944$ 个. 所以答案为 $9\,000 - 4\,536 - 1\,944 - 1\,944 = 576$ 个.

22. 考查恒等式 $(1+x)^n (1+x)^n = (1+x)^{2n} (n \in \mathbf{N}^*)$ 两边展开式中 x^n 项的系数即可获证.

§31 自主招生试题集锦(概率与统计)

1.(2008年复旦大学自主招生试题第115题)复旦大学外语系某年级举行一次英语口语演讲比赛,共有十人参赛,其中一班有三位,二班有两位,其他班有五位.若采用抽签的方式确定他们的演讲顺序,则一班的三位同学恰好演讲序号相连.问二班的两位同学的演讲序号不相连的概率是(   )

A. $\dfrac{1}{20}$ B. $\dfrac{1}{40}$ C. $\dfrac{1}{60}$ D. $\dfrac{1}{90}$

2.(2008年全国高中数学联赛第一试第3题)甲乙两人进行乒乓球比赛,约定每局胜者得1分,负者得0分,比赛进行到有一人比对方多2分或打满6局时停止.设甲在每局中获胜的概率为$\dfrac{2}{3}$,乙在每局中获胜的概率为$\dfrac{1}{3}$,且各局胜负相互独立,则比赛停止时已打局数ξ的期望$E\xi$为(   )

A. $\dfrac{241}{81}$ B. $\dfrac{266}{81}$ C. $\dfrac{274}{81}$ D. $\dfrac{670}{243}$

3.(2012年清华大学保送生试题第4题)有一人进行投篮训练,投篮5次,进一次得1分,失误一次扣2分,连进2次得3分,连进3次得5分,且投篮命中率为$\dfrac{3}{5}$,则投3次恰好得2分的概率是_____.

4.(2009年复旦大学自主招生试题第24题)1,2,…,9的排列中,将其重新排列,1,2不在原位置的概率是_____.

5.(2009年南京大学数学基地班自主招生试题第6题)有一个1,2,…,9的排列,现将其重新排列,则1和2不在原来位置的概率是_____.

6.(2008年南京大学自主招生试题第9题)设A,B是随机事件,且$P(A)=\dfrac{5}{8}$,$P(B)=\dfrac{1}{4}$,$P(\overline{A}\cup B)=\dfrac{1}{2}$,则$P(\overline{A}\cup \overline{B})=$_____.

7.(2008年上海交通大学冬令营第一题第9题)甲乙两厂生产同一种商品,甲厂生产的此商品占市场上的80%,乙厂生产的占20%,甲厂商品的合格率为95%,乙厂商品的合格率为90%,若某人购买了此商品发现为次品,则此次品为甲厂生产的概率为_____.

8.(2008年上海财经大学自主招生试题第11题)设某人对机器狗发出一次指令,使机器狗沿着直线方向要么"前进一步",要么"后退一步",允许重复过任何一点,则此人发出6次指令后,机器狗实际上是前进了两步的概率为

_____.(结果用分数表示)

9.(2007年上海交通大学推优、保送生考试试题第9题)6名考生坐在两侧通道的同一排座位上应考,考生答完试卷的先后次序不定,且每人答完后立即交卷离开座位,则其中一人交卷时为到达通道而打扰其他正在考试的考生的概率为_____.

10.(2006年上海交通大学推优、保送生考试试题第6题)三人玩剪子、石头、布的游戏,在一次游戏中,三人不分输赢的概率为_____,在一次游戏中,甲获胜的概率为_____.

11.(2005年复旦大学自主招生试题第一题第7题)一个班有20名学生,其中有3名女生,抽4个人去参观展览馆,恰好抽到1名女生的概率为_____.

12.(2005年上海交通大学冬令营试题第一题第9题)4封不同的信放入4只写好地址的信封中,全装错的概率为_____,恰好只有一封装错的概率为_____.

13.(2004年同济大学自主招生优秀考生文化测试试卷第8题)从0,1,2,…,9这10个数码中随机选出5个,排成一行,则恰好构成可以被25整除的五位数的概率是_____.(用分数给出答案)

14.(2012年全国高中数学联赛第一试第8题)某情报站有A,B,C,D四种互不相同的密码,每周使用其中的一种密码,且每周都是从上周未使用的三种密码中等可能地随机选用一种.设第1周使用A种密码,那么第7周也使用A种密码的概率是_____.(用最简分数表示)

15.(2010年全国高中数学联赛第一试第6题)两人轮流投掷骰子,第一个使两颗骰子点数和大于6者为胜,否则轮由另一人投掷.先投掷人获胜的概率是_____.

16.(2009年全国高中数学联赛第一试第一题第8题)某车站每天8:00~9:00,9:00~10:00都恰有一辆客车到站,但到站的时刻是随机的,且两者到站的时间是相互独立的,其规律为

到站时刻	8:10~9:10	8:30~9:30	8:50~9:50
概率	$\frac{1}{6}$	$\frac{1}{2}$	$\frac{1}{3}$

若一旅客8:20到车站,则它候车时间的数学期望为_____(精确到分).

17.甲乙两个围棋队各5名队员按事先排好的顺序进行擂台赛,双方1号队员选赛,负者被淘汰,然后负方的2号队员再与对方的获胜队员再赛,负者又淘汰,一直这样进行下去,直到有一方队员全被淘汰,另一方获胜.假设每个队员实力相当,则甲方有4名队员被淘汰且最后战胜乙方的概率是_____.

18.（2005年全国高中数学联赛第一试第14题）将编号为$1,2,\cdots,9$的九个小球随机放置在圆周的九个等分点上,每个等分点上各有一个小球.设圆周上所有相邻两球号码之差的绝对值之和为S,求使S达到最小值的放法的概率.（注：如果某种放法,经旋转或镜面反射后可与另一种放法重合,则认为是相同的放法）

19.（1990年全国高中数学联赛第一试第二题第6题）8个女孩和25个男孩围成一圈,任意两个女孩之间至少站两个男孩,共有多少种不同的排列方法（只要把圈旋转一下就重合的排法认为是相同的）?

20.（2010年清华大学自主招生数学特色试题第一部分第4题）12个人围坐在一个圆桌旁参加一个游戏,主持人给每个人发一顶帽子,帽子的颜色包括红、黄、蓝、紫四种颜色,每个人都可以看见其他11个人帽子的颜色,但是不知道自己帽子的颜色.这12个人顺次来猜自己头上帽子的颜色.这12个人可以事先约定好一种策略,但是当游戏开始后就不能进行交流,他们的目标是使12人同时回答正确的机会最大.假定主持人给每个人发的帽子的颜色是完全随机的,试给出一种策略,并分析在此策略下所有人都猜对的概率.

21.（2009年清华大学自主招生试题第5题）随机挑选一个三位数I.
(1) 求I含有因子5的概率；
(2) 求I中恰有两个数码相等的概率.

22.（2009年复旦大学自主招生试题第5题）有两个细胞,每个细胞每次分裂成2个细胞或死亡的概率均为$\frac{1}{2}$,求分裂两次后有细胞存活的概率.

23.（2009年浙江大学自主招生试题第4题）现有由数字$1,2,3,4,5$排列而成的一个五位数组（没有重复数字）.规定：前i个数不允许是$1,2,\cdots,i$的一个排列（$1\leqslant i\leqslant 4$）（如32154就不可以,因为前三个数是$1,2,3$的一个排列）.试求满足这种条件的数组共有多少个?

24.（2007届清华大学保送生暨自主招生北京冬令营数学笔试试题）已知某音响设备由五个部件组成.A电视机,B影碟机,C线路,D左声道和E右声道,其中每个部件工作的概率如图1所示.能听到声音,当且仅当A与B中有一工作,C工作,D与E中有一工作；且若D和E同时工作则有立体声效果.

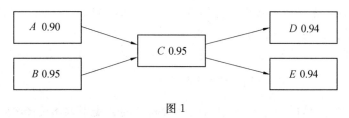

图1

(1) 求能听到立体声效果的概率;

(2) 求听不到声音的概率.

25.(2006年北京航空航天大学自主招生试题)A,B,C,D 为4支球队,按图 2(a),(b),(c) 三种程序进行比赛:

假设 A 队胜其他任何一队的概率都是 $\frac{2}{3}$,B 队胜其他任何一队的概率都是 $\frac{1}{3}$,C 队胜 D 队的概率是 $\frac{1}{2}$,并假设不会出现平局,则:

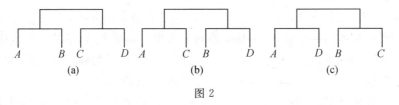

图 2

(1) 不论采取哪种顺序,分别计算 A 队和 B 队获得冠军的概率;

(2) 对不同的比赛程序,求 C 队获冠军的概率,在哪个程序中 C 队获冠军的概率大?

(3) 如果采用抽签方式决定比赛采用(a),(b),(c)中哪种顺序,求 A 队与 D 队能相遇的概率.

26.(2010年五校自主招生考前密题)一个口袋中装有 n 个红球($n \geqslant 5$ 且 $n \in \mathbf{N}$)和 5 个白球,一次摸奖从中摸两个球,两个球颜色不同则为中奖.

(1) 试用 n 表示一次摸奖中奖的概率 p;

(2) 若 $n=5$,求三次摸奖(每次摸奖后放回)恰有一次中奖的概率;

(3) 记三次摸奖(每次摸奖后放回)恰有一次中奖的概率为 P,当 n 取多少时,P 最大?

27.(2004年全国高中数学联赛第一试第13题)一项"过关游戏"规则规定:在第 n 关要抛掷一颗骰子 n 次,如果这 n 次抛掷所出现的点数的和大于 2^n,则算过关.问:

(1) 某人在这项游戏中最多能过几关?

(2) 他连过前三关的概率是多少?

(注:骰子是一个在各面上分别有 1,2,3,4,5,6 点数的均匀正方体.抛掷骰子落地静止后,向上一面的点数为出现点数)

28.在蒲丰投针试验中,平行线间距为 a,针长为 b,试求针与线相交的概率与 a,b 的关系,并求什么情况下概率是 $\frac{1}{\pi}$.

29.从正方体的 8 个顶点中的两个所确定的直线中取出两条,求这两条直线异面的概率.

30. 棱长为 1 m 的正四面体 $ABCD$ 表面上有一只蚂蚁,从 A 点开始按照以下规则前进:在每一个顶点处用同样的概率选择过这个顶点的三条棱之一,并一直爬到这条棱的尽头. 设它爬了 7 m 以后恰好位于顶点 A 的概率是 $p=\dfrac{k}{729}$,求 k 的值.

31. 袋中装有 m 个红球和 n 个白球,其中 $m\geqslant n\geqslant 4$,它们仅颜色不同,从袋中同时取出 2 个球.

(1) 若取出的是 2 个红球的概率等于取出的是一红一白的两个球的概率的整数倍,求证:m 为奇数;

(2) 若取出的球是同色的概率等于不同色的概率,试求适合 $m+n\leqslant 40$ 的所有数组 (m,n).

参考答案与提示

1. A. $\dfrac{A_6^6 A_7^2 A_3^3}{A_{10}^{10}}=\dfrac{1}{20}$.

2. B. $\xi=2,4,6$. 设每两局比赛为一轮,则该轮结束时比赛停止的概率为 $\left(\dfrac{2}{3}\right)^2+\left(\dfrac{1}{3}\right)^2=\dfrac{5}{9}$. 若该轮结束时比赛还将继续,则甲乙两人在该轮比赛中必是各得 1 分,此时,该轮比赛结果对下轮比赛是否停止没有影响. 从而有

$$P(\xi=2)=\dfrac{5}{9},P(\xi=4)=\dfrac{4}{9}\cdot\dfrac{5}{9}=\dfrac{20}{81},P(\xi=6)=\left(\dfrac{4}{9}\right)^2=\dfrac{16}{81}$$

$$E(\xi)=2\cdot\dfrac{5}{9}+4\cdot\dfrac{20}{81}+6\cdot\dfrac{16}{81}=\dfrac{266}{81}$$

3. $\dfrac{24}{125}$.   4. $\dfrac{19}{24}$.   5. $\dfrac{19}{24}$. 由韦恩图知,答案为 $\dfrac{9!-2\cdot 8!+7!}{9!}=\dfrac{19}{24}$.

6. $\dfrac{1}{8}$. $P(\overline{A\cup \overline{B}})=1-P(A\cup\overline{B})=1-[P(A)+P(\overline{B})-P(A\cap\overline{B})]=$
$$1-P(A)-[1-P(B)]+[1-P(\overline{A}\cup B)]=$$
$$1-\dfrac{5}{8}-\dfrac{3}{4}+\dfrac{1}{2}=\dfrac{1}{8}$$

7. $\dfrac{2}{3}$. 因为甲乙两厂的次品率分别为 $80\%\cdot 5\%=4\%,20\%\cdot 10\%=2\%$.

8. $\dfrac{15}{64}$. 每发出一次指令,有两种方向可供选择,所以一共有 $2^6=64$ 种不同的走法. 为使实际上只前进了两步,必前进四步后退两步,得 $C_6^4=15$ 种不同的走法. 得所求概率为 $\dfrac{15}{64}$.

9. $\dfrac{43}{45}$. 因为交卷时无人受打扰的概率为 $\dfrac{2(1+5+C_5^2)}{A_6^6}=\dfrac{2}{45}$.

10. $\dfrac{1}{3},\dfrac{1}{3}$.

11. $\dfrac{8}{19}$.

12. $\dfrac{3}{8}$,0. 这是错位问题.

13. $\dfrac{11}{360}$. 能被 25 整除的五位数的末两位数是 25,50,或 75,所以答案为 $\dfrac{A_8^3+C_7^1\cdot A_7^2+C_7^1\cdot A_7^2}{A_{10}^5}=\dfrac{11}{360}$.

14. $\dfrac{61}{243}$. 用 p_k 表示第 k 周用 A 种密码的概率,则第 k 周未用 A 种密码的概率为 $1-p_k$,得

$$p_1=1, p_{k+1}=\dfrac{1}{3}(1-p_k) \quad (k\in \mathbf{N}^*)$$

$$p_k=\dfrac{3}{4}\left(-\dfrac{1}{3}\right)^{k-1}+\dfrac{1}{4} \quad (k\in \mathbf{N}^*), p_7=\dfrac{61}{243}$$

15. $\dfrac{12}{17}$. 同时投掷两颗骰子点数和大于 6 的概率为 $\dfrac{21}{36}=\dfrac{7}{12}$,从而先投掷人获胜的概率是

$$\dfrac{7}{12}+\left(\dfrac{5}{12}\right)^2\cdot\dfrac{7}{12}+\left(\dfrac{5}{12}\right)^4\cdot\dfrac{7}{12}+\cdots=\dfrac{\dfrac{7}{12}}{1-\left(\dfrac{5}{12}\right)^2}=\dfrac{12}{17}$$

16. 27. 这位旅客候车时间的分布列为

候车时间/min	10	30	50	70	90
概率	$\dfrac{1}{2}$	$\dfrac{1}{3}$	$\dfrac{1}{6}\cdot\dfrac{1}{6}$	$\dfrac{1}{2}\cdot\dfrac{1}{6}$	$\dfrac{1}{3}\cdot\dfrac{1}{6}$

所以候车时间的数学期望为 $10\cdot\dfrac{1}{2}+30\cdot\dfrac{1}{3}+50\cdot\dfrac{1}{36}+70\cdot\dfrac{1}{12}+90\cdot\dfrac{1}{18}\approx 27(\min)$.

17. $\dfrac{5}{18}$. 假设第一个被淘汰的队员站在第一个位置,第二个被淘汰的队员站在第二个位置,以此类推,最后获胜的队员站在第十个位置,考虑双方队员的位置可得解:基本事件总数为 C_{10}^5,依题意甲方有 4 名队员被淘汰且最后战胜乙

方包含的可能有 C_8^4 种情形，所以所求概率是 $\dfrac{C_8^4}{C_{10}^5}=\dfrac{5}{18}$.

18. 九个编号不同的小球放在圆周的九个等分点上，每点放一个，相当于九个不同元素在圆周上的一个圆形排列，共有 $8!$ 种放法，考虑到翻转因素，则本质不同的放法有 $\dfrac{8!}{2}$ 种.

下面求使 S 达到最小值的放法数：在圆周上，从 1 到 9 有优弧与劣弧两条路径，对其中任一条路径，设 $x_1,x_2,\cdots,x_k$ 是依次排列于这段弧上的小球号码，则
$$|1-x_1|+|x_1-x_2|+|x_k-9|\geqslant$$
$$|(1-x_1)+(x_1-x_2)+\cdots+(x_k-9)|=8$$
该式取等号当且仅当 $1<x_1<x_2<\cdots<x_k<9$，即每一段弧上的小球编号都是由 1 到 9 的递增排列.

因此，$S_{最小}=2\cdot 8=16$.

所以，当每个弧段上的球号 $\{1,x_1,x_2,\cdots,x_k,9\}$ 确定之后，达到最小值的排序方案便唯一确定.

在 $1,2,\cdots,9$ 中，除 1 与 9 外，剩下 7 个球号 $2,3,\cdots,8$，将它们分为两个子集，元素较少的一个子集共有 $C_7^0+C_7^1+C_7^2+C_7^3=2^6$ 种情况，每种情况对应着圆周上使 S 最小的唯一排法，所以所求概率是 $\dfrac{2^6}{\frac{8!}{2}}=\dfrac{1}{315}$.

19. 每个女孩与其后的两个男孩组成一组，共 8 组，与余下 9 个男孩进行排列，某个女孩始终站第一个位置，其余 7 组在 $8+9-1$ 个位置中选择 7 个位置，得 $C_{8+9-1}^7=C_{16}^7$ 种选法.

20. 12 个人都回答正确的概率的最大值是 $\dfrac{1}{4}$.

因为第一个人猜测时，完全不知道他自己头上戴的帽子的颜色，也无从知道，于是第一个人猜对的概率为 $\dfrac{1}{4}$，这样 12 个人都回答正确的概率不超过 $\dfrac{1}{4}$.

下面构造一种方法使得除第一个人外每个人都能说对自己头上帽子的颜色.

分别用数字 $0,1,2,3$ 表示红、黄、蓝、紫四种颜色. 下面一切整数均除以 4 求余数，第一个人将其余 11 个人的数加起来得到数 a，他说他的帽子为 a，下面每个人就知道自己头上帽子的颜色，我们只需说明第二个人能准确地知道知道自己头上帽子的颜色即可. 这是因为第二个人知道第一个人的帽子的颜色，设为 b，在 $a+b$ 为所有 12 个人帽子的"颜色"，他计算除了他以外的所有人帽子的颜色之和，设为 c，则 $a+b-c$ 为第一个人的帽子的颜色.

于是,在这种策略下,所有人都猜对的概率是 $\dfrac{1}{4}$.

21.(1) 分个位数是 0 或 5 讨论,可得答案 $\dfrac{180}{900} = \dfrac{1}{5}$.

(2) 分"含数字 0 且 0 是重复数码","含数字 0 且 0 不是重复数码","不含数字 0"三种情况讨论,可得答案 $\dfrac{9+18+216}{900} = \dfrac{27}{100}$.

22. $1 - \left[\dfrac{1}{2} \cdot \dfrac{1}{2} + 2 \cdot \dfrac{1}{2} \cdot \dfrac{1}{2} \cdot \dfrac{1}{2} + \dfrac{1}{2} \cdot \dfrac{1}{2} \cdot \left(\dfrac{1}{2}\right)^4 \right] = \dfrac{39}{64}$.

23. 如果第 5 个数字是 1,那么前面 4 个数可任意排列,此时有 $4! = 24$ 个.

如果第 5 个数字是 2,那么前面 4 个数只需第 1 个数不为 1 即可,此时有 $3 \cdot 3! = 18$ 个.

如果第 5 个数字是 3,那么只需第 1 个数不为 1 或前两个数字不为 21 即可,此时有 $4! - 3! - 2! = 16$ 个.

如果第 5 个数字是 4,那么只需第 1 个数不为 1 或前两个数字不为 21 或前三个数字不为 231,321,312 即可,此时有 $4! - 3! - 2! - 3 = 13$ 个.

所以答案为 $24 + 18 + 16 + 13 = 71$.

24.(1) 因为 A 与 B 都不工作的概率为 $(1-0.90)(1-0.95) = 0.005$,所以能听到立体声效果的概率为 $(1-0.005) \times 0.95 \times 0.94^2 = 0.835\ 222\ 9$.

(2) 当 A、B 都不工作,或 C 不工作,或 D、E 都不工作时,就听不到音响设备的声音. 此时的否定是: A、B 至少有一个工作,且 C 工作,且 D、E 至少有一个工作. 所以,听不到声音的概率为 $1 - (1-0.005) \times 0.95 \times [1-(1-0.94)^2] = 0.058\ 152\ 9$.

25.(1) 无论采取哪种顺序,A 必须连胜两局才能夺冠,其概率为 $\left(\dfrac{2}{3}\right)^2 = \dfrac{4}{9}$;同理可得 B 夺冠的概率为 $\left(\dfrac{1}{3}\right)^2 = \dfrac{1}{9}$.

(2) 对程序(a),C 必须先胜 D(其概率为 $\dfrac{1}{2}$),此后 A 胜 B,又在决赛中 C 胜 A(其概率为 $\dfrac{2}{3} \cdot \dfrac{1}{3} = \dfrac{2}{9}$);或 B 胜 A、C 必须在决赛中胜 B 方可夺冠(其概率为 $\dfrac{1}{3} \cdot \dfrac{2}{3} = \dfrac{2}{9}$).

所以经程序(a),C 夺冠的概率为 $\dfrac{1}{2}\left(\dfrac{2}{9} + \dfrac{2}{9}\right) = \dfrac{2}{9}$.

同理,可得

经程序(b),C 夺冠的概率为 $\dfrac{1}{3}\left(\dfrac{2}{3} \cdot \dfrac{1}{3} + \dfrac{1}{3} \cdot \dfrac{2}{3}\right) = \dfrac{4}{27}$;经程序(c),$C$ 夺冠

的概率为 $\dfrac{2}{3}\left(\dfrac{2}{3}\cdot\dfrac{1}{3}+\dfrac{1}{3}\cdot\dfrac{2}{3}\right)=\dfrac{8}{27}$.

所以,经程序(c),C 夺冠的概率最大.

(3) 抽到(a)时,A 队与 D 队相遇的概率为 $\dfrac{2}{3}\cdot\dfrac{1}{2}=\dfrac{1}{3}$;抽到(b)时,$A$ 队与 D 队相遇的概率为 $\dfrac{2}{3}\cdot\dfrac{2}{3}=\dfrac{4}{9}$;抽到(c)时,$A$ 队与 D 队相遇的概率为 1. 而抽到(a),(b),(c) 的概率均为 $\dfrac{1}{3}$,所以 A 队与 D 队能相遇的概率为 $\left(\dfrac{1}{3}+\dfrac{4}{9}+1\right)\cdot\dfrac{1}{3}=\dfrac{16}{27}$.

26. (1) $p=\dfrac{C_n^1 C_5^1}{C_{n+5}^2}=\dfrac{10n}{(n+5)(n+4)}$.

(2) 当 $n=5$ 时,$p=\dfrac{5}{9}$,所以所求概率为
$$C_3^1 p(1-p)^2=\dfrac{80}{243}.$$

(3) 设每次摸奖中奖的概率为 p,则三次摸奖(每次摸奖后放回)恰有一次中奖的概率为 $P=C_3^1 p(1-p)^2=3p^3-6p^2+3p(0<p<1)$.

用导数可求得:当且仅当 $p=\dfrac{1}{3}$ 时 P 取最大值. 由 $p=\dfrac{10n}{(n+5)(n+4)}=\dfrac{1}{3}$,得 $n=20$.

即当 n 取 20 时,P 最大.

27. (1) 设他能过 n 关,则第 n 关掷 n 次,至多得 $6n$ 点,由 $6n>2^n$,得 $n\leqslant 4$,即最多能过 4 关.

(2) 要求他第一关时掷一次的点数大于 2,第二关时掷两次的点数和大于 4,第三关时掷三次的点数和大于 8. 过第一关的概率为 $\dfrac{4}{6}=\dfrac{2}{3}$;过第二关的概率为 $1-\dfrac{6}{6^2}=\dfrac{5}{6}$(不过关的情形的点数是 (1,1),(1,2),(1,3),(2,1),(2,2),(3,1) 这 6 种情形);过第三关的概率为 $1-\dfrac{C_8^3}{6^3}=\dfrac{20}{27}$(因为满足 $x+y+z\leqslant 8$ 的正整数解的组数是 C_8^3).

所以连过前三关的概率是 $\dfrac{2}{3}\cdot\dfrac{5}{6}\cdot\dfrac{20}{27}=\dfrac{100}{243}$.

28. 针与线相交的概率与 a,b 的关系是 $\dfrac{2b}{\pi a}$,当且仅当 $a=2b$ 时此概率为 $\dfrac{1}{\pi}$.

29. 由正方体的 8 个顶点确定的四面体个数为 $C_8^4-12=58$,所以异面直线是 $58\cdot 3=174$ 对;而由正方体的 8 个顶点中的两个确定的直线有 $C_8^2=28$ 条,所

以所求概率为 $\dfrac{174}{C_{28}^2}=\dfrac{29}{63}$.

30. 将问题一般化:若蚂蚁爬过 n m 后又回到点 A,则它爬过 $n-1$ m 就在 B,C,D 三点中的一点. 设 p_n 表示蚂蚁爬过 n m 后又回到点 A 的概率,则 $1-p_{n-1}$ 表示蚂蚁爬过 $n-1$ m 后不在点 A 的概率,由于从 B,C,D 三点到点 A 的等可能性,所以 $p_n=\dfrac{1}{3}(1-p_{n-1})(n\in \mathbf{N}^*)$,又 $p_0=1$,可得 $p_7=\dfrac{182}{729}$. 所以 $k=182$.

31. (1) 题设即 $\dfrac{C_m^2}{C_{m+n}^2}=k\cdot\dfrac{C_m^1 C_n^1}{C_{m+n}^2}$,得 $m=2kn=1$,即欲证成立.

(2) 题设即 $\dfrac{C_m^2+C_n^2}{C_{m+n}^2}=\dfrac{C_m^1 C_n^1}{C_{m+n}^2}$,得 $(m-n)^2=m+n$.

又 $m+n\leqslant 40, m>n\geqslant 4$,所以 $8<m+n\leqslant 40$. 由 $(m-n)^2=m+n$,得 $m+n=9,25$ 或 36.

进而可求得 $(m,n)=(15,10)$ 或 $(21,15)$.

§32　自主招生试题集锦(平面向量与复数)

平面向量

1.(2008年复旦大学自主招生试题第114题)若向量 $a+3b$ 垂直于向量 $7a-5b$,并且向量 $a-4b$ 垂直于向量 $7a-2b$,则向量 a 与 b 的夹角为(　　)

　　A. $\dfrac{\pi}{2}$　　　　B. $\dfrac{\pi}{3}$　　　　C. $\dfrac{\pi}{4}$　　　　D. $\dfrac{\pi}{6}$

2.(2008年西北工业大学自主招生试题第6题)M 为 $\triangle ABC$ 内一点,且 $\overrightarrow{AM}=\dfrac{1}{4}\overrightarrow{AB}+\dfrac{1}{5}\overrightarrow{AC}$,则 $\triangle ABM$ 与 $\triangle ABC$ 的面积之比为(　　)

　　A. $\dfrac{1}{5}$　　　　B. $\dfrac{2}{3}$　　　　C. $\dfrac{2}{5}$　　　　D. $\dfrac{1}{4}$

3.(2006年全国高中数学联赛第一试第1题)已知 $\triangle ABC$,若对任意 $t\in \mathbf{R}$,$|\overrightarrow{BA}-t\overrightarrow{BC}|\geqslant |\overrightarrow{AC}|$,则 $\triangle ABC$ 一定为(　　)

　　A.锐角三角形　　B.钝角三角形　　C.直角三角形　　D.答案不确定

4.设 a,b 是不共线的两个向量.已知 $\overrightarrow{PQ}=2a+kb,\overrightarrow{QR}=a+b,\overrightarrow{RS}=2a-3b$,若 P,Q,S 三点共线,则 k 的值为(　　)

　　A. -1　　　　B. -3　　　　C. $-\dfrac{4}{3}$　　　　D. $-\dfrac{3}{5}$

5.(2009年南京大学自主招生试题第5题)$|a|=|b|=1$,a 与 b 的夹角为 $\dfrac{\pi}{3}$,则以 $3a-b$ 和 $a+b$ 为边的平行四边形的面积为_____.

6.(2008年上海财经大学自主招生试题第5题)设向量 $\overrightarrow{OA}=(3,1)$,点 B 的坐标为 $(-1,2)$,若非零向量 $\overrightarrow{OC}$ 垂直于 $\overrightarrow{OB}$,且 $\overrightarrow{BC}$ 平行于 $\overrightarrow{OA}$,则向量 $\overrightarrow{OC}$ 的模为_____.

7.(2007年全国高中数学联赛第一试第8题)在 $\triangle ABC$ 和 $\triangle AEF$ 中,B 是 EF 的中点,$AB=EF=1,BC=6,CA=\sqrt{33}$,若 $\overrightarrow{AB}\cdot \overrightarrow{AE}+\overrightarrow{AC}\cdot \overrightarrow{AF}=2$,则 $\overrightarrow{EF}$ 与 $\overrightarrow{BC}$ 的夹角的余弦值等于_____.

8.(2006年全国高中数学联赛浙江省预赛)手表的表面在一平面上.整点在 $1,2,\cdots,12$ 这12个数字等间隔地分布在半径为 $\dfrac{\sqrt{2}}{2}$ 的圆周上.从整点 i 到整点 $(i+1)$ 的向量记作 $\overrightarrow{t_i t_{i+1}}$,则 $\overrightarrow{t_1 t_2}\cdot \overrightarrow{t_2 t_3}+\overrightarrow{t_2 t_3}\cdot \overrightarrow{t_3 t_4}+\cdots +\overrightarrow{t_{12}t_1}\cdot \overrightarrow{t_1 t_2}=$ _____.

9. △ABC 的外心为 O,垂心为 H,M 为线段 OH 上的任意一点,且 $|OH|=2$,则 $\overrightarrow{MH} \cdot (\overrightarrow{MB}+\overrightarrow{MC}-\overrightarrow{AH})$ 的最小值为_____.

10. 在 △ABC 中,若 $|\overrightarrow{AB}|=2,|\overrightarrow{AC}|=3,|\overrightarrow{BC}|=4$,O 为 △ABC 的内心,且 $\overrightarrow{AO}=\lambda\overrightarrow{AB}+\mu\overrightarrow{BC}$,则 $\lambda+\mu=$_____.

11. (2010 年北京大学自主招生试题第 4 题) 设 $\overrightarrow{OA}$ 与 $\overrightarrow{OB}$ 的夹角为 θ,$|\overrightarrow{OA}|=2,|\overrightarrow{OB}|=1,\overrightarrow{OP}=t\overrightarrow{OA},\overrightarrow{OQ}=(1-t)\overrightarrow{OB}$,函数 $f(t)=|\overrightarrow{PQ}|$ 在 $t=t_0$ 时取最小值. 若 $0<t_0<\dfrac{1}{5}$,求 θ 的取值范围.

12. (2010 年中国科技大学自主招生试题) 如图 1 所示,在 △ABC 中,点 D、E、F 分别是边 AB、BC、AC 的三等分点,且 $EC=2BE,BD=2AD,AF=2FC$,设 AE 与 CD 交于点 P,AE 与 BF 交于点 Q,BF 与 CD 交于点 R. 若 $S_{\triangle ABC}=1$,求 $S_{\triangle PQR}$.

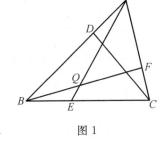

图 1

13. 已知点 L,M,N 分别在 △ABC 的边 BC,CA,AB 上,且 $\dfrac{BL}{BC}=l,\dfrac{CM}{CA}=m,\dfrac{AN}{AB}=n$,若 $\overrightarrow{AL}+\overrightarrow{BM}+\overrightarrow{CN}=\mathbf{0}$,求证:$l=m=n$.

14. 在 △ABC 中,$\angle A,\angle B,\angle C$ 的平分线分别为 AD,BE,CF,若 $\overrightarrow{AD}+\overrightarrow{BE}+\overrightarrow{CF}=\mathbf{0}$,试判断 △ABC 的形状.

15. 已知向量 $\vec{a_1},\vec{a_2},\cdots,\vec{a_7}$,其中任何三个向量之和的长度都与其余四个向量之和的长度相等,求证 $\sum_{i=1}^{7}\vec{a_i}=\mathbf{0}$.

16. 若 △ABC 的重心 G 满足 $|\overrightarrow{BC}|\overrightarrow{GA}+|\overrightarrow{CA}|\overrightarrow{GB}+|\overrightarrow{AB}|\overrightarrow{GC}=\mathbf{0}$,证明:△ABC 为正三角形.

17. 平面上的两个三角形 $A_1B_1C_1,A_2B_2C_2$ 的重心分别为 G_1,G_2,求证:$3G_1G_2 \leqslant A_1A_2+B_1B_2+C_1C_2$.

18. △ABC 的外心为 O,垂心为 H,重心为 G,求证:O,H,G 共线且 $GH=2OG$.

19. 在 △ABC 中,$|\overrightarrow{BC}|=a,|\overrightarrow{CA}|=b,|\overrightarrow{AB}|=c$,I 为 △ABC 的内心,O 为 △ABC 所在平面上一点,求证:$\overrightarrow{OI}=\dfrac{a\overrightarrow{OA}+b\overrightarrow{OB}+c\overrightarrow{OC}}{a+b+c}$.

20. 已知 P 是 △ABC 的内切圆上任一点,$|\overrightarrow{BC}|=a,|\overrightarrow{CA}|=b,|\overrightarrow{AB}|=c$,求证:$a \cdot PA^2+b \cdot PB^2+c \cdot PC^2$ 为常数.

21. 在 △ABC 中,$BC=6,BC$ 边上的高为 2,求 $\overrightarrow{AB} \cdot \overrightarrow{AC}$ 的取值范围.

参考答案与提示

1. B. 2. A. 3. D. 在 $\triangle ABC$ 中,考虑 $|\overrightarrow{BA}-t\overrightarrow{BC}|$ 与 $|\overrightarrow{AC}|$ 的几何意义.
4. C. 5. $2\sqrt{3}$. 6. $7\sqrt{5}$.

7. $\dfrac{2}{3}$. 得 $\overrightarrow{AB}\cdot(\overrightarrow{AB}+\overrightarrow{BE})+\overrightarrow{AC}\cdot(\overrightarrow{AB}+\overrightarrow{BF})=2,\overrightarrow{AB}^2+\overrightarrow{AB}\cdot\overrightarrow{BE}+\overrightarrow{AC}\cdot\overrightarrow{AB}+\overrightarrow{AC}\cdot\overrightarrow{BF}=2$.

因为 $\overrightarrow{AB}^2=1,\overrightarrow{AC}\cdot\overrightarrow{AB}=\sqrt{33}\cdot 1\cdot\dfrac{33+1-36}{2\sqrt{33}\cdot 1}=-1,\overrightarrow{BE}=-\overrightarrow{BF}$,所以 $1+\overrightarrow{BF}\cdot(\overrightarrow{AC}-\overrightarrow{AB})-1=2,\overrightarrow{BF}\cdot\overrightarrow{BC}=2$.

设 $\overrightarrow{EF}$ 与 $\overrightarrow{BC}$ 的夹角为 θ,得 $|\overrightarrow{BF}|\cdot|\overrightarrow{BC}|\cos\theta=2,3\cos\theta=2,\cos\theta=\dfrac{2}{3}$.

8. $6\sqrt{3}-9$. 联结相邻刻度的线段构成外接圆半径为 $\dfrac{\sqrt{2}}{2}$ 的圆内接正 12 边形. 相邻两个边向量的夹角为正 12 边形的外角,大小为 30°. 各边向量的长为 $2\cdot\dfrac{\sqrt{2}}{2}\sin\dfrac{\pi}{12}=\sqrt{\dfrac{2-\sqrt{3}}{2}}$,所以 $\overrightarrow{t_1t_2}\cdot\overrightarrow{t_2t_3}=\left(\sqrt{\dfrac{2-\sqrt{3}}{2}}\right)^2\cos\dfrac{\pi}{6}=\dfrac{2\sqrt{3}-3}{4}$,所以所求答案为 $\dfrac{2\sqrt{3}-3}{4}\cdot 12=6\sqrt{3}-9$.

9. 可得 $\overrightarrow{OH}=\overrightarrow{OA}+\overrightarrow{OB}+\overrightarrow{OC}$,所以 $\overrightarrow{AH}=\overrightarrow{OB}+\overrightarrow{OC},\overrightarrow{MB}+\overrightarrow{MC}-\overrightarrow{AH}=\overrightarrow{MB}+\overrightarrow{MC}-\overrightarrow{OB}-\overrightarrow{OC}=2\overrightarrow{MO}$,$\overrightarrow{MH}\cdot(\overrightarrow{MB}+\overrightarrow{MC}-\overrightarrow{AH})=\overrightarrow{MH}\cdot 2\overrightarrow{MO}=-2|\overrightarrow{MH}|\cdot|\overrightarrow{MO}|$.
由 $|\overrightarrow{MH}|+|\overrightarrow{MO}|=|\overrightarrow{OH}|=2$,得当且仅当 M 为线段 OH 的中点时,$\overrightarrow{MH}\cdot(\overrightarrow{MB}+\overrightarrow{MC}-\overrightarrow{AH})$ 取最小值,且最小值为 -2.

10. $\dfrac{7}{9}$. 提示:在 $\triangle ABC$ 中,设 $\angle A$ 的平分线与 BC 交于点 E,则 $AB:BC=BE:EC$.

11. 以点 O 为坐标原点,向量 $\overrightarrow{OA}$ 的方向为 x 轴的正方向建立平面直角坐标系,可得 $A(2,0),B(\cos\theta,\sin\theta),P(2t,0),Q((1-t)\cos\theta,(1-t)\sin\theta)$,所以
$$f(t)=|\overrightarrow{PQ}|=\cdots=\sqrt{(5+4\cos\theta)t^2-(2+4\cos\theta)t+1}$$
得 $0<t_0=\dfrac{1+2\cos\theta}{5+4\cos\theta}<\dfrac{1}{5}(0\leqslant\theta\leqslant\pi)$,所以 θ 的取值范围是 $\left(\dfrac{\pi}{2},\dfrac{2\pi}{3}\right)$.

12. 如图 1,$\overrightarrow{AQ}=m\overrightarrow{AE},\overrightarrow{BQ}=n\overrightarrow{BF}$,得
$$\begin{cases}\overrightarrow{CQ}=\overrightarrow{CA}+\overrightarrow{AQ}=\overrightarrow{CA}+m\overrightarrow{AE}=\overrightarrow{CA}+m(\overrightarrow{CE}-\overrightarrow{CA})=(1-m)\overrightarrow{CA}+\dfrac{2}{3}m\overrightarrow{CB}\\ \overrightarrow{CQ}=\overrightarrow{CB}+\overrightarrow{BQ}=\overrightarrow{CB}+n\overrightarrow{BF}=\overrightarrow{CB}+n(\overrightarrow{CF}-\overrightarrow{CB})=\dfrac{n}{3}\overrightarrow{CA}+(1-n)\overrightarrow{CB}\end{cases}$$

231

由平面向量基本定理,得

$$\begin{cases} 1-m = \dfrac{n}{3} \\ \dfrac{2}{3}m = 1-n \end{cases}, \begin{cases} m = \dfrac{6}{7} \\ n = \dfrac{3}{7} \end{cases}, \begin{cases} \overrightarrow{AQ} = \dfrac{6}{7}\overrightarrow{AE} \\ \overrightarrow{BQ} = \dfrac{3}{7}\overrightarrow{BF} \end{cases}$$

所以

$$S_{\triangle AQB} = \dfrac{6}{7}S_{\triangle AEB} = \dfrac{6}{7} \cdot \dfrac{1}{3}S_{\triangle ACB} = \dfrac{2}{7}$$

同理,得 $S_{\triangle BQC} = \dfrac{2}{7}, S_{\triangle CQA} = \dfrac{2}{7}$.

所以 $S_{\triangle PQR} = 1 - \dfrac{2}{7} \cdot 3 = \dfrac{1}{7}$.

13. 设 $\overrightarrow{BC} = \boldsymbol{a}, \overrightarrow{CA} = \boldsymbol{b}$,则 $\overrightarrow{BL} = l\boldsymbol{a}, \overrightarrow{CM} = m\boldsymbol{b}$. 又
$\overrightarrow{AB} = \overrightarrow{AC} + \overrightarrow{CB} = -\boldsymbol{a} - \boldsymbol{b}, \overrightarrow{AN} = n\overrightarrow{AB} + \overrightarrow{CB} = -n\boldsymbol{a} - \boldsymbol{b}$

所以

$$\overrightarrow{AL} = \overrightarrow{AB} + \overrightarrow{BL} = (1-l)\boldsymbol{a} - \boldsymbol{b}$$
$$\overrightarrow{BM} = \overrightarrow{BC} + \overrightarrow{CM} = \boldsymbol{a} + m\boldsymbol{b}$$
$$\overrightarrow{CN} = \overrightarrow{CA} + \overrightarrow{AN} = -n\boldsymbol{a} + (1-n)\boldsymbol{b}$$

把它们代入 $\overrightarrow{AL} + \overrightarrow{BM} + \overrightarrow{CN} = \boldsymbol{0}$,得

$$(l-n)\boldsymbol{a} + (n-m)\boldsymbol{b} = \boldsymbol{0}$$

由平面向量基本定理,得 $l = m = n$.

14. 设 $|\overrightarrow{AB}| = c, |\overrightarrow{BC}| = a, |\overrightarrow{CA}| = b$,由角平分线性质得

$$\overrightarrow{BD} = \dfrac{c}{c+b}\overrightarrow{BC}, \overrightarrow{AD} = \overrightarrow{AB} + \dfrac{c}{c+b}\overrightarrow{BC}$$

同理

$$\overrightarrow{BE} = \overrightarrow{BC} + \dfrac{a}{a+c}\overrightarrow{CA}, \overrightarrow{CF} = \overrightarrow{CA} + \dfrac{b}{b+a}\overrightarrow{AB}$$

所以

$$\overrightarrow{AD} + \overrightarrow{BE} + \overrightarrow{CF} = \overrightarrow{AB} + \overrightarrow{BC} + \overrightarrow{CA} + \dfrac{c}{c+b}\overrightarrow{BC} + \dfrac{a}{a+c}\overrightarrow{CA} + \dfrac{b}{b+a}\overrightarrow{AB}$$

又 $\overrightarrow{AB} + \overrightarrow{BC} + \overrightarrow{CA} = \boldsymbol{0}$,所以

$$\dfrac{c}{c+b}\overrightarrow{BC} + \dfrac{a}{a+c}\overrightarrow{CA} + \dfrac{b}{b+a}\overrightarrow{AB} = \boldsymbol{0}$$

又 $\overrightarrow{BC} = -\overrightarrow{AB} - \overrightarrow{CA}$,所以 $\left(\dfrac{a}{a+c} - \dfrac{c}{c+b}\right)\overrightarrow{CA} + \left(\dfrac{b}{b+a} - \dfrac{c}{c+b}\right)\overrightarrow{AB} = \boldsymbol{0}$.

因为 $\overrightarrow{CA}, \overrightarrow{AB}$ 不共线,所以 $\dfrac{a}{a+c} - \dfrac{c}{c+b} = \dfrac{b}{b+a} - \dfrac{c}{c+b} = 0$,得 $a = b = c$,即 $\triangle ABC$ 是正三角形.

15. 设 $a = \sum_{i=1}^{7} \vec{a_i}, \vec{b_j} = \vec{a_j} + \vec{a_{j+1}} + \vec{a_{j+2}}(j=1,2,\cdots,7, \vec{a_{j+7}} = \vec{a_j})$.

因为 $|\vec{b_j}| = |a - \vec{b_j}|$, 所以

$\vec{b_j}^2 = (a - \vec{b_j}) \cdot (a - \vec{b_j}) = a^2 - 2a \cdot \vec{b_j} + \vec{b_j}^2$, 得 $a^2 = 2a \cdot \vec{b_j}$, 所以

$\sum_{j=1}^{7} a^2 = 2 \sum_{j=1}^{7} \vec{b_j} \cdot a, 7a^2 = 2(3a) \cdot a, a^2 = 0, a = 0$

16. 由 $\vec{GA} + \vec{GB} + \vec{GC} = 0$ 及题设, 得

$|\vec{BC}|\vec{GA} + |\vec{CA}|\vec{GB} - |\vec{AB}|(\vec{GA} + \vec{GB}) = 0$

$(|\vec{BC}| - |\vec{AB}|)\vec{GA} + (|\vec{CA}| - |\vec{AB}|)\vec{GB} = 0$

因为 $\vec{GA}, \vec{GB}$ 不共线, 所以 $|\vec{BC}| = |\vec{CA}| = |\vec{AB}|$, 即 $\triangle ABC$ 为正三角形.

17. 得

$\vec{A_1A_2} = \vec{G_1G_2} + \vec{G_2A_2} - \vec{G_1A_1}$

$\vec{B_1B_2} = \vec{G_1G_2} + \vec{G_2B_2} - \vec{G_1B_1}$

$\vec{C_1C_2} = \vec{G_1G_2} + \vec{G_2C_2} - \vec{G_1C_1}$

把它们相加并运用 $\vec{G_1A_1} + \vec{G_1B_1} + \vec{G_1C_1} = \vec{G_2A_2} + \vec{G_2B_2} + \vec{G_2C_2} = 0$, 可得

$\vec{A_1A_2} + \vec{B_1B_2} + \vec{C_1C_2} = 3\vec{G_1G_2}$

从而可得欲证成立.

18. 设 BC 的中点是 M, 得

$\vec{OG} = \vec{OA} + \vec{AG} = \vec{OA} + \frac{2}{3}\vec{AM} = \vec{OA} + \frac{1}{3}(\vec{AB} + \vec{AC}) =$

$\vec{OA} + \frac{1}{3}(2\vec{AO} + \vec{OB} + \vec{OC}) = \frac{1}{3}(\vec{OA} + \vec{OB} + \vec{OC})$

设直线 OB 交 $\triangle ABC$ 的外接圆于另一点 E, 联结 CE, 得 $CE \perp BC$. 又 $AH \perp BC$, 所以 $AH \parallel CE$.

又 $EA \perp AB, CH \perp AB$, 所以有平行四边形 $AHCE$, 得 $\vec{AH} = \vec{EC}$, 所以 $\vec{OH} = \vec{OA} + \vec{AH} = \vec{OA} + \vec{EC} = \vec{OA} + \vec{EO} + \vec{OC} = \vec{OA} + \vec{OB} + \vec{OC} = 3\vec{OG}$

即欲证结论成立.

19. 有 $a\vec{IA} + b\vec{IB} + c\vec{IC} = 0$, 即 $a(\vec{IO} + \vec{OA}) + b(\vec{IO} + \vec{OB}) + c(\vec{IO} + \vec{OC}) = 0$, 由此可得欲证.

20. 设 $\triangle ABC$ 的内心为 I, 外接圆半径为 R, 得

$a\vec{IA} + b\vec{IB} + c\vec{IC} = (2R\sin A)\vec{IA} + (2R\sin B)\vec{IB} + (2R\sin C)\vec{IC} = 0$

所以

$a \cdot PA^2 + b \cdot PB^2 + c \cdot PC^2 =$

$a(\vec{PI} + \vec{IA})^2 + b(\vec{PI} + \vec{IB})^2 + c(\vec{PI} + \vec{IC})^2 =$

$(a+b+c)r^2 + 2\vec{PI}(a\vec{IA} + b\vec{IB} + c\vec{IC}) + a\vec{IA}^2 + b\vec{IB}^2 + c\vec{IC}^2 =$

$$(a+b+c)r^2 + a\overrightarrow{IA}^2 + b\overrightarrow{IB}^2 + c\overrightarrow{IC}^2$$

即欲证成立.

21. 设 BC 边上的高为 AD，$BD=x$，$CD=6-x(0<x<6)$，可得

$$\tan\angle BAC = \frac{\dfrac{x}{2}+\dfrac{6-x}{2}}{1-\dfrac{x}{2}\cdot\dfrac{6-x}{2}} = \frac{12}{4-x(6-x)}$$

又可得 $\overrightarrow{AB}\cdot\overrightarrow{AC} = \dfrac{12}{\tan\angle BAC} = 4-x(6-x)$，所以所求取值范围是 $[-5, 4)$.

复数的概念与运算

1. (2012年清华大学保送生测试第一题第1题) 复数 z 为虚数且 $|z|=1$，$z(1-2z)$ 的实部为1，则 $z=$ _____.

2. (2009年南京大学自主招生试题第3题) z 为模大于1的复数，$\bar{z}+\dfrac{1}{z} = \dfrac{5}{2}\cos\theta - \dfrac{5i}{2}\sin\theta$，则 $z=$ _____.

3. (2006年上海交通大学推优、保送生考试试题第8题) ω 是 $x^5=1$ 的非1实数根，则 $\omega(\omega+1)(\omega^2+1)=$ _____.

4. (2005年上海交通大学推优、保送生考试试题第一题第7题) 若 $z^3=1$，且 $z\in\mathbf{C}$，则 $z^3+2z^2+2z+20=$ _____.

5. (2004年复旦大学保送生考试试题第一题第9题) 方程 $z^3=\bar{z}$ 的非零解是 _____.

6. (2006年全国高中数学联赛第一试第8题) 若对一切 $\theta\in\mathbf{R}$，复数 $z=(a+\cos\theta)+(2a-\sin\theta)i$ 的模不超过2，则实数 a 的取值范围为 _____.

7. 数 x 满足 $x+\dfrac{1}{x}=-1$，则 $x^{300}+\dfrac{1}{x^{300}}=$ _____.

8. (2006届清华大学自主招生试题第1题) 求最小的正整数 n，使得 $I=\left(\dfrac{1}{2}+\dfrac{1}{2\sqrt{3}}i\right)^n$ 为纯虚数，并求出 I.

9. (2006年上海交通大学推优、保送生考试试题第13题) 已知 $|z|=1$，k 是实数，z 是复数，求 $|z^2+kz+1|$ 的最大值.

10. 求 $(1) C_{100}^0 - C_{100}^2 + C_{100}^4 - \cdots + C_{100}^{100}$；$(2) C_{100}^1 - C_{100}^3 + C_{100}^5 - \cdots - C_{100}^{99}$.

11. 求 $\left|2+2e^{i\frac{2}{5}\pi}+2e^{i\frac{6}{5}\pi}\right|$.

12. 求证：$\arctan\dfrac{1}{3} + \arctan\dfrac{1}{5} + \arctan\dfrac{1}{7} + \arctan\dfrac{1}{8} = \dfrac{\pi}{4}$.

13. 若非零复数 x, y 满足 $x^2 + xy + y^2 = 0$，求 $\left(\dfrac{x}{x+y}\right)^{2005} + \left(\dfrac{y}{x+y}\right)^{2005}$ 的值.

14. 设复数 z_1, z_2 满足 $|z_1| = |z_1 + z_2| = 3$，$|z_1 - z_2| = 3\sqrt{3}$，求 $\log_2 |(z_1 \overline{z_2})^{2000} + (\overline{z_1} z_2)^{2000}|$.

15. 任给 8 个非零实数 $a_1, a_2, \cdots, a_8$，求证：下面 6 个数 $a_1 a_3 + a_2 a_4$，$a_1 a_5 + a_2 a_6$，$a_1 a_7 + a_2 a_8$，$a_3 a_5 + a_4 a_6$，$a_3 a_7 + a_4 a_8$，$a_5 a_7 + a_6 a_8$ 中至少有一个是非负的.

16. 设 $z_1, z_2, \cdots, z_n$ 为复数，满足 $|z_1| + |z_2| + \cdots + |z_n| = 1$，求证：上述 n 个复数中，必存在若干个复数，它们的和的模不小于 $\dfrac{1}{4}$.

17. 已知正多边形 $A_1 A_2 \cdots A_n$ 内接于圆 O，证明：自圆 O 上任意一点 P 到正多边形 $A_1 A_2 \cdots A_n$ 各个顶点距离的平方和为定值.

18. 计算 $\sin\dfrac{\pi}{2011} \sin\dfrac{2\pi}{2011} \sin\dfrac{3\pi}{2011} \cdots \sin\dfrac{2010\pi}{2011}$.

19. 求证：$\sum\limits_{k=1}^{n} \sin k \leqslant \dfrac{1}{\sin\frac{1}{2}}$.

参考答案与提示

1. $\dfrac{\sqrt{3}}{3} + \dfrac{\sqrt{6}}{3} i$.   2. $2(\sin\theta + i\cos\theta)$.   3. -1.   4. 19.   5. $\pm 1, \pm i$.

6. $\left[-\dfrac{\sqrt{5}}{5}, \dfrac{\sqrt{5}}{5}\right]$.

$$|z| \leqslant 2 \Leftrightarrow (a + \cos\theta)^2 + (2a - \sin\theta)^2 \leqslant 4 \Leftrightarrow$$
$$2a(\cos\theta - 2\sin\theta) \leqslant 3 - 5a^2 \Leftrightarrow$$
$$2\sqrt{5}|a| \leqslant 3 - 5a^2 \Leftrightarrow$$
$$-\dfrac{\sqrt{5}}{5} \leqslant a \leqslant \dfrac{\sqrt{5}}{5}$$

7. 2.

8. 由 $I = \left(\dfrac{1}{\sqrt{3}}\right)^n \left(\cos\dfrac{n\pi}{6} + i\sin\dfrac{n\pi}{6}\right)$ 为纯虚数，得

$$\cos\dfrac{n\pi}{6} = 0, \dfrac{n\pi}{6} = k\pi + \dfrac{\pi}{2} (k \in \mathbf{N}), n = 6k + 3$$

所以 $n_{\min} = 3, I = \dfrac{\sqrt{3}}{9} i$.

9. 得 $z \cdot \bar{z} = |\bar{z}| = 1$，设 $z = a + bi (a, b \in \mathbf{R})$，得

$$|z^2+kz+1|=|\bar{z}|\cdot|z^2+kz+1|=|z+\bar{z}+k|=|2a+k|\leqslant$$
$$2|a|+|k|\leqslant 2+|k|$$

10. 因为 $(1+i)^{100}=[(1+i)^2]^{50}=(2i)^{50}=-2^{50}$，又由二项式定理，得
$$(1+i)^{100}=C_{100}^0+C_{100}^1 i+C_{100}^2 i^2+\cdots+C_{100}^{99} i^{99}+C_{100}^{100} i^{100}=$$
$$(C_{100}^0-C_{100}^2+C_{100}^4-\cdots+C_{100}^{100})+$$
$$(C_{100}^1-C_{100}^3+C_{100}^5-\cdots-C_{100}^{99})i$$

所以

(1) $C_{100}^0-C_{100}^2+C_{100}^4-\cdots+C_{100}^{100}=-2^{50}$;

(2) $C_{100}^1-C_{100}^3+C_{100}^5-\cdots-C_{100}^{99}=0$.

11. 原式 $=\sqrt{\left(2+2\cos\dfrac{2\pi}{5}+\cos\dfrac{6\pi}{5}\right)^2+\left(2\sin\dfrac{2\pi}{5}+\sin\dfrac{6\pi}{5}\right)^2}=$
$$\sqrt{9+8\cos\dfrac{2\pi}{5}+4\cos\dfrac{6\pi}{5}+4\cos\dfrac{4\pi}{5}}=$$
$$\sqrt{9+8\cos\dfrac{2\pi}{5}-8\cos\dfrac{\pi}{5}}=\sqrt{9-16\sin\dfrac{3\pi}{10}\sin\dfrac{\pi}{10}}=$$
$$\sqrt{9-16\cos 36°\cos 72°}=\sqrt{9-\dfrac{16\sin 36°\cos 36°\cos 72°}{\sin 36°}}=$$
$$\sqrt{9-\dfrac{4\sin 144°}{\sin 36°}}=\sqrt{5}$$

12. 设 $z_1=3+i, z_2=5+i, z_3=7+i, z_4=8+i$，则它们的辐角主值分别为 $\alpha_1=\arctan\dfrac{1}{3}, \alpha_2=\arctan\dfrac{1}{5}, \alpha_3=\arctan\dfrac{1}{7}, \alpha_4=\arctan\dfrac{1}{8}$，所以 $\alpha_1, \alpha_2, \alpha_3, \alpha_4 \in \left(0,\dfrac{\pi}{4}\right), \alpha_1+\alpha_2+\alpha_3+\alpha_4 \in (0,\pi)$，得
$$z_1 z_2 z_3 z_4=(3+i)(5+i)(7+i)(8+i)=650(1+i)$$
$$\alpha_1+\alpha_2+\alpha_3+\alpha_4=\dfrac{\pi}{4}$$

即欲证成立.

13. 得 $\dfrac{x}{y}=\omega=-\dfrac{1}{2}+\dfrac{\sqrt{3}}{2}i$ 或 $\dfrac{x}{y}=\bar{\omega}=-\dfrac{1}{2}-\dfrac{\sqrt{3}}{2}i$，所以 $\omega^3=\bar{\omega}^3=1$.

当 $\dfrac{x}{y}=\omega=-\dfrac{1}{2}+\dfrac{\sqrt{3}}{2}i$ 时
$$\left(\dfrac{x}{x+y}\right)^{2005}+\left(\dfrac{y}{x+y}\right)^{2005}=\left[\dfrac{1}{1+\dfrac{1}{\omega}}\right]^{2005}+\left(\dfrac{1}{\omega+1}\right)^{2005}=$$
$$\left(-\dfrac{1}{\omega}\right)^{2005}+\left(\dfrac{1}{-\omega}\right)^{2005}=$$

$$-\left(\frac{1}{\omega}+\frac{1}{\overline{\omega}}\right)=-(\overline{\omega}+\omega)=1$$

当 $\frac{x}{y}=\overline{\omega}=-\frac{1}{2}-\frac{\sqrt{3}}{2}\mathrm{i}$ 时，也可得答案为 1。

14. 得
$$9=|z_1+z_2|^2=|z_1|^2+|z_2|^2+z_1\overline{z_2}+\overline{z_1}z_2$$
$$27=|z_1-z_2|^2=|z_1|^2+|z_2|^2-(z_1\overline{z_2}+\overline{z_1}z_2)$$

又 $|z_1|=3$，所以 $|z_2|=3, z_1\overline{z_2}+\overline{z_1}z_2=-9, |z_1\overline{z_2}|+|\overline{z_1}z_2|=9$。

设 $z_1\overline{z_2}=9(\cos\theta+\mathrm{i}\sin\theta)$，得 $\overline{z_1}z_2=9(\cos\theta-\mathrm{i}\sin\theta)$。

由 $-9=z_1\overline{z_2}+\overline{z_1}z_2=18\cos\theta$，得 $\cos\theta=-\frac{1}{2}$，所以 $z_1\overline{z_2}=9\omega$ 或 $9\omega^2$（这里 $\omega=-\frac{1}{2}+\frac{\sqrt{3}}{2}\mathrm{i}$）。

当 $z_1\overline{z_2}=9\omega$ 时，$\log_2|(z_1\overline{z_2})^{2\,000}+(\overline{z_1}z_2)^{2\,000}|=\log_2|-9^{2\,000}|=4\,000$。

当 $z_1\overline{z_2}=9\omega^2$ 时，可得同样结果。

即所求答案为 4 000。

15. 设 $z_1=a_1+a_2\mathrm{i}, z_2=a_3+a_4\mathrm{i}, z_3=a_5+a_6\mathrm{i}, z_4=a_7+a_8\mathrm{i}$，得
$$|z_1-z_2|^2=\cdots=a_1^2+a_2^2+a_3^2+a_4^2-2(a_1a_3+a_2a_4)=$$
$$|z_1|^2+|z_2|^2-2(a_1a_3+a_2a_4)$$
$$|z_1|^2+|z_2|^2-|z_1-z_2|^2=2(a_1a_3+a_2a_4)$$

同理，有
$$|z_1|^2+|z_3|^2-|z_1-z_3|^2=2(a_1a_5+a_2a_6)$$
$$|z_1|^2+|z_4|^2-|z_1-z_4|^2=2(a_1a_7+a_2a_8)$$
$$|z_2|^2+|z_3|^2-|z_2-z_3|^2=2(a_3a_5+a_4a_6)$$
$$|z_2|^2+|z_4|^2-|z_2-z_4|^2=2(a_3a_7+a_4a_8)$$
$$|z_3|^2+|z_4|^2-|z_3-z_4|^2=2(a_5a_7+a_6a_8)$$

接下来，只要证明 z_1, z_2, z_3, z_4 所对应的 4 个向量 $\overrightarrow{OZ_1}, \overrightarrow{OZ_2}, \overrightarrow{OZ_3}, \overrightarrow{OZ_4}$ 中至少有两个向量之间的最小正角不大于 $90°$，而这是显然成立的，所以欲证结论成立。

16. 设 $z_k=a_k+b_k\mathrm{i}(a_k, b_k\in\mathbf{R}, k=1,2,\cdots,n)$，得 $|z_k|\leqslant|a_k|+|b_k|$，所以
$$1=\sum_{k=1}^{n}|z_k|\leqslant\sum_{k=1}^{n}|a_k|+\sum_{k=1}^{n}|b_k|$$

又
$$\sum_{k=1}^{n}|a_k|=\sum_{a_k\geqslant 0}|a_k|+\sum_{a_k<0}|a_k|, \sum_{k=1}^{n}|b_k|=\sum_{b_k\geqslant 0}|b_k|+\sum_{b_k<0}|b_k|$$

所以 $\sum_{a_k\geqslant 0}|a_k|, \sum_{a_k<0}|a_k|, \sum_{b_k\geqslant 0}|b_k|, \sum_{b_k<0}|b_k|$ 中必有一个不小于 $\frac{1}{4}$，不妨设

$\sum_{a_k \geqslant 0} |a_k| \geqslant \frac{1}{4}$,所以 $\sum_{a_k \geqslant 0} |z_k| \geqslant \sum_{a_k \geqslant 0} |a_k| \geqslant \frac{1}{4}$.

17. 取此圆为单位圆(则 O 为原点),射线 OA_n 为实轴的正半轴,建立复平面,设顶点 A_1 对应的复数为 $\varepsilon = e^{\frac{2\pi i}{n}}$,则顶点 $A_2, A_3, \cdots, A_n$ 对应的复数分别为 $\varepsilon^2, \varepsilon^3, \cdots, \varepsilon^n$.

设点 P 对应的复数为 z,则 $|z| = 1$,且点 P 到正多边形 $A_1 A_2 \cdots A_n$ 各个顶点距离的平方和为

$$2n - \sum_{k=1}^{n} |PA_k|^2 = \sum_{k=1}^{n} |z - \varepsilon^k|^2 = \sum_{k=1}^{n} (z - \varepsilon^k)(\bar{z} - \overline{\varepsilon^k}) =$$

$$\sum_{k=1}^{n} (2 - \varepsilon^k \bar{z} - \overline{\varepsilon^k} z) =$$

$$2n - \bar{z} \sum_{k=1}^{n} \varepsilon^k - z \sum_{k=1}^{n} \overline{\varepsilon^k} = 2n - \bar{z} \sum_{k=1}^{n} \varepsilon^k - z \overline{\sum_{k=1}^{n} \varepsilon^k} = 2n$$

18. 设 $z_1 = \cos \frac{2\pi}{n} + i\sin \frac{2\pi}{n}$,则 z_1 是方程 $z^n = 1$ 的根,所以

$$1 + z + z^2 + \cdots + z^{n-1} = (z - z_1)(z - z_1^2) \cdots (z - z_1^{n-1})$$

$$n = |(1 - z_1)(1 - z_1^2) \cdots (1 - z_1^{n-1})| = 2^{n-1} \sin \frac{\pi}{n} \sin \frac{2\pi}{n} \cdots \sin \frac{(n-1)\pi}{n}$$

令 $n = 2011$,得原式 $= \frac{2011}{2^{2010}}$.

19. 设 $z = \cos 1 + i\sin 1$,则 $z^k = \cos k + i\sin k$,所以

$$\left| \sum_{k=1}^{n} \sin k \right| \leqslant \left| \sum_{k=1}^{n} z^k \right| = \left| \frac{z(1-z^n)}{1-z} \right| = \left| \frac{1-z^n}{1-z} \right| = \frac{|1-z^n|}{2\sin \frac{1}{2}} \leqslant$$

$$\frac{1 + |z^n|}{2\sin \frac{1}{2}} = \frac{1}{\sin \frac{1}{2}}$$

复数与多项式

1. (日本茶水大学自主招生试题)$a, b, c, d \in \mathbf{R}$,关于 x 的五次方程 $x^5 + x^4 + ax^3 + bx^2 + cx + d = 0$ 有四个相异的纯虚数根,求 a, b, c, d 满足的条件.

2. 对怎样的正整数 n,$x^2 + x + 1 | x^{2n} + x^n + 1$?

3. 设多项式 $P(x), Q(x), R(x), S(x)$ 满足 $P(x^5) + xQ(x^5) + x^2 R(x^5) = (x^4 + x^3 + x^2 + x + 1)S(x)$,求证:$x - 1 | P(x)$.

4. 已知 $z^7 = 1, z \in \mathbf{C}$,且 $z \neq 1$.
(1) 求证:$1 + z + z^2 + \cdots + z^6 = 0$;
(2) 求 $\frac{z}{1+z^2} + \frac{z^2}{1+z^4} + \frac{z^3}{1+z^6}$;

(3) 设 z 的辐角为 α,求 $\cos\alpha + \cos 2\alpha + \cos 4\alpha$ 的值.

参考答案与提示

1. 根据实系数方程若有虚根必共轭成对出现知,可设
$$x^5 + x^4 + ax^3 + bx^2 + cx + d = (x-m)(x+pi)(x-pi) \cdot (x+qi)(x-qi) \quad (p \neq q, p,q \in \mathbf{R}_+)$$

得
$$x^5 + x^4 + ax^3 + bx^2 + cx + d = x^5 - mx^4 + (p^2+q^2)x^3 - m(p^2+q^2)x^2 + p^2q^2 x - mp^2q^2$$

所以 $m = -1, a = b = p^2 + q^2, c = d = p^2q^2$.

由此可得 a,b,c,d 满足的充要条件是 $a = b > 0, c = d > 0, a^2 > 4c$.

2. 设 $f(x) = x^{2n} + x^n + 1 (x \in \mathbf{N}^*)$. 易知多项式 $x^2 + x + 1$ 的两个根为 ω, ω^2 (这里 $\omega = \dfrac{-1+\sqrt{3}\mathrm{i}}{2}$, 得 $\omega^3 = 1$).

当 $n = 3k+1 (k \in \mathbf{N})$ 时, $f(\omega) = \omega^{6k+2} + \omega^{3k+1} + 1 = \omega^2 + \omega + 1 = 0$, $f(\omega^2) = 0$, 此时有 $x^2 + x + 1 \mid x^{2n} + x^n + 1$.

当 $n = 3k+2 (k \in \mathbf{N})$ 时, 同理也可得 $x^2 + x + 1 \mid x^{2n} + x^n + 1$.

当 $n = 3k (k \in \mathbf{N})$ 时, 可得 $f(\omega) = 3 \neq 0$, 所以 $x^2 + x + 1 \nmid x^{2n} + x^n + 1$. ("$\nmid$"表示不整除)

所以, 当且仅当正整数 n 不是 3 的倍数时, $x^2 + x + 1 \mid x^{2n} + x^n + 1$.

3. 即证 $P(1) = 0$. 设 $\lambda = \cos\dfrac{2\pi}{5} + \mathrm{i}\sin\dfrac{2\pi}{5}$, 得 $\lambda^5 = 1$, 且 $\lambda, \lambda^2, \lambda^3, \lambda^4$ 为方程 $x^4 + x^3 + x^2 + x + 1 = 0$ 的四个根, 所以 $\lambda, \lambda^2, \lambda^3$ 为一元二次方程 $P(1) + xQ(1) + x^2R(1) = 0$ 的三个不同根, 所以 $R(1) = Q(1) = P(1) = 0$, 证毕.

4. (1) $1 + z + z^2 + \cdots + z^6 = \dfrac{1-z^7}{1-z} = 0$.

(2) $\dfrac{z}{1+z^2} + \dfrac{z^2}{1+z^4} + \dfrac{z^3}{1+z^6} = \dfrac{z}{1+z^2} + \dfrac{z^5}{1+z^3} + \dfrac{z^4}{1+z} = \dfrac{z}{1+z^2} + \dfrac{z^4(1+z^2)}{1+z^3} = \dfrac{2(z^4 + z + z^6)}{(1+z^2)(1+z^3)}$.

再由(1), 得 $z^6 + z^4 + z = -(1+z^2)(1+z^3)$, 所以原式 $= -2$.

(3) 由 $z^7 = 1$, 得 $|z| = 1$, 所以 $z\bar{z} = 1, z \cdot z^6 = 1, z^6 = \bar{z}$.

同理 $z^5 = \overline{z^2}, z^3 = \overline{z^4}$, 所以 $z^3 + z^5 + z^6 = \overline{z + z^2 + z^4}$.

由(1)得 $z + z^2 + \cdots + z^6 = -1$, 所以 $z + z^2 + z^4 + \overline{z + z^2 + z^4} = -1$.

所以 $\mathrm{Re}(z + z^2 + z^4) = -\dfrac{1}{2}$, 即 $\cos\alpha + \cos 2\alpha + \cos 4\alpha = -\dfrac{1}{2}$.

复数与几何

1. (2009年复旦大学自主招生试题第20题) 若$|z|=r, r>1$,则$\frac{1}{z}+z$在复平面内的轨迹是(   )

    A. 焦距为2的椭圆   B. 焦距为4的椭圆

    C. 焦距为$\frac{r}{4}$的椭圆   D. 焦距为$\frac{r}{2}$的椭圆

2. (2004年同济大学自主招生优秀考生文化测试试卷第6题) 已知复平面上点A与点B分别对应复数2与2i,线段AB上的动点P对应复数z,若复数z^2对应点Q,点Q的坐标为(x,y),则点Q的轨迹方程为_____.

3. n个复数$z_1,z_2,\cdots,z_n$成等比数列,其中$|z_1|\neq 1$,公比为q,$|q|=1$且$q\neq \pm 1$,复数$\omega_1,\omega_2,\cdots,\omega_n$满足条件:$\omega_k=z_k+\frac{1}{z_k}+h(k=0,1,2,\cdots,n)$,$h$为已知实数.求证:复平面内表示$\omega_1,\omega_2,\cdots,\omega_n$的点$P_1,P_2,\cdots,P_n$都在同一个焦距为4的椭圆上.

参考答案与提示

1. B. 设$z=r(\cos\theta+\mathrm{i}\sin\theta)(r>1,r\in \mathbf{R})$,得$\frac{1}{z}+z=\left(r+\frac{1}{r}\right)\cos\theta+\mathrm{i}\left(r-\frac{1}{r}\right)\sin\theta$,所求轨迹方程为$\frac{x^2}{\left(r+\frac{1}{r}\right)^2}+\frac{y^2}{\left(r-\frac{1}{r}\right)^2}=1$.

2. $y=-\frac{x^2}{8}(-4\leqslant x\leqslant 4)$. $A(2,0),B(0,2)$,线段AB的方程为$x+y=2(0\leqslant x\leqslant 2)$.

设$P(a,b)$,则$z=a+b\mathrm{i}(a,b\in \mathbf{R})$,$z^2=a^2-b^2+2ab\mathrm{i}$. 所以$\begin{cases}x=a^2-b^2\\y=2ab\end{cases}$. 又$a+b=2(0\leqslant a\leqslant 2)$,消去$a,b$后可得答案.

3. 设$z_1=r(\cos\alpha+\mathrm{i}\sin\alpha)$,$q=\cos\theta+\mathrm{i}\sin\theta$,其中$r\neq 1, \theta\neq k\pi(k\in \mathbf{Z})$,得

$$z_k=z_1q^{k-1}=r\{\cos[\alpha+(k-1)\theta]+\mathrm{i}\sin[\alpha+(k-1)\theta]\}$$

所以

$$\omega_k-h=z_k+\frac{1}{z_k}=\left(r+\frac{1}{r}\right)\cos[\alpha+(k-1)\theta]+$$

$$\mathrm{i}\left(r-\frac{1}{r}\right)\sin[\alpha+(k-1)\theta] \quad (k=0,1,2,\cdots,n)$$

令 $\omega_k = x + y\mathrm{i}(x, y \in \mathbf{R})$,得

$$\begin{cases} x - h = \left(r + \dfrac{1}{r}\right)\cos[\alpha + (k-1)\theta] \\ y = \left(r - \dfrac{1}{r}\right)\sin[\alpha + (k-1)\theta] \end{cases} \quad (k = 0, 1, 2, \cdots, n)$$

$$\frac{(x-h)^2}{\left(r + \dfrac{1}{r}\right)^2} + \frac{y^2}{\left(r - \dfrac{1}{r}\right)^2} = 1$$

说明点 $P_1, P_2, \cdots, P_n$ 都在同一个椭圆上,其焦距为

$$2\sqrt{\left(r + \dfrac{1}{r}\right)^2 - \left(r - \dfrac{1}{r}\right)^2} = 4$$

§33 自主招生试题集锦(微积分)

极 限

1.(2012年清华大学自主招生试题第9题)已知数列$\{a_n\}$的通项公式为$a_n = \lg\left(1 + \dfrac{2}{n^2+3n}\right)$,$S_n$表示数列$\{a_n\}$的前$n$项和,则$\lim\limits_{n\to\infty} S_n = ($)

A. 0　　　　B. $\lg\dfrac{3}{2}$　　　　C. $\lg 2$　　　　D. $\lg 3$

2.(2008年上海财经大学自主招生试题第4题)设数列$\{a_n\}$的前n项和$S_n = 2^n - 1$,则$\lim\limits_{n\to\infty}\left(\dfrac{1}{a_1 a_2} + \dfrac{1}{a_2 a_3} + \cdots + \dfrac{1}{a_n a_{n+1}}\right)$的值为_____.

3.(2005年复旦大学自主招生试题第一题第5题)$\lim\limits_{n\to\infty}(\sqrt{n^2+n+1} - \sqrt{n^2-n-1}) = $ _____.

4.(2003年全国高中数学联赛第一试第12题)设$M_n = \{$(十进制)n位纯小数$0.\overline{a_1 a_2 \cdots a_n} | a_i$只取0或1$(i=1,2,\cdots,n-1), a_n = 1\}$,$T_n$是$M_n$中元素的个数,$S_n$是$M_n$中所有元素的和,则$\lim\limits_{n\to\infty}\dfrac{S_n}{T_n} = $ _____.

5.(2000年全国高中数学联赛第一试第8题)设a_n是$(3-\sqrt{x})^n$的展开式中x项的系数$(n=2,3,4,\cdots)$,则$\lim\limits_{n\to\infty}\left(\dfrac{3^2}{a_2} + \dfrac{3^3}{a_3} + \cdots + \dfrac{3^n}{a_n}\right) = $ _____.

6. $\lim\limits_{n\to\infty}\left(\dfrac{1}{\sqrt{n^2+1}} + \dfrac{1}{\sqrt{n^2+2}} + \cdots + \dfrac{1}{\sqrt{n^2+n}}\right) = $ _____.

7. $\sqrt{\dfrac{1}{2}} \cdot \sqrt{\dfrac{1}{2} + \dfrac{1}{2}\sqrt{\dfrac{1}{2}}} \cdot \sqrt{\dfrac{1}{2} + \dfrac{1}{2}\cdot\sqrt{\dfrac{1}{2} + \dfrac{1}{2}\sqrt{\dfrac{1}{2}}}} \cdot \cdots = $ _____.

8.(2009年清华大学自主招生试题理科第1题)设$\dfrac{\sqrt{5}+1}{\sqrt{5}-1}$的整数部分为$a$,小数部分为$b$.

(1)求a, b;(2)求$a^2 + b^2 + \dfrac{ab}{2}$;(3)求$\lim\limits_{n\to\infty}(b + b^2 + \cdots + b^n)$.

9.(2008年清华大学自主招生保送生测试试卷第5题)若$\lim\limits_{x\to 0} f(x) = f(0) = 1, f(2x) - f(x) = x^2$,求$f(x)$.

10. (2007届清华大学保送生暨自主招生北京冬令营笔试试题第2题)设正三角形 T_1 的边长为 a, T_{n+1} 是 T_n 的中点三角形, A_n 为 T_n 除去 T_{n+1} 后剩下三个三角形的内切圆面积之和,求 $\lim\limits_{n\to\infty}\sum\limits_{k=1}^{n}A_k$.

11. (2006年北京大学自主招生保送生测试试卷第5题)函数 $f(x)$ 的导函数 $f'(x)$ 连续,且 $f(0)=0$, $f'(0)=a$, 记曲线 $y=f(x)$ 上与 $P(t,0)$ 最近的点为 $Q(s,f(s))$, 求极限值 $\lim\limits_{t\to 0}\dfrac{s}{t}$.

12. (2001年全国高中数学联赛第一试第13题)设 $\{a_n\}$ 为等差数列, $\{b_n\}$ 为等比数列,且 $b_1=a_1^2$, $b_2=a_2^2$, $b_3=a_3^2(a_1<a_2)$, 又 $\lim\limits_{n\to\infty}(b_1+b_2+\cdots+b_n)=\sqrt{2}+1$, 试求 $\{a_n\}$ 的首项与公差.

13. 已知 $x_1=1$, $x_{n+1}=\sqrt{2x_n}(n\in\mathbf{N}^*)$, 求证: $\lim\limits_{n\to\infty}x_n$ 存在,并求出此极限值.

14. 用 $\{x\}$ 表示实数 x 的小数部分,求 $\lim\limits_{n\to\infty}\{(2+\sqrt{3})^n\}$.

15. 设 $a_n=1+\dfrac{1}{2}+\cdots+\dfrac{1}{n}-\ln n$, 求证: $\lim\limits_{n\to\infty}a_n$ 存在.

16. 在数列 $\{a_n\}$ 中, $a_1=1$, $a_2=a_3=2$, $a_4=a_5=a_6=3,\cdots$.
(1) 给定正整数 n, 求使 $a_l=n$ 的 l 的范围;
(2) 令 $b_m=\sum\limits_{l=1}^{2m^2}a_l$, 求 $\lim\limits_{m\to\infty}\dfrac{b_m}{m^3}$.

17. 已知函数 $f(x)=x-\sin x$, 数列 $\{a_n\}$ 满足 $0<a_1<1$, $a_{n+1}=f(a_n)(n\in\mathbf{N}^*)$.
(1) 证明:当 $n\in\mathbf{N}^*$ 时, ① $0<a_n<1$, ② $a_{n+1}=\dfrac{1}{6}a_n^3$.

$$1+\dfrac{1}{2^2}+\dfrac{1}{3^2}+\cdots+\dfrac{1}{n^2}<2-\dfrac{1}{n}\quad(n\geqslant 2, n\in\mathbf{N}^*)$$

(2) 利用夹逼原则求 $\lim\limits_{n\to\infty}\dfrac{1}{n}\left(1\sin 1+2\sin\dfrac{1}{2}+\cdots+n\sin\dfrac{1}{n}\right)$.

18. 已知 $f(x)$ 满足:对实数 a,b 有 $f(ab)=af(b)+bf(a)$, 且 $|f(x)|\leqslant 1$, 求证: $f(x)\equiv 0$.

参考答案与提示

1. D. 因为 $a_n=\lg\dfrac{(n+1)(n+2)}{n(n+3)}$, 所以 $\lim\limits_{n\to\infty}S_n=\cdots=\lim\limits_{n\to\infty}\lg\left(\dfrac{3}{1}\cdot\dfrac{n+1}{n+3}\right)=\lg 3$.

2. $\dfrac{2}{3}$.

3. 1.

4. $\dfrac{1}{18}$. 因为 M_n 中的小数均是 n 位小数,而除最后一位上的数字为 1 外,其余各位上的数字是 0 或 1,所以 $T_n = 2^{n-1}$. 因为在这 2^{n-1} 个数中,小数点后第 n 位小数全是 1,其余各位上的数字是 0 或 1,各占一半,所以

$$S_n = \frac{1}{2} \cdot 2^{n-1} \left(\frac{1}{10} + \frac{1}{10^2} + \cdots + \frac{1}{10^{n-1}} \right) + 2^{n-1} \cdot \frac{1}{10^n} = \frac{2^{n-2}}{9} \left(1 - \frac{1}{10^{n-1}} \right) + \frac{1}{2 \cdot 5^n}$$

$$\lim_{n \to \infty} \frac{S_n}{T_n} = \cdots = \frac{1}{18}$$

5. 18.

6. 1. 可得 $\dfrac{n}{\sqrt{n^2+n}} \leqslant \dfrac{1}{\sqrt{n^2+1}} + \dfrac{1}{\sqrt{n^2+2}} + \cdots + \dfrac{1}{\sqrt{n^2+n}} \leqslant \dfrac{n}{\sqrt{n^2+1}}$,又 $\lim\limits_{n \to \infty} \dfrac{n}{\sqrt{n^2+n}} = \lim\limits_{n \to \infty} \dfrac{n}{\sqrt{n^2+1}} = 1$,由两边夹法则可得答案.

7. $\dfrac{2}{\pi}$. 设 $a_n = \underbrace{\sqrt{\dfrac{1}{2} + \dfrac{1}{2} \cdot \sqrt{\dfrac{1}{2} + \dfrac{1}{2} \sqrt{\dfrac{1}{2} \cdots}}}}_{n\text{个根号}}$,得 $a_1 = \sqrt{\dfrac{1}{2}}$,$a_{n+1} = \sqrt{\dfrac{1}{2} + \dfrac{1}{2} a_n}$ $(n \in \mathbf{N}^*)$.

所以 $a_1 = \cos \dfrac{\pi}{4}$. 再利用 $\cos \dfrac{\theta}{2} = \sqrt{\dfrac{1}{2} + \dfrac{1}{2} \cos \theta}$,得

$$T_n = a_1 a_2 \cdots a_n = \cos \frac{\pi}{4} \cos \frac{\pi}{8} \cdots \cos \frac{\pi}{2^{n+1}} =$$

$$\frac{\cos \dfrac{\pi}{4} \cos \dfrac{\pi}{8} \cdots \cos \dfrac{\pi}{2^{n+1}} \cdot 2^n \sin \dfrac{\pi}{2^{n+1}}}{2^n \sin \dfrac{\pi}{2^{n+1}}} =$$

$$\frac{\sin \dfrac{\pi}{2}}{2^n \sin \dfrac{\pi}{2^{n+1}}} = \frac{1}{2^n \sin \dfrac{\pi}{2^{n+1}}}$$

$$\lim_{n \to \infty} T_n = \lim_{n \to \infty} \frac{1}{2^n \sin \dfrac{\pi}{2^{n+1}}} = \frac{2}{\pi} \lim_{n \to \infty} \frac{1}{\dfrac{\sin \dfrac{\pi}{2^{n+1}}}{\dfrac{\pi}{2^{n+1}}}} = \frac{2}{\pi}$$

8. (1) $a = 2, b = \dfrac{\sqrt{5}-1}{2}$;(2) 5;(3) $\dfrac{\sqrt{5}+1}{2}$.

9. $f(x) - f\left(\dfrac{x}{2}\right) = \left(\dfrac{x}{2}\right)^2, f\left(\dfrac{x}{2}\right) - f\left(\dfrac{x}{4}\right) = \left(\dfrac{x}{4}\right)^2, \cdots, f\left(\dfrac{x}{2^{n-1}}\right) - f\left(\dfrac{x}{2^n}\right) =$

$\left(\dfrac{x}{2^n}\right)^2$,叠加得 $f(x) - f\left(\dfrac{x}{2^n}\right) = \dfrac{x^2}{3}\left(1 - \dfrac{1}{4^n}\right)$. 再令 $x \to \infty$,得 $f(x) = \dfrac{x^2}{3} + 1$.

10. 内切圆半径是以 $\dfrac{\sqrt{3}a}{12}$ 为首项,$\dfrac{1}{2}$ 为公比的等比数列,所以 $\{A_n\}$ 是以 $3\pi\left(\dfrac{\sqrt{3}a}{12}\right)^2$ 为首项,$\dfrac{1}{4}$ 为公比的等比数列,得 $\lim\limits_{n\to\infty}\sum\limits_{k=1}^{n}A_k = \dfrac{3\pi\left(\dfrac{\sqrt{3}a}{12}\right)^2}{1-\dfrac{1}{4}} = \dfrac{\pi a^2}{12}$.

11. 设曲线 $y = f(x)$ 上任一点与 $P(t,0)$ 最近的距离为 $d(x)$,得
$$[d(x)]^2 = (x-t)^2 + [f(x)]^2$$
两边对 x 求导,得
$$2d(x) \cdot d'(x) = 2(x-t) + 2f(x)f'(x).$$
由题设得 $d'(s) = 0$,所以
$$2d(s) \cdot d'(s) = 2(s-t) + 2f(s)f'(s) = 0$$
$$\dfrac{t}{s} = 1 + \dfrac{f(s)}{s}f'(s) = 0$$
当 $t \to 0$ 时,$s \to 0$,所以
$$\lim_{s\to 0}f'(s) = f'(0) = a, \lim_{s\to 0}\dfrac{f(s)}{s} = \lim_{s\to 0}\dfrac{f(s)-f(0)}{s-0} = f'(0) = a$$
$$\lim_{t\to 0}\dfrac{t}{s} = \lim_{t\to 0}\left[1 + \dfrac{f(s)}{s}f'(s)\right] = 1 + a^2$$

12. 设所求的公差为 $d(d > 0)$. 由 $b_1 b_3 = b_2^2$,得
$$a_1^2(a_1 + 2d)^2 = (a_1 + d)^4, d = (-2 \pm \sqrt{2})a_1, a_1 < 0$$
若 $d = (-2-\sqrt{2})a_1$,得 $q = \dfrac{a_2^2}{a_1^2} = (\sqrt{2}+1)^2$;若 $d = (-2+\sqrt{2})a_1$,得
$$q = \dfrac{a_2^2}{a_1^2} = (\sqrt{2}-1)^2 = 3 - 2\sqrt{2}$$
由 $\lim\limits_{n\to+\infty}(b_1 + b_2 + \cdots + b_n)$ 存在,得 $q = (\sqrt{2}-1)^2$,所以
$$\dfrac{a_1^2}{1-(3-2\sqrt{2})} = \sqrt{2}+1, a_1 = 2\sqrt{2}-2$$
所以数列 $\{a_n\}$ 的首项与公差分别为 $2\sqrt{2}-2, 3-2\sqrt{2}$.

13. 用数学归纳法可证 $1 \leqslant x_n < 2(n \in \mathbf{N}^*)$,还可证数列 $\{x_n\}$ 单调递增,所以 $\lim\limits_{n\to\infty}x_n$ 存在,还可得 $\lim\limits_{n\to\infty}x_n = 2$.

14. 令 $(2+\sqrt{3})^n = A_n + B_n\sqrt{3}(A_n, B_n \in \mathbf{N}^*)$,则 $(2-\sqrt{3})^n = A_n - B_n\sqrt{3}$.
因为 $\{(2+\sqrt{3})^n\} = \{B_n\sqrt{3}\}$,$0 < (2-\sqrt{3})^n = A_n - B_n\sqrt{3} \to 0(n \to \infty)$,
所以

$$A_n = [B_n\sqrt{3}] + 1, \{B_n\sqrt{3}\} = B_n\sqrt{3} - (A_n - 1) = B_n\sqrt{3} - A_n + 1 =$$
$$1 - (2-\sqrt{3})^n \to 1(n \to \infty)$$
$$\lim_{n\to\infty}\{(2+\sqrt{3})^n\} = 1$$

15. 用导数可证得 $\left(1+\dfrac{1}{n}\right)^n < e < \left(1+\dfrac{1}{n}\right)^{n+1} (n \in \mathbf{N}^*)$.

用导数可证得 $\left(1+\dfrac{1}{n}\right)^{n+1} > e(n \in \mathbf{N}^*)$,由此可证数列 $\{a_n\}$ 单调递减.

用导数可证得 $\ln\left(1+\dfrac{1}{n}\right) < \dfrac{1}{n}(n \in \mathbf{N}^*)$,所以

$$a_n = 1 + \dfrac{1}{2} + \cdots + \dfrac{1}{n} - \ln n >$$
$$\ln\left(1+\dfrac{1}{1}\right) + \ln\left(1+\dfrac{1}{2}\right) + \cdots + \ln\left(1+\dfrac{1}{n}\right) - \ln n =$$
$$\ln(n+1) - \ln n > 0$$

即数列 $\{a_n\}$ 有下界. 所以 $\lim\limits_{n\to\infty} a_n$ 存在.

16.(1) 满足 $a_k \leqslant n-1$ 的 k 的个数为 $1+2+\cdots+(n-1) = \dfrac{n(n-1)}{2}$,所以 l 的取值范围是区间 $\left[\dfrac{n(n-1)}{2}+1, \dfrac{n(n-1)}{2}+n\right]$ 上的正整数.

(2) 使 $a_k \leqslant 2m$ 的 k 的个数为 $1+2+\cdots+2m = 2m^2+m$,而使 $a_k = 2m$ 的 k 有 $2m$ 个,所以使 $a_k \leqslant 2m-1$ 的 k 的个数为 $1+2+\cdots+(2m-1) = 2m^2-m$,即 b_m 中有 1 个 1,2 个 2,3 个 3,…,$2m-1$ 个 $2m-1$,m 个 $2m$,所以

$$b_m = 1^2 + 2^2 + 3^2 + \cdots + (2m-1)^2 + m \cdot 2m = \dfrac{1}{3}m(2m-1)(4m-1) + 2m^2$$

$$\lim_{m\to\infty} \dfrac{b_m}{m^3} = \cdots = \dfrac{8}{3}$$

17.(1)① 用数学归纳法来证:当 $n=1$ 时成立. 假设 $n=k$ 时成立:$0 < a_k < 1$. 有 $a_{k+1} = f(a_k) = a_k - \sin a_k$.

一方面,因为"当 $0 < \alpha < 1$ 时,$\alpha > \sin \alpha$",所以 $0 < a_{k+1}$.

另一方面,用导数可证 $f(x)$ 为增函数,所以 $f(0) < f(a_k) < f(1)$,即 $0 < a_{k+1} < 1 - \sin 1 < 1$. 得 $n=k+1$ 时成立,所以欲证成立.

② 设 $g(x) = \dfrac{1}{6}x^3 - x + \sin x (0 < x < 1)$,可得

$$g'(x) = \dfrac{1}{2}x^2 - 1 + \cos x = 2\left[\left(\dfrac{x}{2}\right)^2 - \sin^2 \dfrac{x}{2}\right] > 0$$

所以 $g(x) > g(0) = 0, \dfrac{1}{6}x^3 > x - \sin x (0 < x < 1)$.

再由①得 $\frac{1}{6}a_n^3 > a_n - \sin a_n, a_{n+1} < \frac{1}{6}a_n^3$.

(2) 一方面，由 $\frac{\sin x}{x} < 1 (0 < x < 1)$ 可得
$$\frac{1}{n}\left(1\sin 1 + 2\sin \frac{1}{2} + \cdots + n\sin \frac{1}{n}\right) < 1$$

另一方面，由数学归纳法可证
$$1 + \frac{1}{2^2} + \frac{1}{3^2} + \cdots + \frac{1}{n^2} < 2 - \frac{1}{n} \quad (n \geqslant 2, n \in \mathbf{N}^*)$$

在(1)②的证明中已得 $\frac{1}{6}x^3 > x - \sin x (0 < x < 1)$，所以 $1 - \frac{x^2}{6} < \frac{\sin x}{x}(0 < x < 1)$. 得：

$$\sum_{k=1}^{n} \frac{\sin \frac{1}{k}}{\frac{1}{k}} > \sum_{k=1}^{n}\left(1 - \frac{1}{6k^2}\right) = n - \frac{1}{6}\sum_{k=1}^{n}\frac{1}{k^2} > n - \frac{1}{6}\left(2 - \frac{1}{n}\right) = n - \frac{1}{3} + \frac{1}{6n}$$

$$1 - \frac{1}{3n} + \frac{1}{6n^2} < \frac{1}{n}\left(1\sin 1 + 2\sin \frac{1}{2} + \cdots + n\sin \frac{1}{n}\right) < 1$$

用夹逼原则可求得 $\lim_{n \to \infty} \frac{1}{n}\left(1\sin 1 + 2\sin \frac{1}{2} + \cdots + n\sin \frac{1}{n}\right) = 1$.

18. 可得 $f(0) = 0$. 令 $g(x) = \begin{cases} \frac{f(x)}{x} & (x \neq 0) \\ 0 & (x = 0) \end{cases}$. 因为 $|f(x)| \leqslant 1$，所以 $\lim_{x \to 0} g(x) = 0$，还可验证 $g(xy) = g(x) + g(y)$.

假设存在 $z \neq 0$ 使 $g(z) = t \neq 0$，则 $g(kz) = g(k) + g(z)(k \in \mathbf{Z})$，得 $\lim_{k \to \infty} g(kz) = \lim_{k \to \infty} g(k) + \lim_{k \to \infty} g(z) = 0 + g(z) = t \neq 0$，与 $\lim_{x \to 0} g(x) = 0$ 矛盾！

所以 $g(x) \equiv 0$，得 $f(x) \equiv 0$.

导　　数

1. 函数 $f(x) = (x^2 - x - 2)|x^3 - x|$ 的不可导点是＿＿＿＿＿＿．

2. (2012年西北工业大学自主招生试题) 已知函数 $f(x) = a\ln x + \frac{1}{2}x^2$.

(1) 求 $f(x)$ 的单调区间；

(2) 函数 $g(x) = \frac{2}{3}x^3 - \frac{1}{6}(x > 0)$，求证：当 $a = 1$ 时 $f(x)$ 的图象不在 $g(x)$ 图象的上方.

3. (2010年南开大学数学特长班) 求证：$\sin x > x - \frac{x^3}{6}, x \in \left(0, \frac{\pi}{2}\right)$.

4. (2009年清华大学自主招生试题文科第3题)已知函数 $f(x)$ 是三次项系数为 $\dfrac{a}{3}$ 的三次函数,并且有 $f'(x)-9x<0$ 的解集为 $(1,2)$.

(1) 若 $f'(x)+7a=0$ 仅有一解,求 $f'(x)$ 的表达式;

(2) 若 $f(x)$ 在 $(-\infty,+\infty)$ 上单调递增,求实数 a 的取值范围.

5. (2008年清华大学自主招生试题第10题)当 $x>0$ 时,$y=3x^2+\dfrac{a}{x^3}\geqslant 45$ 恒成立,求实数 a 的取值范围.

6. (2010年全国高中数学联赛第一试第9题)已知函数 $f(x)=ax^3+bx^2+cx+d(a\neq 0)$,当 $0\leqslant x\leqslant 1$ 时,$|f'(x)|\leqslant 1$,试求 a 的最大值.

7. (1) 当 $0\leqslant \alpha\leqslant 2$ 时,求证:$\tan x-x>\alpha(x-\sin x)\left(0<x<\dfrac{\pi}{2}\right)$;

(2) 当 $0\leqslant \alpha\leqslant 3$ 时,求证:$\left(\dfrac{\sin x}{x}\right)^{\alpha}>\cos x\left(0<x<\dfrac{\pi}{2}\right)$.

8. 已知 $a<b,n>1$,求证:$na^{n-1}(b-a)<b^n-a^n<nb^{n-1}(b-a)$.

9. 求证:(1) $\ln^2\left(1+\dfrac{1}{x}\right)<\dfrac{1}{x(1+x)}(x>0)$;

(2) $\ln x>\dfrac{1}{e^x}-\dfrac{2}{ex}$;

(3) $\dfrac{x}{2}<\arctan x<x(0<x<1)$;

(4) $1<\dfrac{e}{\left(1+\dfrac{1}{n}\right)^n}<1+\dfrac{1}{2n}(n\in \mathbf{N}^*)$.

10. 求证:方程 $x^5-5x+1=0$ 有且仅有一个小于1的正实根.

参考答案与提示

1. 函数 $f(x)=(x-2)(x+1)|x(x+1)(x-1)|$ 的不可导点是 $x=0,1$.

2. (1) $f'(x)=x+\dfrac{a}{x}(x>0)$.

当 $a\geqslant 0$ 时,$f'(x)>0$,所以 $f(x)$ 的增区间是 $(0,+\infty)$.

当 $a<0$ 时,可得 $f(x)$ 的减区间、增区间分别是 $(0,\sqrt{-a})$,$(\sqrt{-a},+\infty)$.

(2) 令 $\varphi(x)=f(x)-g(x)=\ln x+\dfrac{1}{2}x^2-\dfrac{2}{3}x^3+\dfrac{1}{6}(x>0)$,得

$$\varphi'(x)=\dfrac{(1-x)(2x^2+x+1)}{x}\quad (x>0)$$

所以,当且仅当 $x=1$ 时,$\varphi(x)_{\max}=\varphi(1)=0$,即 $f(x)\leqslant g(x)(x>0)$ 恒成立,也即欲证成立.

3. 用两次求导可证.

4. 先得 $f'(x)=ax^2+(9-3a)x+2a(a>0)$.

(1) $f'(x)=x^2+6x+2$.

(2) 题设即 $f'(x)=ax^2+(9-3a)x+2a \geqslant 0(a>0)$ 在 $x \in \mathbf{R}$ 时恒成立, 得实数 a 的取值范围是 $[27-18\sqrt{2}, 27+18\sqrt{2}]$.

5. 可用分离常数法求解,答案为 $[486,+\infty)$.

6. 由 $f'(x)=3ax^2+2bx+c$,可得

$$3a=2f'(0)+2f'(1)-4f'\left(\frac{1}{2}\right)$$

$$3|a| \leqslant 2|f'(0)|+2|f'(1)|+4\left|f'\left(\frac{1}{2}\right)\right| \leqslant 8$$

$$a \leqslant \frac{8}{3}$$

又 $f(x)=\frac{8}{3}x^3-4x^2+x$ 满足题设,所以 a 的最大值为 $\frac{8}{3}$.

7. (1) 设 $f(x)=\tan x+a\sin x-(a+1)x\left(0<x<\frac{\pi}{2}\right)$,可证得

$$f'(x)=\frac{(\cos x-1)(a\cos^2 x-\cos x-1)}{\cos^2 x} \geqslant 0 \quad \left(0<x<\frac{\pi}{2}\right)$$

所以 $f(x)\left(0<x<\frac{\pi}{2}\right)$ 是增函数,得 $f(x)>f(0)=0\left(0<x<\frac{\pi}{2}\right)$,即欲证成立.

(2) 设 $f(x)=x\tan^2 x-a(\tan x-x)\left(0<x<\frac{\pi}{2}\right)$,可证得

$$f'(x)=x\tan x \sec^2 x\left[2-(n-1)\cdot\frac{\sin 2x}{2x}\right]>0 \quad \left(0<x<\frac{\pi}{2}\right)$$

所以 $f(x)\left(0<x<\frac{\pi}{2}\right)$ 是增函数,得 $f(x)>f(0)=0\left(0<x<\frac{\pi}{2}\right)$.

设 $g(x)=a\ln\sin x-a\ln x-\ln\cos x\left(0<x<\frac{\pi}{2}\right)$,可得

$$g'(x)=\frac{x\tan^2 x-a(\tan x-x)}{x\tan x}>0 \quad \left(0<x<\frac{\pi}{2}\right)$$

所以 $g(x)\left(0<x<\frac{\pi}{2}\right)$ 是增函数,得 $g(x)>g(0)=0\left(0<x<\frac{\pi}{2}\right)$,即欲证成立.

8. 设 $f(x)=x^n$,则 $f(x)$ 在闭区间 $[a,b]$ 上连续,在开区间 (a,b) 内可导. 由拉格朗日中值定理知,存在 $\xi \in (a,b)$,使得 $f(b)-f(a)=f'(\xi)(b-a)$,即 $b^n-a^n=n\xi^{n-1}(b-a)$.

又 $a<\xi<b$,所以 $a^{n-1}<\xi^{n-1}<b^{n-1}$,所以欲证成立.

9. (1) 令 $\frac{1}{x}=t$ 后用两次求导可证.

(2) 用导数可证: $x\ln x \geqslant -\frac{1}{e}$(当且仅当 $x=\frac{1}{e}$ 时取等号); $\frac{1}{e^x}-\frac{2}{ex} \leqslant -\frac{1}{e}$(当且仅当 $x=1$ 时取等号). 所以欲证结论成立.

(3) 即证 $\tan\frac{x}{2} < x < \tan x (0<x<1)$,这用导数易证.

(4) 可证 $e < \left(1+\frac{1}{n}\right)^{n+\frac{1}{2}} < \left(1+\frac{1}{n}\right)^n \left(1+\frac{1}{2n}\right) (n \in \mathbf{N}^*)$.

10. 设 $f(x)=x^5-5x+1$,得 $f(0)f(1)<0$,所以方程 $x^5-5x+1=0$ 在 $(0,1)$ 上有实根(设为 x_0).

假设还有 $x_1 \in (0,1), x_1 \neq x_0, f(x_1)=0$,得 $f(x_0)=f(x_1)=0$,所以函数 $f(x)$ 在以 x_0, x_1 为端点的区间满足罗尔定理的条件,所以 $\exists \xi \in (x_0, x_1)$,使得 $f'(\xi)=0$. 但 $f'(x)=5(x^4-1)(0<x<1)$ 矛盾!所以原方程在 $(0,1)$ 上有唯一的实根.

积 分

1. 求证: $2 < \frac{1}{\sqrt{n^2}} + \frac{1}{\sqrt{n^2+1}} + \frac{1}{\sqrt{(n+1)^2}} < 2 + 2(n-\sqrt{n^2-1})$.

2. 将极限 $\lim\limits_{n\to\infty}\left(\frac{1}{1+n^2}+\frac{1}{2+n^2}+\cdots+\frac{1}{n+n^2}\right)$ 用定积分表示.

3. 求证: (1)① $\frac{1}{2}+\frac{1}{3}+\cdots+\frac{1}{n} < \ln n < 1+\frac{1}{2}+\cdots+\frac{1}{n-1}$;

② $\lim\limits_{n\to\infty} \frac{1+\frac{1}{2}+\cdots+\frac{1}{n}}{\ln n} = 1$.

(2) $\pi \leqslant \int_{\frac{\pi}{4}}^{\frac{5\pi}{4}} (1+\sin^2 x)dx \leqslant 2\pi$.

4. 求证: $\lim\limits_{n\to\infty}\left(\frac{1}{n+1}+\frac{1}{n+2}+\cdots+\frac{1}{n+n}\right) = \ln 2$.

5. 求证: (1) $16 < \sum\limits_{k=1}^{80} \frac{1}{\sqrt{k}} < 17$; (2) $\sum\limits_{k=2}^{n} \frac{1}{k\sqrt{k}} < 2$; (3) $\sum\limits_{k=2}^{n} \frac{1}{k^{1+\frac{1}{m}}} < m$.

6. 求证: (1) 若 $\lambda > 0, n \in \mathbf{N}^*$,则

$$\frac{n^{\lambda+1}}{\lambda+1} < 1^\lambda + 2^\lambda + \cdots + n^\lambda < \frac{(n+1)^{\lambda+1}}{\lambda+1}$$

(2) 若 $\lambda < 0, n \in \mathbf{N}^*$,则

$$\frac{(n+1)^{\lambda+1}-1}{\lambda+1} < 1^\lambda + 2^\lambda + \cdots + n^\lambda \leqslant \frac{n^{\lambda+1}+\lambda}{\lambda+1}(当且仅当 n=1 时取等号)$$

(3) 若 $\lambda < 0, 2 \leqslant m \leqslant n, m, n \in \mathbf{N}^*$,则

$$\frac{(n+1)^{\lambda+1}-m^{\lambda+1}}{\lambda+1} < m^\lambda + (m+1)^\lambda + \cdots + n^\lambda < \frac{n^{\lambda+1}-(m-1)^{\lambda+1}}{\lambda+1} \quad ①$$

(4) 若 $-1 < \lambda < 0, m \leqslant n, m, n \in \mathbf{N}^*$,则 ① 式也成立.

7.(1) 求证:设 $k \geqslant 2, k, n \in \mathbf{N}^*$,则

① $\dfrac{1}{n+1} + \dfrac{1}{n+2} + \dfrac{1}{n+3} + \cdots + \dfrac{1}{kn} < \ln k < \dfrac{1}{n} + \dfrac{1}{n+1} + \dfrac{1}{n+2} + \cdots + \dfrac{1}{kn-1}$;

② $\lim\limits_{n\to\infty}\left(\dfrac{1}{n+1} + \dfrac{1}{n+2} + \dfrac{1}{n+3} + \cdots + \dfrac{1}{kn}\right) =$

$\lim\limits_{n\to\infty}\left(\dfrac{1}{n} + \dfrac{1}{n+1} + \dfrac{1}{n+2} + \cdots + \dfrac{1}{kn-1}\right) = \ln k.$

(2)(Kirov 不等式)设 $0 \leqslant a < 1, k > \dfrac{3+a}{1-a}, k, n \in \mathbf{N}^*$,则 $\dfrac{1}{n} + \dfrac{1}{n+1} + \dfrac{1}{n+2} + \cdots + \dfrac{1}{kn-1} > a+1.$

参考答案与提示

1.由定积分的定义,可得

$$\int_{n^2}^{(n+1)^2+1} \frac{1}{\sqrt{x}} \mathrm{d}x < \sum_{k=n^2}^{(n+1)^2} \frac{1}{\sqrt{k}} < \int_{n^2-1}^{(n+1)^2} \frac{1}{\sqrt{x}} \mathrm{d}x$$

$$2\sqrt{(n+1)^2+1} - 2\sqrt{n^2} < \sum_{k=n^2}^{(n+1)^2} \frac{1}{\sqrt{k}} < 2\sqrt{(n+1)^2} - 2\sqrt{n^2-1}$$

由此可得欲证成立.

2.因为 $\dfrac{1}{1+n^2} + \dfrac{1}{2+n^2} + \cdots + \dfrac{1}{n+n^2} = \sum\limits_{i=1}^{n} \dfrac{1}{1+\left(\dfrac{i}{n}\right)^2} \cdot \dfrac{1}{n}$,所以可取 $\Delta x_i = \dfrac{1}{n}$(即积分区间长为 1),$\xi_i = x_i = \dfrac{i}{n}(i=0,1,2,\cdots,n-1)$ 正好是区间 $[0,1]$ 的 n 等分点,又 $f(\xi_i) = \dfrac{1}{1+\left(\dfrac{i}{n}\right)^2}$,所以 $f(x) = \dfrac{1}{1+x^2}$,得

$$\lim_{n\to\infty}\left(\frac{1}{1+n^2} + \frac{1}{2+n^2} + \cdots + \frac{1}{n+n^2}\right) = \lim_{n\to\infty}\sum_{i=1}^{n} \frac{1}{1+\left(\dfrac{i}{n}\right)^2} \cdot \frac{1}{n} = \int_0^1 \frac{1}{1+x^2} \mathrm{d}x$$

3.(1)① 设 $f(x) = \dfrac{1}{x}$，得 $\sum\limits_{k=2}^{n} \dfrac{1}{k} < \int_1^n \dfrac{1}{x} dx < \sum\limits_{k=1}^{n-1} \dfrac{1}{k}$，即欲证成立.

② 由 ① 可得

$$\ln(1+n) < 1 + \dfrac{1}{2} + \cdots + \dfrac{1}{n} < 1 + \ln n$$

$$\dfrac{\ln(1+n)}{\ln n} < \dfrac{1 + \dfrac{1}{2} + \cdots + \dfrac{1}{n}}{\ln n} < \dfrac{1 + \ln n}{\ln n}$$

由夹逼准则，可得欲证成立.

(2) 因为当 $\dfrac{\pi}{4} \leqslant x \leqslant \dfrac{5\pi}{4}$ 时，$1 \leqslant 1 + \sin^2 x \leqslant 2$，所以可得欲证成立.

4. 在区间 $[1,2]$ 上插入 $n-1$ 个等分点：$1 = x_0 < x_1 < x_2 < \cdots < x_{n-1} < x_n = 2$，把区间 $[1,2]$ 分成 n 个小区间 $[x_0, x_1], [x_1, x_2], \cdots, [x_{n-1}, x_n]$，各个小区间的长度均为 $\Delta x_i = \dfrac{1}{n}$.

在小区间 $[x_{i-1}, x_i]$ $(i=1,2,\cdots,n)$ 上取右端点 $\xi_i = 1 + \dfrac{i}{n}$. 设 $f(x) = \dfrac{1}{x}$，作出和

$$S = \sum_{i=1}^{n} f(\xi_i) \Delta x_i = \sum_{i=1}^{n} \dfrac{1}{n} f\left(1 + \dfrac{i}{n}\right) = \sum_{i=1}^{n} \dfrac{1}{n} \cdot \dfrac{1}{1 + \dfrac{i}{n}} = \sum_{i=1}^{n} \dfrac{1}{n+i}$$

所以

$$\lim_{n \to \infty} \left(\dfrac{1}{n+1} + \dfrac{1}{n+2} + \cdots + \dfrac{1}{n+n}\right) = \lim_{n \to \infty} \sum_{i=1}^{n} \dfrac{1}{n+i} = \int_1^2 \dfrac{1}{x} dx = \ln 2$$

5. (1) 令 $f(x) = x^{-\frac{1}{2}}$，得

$$\sum_{k=1}^{80} \dfrac{1}{\sqrt{k}} = 1 + \sum_{k=2}^{80} k^{-\frac{1}{2}} < 1 + \int_1^{80} x^{-\frac{1}{2}} dx = 1 + 2(\sqrt{80} - \sqrt{1}) < 17$$

$$\sum_{k=1}^{80} \dfrac{1}{\sqrt{k}} > \int_1^{81} x^{-\frac{1}{2}} dx = 2(\sqrt{81} - \sqrt{1}) = 16$$

所以欲证成立.

(2) 令 $f(x) = x^{-\frac{3}{2}}$，得 $\sum\limits_{k=2}^{n} \dfrac{1}{k\sqrt{k}} < \int_1^{+\infty} x^{-\frac{3}{2}} dx = 2$.

(3) 令 $\sum\limits_{k=2}^{n} \dfrac{1}{k} < mf(x) = x^{-1-\frac{1}{m}}$，得 $\sum\limits_{k=2}^{n} \dfrac{1}{k^{1+\frac{1}{m}}} = \sum\limits_{k=2}^{n} k^{-1-\frac{1}{m}} < \int_1^{+\infty} x^{-1-\frac{1}{m}} dx = m$.

6. (1) 当 $i \leqslant x \leqslant i+1$ $(i \geqslant 0)$ 时，$i^\lambda \leqslant x^\lambda \leqslant (i+1)^\lambda$，所以

$$\int_i^{i+1} i^\lambda dx < \int_i^{i+1} x^\lambda dx < \int_i^{i+1} (i+1)^\lambda dx$$

$$i^\lambda < \frac{(i+1)^{\lambda+1} - i^{\lambda+1}}{\lambda+1}, \frac{(i+1)^{\lambda+1} - i^{\lambda+1}}{\lambda+1} < (i+1)^\lambda$$

在前者中令 $i=1,2,\cdots,n$ 后相加,可得欲证右边成立;在后者中令 $i=0$, $1,\cdots,n-1(n\geqslant 2)$ 后相加,可得欲证右边在 $n\geqslant 2$ 时成立.进而可得欲证成立.

(2) 当 $i\leqslant x\leqslant i+1(i>0)$ 时,$(i+1)^\lambda \leqslant x^\lambda \leqslant i^\lambda$,所以

$$\int_i^{i+1}(i+1)^\lambda \mathrm{d}x < \int_i^{i+1} x^\lambda \mathrm{d}x < \int_i^{i+1} i^\lambda \mathrm{d}x$$

$$(i+1)^\lambda < \frac{(i+1)^{\lambda+1} - i^{\lambda+1}}{\lambda+1}, \frac{(i+1)^{\lambda+1} - i^{\lambda+1}}{\lambda+1} < i^\lambda \quad (*)$$

在式 $(*)$ 的前者中令 $i=1,2,\cdots,n-1(n\geqslant 2)$ 后相加,可得欲证右边成立; 在后者中令 $i=1,2,\cdots,n$ 后相加,可得欲证右边在 $n\geqslant 2$ 时成立.进而可得欲证成立.

(3) 可在式 $(*)$ 的前者中令 $i=m-1,m,\cdots,n-1$ 后相加,可得欲证右边成立;在式 $(*)$ 的后者中令 $i=m,m+1,\cdots,n$ 后相加,可得欲证右边在 $n\geqslant 2$ 时成立.进而可得欲证成立.

(4) 由(2)(3)可得.

7.(1)① 当 $i\leqslant x\leqslant i+1(i\geqslant 0)$ 时,$\frac{1}{n+i+1} \leqslant \frac{1}{n+x} \leqslant \frac{1}{n+i}$,所以

$$\int_i^{i+1} \frac{1}{n+i+1}\mathrm{d}x < \int_i^{i+1} \frac{1}{n+x}\mathrm{d}x < \int_i^{i+1} \frac{1}{n+i}\mathrm{d}x$$

$$\frac{1}{n+i+1} < \ln(n+i+1) - \ln(n+i) < \frac{1}{n+i}$$

令 $i=0,1,\cdots,(k-1)n-1$ 后相加,可得欲证.

② 设 $a_n = \frac{1}{n+1} + \frac{1}{n+2} + \frac{1}{n+3} + \cdots + \frac{1}{kn}$,$b_n = \frac{1}{n} + \frac{1}{n+1} + \frac{1}{n+2} + \cdots + \frac{1}{kn-1}$.

因为可证 $\{a_n\}$,$\{b_n\}$ 分别是递增数列和递减数列,所以由结论(1)知 $\lim\limits_{n\to\infty} a_n$,$\lim\limits_{n\to\infty} b_n$ 均存在.

又 $\lim\limits_{n\to\infty} b_n - \lim\limits_{n\to\infty} a_n = \lim\limits_{n\to\infty}\left(\frac{1}{n} - \frac{1}{kn}\right) = 0$,所以在结论(1)中用两边夹法则,得欲证成立.

(2) 可得 $k\geqslant 3$.所以由(1)① 的右边知,只需证明 $\ln k > a+1$.

由题设 $k > \frac{3+a}{1-a}$ 知,只需证明 $\frac{3+a}{1-a} - \mathrm{e}^{a+1} \geqslant 0 (0\leqslant a < 1)$,这只需证明函数 $f(a) = \frac{3+a}{1-a} - \mathrm{e}^{a+1} (0\leqslant a < 1)$ 是增函数,即证 $f'(a) > 0$.

因为 $f'(a) = \dfrac{4}{(1-a)^2} - e^{a+1}$,所以只需证明 $(1-a)e^{\frac{a+1}{2}} < 2(0 \leqslant a < 1)$.

只需证明函数 $g(a) = (1-a)e^{\frac{a+1}{2}}(0 \leqslant a < 1)$ 是减函数:因为 $g'(a) = -\dfrac{a+1}{2}e^{\frac{a+1}{2}} < 0(0 \leqslant a < 1)$,所以欲证成立.

§34 自主招生试题集锦(多项式)

1. (2011年北京大学保送生考试试题第4题)设 p,q 为实数，$f(x)=x^2+px+q$，如果 $f(f(x))=0$ 只有一个实数根，求证：$p,q\geqslant 0$.

2. (2009年清华大学自主招生试题理综第2题)试求出一个整系数多项式 $f(x)=a_n x^n+a_{n-1}x^{n-1}+\cdots+a_1 x+a_0$，使得 $\sqrt{2}+\sqrt[3]{3}$ 是 $f(x)=0$ 的一个根.

3. (2006年复旦大学推优、保送生考试试题第7题)下列各式能否在实数范围内分解因式？若能，请作出分解；若不能，请说明理由.

   $(1)x+1;(2)x^2+x+1;(3)x^3+x^2+x+1;(4)x^4+x^3+x^2+x+1$.

4. (2006年上海交通大学推优、保送生考试试题第14题)若函数形式为 $f(x,y)=a(x)b(y)+c(x)d(y)$，其中 $a(x),c(x)$ 为关于 x 的多项式，$b(y),d(y)$ 为关于 y 的多项式，则称 $f(x,y)$ 为 P 类函数. 请判断下列函数是否为 P 类函数，并说明理由：

   $(1)1+xy;(2)1+xy+x^2y^2$.

5. 设 $p(x)$ 是多项式，记 $p_n(x)=\underbrace{p(p(\cdots p(x)))}_{n\uparrow p}-x(n\in \mathbf{N}^*)$，求证：$p(x)-x\mid p_n(x)(n\in\mathbf{N}^*)$.

6. 如果多项式 $p(x)$ 的系数是 0,1,2 或 3 时，称之为"容许的". 对于给定的 $n\in\mathbf{N}^*$，求满足 $p(2)=n$ 的所有的"容许的"多项式的个数.

7. 求证：多项式 $f(x)=x^{p-1}+x^{p-2}+\cdots+x+1$($p$ 是质数)在整数范围内不可约.

8. 设多项式 $p_k(x)=(\cdots((((x-2)^2-2)^2-2)^2-2)^2-2)^2$，其中有 k 个括号，k 是给定的正整数，求 $p_k(x)$ 中 x^2 项的系数.

9. 求出所有的实系数多项式 $p(x)$，使得 $xp(x-1)=(x-2)p(x)$ 对所有实数 x 都成立.

10. 已知 $p_n(x)=x^n\sin\alpha-x\sin n\alpha+\sin(n-1)\alpha(0<\alpha<\pi)$，求证：

    (1) 存在唯一的首一二次多项式 $f(x)$，使得 $f(x)\mid p_n(x)(n=3,4,\cdots)$；

    (2) 不存在首一一次多项式 $g(x)$，使得 $\forall n\in\mathbf{N},n\geqslant 3$ 均有 $g(x)\mid p_n(x)$.

11. 设 $p(x)$ 是 $2n(n\in\mathbf{N}^*)$ 次多项式，且 $p(0)=1,p(k)=2^{k-1}(k=1,2,\cdots,2n)$，求证：$2p(2n+1)-p(2n+2)=1$.

12. 设 θ 是多项式 $f(x)=x^3-3x+10$ 的一个根，且 $\alpha=\dfrac{\theta^2+\theta-2}{2}$，若有一

个有理系数的二次多项式 $h(x)$ 满足 $h(\alpha)=\theta$,求 $h(0)$.

13. 求出所有以 1 或 -1 为系数且每个根都是实数的多项式 $p(x)$.

14. 设 $p(x),q(x)$ 为实系数多项式,且对一切实数 x,恒有 $p(q(x))=q(p(x))$,求证:若方程 $p(x)=q(x)$ 无实根,则方程 $p(p(x))=q(q(x))$ 也无实根.

15. 已知实系数多项式 $f(z)=z^n+c_{n-1}z^{n-1}+c_{n-2}z^{n-2}+\cdots+c_1z+c_0$,且 $|f(i)|<1$ (i 为虚数单位),求证: $\exists a,b\in\mathbf{R}$,使得 $f(a+bi)=0$ 且 $(a^2+b^2+1)^2<4b^2+1$.

16. 求所有的整数 p,使得多项式 $f(x)=x^5-px-p-2=g(x)\cdot h(x)$,其中 $g(x),h(x)$ 是整系数多项式,且 $\deg g(x)\geqslant 1, \deg h(x)\geqslant 1$.

17. 求所有的实系数多项式 $f(x)$,使得 $f(a-b)+f(b-c)+f(c-a)=2f(a+b+c)$ 恒成立,其中 $a,b,c\in\mathbf{R}$,并且 $ab+bc+ca=0$.

18. 求所有的实系数多项式 $f(x)$,使得 $\forall x\in\mathbf{R}$,有 $f(x)f(x+1)=f(x^2)$.

19. 设 n 次多项式 $p(x)$ 满足 $p(k)=\dfrac{1}{C_{n+1}^k}(k=0,1,2,\cdots,n)$,求 $p(n+1)$.

20. 求证: $\forall a_3,a_4,\cdots,a_{85}\in\mathbf{R}$,方程 $a_{85}x^{85}+\cdots+a_4x^4+a_3x^3+3x^2+2x+1=0$ 的根不全为实数.

21. 设 $f(x),g(x),h(x)$ 是实系数多项式,且满足 $f^2(x)=xg^2(x)+xh^2(x)$,求证 $f(x)=g(x)=h(x)=0$.

22. 设 $a_1,a_2,\cdots,a_n$ 是两两互异的整数,求证:多项式 $f(x)=(x-a_1)^2(x-a_2)^2\cdots(x-a_n)^2+1$ 不可约.

23. 设多项式 $p(x)=x^n+a_1x^{n-1}+\cdots+a_{n-1}x+1$ 的系数均为非负实数,且其零点全是实数,求证: $\forall x\geqslant 0$,有 $p(x)\geqslant x^n+C_n^1x^{n-1}+C_n^2x^{n-2}+\cdots+C_n^{n-1}x+1$.

24. 设整系数首一多项式 $f(x)$ 的次数为 n,且 $k,p\in\mathbf{N}^*$,若整数 $f(k),f(k+1),\cdots,f(k+p)$ 均不是 $p+1$ 的倍数,求证:方程 $f(x)=0$ 没有有理根.

25. 求证:(1) $\sqrt{2}+\sqrt{3}$ 是无理数;(2) $\sqrt{2}+\sqrt{3}+\sqrt{5}$ 是无理数.

26. (1) 求证:若 α 是多项式 $f(x)$ 的 $k(k\geqslant 2)$ 重根,则 α 是 $f'(x)$ 的 $k-1$ 重根;

(2) 若 $P_n(x)=a_nx^n+a_{n-1}x^{n-1}+\cdots+a_1x+a_0(a_n\neq 0)$ 是实系数多项式,且其所有根都为实数,求证:多项式 $P_n'(x),P_n''(x),\cdots,P_n^{(n-1)}(x)$ 也都均有实数根.

27. 设 $a_i\in\mathbf{R}(i=0,1,2,\cdots,n),a_0\neq 0$ 满足 $\sum_{i=0}^{n}\dfrac{a_i}{n-i+1}=0$,求证:多项式

$P_n(x) = a_0 x^n + a_1 x^{n-1} + \cdots + a_{n-1}x + a_n (a_0 \neq 0)$ 在 $(0,1)$ 内有实根.

28. 设函数 $f(x)$ 在 $[0,1]$ 上满足 $f(0)=0, f(1)=1, k_1, k_2, \cdots, k_n \in \mathbf{R}_+$,求证:在 $[0,1]$ 上存在两两不相等的正数 $x_1, x_2, \cdots, x_n$ 满足 $\sum_{i=1}^{n} \dfrac{k_i}{f'(x_i)} = \sum_{i=1}^{n} k_i$.

29. 设 n 次多项式 $f(x)$ 满足 $f(k) = \dfrac{k}{k+1}(k=0,1,2,\cdots,n)$,求 $f(n+1)$.

30. 设 $f(x) = x^4 + x^3 + x^2 + x + 1$,求 $f(x^5)$ 除以 $f(x)$ 所得的余式.

31. 已知多项式 $P(x), Q(x), R(x), S(x)$ 满足
$$P(x^5) + xQ(x^5) + x^2 R(x^5) = (x^4 + x^3 + x^2 + x + 1)S(x)$$
求证:$x-1$ 是 $S(x)$ 的因式.

参考答案与提示

1. 显然方程 $f(x)=0$ 有实根,设为 α, β(可以相等),则
$$f(x) = (x-\alpha)(x-\beta), f(f(x)) = (f(x)-\alpha)(f(x)-\beta) \quad (*)$$
如果 α, β 中有一个大于 0(不妨设为 α),那么由于 $f(x)$ 开口向上且 $f(x)=0$ 有实根,得方程 $f(x)-\alpha=0$ 有两个不相等的实根,由 $(*)$ 知这与 $f(f(x))=0$ 只有一个实数根矛盾! 所以 $\alpha \leqslant 0, \beta \leqslant 0$. 再由韦达定理,得 $p = -(\alpha+\beta) \geqslant 0, q = \alpha\beta \geqslant 0$.

2. 令 $x = \sqrt{2} + \sqrt[3]{3}$,得 $(x-\sqrt{2})^3 = 3, x^3 + 6x - 3 = \sqrt{2}(3x^2 + 2)$,两边平方得
$$x^6 - 6x^4 - 6x^3 + 12x^2 - 36x + 1 = 0$$
所以满足题意的一个多项式为 $f(x) = x^6 - 6x^4 - 6x^3 + 12x^2 - 36x + 1$.(注:答案不唯一)

3. 由实数范围内的因式分解定理"实系数一元 $n(n \geqslant 2, n \in \mathbf{N})$ 次多项式均可分解为一些一元一次实系数多项式及一些不可约的实系数一元二次多项式的积"可知,在实数范围内:(1),(2) 均不能分解;(3),(4) 均可分解.

(3) $x^3 + x^2 + x + 1 = x^2(x+1) + (x+1) = (x+1)(x^2+1)$.

(4) 由实数范围内的因式分解定理知,$x^4 + x^3 + x^2 + x + 1$ 在实数范围内一定可以分解为两个实系数一元二次多项式的积,所以可用待定系数法试验求解:

设 $x^4 + x^3 + x^2 + x + 1 = (x^2 + ax + 1)(x^2 + bx + 1)$,得
$$x^4 + x^3 + x^2 + x + 1 = x^4 + (a+b)x^3 + (ab+2)x^2 + (a+b)x + 1$$
$$a + b = ab + 2 = 1$$
$$\begin{cases} a = \dfrac{1+\sqrt{5}}{2} \\ b = \dfrac{1-\sqrt{5}}{2} \end{cases} \text{或} \begin{cases} a = \dfrac{1-\sqrt{5}}{2} \\ b = \dfrac{1+\sqrt{5}}{2} \end{cases}$$

试验成功！所以
$$x^4+x^3+x^2+x+1=$$
$$\left(x^2+\frac{1-\sqrt{5}}{2}x+1\right)\left(x^2+\frac{1+\sqrt{5}}{2}x+1\right)（且还可证这是分解的最好结果）$$

(4) 的另解 因为在复数范围内方程 $x^5=1$ 的全部单位根为：
$$x_1=1, x_2=\cos\frac{2\pi}{5}+i\sin\frac{2\pi}{5}, x_3=\cos\frac{4\pi}{5}+i\sin\frac{4\pi}{5}$$
$$x_4=\cos\frac{6\pi}{5}+i\sin\frac{6\pi}{5}, x_5=\cos\frac{8\pi}{5}+i\sin\frac{8\pi}{5}$$

所以
$$x^5-1=(x-1)\left\{\left[x-\left(\cos\frac{2\pi}{5}+i\sin\frac{2\pi}{5}\right)\right]\left[x-\left(\cos\frac{8\pi}{5}+i\sin\frac{8\pi}{5}\right)\right]\right\}\cdot$$
$$\left\{\left[x-\left(\cos\frac{4\pi}{5}+i\sin\frac{4\pi}{5}\right)\right]\left[x-\left(\cos\frac{6\pi}{5}+i\sin\frac{6\pi}{5}\right)\right]\right\}=$$
$$(x-1)\left\{\left[x-\left(\cos\frac{2\pi}{5}+i\sin\frac{2\pi}{5}\right)\right]\left[x-\left(\cos\frac{2\pi}{5}-i\sin\frac{2\pi}{5}\right)\right]\right\}\cdot$$
$$\left\{\left[x-\left(\cos\frac{4\pi}{5}+i\sin\frac{4\pi}{5}\right)\right]\left[x-\left(\cos\frac{4\pi}{5}-i\sin\frac{4\pi}{5}\right)\right]\right\}=$$
$$(x-1)\left(x^2-2\cos\frac{2\pi}{5}\cdot x+1\right)\left(x^2-2\cos\frac{4\pi}{5}\cdot x+1\right)=$$
$$(x-1)\left(x^2+\frac{1-\sqrt{5}}{2}x+1\right)\left(x^2+\frac{1+\sqrt{5}}{2}x+1\right)$$

所以
$$x^4+x^3+x^2+x+1=\left(x^2+\frac{1-\sqrt{5}}{2}x+1\right)\left(x^2+\frac{1+\sqrt{5}}{2}x+1\right)$$

4. (1) 令 $a(x)=1, b(y)=1, c(x)=x, d(y)=y$，得
$$f(x,y)=a(x)b(y)+c(x)d(y)=1\cdot 1+x\cdot y$$
所以 $1+xy$ 为 P 类函数.

(2) 用待定系数法可证 $1+xy+x^2y^2$ 不为 P 类函数.

5. 可得 $y-x\mid p(y)-p(x)$，所以 $p(x)-x\mid p(p(x))-p(x), p(x)-x\mid p_2(x)-p(x)$.

由此可得
$$p(x)-x\mid p(x)-x$$
$$p(x)-x\mid p_2(x)-p(x)$$
$$p_2(x)-p(x)\mid p_3(x)-p_2(x)$$
$$\vdots$$
$$p_{n-1}(x)-p_{n-2}(x)\mid p_n(x)-p_{n-1}(x)$$

$$p(x)-x \mid p(x)-x$$
$$p(x)-x \mid p_2(x)-p(x)$$
$$p(x)-x \mid p_3(x)-p_2(x)$$
$$\vdots$$
$$p(x)-x \mid p_n(x)-p_{n-1}(x)$$

相加后即得欲证成立.

6. 设 $p(x)=a_n x^n+\cdots+a_1 x+a_0, a_i \in \{0,1,2,3\}(i=0,1,2,\cdots,n)$,又设 $a_i=b_i+2c_i, b_i,c_i \in \{0,1\}$,得 $p(x)=\sum_{i=0}^{n} a_i x^i=\sum_{i=0}^{n}(b_i+2c_i)x^i$,所以

$$n=p(2)=\sum_{i=0}^{n}(b_i+2c_i)2^i=\sum_{i=0}^{n}b_i 2^i+2\sum_{i=0}^{n}c_i 2^i$$

所以 $\sum_{i=0}^{n} c_i 2^i$ 只能取 $0,1,2,\cdots,\left[\dfrac{n}{2}\right]$ 共 $\left[\dfrac{n}{2}\right]+1$ 个数.

反之,当 $\sum_{i=0}^{n} c_i 2^i$ 取 $0,1,2,\cdots,\left[\dfrac{n}{2}\right]$ 时, $p(x)=\sum_{i=0}^{n}(b_i+2c_i)x^i$ 满足题设.

所以,所有的"容许的"多项式的个数为 $\left[\dfrac{n}{2}\right]+1$.

7. 由 $f(x)=\dfrac{x^p-1}{x-1}$,得

$$g(y)=f(y+1)=\dfrac{(y+1)^p-1}{y}=y^{p-1}+C_p^1 y^{p-2}+\cdots+C_p^{p-2} y+C_p^{p-1}$$

因为 $p \mid C_p^i (i=1,2,\cdots p-1), p^2$ 不整除 C_p^{p-1},由艾森斯坦因判别法知:在整数范围内,多项式 $g(y)$ 不可约,即 $f(x)$ 也不可约.

8. 得 $p_k(x)=(p_{k-1}(x)-2)^2, p_k(0)=4$.令

$$p_k(x)=\cdots+A_k x^2+B_k x+4, p_{k-1}(x)=\cdots+A_{k-1}x^2+B_{k-1}x+4$$

得

$$p_k(x)=(p_{k-1}(x)-2)^2=\cdots+(B_{k-1}^2+4A_{k-1})x^2+4B_{k-1}x+4$$
$$B_k=4B_{k-1}, A_k=B_{k-1}^2+4A_{k-1}, B_1=-4, A_1=1$$
$$B_k=-4^k, A_k=\dfrac{1}{3}(4^{2k-1}-4^{k-1})$$

所以, $p_k(x)$ 中 x^2 项的系数为 $A_k=\dfrac{1}{3}(4^{2k-1}-4^{k-1})$.

9. 令 $x=2$,得 $p(1)=0$;再令 $x=1$,得 $p(0)=0$,所以可设 $p(x)=x(x-1)q(x)$,其中 $q(x)$ 是实系数多项式.再由题设,得
$$x(x-1)(x-2)q(x-1)=x(x-1)(x-2)q(x)$$
$$q(x-1)=q(x) \quad (x\neq 0,1,2)$$

所以,当 $x\geqslant 3, x\in \mathbf{N}$ 时,得

$$q(x) = q(x-1) = q(x-2) = \cdots = q(3)$$

即方程 $q(x) = q(3)$ 的根有无数个，所以 $q(x) \equiv q(3)$，即 $p(x) = cx(x-1)(c$ 是实常数).

10. (1) $p_{n+1}(x) - xp_n(x) = \cdots = (\sin n\alpha)(x^2 - 2x\cos\alpha + 1)$.

设 $f(x) = x^2 + bx + c$ 满足 $f(x) | p_n(x)(n = 3, 4, \cdots)$，则 $f(x) | p_{n+1}(x) - xp_n(x)$，即 $f(x) | x^2 - 2x\cos\alpha + 1$（因为 $\sin n\alpha \neq 0$），得 $f(x) = x^2 - 2x\cos\alpha + 1$.

下证：当 $f(x) = x^2 - 2x\cos\alpha + 1$ 时，$f(x) | p_n(x)(n = 3, 4, \cdots)$.

因为
$$p_n(x) = xp_{n-1}(x) + [\sin(n-1)\alpha]f(x)$$
$$p_{n-1}(x) = xp_{n-2}(x) + [\sin(n-2)\alpha]f(x)$$
$$\vdots$$
$$p_2(x) = 0 + (\sin\alpha)f(x)$$

所以
$$p_n(x) = f(x)[\sin(n-1)\alpha + x\sin(n-2)\alpha + \cdots + x^{n-2}\sin\alpha]$$

即欲证成立.

(2) 假设存在 $g(x) = x + c$ 使得 $g(x) | p_n(x)(n = 3, 4, \cdots)$，得 $p_n(-c) = 0(n = 3, 4, \cdots)$.

因为 $p_3(x) = (\sin\alpha)f(x)(x + 2\cos\alpha)$，且方程 $f(x) = 0$ 无实根，所以 $c = 2\cos\alpha$.

得 $p_4(-2\cos\alpha) = 0, 3 - 4\sin^2\alpha = 0, \alpha = \frac{\pi}{3}$ 或 $\frac{2\pi}{3}$.

当 $\alpha = \frac{\pi}{3}$ 或 $\frac{2\pi}{3}$ 时，均可得 $-2\cos\alpha$ 不是方程 $p_5(x) = 0$ 的根，所以 $g(x) | p_n(x)(n = 3, 4, \cdots)$ 不成立. 即欲证成立.

11. 设 $p(x) = a_{2n}x^{2n} + \cdots + a_1x + a_0, q(x) = 2p(x) - p(x+1)$，则 $q(x)$ 是首项系数为 a_{2n} 的 $2n$ 次多项式.

由题设知 $q(0) = 1, q(k) = 0(k = 1, 2, \cdots, 2n-1)$，所以可设
$$q(x) = a_{2n}(x-1)(x-2)[x-(2n-1)](x-r)$$

得
$$2p(2n+1) - p(2n+2) = q(2n+1) = (2n)! \, a_{2n}(2n+1-r)$$

由拉格朗日插值多项式知 $p(x) = \sum_{k=0}^{2n} p(k) \prod_{\substack{j=0 \\ j \neq k}}^{2n} \frac{x-j}{k-j}$，所以 a_{2n} 是多项式 $\prod_{\substack{j=0 \\ j \neq k}}^{2n} \frac{x-j}{k-j}(k=0,1,\cdots,2n)$ 中 x^{2n} 项的系数之和，得

$$a_{2n} = \sum_{k=0}^{2n} p(k) \prod_{\substack{j=0 \\ j \neq k}}^{2n} \frac{1}{k-j} = \sum_{k=0}^{2n} \frac{p(k)}{(-1)^k k! \ (2n-k)!} =$$

$$\frac{1}{(2n)!} \sum_{k=0}^{2n} (-1)^k C_{2n}^k p(k) =$$

$$\frac{1}{(2n)!} \left[1 + \frac{1}{2} \sum_{k=1}^{2n} (-1)^k C_{2n}^k 2^k \right] =$$

$$\frac{1}{2} \cdot \frac{1}{(2n)!} \left[1 + \sum_{k=0}^{2n} (-1)^k C_{2n}^k 2^k \right] =$$

$$\frac{1}{2} \cdot \frac{1}{(2n)!} \left[1 + (1-2)^{2n} \right] = \frac{1}{(2n)!}$$

所以，由 $q(0) = a_{2n} (-1)^{2n-1} (2n-1)! \ (-r) = \dfrac{r}{2n} = 1$，得 $r = 2n$.

所以

$$2p(2n+1) - p(2n+2) = q(2n+1) = (2n)! \ a_{2n}(2n+1-r) = 1$$

12. 设 $h(x) = ax^2 + bx + c (a, b, c \in \mathbf{Q})$，得

$$h(\alpha) = a\theta^4 + 2a\theta^3 + (2b-3a)\theta^2 + (2b-4a-4)\theta + 4a-4b+4c = 0$$

而

$$a\theta^4 + 2a\theta^3 + (2b-3a)\theta^2 + (2b-4a-4)\theta + 4a-4b+4c =$$
$$(a\theta + 2a)(\theta^3 - 3\theta + 10) + [2b\theta^2 + (2b-8a-4)\theta - (16a+4b-4c)] =$$
$$2b\theta^2 + (2b-8a-4)\theta - (16a+4b-4c) = 0$$

因为方程 $\theta^3 - 3\theta + 10 = 0$ 的根不为有理数，所以任何有理系数的二次多项式不可能为 $\theta^3 - 3\theta + 10$ 的因式，得 $2b\theta^2 + (2b-8a-4)\theta - (16a+4b-4c) = 0$ 恒成立.

所以 $2b = 2b - 8a - 4 = 16a + 4b - 4c = 0, a = -\dfrac{1}{2}, b = 0, c = -2, h(0) = -2$.

13. 设满足题设的多项式为 $p(x) = a_0 x^n + a_1 x^{n-1} + \cdots + a_{n-1} x + a_n$，还可不妨设 $a_0 = 1$（显然 $-p(x)$ 也满足题设），再设方程 $p(x) = 0$ 的 n 个实根为 $x_1, x_2, \cdots, x_n$，由韦达定理可得

$$\sum_{i=1}^n x_i^2 = \left(\sum_{i=1}^n x_i\right)^2 - 2 \sum_{1 \leqslant i < j \leqslant n} x_i x_j = a_1^2 - 2a_2 \geqslant 0$$

又 $a_1, a_2 \in \{-1, 1\}$，得 $a_1^2 = 1, a_2 = -1$. 所以 $\sum_{i=1}^n x_i^2 = 3 \geqslant n \sqrt[n]{\prod_{i=1}^n x_i^2} = n\sqrt[n]{a_n^2} = n, n \leqslant 3$.

当 $n = 3$ 时，上面的不等式为等式，由等号成立的条件得 $|x_1| = |x_2| = |x_3| = 1$，所以只需考虑多项式 $(x-1)^3, (x-1)^2(x+1), (x-1)(x+1)^2$,

$(x+1)^3$，经检验知 $(x-1)^2(x+1)$ 和 $(x-1)(x+1)^2$ 符合：

$(x-1)^2(x+1)=x^3-x^2-x+1, (x-1)(x+1)^2=x^3+x^2-x-1$

当 $n=2$ 时，只需考虑四个多项式 $x^2 \pm x \pm 1$，经检验知 $x^2 \pm x - 1$ 符合.

当 $n=1$ 时，多项式 $x \pm 1$ 符合.

所以 $p(x) = \pm(x-1)^2(x+1), \pm(x-1)(x+1)^2, \pm(x^2 \pm x - 1),$
$\pm(x \pm 1)$（共 12 个多项式）.

14. 由 $p(x), q(x)$ 为两个实系数多项式，且方程 $p(x)=q(x)$ 无实根，所以多项式 $p(x)-q(x)$ 在实数范围内可分解为

$$p(x)-q(x) = a \prod_{j=1}^{m}[(x-a_j)^2 + b_j^2] \quad (a \neq 0, b_j \neq 0, j=1,2,\cdots,m)$$

用 $p(x)$ 代替 x，可得

$$p(p(x))-q(p(x)) = a \prod_{j=1}^{m}[(p(x)-a_j)^2 + b_j^2]$$

用 $q(x)$ 代替 x，可得

$$p(q(x))-q(q(x)) = a \prod_{j=1}^{m}[(q(x)-a_j)^2 + b_j^2]$$

又恒有 $p(q(x))=q(p(x))$，把上面两个等式相加，可得

$$p(p(x))-q(q(x)) = a \prod_{j=1}^{m}[(p(x)-a_j)^2 + b_j^2] + a \prod_{j=1}^{m}[(q(x)-a_j)^2 + b_j^2] \neq 0$$

所以方程 $p(p(x))=q(q(x))$ 无实根.

15. 因为 $(a^2+b^2+1)^2 < 4b^2 + 1 \Leftrightarrow (a^2+b^2+1)^2 - 4b^2 < 1 \Leftrightarrow$
$\sqrt{a^2+(b-1)^2}\sqrt{a^2+(b+1)^2} < 1$，所以欲证结论 $\Leftrightarrow$ 方程 $f(z)=0$ 存在根 $\alpha = a+bi$ 使得 $|i-\alpha| \cdot |i-\overline{\alpha}| < 1$.

设 $\alpha_k, \overline{\alpha_k}$ 为方程 $f(z)=0$ 的共轭虚根，β_j 是它的实根，所以

$$f(z) = \prod_j (z-\beta_j) \prod_k (z-\alpha_k)(z-\overline{\alpha_k})$$

又

$$|f(i)| = \prod_j |i-\beta_j| \prod_k |i-\alpha_k| \cdot |i-\overline{\alpha_k}| < 1, |i-\beta_j| = \sqrt{1+\beta_j^2} \geq 1$$

所以必存在一对共轭虚根 $\alpha_k, \overline{\alpha_k}$，使得 $|i-\alpha_k| \cdot |i-\overline{\alpha_k}| < 1$.

令 $\alpha_k = a+bi(a,b \in \mathbf{R})$ 后即得欲证.

16. (1) 当方程 $f(x)=0$ 有整数根（设为 α）时，得

$f(\alpha) = \alpha^5 - p\alpha - p - 2 = 0, \alpha^5 - 2 = p(\alpha+1), \alpha+1 | \alpha^5 - 2$

$\alpha+1 | 3; \alpha+1 = \pm 1, \pm 3; \alpha = -4, -2, 0, 2; p = -2, 10, 34, 342$

(2) 当方程 $f(x)=0$ 没有整数根时,得方程 $f(x)=0$ 也没有有理根.
设 $f(x)=(x^2+ax+b)(x^3+cx^2+dx+e)(a,b,c,d,e\in \mathbf{Z})$,可得
$$c=-a,d=a^2-b,e=2ab-a^3$$
$$-p=b(a^2-b)+a(2ab-a^3),p+2=b(a^3-2ab)$$
把最后两个方程相加,得 $2=b(a^2-b)+(a-b)(2ab-a^3)$,即
$$(2a+1)b^2-(a^3+3a^2)b+a^4+2=0$$
又 $2a+1\neq 0$,所以 $\Delta=(a^3+3a^2)^2-4(2a+1)(a^4+2)=(a^3-a^2+2a+2)^2-24a-12$ 为完全平方数.

当 $a\geqslant 4$ 时,$\Delta<(a^3-a^2+2a+2)^2$,所以
$$\Delta-(a^3-a^2+2a+2)^2=2a^3-2a^2-20a-9\geqslant 8a^2-2a^2-20a-9=$$
$$6a^2-20a-9\geqslant 24a-20a-9=4a-9>0$$
$$(a^3-a^2+2a+1)^2<\Delta<(a^3-a^2+2a+2)^2$$
即 Δ 不可能是完全平方数.

当 $a\leqslant -3$ 时,同理可得 $(a^3-a^2+2a+2)^2<\Delta<(a^3-a^2+2a+1)^2$,也说明 Δ 不可能是完全平方数.

所以 $-2<a<3$.经检验知,当且仅当 $a=-1$ 时,Δ 是完全平方数.可得 $b^2+2b-3=0,b=1,-3;p=-1,19$.

所以 $p=-2,-1,10,19,34,342$.

17. 令 $a=b=c=0$,得 $f(0)=0$;令 $b=c=0$,得 $f(a)=f(-a)$,即 $f(x)$ 是偶函数.所以可设 $f(x)=a_n x^{2n}+a_{n-1}x^{2n-2}+\cdots+a_1 x^2(a_n\neq 0)$.

令 $a=x,b=2x,c=-\dfrac{2}{3}x$,得 $f(-x)+f\left(\dfrac{8}{3}x\right)+f\left(-\dfrac{5}{3}x\right)=2f\left(\dfrac{7}{3}x\right)$,即

$$a_n\left[1+\left(\dfrac{8}{3}\right)^{2n}+\left(\dfrac{5}{3}\right)^{2n}-2\left(\dfrac{7}{3}\right)^{2n}\right]x^{2n}+\cdots+$$
$$a_1\left[1+\left(\dfrac{8}{3}\right)^{2n}+\left(\dfrac{5}{3}\right)^{2n}-2\left(\dfrac{7}{3}\right)^{2n}\right]x^2\equiv 0$$

所以该式左边多项式的系数都为 0.

但是当 $n\geqslant 3$ 时,$\left(\dfrac{8}{3}\right)^{2n}/\left(\dfrac{7}{3}\right)^{2n}\geqslant \left(\dfrac{8}{7}\right)^6>2$,所以 $1+\left(\dfrac{8}{3}\right)^{2n}+\left(\dfrac{5}{3}\right)^{2n}-2\left(\dfrac{7}{3}\right)^{2n}>0$,得 $n\leqslant 2$,即可设 $f(x)=\alpha x^4+\beta x^2(\alpha,\beta\in \mathbf{R})$.

由 $ab+bc+ca=0$,得 $(a+b+c)^2=a^2+b^2+c^2$,所以
$$(a-b)^4+(b-c)^4+(c-a)^4-2(a+b+c)^4=$$
$$(a-b)^4+(b-c)^4+(c-a)^4-2(a^2+b^2+c^2)^2=$$
$$\sum(a^4-4a^3b+6a^2b^2-4ab^3+b^4)-$$

$$2(a^4+b^4+c^4+2a^2b^2+2b^2c^2+2c^2a^2)=$$
$$4a^2bc+4b^2ac+4c^2ab+2(a^2b^2+b^2c^2+c^2a^2)=$$
$$2(ab+bc+ca^2)=0$$

并且
$$(a-b)^2+(b-c)^2+(c-a)^2-2(a+b+c)^2=$$
$$\sum(a^2-2ab+b^2)-2(a^2+b^2+c^2)=0$$

所以 $f(x)=\alpha x^4+\beta x^2(\alpha,\beta\in\mathbf{R})$ 满足题设.

即该函数 $f(x)$ 为所求.

18. 显然,多项式 $f(x)=0, f(x)=1$ 是所求的解;$f(x)=c(c$ 是常数,$c\neq 0,1)$ 不是所求的解.

当多项式 $f(x)$ 的次数至少为 1 时,可得 $\forall z\in \mathbf{C}$,有 $f(z)f(z+1)=f(z^2)$.

设 $z_0\in\mathbf{C}$ 是方程 $f(z)=0$ 的根,由 $f(z)f(z+1)=f(z^2)$ 得
$$f(z_0-1)=0, f(z_0^2)=0, f((z_0-1)^2)=0$$

当 $0<|z_0|<1$ 时,令 $z_{n+1}=z_n^2(n\in\mathbf{N}^*)$,得 $0<|z_{n+1}|<|z_n|<1$,$f(z_n)=0(n\in\mathbf{N}^*)$,即方程 $f(z)=0$ 有无数个根,这与"多项式 $f(x)$ 的次数至少为 1"矛盾!

同理可得当 $|z_0|>1$ 时也不可能! 所以 $|z_0|=0$ 或 1,即方程 $f(z)=0$ 的根只能是 $0,1,\mathrm{e}^{i\frac{\pi}{3}},\mathrm{e}^{-i\frac{\pi}{3}}$. 若 $f(\mathrm{e}^{i\frac{\pi}{3}})=0$,则由 $f(\mathrm{e}^{i\frac{\pi}{6}})f(\mathrm{e}^{i\frac{\pi}{6}}+1)=f(\mathrm{e}^{i\frac{\pi}{3}})=0$,得 $\mathrm{e}^{i\frac{\pi}{6}}$ 或 $\mathrm{e}^{i\frac{\pi}{6}}+1$ 是方程 $f(z)=0$ 的根,产生矛盾! 所以 $f(\mathrm{e}^{i\frac{\pi}{3}})\neq 0$,同理 $f(\mathrm{e}^{-i\frac{\pi}{3}})\neq 0$. 得方程 $f(z)=0$ 的根只能是 0 或 1.

可设 $f(x)=ax^p(x-1)^q(a$ 是非零实数,$p,q\in\mathbf{N})$,由题设得
$$a^2x^{p+q}(x-1)^q(x+1)^p=ax^{2p}(x+1)^q(x-1)^p$$

所以 $a=1, p=q$,得 $f(x)=x^p(x-1)^p(p\in\mathbf{N}^*)$.

容易验证 $f(x)=x^p(x-1)^p(p\in\mathbf{N}^*)$ 满足题设,所以所求答案为:$f(x)=0, f(x)=1$,或 $f(x)=x^p(x-1)^p(p\in\mathbf{N}^*)$.

19. 由拉格朗日插值多项式,得
$$p(x)=\sum_{k=0}^{n}\frac{1}{C_{n+1}^k}\prod_{\substack{i=0\\i\neq k}}^{n}\frac{x-i}{k-i}=\sum_{k=0}^{n}\frac{\prod_{\substack{i=0\\i\neq k}}^{n}(x-i)}{C_{n+1}^k(-1)^{n-k}k!(n-k)!}=$$
$$\sum_{k=0}^{n}(-1)^{n-k}\cdot\frac{n+1-k}{(n+1)!}\prod_{\substack{i=0\\i\neq k}}^{n}(x-i)$$

所以

$$p(n+1) = \sum_{k=0}^{n}(-1)^{n-k} \cdot \frac{n+1-k}{(n+1)!} \prod_{\substack{i=0 \\ i \neq k}}^{n}(n+1-i) =$$

$$\sum_{k=0}^{n}\frac{(-1)^{n-k}}{(n+1)!}\prod_{i=0}^{n}(n+1-i) = \sum_{k=0}^{n}(-1)^{n-k}$$

当 n 为奇数时,$p(n+1)=0$;当 n 为偶数时,$p(n+1)=1$.

20. 设 $p(x) = a_{85}x^{85} + \cdots + a_4 x^4 + a_3 x^3 + 3x^2 + 2x + 1$,得 0 不是方程 $p(x)=0$ 的根. 设 $x_1, x_2, \cdots, x_{85}$ 是方程 $p(x)=0$ 的 85 个根,令 $y_i = \frac{1}{x_i}(i=1, 2, \cdots, 85)$,得 $y_i(i=1,2,\cdots,85)$ 是多项式 $q(y) = y^{85} + 2y^{84} + 3y^{83} + a_3 y^{82} + a_4 y^{81} + \cdots + a_{84} y + a_{85}$ 的零点.

由韦达定理,得 $\sum_{i=1}^{85} y_i = -2$,$\sum_{i<j} y_i y_j = 3$,所以

$$\sum_{i=1}^{85} y_i^2 = \left(\sum_{i=1}^{85} y_i\right)^2 - 2\sum_{i<j} y_i y_j = (-2)^2 - 2 \cdot 3 = -2 < 0$$

得 $y_i(i=1,2,\cdots,85)$ 不全为实数,即方程 $p(x)=0$ 的 85 个根 $x_1, x_2, \cdots, x_{85}$ 不全为实数.

21. 假设 $g(x), h(x)$ 有非零多项式,因为 $f(x), g(x), h(x)$ 是实系数多项式,所以多项式 $f^2(x) = x[g^2(x) + h^2(x)] \neq 0$ 且次数是奇次,又多项式 $f^2(x)$ 的次数是偶次,所以多项式 $g(x) = h(x) = 0$,进而得 $f(x) = g(x) = h(x) = 0$.

22. 假设 $f(x)$ 可约,即 $f(x) = g(x)h(x)$,其中 $g(x), h(x)$ 是整系数的首一多项式. 显然 $f(a_j) = 1$,即 $g(a_j)h(a_j) = 1$,得 $g(a_j) = h(a_j) = \pm 1(j=1, 2, \cdots, n)$.

另一方面,$\forall x \in \mathbf{R}, f(x) > 0$,所以 $\forall x \in \mathbf{R}, g(x) > 0, h(x) > 0$,得 $g(a_j) = h(a_j) = 1(j=1,2,\cdots,n)$.

所以 $x - a_j | g(x) - 1$,$x - a_j | h(x) - 1(j=1,2,\cdots,n)$,得

$$g(x) = \prod_{j=1}^{n}(x - a_j)g_1(x) + 1, h(x) = \prod_{j=1}^{n}(x - a_j)h_1(x) + 1$$

其中 $g_1(x), h_1(x)$ 是整系数的首一多项式. 因为 $2n = \deg(f(x)) = \deg(g(x)) + \deg(h(x))$,所以

$$g(x) = h(x) = \prod_{j=1}^{n}(x - a_j) + 1$$

$$f(x) = \prod_{j=1}^{n}(x - a_j)^2 + 1 = \left[\prod_{j=1}^{n}(x - a_j) + 1\right]^2$$

矛盾! 所以 $f(x)$ 不可约.

23. 由题设得 $p(0)=1$,所以方程 $p(x)=0$ 的所有实根都是负数.

设 $p(x) = (x+x_1)(x+x_2)\cdots(x+x_n)(x_1, x_2, \cdots, x_n \in \mathbf{R}_+)$,由韦达定

理,得
$$\sum_{1\leqslant i_1\leqslant i_2\leqslant\cdots\leqslant i_k\leqslant n} x_{i_1}x_{i_2}\cdots x_{i_k}=a_k(k=1,2,\cdots,n-1), \prod_{i=1}^{n}x_i=1$$

由均值不等式,得
$$a_k=\sum_{1\leqslant i_1\leqslant i_2\leqslant\cdots\leqslant i_k\leqslant n} x_{i_1}x_{i_2}\cdots x_{i_k}\geqslant C_n^k(\prod_{i=1}^{n}x_i^{C_{n-1}^{k-1}})^{\frac{1}{C_n^k}}=C_n^k$$

所以可得欲证成立.

24. 假设方程 $f(x)=0$ 有有理根,则有整数根,设为 m,可设 $f(x)=(x-m)g(x)$($g(x)$ 是整系数首一多项式),所以
$$f(k)=(k-m)g(k), f(k+1)=(k+1-m)g(k+1),\cdots,$$
$$f(k+p)=(k+p-m)g(k+p)$$

因为连续 $p+1$ 个整数 $k-m, k+1-m,\cdots,k+p-m$ 中存在 $p+1$ 的倍数,得 $f(k), f(k+1),\cdots,f(k+p)$ 中存在 $p+1$ 的倍数,矛盾! 所以欲证成立.

25. (1) 假设 $\sqrt{2}+\sqrt{3}$ 是有理数,得其平方即 $5+2\sqrt{6}$ 是有理数,所以 $\sqrt{6}$ 是有理数,矛盾! 即欲证成立.

(2) 假设 $q=\sqrt{2}+\sqrt{3}+\sqrt{5}$ 是有理数,得 $\sqrt{2}+\sqrt{3}=q-\sqrt{5}$,平方得 $2\sqrt{6}=q^2-2q\sqrt{5}$,再平方,得
$$4q^3\sqrt{5}=q^4+20q^2-24$$

这将与 $\sqrt{5}$ 是无理数矛盾! 所以欲证成立.

26. (1) 设 $f(x)=(x-\alpha)^k Q(x)$,且 $Q(\alpha)\neq 0$,得
$$f'(x)=(x-\alpha)^{k-1}[kQ(x)+(x-\alpha)Q'(x)]$$

因为 $kQ(x)+(x-\alpha)Q'(x)|_{x=\alpha}\neq 0$,所以 α 是 $f'(x)$ 的 $k-1$ 重根.

(2) 设
$$P_n(x)=a_n(x-\alpha_1)^{k_1}(x-\alpha_2)^{k_2}\cdots(x-\alpha_m)^{k_m} \quad (a_n\neq 0,$$
$$\alpha_1<\alpha_2<\cdots<\alpha_m, k_1+k_2+\cdots+k_m=k)$$

由罗尔定理知,在相邻两异根之间,必存在 $P'_n(x)$ 的一个根,所以 $P'_n(x)$ 共有 $m-1$ 个这样的根(在 $P_n(x)$ 的 m 个根的间隙里).

另一方面,由引理,α_i 一定是 $P'_n(x)$ 的 $k_i-1(i=1,2,\cdots,m)$ 重根,所以 $P'_n(x)$ 根的个数为
$$(m-1)+(k_1-1)+(k_2-1)+\cdots+(k_m-1)=$$
$$(m-1)+(k_1+k_2+\cdots+k_m)-m=n-1$$

又 $P'_n(x)$ 是 $n-1$ 次多项式,至多有 $n-1$ 个实根. 所以 $P'_n(x)$ 仅有实根.

反复作 $n-1$ 次,知多项式 $P'_n(x), P''_n(x),\cdots, P_n^{(n-1)}(x)$ 也都均有实数根.

27. 构造函数 $f(x)=\dfrac{a_0}{n+1}x^{n+1}+\dfrac{a_1}{n}x^n+\cdots+\dfrac{a_{n-1}}{2}x^2+\dfrac{a_n}{1}x$,得

$$f(0)=0, f(1)=\frac{a_0}{n+1}+\frac{a_1}{n}+\cdots+\frac{a_{n-1}}{2}+\frac{a_n}{1}=0$$

由罗尔定理知,$\exists \xi \in (0,1)$ 使得 $f'(\xi)=0$,即 $P_n(\xi)=0$,得欲证成立.

28. 由 $f(0)=0,f(1)=1$ 及介值定理知,$\exists \xi_1 \in (0,1)$ 使得 $f(\xi_1)=\lambda_i$.
又因为 $\lambda_1 < \lambda_1 + \lambda_2 < 1$,所以 $\exists \xi_2 \in (\xi_1,1)$ 使得 $f(\xi_2)=\lambda_1+\lambda_2$.
重复上述过程,可依次找到点 $\xi_1,\xi_2,\cdots,\xi_n$ 满足 $0 < \xi_1 < \xi_2 < \cdots < \xi_n = 1$,且

$$f(\xi_i)=\lambda_1+\lambda_2+\cdots+\lambda_i \quad (i=1,2,\cdots,n) \quad (*)$$

在 (ξ_{i-1},ξ_i) 上运用拉格朗日中值定理得,$\exists x_i \in (\xi_{i-1},\xi_i)$,使得(记 $\xi_0=0$)

$$f'(\xi_i)=\frac{f(\xi_i)-f(\xi_{i-1})}{\xi_i-\xi_{i-1}}=\frac{\lambda_i}{\xi_i-\xi_{i-1}}$$

$$\frac{\lambda_i}{f'(\xi_i)}=\xi_i-\xi_{i-1} \quad (i=1,2,\cdots,n)$$

把它们代入式(*),得欲证成立.

29. 得 $(k+1)f(k)-k=0(k=0,1,2,\cdots,n)$,所以 $x=0,1,2,\cdots,n$ 均是 $n+1$ 多项式 $g(x)=(x+1)f(x)-x$ 的根,可设

$$g(x)=(x+1)f(x)-x=ax(x-1)(x-2)\cdots(x-n)$$

令 $x=-1$,得 $a=\dfrac{(-1)^{n+1}}{(n+1)!}$,所以

$$g(n+1)=(n+2)f(n+1)-n-1=\frac{(-1)^{n+1}}{(n+1)!}\cdot(n+1)!=(-1)^{n+1}$$

$$f(n+1)=\frac{n+1-(-1)^n}{n+2}$$

30. 因为 $f(x^5)=(x^{20}-1)+(x^{15}-1)+(x^{10}-1)+(x^5-1)+5$,所以所求答案为 5.

31. 设 α 是 1 的 5 次单位原根,即得 $1,\alpha,\alpha^2,\alpha^3,\alpha^4$ 是方程 $x^5=1$ 的五个不同根. 例如,可取 $\alpha=\cos\dfrac{2\pi}{5}+i\sin\dfrac{2\pi}{5}$. 易证 $1+\alpha+\alpha^2+\alpha^3+\alpha^4=0$.

用 $x=\alpha,\alpha^2,\alpha^3$ 分别代入题设中的等式,可得

$$\begin{cases} P(1)+\alpha Q(1)+\alpha^2 R(1)=0 \\ P(1)+\alpha^2 Q(1)+\alpha^4 R(1)=0 \\ P(1)+\alpha^3 Q(1)+\alpha R(1)=0 \end{cases}$$

解此方程组,可得 $P(1)=Q(1)=R(1)=0$,再由题设中的等式,可得欲证成立.

§35 自主招生试题集锦(平面几何)

1. 如图 1,三圆两两相切,A,B,C 为切点,O 为大圆圆心,O_1,O_2 分别为两个小圆圆心,则 $\angle AOB = \alpha, \angle ACB = \beta$ 满足关系(　　)

   A. $\cos \beta + \sin \frac{1}{2}\alpha = 0$　　　B. $\sin \beta - \cos \frac{1}{2}\alpha = 0$

   C. $\sin 2\beta + \sin \alpha = 0$　　　D. $\sin 2\beta - \sin \alpha = 0$

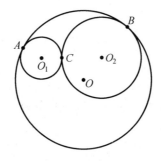

图 1

2. (2009 年中国科学技术大学自主招生试题) 已知 D,E,F 分别是边 BC,AC,AB 的三等分点,并且 $BC = 2AE$,$BD = 2CD$,$AF = 2BF$,若 $S_{\triangle ABC} = 1$,求 $S_{\triangle PQR}$.

3. (1979 年全国高考理科第八题) 如图 2,设 $CEDF$ 是一个已知圆的内接矩形,过点 D 作该圆的切线与 CE 的延长线相交于点 A,与 CF 的延长线相交于点 B,求证:$\dfrac{BF}{AE} = \dfrac{BC^3}{AC^3}$.

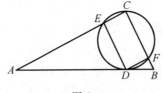

图 2

4. (1979 年美国奥林匹克数学竞赛题) 如图 3,$\angle A$ 内有一定点 P,过点 P 作直线交两边于点 B,C,问 $\dfrac{1}{PB} + \dfrac{1}{PC}$ 何时取到最大值?

5. 点 D 在 $\triangle ABC$ 内,BD 和 CD 的中垂线与 AB,AC 分别交于点 E,F,且点 E,D,F 共线,$\angle BDC = 100°$,求 $\angle A$ 的大小.

6. 求证:一个四边形的对角线互相垂直的充要条件是这个四边形两组对边长的平方和相等.

7. 如图4,在△ABC中,点D,M,E分别是边BC的三等分点,一直线l顺次交AB,AD,AM,AE,AC分别于点K_1,K_2,K_3,K_4,K_5.

求证:$\dfrac{AM}{AK_3} = \dfrac{1}{4}\left(\dfrac{AB}{AK_1} + \dfrac{AD}{AK_2} + \dfrac{AE}{AK_4} + \dfrac{AC}{AK_5}\right)$.

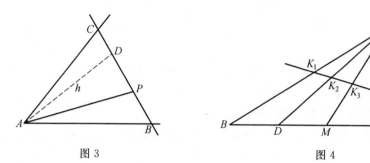

图3   图4

8. 如图5,正△ABC内接于圆O,点P在劣弧BC上,求证:PA=PB+PC.

9. 如图6,锐角△ABC的外心为O,线段OA,BC的中点分别为M,N,∠ABC=4∠OMN,∠ACB=6∠OMN,求∠OMN的大小.

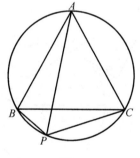 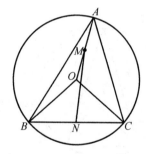

图5   图6

10. 如图7,O,I,H分别是△ABC的外心、内心、垂心,延长AI交△ABC的外接圆于点P.

(1) 求证:PB=PI=PC;

(2) 若∠BCA=60°,求证:△PBI为正三角形;

(3) 若∠BAC=60°,求证:点B,O,I,C,H共圆.

11. 已知△ABC的重心G关于BC的对称点是G',$AB^2 + AC^2 = 2BC^2$,求证:A,B,C,G'四点共圆.

12. 如图8,在△ABC中,AB=AC,D是△ABC外接圆劣弧AC上的一点,AE⊥BD于点E,求证:BE=CD+DE.

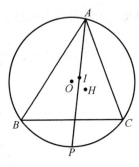
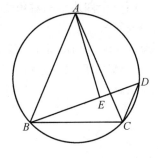

图 7　　　　　　　　　图 8

13. 如图 9，△ABC 是圆 O 的内接三角形，PA 是圆 O 的切线，PB 交 AC 于点 E，交圆 O 于点 D，若 PE=PA，∠ABC=60°，PD=1，BD=8，求 BC．

14. 在六边形 $AC_1BA_1CB_1$ 中，$AC_1=AB_1$，$BC_1=BA_1$，$CA_1=CB_1$，∠A+∠B+∠C=$∠A_1+∠B_1+∠C_1$，求证：△ABC 的面积是六边形 $AC_1BA_1CB_1$ 面积的一半．

15. 如图 10，已知 AB 为圆 O 的直径，C 为圆 O 上一点，延长 BC 至 D，使 CD=BC，CE⊥AD 于 E，BE 交圆 O 于点 F，AF 交 CE 于点 P，求证：PE=PC．

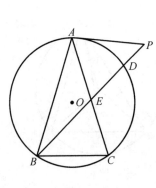
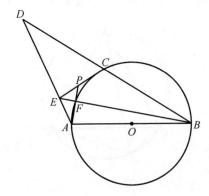

图 9　　　　　　　　　图 10

16. 已知 A，B，C，D 是圆上顺次四点，且 AB<AD，BC>CD，∠BAD 的平分线交圆于点 X，∠BCD 的平分线交圆于点 Y，在由这六个点构成的六边形中，如果有四条边的长度相等，求证：BD 为圆的直径．

17. 如图 11，点 C 在线段 AB 上但不是端点，分别以 AC，BC 为斜边并且在 AB 的同侧作等腰直角三角形 ACD，BCE，联结 AE 交 CD 于点 M，联结 BD 交 CE 于点 N，求证：

(1) MN∥AB；(2) $\dfrac{1}{MN}=\dfrac{1}{AC}+\dfrac{1}{BC}$；(3) AB≥4MN．

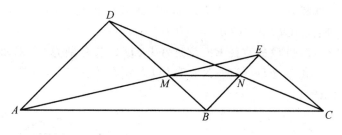

图 11

18. 如图 12 所示，P 是 $\triangle ABC$ 内一点，AP,BP,CP 的延长线分别交 BC, CA,AB 于 A',B',C'，$PA=a,PB=b,PC=c,PA'=PB'=PC'=4$，$a+b+c=43$，求 abc.

19. 如图 13，正四棱柱形生日蛋糕的上表面及侧面都均匀地涂上了一层奶油，如何把这块蛋糕平均分给五个小朋友（要求分给每个小朋友的蛋糕及蛋糕上的奶油均一样多，蛋糕上表面的中心点 O 已确定，每边也均已五等分）？

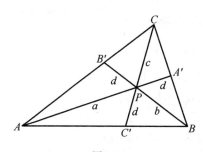

图 12

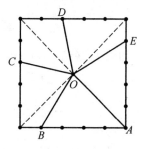

图 13

20.（1）证明张角公式：如图 14，设 $\angle APC=\alpha$，$\angle BPC=\beta$，$\angle APB=\alpha+\beta<180°$，则三点 A,B,C 共线 $\Leftrightarrow \dfrac{\sin(\alpha+\beta)}{PC}=\dfrac{\sin\alpha}{PB}+\dfrac{\sin\beta}{PA}$；

（2）如图 15，在正 $\triangle ABC$ 的外接圆的 $\overset{\frown}{BC}$ 设任取一点 P，$PA\cap BC=D$，求证：$\dfrac{1}{PD}=\dfrac{1}{PB}+\dfrac{1}{PC}$.

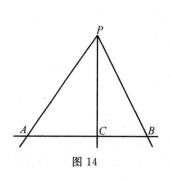

图 14

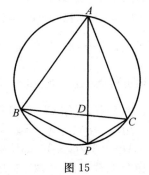

图 15

21.（1）如图 16，圆 O 的半径为 a，弦 AB，CD 的长分别为 $2b$，$2c$，且 $a^2 = b^2 + c^2$，求证：$\angle AOB + \angle COD = 180°$；

（2）如图 17，圆 O 的直径 EF 及弦 AB，CD 的长分别为 $2a$，$2b$，$2c$，且 $a^2 = b^2 + c^2$，$AB \parallel EF \parallel CD$，点 M，N 在直径 EF 所在的直线上，求图 17 中的两块阴影部分面积的和.

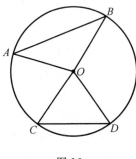
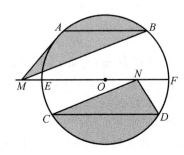

图 16   图 17

参考答案与提示

1. B. 如图 1，联结 O_1O_2，得切点 C 在 O_1O_2 上，所以

$$\angle OO_1O_2 + \angle OO_2O_1 = \pi - \alpha$$

$$\angle O_1AC = \angle O_1CA = \frac{1}{2}\angle OO_1O_2$$

$$\angle O_2BC = \angle O_2CB = \frac{1}{2}\angle OO_2O_1$$

$$\angle O_1CA + \angle O_2CB = \frac{1}{2}(\angle OO_1O_2 + \angle OO_2O_1) = \frac{\pi - \alpha}{2}$$

$$\beta = \pi - (\angle O_1CA + \angle O_2CB) = \frac{\pi + \alpha}{2}$$

$$\sin\beta - \cos\frac{1}{2}\alpha = 0$$

2. 如图 18，过点 E 作 $ES \parallel BC$ 交 AD 于点 S. 由 $EC = 2AE$，得 $ES:CD = 1:3$，$ES:DB = 1:6$，$EP:BP = 1:6$，$S_{\triangle ABP}:S_{\triangle APE} = 6:1$

又 $S_{\triangle ABE} = \frac{1}{3}$，所以 $S_{\triangle ABP} = \frac{1}{3} \cdot \frac{6}{7} = \frac{2}{7}$.

同理可得 $S_{\triangle BCQ} = S_{\triangle CAR} = \frac{2}{7}$，所以 $S_{\triangle PQR} = 1 - \frac{2}{7} \cdot 3 = \frac{1}{7}$.

3. 在图 2 中，联结 CD 后可得

$$\frac{BF}{AE} = \frac{BD\sin A}{AD\cos A} = \frac{BC\sin^2 A}{AC\cos^2 A} = \frac{AB\sin^3 A}{AB\cos^3 A} = \left(\frac{\sin A}{\cos A}\right)^3 = \frac{BC^3}{AC^3}$$

4. 如图 3，作 $AD \perp BC$ 于点 D，设 $AD = h$，$\angle PAB = \alpha$，$\angle PAC = \beta$，得

$$\frac{1}{PB}+\frac{1}{PC}=\frac{h}{2}\left(\frac{1}{S_{\triangle ABP}}+\frac{1}{S_{\triangle ACP}}\right)=\frac{h}{2}\cdot\frac{S_{\triangle ABC}}{S_{\triangle ABP}\cdot S_{\triangle ACP}}=$$
$$\frac{h}{2}\cdot\frac{2AB\cdot AC\sin(\alpha+\beta)}{AB\cdot AC\cdot AP^2\sin\alpha\sin\beta}=$$
$$h\cdot\frac{\sin(\alpha+\beta)}{AP^2\sin\alpha\sin\beta}\leqslant\frac{\sin(\alpha+\beta)}{AP\sin\alpha\sin\beta}$$

由 P 是 $\angle BAC$ 内的定点,得 AP,α,β 都是常数,所以 $\dfrac{\sin(\alpha+\beta)}{AP\sin\alpha\sin\beta}$ 也是常数,进而可得当且仅当 $AP\perp BC$ 时 $\dfrac{1}{PB}+\dfrac{1}{PC}$ 取到最大值.

5. 如图19,设 BD 的中垂线交 BD 于点 H_1,CD 的中垂线交 CD 于点 H_2,可得 $BE=DE,DF=CF$,所以
$$\angle DBE+\angle DCF=\angle BDE+\angle CDF=180°-\angle CDB=80°$$
在 $\triangle BCD$ 中
$$\angle DBC+\angle DCB=180°-\angle CDB=80°$$
在 $\triangle ABC$ 中
$$\angle A=180°-\angle DBE+\angle DCF+\angle DBC+\angle DCB=20°$$

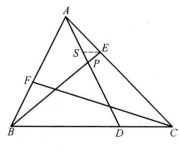

图 18

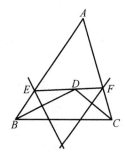

图 19

6. 这里只证充分性. 如图20,作 $PH\perp AB$ 于点 H,$QH'\perp AB$ 于点 H',得
$$PA^2-PB^2=(PH^2+AH^2)-(PH^2+BH^2)=$$
$$(AH+BH)(AH-BH)=AB(AB-2BH)$$

同理可得 $QA^2-QB^2=AB(AB-2BH')$,所以点 H,H' 重合,欲证成立.
(注:用空间向量可证此结论对空间四边形也成立)

7. 如图21,过点 B,C 分别作直线 l 的平行线 BV,CT 交直线 AM 分别于点 V,T,得
$$\frac{AB}{AK_1}=\frac{AV}{AK_3},\frac{AC}{AK_5}=\frac{AT}{AK_3}$$
由 $TM=VM$,得 $AV+AT=2AM$,所以
$$\frac{AB}{AK_1}+\frac{AC}{AK_5}=\frac{2AM}{AK_3}$$

同理,可得 $\dfrac{AD}{AK_2}+\dfrac{AE}{AK_4}=\dfrac{2AM}{AK_3}$. 把这两个等式,相加即得欲证.

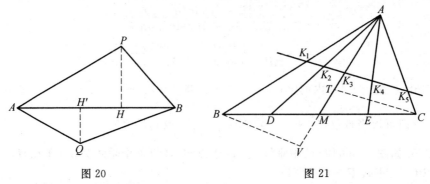

图20　　　　　　图21

8. 如图5,由托勒密定理知 $AP \cdot BC = AB \cdot PC + AC \cdot BP$ 及 $BC = AB = AC$,得欲证成立.

9. 如图6,设 $\angle OMN = \theta$,得
$$\angle ABC = 4\theta, \angle ACB = 6\theta, \angle BAC = 180° - 10\theta$$
又
$$\angle NOC = \dfrac{\angle BOC}{2} = \angle BAC = 180° - 10\theta$$
$$\angle MOC = \angle AOC = 2\angle ABC = 8\theta$$
所以
$$\angle MON = 8\theta + (180° - 10\theta) = 180° - 2\theta$$
$$\angle ONM = 180° - (\angle MON + \angle OMN) =$$
$$180° - (180° - 2\theta + \theta) =$$
$$\theta = \angle OMN$$
$$ON = OM = \dfrac{OA}{2} = \dfrac{OC}{2}$$
又因为 $\angle ONC = 90°$,所以 $\angle NOC = 60°$.
由 $\angle NOC = 180° - 10\theta$,得 $\angle OMN = \theta = 12°$.

10. 如图7.(1)可得 $\angle BAP = \angle BCP, \angle ACP = \angle CBP, \angle BCP = \angle CBP$,所以 $PB = PC$.
又因为 $\angle BIP = \angle BAI + \angle ABI = \dfrac{\angle BAC}{2} + \dfrac{\angle ABC}{2}$,而
$$\angle IBP = \angle IBC + \angle CPB = \dfrac{\angle ABC}{2} + \angle CBP = \dfrac{\angle ABC}{2} + \dfrac{\angle BAC}{2} = \angle BPI$$
所以 $PB = PI$,得 $PB = PI = PC$.

(2) 可得 $\angle BPI = \angle BCA = 60°$,所以 $\triangle PBI$ 为正三角形.

(3) 在图7中,联结 BO, CO,得 $\angle BOC = 2\angle BAC = 120°$.

而 $\angle BIC = \angle BIP + \angle CIP = \dfrac{\angle A}{2} + 90° = 120°$.

再联结 AH, BH, CH, 得

$\angle BHC = \angle ABH + \angle BAH + \angle CAH + \angle ACH =$
$\angle BAC + \angle ABH + \angle ACH =$
$\angle BAC + 2(90° - \angle BAC) =$
$180° - \angle BAC = 120°$

所以点 B, O, I, C, H 共圆.

11. 如图 22, 延长 AD 至点 K 使 $DK = DG$, 联结 BK, CK, 得平行四边形 $BGCK$, 所以 $\angle BKC = \angle BGC$.

由重心得 $DK = DG = \dfrac{AD}{3}$. 由 AD 是 $\triangle ABC$ 中线, 得

$$AB^2 + AC^2 = 2AD^2 + 2BD^2 = 2AD^2 + \dfrac{1}{2}BC^2$$

又 $AB^2 + AC^2 = 2BC^2$, 得

$$2AD^2 + \dfrac{1}{2}BC^2 = 2BC^2, AD^2 = \dfrac{3}{4}BC^2$$

因为 $AD \cdot DK = AD \cdot \dfrac{AD}{3} = \dfrac{1}{3} \cdot \dfrac{3}{4}BC^2 = \dfrac{1}{4}BC^2 = BD \cdot DC$, 所以 A, B, C, K 四点共圆.

所以 $\angle BKC + \angle BAC = 180°$. 又因为 $\angle BKC = \angle BGC = \angle BG'C$, 所以 $\angle BG'C + \angle BAC = 180°$, 即 A, B, C, G' 四点共圆.

12. 如图 23, 延长 BD 至 F 使 $AF = AC$, 联结 AF, CF, CD, 得 $\angle AFB = \angle ABF, \angle AFC = \angle ACF$.

因为点 D 在 $\triangle ABC$ 的外接圆上, 所以 $\angle ACD = \angle ABD$, 得 $\angle AFD = \angle ACD, \angle DCF = \angle DFC, DF = CD$.

因为 $AF \perp BF, AB = AF$, 所以 $BE = EF = ED + DF = ED + CD$.

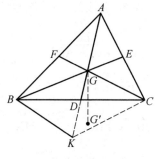

图 22

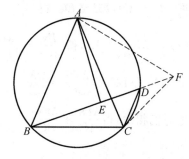

图 23

13. 如图 9, 得 $PA^2 = PB \cdot PD = 9, PA = 3, \angle PAC = \angle ABC = 60°$, 又

$PE=PA$,得等边 $\triangle AEP$,所以 $BE=6$,$DE=2$.由相交弦定理,得 $BE \cdot DE = AE \cdot CE$,$CE=4$.在 $\triangle ABC$ 中由余弦定理,得 $BC=2\sqrt{7}$.

14. 将 $\triangle AC_1B$ 绕点 A 旋转得 $\triangle AC_1B \cong \triangle AB_1H$,由 $\angle A + \angle B + \angle C = \angle A_1 + \angle B_1 + \angle C_1$ 得 $\angle A_1 + \angle B_1 + \angle C_1 = 360°$,所以 $\angle A_1 = \angle HB_1C$,得 $\triangle BA_1C \cong \triangle HB_1C$,$\triangle ABC \cong \triangle AHC$,所以欲证成立.

另证 可得 $\angle A_1 + \angle B_1 + \angle C_1 = 360°$. 作 $\angle CA_1Q = \angle AB_1C$,$A_1Q = AB_1$,得 $\triangle AB_1C \cong \triangle QA_1C$. 又

$\angle BA_1Q = 360° - \angle CA_1Q - \angle BA_1C = 360° - \angle AB_1C - \angle BA_1C = \angle AC_1B$.

所以 $\triangle AC_1B \cong \triangle QA_1B$,$S_{AC_1BA_1CB_1} = S_{ACQB}$. 又 $\triangle ABC \cong \triangle QBC$,所以 $S_{AC_1BA_1CB_1} = 2S_{\triangle ABC}$.

15. 如图10,联结 OC. 因为 AB 为圆 O 的直径,所以 $BK \perp DA$,又因为 $CE \perp AD$,所以 $CE \parallel BK$,可得 $\angle PFE = \angle PEA = 90°$,所以 $\triangle PEF \sim \triangle PAE$,$PE^2 = PA \cdot PF$. 又因为 OC 是 $\triangle ABD$ 的中位线,所以 $OC \parallel AD$,$CE \perp OC$,CE 是圆 O 的切线. 所以 $PC^2 = PA \cdot PF$,得 $PE = PC$.

16. 由 CY 平分 $\angle BCD$ 知 $\overset{\frown}{BY} = \overset{\frown}{YD}$,又 $AB < AD$,所以点 Y 在 A,D 之间且 $DY > YA$,$DY > AB$.

同理,点 X 在 B,C 之间且 $BX > XC$,$BX > CD$.

这样,六边形相等的四边只能是 $YA = AB = XC = CD$.

记 $\angle BAX = \angle DAX = \alpha$,$\angle BCY = \angle DCY = \beta$.

由题意,得 $2\alpha + 2\beta = 180°$,得 $\alpha + \beta = 90°$.

又 $YA = AB = XC = CD$,得 $BY = XD$,$\alpha = \beta = 45°$.

所以 $\angle BAD = 2\alpha = 90°$,即 BD 为圆的直径.

17. 如图11. (1) 由 $\angle DAC = \angle ECB$,所以 $AD \parallel CE$,同理可得 $EB \parallel CD$.

由 $\triangle ADM \sim \triangle ECM$,得 $\dfrac{EM}{AM} = \dfrac{EC}{AD}$;由 $\triangle BEN \sim \triangle DCN$,得 $\dfrac{EB}{DC} = \dfrac{EN}{NC}$.

由 $DC = AD$,$EB = EC$,得 $\dfrac{EM}{AM} = \dfrac{EN}{NC}$,所以 $MN \parallel AB$.

(2) 由 $MN \parallel AC$,得 $\dfrac{MN}{AC} = \dfrac{EM}{AE} = \dfrac{EM}{EM+AM} = \dfrac{EC}{EC+AD}$.

由 $MN \parallel BC$,得 $\dfrac{MN}{BC} = \dfrac{DN}{DB} = \dfrac{DN}{DN+NB} = \dfrac{DC}{DC+EB}$.

把它们相加,得 $\dfrac{MN}{AC} + \dfrac{MN}{BC} = \dfrac{EC}{EC+AD} + \dfrac{DC}{DC+EB} = 1$,所以 $\dfrac{1}{MN} = \dfrac{1}{AC} + \dfrac{1}{BC}$.

(3) 由(2)可得,$AC^2 - AB \cdot AC + AB \cdot AM = 0$.

由 $\Delta = AB^2 - 4AB \cdot AM \geqslant 0$，得欲证成立．

18. 如图 12，设 $PA' = PB' = PC' = d$，可得
$$1 = \frac{S_{\triangle PAB}}{S_{\triangle ABC}} + \frac{S_{\triangle PAC}}{S_{\triangle ABC}} + \frac{S_{\triangle PBC}}{S_{\triangle ABC}} = \frac{d}{c+d} + \frac{d}{b+d} + \frac{d}{a+d}$$
$$2d^3 + (a+b+c)d^2 - abc = 0$$

再由 $d = 4, a+b+c = 43$，得 $abc = 441$．

19. 如图 13，由 $S_\triangle = \frac{1}{2}ah$ 及图 13 可得答案．

20. (1) 由图 14，得

三点 A, B, C 共线 $\Leftrightarrow S_{\triangle PAB} = S_{\triangle PAC} + S_{\triangle PBC} \Leftrightarrow$
$$PA \cdot PB \sin(\alpha+\beta) = PA \cdot PC \sin\alpha + PC \cdot PB \sin\beta \Leftrightarrow$$
$$\frac{\sin(\alpha+\beta)}{PC} = \frac{\sin\alpha}{PB} + \frac{\sin\beta}{PA}$$

(2) 在图 15 中有 $\angle APB = \angle APC = 60°$，由张角公式，得 $\frac{\sin 120°}{PD} = \frac{\sin 60°}{PB} + \frac{\sin 60°}{PC}$，所以欲证成立．

21. (1) 如图 24，设弦 AB, CD 的中点分别为 N, M，可证 $\triangle OAN \cong \triangle COM$，所以 $\angle AON + \angle COM = 90°, \angle AOB + \angle COD = 180°$．

(2) 如图 25，联结 OA, OB, OC, OD，得 $S_{\triangle MAB} = S_{\triangle OAB}, S_{\triangle NCD} = S_{\triangle OCD}$，所以图 25 中的两块阴影部分面积的和为图 24 中的两个扇形 OAB, OCD 的面积之和．又由(1)的结论知，答案为圆 O 的面积的一半，即 $\frac{1}{2}\pi a^2$．

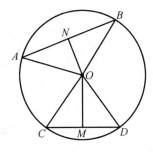

图 24

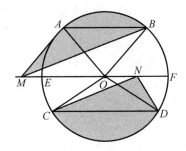

图 25

§36 自主招生试题集锦(初等数论)

数的整除

1.(2005年复旦大学自主招生试题第一题第8题)求 3^{1000} 在十进制中最后4位_____.

2.(2006年上海交通大学推优、保送生考试试题第2题)2 005! 的末尾有连续_____个0.

3.(2009年南京大学自主招生试题第1题,2009年复旦大学自主招生试题第25题)n 为正整数,$7|2^n-1$,n 为_____.

4.(2009年中国科技大学自主招生试题)集合 $A=\{x \mid x=n+n!,n \in \mathbf{N}^*\}$,$B=\complement_{\mathbf{N}^*} A$.

(1) 求证:无法从 B 中取出无限个数组成等差数列;

(2) B 中是否存在由无限项组成的等比数列?说明理由.

5.(2009年复旦大学自主招生试题第8题)$X=\{0,1,2,\cdots,9\}$,$n_0 \in X$,定义 $n_1 \equiv n_0+n_0 \pmod{10}$,$n_x \equiv n_{x-1}+n_0 \pmod{10}$,求 n_0 的集合,可使 n_x 取到 X 中的所有元素.

6.(1979年第21届IMO试题第1题)若 $p,q \in \mathbf{N}^*$,$\dfrac{p}{q}=1-\dfrac{1}{2}+\dfrac{1}{3}-\dfrac{1}{4}+\cdots-\dfrac{1}{1318}+\dfrac{1}{1319}$,求证:$1\,979 | p$.

7.设 k,n 分别是正奇数、正整数,求证:$n+2$ 不整除 $1^k+2^k+\cdots+n^k$.

8.用 $d(n)$ 表示 n 的正约数的个数,判断 $d(1)+d(2)+\cdots+d(2\,013)$ 的奇偶性.

9.设凸 $2n$ 边形 M 的顶点是 $A_1 A_2 \cdots A_{2n}$,点 O 在 M 内部,用 $1,2,\cdots,2n$ 将 M 的 $2n$ 条边分别编号,又将 $OA_1,OA_2,\cdots,OA_{2n}$ 也同样进行编号,若把这些编号作为相应的线段的长度,求证:无论怎样编号,都不能使得三角形 $OA_1 A_2$,$OA_2 A_3$,$\cdots$,$OA_{2n} A_1$ 的周长都相等.

10.设 $k,n,a,b \in \mathbf{N}^*$,求证:

(1) 若 $2^k \leqslant n < 2^{k+1}$,$a \leqslant n$,$a \neq 2^k$,则 2^k 不整除 a;

(2) 若 $3^k \leqslant 2n-1 < 3^{k+1}$,$b \leqslant n$,$2b-1 \neq 3^k$,则 3^k 不整除 $2b-1$.

11.设 $a_1,a_2,\cdots,a_n \in \mathbf{Z}$,$a_1+a_2+\cdots+a_n=0$,$a_1 a_2 \cdots a_n=n$,求证:$4|n$.

12.求证:方程 $x^2+y^2+z^2=2\,015$ 无整数解.

13. 设 $a,b \in \mathbf{N}^*$,且 $\dfrac{b+1}{a} + \dfrac{a+1}{b} \in \mathbf{N}^*$,求证:$a,b$ 的最大公约数 $(a,b) \leqslant \sqrt{a+b}$.

14. 若 a 被 9 除所得的余数是 3,4,5,或 6,求证:方程 $x^3 + y^3 = a$ 无整数解.

15. 设 $m,n \in \mathbf{N}^*$,$m \geqslant 3$,求证:$2^m - 1$ 不整除 $2^n + 1$.

16. 已知整数 a,b 满足 $a > b$ 且 $a-b$ 不整除 a,求证:$a-b$ 不整除 b.

17. 设 x 是一个十进制四位数,记 x 的各位数字之积、之和分别为 $T(x)$,$S(x)$,p 为质数,且 $T(x) = p^k(k \in \mathbf{N}^*)$,$S(x) = p^p - 5$,求 x 的最小值.

18. 设整数 a,b,c,d 满足 $ad - bc > 1$,求证:a,b,c,d 中至少有一个数不能被 $ad - bc$ 整除.

19. 若整数 $n \geqslant 2$,求证:$n^4 + 4^n$ 是合数.

20. 求证:三边长均为质数的三角形的面积不是整数.

21. 求证:$1\,992 \mid 997^{995} + 995^{997}$.

22. 设 $a,b \in \mathbf{N}^*$,是否存在 $p,q \in \mathbf{Z}$ 使得 $\forall n \in \mathbf{N}^*$,都有 $(p+na, q+nb) = 1$?

23. 求证:(1) 三个连续正整数之积不是完全平方数;

(2) 若正整数 n 的十进制表示中有三个数位上是 1,其余的数位上均是 0,则 n 不是完全平方数.

24. 设 $f(n) = n^2 + n + 41$,求证:

(1) 有无穷多个正整数 n 使 $f(n)$ 为合数;

(2) 有无穷多个正整数 n 使 $43 \mid f(n)$.

25. 求质数 p,使得 $p^2 + 11$ 恰有 6 个不同的正约数.

26. 设 $n \in \mathbf{N}^*$,$2n+1$,$3n+1$ 均为完全平方数,求证:$5n+3$ 为合数.

27. 设 k 为正奇数,求证:$1 + 2 + \cdots + n \mid 1^k + 2^k + \cdots + n^k$.

28. 设 $a = 1 + \dfrac{1}{3} + \dfrac{1}{5} + \cdots + \dfrac{1}{2n-1}(n \geqslant 2)$,求证:$a \notin \mathbf{N}^*$.

29. 设正整数 a,b,c,d 满足 $ab = cd$,证明:$a+b+c+d$ 是合数.

30. 在区间 $(n^2,(n+1)^2)(n \in \mathbf{N}^*)$ 内任取四个不同的整数,求证它们的两两之积互不相同.

31. 求证:$\forall a_1, a_2, \cdots, a_m \in \mathbf{Z}$,必有 $s,j(1 \leqslant s < j \leqslant m)$,使得 $m \mid a_s + a_{s+1} + \cdots + a_j$.

32. 求出所有的正整数列 $\{x_n\}$,使它满足以下两个条件:

(1) $\forall n, x_n \leqslant n\sqrt{n}$;(2) 对于任意不同的 m 和 n,$m-n \mid x_m - x_n$.

33. 把 $19,20,\cdots,79,80$ 连写成 $A = 1\,920\cdots7\,980$,求证:$1\,980 \mid A$.

34. 证明 $N = \dfrac{5^{125} - 1}{5^{25} - 1}$ 是合数.

35. 求证:(1) $1155^{1991} + 34^{1991}$ 不是完全平方数;

(2) 8 不整除 $3^n + 2 \cdot 17^n (n \in \mathbf{N}^*)$;

(3) 三个连续整数的平方和不是完全立方数;

(4) 若 $x^2 + y^2 = z^2 (x, y, z \in \mathbf{N}^*)$,则 $60 | xyz$.

36. (1) 设 $m \in \mathbf{N}^*$,求证:必有一个正整数是 m 的倍数,且其各位数字均为 0 或 1;

(2) 求证:从任意 m 个整数 $a_1, a_2, \cdots, a_m$ 中,必可找到若干个数,它们的和(只有一个加数也行)被 m 整除.

37. 设 1991^{1991} 的各位数字之和是 a,a 的各位数字之和是 b,b 的各位数字之和是 c,求 c.

38. 求出所有小于 10 的正整数 m,使得 $5 | 1989^m + m^{1989}$.

39. 求出所有的正整数 n,使得 $5 | 1^n + 2^n + 3^n + 4^n$.

40. 数列 $\{a_n\}$ 由 $a_0 = 0, a_1 = 1, a_{n+2} = 8a_{n+1} - a_n (n \in \mathbf{N})$,求证:数列 $\{a_n\}$ 中没有形如 $3^\alpha 5^\beta (\alpha, \beta \in \mathbf{N}^*)$ 的项.

参考答案与提示

1. 0001. 因为 $3^{1000} = (10-1)^{500} = 10^{500} - \cdots + C_{500}^{496} \cdot 10^4 - C_{500}^{497} \cdot 10^3 + C_{500}^{498} \cdot 10^2 - C_{500}^{499} \cdot 10 + 1 = a \cdot 10^4 - 499 \cdot 83 \cdot 5 \cdot 10^5 + 12475000 - 5000 + 1 (a \in \mathbf{N}^*)$.

2. 500.　3. $n = 3k (k \in \mathbf{N}^*)$.

4. (1) 假设能在集合 B 中找到一个公差不是 0 的无限项等差数列,设这个数列的首项是 a_1,公差是 $d(a_1, d \in \mathbf{N}^*)$,令 $m = \dfrac{(a_1+d)!}{d} + 2$,得

$$a_m = a_1 + (m-1)d = (a_1+d) + (a_1+d)!$$

所以 $a_m \in A$,矛盾! 即欲证成立.

(2) 能找到数列 $\{a_n\}$ 满足题设,比如 $a_n = 2^{n+2}$. 假设存在 m, n 使得 $a_m = n + n!$,即 $2^{2+m} = n[1+(n-1)!]$. 因为 $2^{2+m} \geqslant 8$,所以 $n \geqslant 3$,$1+(n-1)!$ 含有奇质因子,矛盾! 所以欲证成立.

另解　(1) 若能从 B 中取出无限个数组成等差数列 $\{a_m\}$,设其公差为 d,得 $a_m = a_1 + (m-1)d$,而 $n > d$ 时,$n! + n$,$(n+1)! + (n+1)$,$(n+2)! + (n+2)$,$\cdots$ 被 d 除所得余数分别与 $n, n+1, n+2$ 被 d 除所得的余数相同,而这些余数应该是逐一递增的,取到 $d-1$ 后,又以周期性出现,所以 $\exists n_0$,使 $n_0! + n_0$ 被 d 除与 a_m 被 d 除所得的余数相同.

这就说明:$n_0! + n_0$ 是等差数列 $\{a_m\}$ 中的项,而 $n_0! + n_0 \in A$,$n_0! + n_0 \notin B$,产生矛盾! 假设不成立,欲证成立.

(2) 能找到数列 $\{b_m\}$ 满足题设，比如 $b_m = 5^m (m \in \mathbf{N}^*)$. 由于 $n! + n = n[(n-1)! + 1]$，并且当 $n > 5$ 时，5 不整除 $(n-1)! + 1$，所以 $5^m \notin A$，得 $5^m \in B$.

5. $\{1,3,5,7,9\}$.

6. 得 $\dfrac{p}{q} = \sum\limits_{k=1}^{1\,319} \dfrac{1}{k} - 2\sum\limits_{k=1}^{659} \dfrac{1}{2k} = \sum\limits_{k=660}^{1\,319} \dfrac{1}{k} = \sum\limits_{k=660}^{989}\left(\dfrac{1}{k} + \dfrac{1}{1\,979-k}\right) = 1\,979\sum\limits_{k=660}^{989} \dfrac{1}{k(1\,979-k)}$

把该式两端都乘以 $1\,319!$，得

$$\dfrac{p}{q} \cdot 1\,319! = 1\,979n, p \cdot 1\,319! = 1\,979nq \quad (n \in \mathbf{N}^*)$$

又 $1\,979$ 是质数，所以 $1\,979 \mid p$.

7. 对于正整数 a,b 和正奇数 k，有 $a+b \mid a^k + b^k$.

记 $S = 1^k + 2^k + \cdots + n^k$，得

$$2S = 2 + (2^k + n^k) + [3^k + (n-1)^k] + \cdots + (n^k + 2^k)$$

因为 $n+2 \mid 2^k + n^k, n+2 \mid 3^k + (n-1)^k, \cdots, n+2 \mid n^k + 2^k$，所以若 $n+2 \mid S$，得 $n+2 \mid 2, n+2 \leqslant 2, n \leqslant 0$，这与 $n \in \mathbf{N}^*$ 矛盾！所以欲证成立.

8. 可证得结论：$d(n)$ 是奇数 $\Leftrightarrow n$ 是完全平方数.

因为 $44^2 < 2\,013 < 45^2$，所以在 $d(1), d(2), \cdots, d(2\,013)$ 中恰有 44 个奇数，所以 $d(1) + d(2) + \cdots + d(2\,013)$ 是偶数.

9. 假设这些三角形的周长都等于 c（有 $c \in \mathbf{N}^*$），则

$$2nc = 3(1 + 2 + \cdots + 2n) = 3n(2n+1), 2c = 3(2n+1)$$

这不可能！所以欲证成立.

10. (1) 假设 $2^k \mid a$，得 $a = 2^k q (q \in \mathbf{N}^*)$. 由题设知 $q = 1$ 或 1，也与题设矛盾！所以欲证成立.

(2) 假设 $3^k \mid 2b-1$，得 $2b-1 = 3^k q (q \in \mathbf{N}^*)$. 由题设知 $q = 0, 1$ 或 2，得 $2b-1 = 0, 3^k$，或 $2 \cdot 3^k$，所以 $2b-1 = 3^k$，也与题设矛盾！所以欲证成立.

11. 若 n 为奇数，由 $a_1 a_2 \cdots a_n = n$ 知 $a_1, a_2, \cdots, a_n$ 均为奇数，所以奇数个奇数之和 $a_1 + a_2 + \cdots + a_n \neq 0$，与题设矛盾！

所以 n 为偶数，得 $a_1, a_2, \cdots, a_n$ 中有偶数. 假设之中只有一个是偶数，不妨设 a_1 是偶数，$a_2, \cdots, a_n$ 均是奇数，得 $a_2 + \cdots + a_n = -a_1$. 而该式左边是奇数个奇数之和是奇数，而右边是偶数，矛盾！说明 $a_1, a_2, \cdots, a_n$ 中至少有两个偶数，所以 $4 \mid n$.

12. 可证奇数的平方是 8 的倍数加 1，所以可证 x, y, z 不能全是奇数.

得 x, y, z 中一个是奇数两个是偶数. 可不妨设 x 奇 y, z 偶，得 $x^2 = 8x' + 1, y^2 = 8y' + r, z^2 = 8z' + s(x' \in \mathbf{N}^*, y', z' \in \{0,4\})$，所以

$$x^2+y^2+z^2=8(x'+y'+z')+1+r+s$$

得 $x^2+y^2+z^2$ 被8除的余数只可能是1或5,而2 015被8除的余数是7,矛盾! 所以欲证成立.

13. 设 $(a,b)=u$,又可设 $a=mu,b=nu,(m,n)=1$.

由 $\dfrac{b+1}{a}+\dfrac{a+1}{b}=\dfrac{(m^2+n^2)u^2+(m+n)u}{mnu^2}$ 及题设,可得

$$mnu^2 \mid (m^2+n^2)u^2+(m+n)u, u \mid m+n$$
$$u \leqslant m+n, u \leqslant \sqrt{(m+n)u}=\sqrt{a+b}$$

即欲证成立.

14. 可设 $x=3q_1+r_1, y=3q_2+r_2; r_1, r_2 \in \{0,1,2\}$,得 $\exists Q_1, R_1, Q_2, R_2 \in \mathbf{Z}$,使得 $x^3=9Q_1+R_1, y^3=9Q_2+R_2$,其中 R_1, R_2 被9除所得的余数分别与 r_1^3, r_2^3 被9除所得的余数相同,即 $R_1, R_2 \in \{0,1,8\}$,所以 $x^3+y^3=9(Q_1+Q_2)+R_1+R_2$.

又可得 R_1+R_2 被9除所得的余数是0,1,2,7,或8,所以欲证成立.

15. 当 $n \leqslant m$ 时,易证成立.

当 $n>m$ 时,由带余除法知可设 $n=mp+r(0 \leqslant r<m,q>0)$,由 $2^n+1=(2^{mq}-1)2^r+2^r+1$ 及 $2^m-1 \mid 2^{mq}-1$,题设,得 $2^m-1 \mid 2^r+1$,这将与 $0 \leqslant r<m, m \geqslant 3$ 矛盾! 所以欲证成立.

16. 假设 $a-b \mid b$,则可设 $b=k(a-b)(k \in \mathbf{Z})$,所以 $a=(k+1)(a-b)$,这与题设矛盾! 所以欲证成立.

17. 可得 $1 \leqslant p^p-5 \leqslant 36, p=3, S(x)=22$. 又 $p^k \leqslant 9^4, T(x)=3^k \leqslant 9^4=3^8$,所以 x 只能由1,3,9组成,且只有 $1+3+9+9=22$,所以 x 的最小值是1 399.

18. 假设 a,b,c,d 均能被 $ad-bc$ 整除.

又设 $t=ad-bc, a=et, b=ft, c=gt, d=ht(e,f,g,h \in \mathbf{Z})$,得 $t=ad-bc=(eh-fg)t^2$. 因为 $t=ad-bc>1$,所以 $eh-fg>0$ 且 $t^2>t$.

又 $eh-fg \in \mathbf{Z}$,所以 $eh-fg \geqslant 1$.

所以 $t=ad-bc=(eh-fg)t^2>1t=t$,矛盾! 所以欲证成立.

19. 只需证明奇数 $n \geqslant 3$ 的情形. 设 $n=2k+1(k \in \mathbf{N}^*)$,得

$$n^4+4^n=n^4+4(2^k)^4=n^4+4n^2(2^k)^2+4(2^k)^4-4n^2(2^k)^2=$$
$$(n^2+2 \cdot 2^{2k})^2-(2n \cdot 2^k)^2=$$
$$(n^2+2^{k+1}n+2^{2k+1})[(n-2^k)^2+2^{2k}]$$

得欲证成立.

20. 假设这个三角形(其三边长 a,b,c 均为质数,$p=\dfrac{1}{2}(a+b+c)$)的面积

$S=\sqrt{p(p-a)(p-b)(p-c)}$ 是正整数,得
$$(a+b+c)(a+b-c)(a-b+c)(-a+b+c)=16S^2$$
若 a,b,c 均为奇数,不可能!可不妨设 $a=2$.

若 b,c 一奇一偶,可不妨设 $b=2$,得 $c=3$,但上式左边仍为奇数,即不成立!

若 b,c 均偶,得 $b=c=2$,也不能成立!

所以 $a=2,b,c$ 均为奇数.

若 $b\neq c$,不妨设 $b>c$,得 $b\geqslant c+2=c+a$,不可能!

若 $b=c$,可得 $S^2=b^2-1$,也不可能!证毕!

21. 因为
$$997^{995}-1=996(997^{994}+997^{993}+\cdots+997+1)$$
$$995^{997}+1=996(995^{996}-995^{995}+\cdots-995+1)$$
所以可得 $2\cdot 996|997^{995}-1,2\cdot 996|995^{997}-1$,相加后可得欲证.

22. 设 a,b 的最小公倍数 $[a,b]=L,r=\dfrac{L}{a},s=\dfrac{L}{b},(r,s)=1$,由裴蜀定理知, $\exists x,y\in \mathbf{Z}$ 使得 $rx+sy=1$.

令 $p=x,q=-y$,得 $\forall n\in \mathbf{N}^*$,设 $d_n=(p+na,q+nb)$,得
$$d_n|r(p+na)-s(q+nb),d_n|rp-sq+n(ra-sb)$$
而 $rp-sq=rx+sy=1,ra=L=sb$,所以 $d_n|1$,即 $\forall n\in \mathbf{N}^*$,都有 $(p+na,q+nb)=1$.

23.(1) 设这三个连续正整数分别是 $n-1,n,n+1(n\geqslant 2)$,假设 $(n-1)n(n+1)=m^2(m\in \mathbf{N}^*)$,由 $(n^2-1,n)=1$ 知,可设 $n^2-1=a^2,n=b^2,m=ab(a,b\in \mathbf{N}^*)$,所以 $1=n^2-a^2\geqslant n^2-(n-1)^2=2n-1>1$,矛盾!即欲证成立.

(2) 这是因为 $3|n,9$ 不整除 n,所以欲证成立.

24. 因为:(1)$41|f(41k)(k\in \mathbf{N}^*)$;(2)$43|f(43k+1)(k\notin \mathbf{N}^*)$.

25. 通过对约数公式进行分析知,可设 $p^2+11=q^5$ 或 $p^2+11=qr^2$,其中 q,r 为质数.

若为前者,得 p 奇 q 偶,所以 $q=2$,但不满足题意.

若为后者,显然 $p\neq 2$,从而右边为偶数,所以 $q=2$ 或 $r=2$;若 $p=3$,满足题意;若 $p>3$,得 p^2 是 $3k+1(k\in \mathbf{N}^*)$ 形数,所以 $3|qr^2$,得 $(q,r)=(3,2)$ 或 $(2,3)$,但均不符合题意.

所以 $p=3$.

26. 设 $2n+1=a^2,3n+1=b^2(a,b\in \mathbf{N}^*)$,可得 $5n+3=(2a+b)(2a-b)$.

还可证明 $2a-b\neq \pm 1$,所以欲证成立.

27. $2(1^k + 2^k + \cdots + n^k) = [1^k + (n-1)^k] + [2^k + (n-2)^k] + \cdots + [(n-1)^k + 1^k] + 2n^k$

$2(1^k + 2^k + \cdots + n^k) = [1^k + n^k] + [2^k + (n-1)^k] + \cdots + [n^k + 1^k]$

所以
$$n \mid 2(1^k + 2^k + \cdots + n^k), n+1 \mid 2(1^k + 2^k + \cdots + n^k)$$
$$n(n+1) \mid 2(1^k + 2^k + \cdots + n^k)$$

即欲证成立.

28. 设 $3^k \leqslant 2n-1 < 3^{k+1} (k \in \mathbf{N}^*)$. $\forall 1 \leqslant i \leqslant n, 2i-1 \neq 3^k$,记 $2i-1 = 3^{a_i} Q_i (Q_i \in \mathbf{N}^*, 3$ 不整除 $Q_i)$,可得 $\alpha_i \leqslant k-1$. 因为 $3^{k-1} Q_1 Q_2 \cdots Q_{2n-1} \in \mathbf{N}^*$,所以若 $a \in \mathbf{N}^*$,得 $\exists Q \in \mathbf{Z}$,使得

$$3^{k-1} Q_1 Q_2 \cdots Q_{2n-1} a = Q + 3^{k-1} Q_1 Q_2 \cdots Q_{2n-1} \cdot \frac{1}{3^k}$$

这将与 3 不整除 $Q_1 Q_2 \cdots Q_{2n-1}$ 矛盾! 所以欲证成立.

29. 可设 $\frac{a}{c} = \frac{d}{b} = \frac{m}{n}, (m,n) = 1$,再设 $a = mu, c = nu, b = nv, d = mv (u, v \in \mathbf{N}^*)$,得 $a + b + c + d = (m+n)(u+v)$,所以欲证成立.

30. 设正整数 a, b, c, d 满足 $n^2 < a < b < c < d < (n+1)^2$,只需证明 $ad \neq bc$.

假设 $ad = bc$,可设 $a = pu, b = qu, c = pv, d = qv (p, q, u, v \in \mathbf{N}^*)$.

由 $b > a, c > a$,得 $q > p, v > u$,所以 $q \geqslant p+1, v \geqslant u+1$. 由 $a = pu > n^2$,得

$$d = qv \geqslant (p+1)(u+1) = pu + (p+u) + 1 > n^2 + 2\sqrt{pu} + 1 >$$
$$n^2 + 2n + 1 = (n+1)^2$$

矛盾! 所以欲证成立.

31. 设 $b_i = a_1 + a_2 + \cdots + a_i (i = 1, 2, \cdots, m)$.

若 $b_1, b_2, \cdots, b_m$ 中有一个数是 m 的倍数,则欲证成立.

若 $b_1, b_2, \cdots, b_m$ 均不是 m 的倍数,可设 $b_i = mq_i + r_i, r_i \in \{1, 2, \cdots, m-1\}$. 由抽屉原理知,必有 $k, j (1 \leqslant k < j \leqslant m)$,使得 $r_k = r_j$,即

$$b_j - b_k = m(q_j - q_k) = m(a_{k+1} + a_{k+2} + \cdots + a_j)$$

取 $s = k+1$ 后即得欲证.

32. 可得 $x_1 = 1, x_2 = 1$ 或 2.

(1) 当 $x_2 = 1$ 时,对每个 $n > 2, x_n - 1 = x_n - x_1 = x_n - x_2$,它能被 $(n-1)(n-2)$ 整除. 而 $n \geqslant 9$ 时,$0 \leqslant x_n - 1 \leqslant n\sqrt{n} - 1 < (n-1)(n-2)$,所以 $x_n = 1 (n \geqslant 9)$.

由 $n - 8 \mid x_n - x_8$ 即 $n - 8 \mid 1 - x_8$ 对任意的正整数 n 成立,得 $x_8 = 1$. 同理可

得 $x_3 = x_4 = \cdots = x_7 = 1$，即 $x_n = 1 (n \in \mathbf{N}^*)$.

(2) 当 $x_2 = 2$ 时，由 $n-1 | x_n - 1, n-2 | x_n - 2$ 且 $x_n - 1, x_n - 2$ 不同时为 0，得 $x_n - 1 \geqslant n - 1, x_n - 2 \geqslant n - 2$ 至少有一个成立，所以 $x_n \geqslant n$. 令 $x_n' = x_n - (n-1)(n \in \mathbf{N}^*)$，得正整数列 $\{x_n'\}$.

由 $x_1' = x_2' = 1$，同前面的证明得 $x_n' = 1 (n \in \mathbf{N}^*)$，即 $x_n = n (n \in \mathbf{N}^*)$.

所以所求答案为 $x_n = 1 (n \in \mathbf{N}^*)$，或 $x_n = n (n \in \mathbf{N}^*)$.

33. 由二项式定理，可得
$$A = 19(99+1)^{61} + 20(99+1)^{60} + \cdots + 79(99+1)^1 + 80 =$$
$$99k + (19 + 20 + \cdots + 79 + 80) = 99k + 99 \cdot 31.$$

所以 $99 | A$. 又 $20 | A$，所以 $1\,980 | A$.

34. 设 $5^{25} = x$，则
$$N = \frac{x^5 - 1}{x - 1} = x^4 + x^3 + x^2 + x + 1 = (x^2 + 3x + 1)^2 - 5x(x+1)^2 =$$
$$(x^2 + 3x + 1)^2 - 5^{26}(x+1)^2 =$$
$$[(x^2 + 3x + 1) + 5^{13}(x+1)][(x^2 + 3x + 1) - 5^{13}(x+1)].$$

由 $x = 5^{25}$，可得 $(x^2 + 3x + 1) + 5^{13}(x+1) > (x^2 + 3x + 1) - 5^{13}(x+1) > 1$，所以 N 是合数.

35. (1) $1\,155^{1991} + 34^{1991} \equiv (-1)^{1991} + 2^{1991} \equiv -1 + 0 \equiv 3 \pmod{4}$，而可证整数的平方被 4 除所得的余数是 0 或 1，所以欲证成立.

(2) 易知 $17^n \equiv 1 \pmod{8}$，考察数列 $\{3^n \pmod{8}\} : 3, 1, 3, 1, \cdots$，所以欲证成立.

(3) 设这三个数为 $n-1, n, n+1$，得 $(n-1)^2 + n^2 + (n+1)^2 = 3n^2 + 2$. 考虑 $n \equiv 0, \pm 1, \pm 2, \pm 3, \pm 4 \pmod 9$，得 $n^2 \equiv 0, 1, 4, -2, 3n^2 + 2 \equiv 2, -4 \pmod 9$.

又 $m^3 \equiv 0, \pm 1 \pmod 9$，所以欲证成立.

(4) 若 x, y, z 均不是 3 的倍数，得 $x^2 + y^2 \equiv 2, z^2 \equiv 0 \pmod 3$，这与题设矛盾！所以 $3 | xyz$.

假设 4 不整除 xyz，可设 $x \equiv \pm 1, \pm 2, \pm 3 \pmod 8$，得 $x^2 \equiv 1, 4 \pmod 8$. 同理，$y^2 \equiv 1, 4; z^2 \equiv 1, 4 \pmod 8$，这也会与题设矛盾！所以 $4 | xyz$.

假设 5 不整除 xyz，可设 $x \equiv \pm 1, \pm 2 \pmod 5$，得 $x^2 \equiv \pm 1 \pmod 5$，所以 $x^2 + y^2 \equiv 0, \pm 2 \pmod 5$. 这也会与题设矛盾！所以 $5 | xyz$.

所以 $60 | xyz$.

36. (1) 考虑数列：$1, 11, 111, 1\,111, \cdots$

这个无穷数列中必有两项在模 m 的同一剩余类中，它们的差均由 0, 1 组成，且这个差是 m 的倍数.

(2) 考虑 m 个加数: $a_1, a_1+a_2, \cdots, a_1+a_2+\cdots+a_m$.

考虑剩余类 $M_0, M_1, \cdots, M_{m-1}$, 如果这 m 个加数中恰有一个属于 M_0, 则已得证. 否则以上 m 个加数必有两个属于同一剩余类 $M_i (1 \leqslant i \leqslant m-1)$, 此两数之差是 m 的倍数, 且差必为 $a_{k+1}+a_{k+2}+\cdots+a_h$ 的形式. 证毕.

37. 由 $1991^{1991} < 10\,000^{1991}$ 知 $a < 9(4 \cdot 1991+1) = 71\,685$, 再得 $b \leqslant 5 \cdot 9 = 45, c \leqslant 3+9 = 12$.

又 $1991^{1991} \equiv 2^{1991} \equiv (2^6)^{331} \cdot 2^5 \equiv 32 \equiv 5 \pmod{9}$, $1991^{1991} \equiv a \equiv b \equiv c \pmod{9}$, 所以 $c \equiv 5 \pmod 9$, 得 $c = 5$.

38. 由 $1989^m \equiv (-1)^m, m^{1989} \equiv m^{4 \cdot 497+1} \equiv m \pmod 5$, 得

当 m 为奇数时, $5 \mid m-1, m=1$; 当 m 为偶数时, $5 \mid m+1, m=4$.

所以 $m=1$ 或 4.

39. 数列 $\{2^n \pmod 5\}: 2,4,3,1,2,4,3,1,\cdots$ 的周期为 $4,\cdots$, 进而可得 $\{1^n+2^n+3^n+4^n \pmod 5\}: 0,0,0,4,0,0,0,4,\cdots$ 的周期为 4, 所以当且仅当正整数 n 不是 4 的倍数时, $5 \mid 1^n+2^n+3^n+4^n$.

40. 数列 $\{a_n \pmod 3\}: 0,1,2,0,1,2,\cdots$, 可得当且仅当 $3 \mid n$ 时, $3 \mid a_n$. 同理可得, 当且仅当 $3 \mid n$ 时, $7 \mid a_n$. 由此可得欲证成立.

不定方程

1. 设 p 是已知的奇质数, 求不定方程 $\dfrac{2}{p} = \dfrac{1}{x} + \dfrac{1}{y} (x > y)$ 的正整数解.

2. 求下列不定方程的整数解:

(1) $3xy + 2y^2 - 4x - 3y - 12 = 0$;

(2) $x^2 - 12x + y^2 + 2 = 0$;

(3) $3x^2 + 7xy - 2x - 5y - 35 = 0$;

(4) $x^4 + y^4 + z^4 = 2x^2y^2 + 2y^2z^2 + 2z^2x^2 + 24$;

(5) $x^3 + x^2y + xy^2 + y^3 = 8(x^2 + xy + y^2 + 1)$;

(6) $14x^2 - 24xy + 21y^2 + 4x - 12y - 18 = 0$;

(7) $x + y = x^2 - xy + y^2$.

3. 求下列方程的整数解:

(1) $xy + x + y = 6$; (2) $x^2 - 5xy + 6y^2 - 3x + 5y - 25 = 0$;

(3) $\dfrac{x+y}{x^2 - xy + y^2} = \dfrac{3}{7}$.

4. 求不定方程 $(n-1)! = n^k - 1$ 的正整数解 (n, k).

5. 若 $n \equiv 4 \pmod 9$, 求证: 方程 $x^3 + y^3 + z^3 = n$ 无整数解.

6. 求证: 若方程 $x^2 + y^2 + 1 = xyz$ 有正整数解, 则 $z = 3$.

7. 求正整数 x, y, z, 使它满足 $x^3 - y^3 = z^2$, y 为质数, 且 3 和 y 都不是 z 的

约数.

8. 求所有具有下述性质的正整数 n,它被不超过 $\sqrt{n}$ 的所有正整数整除.

9. 求证:曲线 $y^2 = x^3 + x^2$ 上有无穷多个整点.

10. 若 $m, n \in \mathbf{N}^*$,求 $|12^m - 5^n|_{\min}$.

11. 试求所有满足 $p+q = (p-q)^3$ 的质数对 (p,q).

参考答案与提示

1. 得 $(2x-p)(2y-p) = p^2$,所以 $2x-p = 1$,$2y-p = p^2$,得 $(x,y) = \left(\dfrac{p+1}{2}, \dfrac{p(p+1)}{2}\right)$.

2. (1) 即 $(9x+6y-1)(3y-4) = 112$,可求得 $(x,y) = (24,-36), (-13, 20), (5,-8), (-3,6), (-1,-1), (2,-4), (-1,4), (-3,0), (5,2), (-13, 1)$.

(2) 即 $(x-6)^2 + y^2 = 34$,得 $(x,y) = (11, \pm 3), (1, \pm 3), (9, \pm 5), (3, \pm 5)$.

(3) 当 $x \geqslant 3$ 时,得
$$3x^2 + 7xy - 2x - 5y - 35 \geqslant 9x + 21y - 2x - 5y - 35 \geqslant 7 \cdot 3 + 16 \cdot 1 - 35 > 0$$
所以 $x = 1$ 或 2,进而得 $(x,y) = (1, 17)$,或 $(2,3)$.

(4) 得 $(x+y+z)(x+y-z)(x-y+z)(x-y-z) = 24$,所以该式左边有一个因式是偶数,进而得左边每个因式都是偶数,所以左边是 16 的倍数,而 24 不是 16 的倍数,说明原方程无整数解.

(5) 即 $(x^2+y^2)(x+y-8) = 8(xy+1)$,所以 $2 \mid x+y$.

若 $x+y-8 \geqslant 6$,得 $x^2+y^2 \geqslant \dfrac{(x+y)^2}{2} \geqslant \dfrac{14^2}{2} > 4$,所以
$$(x^2+y^2)(x+y-8) \geqslant 6(x^2+y^2) \geqslant 2(x^2+y^2) + 8xy > 8(xy+1)$$

若 $x+y-8 \leqslant -4$,得 $(x^2+y^2)(x+y-8) \leqslant -4(x^2+y^2) \leqslant 8xy < 8(xy+1)$,所以
$$-2 \leqslant x+y-8 \leqslant 4$$

若 $x+y-8 = -2$,得原方程即 $x^2+y^2+4xy+4 = 0$,得 $x+y = 6, xy = -20$,但无整数解.

若 $x+y-8 = 0$,得原方程即 $8xy+8 = 0$,无整数解.

若 $x+y-8 = 2$,得原方程即 $x^2+y^2 = 4xy+4$,可得 $(x,y) = (2,8), (8,2)$.

若 $x+y-8 = 4$,得原方程即 $(x-y)^2 = 2$,无整数解.

所以原方程的整数解为$(x,y)=(2,8),(8,2)$.

(6) 即 $2(x-3y+1)^2+3(2x-y)^2=20, (x,y)=(1,0)$.

(7) 即 $x^2-(y+1)x+y^2-y=0$,得

$$\Delta=(y+1)^2-4(y^2-y)\geqslant 0, 1-\frac{2}{\sqrt{3}}\leqslant y\leqslant 1+\frac{2}{\sqrt{3}}, y=0,1,2$$

从而,得$(x,y)=(0,0),(0,1),(1,2),(1,0),(2,1),(2,2)$.

(设 $x+y=s, x-y=t$ 后可得,$(s-2)^2+3t^2=4$ 可以求解)

3.(1) 得$(x+1)(y+1)=7$,所以$(x,y)=(0,6),(6,0),(-2,-8),(-8,-2)$.

(2) 得$(x-2y+1)(x-3y-4)=21$,所以$(x,y)=(-50,-25),(28,15),(4,-1),(-26,-9),(-16,-9),(-6,-1),(50,15),(-72,-25)$.

(3) 得 $3x^2-(3y+7)x+(3y^2-7y)=0$,所以

$$\Delta=(3y+7)^2-4(3y^2-7y)\geqslant 0$$

$$\frac{21-14\sqrt{3}}{9}\leqslant y\leqslant \frac{21+14\sqrt{3}}{9}, y=0,1,2,3,4,5$$

进而得$(x,y)=(5,4),(4,5)$.

4. 当 $n=1$ 时无解,当 $n=2$ 时得$(n,k)=(2,1)$. 当 $n\geqslant 3$ 时,可得 n 是奇数.
还得:当 $n=3$ 时,$(n,k)=(3,1)$;当 $n=5$ 时,$(n,k)=(5,2)$.

当奇数 $n\geqslant 7$ 时,$\frac{n-1}{2}\in \mathbf{Z}$ 且 $\frac{n-1}{2}<n-3$,所以

$$2\cdot \frac{n-1}{2}\Big|(n-2)!, (n-1)\big|(n-2)!, (n-1)^2\big|(n-1)!$$

即 $(n-1)^2\big|n^k-1$.

又

$$n^k-1=(n-1)^k+C_k^1(n-1)^{k-1}+\cdots+C_k^{k-2}(n-1)^2+k(n-1)$$

所以$(n-1)^2\big|k(n-1), n-1\big|k, k\geqslant n-1$,所以 $n^k-1\geqslant n^{n-1}-1>(n-1)!$,这说明此时原方程无正整数解.

所以所求正整数解是$(n,k)=(2,1),(3,1),(5,2)$.

5. 假设原方程有整数解,则该方程两边模 9 后也有整数解.因为整数的立方模 9 同余于 $0,1,-1$ 之一,所以

$$x^3+y^3+z^3\equiv 0,1,2,3,6,7,8(\bmod 9)$$

但 $n\equiv 4(\bmod 9)$,所以欲证成立.

6. 假设有正整数 $z\neq 3$ 使原方程有正整数解(x,y),得 $x\neq y$(否则,$2x^2+1=x^2z$,得 $x=1$ 且 $z=3$). 可不妨设 $x>y$,且所有这样的解(x,y)中 x 的最小值是 x_0.

考虑关于 x 的一元二次方程 $x^2-y_0zx+y_0^2+1=0$,该方程的一根是 x_0,

另一根是整数 $x_1 = y_0 z - x_0$，得 $0 < x_1 = \frac{y_0^2+1}{x_0} \leqslant \frac{y_0^2+1}{y_0+1} \leqslant y_0$，所以原方程又有一组正整数解 $(y_0, x_1)(y_0 > x_1)$（由前面的讨论知 $y_0 \neq x_1$）且 $y_0 < x_0$，这与 x_0 最小矛盾！所以欲证成立.

7. 原方程即 $z^2 = (x-y)(x^2+xy+y^2)$. 设 $(x-y, x^2+xy+y^2) = (x-y, 3y^2) = d$，得 $d \mid 3y^2$. 由 y 为质数及 3 和 y 都不是 z 的约数，结合原方程得 $d = 1$，所以 $x-y, x^2+xy+y^2$ 都是完全平方数.

设 $x - y = u^2, x^2 + xy + y^2 = v^2 (u, v \in \mathbf{N}^*)$. 可得 $(2v - 2x - y)(2v + 2x + y) = 3y^2$，由 y 为质数，$2v + 2x + y \in \mathbf{N}^*, 2v - 2x - y < 2v + 2x + y$ 可得

(1) $\begin{cases} 2v - 2x - y = 1 \\ 2v + 2x + y = 3y^2 \end{cases}$，或 (2) $\begin{cases} 2v - 2x - y = y \\ 2v + 2x + y = 3y \end{cases}$，或 (3) $\begin{cases} 2v - 2x - y = 3 \\ 2v + 2x + y = y^2 \end{cases}$

若 (1) 成立，得 $3y^2 - 1 = 2(2x+y) = 4u^2 + 6y$，所以 $u^2 + 1 \equiv 0 \pmod 3$，但 $u^2 \equiv 0, 1 \pmod 3$，所以此时原方程无解.

若 (2) 成立，得 $2y = 4x + 2y, x = 0$，即此时原方程无解.

若 (3) 成立，得 $y^2 - 3 = 4u^2 + 6y, (y - 2u - 3)(y + 2u - 3) = 12, (y, u) = (7, 1)$，再得 $(x, y, z) = (8, 7, 13)$.

所以 $x = 8, y = 7, z = 13$.

8. 可设 $q^2 \leqslant n < (q+1)^2 (q \in \mathbf{N}^*)$，令 $r = n - q^2$，可得 $0 \leqslant r \leqslant 2q$.

即可设 $n = [\sqrt{n}]^2 + r (0 \leqslant r \leqslant 2[\sqrt{n}], r \in \mathbf{N})$.

由已知得 $[\sqrt{n}] \mid n$，所以 $[\sqrt{n}] \mid r$. 得 $r = 0, [\sqrt{n}]$，或 $2[\sqrt{n}]$，所以 $n = [\sqrt{n}]^2$, $[\sqrt{n}]^2 + [\sqrt{n}]$，或 $[\sqrt{n}]^2 + 2[\sqrt{n}]$.

$n = 1, 2, 3$ 满足题意. 若 $n \geqslant 4$，得 $[\sqrt{n}] \geqslant 2$，再由题设得 $[\sqrt{n}] - 1 \mid n$.

若 $n = [\sqrt{n}]^2$，得 $[\sqrt{n}]^2 = [\sqrt{n}]([\sqrt{n}] - 1) + [\sqrt{n}]$，又 $([\sqrt{n}] - 1, [\sqrt{n}]) = 1$，得 $[\sqrt{n}] - 1 = 1, n = 4$.

若 $n = [\sqrt{n}]^2 + [\sqrt{n}]$，得 $[\sqrt{n}] = 2, 3; n = 6, 12$.

若 $n = [\sqrt{n}]^2 + 2[\sqrt{n}]$，得 $[\sqrt{n}] = 2, 4; n = 8, 24$.

所以 $n = 1, 2, 3, 4, 6, 8, 12, 24$.

9. 因为整点 $(x, y) = (t^2 - 1, t(t^2 - 1))(t \in \mathbf{Z})$ 均在已知曲线上.

10. 可得 $|12^m - 5^n|$ 不能被 $2, 3, 5$ 整除. $12^m - 5^n \equiv 1 \pmod 4$ 不成立.

若 $5^n - 12^m \equiv 1 \pmod 3$，得 $n = 2k(k \in \mathbf{N}^*)$；若 $5^n - 12^m \equiv 1 \pmod 5$，得 $m = 4h + 2(h \in \mathbf{N}^*)$，所以

$$5^n - 12^m = (5^k + 12^{2h+1})(5^k - 12^{2h+1}) \geqslant 5^k + 12^{2h+1} > 1$$

所以，当且仅当 $m = n = 1$ 时，得 $|12^m - 5^n|_{\min} = 7$.

11. 有 $p > q$. 当 $q = 2$ 时, 设 $p' = p - 2$, 得 $p' + 4 = p'^3, 4 = p'(p' - 1)(p' + 1)$, 该方程无解.

当 $q \geqslant 3$ 时, 得 p, q 均为奇质数, 可设 $p - q = 2l, p + q = (2l)^3$, 得质数 $q = l(4l^2 - 1)$, 所以 $l = 1, (p, q) = (5, 3)$.

§37 自主招生试题集锦(组合数学)

组合问题

1. (2013年北京大学保送生考试试题)若 $S=\{1,2,\cdots,9\}$ 的子集中元素和为奇数,求这样的子集个数.

2. (2009年北京大学自主招生试题第5题)333个人参加一次考试,共答对1 000道题.答对不多于3题的人称为不及格,答对不少于6题的人称为优秀,考场中每人做题数目不全同奇偶.问:不及格者与优秀者哪个多?

3. (2008年北京大学自主招生试题第4题)排球单循环赛,南方球队比北方球队多9支,南方球队总得分是北方球队总得分的9倍.求证:冠军是一支南方球队(胜得1分败得0分).

4. (2008届清华大学自主招生试题第6题)定义横纵坐标均为整数的点为格点,在平面直角坐标系中,有对称中心是原点的矩形,证明:面积大于4的该类矩形中除原点外至少还有两个格点.

5. (2008年上海交通大学冬令营第二题第1题)30个人排成矩形,身高各不相同.把每列最矮的人选出,这些人中最高的设为 a,把每行最高的人选出,这些人中最矮的设为 b.

(1) a 是否有可能比 b 高?

(2) a 和 b 是否有可能相等?

6. (2008年上海交通大学冬令营第二题第3题)世界杯预选赛中,中国、澳大利亚、卡塔尔和伊拉克被分在 A 组,进行主客场比赛,规定每场比赛赢者得3分,平局各得1分,败者不得分,比赛结束后前两名可以晋级.

(1) 由于4支队伍均为强队,每支队伍至少可以得3分,于是

甲专家预测:中国队至少得10分才能确保晋级;

乙专家预测:中国队至少得11分才能确保晋级.

问:甲乙两个专家哪个说的对?

(2) 若不考虑(1)中的条件,中国队至少得多少分才能确保晋级?

7. (1990年北京市高一数学竞赛试题)910瓶红、蓝墨水,排成130行,每行7瓶,证明:不论怎样排列,红、蓝墨水瓶的颜色次序必定出现下列两种情况之一:

(1) 至少有三行完全相同;

(2)至少有两组(四行)每组的两行完全相同.

8.任选6人,求证:其中必有3人,他们两两认识或两两都不认识.

9.2 013名选手参加一次国际象棋比赛,比赛结束后发现如果选手A和选手B打平,则剩下的要么败给A,要么败给B.证明:如果至少有两场平局,则所有的参赛者可以排成一行,每一个战胜他后面一个.

10.对怎样的正整数n,集合$\{1,2,\cdots,n\}$可以分成5个互不相交的子集,使每个子集的元素和相等.

11.任取$1,2,3,\cdots,2n$中的任意$n+1$个数,求证:这$n+1$个数中必有两个互质.

12.在$n\times n$的方格表的每个小方格内写一个自然数,并且在某一行和某一列的交叉点处如果写有0,那么该行与该列所填的所有数之和不小于n,求证:表中所有数之和不小于$\frac{1}{2}n^2$.

13.有n粒子弹,任意将它们分成两堆,求出两堆子弹数的乘积,再任意将其中一堆分成两堆,求出这两堆子弹数的乘积,如此下去,每次任意将一堆分成两堆,求出这两堆子弹数的乘积,直到不能再分为止.求证:无论怎样分堆,所有乘积的和是不变的.

14.有n名选手参加比赛,历时k天,其中任何一天n名选手的得分都恰好是$1,2,3,\cdots,n$的一个排列.如果在第k天末,每个选手的总得分都是26.求(n,k)的所有可能取值.

参考答案与提示

1.S含有1,3,5,7,9共5个奇数,因为S的子集中元素的和为奇数,所以可以有1个,3个,5个奇数三种情况,所以答案为$C_5^1 \cdot 2^4 + C_5^3 \cdot 2^4 + C_5^5 \cdot 2^4 = 256$.

2.设x人优秀,y人达到合格但不优秀,则不合格人数是$333-x-y$.因为及格但不优秀的至少答对4题,所以$6x+4y\leqslant 1\,000$,$x\leqslant 166$,所以$8x+4y\leqslant 1\,000+2x$.还得

$$x-(333-x-y)=2x+y-333\leqslant 250+\frac{1}{2}x-333=\frac{1}{2}x-83$$

又$6x\leqslant 6x+4y\leqslant 1\,000$,所以

当$x<166$时,$\frac{1}{2}x<83$,$x-(333-x-y)<0$,不及格人数多.

当$x=166$时,$6x+4y\leqslant 1\,000$,$y\leqslant 1$,$y=0$或1.

当$y=1$时,$x=166$即166人答对6题,1人答对4题,奇偶性一致,矛盾!

所以$y=0$,$x=166$,即166人答对6题,无人答对4题,167人不及格.

所以166人优秀,167人不及格.即不及格人数多.

3. 设北方球队共有 x 支,则南方球队共有 $x+9$ 支.

所有球队总得分为 $C_{2x+9}^2=(x+4)(2x+9)$,其中南方球队总得分为 $\frac{9}{10} \cdot \frac{(2x+9)(2x+8)}{2}=\frac{9}{10}(x+4)(x+9)$,北方球队总得分为 $\frac{1}{10}(x+4)(2x+9)$.

南方球队内部比赛总得分为 C_{x+9}^2,北方球队内部比赛总得分为 C_x^2,所以北方球队总得分不小于北方球队内部得分,即

$$\frac{1}{10}(x+4)(2x+9)-\frac{1}{2}x(x-1) \geqslant 0$$

$$\frac{11-\sqrt{229}}{3} \leqslant x \leqslant \frac{11+\sqrt{229}}{3}$$

再由 $\frac{1}{10}(x+4)(2x+9) \in \mathbf{N}$,得 $x=6$ 或 8.

若 $x=6$,所有球队总得分为 $C_{2x+9}^2=210$,其中南方球队总得分为 $\frac{9}{10}(x+4)(x+9)=189$,北方球队总得分为 $\frac{1}{10}(x+4)(2x+9)=21$.南方球队内部比赛总得分为 $C_{x+9}^2=105$,北方球队内部比赛总得分为 $C_x^2=15$.北方胜南方得分为 $21-15=6$,北方球队最高得分至多为 $5+6=11$.因为 $11 \times 15=165<189$,所以南方球队中至少有一支得分超过 11 分.所以冠军在南方球队中.

若 $x=8$,所有球队总得分为 $C_{2x+9}^2=300$,其中南方球队总得分为 $\frac{9}{10}(x+4)(x+9)=270$,北方球队总得分为 $\frac{1}{10}(x+4)(2x+9)=30$.南方球队内部比赛总得分为 $C_{x+9}^2=136$,北方球队内部比赛总得分为 $C_x^2=28$.北方胜南方得分为 $30-28=2$,北方球队最高得分至多为 $7+2=9$.因为 $9 \times 17=153<270$,所以南方球队中至少有一支得分超过 9 分.所以冠军在南方球队中.

总之,冠军在南方球队中.

4. 如图 1,将平面划分成以 $(2m,2n)$ 为中心,边长为 2 且四边平行于坐标轴的正方形的并集,每两个正方形最多只在一条边处相交.

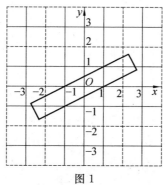

图 1

对于面积大于 4 的矩形 R, 考虑与 R 相交的面积大于 0 的那些正方形, 令这样的正方形集合为 S, 则将该正方形移至于以原点为中心的正方形 s 重合, 由于 R 的面积大于 4, 必存在 s 内部一点是 S 中两个正方形平移后的公共点, 设该点的坐标为 (x,y), 则存在 $(m,n) \neq (i,j)$, 使得 $A(x+2m, y+2n)$ 及 $B(x+2i, y+2j)$ 在 R 中. 由 R 的对称性知, $A'(-x-2m, -y-2n)$ 也在 R 中, 于是 $A'B$ 的中心 $(i-m, j-n)$ 也在 R 中, 相应的其关于原点的对称点 $(-i+m, -j+n)$ 也在 R 中. 证毕.

5.(1) 不可能. ① 若 a,b 为同一人, 有 $a=b$; ② 若 a,b 在同一行或同一列, 得 $a<b$; ③ 若 a,b 不在同一行也不在同一列, 如表 1 以 5×6 的矩形为例, 记 a 所在的列与 b 所在的行相交的人为 x, 因为 $a<x, b>x$, 得 $a<x<b$.

表 1

	x		b	
	a			

所以不可能有 $a>b$.

(2) 有可能. 令 30 个人的身高分别为 $1,2,3,\cdots,30$, 由表 2 知, $a=b=26$.

表 2

1	6	11	16	21	26
2	7	12	17	22	27
3	8	13	18	23	28
4	9	14	19	24	29
5	10	15	20	25	30

6.(1) 乙专家说的对. 若中国队得 10 分, 其余三队可能得 12 分, 10 分, 3 分. 以澳大利亚 12 分, 卡塔尔 10 分, 伊拉克 3 分为例, 得分情况如表 3. 中国队无法确保晋级, 因此甲专家说得不对.

表 3

	澳	澳	中	中	卡	卡	伊	伊	总分
澳			3	0	3	0	3	3	12
中	0	3					0	3	10
卡	0	3	1	0	1	3	3	3	10
伊	0	0	3	0	0	0			3

假设中国队得 11 分而无法晋级，则必为第三名，而第一名、第二名均不少于 11 分，而第四名不少于 3 分，12 场比赛四队总得分至多 36 分，所以前三名各 11 分，第四名 3 分，而四队总分 36 分时，不能出现一场平局，而 11 不是 3 的倍数，所以出现平局，矛盾！所以中国队得 11 分可以确保晋级．

(2) 若中国队得 12 分，则可能出现表 4 情况，仍无法确保晋级．

表 4

	澳	澳	中	中	卡	卡	伊	伊	总分
澳			3	0	3	0	3	3	12
中	0	3					3	3	12
卡	0	3	3	0	0	3	3	3	12
伊	0	0	0	0	0	0			0

假设中国队得分 13 分，仍无法晋级，则必为第三名，则第一、第二名均不少于 13 分，总得分不少于 39 分，大于 36 分，矛盾！所以中国队至少得 13 分才可以确保晋级．

7. 910 瓶红、蓝墨水，排成 130 行，每行 7 瓶，对一行来说，每个位置上有红蓝两种可能，因此，一行的红、蓝墨水排法有 $2^7 = 128$ 种，对每一种排法设为一种"行式"，共有 128 种"行式"．

现有 130 行，在其中任取 129 行，依抽屉原则知，必有两行 A,B"行式"相同．

除 A 外的 129 行，仍有两行"行式"相同．若有另一行 P 与 B"行式"相同，得至少有三行"行式"相同，满足(1)；若在除 B 外的这 128 行中没有"行式"与 B 相同，则必有两行 C,D"行式"相同，这样便找到了 (A,B)，(C,D) 两组(四行)，且两组内两行完全相同．

8. 用 A,B,C,D,E,F 表示这 6 个人．首先以 A 为中心考虑，他与另外 5 个人 B,C,D,E,F 只有两种可能的关系：认识或不认识，那么由抽屉原则，他必定与其中某三人认识或不认识，现不妨设 A 认识 B,C,D 三人，当 B,C,D 互不认识时,获证;当 B,C,D 中有两人认识时,比如 B,C 认识,得 A,B,C 互相认识,问题也得证.

9. 任何一名选手不可能与两名选手打平(这是因为若 A 与 B 打平,A 与 C 打平,则由题设得 C 一定败给 B,且 B 一定败给 C,矛盾).

设 $A_1,A_2,\cdots,A_k$ 是最长的一行满足题设. 若 $k=2013$,则结论成立. 若 $k<2013$,则还存在 B 不同于 $A_1,A_2,\cdots,A_k$,不妨设 A_1 胜 A_2,A_2 胜 A_3,A_{k-1} 胜 A_k.

(1) 若 B 胜 A_1,则 $B,A_1,A_2,\cdots,A_k$ 是长为 $k+1$ 的满足要求的一行,矛盾!

(2) 若 A_1 胜 B,则 B 与 A_2 不能战平(否则,A_1 不败给 B 和 A_2,与题设矛盾).

若 B 胜 A_2,则 $A_1,B,A_2,\cdots,A_k$ 是长为 $k+1$ 的满足要求的一行,矛盾!

若 A_2 胜 B,则同上讨论可得 $A_3,\cdots,A_k$ 均战胜 B,那么 $A_1,A_2,\cdots,A_k,B$ 是长为 $k+1$ 的满足要求的一行,矛盾!

(3) 由于 A_1 不与两名选手打平,若不存在剩余 $2013-k$ 人中的人败给 A_1(即(2)不出现),那么只可能仅剩下一人 B 不在 $A_1,A_2,\cdots,A_k$ 中,且与 A_1 战平,从而 B 不再有平局,若 A_2 胜 B,同(2)中的分析可知,$A_3,\cdots,A_k$ 均战胜 B,从而 $A_1,A_2,\cdots,A_k,B$ 是长为 $k+1$ 的满足要求的一行,矛盾!

所以 A_2 败给 B.同理有 $A_3,\cdots,A_k$ 均败给 B,所以 B 没有败给其他任一名选手,所以 $A_1,A_2,\cdots,A_k$ 之间不出现平局,所以总共只有一场平局,与题设矛盾!

令 $k=2013$,得结论获证.

10. 先找一个必要条件,对总元素和 S 进行计数. 一方面,显然 $S=\frac{1}{2}n(n+1)$;另一方面,设每个子集元素和为 s,则 $S=5s$,所以 $5\mid n(n+1)$,所以 $n=5k$ 或 $5k-1(k\in\mathbf{N}^*)$.

显然,$k=1$ 不满足题设. 下面用数学归纳法证明:当 $k\geqslant 2$ 时,$n=5k$ 或 $5k-1(k\in\mathbf{N}^*)$ 满足题设.

当 $k=2$ 时,$n=9$ 或 10,可作如下分划:
$$\{1,8\},\{2,7\},\{3,6\},\{4,5\},\{9\};$$
$$\{1,10\},\{2,9\},\{3,8\},\{4,7\},\{5,6\}.$$

当 $k=3$ 时,$n=14$ 或 15,可作如下分划:
$$\{1,2,3,4,5,6\},\{14,7\},\{13,8\},\{12,9\},\{11,10\};$$
$$\{1,2,3,5,6,7\},\{4,8,12\},\{9,15\},\{10,14\},\{11,13\}.$$

注意到若集合 $\{1,2,\cdots,n\}$ 能分成 5 个互不相交的子集,且元素和相等,那么 $\{1,2,\cdots,n,n+1,n+2,\cdots,n+10\}$ 也能划分成 5 个元素和相等的集合.事实上，若 $\{1,2,\cdots,n\} = A_1 \cup A_2 \cup A_3 \cup A_4 \cup A_5$，则令
$$B_1 = A_1 \cup \{n+1, n+10\}, B_2 = A_2 \cup \{n+2, n+9\}$$
$$B_3 = A_3 \cup \{n+3, n+8\}, B_4 = A_4 \cup \{n+4, n+7\}$$
$$B_5 = A_5 \cup \{n+5, n+6\}$$

那么
$$\{1,2,\cdots,n,n+1,n+2,\cdots,n+10\} = B_1 \cup B_2 \cup B_3 \cup B_4 \cup B_5$$

假设命题对于 $n=5k$ 或 $5k-1$ ($k \in \mathbf{N}^*$) 成立，由上面的讨论知，命题对于 $n = 5(k+2) - 1$ 或 $5(k+2)$ ($k \in \mathbf{N}^*$) 也成立，所以欲证成立.

11. 设 $A_k = \{2k-1, 2k\}$ ($k=1,2,\cdots,n$)，由抽屉原理知，所取的 $n+1$ 个数中必有两个在某个 A_k 中，因为它们相邻，所以互质.

12. 计算各行的和、各列的和，这 $2n$ 个和中必有最小的，不妨设第 m 行和最小，记此和为 k，则该行中至少有 $n-k$ 个 0，这 $n-k$ 个 0 所在的各列的和都不小于 $n-k$，从而这 $n-k$ 列的数的总和不小于 $(n-k)^2$，其余各列的数的总和不小于 k^2，从而表中所有数的总和不小于 $(n-k)^2 + k^2 \geqslant \dfrac{(n-k+k)^2}{2} = \dfrac{1}{2}n^2$.

13. 我们考虑所有由两粒子弹所组成的子弹对数目.

一方面，它显然是 $C_n^2 = \dfrac{n(n-1)}{2}$.

另一方面，任意一个子弹对，一开始两粒子弹总在一堆中，最终两粒子弹总是被拆散了，这其中必有一个时刻，它们被拆开，分到两堆中去，而这两堆子弹数的积恰好就是在这一步拆堆中被拆开的子弹对数目. 因此，所有积的和恰好就是所有子弹对的数目.

综合两方面便知，所有乘积的和为 $\dfrac{n(n-1)}{2}$，它当然不随分堆方法改变而改变.

14. 我们计算第 k 天后 n 名选手得分之和 S. 一方面，每天的得分为 $1 + 2 + \cdots + n$，所以 $S = k(1 + 2 + \cdots + n)$. 另一方面，每个选手得 26 分，从而 $S = 26n$，所以 $k(n+1) = 52$，得 $(n,k) = (51,1), (25,2), (12,4), (3,13)$. 其中 $k=1$ 时，各选手得分互异，矛盾！以下说明其余三种情况都是可能的：

当 $(n,k) = (25,2)$ 时，第 i 名选手的名次集合为 $\{i, 26-i\}$ ($i = 1, 2, \cdots, 25$).

当 $(n,k) = (12,4)$ 时，第 i 名选手的名次集合为 $\{i, 13-i, i, 13-i\}$ ($i = 1, 2, \cdots, 12$).

当 $(n,k) = (3,13)$ 时，第 i 名选手的名次集合为
$$A_1 = \{2,3,1\} \cup \{1,3,1,3,\cdots,1,3\}$$
$$A_2 = \{3,1,2\} \cup \{2,2,2,2,\cdots,2,2\}$$
$$A_3 = \{1,2,3\} \cup \{3,1,3,1,\cdots,3,1\}$$

所以(n,k)的所有可能取值为$(25,2),(12,4),(3,13)$.

操作变换与游戏策略问题

1.(2009年中国科技大学自主招生试题)求证:无论将 2 008 个白球和 2 009 个黑球怎样排列,必存在至少一个黑球,它的左边(不包括自己)白球数目和黑球数目相等(可以为 0).

2.(2009年清华大学自主招生试题第二天第5题)现有一数字游戏,有1到100 的数,2 个人轮流写.设已经写下的数为 $a_1,a_2,\cdots,a_n$.若一个数 x 能表示成 $x=x_1a_1+x_2a_2+\cdots+x_na_n(x_1,x_2,\cdots,x_n\in\mathbf{N})$,则这个数不能够被写(如若3,5 已被写,则$8=3+5$不能再写,$13=3+5\times 2$,$9=3\times 3+5\times 0$ 也不能再被写).现在甲和乙玩这个游戏,已知5,6已经被写,规定最后不得不写1的人算输.现在轮到甲写,问谁有必胜策略?

3.有 n 张卡片,每张卡片上有1到 n 中的一个数,且每张卡片上的数不同. n 张卡片一字排开,可进行如下操作:将相邻两张卡片调换过来.证明:起初的卡片无论如何排列,最多经过 $\frac{1}{2}n(n-1)$ 次操作后,卡片按从大到小的顺序排列.

4.在一个正五边形的每一个顶点上填上一个整数,使得所填 5 个整数之和大于0.若其中三个相邻顶点对应的整数依次为 x,y,z,且中间数为 $y<0$,则要进行如下调整:将整数 x,y,z 分别换成 $x+y,-y,z+y$,只要所得的 5 个整数中至少有一个为负数时,这种调整就要继续进行.问:这种调整过程是否经过有限步后必终止.

5.设 n 是正奇数,在黑板上写下数 $1,2,\cdots,2n$,然后取其中任意两个数 a,b,擦去这两个数,并写上 $|a-b|$.证明:最后留下的是一个奇数.

6.在黑板上写着1,2,3,4,5.每次擦去其中任意两个数 p,q,而代之以 $p+q$,$|p-q|$,称为一次操作,经过若干次操作后,可将黑板上的数字全部变为 k,试求 k 的所有可能值.

7.数 $a_1,a_2,\cdots,a_n\in\{1,-1\}$,且 $a_1a_2a_3a_4+a_2a_3a_4a_5+\cdots+a_na_1a_2a_3=0$,求证:$4|n$.

8.设有 2^n 个球分成若干堆,我们可以任意选择甲、乙两堆按照以下规则挪动:若甲堆的球数 p 不小于乙堆的球数 q,则从甲堆拿 q 个球放在乙堆里去,这样算是挪动一次.证明:可以经过有限次挪动把所有的球合成一堆.

9.$m+n$ 堆火柴,其中有 m 堆火柴数目为1,有 n 堆火柴数目为2.甲乙二人轮流取这些火柴,每人只能从某堆中取任意根火柴,不允许同时从两堆中取火柴,谁取得最后一根便胜.若乙先取,问对怎样的 m,n,他有必胜策略?

10.甲乙两人进行如下游戏,甲先开始,两人轮流从 $1,2,3,\cdots,100,101$ 中每次任意勾去9个数,经过这样11次勾掉后,还剩两个数,这时所余两个数之差即为甲的得分.求证:不论乙怎么做,甲至少可得55分.

11. 能否在5×5的方格表内找到一条线路,它由某格中心出发,经过某个方格恰好一次,再回到出发点,并且图中不经过任何方格的顶点?

参考答案与提示

1. 对于任何一种排法$a_1 a_2 \cdots a_{4\,017}$.

若a_1为黑球,则显然成立.

若a_1为白球,则考虑所有球左边(包括自己)黑球数减去白球数之差,记为f,显然$f(a_1) = -1, f(a_{4\,017}) = 1$且$|f(a_{i+1}) - f(a_i)| = 1$,由于$f$的取值为整数,所以考虑序列$f(a_1), f(a_2), \cdots, f(a_{4\,017})$,设最小的正整数$k$使$f(a_k) > 0$,由$k$最小及$|f(a_{i+1}) - f(a_i)| = 1$,得$f(a_k) = 1, f(a_{k-1}) = 0$,所以$a_k$为黑球,且由$f(a_{k-1}) = 0$知其左边(不含自己)黑球和白球数目相等.所以$a_k$即为满足题目的黑球.

2. 甲有必胜策略:甲先写8,则必胜.先证明5,6,8可生成任何大于9的自然数.显然$10 = 2 \times 5, 11 = 5 + 6, 12 = 2 \times 6, 13 = 2 \times 6 + 1, 14 = 5 + 9, 15 = 3 \times 5, 16 = 2 \times 8, 17 = 5 + 6 \times 2$.

对于$n \geqslant 18$,按n除以5所得的余数进行分类.

若$n = 5k(k > 3)$,显然成立.

若$n = 5k + 1(k > 3)$,则$n = 5(k-1) + 6$,此时n可被生成.

若$n = 5k + 2(k > 3)$,则$n = 5(k-2) + 2 \times 6$,此时n可被生成.

若$n = 5k + 3(k > 3)$,则$n = 5(k-3) + 3 \times 6$,此时n可被生成.

若$n = 5k + 4(k > 3)$,则$n = 5(k-2) + 6 + 8$,此时n可被生成.

于是若甲先写8,则只剩1,2,3,4,7,9可写.

若乙写2,则已写2,5,6,8而4,7,9均不可写,只剩1,3可写,于是甲接着写3,则甲胜利.

若乙写3,则已写3,5,6,8而9不可写,还可写1,2,4,7,此时甲只需写2,则2,4,7均不再可写,乙只能写1,此时甲胜利.

若乙写4,则已写4,5,6,8,还可写1,2,3,7,此时甲写7,接着,若乙写3,则甲写2,若乙写2,则甲写3,这两种情况下,最后1均为乙写,所以此时甲胜利.

若乙写7,则已写5,6,7,8,还可写1,2,3,4,9,此时甲写4,还剩1,2,3,若乙写3,则甲写2,若乙写2,则甲写3,所以此时甲胜利.

若乙写9,则已写5,6,8,9,还可写1,2,3,4,7,此时甲写3,还剩1,2,4,7,若乙写7,则甲写2,若乙写4,则甲写2,乙只能写1,所以此时甲胜利.

3. 现将n号卡片按操作移向第一个位置,至多移动$n - 1$次后,n号卡片将达到第 1 个位置,而剩下的 $n-1$ 张卡片中,同理有:$n-1$ 号卡片至多经过 $n-2$ 次操作后可到达第 2 个位置,$\cdots$,2 号卡片至多经过 1 次操作,可到达第 $n-1$ 位.所以至多操作 $1+2+\cdots+(n-1)$ 次后,卡片将按从大到小的顺序排列.

4. 设 5 个顶点上的整数依次为 x,y,z,u,v,令
$$f(x,y,z,u,v)=(x-z)^2+(y-u)^2+(z-v)^2+(u-x)^2+(v-y)^2$$
若 x,y,z,u,v 中有一个不小于 0,比如 $y<0$,则经过一次调整后,x,y,z,u,v 依次变成 $x+y,-y,z+y,u,v$,于是对应的函数值与原函数值之差为
$$f(x+y,-y,z+y,u,v)-f(x,y,z,u,v)=$$
$$[(x-z)^2+(-y-u)^2+(y+z-v)^2+(u-x-y)^2+(v+y)^2]-$$
$$[(x-z)^2+(y-u)^2+(z-v)^2+(u-x)^2+(v-y)^2]=$$
$$2y(x+y+z+u+v)\leqslant-2$$
即每经过一次调整,f 的值至少减少 2,但 $f\geqslant 0$ 且为整数,所以这样的调整不可能无限次进行下去,即经过有限步调整后必终止,这时 5 个顶点上的数全为自然数.

5. 设 S 是黑板上所有数之和,开始时和是 $S=1+2+\cdots+2n=n(2n+1)$,这是一个奇数.因为 $|a-b|$ 与 $a+b$ 有相同的奇偶性,所以整个变化过程中 S 的奇偶性不变,所以最后结果为奇数.

6. 首先,每次操作后,最大数不会减少,所以 $k\geqslant 5$.

其次,若 t 是奇质数,则 t 不整除 k.事实上,若 $t|k$,则注意到以下论断:若 $p+q,|p-q|$ 均是奇质数 t 的倍数,则 p,q 也均是 t 的倍数.由此逆推知,开始在黑板上的所有数都是 t 的倍数.而这是不可能的,所以 k 不能有奇质因数,所以 $k=2^s(s\in\mathbf{N})$.

下面证明 k 可为 $2^s(s\geqslant 3,s\in\mathbf{N})$.

由下列操作:$(1,2,3,4,5)\to(1,2,2,4,8)\to(1,3,2,4,8)\to(2,4,2,4,8)\to(0,4,4,4,8)\to(4,4,4,4,8)\to(0,8,0,8,8)\to(8,8,8,8,8)\to(0,8,8,8,16)$ 以及 $(2^m,2^m)\to(0,2^{m+1})\to(2^{m+1},2^{m+1})$,由数学归纳法知,经过若干次操作后,必可使所有的数都变为 $2^s(s\geqslant 3,s\in\mathbf{N})$.

7. 设 $S=a_1a_2a_3a_4+a_2a_3a_4a_5+\cdots+a_na_1a_2a_3$,如果把 $a_1,a_2,\cdots,a_n$ 中任意一个 a_i 换成 $-a_i$,因为有 4 个循环相邻的项都改变符号,S 模 4 并不改变,开始时 $S=0$,得 $S\equiv 0(\bmod\ 4)$.经有限次变好可将每个 a_i 都变成 1,而始终有 $S\equiv 0(\bmod\ 4)$,所以 $n\equiv 0(\bmod\ 4)$,即 $4|n$.

8. (1) 当 $n=1$ 时,共有 2 个球,可能只有一堆,则不必挪动;可能分为两堆,只挪动一次就并成一堆,即 $n=1$ 时成立.

(2) 假设 $n=k$ 时成立,即 2^k 个球已分成若干堆,则经过有限次挪动能并成一堆.

当 $n=k+1$ 时，2^{k+1} 个球已分成了若干堆，于是其中球数为奇数的堆数必为偶数，否则总球数为奇数与已知矛盾．把有奇数个球的堆两两配对，在每对堆之间挪动一次，使各堆球数都为偶数，这时总堆数不超过原来的堆数，且每堆的球数都是偶数了，于是可把同一堆中每两个看作已捆绑成一个大球，这时一共有 2^k 个大球．

由归纳假设知，可经有限步挪动将它们合并成一堆，即 $n=k+1$ 时也成立．所以此时欲证成立．

由(1),(2)知，欲证结论成立．

9. 考虑必胜态和必败态，其集合分别记为 W,L. 先看几个简单情况，显然 $n=0$, m 为奇数时必胜，$n=1$, $m=1$ 或 2 均为必胜．

可猜测 $W=\{(m,n)|m,n\text{不全为偶数}\}$, $L=\{(m,n)|m,n\text{全为偶数}\}$.

下面证明"必胜态"总可变成"必败态"，"必败态"总可变成"必胜态"．

对于 W 的每个状态 (m,n)：

若 m,n 均为奇数，则从某个 2 堆中取 1 根火柴出来，则剩下的火柴堆中 2 堆有 $n-1$ 堆（为偶数），1 堆的数目为 $n+1$（为偶数），变成"必败态"．

若 m 为奇数或 n 为偶数，则可从某个 1 堆中取出 1 根，于是 1 堆和 2 堆均为偶数个，变成"必败态"．

若 n 为奇数或 m 为偶数，则可从某个 2 堆中取出 2 根，于是 1 堆和 2 堆均为偶数个，变成"必败态"．

对于 L 的每个状态 (m,n)，即 m,n 均为偶数，不论如何操作，易知操作后 1 堆和 2 堆不可能均为偶数个，变成"必胜态"．

综上所述，(m,n) 不全为偶数时，乙有必胜策略．

10. 甲第一次勾掉 $47,48,49,\cdots,55$ 这 9 个数，将剩下的数两两配对：$\{i, 55+i\}$ $(i=1,2,\cdots,46)$，同一对两数之差为 55. 在每次勾掉 9 个数之后，甲的策略是甲勾掉的 9 个数与乙勾掉的 9 个数恰好组成上述 46 对数中的 9 对，这样一来，余下的两个数必须是上述 46 对数中的一对，这两个数之差必为 55. 可见甲可保证自己得 55 分．

11. 不可能. 将方格表黑白相间染色，不妨设黑格为 13 个，白格为 12 个，如果能实现，因黑白格交替出现，黑白格数目应相等，得到矛盾！所以不可能.

组 合 极 值

1. (2007 年全国高中数学联赛第一试第 6 题) 已知 A 与 B 是集合 $\{1,2,3,\cdots,100\}$ 的两个子集，满足：A 与 B 的元素个数相同，且使 $A\bigcap B$ 为空集. 若 $n\in A$ 时总有 $2n+2\in B$，则集合 $A\bigcup B$ 的元素个数最多为( )

A. 62 个　　　　　B. 66 个　　　　　C. 68 个　　　　　D. 74 个

2.(1995年全国高中数学联赛第一试第二题第6题)设 $M=\{1,2,3,\cdots,1\,995\}$, A 是 M 的子集且满足条件:当 $x\in A$ 时, $15x\notin A$, 则 A 中的元素个数最多是_____.

3.(第八届中国数学奥林匹克第5题)10人到书店买书,已知:(1)每人都买了三种书;(2)任何两人所买的书中,都至少有一种相同.请问购买的最多的一种书至少有几人购买?

4.(2000年第26届俄罗斯数学奥林匹克试题)设 M 是有限数集,若已知 M 的任何三个元素总存在两个数,它们的和属于 M, 试问 M 中最多有多少个元素?

5.(Sperner定理)求证:设 S 为 $\{1,2,\cdots,n\}$ 的一些子集族,且 S 中的任意两个集合互不包含,则 S 的元素个数的最大值为 $C_n^{\left[\frac{n}{2}\right]}$.

6.某市有 n 所中学,第 i 所中学派出 $C_i(1\leqslant C_i\leqslant 39, 1\leqslant i\leqslant n)$ 名学生来到体育馆看球赛,全部学生总数为 $\sum_{i=1}^{n}C_i=1\,990$, 看台上每一横排有199个座位,要求同一学校的学生必须坐在同一横排.问体育馆最少要安排多少横排才能保证全部学生都能坐下?

7.设空间中有 $2n(n\geqslant 2)$ 个点,其中任何四点都不共面.将它们之间任意联结 N 条线段,这些线段都至少构成一个三角形,求 N 的最小值.

参考答案与提示

1.B.先证 $|A\cup B|\leqslant 66$, 只需证 $|A|\leqslant 33$. 只需证:若 A 是 $\{1,2,3,\cdots,49\}$ 的任一个34元子集,则必 $\exists n\in A$, 使得 $2n+2\in B$. 证明如下:

将 $\{1,2,3,\cdots,49\}$ 分成如下33个集合:

$\{1,4\}, \{3,8\}, \{5,12\},\cdots,\{23,48\}$ 共12个;

$\{2,6\}, \{10,22\}, \{14,30\}, \{18,8\}$ 共4个;

$\{25\}, \{27\}, \{29\},\cdots,\{49\}$ 共13个;

$\{26\}, \{34\}, \{42\}, \{46\}$ 共4个;

由于 A 是 $\{1,2,3,\cdots,49\}$ 的34元子集,从而由抽屉原理可知上述33个集合中至少有一个2元集合中的数均属于 A, 即欲证成立.

如取 $A=\{1,3,5,\cdots,23,2,10,14,18,25,27,29,\cdots,26,34,42,46\}$, $B=\{2n+2\mid n\in A\}$, 得 A,B 满足题设,且 $|A\cup B|=66$.

2.1 870.我们尽可能构造出一个满足条件且含元素最多的子集 A, 设 $15x>1\,995$, 得 $x>133$, 可见 A 可包含 $\{134,135,\cdots,1\,995\}$, 再设 $15x<134$, 即 $x<9$, 所以又可包含 $\{1,2,3,\cdots,8\}$, 于是取 $\{1,2,3,\cdots,8\}\cup\{134,135,\cdots,1\,995\}$, 这时 A 的元素个数为1 870.

另一方面，任取 M 的一个满足条件的子集 A，因为 x 与 $15x(x=9,10,\cdots,133)$ 中至少有一个不属于 A，所以 A 中元素的个数 $\leqslant 1\,995-(133-8)=1\,870$。

综上所述，A 中的元素个数最多是 $1\,870$。

3. 设共卖出 m 种书，每种书分别有 $x_1,x_2,\cdots,x_m$ 个人购买，设购买人数最多的一种书有 x 人购买，得

$$\sum_{i=1}^{m} x_i=30, x_i \leqslant x \quad (i=1,2,\cdots,m)$$

考查每两人之间的同种书对的总数，有 $C_{10}^2 \leqslant \sum_{i=1}^{m} C_{x_i}^2$，所以

$$45 \leqslant \frac{1}{2}\sum_{i=1}^{m} x_i(x_i-1) \leqslant \frac{x-1}{2}\sum_{i=1}^{m} x_i = 15(x-1)$$

得 $x \geqslant 4$。

若 $x=4$，得 $x_i=4(i=1,2,\cdots,m)$，所以 $4\left|\sum_{i=1}^{m} x_i\right.$，即 $4\,|\,30$，这不可能！所以 $x \geqslant 5$，即购买的人最多的一种书至少有 5 人购买。

另一方面，存在购买的人最多的一种书恰有 5 人购买的情形：记 $A_i(i=1,2,\cdots,6)$ 为不同种的书，10 个人购书情形如下：

$\{A_1,A_2,A_3\}$，$\{A_1,A_6,A_2\}$，$\{A_2,A_4,A_3\}$，$\{A_3,A_5,A_1\}$，$\{A_1,A_6,A_4\}$，
$\{A_1,A_5,A_4\}$，$\{A_2,A_4,A_5\}$，$\{A_2,A_6,A_5\}$，$\{A_3,A_5,A_6\}$，$\{A_3,A_4,A_5\}$

所以购买的人最多的一种书最少有 5 人购买。

4. 首先，易验证集合 $M=\{-3,-2,-1,0,1,2,3,\}$ 满足题意：事实上，若任取的 3 个数中，同时含有 ± 3，则 $-3+3 \in M$；若任取的 3 个数中，不同时包含 3 和 -3，则其中必有两个不等的数 a,b，其绝对值都不大于 2，这时 $a+b \in M$。

另一方面，设 $M=\{a_1,a_2,\cdots,a_n\}$ $(a_1>a_2>\cdots>a_n)$，且 $m \geqslant 8$，因每个数乘以 -1，不会改变 m 是否满足题目条件的限制，所以可设 $a_4>0$。

于是 $a_1+a_2>a_1+a_3>a_1+a_4>a_1$，从而 $a_1+a_2, a_1+a_3, a_1+a_4, a_1 \notin M$，并且 a_2+a_3, a_2+a_4 不可能都属于 M（因为 $a_2+a_3>a_2, a_2+a_4>a_2, a_2+a_3 \neq a_2+a_4$，而 M 中只有一个数 $a_1>a_2$）。这样，(a_1,a_2,a_3) 或 (a_1,a_2,a_4) 至少有一组中任何两数之和不属于 M，即 $m \geqslant 8$ 时，M 不满足条件。

综上知 M 中最多有 7 个数。

5. 考虑 n 个元素 $1,2,\cdots,n$ 的全排列，显然为 $n!$ 种。另一方面，全排列中前 k 个元素恰好组成 S 中的某个子集 S_i 的元素，有 $k!(n-k)!$ 个，由于 S 中的任意两个集合互不包含，所以这种"头"在 S 中的全排列互不相同。

设 S 中有 f_k 个 A_i 满足 $|A_i|=k(k=1,2,\cdots,n)$,则 $\sum_{k=1}^{n} f_k \cdot k!(n-k)! \leqslant n!$.
又 C_n^k 的最大值是 $C_n^{\left[\frac{n}{2}\right]}$,所以所证不等式成立且当 S 是由 $\{1,2,\cdots,n\}$ 中全部 $\left[\frac{n}{2}\right]$ 元子集组成时,等号成立.

6. 让学生按学校顺次入座,每排坐满后再转入下一排,共用 $1990 \div 199 = 10$ 排. 这时有的学校学生已坐在同一排,有的学校学生坐在两排. 后一种学校至多 9 所. 再增加两排座位,每排可容纳 5 所学校. 将上述(至多)9 所学校移到这两排,则每所学校的学生都坐在同一排. 因此,12 排足够.

另一方面,$1990 = 34 \times 58 + 18$. 如果 58 所学校各有 34 名学生,1 所学校有 18 名学生,那么每排至多安排 34 名学生的学校 5 所($34 \times 6 > 99$),11 排至多安排 34 名学校的学生 55 所,所以 11 排是不够的.

所以最少要安排 12 排.

7. 将 $2n$ 个已知点均分为 S 和 T 两组:$S = \{A_1, A_2, \cdots, A_n\}$,$T = \{B_1, B_2, \cdots, B_n\}$.

现将每对点 A_i, B_j 之间都联结一条线段 A_iB_j,而同组的任何两点之间均不连线,则共有 n^2 条线段. 这时,$2n$ 个已知点中的任意三点中至少有两点属于同一组,二者之间没有连线. 因而这 n^2 条线段不能构成三角形. 这意味着 N 的最小值大于 n^2.

下面用数学归纳法证明:若在 $2n$ 个已知点间连有 $n^2 + 1$ 条线段,则这些线段至少构成一个三角形.

当 $n = 2$ 时,$n^2 + 1 = 5$,即四点间有五条线段. 显然,这五条线段恰构成两个三角形.

假设 $n = k(k \geqslant 2)$ 时命题成立,当 $n = k+1$ 时,任取一条线段 AB. 若从 A, B 两点向其余 $2k$ 个点引出的线段条数之和不小于 $2k+1$,则必定存在一点 C,它与 A, B 两点间都有连线,从而 $\triangle ABC$ 即为所求. 若从 A, B 两点引出的线段条数之和不超过 $2k$,则当把 A, B 两点除去后,其余的 $2k$ 个点之间至少还有 $k^2 + 1$ 条线段. 于是由归纳假设知它们至少构成一个三角形,这就完成了归纳证明.

综上可知,所求 N 的最小值为 $n^2 + 1$.

§38 2014年综合性大学自主选拔录取联合考试

自然科学基础 —— 理科试卷
数学部分(北约)

一、选择题

1. 圆心角为 $\dfrac{\pi}{3}$ 的扇形的面积为 6π,则用该扇形围成的圆锥的表面积为( )

   A. $\dfrac{13}{2}\pi$ B. 7π C. $\dfrac{15}{2}\pi$ D. 8π

2. 将 10 个人分为 3 组,一组 4 人,另两组各 3 人,共有( )种分法.

   A. 1 070   B. 2 014   C. 2 100   D. 4 200

3. 已知 $f\left(\dfrac{a+2b}{3}\right)=\dfrac{f(a)+2f(b)}{3}$,$f(1)=1$,$f(4)=7$,则 $f(2\,014)=$ ( )

   A. 4 027   B. 4 028   C. 4 029   D. 4 030

4. 若 $f(x)=\lg(x^2-2ax+a)$ 的值域为 **R**,则 a 的取值范围是( )

   A. $0\leqslant a\leqslant 1$ B. $0<a<1$

   C. $a<0$ 或 $a>1$ D. $a\leqslant 0$ 或 $a\geqslant 1$

5. 已知 $x+y=-1$,且 x,y 均为负实数,则 $xy+\dfrac{1}{xy}$ 有( )

   A. 最大值 $\dfrac{17}{4}$ B. 最小值 $\dfrac{17}{4}$ C. 最大值 $-\dfrac{17}{4}$ D. 最小值 $-\dfrac{17}{4}$

6. 已知 $f(x)=\arctan\dfrac{2+2x}{1-4x}+C$($C$ 是常数) 在 $\left(-\dfrac{1}{4},\dfrac{1}{4}\right)$ 上为奇函数,则 $C=$ ( )

   A. 0   B. $-\arctan 2$ C. $\arctan 2$ D. 不存在

二、解答题

7. 证明:$\tan 3°\notin \mathbf{Q}$.

8. 已知实系数二次函数 $f(x)$ 和 $g(x)$,若方程 $f(x)=g(x)$ 和 $3f(x)+g(x)=0$ 均有两重根,方程 $f(x)=0$ 有两个不等的实根,求证:方程 $g(x)=0$ 没

有实根.

9. 已知 $a_1, a_2, \cdots, a_{13}$ 成等差数列,$M = \{a_i + a_j + a_k \mid 1 \leqslant i < j < k \leqslant 13\}$,问:$0, \dfrac{7}{2}, \dfrac{16}{3}$ 是否可以同时在 M 中?并证明你的结论.

10. 已知 $x_i > 0 (i = 1, 2, \cdots, n)$,$\prod\limits_{i=1}^{n} x_i = 1$,求证:$\prod\limits_{i=1}^{n} (\sqrt{2} + x_i) \geqslant (\sqrt{2} + 1)^n$.

参考答案与提示

1. B. 得扇形的半径为 6,弧长为 2π,所以圆锥底面圆的半径为 1,所以圆锥底面圆的面积为 π,得表面积为 7π.

2. C. $\dfrac{C_{10}^4 C_6^3 C_3^3}{A_2^2} = 2\,100$.(**注** 本题是均匀分组与非均匀分组问题.)

3. A. 题设即 $f\left(\dfrac{a+b+b}{3}\right) = \dfrac{f(a)+f(b)+f(b)}{3}$,由琴生不等式知,函数 $f(x)$ 不是凸函数也不是凹函数,可猜测 $f(x) = kx + b(k, b$ 是常数$)$,再由 $f(1) = 1, f(4) = 7$,得 $f(x) = 2x - 1$.下面对 n 用数学归纳法证明 $f(n) = 2n - 1$ $(n \in \mathbf{N}^*)$:

分别令 $(a, b) = (4, 1), (1, 4)$,得 $f(2) = 3, f(3) = 5$,还有 $f(1) = 1$.

假设 $n \leqslant 3k (k \in \mathbf{N}^*)$ 时成立,又分别令 $(a, b) = (3k+i, i)(i = 1, 2, 3)$,得

$$f(3k+1) = 3f(k+1) - 2f(1) = 6k + 1$$
$$f(3k+2) = 3f(k+2) - 2f(2) = 6k + 3$$
$$f(3k+3) = 3f(k+3) - 2f(3) = 6k + 5$$

所以欲证成立.得 $f(2\,014) = 4\,027$.

4. D. 即真数 $x^2 - 2ax + a$ 能取满全体正数,也即 $\Delta = (2a)^2 - 4a \geqslant 0$,由此可得答案.

5. B. 设 $x = -a, y = -b$,得 $a > 0, b > 0, a + b = 1$,所以 $1 \geqslant 2\sqrt{ab}$,ab 的取值范围是 $\left(0, \dfrac{1}{4}\right]$.由此得 $xy + \dfrac{1}{xy}$ 即 $ab + \dfrac{1}{ab}$ 有最小值 $\dfrac{17}{4}$.

6. B. 由 $f(0) = 0$,得 $C = -\arctan 2$.下面证明 $f(x) = \arctan \dfrac{2+2x}{1-4x} - \arctan 2$ 在 $\left(-\dfrac{1}{4}, \dfrac{1}{4}\right)$ 上为奇函数,即证

$$f(x) + f(-x) = 0$$
$$\arctan \dfrac{2-2x}{1+4x} + \arctan \dfrac{2+2x}{1-4x} = 2\arctan 2 \qquad ①$$

证明如下:

设 $\arctan\dfrac{2-2x}{1+4x}=\alpha$，$\arctan\dfrac{2+2x}{1-4x}=\beta$；$\alpha,\beta\in\left(-\dfrac{\pi}{2},\dfrac{\pi}{2}\right)$，可得 $\tan(\alpha+\beta)=-\dfrac{4}{3}$.

还可得 $\tan(2\arctan 2)=-\dfrac{4}{3}$，$\dfrac{2\pi}{3}<2\arctan 2<\pi$.

当 $-\dfrac{1}{4}<x<\dfrac{1}{4}$ 时，$\dfrac{2-2x}{1+4x}>0$ 且 $\dfrac{2+2x}{1-4x}>0$，即 $0<\alpha+\beta<\pi$，所以此时 ① 成立.

证毕！

注 该题见网络百度文库 http://wenku.baidu.com/link?url=u3OJPdP2XVLGpFMvIXTj2Xnqq41Z06aWNq-4d2UfzXlTrcXAKGrjXQKfgqnvLW2jDShxB-0y4ae2U4dOL1wUPn4v-F9S3bc2e0jMt3lguyi，但网络百度文库 http://wenku.baidu.com/link?url=JN7NDVpAjRUAI7R8UbNT5GkKVAvfACvC4t1-BzkVi2qToqrD0fKuA8V4rwH__iq5G20eRweg4GIjn5qlTKpzZHyLZgMzUgdBT 给出的该题是将以上题目中的 $\left(-\dfrac{1}{4},\dfrac{1}{4}\right)$ 改成了 $\left(-\dfrac{\pi}{4},\dfrac{\pi}{4}\right)$（给出的答案仍然是 B）.

这里笔者要指出后者的答案是"D. 不存在"：由 $f(0)=0$，得 $C=-\arctan 2$；但当 $C=-\arctan 2$ 时，$f\left(-\dfrac{1}{2}\right)+f\left(\dfrac{1}{2}\right)=\arctan\dfrac{1}{3}-\arctan 3-2\arctan 2=-\pi\ne 0$. 所以满足题意的常数 C 不存在.

7. 对 n 用数学归纳法可证得结论：若 $\tan\alpha$，$\tan n\alpha$ $(n\in\mathbf{N}^*)$ 均有意义，则 $\tan n\alpha$ 可以表示成 $\tan\alpha$ 的分式（该分式的分子、分母均是 $\tan\alpha$ 的整系数多项式）.

由此结论立知：若 $\tan\alpha\in\mathbf{Q}$，$n\in\mathbf{N}^*$，则 $\tan n\alpha\in\mathbf{Q}$.

又 $\tan 30°\notin\mathbf{Q}$，所以 $\tan 3°\notin\mathbf{Q}$.

注 甘志国发表于《中学数学教学》2013 年第 1 期第 51~52 页的文章《整数角度的三角函数值何时是有理数》及专著《三角与平面向量》（哈尔滨工业大学出版社，2014）第 51~55 页的文章《有理数角度的三角函数值何时是有理数》均给出了本题结论的推广.

8. 设 $f(x)=ax^2+bx+c(a\ne 0)$，$g(x)=dx^2+ex+f(d\ne 0)$，得
$$(b-e)^2=4(a-d)(c-f)$$
$$b^2-2be+e^2=4ac-4af-4dc+4df \qquad ②$$
$$(3b+e)^2=4(3a+d)(3c+f)$$
$$9b^2+6be+e^2=36ac+12af+12dc+4df \qquad ③$$

②×3+③,可得
$$e^2 - 4df = -3(b^2 - 4ac) < 0$$
所以欲证成立.

9. $0, \frac{7}{2}, \frac{16}{3}$ 不可能同时在 M 中.证明如下:

可不妨设等差数列 $a_1, a_2, \cdots, a_{13}$ 的公差 $d \geqslant 0$,则 $\exists p, q, r \in \mathbf{N}^*$,使
$$3a_1 + pd = 0, 3a_1 + (p+q)d = \frac{7}{2}, 3a_1 + (p+q+r)d = \frac{16}{3}$$
由此得 $\frac{q}{r} = \frac{21}{11}$,所以 $q \geqslant 21, r \geqslant 11$. 又 $p \geqslant 1+2+3-3=3$,所以 $p+q+r \geqslant 35$.

而 $p+q+r \leqslant 12+11+10=33$,矛盾! 所以欲证成立.

10. 由均值不等式,得
$$\frac{1}{n}\sum_{i=1}^{n}\frac{\sqrt{2}}{\sqrt{2}+x_i} \geqslant \frac{\sqrt{2}}{\sqrt[n]{\prod_{i=1}^{n}(\sqrt{2}+x_i)}}, \frac{1}{n}\sum_{i=1}^{n}\frac{x_i}{\sqrt{2}+x_i} \geqslant \frac{1}{\sqrt[n]{\prod_{i=1}^{n}(\sqrt{2}+x_i)}}$$

相加后,可得欲证.

§39 2014年综合性大学自主选拔录取联合考试

自然科学基础 —— 文科试卷
数学部分(北约)

一、选择题

(同理科 1-6 题)

二、解答题

7. 求等差数列 $\{4n+1\}$ $(1\leqslant n\leqslant 200)$,$\{6m-3\}$ $(1\leqslant m\leqslant 200)$ 的公共项之和.

8. 一个梯形的两条对角线长分别为 5 和 7,高是 3,求该梯形的面积.

9. (同理科第 7 题)

10. (同理科第 8 题)

参考答案与提示

第一大题(同理科)

7. 由 $4n+1=6m-3(m,n\in \mathbf{N}^*$ 且 $m\leqslant 200,n\leqslant 200)$,可得 $\begin{cases} m=2t \\ n=3t-1 \end{cases}$ ($t\in \mathbf{N}^*$ 且 $t\leqslant 67$).

得等差数列 $\{4n+1\}$ $(1\leqslant n\leqslant 200)$,$\{6m-3\}$ $(1\leqslant m\leqslant 200)$ 的公共项按从小到大的顺序组成的数列是等差数列 $\{4(3t-1)+1\}$ $(1\leqslant t\leqslant 67)$ 也即 $\{6\cdot 2t-3\}$ $(1\leqslant t\leqslant 67)$,其和为 $67\cdot 9+\dfrac{67\cdot 66}{2}\cdot 12=27\ 135$.

注 此题源于普通高中课程标准实验教科书《数学 5·必修·A 版》(人民教育出版社,2007 年第 3 版)第 46 页第 6 题"有两个等差数列 2,6,10,…,190 及 2,8,14,…,200,由这两个等差数列的公共项按从小到大的顺序组成一个新数列,求这个新数列的各项之和."甘志国的专著《数列与不等式》(哈尔滨工业大学出版社,2014)第 11~12 页的文章《谈谈由两个等差数列的公共项组成的新数列问题》给出了本题结论的推广.

8. 应分三种情形来解答:

(1) 梯形上底两个端点在下底所在直线的射影均在下底上(如图 1),得

$$AB+CD=DE+(EC+CF)=DE+CF=$$
$$\sqrt{7^2-3^2}+\sqrt{5^2-3^2}=2\sqrt{10}+4$$
$$S=\frac{1}{2}(2\sqrt{10}+4)\cdot 3=3\sqrt{10}+6$$

(2) 梯形上底两个端点在下底所在直线的射影恰有一个在下底上(如图2),得

$$AB+CD=DE-EC+EF=DE+CF=\sqrt{7^2-3^2}+\sqrt{5^2-3^2}=2\sqrt{10}+4$$
$$S=\frac{1}{2}(2\sqrt{10}+4)\cdot 3=3\sqrt{10}+6$$

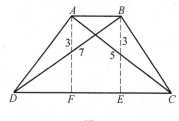
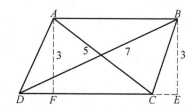

图1　　　　　　　　图2

(3) 梯形上底两个端点在下底所在直线的射影均不在下底上(如图3),得

$$AB+CD=EF+CD=DE-CF=\sqrt{7^2-3^2}-\sqrt{5^2-3^2}=2\sqrt{10}-4$$
$$S=\frac{1}{2}(2\sqrt{10}-4)\cdot 3=3\sqrt{10}-6$$

所以所求梯形的面积是 $3\sqrt{10}\pm 6$.

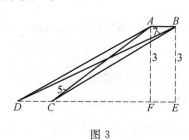

图3

注　网络百度文库

http://wenku.baidu.com/link?url=u3OJPdP2XVLGpFMvIXTj2Xn qq41Z06aWNq－4d2UfzXlTrcXAKGrjXQKfgqnvLW2jDShxB－0y4ae2U4d OL1wUPn4v－F9S3bc2e0jMt3lguyi 的解答只给出了第一种情形,这是不完整的.

9. (同理科第7题)
10. (同理科第8题)

§40 2014年华约自主招生数学试题

1. x_1, x_2, x_3, x_4, x_5 是正整数,任取四个数求和后组成的集合是 $\{44, 45, 46, 47\}$,求这五个数.

2. 乒乓球比赛,五局三胜制.任一局甲获胜的概率是 $p\left(p > \dfrac{1}{2}\right)$,甲赢得比赛的概率是 q,求 p 为多少时,$p - q$ 取得最大值.

3. (1) 证明 $y = f(g(x))$ 的反函数为 $y = g^{-1}(f^{-1}(x))$;

(2) 设 $F(x) = f(-x), G(x) = f^{-1}(-x)$,若 $F(x) = G^{-1}(x)$,求证 $f(x)$ 为奇函数.

4. 函数 $f(x) = \dfrac{\sqrt{2}}{2}(\cos x - \sin x)\sin\left(x + \dfrac{\pi}{4}\right) - 2a\sin x + b - \dfrac{1}{2}$ 的最大值为 1,最小值为 -4,求 a, b.

5. 已知椭圆 $\dfrac{x^2}{a^2} + \dfrac{y^2}{b^2} = 1$ 与圆 $x^2 + y^2 = b^2$,过椭圆上一点 P 作圆的两条切线,切点弦所在直线与 x 轴,y 轴分别交于点 E, F,求 $\triangle OEF$ 面积的最小值.

6. 已知数列 $\{a_n\}$ 满足:$a_1 = 0, a_{n+1} = np^n + qa_n$.

(1) 若 $q = 1$,求 a_n;

(2) 若 $|p| < 1, |q| < 1$,求证:数列 $\{a_n\}$ 有界.

7. 已知 $n \in \mathbf{N}^*, x \leqslant n$,求证:$n - n\left(1 - \dfrac{x}{n}\right)^n \cdot e^x \leqslant x^2$.

参考答案与提示

1. 从五个正整数中任取四个求和后可得五个和,而本题只有四个和值,说明有两个和值相等. 这五个和值之和为 $4(x_1 + x_2 + x_3 + x_4 + x_5)$,所以

$$226 = 44 + 44 + 45 + 46 + 47 \leqslant 4(x_1 + x_2 + x_3 + x_4 + x_5) \leqslant$$
$$44 + 45 + 46 + 47 + 47 = 229$$
$$x_1 + x_2 + x_3 + x_4 + x_5 = 57$$

所以所求的五个数中有四个分别是 $57 - 44, 57 - 45, 57 - 46, 57 - 47$ 即 $13, 12, 11, 10$,得剩下的一个是 $57 - (13 + 12 + 11 + 10) = 11$,即所求五个正整数分别是 $10, 11, 11, 12, 13$.

2. 若共比赛 3 局,则甲赢得比赛的概率是 p^3;若共比赛 4 局,则甲赢得比赛的概率是 $C_3^2 p^3(1-p)$;若共比赛 5 局,则甲赢得比赛的概率是 $C_4^2 p^3(1-p)^2$,所以

$$q = p^3 + C_3^2 p^3(1-p) + C_4^2 p^3(1-p)^2$$
$$q - p = 6p^5 - 15p^4 + 10p^3 - p$$

设 $f(p) = 6p^5 - 15p^4 + 10p^3 - p \left(\frac{1}{2} < p < 1\right)$,得

$$f'(p) = 30p^4 - 60p^3 + 30p^2 - 1 = 30p^2(p-1)^2 - 1 =$$
$$30\left(p^2 - p + \frac{1}{\sqrt{30}}\right)\left(p^2 - p - \frac{1}{\sqrt{30}}\right) \quad \left(\frac{1}{2} < p < 1\right)$$

当 $p \in \left[\frac{1}{2}, \frac{1}{2} + \sqrt{\frac{1}{4} - \frac{1}{\sqrt{30}}}\right]$ 时,$f'(p) > 0$;当 $p \in \left[\frac{1}{2} + \sqrt{\frac{1}{4} - \frac{1}{\sqrt{30}}}, 1\right]$ 时,$f'(p) < 0$,所以当且仅当 $p = \frac{1}{2} + \sqrt{\frac{1}{4} - \frac{1}{\sqrt{30}}}$ 时,$p - q$ 取得最大值.

3.(1) $y = f(g(x))$ 的反函数为 $x = f(g(y))$,所以
$$f^{-1}(x) = f^{-1}(f(g(y))) = g(y)$$
$$g^{-1}(f^{-1}(x)) = g^{-1}(g(y)) = y$$

得欲证成立.

(2) 因为 $G(x)$ 的反函数是 $F(x)$,所以
$$G(F(x)) = G(G^{-1}(x)) = x$$
$$f(x) = f(G(F(x))) = f(f^{-1}(-F(x))) = -F(x) = -f(-x)$$

即 $f(x)$ 为奇函数.

4.可得 $f(x) = a^2 + b - (\sin x + a)^2$.

(1) 当 $-1 \leqslant a \leqslant 1$ 时
$$f(x)_{\max} = a^2 + b = 1, f(x)_{\min} = \min\{-1 - 2a + b, -1 + 2a + b\} = -4$$

可得此时无解.

(2) 当 $a > 1$ 时,得 $\begin{cases} -1 - 2a + b = -4 \\ -1 + 2a + b = 1 \end{cases}$, $\begin{cases} a = \dfrac{5}{4} \\ b = -\dfrac{1}{2} \end{cases}$.

(3) 当 $a < -1$ 时,得 $\begin{cases} -1 - 2a + b = 1 \\ -1 + 2a + b = -4 \end{cases}$, $\begin{cases} a = -\dfrac{5}{4} \\ b = -\dfrac{1}{2} \end{cases}$.

所以 $a = \pm\dfrac{5}{4}, b = -\dfrac{1}{2}$.

5.可设 $P(x_0, y_0)(x_0 y_0 \neq 0)$,切点弦所在直线方程为 $x_0 x + y_0 y = b^2$,它过点 $E\left(\dfrac{b^2}{x_0}, 0\right), F\left(0, \dfrac{b^2}{y_0}\right)$,所以

$$S_{\triangle OEF} = \frac{b^4}{2|x_0 y_0|} \geqslant \frac{b^4}{ab\left(\frac{x_0^2}{a^2} + \frac{y_0^2}{b^2}\right)} = \frac{b^3}{a}$$

当且仅当 $(x_0, y_0) = \left(\pm\frac{\sqrt{2}}{2}a, \frac{\sqrt{2}}{2}b\right)$ 或 $\left(\pm\frac{\sqrt{2}}{2}a, -\frac{\sqrt{2}}{2}b\right)$ 时,$\triangle OEF$ 的面积取到最小值,且最小值是 $\frac{b^3}{a}$.

另解 可设 $P(a\cos\alpha, b\sin\alpha)(0 < \alpha < 2\pi$ 且 $\alpha \neq \frac{\pi}{2}, \pi, \frac{3\pi}{2})$.

同上面的解法,得 $S_{\triangle OEF} = \frac{b^4}{2|x_0 y_0|} = \frac{b^3}{a|\sin 2\alpha|} \geqslant \frac{b^3}{a}$,而后可得与上面相同的答案.

6.(1) 用累加法及错位相减法,可得

$$a_n = \begin{cases} \dfrac{n(n-1)}{2} & (p = 1) \\ \dfrac{(n-1)p^{n+1} - np^n + p}{(1-p)^2} & (p \neq 1) \end{cases}$$

(2) 得 $|a_{n+1}| = |np^n + qa_n| \leqslant |np^n| + |qa_n| \leqslant n|p|^n + |a_n|$,$|a_{n+1}| - |a_n| \leqslant n|p|^n$,所以

$$|a_n| \leqslant |p| + 2|p|^2 + \cdots + (n-1)|p|^{n-1} = \frac{(n-1)|p|^{n+1} - n|p|^n + |p|}{(1-|p|)^2}$$

又 $(n-1)|p|^{n+1} - n|p|^n \leqslant (n-1)|p|^n - n|p|^n = -|p|^n \leqslant 0$,所以 $|a_n| \leqslant \dfrac{|p|}{(1-|p|)^2}$,即欲证成立.

7. 设 $f(x) = x^2 + ne^x\left(1 - \dfrac{x}{n}\right)^n (x \leqslant n)$,得

$$f'(x) = x\left[2 - e^x\left(1 - \frac{x}{n}\right)^{n-1}\right] \quad (x \leqslant n)$$

(1) 当 $n = 1$ 时,$f'(x) = x(2 - e^x)(x \leqslant 1)$,可得函数 $f(x)$ 在 $(-\infty, 0)$,$(\ln 2, 1]$ 上均是减函数,在 $(0, \ln 2)$ 上是增函数.

此时 $f(x)_{\min} = \min\{f(0), f(1)\} = 1$,得欲证成立.

(2) 当 $n \geqslant 2$ 时,设 $g(x) = e^x\left(1 - \dfrac{x}{n}\right)^{n-1} (x \leqslant n)$,得

$$g'(x) = \frac{1-x}{n}e^x \cdot \left(1 - \frac{x}{n}\right)^{n-2} \quad (x \leqslant n)$$

所以 $g(x)_{\max} = g(1) = e\left(1 - \dfrac{1}{n}\right)^{n-1} (x \leqslant n)$.

设 $h(x)=(x-1)\ln\left(1-\dfrac{1}{x}\right)(x\geqslant 2)$，得 $h'(x)=\ln\left(1-\dfrac{1}{x}\right)+\dfrac{1}{x}(x\geqslant 2)$.

由不等式 $t\geqslant \ln(t+1)$（当且仅当 $t=0$ 时取等号）知，$h'(x)<0(x\geqslant 2)$，所以 $g(x)_{\max}=\mathrm{e}\left(1-\dfrac{1}{n}\right)^{n-1}\leqslant\dfrac{\mathrm{e}}{2}<2(x\leqslant n)$.

可得函数 $f(x)$ 在 $(-\infty,0)$，$(0,1]$ 上分别是减函数、增函数，$f(x)_{\min}=f(0)=n$.

此时欲证也成立.

证毕！

另解 即证 $n-x^2\leqslant n\left(1-\dfrac{x}{n}\right)^n\mathrm{e}^x(-\sqrt{n}<x<\sqrt{n})$.

由不等式 $\mathrm{e}^t\geqslant 1+t(t\in\mathbf{R})$ 及伯努利不等式 $(1+y)^n\geqslant 1+ny(y\geqslant -1,n\in\mathbf{N}^*)$，得

$$\left(1-\dfrac{x}{n}\right)^n\mathrm{e}^x=\left[\left(1-\dfrac{x}{n}\right)\mathrm{e}^{\frac{x}{n}}\right]^n\geqslant\left[\left(1-\dfrac{x}{n}\right)\left(1+\dfrac{x}{n}\right)\right]^n=$$
$$\left[\left(1-\dfrac{x^2}{n^2}\right)\right]^n\geqslant 1-\dfrac{x^2}{n^2}\cdot n=1-\dfrac{x^2}{n}$$

可得欲证成立.

§41 2013年北约自主招生数学试题

一、选择题

1. 以 $\sqrt{2}$ 和 $1-\sqrt[3]{2}$ 为根的有理系数多项式的项的最高次数为(　　)
   A. 2　　　　B. 3　　　　C. 5　　　　D. 6

2. 在 6×6 方阵中,有3个红车和3个黑车,且6个车均不在同一行且不在同一列,有(　　)种方法
   A. 720　　　B. 20　　　C. 518 400　　　D. 14 400

3. 已知 $x^2=2y+5, y^2=2x+5(x\neq y)$,则 $x^3-2x^2y^2+y^3$ 值为(　　)
   A. -10　　　B. -12　　　C. -16　　　D. 无法确定

4. 在数列 $\{a_n\}$ 中,$a_1=1, S_{n+1}=4a_n+2(n\geq 1)$,则 a_{2013} 值为(　　)
   A. $3\,019\times 2^{2\,012}$　B. $3\,019\times 2^{2\,013}$　C. $3\,018\times 2^{2\,012}$　D. 无法确定

5. 如图1,在 $\triangle ABC$ 中,D 为 BC 中点,DM 平分 $\angle ADB$ 交 AB 于点 M,DN 平分 $\angle ADC$ 交 AC 于点 N,则 $BM+CN$ 与 MN 的关系为(　　)
   A. $BM+CN>MN$
   B. $MN+CN<MN$
   C. $BM+CN=MN$
   D. 无法确定

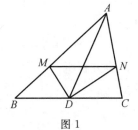

图1

6. 若 A,B,C 为三个复数 $A\neq B\neq C$,且模全为1,则 $\dfrac{BC+AC+AB}{A+B+C}=$ (　　)
   A. $-\dfrac{1}{2}$　　　B. 1　　　C. 2　　　D. 无法确定

二、解答题

7. 最多能找到多少个两两不相等的正整数使其任意三个数之和为质数,并证明你的结论.

8. 已知 $a_1+a_2+a_3+\cdots+a_{2013}=0$,且 $|a_1-2a_2|=|a_2-2a_3|=\cdots=|a_{2013}-2a_1|$,证明:$a_1=a_2=a_3=\cdots=a_{2013}=0$.

9. 对于任意 θ,求 $32\cos^6\theta-\cos 6\theta-6\cos 4\theta-15\cos 2\theta$ 的值.

10. 已知有 mn 个实数,排列成 $m\times n$ 阶数阵,记作 $\{a_{ij}\}_{m\times n}$,使得数阵中的每一行从左到右都是递增的,即对任意的 $i=1,2,\cdots,m$,当 $j_1<j_2$ 时,都有 $a_{ij_1}\leqslant a_{ij_2}$. 现将 $\{a_{ij}\}_{m\times n}$ 的每一列原有的各数按照从上到下递增的顺序排列,形成一个新的 $m\times n$ 阶数阵,记作 $\{a'_{ij}\}_{m\times n}$,即对任意的 $j=1,2,\cdots,n$,当 $i_1<i_2$ 时,都有 $a'_{i_1j}\leqslant a'_{i_2j}$,试判断 $\{a'_{ij}\}_{m\times n}$ 中每一行的 n 个数的大小关系,并说明理由.

参考答案与提示

1. C. 显然,多项式 $f(x)=(x^2-2)[(x-1)^3+2]$ 以 $\sqrt{2}$ 和 $1-\sqrt[3]{2}$ 为根且是有理系数多项式.

若存在一个次数不超过 4 的有理系数多项式 $g(x)=ax^4+bx^3+cx^2+dx+e$ 其有根 $\sqrt{2}$ 和 $1-\sqrt[3]{2}$,其中 a,b,c,d,e 不全为 0,得

$$g(\sqrt{2})=(4a+2c+e)+(2b+d)\sqrt{2}=0$$

所以

$$4a+2c+e=2b+d=0$$

$$g(1-\sqrt[3]{2})=-(7a+b-c-d-e)-(2a+3b+2c+d)\sqrt[3]{2}+(6a+3b+c)\sqrt[3]{4}=0$$

所以

$$7a+b-c-d-e=2a+3b+2c+d=6a+3b+c=0$$

得方程组

$$\begin{cases} 4a+2c+e=0 & \text{①}\\ 2b+d=0 & \text{②}\\ 7a+b-c-d-e=0 & \text{③}\\ 2a+3b+2c+d=0 & \text{④}\\ 6a+3b+c=0 & \text{⑤} \end{cases}$$

①+③,得

$$11a+b+c-d=0 \qquad \text{⑥}$$

②+⑥,得

$$11a+3b+c=0 \qquad \text{⑦}$$

④+⑥,得

$$13a+4b+3c=0 \qquad \text{⑧}$$

⑦−⑤,得 $a=0$,再由 ⑦⑧,得 $b=c=0$,又由 ①②,得 $d=e=0$. 所以 $a=b=c=d=e=0$,与 a,b,c,d,e 不全为 0 矛盾! 所以不存在一个次数不超过 4 的有理系数多项式 $g(x)=ax^4+bx^3+cx^2+dx+e$ 其有根 $\sqrt{2}$ 和 $1-\sqrt[3]{2}$.

所以选 C.

2. D. 先从 6 行中选取 3 行停放红色车,有 C_6^3 种选择. 最上面一行的红色车位置有 6 种选择;最上面一行的红色车位置选定后,中间一行的红色车位置有 5 种选择;上面两行的红色车位置选定后,最下面一行的红色车位置有 4 种选择. 三辆红色车的位置选定后,黑色车的位置有 $3!=6$ 种选择. 所以共有 $C_6^3 \times 6 \times 5 \times 4 \times 6 = 14\,400$ 种停放汽车的方法.

3. C. 因为 $x \neq y$,两式相减后可得 $x+y=-2$,所以 $x^2+y^2=2(x+y)+10=6, 2xy=(x+y)^2-(x^2+y^2)=-2, xy=-1$,得 $x^3-2x^2y^2+y^3 = x(2y+5)-2(2x+5)(2y+5)+y(2x+5) = -4xy-15(x+y)-50=-16$.

4. A. 可得 $a_n = (3n-1) \cdot 2^{n-2}$.

5. A. 如图 2,延长 ND 到 E,使得 $DE=DN$,联结 BE, ME. 易知 $\triangle BDE \cong \triangle CDN$,所以 $CN=BE$. 又因为 DM, DN 分别为 $\angle ADB, \angle ADC$ 的角平分线,所以 $\angle MDN = 90°$,知 MD 为线段 EN 的垂直平分线,所以 $MN=ME$. 所以 $BM+CN=BM+BE>ME=MN$.

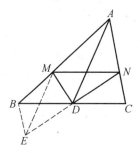

图 2

6. B. 根据公式 $|z|=\sqrt{z \cdot \bar{z}}$ 知,$A \cdot \bar{A}=1$,$B \cdot \bar{B}=1, C \cdot \bar{C}=1$. 于是知

$$\left|\frac{AB+BC+CA}{A+B+C}\right| = \sqrt{\frac{AB+BC+CA}{A+B+C} \cdot \frac{\bar{A}\bar{B}+\bar{B}\bar{C}+\bar{C}\bar{A}}{\bar{A}+\bar{B}+\bar{C}}} =$$

$$\sqrt{\frac{(AB\bar{C}\bar{C}+\bar{A}B\bar{C}\bar{C}+B\bar{C}A\bar{A}+\bar{B}CA\bar{A}+C\bar{A}B\bar{B}+\bar{C}A\bar{B}B)+(A\bar{A}B\bar{B}+B\bar{B}C\bar{C}+C\bar{C}A\bar{A})}{(A\bar{B}+\bar{A}B+B\bar{C}+\bar{B}C+C\bar{A}+\bar{C}A)+(A\bar{A}+B\bar{B}+C\bar{C})}} =$$

$$\sqrt{\frac{A\bar{B}+\bar{A}B+B\bar{C}+\bar{B}C+C\bar{A}+\bar{C}A+3}{A\bar{B}+\bar{A}B+B\bar{C}+\bar{B}C+C\bar{A}+\bar{C}A+3}} = 1$$

所以 $\dfrac{AB+BC+CA}{A+B+C}$ 的模长为 1.

7. 所以正整数按取模 3 可分为三类:$3k$ 型、$3k+1$ 型和 $3k+2$ 型.

首先,我们可以证明,所取的数最多只能取到两类. 否则,若三类数都有取到,设所取 $3k$ 型数为 $3a, 3k+1$ 型数为 $3b+1, 3k+2$ 型数为 $3c+2$,则 $3a+(3b+1)+(3c+2)=3(a+b+c+1)$,不可能为质数. 所以三类数中,最多能取到两类.

其次,我们容易知道,每类数最多只能取两个. 否则,若某一类 $3k+r(r=0, 1, 2)$ 型的数至少取到三个,设其中三个分别为 $3a+r, 3b+r, 3c+r$,则 $(3a+r)+(3b+r)+(3c+r)=3(a+b+c+r)$,不可能为质数. 所以每类数最多只能取两个.

结合上述两种情况,我们知道最多只能取 $2 \times 2 = 4$ 个数,才有可能满足题设条件.

另一方面,设所取的四个数为 1,7,5,11,即满足题设条件.

综上所述,若要满足题设条件,最多能取四个两两不同的正整数.

8. 根据条件知:
$$(a_1 - 2a_2) + (a_2 - 2a_3) + (a_3 - 2a_4) + \cdots + (a_{2013} - 2a_1) =$$
$$-(a_1 + a_2 + a_3 + \cdots + a_{2013}) = 0$$

另一方面,令 $|a_1 - 2a_2| = |a_2 - 2a_3| = |a_3 - 2a_4| = \cdots = |a_{2013} - 2a_1| = m$,则 $a_1 - 2a_2, a_2 - 2a_3, a_3 - 2a_4, \cdots, a_{2013} - 2a_1$ 中每个数或为 m,或为 $-m$. 设其中有 k 个 m, $(2013 - k)$ 个 $-m$,则
$$(a_1 - 2a_2) + (a_2 - 2a_3) + (a_3 - 2a_4) + \cdots + (a_{2013} - 2a_1) =$$
$$k \times m + (2013 - k) \times (-m) = (2k - 2013)m \tag{2}$$

由(1),(2)知
$$(2k - 2013)m = 0 \tag{3}$$

而 $2k - 2013$ 为奇数,不可能为 0,所以 $m = 0$. 于是知
$$a_1 = 2a_2, a_2 = 2a_3, a_3 = 2a_4, \cdots, a_{2012} = 2a_{2013}, a_{2013} = 2a_1$$

从而知, $a_1 = 2^{2013} \cdot a_1$,即得 $a_1 = 0$. 同理可知 $a_2 = a_3 = \cdots = a_{2013} = 0$. 命题得证.

9. 由公式 $\cos 2\alpha = 2\cos^2 \alpha - 1, \cos 3\alpha = 4\cos^3 \alpha - 3\cos \alpha$,得
$$32\cos^6 \theta - \cos 6\theta - 6\cos 4\theta - 15\cos 2\theta =$$
$$32\cos^6 \theta - (2\cos^2 3\theta - 1) - 6(2\cos^2 2\theta - 1) - 15(2\cos^2 \theta - 1) =$$
$$32\cos^6 \theta - [2(4\cos^3 \theta - 3\cos \theta)^2 - 1] -$$
$$6[2(2\cos^2 \theta - 1)^2 - 1] - 15(2\cos^2 \theta - 1) =$$
$$32\cos^6 \theta - (32\cos^6 \theta - 48\cos^4 \theta + 18\cos^2 \theta - 1) -$$
$$(48\cos^4 \theta - 48\cos^2 \theta + 6) - (30\cos^2 \theta - 15) = 10$$

10. $\{a'_{ij}\}_{m \times n}$ 中每一行的 n 个数都是按从小到大顺序排列的. 用反证法证明如下:

假设数阵 $\{a'_{ij}\}_{m \times n}$ 中存在一对数 $a'_{pq} > a'_{p(q+1)}$,因为 $\{a'_{ij}\}_{m \times n}$ 由 $\{a_{ij}\}_{m \times n}$ 的每一列各数按从上到下递增调整后生成,所以可令 $a'_{k(q+1)} = a_{i_k(q+1)}$,其中 $k = 1, 2, \cdots, m$, $\{i_1, i_2, \cdots, i_m\} = \{1, 2, \cdots, m\}$. 则当 $t \leqslant p$ 时,有 $a_{i_t q} \leqslant a_{i_t(q+1)} = a'_{t(q+1)} \leqslant a'_{p(q+1)} < a'_{pq}$. 即在集合 $\{a_{iq} | i = 1, 2, \cdots, m\}$ 中,至少存在 p 个元素小于 a'_{pq},所以 a'_{pq} 在数阵 $\{a'_{ij}\}_{m \times n}$ 的第 q 列中,至少排在第 $p+1$ 行,这与 a'_{pq} 在数阵 $\{a'_{ij}\}_{m \times n}$ 的第 p 行矛盾!

所以, $\forall i = 1, 2, \cdots, m$,都有 $a'_{ij} < a'_{i(j+1)}$,即 $\{a'_{ij}\}_{m \times n}$ 中每一行的 n 个数都是按从小到大顺序排列的.

§42 2013年华约自主招生数学试题

1. 设 $A=\{x \mid x \geqslant 10, x \in \mathbf{N}\}$，$B \subseteq A$，且 B 中元素满足：① 任意一个元素的各数位的数字互不相同；② 任意一个元素的任意两个数位的数字之和不等于9.

   (1) 求 B 中的两位数和三位数的个数；

   (2) 是否存在五位数，六位数？

   (3) 若从小到大排列 B 中元素，求第 1 081 个元素.

2. 已知 $\begin{cases} \sin x + \sin y = \dfrac{1}{3} \\ \cos x + \cos y = \dfrac{1}{5} \end{cases}$，求 $\cos(x+y)$，$\sin(x-y)$.

3. 点 A 在 $y=kx$ 上，点 B 在 $y=-kx$ 上，其中 $k>0$，$|OA| \cdot |OB|=k^2+1$ 且 A,B 在 y 轴同侧.

   (1) 求 AB 中点 M 的轨迹 C；

   (2) 曲线 C 与抛物线 $x^2=2py$ $(p>0)$ 相切，求证：切点分别在两条定直线上，并求切线方程.

4. 7 个红球，8 个黑球，一次取出 4 个.

   (1) 求恰有一个红球的概率；

   (2) 取出黑球的个数为 X，求 X 的分布列和 EX；

   (3) 取出 4 个球同色，求全为黑色的概率.

5. 数列 $\{a_n\}$ 各项均为正数，且对任意 $n \in \mathbf{N}^*$ 满足 $a_{n+1}=a_n+ca_n^2$ ($c>0$ 为常数).

   (1) 求证：对任意正数 M，存在 $N \in \mathbf{N}^*$，当 $n>N$ 时有 $a_n>M$；

   (2) 设 $b_n=\dfrac{1}{1+ca_n}$，S_n 是 $\{b_n\}$ 前 n 项和，求证：对任意 $d>0$，存在 $N \in \mathbf{N}^*$，当 $n>N$ 时有 $0<\left|S_n-\dfrac{1}{ca_1}\right|<d$.

6. 已知 x,y,z 是互不相等的正整数，$xyz \mid (xy-1)(yz-1)(zx-1)$，求 x,y,z.

7. 已知 $f(x)=(1-x)\mathrm{e}^x-1$.

   (1) 求证：当 $x>0$ 时 $f(x)<0$；

   (2) 数列 $\{x_n\}$ 满足 $x_n\mathrm{e}^{x_{n+1}}=\mathrm{e}^{x_n}-1$，$x_1=1$，求证：数列 $\{x_n\}$ 递减且 $x_n >$

$\frac{1}{2^n}$.

参考答案与提示

1. 将 $0,1,\cdots,9$ 这 10 个数字按照和为 9 进行配对,考虑 $(0,9)$,$(1,8)$,$(2,7)$,$(3,6)$,$(4,5)$,B 中元素的每个数位只能从上面五对数中每对至多取一个数构成

(1) 两位数有 $C_5^2 \times 2^2 \times A_2^2 - C_4^1 \times 2 = 72$ 个;三位数有 $C_5^3 \times 2^2 \times A_3^3 - C_4^2 \times 2^2 \times A_2^2 = 432$ 个;

(2) 存在五位数,只需从上述五个数对中每对取一个数即可构成符合条件的五位数;不存在六位数,由抽屉原理易知,若存在,则至少要从一个数对中取出两个数,则该两个数字之和为 9,与 B 中任意一个元素的任意两个数位的数字之和不等于 9 矛盾,因此不存在六位数.

(3) 四位数共有 $C_5^4 \times 2^4 \times A_4^4 - C_4^3 \times 2^3 \times A_3^3 = 1\,728$ 个,因此第 1 081 个元素是四位数,且是第 577 个四位数,我们考虑千位,千位为 1,2,3 的四位数有 $3 \times C_4^3 \times 2^3 \times A_3^3 = 576$ 个,因此第 1 081 个元素是 4 012.

2. 由 $\sin x + \sin y = \frac{1}{3}$ ①,$\cos x - \cos y = \frac{1}{5}$ ②,平方相加得 $\cos(x+y) = \frac{208}{225}$,另一方面由 ① 得 $2\sin\left(\frac{x+y}{2}\right)\cos\left(\frac{x-y}{2}\right) = \frac{1}{3}$ ③,由 ② 得 $2\sin\left(\frac{x+y}{2}\right)\sin\left(\frac{x-y}{2}\right) = -\frac{1}{5}$ ④,④ 除以 ③ 得 $\tan\frac{x-y}{2} = -\frac{3}{5}$,因此

$$\sin(x-y) = \frac{2\tan\frac{x-y}{2}}{1+\tan^2\frac{x-y}{2}} = -\frac{15}{17}$$

3. (1) 设 $A(x_1,y_1)$,$B(x_2,y_2)$,$M(x,y)$,则 $y_1 = kx_1$,$y_2 = -kx_2$,由 $|OA| \cdot |OB| = k^2 + 1$ 得 $x_1 x_2 = 1$,即

$$\frac{(x_1+x_2)^2}{4} - \frac{(x_1-x_2)^2}{4} = 1$$

又

$$x = \frac{x_1+x_2}{2}, y = \frac{y_1+y_2}{2} = k\frac{x_1-x_2}{2}$$

于是 M 的轨迹方程为 $x^2 - \frac{y^2}{k^2} = 1$,于是 AB 中点 M 的轨迹 C 是焦点为 $(\pm\sqrt{k^2+1},0)$,实轴长为 2 的双曲线.

(2) 将 $x^2 = 2py(p > 0)$ 与 $x^2 - \frac{y^2}{k^2} = 1$ 联立得 $y^2 - 2pk^2 y + k^2 = 0$,曲线

C 与抛物线相切,故 $\Delta = 4p^2k^4 - 4k^2 = 0$,又因为 $p,k > 0$,所以 $pk = 1$,且 $y = pk^2 = k$, $x = \pm\sqrt{2pk} = \pm\sqrt{2}$ 因此两切点分别在定直线 $x = \sqrt{2}$, $x = -\sqrt{2}$ 上,两切点为 $D(\sqrt{2}, k)$, $E(-\sqrt{2}, k)$,因为 $y' = \dfrac{x}{p}$,于是在 $D(\sqrt{2}, k)$ 处的切线方程分别为 $y = \dfrac{\sqrt{2}}{p}(x-\sqrt{2}) + k$,即 $y = \dfrac{\sqrt{2}}{p}x - \dfrac{1}{p}$,在 $E(-\sqrt{2}, k)$ 处的切线方程分别为 $y = -\dfrac{\sqrt{2}}{p}(x+\sqrt{2}) + k$,即 $y = -\dfrac{\sqrt{2}}{p}x - \dfrac{1}{p}$.

4.(1)恰有一个红球的概率为 $\dfrac{C_7^1 C_8^3}{C_{15}^4} = \dfrac{56}{195}$;

(2)X 的所有可能取值为 $0,1,2,3,4$,$P(X=0) = \dfrac{C_7^4}{C_{15}^4} = \dfrac{5}{195}$,$P(X=1) = \dfrac{C_7^3 C_8^1}{C_{15}^4} = \dfrac{40}{190}$,$P(X=2) = \dfrac{C_7^2 C_8^2}{C_{15}^4} = \dfrac{84}{195}$,$P(X=3) = \dfrac{C_7^1 C_8^3}{C_{15}^4} = \dfrac{56}{195}$,$P(X=4) = \dfrac{C_8^4}{C_{15}^4} = \dfrac{10}{195}$,即 X 的分布列为

X	0	1	2	3	4
P	$\dfrac{5}{195}$	$\dfrac{40}{195}$	$\dfrac{84}{195}$	$\dfrac{56}{195}$	$\dfrac{10}{195}$

所以

$$EX = 0 \times \dfrac{5}{195} + 1 \times \dfrac{40}{195} + 2 \times \dfrac{84}{195} + 3 \times \dfrac{56}{195} + 4 \times \dfrac{10}{195} = \dfrac{32}{15}$$

(事实上由超几何分布期望公式可以直接得出期望为 $EX = 4 \times \dfrac{8}{15} = \dfrac{32}{15}$,无需繁杂计算).

(3)取出 4 个球同色,全为黑色的概率为 $\dfrac{C_8^4}{C_7^4 + C_8^4} = \dfrac{2}{3}$.

5.(1)证明:因为对任意 $n \in \mathbf{N}^*$ 满足 $a_n > 0$,所以 $a_{n+1} = a_n + ca_n^2 > a_n$,又因为 $c > 0$,所以

$$a_{n+1} - a_n = ca_n^2 - ca_{n-1}^2 + a_n - a_{n-1} > a_n - a_{n-1} > \cdots > a_2 - a_1$$

所以

$$a_n = a_n - a_{n-1} + a_{n-1} - a_{n-2} + \cdots + a_2 - a_1 + a_1 > (n-1)(a_2 - a_1) = (n-1)a_1^2$$

故对任意正数 M,存在 $N = \max\left\{1, \left[\dfrac{M}{a_1^2}\right] + 2\right\} \in \mathbf{N}^*$,当 $n > N$ 时有 $a_n > M$(注:$\left[\dfrac{M}{a_1^2}\right]$ 表示不超过 $\dfrac{M}{a_1^2}$ 的最大整数).

(2) 由 $a_{n+1}=a_n+ca_n^2$,得
$$a_{n+1}=a_n+ca_n^2=a_n(ca_n+1)$$
所以
$$\frac{1}{ca_n+1}=\frac{a_n}{a_{n+1}}=\frac{ca_n^2}{ca_na_{n+1}}=\frac{a_{n+1}-a_n}{ca_na_{n+1}}=\frac{1}{ca_n}-\frac{1}{ca_{n+1}}$$
所以
$$S_n=\sum_{i=1}^{n}b_i=\frac{1}{ca_1}-\frac{1}{ca_{n+1}} \quad \left|S_n-\frac{1}{ca_1}\right|=\frac{1}{ca_{n+1}}>0$$
且由(1)有 $a_{n+1}>na_1^2$,所以
$$\frac{1}{ca_{n+1}}<\frac{1}{nca_1^2}$$
对任意 $d>0$,存在 $N=\max\left\{1,\left[\dfrac{M}{dca_1^2}\right]\right\}$,当 $n>N$ 时有 $0<\left|S_n-\dfrac{1}{ca_1}\right|<d$.

6. 本题等价于求使 $\dfrac{(xy-1)(yz-1)(zx-1)}{xyz}=xyz-(x+y+z)+\dfrac{xy+yz+zx-1}{xyz}$ 为整数的正整数 x,y,z,由于 x,y,z 是互不相等的正整数,因此 $xyz\mid xy+yz+zx-1$,不失一般性不妨设 $x>y>z$,则 $xyz\leqslant xy+yz+zx-1<3xy$ 于是 $z<3$,结合 z 为正整数,从而 $z=1,2$,当 $z=1$ 时,$xy\mid xy+y+x-1$,即 $xy\mid y+x-1$,于是 $xy\leqslant y+x-1<2x$,所以 $y<2$,但另一方面 $y>z$,且 y 是正整数,所以 $y\geqslant 2$ 矛盾,不合题意.

所以 $z=2$,此时 $2xy\mid xy+2y+2x-1$,所以 $2xy\leqslant 2y+xy+2x-1$,即 $xy\leqslant 2y+2x-1$,所以 $xy<2x+2x=4x$,所以 $y<4$ 结合 $y>z=2$ 知 $y=3$,所以 $6x\mid 5x+5$,所以 $6x\leqslant 5x+5$,即 $x\leqslant 5$,结合 $x>y=3$ 知 $x=4$,5,经检验仅有 $x=5$ 符合题意,因此符合题意的正整数 x,y,z 有
$$(x,y,z)=(2,3,5),(2,5,3),(3,2,5),(3,5,2),(5,2,3),(5,3,2)$$

7. 证明:(1) 当 $x>0$ 时 $f'(x)=xe^x<0$,$f(x)$ 在 $(0,+\infty)$ 递减,所以 $f(x)<f(0)=0$.

(2) 由 $x_ne^{x_{n+1}}=e^{x_n}-1$,得 $e^{x_{n+1}}=\dfrac{e^{x_n}-1}{x_n}$,结合 $x_1=1$,及对任意 $x>0$,$e^x>x+1$,利用数学归纳法易得 $x_n>0$ 对任意正整数 n 成立,由(1) 知 $f(x_n)<0$,即 $e^{x_n}-1<x_ne^{x_n}$,即 $x_ne^{x_{n+1}}<x_ne^{x_n}$,因为 $x_n>0$,所以 $e^{x_{n+1}}<e^{x_n}$,即 $x_n>x_{n+1}$,所以数列 $\{x_n\}$ 递减.

下面证明 $x_n>\dfrac{1}{2^n}$,用数学归纳法证明,设 $g(x)=\dfrac{e^x-1}{x}$,则 $g'(x)=\dfrac{xe^x-e^x+1}{x^2}=-\dfrac{f(x)}{x^2}$,由(1) 知当 $x>0$ 时 $f(x)<0$,所以 $g'(x)>0$,所以

$g(x)$ 在 $(0,+\infty)$ 递增,由归纳假设 $x_n > \dfrac{1}{2^n}$,得 $g(x_n) > g\left(\dfrac{1}{2^n}\right)$,要证明 $x_{n+1} > \dfrac{1}{2^{n+1}}$ 只需证明 $e^{x_{n+1}} > e^{\frac{1}{2^{n+1}}}$,即 $g(x_n) > e^{\frac{1}{2^{n+1}}}$,故只需证明 $g\left(\dfrac{1}{2^n}\right) > e^{\frac{1}{2^{n+1}}}$,考虑函数 $h(x) = xg(x) - xe^{\frac{x}{2}}$,因为当 $x > 0$ 时 $e^{\frac{x}{2}} > \left(1 + \dfrac{x}{2}\right)$,所以 $h'(x) = e^x - \left(1 + \dfrac{x}{2}\right)e^{\frac{x}{2}} = e^{\frac{x}{2}}\left(e^{\frac{x}{2}} - \left(1 + \dfrac{x}{2}\right)\right) > 0$,所以 $h(x)$ 在 $(0,+\infty)$ 递增,因为 $\dfrac{1}{2^n} > 0$,所以 $h\left(\dfrac{1}{2^n}\right) > 0$,即 $g\left(\dfrac{1}{2^n}\right) > e^{\frac{1}{2^{n+1}}}$,由归纳法知,$x_n > \dfrac{1}{2^n}$ 对任意正整数 n 成立.

§43 2013年卓越联盟自主招生数学试题

一、选择题

1. 已知 $f(x)$ 是定义在实数集上的偶函数,且在 $(0,+\infty)$ 上递增,则 ( )

A. $f(2^{0.7}) < f(-\log_2 5) < f(-3)$ B. $f(-3) < f(2^{0.7}) < f(-\log_2 5)$

C. $f(-3) < f(-\log_2 5) < f(2^{0.7})$ D. $f(2^{0.7}) < f(-3) < f(-\log_2 5)$

2. 已知函数 $f(x) = \sin(\omega x + \varphi)\left(\omega > 0, 0 < \varphi < \dfrac{\pi}{2}\right)$ 的图象经过点 $B\left(-\dfrac{\pi}{6}, 0\right)$,且 $f(x)$ 的相邻两个零点的距离为 $\dfrac{\pi}{2}$,为得到 $y = f(x)$ 的图象,可将 $y = \sin x$ 图象上的所有点( )

A. 先向右平移 $\dfrac{\pi}{3}$ 个单位长度,再将所得点的横坐标变为原来的 $\dfrac{1}{2}$ 倍,纵坐标不变

B. 先向左平移 $\dfrac{\pi}{3}$ 个单位长度,再将所得点的横坐标变为原来的 $\dfrac{1}{2}$ 倍,纵坐标不变

C. 先向左平移 $\dfrac{\pi}{3}$ 个单位长度,再将所得点的横坐标变为原来的 2 倍,纵坐标不变

D. 先向右平移 $\dfrac{\pi}{3}$ 个单位长度,再将所得点的横坐标变为原来的 2 倍,纵坐标不变

3. 如图1,在 A, B, C, D, E 五个区域栽种3种植物,要求同一区域只种1种植物,相邻两区域所种植物不同,则不同的栽种方法的总数为( )

A. 21   B. 24
C. 30   D. 48

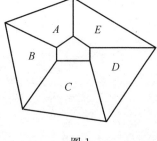

图1

4. 设函数 $f(x)$ 在 **R** 上存在导数 $f'(x)$,对任意的 $x \in \mathbf{R}$,有 $f(-x) + f(x) = x^2$,且在 $(0, +\infty)$ 上 $f'(x) > x$,若 $f(2-a) - f(a) \geqslant 2 - 2a$,则实数 a 的取值范围为

( )
    A. $[1,+\infty)$ B. $(-\infty,1]$ C. $(-\infty,2]$ D. $[2,+\infty)$

二、填空题

5. 已知抛物线 $y^2=2px(p>0)$ 的焦点是双曲线 $\dfrac{x^2}{8}-\dfrac{y^2}{p}=1$ 的一个焦点，则双曲线的渐近线方程为_____.

6. 设点 O 在 $\triangle ABC$ 的内部，点 D,E 分别为边 AC,BC 的中点，且 $|\overrightarrow{OD}+2\overrightarrow{OE}|=1$，则 $|\overrightarrow{OA}+2\overrightarrow{OB}+3\overrightarrow{OC}|=$ _____.

7. 设曲线 $y=\sqrt{2x-x^2}$ 与 x 轴所围成的区域为 D，向区域 D 内随机投一点，则该点落入区域 $\{(x,y)\in D\,|\,x^2+y^2<2\}$ 内的概率为_____.

8. AE 是圆 O 的切线，A 是切点，$AD\perp OE$，垂足是 D，割线 EC 交圆 O 于 B，C 两点，且 $\angle ODC=\alpha$，$\angle DBC=\beta$，则 $\angle OEC=$ _____.

三、解答题

9. 在 $\triangle ABC$ 中，三个内角 A,B,C 所对的边分别为 a,b,c. 已知 $(a-c)(\sin A+\sin C)=(a-b)\sin B$.

（1）求角 C 的大小；

（2）求 $\sin A\cdot\sin B$ 的最大值.

10. 设椭圆 $\dfrac{x^2}{a^2}+\dfrac{y^2}{4}=1(a>2)$ 的离心率为 $\dfrac{\sqrt{3}}{3}$，斜率为 k 的直线 l 过点 $E(0,1)$ 且与椭圆交于 C,D 两点.

（1）求该椭圆的方程；

（2）若直线 l 与 x 轴相交于点 G，且 $\overrightarrow{GC}=\overrightarrow{DE}$，求 k 的值；

（3）设 A 为椭圆的下顶点，k_{AC},k_{AD} 分别为直线 AC,AD 的斜率，证明：对任意的 k，恒有 $k_{AC}\cdot k_{AD}=-2$.

11. 设 $x>0$.

（1）证明：$e^x>1+x+\dfrac{1}{2}x^2$；

（2）若 $e^x=1+x+\dfrac{1}{2}x^2e^y$，证明：$0<y<x$.

12. 已知数列 $\{a_n\}$ 满足 $a_{n+1}=a_n^2-na_n+\alpha(\alpha\in\mathbf{R})$，首项 $a_1=3$.

（1）如果 $a_n\geqslant 2n$ 恒成立，求 α 的取值范围；

（2）如果 $\alpha=-2$，求证：$\dfrac{1}{a_1-2}+\dfrac{1}{a_2-2}+\cdots+\dfrac{1}{a_n-2}+\dfrac{1}{a_{n+1}}<2$.

参考答案与提示

1. A 2. B 3. C 4. B 5. $y=\pm x$ 6. 2 7. $1-\dfrac{1}{\pi}$ 8. $\beta-\alpha$

9.(1) 由题设,得 $(a-c)(a+c)=(a-b)b$,$a^2+b^2-ab=c^2$,$C=\dfrac{\pi}{3}$.

(2) 得 $A+B=\dfrac{2\pi}{3}$,所以

$$\sin A \cdot \sin B = \sin A \sin\left(\dfrac{2\pi}{3}-A\right) = \cdots = \dfrac{1}{2}\sin\left(2A-\dfrac{\pi}{6}\right)+\dfrac{1}{4}$$

再由 $A\in\left(0,\dfrac{2\pi}{3}\right)$ 知,当且仅当 $A=\dfrac{\pi}{3}$ 时,$\sin A \cdot \sin B$ 取到最大值,且最大值是 $\dfrac{3}{4}$.

10.(1) $\dfrac{x^2}{6}+\dfrac{y^2}{4}=1$.

(2) 得 $l:y=kx+1$,因为直线 l 经过的点 $E(0,1)$ 在已知的椭圆内,所以直线 l 与该椭圆总有两个不同的交点. 设 $C(x_1,y_1)$,$D(x_2,y_2)$.

可得 $(3k^2+2)x^2+6kx-9=0$,且 $x_1+x_2=-\dfrac{6k}{3k^2+2}$.

由 $\overrightarrow{GC}=\overrightarrow{DE}$ 可得 $x_1+x_2=-\dfrac{1}{k}$. 进而可求得 $k=\pm\dfrac{\sqrt{6}}{3}$.

(3) 由(2)的解法可得 $x_1+x_2=-\dfrac{6k}{3k^2+2}$,$x_1x_2=-\dfrac{9}{3k^2+2}$.

由 $A(0,-2)$,得

$$k_{AC}\cdot k_{AD}=\dfrac{y_1+2}{x_1}\cdot\dfrac{y_2+2}{x_2}=\dfrac{(kx_1+3)(kx_2+3)}{x_1x_2}=$$
$$\dfrac{k^2x_1x_2+3k(x_1+x_2)+9}{x_1x_2}=\cdots=-2$$

11.(1) 用两次求导可证.

(2) 由题设及结论(1)可得 $0<y$,下证 $y<x$.

设 $f(x)=e^x-\left(1+x+\dfrac{1}{2}x^2e^x\right)$ $(x\geqslant 0)$

得

$f'(x)=e^x-\left(1+xe^x+\dfrac{1}{2}x^2e^x\right)$ $(x\geqslant 0)$

用导数可证 $f'(x)$ 是减函数,所以 $f'(x)\leqslant f'(0)=0(x\geqslant 0)$.

得 $f(x)$ 是减函数,所以 $f(x)<f(0)=0(x>0)$,即 $2(e^x-1-x)<$

$x^2 e^x (x > 0)$,再由题设,得 $e^y < e^x, y < x$.

证毕.

12.(1) 由 $a_2 = \alpha + 6 \geqslant 4$,得 $\alpha \geqslant -2$. 下面再用数学归纳法证明当 $\alpha \geqslant -2$ 时,$a_n \geqslant 2n$ 恒成立.

当 $n = 1, 2$ 时,成立.

假设当 $n = k (k \geqslant 2)$ 时,$a_k \geqslant 2k$. 由函数 $y = x^2 - kx (x \geqslant 2k)$ 是增函数,得
$$a_{k+1} = a_k^2 - ka_k + \alpha \geqslant (2k)^2 - k \cdot (2k) - 2 \geqslant 2(k+1)$$

即 $n = k + 1$ 时成立.

所以欲证成立.

所以 α 的取值范围是 $[-2, +\infty)$.

(2) 只需证明 $\dfrac{1}{a_1 - 2} + \dfrac{1}{a_2 - 2} + \cdots + \dfrac{1}{a_n - 2} < 1 + \dfrac{1}{2} + \dfrac{1}{2^2} + \cdots + \dfrac{1}{2^{n-1}}$,只需用数学归纳法证明 $a_n \geqslant 2^{n-1} + 2$.

当 $n = 1, 2$ 时,成立.

假设当 $n = k (k \geqslant 2)$ 时,$a_k \geqslant 2^{k-1} + 2$. 由此可得
$$a_{k+1} = a_k(a_k - k) - 2 \geqslant (2^{k-1} + 2)(2k - k) - 2 \geqslant 2^k + 2$$

即 $n = k + 1$ 时成立.

所以欲证成立.

注 本题可能是由 2002 年高考全国卷理科压轴题(即第 21 题)改编的,这道高考题是:

设数列 $\{a_n\}$ 满足 $a_{n+1} = a_n^2 - na_n + 1, n = 1, 2, 3, \cdots$.

(1) 当 $a_1 = 2$ 时,求 a_2, a_3, a_4,并由此猜想出 a_n 的一个通项公式;

(2) 当 $a_1 \geqslant 3$ 时,证明:对所有的 $n \geqslant 1$,有

(a) $a_n \geqslant n + 2$;

(b) $\dfrac{1}{1 + a_1} + \dfrac{1}{1 + a_2} + \cdots + \dfrac{1}{1 + a_n} \leqslant \dfrac{1}{2}$.

§44 2012年北约自主招生数学试题

1. 求 x 的取值范围使得 $f(x) = |x+2| + |x| + |x-1|$ 是增函数.

2. 求 $\sqrt{x+11-6\sqrt{x+2}} + \sqrt{x+27-10\sqrt{x+2}} = 1$ 的实数根的个数.

3. 已知 $(x^2-2x+m)(x^2-2x+n) = 0$ 的 4 个根组成首项为 $\frac{1}{4}$ 的等差数列,求 $|m-n|$.

4. 如果锐角 $\triangle ABC$ 的外接圆的圆心为 O,求 O 到三角形三边的距离之比.

5. 已知点 $A(-2,0), B(2,0)$,若点 C 是圆 $x^2-2x+y^2=0$ 上的动点,求 $\triangle ABC$ 面积的最小值.

6. 在 $1,2,\cdots,2012$ 中取一组数,使得任意两数之和不能被其差整除,最多能取多少个数?

7. 求使得 $\sin 4x \sin 2x - \sin x \sin 3x = a$ 在 $[0,\pi)$ 有唯一解的 a.

8. 求证:若圆内接五边形的每个角都相等,则它为正五边形.

9. 求证:对于任意的正整数 n,$(1+\sqrt{2})^n$ 必可表示成 $\sqrt{s}+\sqrt{s-1}$ 的形式,其中 $s \in \mathbf{N}^+$.

参考答案与提示

1. 分别讨论 x 在 $(-\infty,-2), [-2,0), [0,1), [1,+\infty)$ 中时,去掉绝对值.易知 $x \geqslant 0$ 即可.

2. 在题设中把被开方式配方后,可得
$$|\sqrt{x+2}-3| + |\sqrt{x+2}-5| = 1$$
由绝对值不等式,可得 $|\sqrt{x+2}-3| + |\sqrt{x+2}-5| \geqslant 5-3 = 2$,所以原方程实数根的个数是 0.

3. 注意到两个方程的一次项系数相同,所以由韦达定理有首项与末项之和为 2. 因此末项为 $2 - \frac{1}{4} = \frac{7}{4}$,这样可算得公差为 $d = \frac{1}{2}$. 于是 4 个根为 $\frac{1}{4}, \frac{3}{4}, \frac{5}{4}, \frac{7}{4}$,这样
$$|m-n| = \left|\frac{1}{4} \cdot \frac{7}{4} - \frac{3}{4} \cdot \frac{5}{4}\right| = \frac{1}{2}$$

4. 设 $\triangle ABC$ 的外接圆半径为 R,三边长分别为 a,b,c,外心 O 到三边 a,b,

c 的距离分别是 d_a, d_b, d_c, 得 $2S_{\triangle OAB} = R^2 \sin 2C = cd_c = d_c R \sin C, d_c = R\cos C$, … 所以 $d_a : d_b : d_c = \cos A : \cos B : \cos C$.

注 对于任意 $\triangle ABC$, 相应的结论是 $d_a : d_b : d_c = |\cos A| : |\cos B| : |\cos C|$.

5. 由数形结合知当 OC 垂直 AB 时(否则利用斜边大于直角边,两点之间线段最短推矛盾). 因为直线 AB 的方程为 $x - y + 2 = 0$, 所以点 O 到 AB 的距离为 $\frac{|1-0+2|}{\sqrt{1^2+1^2}} = \frac{3}{\sqrt{2}}$, 于是 $\triangle ABC$ 面积的最小值为 $\frac{1}{2} \cdot \sqrt{2^2+2^2} \cdot \left(\frac{3}{\sqrt{2}} - 1\right) = 3 - \sqrt{2}$.

6. 将 $1, 2, \cdots, 2\,012$ 分成 $(1,2,3), (4,5,6), \cdots, (2\,008, 2\,009, 2\,010), (2\,011, 2\,012)$ 这 671 组. 如果取至少 672 个数, 则有抽屉原理必然有 2 个数属于同一组, 不妨设为 $a > b$, 则 $a - b = 1, 2$.

当 $a - b = 1$ 时, 此时 $a - b$ 整除 $a + b$, 不合要求;

当 $a - b = 2$ 时, 此时 a, b 同奇偶, 所以 $a + b$ 为偶数, 从而 $a - b$ 整除 $a + b$, 不合要求.

因此最多取 671 个数, 现在取 $1, 4, 7, \cdots, 2\,011$ 这 671 个数, 此时任两数之和除以 3 的余数为 2, 而两数之差是 3 的倍数, 所以任意两数之和不能被其差整除. 综上所述, 最多能取 671 个数.

7. 设 $f(x) = \sin 4x \sin 2x - \sin x \sin 3x = \frac{1}{2}(\cos 4x - \cos 6x)$ 显然关于 $x = \frac{\pi}{2}$ 对称, 因此 $f(x) = a$ 在 $[0, \pi)$ 有唯一解的话, 必然只能在 $x = 0, \frac{\pi}{2}$ 时.

当 $x = 0$ 为解时, 此时 $a = 0$, 方程化为 $\sin x \sin 5x = 0$ 在 $[0, \pi)$ 不止一解, 故舍去.

当 $x = \frac{\pi}{2}$ 为解时, 此时 $a = 1$, 方程化为 $\sin x \sin 5x = 1$. 因为在 $[0, \pi)$ 上 $\sin x \geqslant 0$, 所以只能是 $\sin x = 1, \sin 5x = 1$, 即 $x = \frac{\pi}{2}$ 为唯一解.

综上所述, $a = 1$.

8. 设这个五边形为 $ABCDE$, $AE \cap CD = G$, 联结 AC. 由 $\angle AED = \angle EDC$, 得 $\angle GED = \angle GDE$. 由 A, C, D, E 四点共圆, 得 $\angle GAC = \angle EDG = \angle GED$, $DE \parallel AC$, 所以 $AE = CD$. 同理 $AE = BC$, … 得五边形 $ABCDE$ 各边相等, 得正五边形 $ABCDE$.

9. 构造数列 $a_n = \frac{(1+\sqrt{2})^n + (1-\sqrt{2})^n}{2}$, 则逆用特征根法知

$$a_{n+2} = 2a_{n+1} + a_n, a_1 = 1, a_2 = 3 \quad (\forall n \in \mathbf{N}^+)$$

于是 $\{a_n\}$ 为正整数列. 另外，注意到

$$a_{2n}^2 - 1 = \left(\frac{(1+\sqrt{2})^{2n} + (1-\sqrt{2})^{2n}}{2}\right)^2 - 1 = \left(\frac{(1+\sqrt{2})^{2n} - (1-\sqrt{2})^{2n}}{2}\right)^2$$

所以

$$\sqrt{a_{2n}^2 - 1} = \frac{(1+\sqrt{2})^{2n} - (1-\sqrt{2})^{2n}}{2}$$

于是

$$(1+\sqrt{2})^{2n} = a_{2n} + \sqrt{a_{2n}^2 - 1}$$

同理可证

$$(1+\sqrt{2})^{2n+1} = a_{2n+1} + \sqrt{a_{2n+1}^2 + 1}$$

综上所述，命题得证.

§45 2012年华约自主招生数学试题

一、选择题

1. 在锐角 $\triangle ABC$ 中,已知 $A>B>C$,则 $\cos B$ 的取值范围为( )

   A. $\left(0,\dfrac{\sqrt{2}}{2}\right)$ B. $\left[\dfrac{1}{2},\dfrac{\sqrt{2}}{2}\right)$ C. $(0,1)$ D. $\left(\dfrac{\sqrt{2}}{2},1\right)$

2. 红蓝两色车、马、炮棋子各一枚,将这 6 枚棋子排成一列,其中每对同字的棋子中,均为红旗子在前,蓝棋子在后,满足这种情况的不同条件的不同排列方式共有( )

   A. 36 种   B. 60 种   C. 90 种   D. 120 种

3. 正四棱锥 $S-ABCD$ 中,侧棱与底面所成角为 α,侧面与底面所成二面角为 α,侧棱 SB 与底面正方形 $ABCD$ 的对角线 AC 所成角为 γ,相邻两侧面所成二面角为 θ,则 α、β、γ、θ 之间的大小关系是( )

   A. $\alpha<\beta<\theta<\gamma$ B. $\alpha<\beta<\gamma<\theta$
   C. $\alpha<\gamma<\beta<\theta$ D. $\beta<\alpha<\gamma<\theta$

4. 向量 $a\neq e$,$|e|=1$,若 $\forall t\in \mathbf{R}$,$|a-te|\geqslant |a+e|$,则( )

   A. $a\perp e$ B. $a\perp (a+e)$ C. $e\perp (a+e)$ D. $(a+e)\perp (a-e)$

5. 若复数 $\dfrac{\omega-1}{\omega+1}$ 的实部为 0,Z 是复平面上对应 $\dfrac{1}{\omega+1}$ 的点,则点 $Z(x,y)$ 的轨迹是( )

   A. 一条直线   B. 一条线段   C. 一个圆   D. 一段圆弧

6. 椭圆长轴为 4,左顶点在圆 $(x-4)^2+(y-1)^2=4$ 上,左准线为 y 轴,则此椭圆离心率的取值范围是( )

   A. $\left[\dfrac{1}{8},\dfrac{1}{4}\right]$ B. $\left[\dfrac{1}{4},\dfrac{1}{2}\right]$ C. $\left[\dfrac{1}{8},\dfrac{1}{2}\right]$ D. $\left[\dfrac{1}{2},\dfrac{3}{4}\right]$

7. 已知三棱锥 $S-ABC$ 的底面 ABC 为正三角形,点 A 在侧面 SBC 上的射影 H 是 $\triangle SBC$ 的垂心,二面角 $H-AB-C$ 为 $30°$,且 $SA=2$,则此三棱锥的体积为( )

   A. $\dfrac{1}{2}$ B. $\dfrac{\sqrt{3}}{2}$ C. $\dfrac{\sqrt{3}}{4}$ D. $\dfrac{3}{4}$

8. 如图1,在锐角 $\triangle ABC$ 中,AB 边上的高 CE 与 AC 边上的高 BD 交于点 H,以 DE 为直径作圆与 AC 的另一个交点为 G,已知 $BC=25$,$BD=20$,$BE=7$,

则 AG 的边长为(　　)

A. 8 B. $\dfrac{42}{5}$

C. 10 D. $\dfrac{54}{5}$

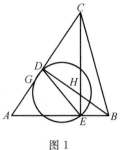

图1

9. 已知数列 $\{a_n\}$ 的通项公式为 $a_n = \lg\left(1 + \dfrac{2}{n^2+3n}\right), n=1,2,\cdots$，$S_n$ 是数列的前 n 项和，则 $\lim\limits_{n\to\infty} S_n = ($　　$)$

A. 0 B. $\lg\dfrac{3}{2}$ C. $\lg 2$ D. $\lg 3$

10. 已知 $-6 \leqslant x_i \leqslant 10 (i=1,2,\cdots,10)$，$\sum\limits_{i=1}^{10} x_i = 50$，当 $\sum\limits_{i=1}^{10} x_i^2$ 取得最大值时，在 $x_1,x_2,\cdots,x_{10}$ 这是个数种等于 -6 的数共有(　　)

A. 1 个 B. 2 个 C. 3 个 D. 4 个

二、解答题

11. 在 $\triangle ABC$ 中，A,B,C 的对边分别为 a,b,c. 已知 $2\sin^2\dfrac{A+B}{2} = 1 + \cos 2C$.

(1) 求 C 的大小；

(2) 若 $c^2 = 2b^2 - 2a^2$，求 $\cos 2A - \cos 2B$ 的值.

12. 已知两点 $A(-2,0), B(2,0)$，动点 P 在 y 轴上的射影是点 H，且 $\vec{PA} \cdot \vec{PB} = 2|\vec{PH}|^2$.

(1) 求动点 P 的轨迹的方程；

(2) 已知过点 B 的直线交曲线 C 于 x 轴下方不同的两点 M,N. 设 MN 的中点为 R，过 R 与点 $Q(0,-2)$ 作直线 RQ，求直线 RQ 斜率的取值范围.

13. 系统中每个元素正常工作的概率都是 $p(0<p<1)$，各元件正常工作的事件相互独立，如果系统中有多于一半的元件正常工作，系统就能正常工作，系统正常工作的概率称为系统的可靠性.

(1) 某系统配置有 $2k-1$ 个元件，k 为正整数，求该系统正常工作概率的表达式；

(2) 现为改善(1)中系统的性能，拟增加两个元件，试讨论增加两个元件后，能否提高系统的可靠性.

14. 记函数 $f_n(x) = 1 + x + \dfrac{x^2}{2!} + \cdots + \dfrac{x^n}{n!} (n=1,2,\cdots)$，证明：当 n 是偶数时，方程 $f_n(x) = 0$ 没有实根；当 n 是奇数时，方程 $f_n(x) = 0$ 有唯一的实根 θ_n，

且 $\theta_n > \theta_{n+2}$.

15. 某乒乓球培训班共有 n 位学员,在班内双打训练赛期间,每两名学员都作为搭档恰好参加过一场双打比赛,试确定 n 的所有可能值并分别给出对应的一种安排比赛的方案.

参考答案与提示

1. A. $2B > B + C > \dfrac{\pi}{2}$ 和 $B < \dfrac{\pi}{2}$,因此 $\cos B \in \left(0, \dfrac{\sqrt{2}}{2}\right)$.

2. C. 记 $2k$ 枚棋子时这种条件的不同的排列方式有 $A(2k)$ 种,刚加入 2 枚同字的棋子时,若这 2 枚同字的棋子相邻,则有 $(2k+1)A(2k)$ 种排列法;若这 2 枚同字的棋子不相邻,则有 $C_{2k+1}^2 A(2k)$ 种排列法. 因此 $A(2k+2) = [2k+1+C_{2k+1}^2]A(2k)$,从而 $A(2) = 1, A(4) = 6, A(6) = 6 \cdot (5 + C_5^2) = 90$. 选 C.

3. B. 作底面垂线 SO,交底面于点 O,则 O 为 AC 和 BD 的交点,因此 $\gamma = \dfrac{\pi}{2}$;过点 O 作 $OE \perp AD$,交 AD 于点 E,联结 SE,则 $\sin \alpha = \dfrac{SO}{SA}, \sin \beta = \dfrac{SO}{SE}$,且 $SA > SE$,故 $\alpha < \beta < \dfrac{\pi}{2}$;过点 A 作 $AF \perp SD$,交 SD 于点 F,联结 CF,则 $AF = CF < AD$,因此 $\cos \theta = \cos \angle AFC = \dfrac{2AF^2 - AC^2}{2AF^2} < 0$. 因此 $\alpha < \beta < \gamma < \theta$. 选 B.

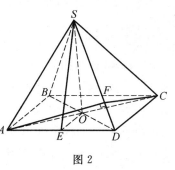

图 2

4. C. 若 $e \perp (a+e)$ 不成立,则 $(a+e)$ 在 l 上的投影向量可写成 $a - t_0 e$,且 $|a - t_0 e| < |a + e|$.

或 $|a - te| \geq |a + e|$,则
$$|a|^2 - 2t a \cdot e + t^2 \geq |a|^2 + 2a \cdot e + 1$$
即 $t^2 - 2t a \cdot e - (1 + 2a \cdot e) \geq 0$ 对一切 t 成立,因此 $(a \cdot e + 1) \leq 0$. 选 C.

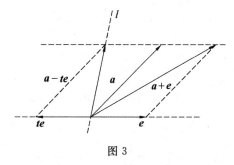

图 3

5. A. $\operatorname{Re}\left(\dfrac{\omega-1}{\omega+1}\right)=\operatorname{Re}\left(\dfrac{\omega\cdot\bar{\omega}+(\omega-\bar{\omega})-1}{|\omega+1|^2}\right)=0\Rightarrow|\omega|=1$. 设 $\omega=\cos t+\mathrm{i}\sin t, t\in[0,2\pi]\setminus\{\pi\}$, 则 $\dfrac{1}{1+\omega}=\dfrac{1+\cos t}{2+2\cos t}-\dfrac{\sin t}{2+2\cos t}\mathrm{i}=\dfrac{1}{2}-\dfrac{1}{2}\tan\dfrac{t}{2}$, 由于 $t\in[0,2\pi]\setminus\{\pi\}$ 时, $\dfrac{1}{2}\tan\dfrac{t}{2}\in(-\infty,+\infty)$, 因此为直线 $x=\dfrac{1}{2}$. 选 A.

6. B. 设左顶点为 $\begin{cases}x=4+2\cos t\\ y=1+2\sin t\end{cases}$ $(t\in[0,2\pi])$, 则对称中心 $(6+2\cos t,1+2\sin t)$.

令 $\begin{cases}u=x-6-2\cos t\\ v=y-1-2\sin t\end{cases}$, 则在 uv 坐标系中, 椭圆对称中心在原点, 其左准线为 $u=-6-2\cos t$, 因此 $-\dfrac{a^2}{c}=-\dfrac{4}{c}=-6-2\cos t\Rightarrow e=\dfrac{c}{a}=\dfrac{1}{3+\cos t}\in\left[\dfrac{1}{4},\dfrac{1}{2}\right]$. 选 B.

7. D. 如图 4, 因为 $SH\perp BC$, 所以 $SA\perp BC$, 同理 $SB\perp AC$, 所以点 S 在面 ABC 上的射影 O 是正 $\triangle ABC$ 的垂心也是中心, 得正三棱锥 $S-ABC$.

由 $BHE\perp SC$, 得 $AE\perp SC$(因为 $\triangle BEC\cong\triangle AEC$), 所以 $SC\perp$ 面 ABE, $SC\perp AB$. 可得直线 EF 在面 ABC 上的射影是直线 CF, 所以由三垂线定理得 $AB\perp EF$, 所以二面角 $H-AB-C$ 即二面角 $E-AB-C$ 的平面角是 $\angle EFC=30°$, 所以 $\angle SOC=60°, AB=\sqrt{3}$, 由此可求得答案.

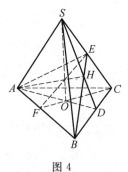

图 4

8. D. 设 $AD=x$.

在 Rt$\triangle BCE$ 中, $CE=15$, 在 Rt$\triangle BCD$ 中, $CD=24$.

由面积有 $AC\cdot BE=CD\cdot(BD+AD)$, $AC=\dfrac{42+6x}{5}$, $AE=AC-CE=\dfrac{6x-33}{5}$. 在 Rt$\triangle ABE$ 中, $(7+x)^2=400+\left(\dfrac{6x-33}{5}\right)^2\Rightarrow x=18$ 或者 $x=\dfrac{548}{11}$.

易验证, 当 $x=\dfrac{548}{11}$ 时, $AD^2+CD^2\neq AC^2$, 因此 $AD=18$.

过点 D 作 $DF\perp AC$, 交 AC 于点 F, 则点 F 即为所求.

由 $\triangle ADF\sim\triangle ABE$, 得 $\dfrac{AD}{AB}=\dfrac{AF}{AE}\Rightarrow AF=\dfrac{54}{5}$. 选 D.

9. D. $a_n = \lg \dfrac{(n+1)(n+2)}{n(n+3)} = [\lg(n+1) - \lg n] - [\lg(n+3) - \lg(n+2)]$,

因此
$$S_n = [\lg 2 - \lg 1] + [\lg 3 - \lg 2] - [\lg(n+2) - \lg(n+1)] -$$
$$[\lg(n+3) - \lg(n+2)] = \lg 3 + \lg \dfrac{n+1}{n+3} \Rightarrow$$
$$\lim_{n \to \infty} S_n = \lg 3$$

选 D.

10. C. 由于当 $0 \leqslant x_s \leqslant x_l$ 时,$x_s^2 + x_l^2 \leqslant (x_s - 10 + x_l)^2 + (x_s + 10 - x_l)^2$.

因此 $\sum_{i=1}^{10} x_i^2$ 取得最大值时,十个数中至少有九个数是 10 或者 -6.

设这九个数中有 k 个 -6,第十个数为 a,则 $10(9-k) + (-6)k + a = 50 \Rightarrow$
$34 \leqslant 16k = 40 + a \leqslant 50$,故 $k = 3$. 选 C.

11. (1) 由条件,$2\sin^2 \dfrac{\pi - C}{2} = 1 + \cos C = 2\cos^2 C \Rightarrow \cos C = -\dfrac{1}{2}, C = \dfrac{2\pi}{3}$.

(2) 因 $a = \dfrac{c \sin A}{\sin C} = \dfrac{2c \sin A}{\sqrt{3}}, b = \dfrac{c \sin B}{\sin C} = \dfrac{2c \sin B}{\sqrt{3}}$,故
$$c^2 = 2b^2 - 2a^2 = \dfrac{8c^2 \sin^2 B}{3} - \dfrac{8c^2 \sin^2 A}{3} \Rightarrow 2\sin^2 B - 2\sin^2 A = \dfrac{3}{4}$$

故
$$\cos 2A - \cos 2B = 2\sin^2 B - 2\sin^2 A = \dfrac{3}{4}$$

12. (1) 设 $P(x,y)$,则 $(-2-x, -y) \cdot (2-x, -y) = 2x^2 \Rightarrow y^2 - x^2 = 4$.

(2) 设过点 B 的直线为 $x = ky + 2$,代入 $y^2 - x^2 = 4$,得方程
$$(1 - k^2)y^2 - 4ky - 8 = 0$$

有两个负根,解得 $1 < k < \sqrt{2}$.

另一方面,MN 的中点 $R\left(\dfrac{2}{1-k^2}, \dfrac{2k}{1-k^2}\right)$,于是可得直线 RQ 的斜率的取值范围
$$k_{RQ} = 1 + k - k^2 = -\left(k - \dfrac{1}{2}\right)^2 + \dfrac{5}{4} \in (\sqrt{2} - 1, 1)$$

13. 记 $2k-1$ 个元件组成的系统正常工作的概率为 p_k.

(1) 贝努利概型,$2k-1$ 个元件中有 i 个正常工作的概率为 $C_{2k-1}^i p^i (1-p)^{2k-1-i}$,因此系统正常工作的概率
$$p_k = \sum_{i=k}^{2k-1} C_{2k-1}^k p^i (1-p)^{2k-1-i}$$

(2) 在 $2k-1$ 个元件组成的系统中增加两个元件得到 $2k+1$ 个元件组成的新系统,则新系统正常工作可分为下列情形:

(a) 原系统中至少有 $k+1$ 个元件正常工作,概率为 $p_k - C_{2k-1}^k p^k (1-p)^{k-1}$;

(b) 原系统中恰有 k 个元件正常工作,概率为 $[1-(1-p)^2] C_{2k-1}^k p^k (1-p)^{k-1}$;

(c) 原系统中恰有 $k-1$ 个元件正常工作,概率为 $p^2 C_{2k-1}^{k-1} p^{k-1} (1-p)^k$.

因此
$$p_{k+1} - p_k = p^2 C_{2k-1}^{k-1} p^{k-1} (1-p)^k + [1-(1-p)^2] C_{2k-1}^k p^k (1-p)^{k-1} - C_{2k-1}^k p^k (1-p)^k =$$
$$p^k (1-p)^k C_{2k-1}^{k-1} [p - (1-p)]$$

即:$p \geqslant \dfrac{1}{2}$ 时,p_k 单调增加,增加两个元件后,能提高系统的可靠性;$p < \dfrac{1}{2}$ 时,p_k 单调减少,增加两个元件后,无助于系统可靠性的提高.

14. 易见: $1+x=0$ 仅有一根,而 $1+x+x^2 > 0$.

设 n 时结论成立,即 n 为奇数时,$f_n(x)=0$ 有唯一解 x_n;n 为偶数时,$f_n(x) > 0$.

当 $n+1$ 且 n 为偶数时,$f'_{n+1}(x) = f_n(x) > 0$,因此 $f_{n+1}(x)$ 单调递增;又 $f_{n+1}(0) = 1 > 0$
$$f_{n+1}(-n-1) = (1-n-1) + \frac{(n+1)^2}{2}\left(1 - \frac{n+1}{3}\right) + \cdots + \frac{(n+1)^{n+1-1}}{(n+1-1)!}\left(1 - \frac{n+1}{n+1}\right) < 0$$

故 $f_{n+1}(x)=0$ 有唯一解 x_{n+1},且 $-n-1 < x_{n+1} < 0$;

当 $n+1$ 且 n 为奇数时,$\lim\limits_{x \to \infty} f_{n+1}(x) = +\infty$,因此 f_{n+1} 有最小值点 $x = x_0$,从而 $f_n(x_0) = f'_{n+1}(x) = 0$,最小值
$$f_{n+1}(x_0) = f_n(x_0) + \frac{x_0^{n+1}}{(n+1)!} > 0$$

最后,当 n 为奇数时
$$f_n(x_{n+2}) = f_{n+2}(x_{n+2}) - \frac{x_{n+2}^{n+1}}{(n+1)!}\left(1 + \frac{x_{n+2}}{n+2}\right) < 0 = f_n(x_n)$$

故由 $f_n(x)$ 单调增加有 $x_{n+2} < x_n$.

15. n 个人可有 $C_n^2 = \dfrac{n(n-1)}{2}$ 种配对,而每场比赛占用恰好两个配对,因此 $4 \mid n(n-1)$,即 $n = 4k$ 或者 $n = 4k+1$.下证此条件亦充分.

将 n 个人看作平面上 n 个点,则每个配对对应于联结两个点的一条边,因

此原问题等价于:将 $\dfrac{n(n-1)}{2}$ 条边等分成 $\dfrac{n(n-1)}{4}$ 组,每组两边,且每组中的两边不相交(也即边无公共顶点).

当 $n=4$ 或 5 时,分组如图 5 所示.

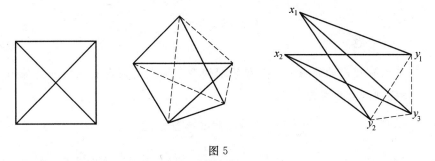

图 5

设 k 时已配对,其顶点记为 $y_1=y_{n+1},y_2,\cdots,y_n$,则 $k+1$ 时,将新增加的四个顶点 x_1,x_2,x_3,x_4,用下列原则配对:$(x_i,y_j)\leftrightarrow(x_t,y_{j+1})$,$1\leqslant s\leqslant t\leqslant 4$,$j=1,2,\cdots$,$x_1,x_2,x_3,x_4$ 之间的配对等同于 $n=4$ 的情形.

§46 2012年卓越联盟自主招生数学试题

一、填空题

1. 若以椭圆短轴的两个端点和长轴的一个端点为顶点的三角形是等边三角形,则椭圆的离心率为_____.

2. 函数 $f(\theta)=\dfrac{\sin\theta}{2+\cos\theta}(\theta\in\mathbf{R})$ 的值域为_____.

3. 设 $0<a<1, 0<\theta<\dfrac{\pi}{4}, x=(\sin\theta)^{\log_2\sin\theta}, y=(\cos\theta)^{\log_2\tan\theta}$,则 x,y 的大小关系为_____.

4. 已知 $\triangle ABC$ 中,$\angle A=90°, BC=4$,点 A 为线段 EF 的中点,$EF=2$,若 $\overrightarrow{EF}$ 与 $\overrightarrow{BC}$ 的夹角为 $60°$,则 $\overrightarrow{BE}\cdot\overrightarrow{CF}=$ _____.

5. 设 $\{a_n\}$ 是等差数列,$\{b_n\}$ 是等比数列,记 $\{a_n\},\{b_n\}$ 的前 n 项和分别为 S_n, T_n. 若 $a_3=b_3, a_4=b_4$,且 $\dfrac{S_5-S_3}{T_4-T_2}=5$,则 $\dfrac{a_5+a_3}{b_5+b_3}=$ _____.

6. 设函数 $f(x)=\sin(\omega x+\varphi)$,其中 $\omega>0, \varphi\in\mathbf{R}$,若存在常数 $T(T<0)$,使对任意 $x\in\mathbf{R}$ 有 $f(x+T)=Tf(x)$,则 ω 可取到的最小值为_____.

二、解答题

7. 设 a,b 是从集合 $\{1,2,3,4,5\}$ 中随机选取的数.

(1) 求直线 $y=ax+b$ 与圆 $x^2+y^2=2$ 有公共点的概率;

(2) 设 X 为直线 $y=ax+b$ 与圆 $x^2+y^2=2$ 的公共点的个数,求随机变量 X 的分布列及数学期望 $E(X)$.

8. 如图1,AB 是圆 O 的直径,弦 $CD\perp AB$ 于点 M,E 是 CD 延长线上一点,$AB=10, CD=8, 3ED=4OM$,EF 切圆 O 于点 F,BF 交 CD 于点 G.

(1) 求线段 EG 的长;

(2) 联结 DF,判断 DF 是否平行于 AB,并证明你的结论.

9. 如图2,在四棱锥 $P-ABCD$ 中,底面 $ABCD$ 为直角梯形,$AD\parallel BC$,$AB\perp BC$,侧面 $PAB\perp$ 底面 $ABCD$,$PA=AD=AB=1, BC=2$.

(1) 证明:平面 $PBC\perp$ 平面 PDC;

(2) 若 $\angle PAB=120°$,求二面角 $B-PD-C$ 的正切值.

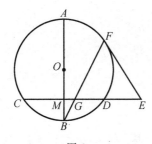

图1   图2

10. 设抛物线 $y^2=2px(p>0)$ 的焦点是 F，A,B 是抛物线上互异的两点，直线 AB 与 x 轴不垂直，线段 AB 的垂直平分线交 x 轴于点 $D(a,0)$，记 $m=|AF|+|BF|$.

(1) 证明：a 是 p 与 m 的等差中项；

(2) 设 $m=3p$，直线 $l \parallel y$ 轴，且 l 被以 AD 为直径的动圆截得的弦长恒为定值，求直线 l 方程.

11. 已知函数 $f(x)=\dfrac{ax^2+1}{bx}$，其中 a 是非零实数，$b>0$.

(1) 求 $f(x)$ 的单调区间；

(2) 若 $a>0$，设 $|x_i|>\dfrac{1}{\sqrt{a}}(i=1,2,3)$，且 $x_1+x_2>0, x_2+x_3>0, x_3+x_1>0$. 证明：$f(x_1)+f(x_2)+f(x_3)>\dfrac{2\sqrt{a}}{b}$；

(3) 若 $f(x)$ 有极小值 $f_{\min}$，且 $f_{\min}=f(1)=2$，证明：$|f(x)|^n-|f(x^n)|\geqslant 2^n-2\ (n\in \mathbf{N}^+)$.

12. 设数列 $\{a_n\}$ 的前 n 项和为 S_n，$a_1\neq 0$，$vS_{n+1}-uS_n=a_1v$，其中 u,v 正整数，且 $u>v, n\in \mathbf{N}^+$.

(1) 证明：$\{a_n\}$ 为等比数列；

(2) 设 a_1,a_p 两项均为正整数，其中 $p\geqslant 3$.

(a) 若 $p\geqslant a_1$，证明：v 整除 u；

(b) 若存在正整数 m，使得 $a_1\geqslant m^{p-1}$，$a_p\leqslant (m+1)^{p-1}$，证明：$S_p=(m+1)^p-m^p$.

参考答案与提示

1. 根据条件知 $a=\sqrt{3}b$，从而 $c=\sqrt{2}b$，于是离心率 $e=\dfrac{c}{a}=\dfrac{\sqrt{6}}{3}$.

2. 令 $\dfrac{\sin\theta}{2+\cos\theta}=t$，则

$$\sin\theta - t \cdot \cos\theta = 2t \Rightarrow \sqrt{1+t^2} \leqslant |2t| \Rightarrow t^2 \geqslant \frac{1}{3} \Rightarrow$$

$$-\frac{\sqrt{3}}{3} \leqslant t \leqslant \frac{\sqrt{3}}{3}$$

所以 $f(\theta)$ 的值域为 $\left[-\frac{\sqrt{3}}{3}, \frac{\sqrt{3}}{3}\right]$.

3. 根据条件知 $\begin{cases} 0 < \sin\theta < \cos\theta < 1 \\ 0 < \sin\theta < \tan\theta < 1 \end{cases}$. 因为 $0 < a < 1$, 所以 $f(x) = \log_a x$ 为递减函数, 所以 $\log_a \sin\theta > \log_a \tan\theta > 0$. 于是

$$x = (\sin\theta)^{\log_a \sin\theta} < (\sin\theta)^{\log_a \tan\theta} < (\cos\theta)^{\log_a \tan\theta} = y$$

4. 根据条件知：

$$\vec{BE} \cdot \vec{CF} = (\vec{BA} - \vec{EA}) \cdot (\vec{CA} - \vec{FA}) = \vec{BA} \cdot \vec{CA} - \vec{EA} \cdot \vec{CA} -$$
$$\vec{BA} \cdot \vec{FA} + \vec{EA} \cdot \vec{FA} =$$
$$0 - \vec{EA} \cdot \vec{CA} + \vec{BA} \cdot \vec{EA} - 1 = \vec{EA} \cdot (\vec{BA} - \vec{CA}) - 1 =$$
$$\vec{EA} \cdot \vec{BC} - 1 = 1 \times 4 \times \cos 60° - 1 = 1$$

5. 令 $a_3 = b_3 = m, a_4 = b_4 = n$, 则 $a_5 = 2n - m, b_5 = \frac{n^2}{m}$. 根据条件知

$$\frac{S_5 - S_3}{T_4 - T_2} = \frac{a_4 + a_5}{b_4 + b_3} = \frac{3n - m}{m + n} = 5 \Rightarrow n = -3m$$

于是

$$\frac{a_5 + a_3}{b_5 + b_3} = \frac{2n}{\frac{n^2}{n} + m} = \frac{2}{\frac{n}{m} + \frac{m}{n}} = \frac{2}{(-3) + (-\frac{1}{3})} = -\frac{3}{5}$$

6. 我们先求 T 的值. 根据条件知 $|f(x+T)| = |T| \cdot |f(x)|$, 所以

$$|f(x+nT)| = |T|^n \cdot |f(x)| \quad (n \in \mathbf{N}^+)$$

若 $|T| < 1$, 则 $\lim_{n \to +\infty} |f(x+nT)| = \lim_{n \to +\infty} |T|^n \cdot |f(x)| = 0$. 然而对于任意 $n \in \mathbf{N}^+$, 当 $x \in \left[0, \frac{2\pi}{\omega}\right]$ 时, $f(x+nT)$ 的值域为 $[-1, 1]$, 与 $\lim_{n \to +\infty} |f(x+nT)| = 0$ 矛盾;

若 $|T| > 1$, 则 $\lim_{n \to +\infty} |f(x+nT)| = \lim_{n \to +\infty} |T|^n \cdot |f(x)| = \begin{cases} 0 & \text{当 } |f(x)| = 0 \text{ 时} \\ +\infty & \text{当 } |f(x)| \neq 0 \text{ 时} \end{cases}$. 然而对于任意 $n \in \mathbf{N}^+$, 当 $x \in \left[0, \frac{2\pi}{\omega}\right]$ 时, $f(x+nT)$ 的值域为 $[-1, 1]$, 与 $\lim_{n \to +\infty} |f(x+nT)| = 0$ 或 $+\infty$ 矛盾;

所以, 只能 $|T| = 1$, 即 $T = -1$. 而当 $T = -1$ 时, $f(x-1) = -f(x)$, $f(x-2) = f(x)$, 即 2 为 $f(x)$ 的一个周期. 所以 $\frac{2\pi}{\omega} \leqslant 2 \Rightarrow \omega \geqslant \pi$.

当 $\omega = \pi, T = -1$ 时, 显然满足条件. 所以 ω 可取到的最小值为 π.

7.(1) 直线 $y=ax+b$ 与圆 $x^2+y^2=2$ 有公共点的充条件为：$x^2+(ax+b)^2=2$ 有实根，整理即知：$(a^2+1)x^2+2abx+(b^2-2)=0$ 有实根，即 $\Delta=(2ab)^2-4(a^2+1)(b^2-2)=4(2a^2-b^2+2)\geqslant 0$，也即 $b^2\leqslant 2a^2+2$.

当 $b=1$ 时，$a=1,2,3,4,5$；当 $b=2$ 时，$a=1,2,3,4,5$；当 $b=3$ 时，$a=2,3,4,5$；当 $b=4$ 时，$a=3,4,5$；当 $b=5$ 时，$a=4,5$，都有公共点.

所以直线 $y=ax+b$ 与圆 $x^2+y^2=2$ 有公共点的概率为 $\dfrac{19}{25}$.

(2) 根据(1)的分析知，X 的分布列为：

X	0	1	2
P	$\dfrac{6}{25}$	$\dfrac{1}{25}$	$\dfrac{18}{25}$

于是知：$E(X)=0\times\dfrac{6}{25}+1\times\dfrac{1}{25}+2\times\dfrac{19}{25}=\dfrac{37}{25}$.

8.(1) 如图 3，联结 AF,CO，根据垂径定理知，M 为 CD 中点，所以 $CM=DM=4$，所以 $OM=3$. 于是知 $ED=\dfrac{4}{3}OM=4$. 根据切割线定理 $EF^2=ED\cdot EC=4\times 12=48\Rightarrow EF=4\sqrt{3}$. 而 $\angle EFG=\angle BAF=\angle BGM=\angle EGF$，所以 $EG=EF=4\sqrt{3}$.

(2) 若 $DF\parallel AB$，则 $DF\perp CD$，即 CF 为圆 O 的直径，从而 $CF=10$. 根据射影定理知，应该有：$CF^2=CD\cdot CE\Rightarrow 10^2=8\times 12\Rightarrow 100=96$，矛盾，所以 DE 不平行于 AB.

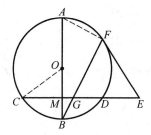

图 3

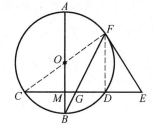

图 4

9. 如图 5，以 A 为原点，AB 为 x 轴，AD 为 y 轴，过点 A 垂直于平面 $ABCD$ 的直线为 z 轴，建立空间直角坐标系. 则 $B(1,0,0),C(1,2,0),D(0,1,0)$.

(1) 点 P 在 xOz 平面上，且 $AP=1$，设点 $P(\cos\theta,0,\sin\theta)$.

于是平面 PBC 为：$x+0y+\dfrac{1-\cos\theta}{\sin\theta}z=1$，其法向量为 $\boldsymbol{n}_1=\left(1,0,\dfrac{1-\cos\theta}{\sin\theta}\right)$;

平面 PDC 为：$-x+y+\dfrac{1+\cos\theta}{\sin\theta}z=1$，其法向量为 $\boldsymbol{n}_2=\left(-1,1,\dfrac{1+\cos\theta}{\sin\theta}\right)$.

因为 $\boldsymbol{n}_1 \cdot \boldsymbol{n}_2 = \left(1,0,\dfrac{1-\cos\theta}{\sin\theta}\right) \cdot \left(-1,1,\dfrac{1+\cos\theta}{\sin\theta}\right)=1\times(-1)+0\times 1+\dfrac{1-\cos\theta}{\sin\theta}\cdot\dfrac{1+\cos\theta}{\sin\theta}=0$，所以 $\boldsymbol{n}_1 \perp \boldsymbol{n}_2$，所以平面 $PBC \perp$ 平面 PDC.

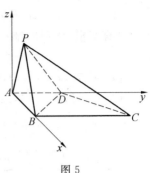

图 5

(2) 设二面角 $B-PD-C=\alpha$. 因为 $\angle PAB=120°, AP=1$，所以点 $P\left(-\dfrac{1}{2},0,\dfrac{\sqrt{2}}{2}\right)$.

于是平面 BPD 为：$x+y+\sqrt{3}z=1$，其法向量 $\boldsymbol{n}_3=(1,1,\sqrt{3})$；

平面 CPD 为：$-x+y+\dfrac{\sqrt{3}}{3}z=1$，其法向量 $\boldsymbol{n}_4=\left(-1,1,\dfrac{\sqrt{3}}{3}\right)$.

因为 $\cos\langle \boldsymbol{n}_3,\boldsymbol{n}_4\rangle = \dfrac{(1,1,\sqrt{3})\cdot\left(-1,1,\dfrac{\sqrt{3}}{3}\right)}{|(1,1,\sqrt{3})|\cdot\left|\left(-1,1,\dfrac{\sqrt{3}}{3}\right)\right|}=\dfrac{\sqrt{105}}{35}$，所以 $\cos\alpha=\dfrac{\sqrt{105}}{35}$，$\tan\alpha=\dfrac{4\sqrt{6}}{3}$.

10.(1) 如图 6，根据条件知，抛物线准线 j：$x=-\dfrac{p}{2}, F\left(0,\dfrac{p}{2}\right)$. 设线段 AB 中点为点 C，过点 A 作 $AP\perp j$ 于点 P，过点 B 作 $BQ\perp j$ 于点 Q，过点 C 作 $CR\perp j$ 于点 R.

设 $A(2pt_A^2,2pt_A), B(2pt_B^2,2pt_B)$，则 $C(p(t_A^2+t_B^2),p(t_A+t_B))$.

易知 $CR=p(t_A^2+t_B^2)+\dfrac{p}{2}$，于是
$m+p=|AF|+|BF|+p=|AP|+|BQ|+p=2CR+p=2\left[p(t_A^2+t_B^2)+\dfrac{p}{2}\right]+p=2p(t_A^2+t_B^2+1)$

又

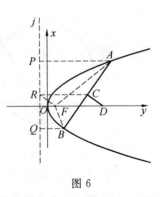

图 6

$$k_{AK}=\frac{2pt_B-2pt_A}{2pt_B^2-2pt_A^2}=\frac{1}{t_A+t_B}.$$

所以 $k_{CD}=-(t_A+t_B)$. 易知直线 CD:

$$y=-(t_A+t_B)[x-pt_A^2+t_B^2+pt_A+t_B].$$

从而知 $a=pt_A^2+t_B^2+p$, 于是

$$2a=2pt_A^2+t_B^2+1.$$

综上所述知, a 是 p 与 m 的等差中项.

(2) 根据(1)的结论知, 当 $m=3p$ 时, 点 D 坐标为 $(2p,0)$. 令 $A(2pt_A^2, 2pt_A)$. 则以 AD 为直径的圆 E, 圆心坐标为 $E(p(t_A^2+1),pt_A)$, 半长 $r=p\sqrt{t_A^4+t_A^2+1}$.

设直线 $l:x=k$. 作 $EG\perp l$ 于点 G, 则 $EG=|p(t_A^2+1)-k|$. 于是知直线 l 被圆 E 所截得的线段长度为

$$2\sqrt{r^2-EG^2}=2\sqrt{p^2(t_A^4-t_A^2+1)-[p(t_A^2+1)-k]^2}=$$
$$2\sqrt{p(2k-3p)t_A^2+2pk-k^2}.$$

由于截得的线段长度恒为定值, 所以 $2k-3p=0\Rightarrow k=\frac{3p}{2}$. 于是直线 $l:x=\frac{3p}{2}$.

11. (1) 当 $a>0$ 时, $f(x)=\frac{ax}{b}+\frac{1}{bx}$ 为对勾函数. $f(x)$ 在 $\left(-\infty,-\frac{\sqrt{a}}{a}\right]$ 单调递增, 在 $\left[-\frac{\sqrt{a}}{a},0\right)$ 单调递减, 在 $\left(0,\frac{\sqrt{a}}{a}\right]$ 单调递减, 在 $\left[\frac{\sqrt{a}}{a},+\infty\right)$ 单调递增.

当 $a<0$ 时, $f(x)=-\left|\frac{a}{b}\right|x+\frac{1}{bx}$. $f(x)$ 在 $(-\infty,0)$ 单调递减, 在 $(0,+\infty)$ 单调递减.

(2) 因为 $x_1+x_2>0, x_2+x_3>0, x_3+x_1>0$, 所以 x_1,x_2,x_3 中至多有一个负数.

若 x_1,x_2,x_3 均为正数, 因为 $|x_i|>\frac{1}{\sqrt{a}}$, 且 $f(x)$ 在 $\left(\frac{\sqrt{a}}{a},+\infty\right)$ 单调递增, 所以

$$f(x_i)>f\left(\frac{1}{\sqrt{a}}\right)=\frac{2\sqrt{a}}{b} \quad (i=1,2,3)$$

于是

$$f(x_1)+f(x_2)+f(x_3)>\frac{6\sqrt{a}}{b}>\frac{2\sqrt{a}}{b}.$$

若 x_1,x_2,x_3 中有一个负数, 不妨设 x_1 为负数. 易知 $f(x)$ 为奇函数, 所以

$f(x_1) = -(|x_1|)$. 又 $f(x)$ 在 $\left(\dfrac{\sqrt{a}}{a}, +\infty\right]$ 单调递增，且 $x_1 + x_2 > 0 \Rightarrow x_2 > |x_1|$，于是

$$f(x_1) + f(x_2) + f(x_3) = [f(x_2) - f(|x_1|)] + f(x_3) > f(x_3) >$$

$$f\left(\dfrac{1}{\sqrt{a}}\right) = \dfrac{2\sqrt{a}}{b}$$

综上讨论

$$f(x_1) + f(x_2) + f(x_3) > \dfrac{2\sqrt{a}}{b}$$

(3) 因为 $f(x)$ 有极小值 $f_{\min}$，所以 $a > 0$. 又 $f_{\min} = f(1) = 2$，所以 $\begin{cases} \dfrac{\sqrt{a}}{a} = 1 \\ \dfrac{a+1}{b} = 2 \end{cases}$，解得 $\begin{cases} a = 1 \\ b = 1 \end{cases}$，所以 $f(x) = \dfrac{x^2 + 1}{x}$.

易见 $f(x) = \dfrac{x^2+1}{x}$ 为奇函数，所以 $||f(-x)|^n - |f((-x)^n)|| = ||f(x)|^n - |f(x^n)||$，于是我们只需考虑 $x > 0$ 的情况.

根据二项式定理和均值不等式知：

$$|f(x)|^n - |f(x^n)| = \left(\dfrac{x^2+1}{x}\right)^n - \dfrac{x^{2n}+1}{x^n} = \dfrac{\sum_{i=1}^{n-1} C_n^i x^{2i}}{x^n} =$$

$$\dfrac{\sum_{i=1}^{n-1} C_n^i (x^{2i} + x^{2n-2i})}{2x^n} \geq \dfrac{\sum_{i=1}^{n-1} C_n^i \cdot 2x^n}{2x^n} =$$

$$\sum_{i=1}^{n-1} C_n^i = \sum_{i=0}^{n} C_n^i - 2 = 2^n - 2$$

命题得证.

12. (1) 根据 $vS_{n+1} - uS_n = a_1 v$，知

$$vS_{n+1} - uS_n = a_1 v \tag{1}$$

$$vS_{n+2} - uS_{n+1} = a_1 v \tag{2}$$

(2) - (1) 知：$v(S_{n+2} - S_{n+1}) - u(S_{n+1} - S_n) = 0 \Rightarrow v a_{n+2} = u a_{n+1} \Rightarrow a_{n+2} = \dfrac{u}{v} a_{n+1}$.

又当 $n = 1$ 时，有 $v(a_1 + a_2) - u a_1 = a_1 v \Rightarrow a_2 = \dfrac{u}{v} a_1$.

综上所述，对于任意 $n \in \mathbf{N}^+$，有 $a_{n+1} = \dfrac{u}{v} a_n$，所以 $\{a_n\}$ 为等比数列.

(2) 设 $(u,v)=t, u=tu_1, v=tv_1$,则 $(u_1,v_1)=1$. 因为 $u>v$,所以 $u_1>v_1$,于是 $u_1 \geqslant v_1+1$. 根据(1)的结论知:

$$a_p = a_1 \cdot \left(\frac{u}{v}\right)^{p-1} = a_1 \cdot \left(\frac{u_1}{v_1}\right)^{p-1}$$

(a) 若 $v \nmid u$,则 $v_1 \nmid u_1$,从而 $v_1 \geqslant 2$. 因为 a_1, a_p 均为正整数,所以 $v_1^{p-1} \mid a_1$, 于是

$$a_1 \geqslant v_1^{p-1} \geqslant 2^{p-1} = (1+1)^{p-1} \geqslant 1+(p-1)+\frac{(p-1)(p-2)}{2} > p$$

与 $p \geqslant a_1$ 矛盾,所以 $v \mid u$.

(b) 若 $v_1=1$,则 $u_1 \geqslant 2$. 从而

$$(m+1)^{p-1} \geqslant a_p = a_1 \cdot (u_1)^{p-1} \geqslant a_1 \cdot 2^{p-1} \geqslant m^{p-1} \cdot 2^{p-1} = (2m)^{p-1}$$

于是 $m+1 \geqslant 2m \Rightarrow m \leqslant 1 \Rightarrow m=1$. 而且此时 $a_1 = m^{p-1} = 1, a_p = (m+1)^{p-1} = 2^{p-1}$. 于是知等比数列 $\{a_n\}: a_1=1, q=2$. 所以

$$S_p = \frac{2^p-1}{2-1} = 2^p-1 = (m+1)^p - m^p$$

命题成立;

若 $v_1 \geqslant 2$,则 $v_1^{p-1} \mid a_1$. 令 $a_1 = k \cdot v_1^{p-1}$,则

$$a_p = k \cdot v_1^{p-1} \cdot \left(\frac{u_1}{v_1}\right)^{p-1} = k \cdot u_1^{p-1}$$

所以

$$k \cdot u_1^{p-1} \leqslant (m+1)^{p-1}$$

于是知 $u_1 \leqslant m+1$,于是有 $\frac{u_1}{v_1} \geqslant \frac{u_1}{u_1-1} \geqslant \frac{m+1}{m}$. 然而,又根据条件知

$$\frac{a_p}{a_1} = \left(\frac{u_1}{v_1}\right)^{p-1} \leqslant \frac{(m+1)^{p-1}}{m^{p-1}} \Rightarrow \frac{u_1}{v_1} \leqslant \frac{m+1}{m}$$

结合以上等号成立的条件知,只能 $\frac{u_1}{v_1} = \frac{u_1}{u_1-1} = \frac{m+1}{m}$,即 $u_1 = m+1, v_1 = m$,且

$$a_1 = m^{p-1}, a_p = (m+1)^{p-1}$$

于是

$$S_p = a_1 \cdot \frac{1-\left(\frac{m+1}{m}\right)^p}{1-\frac{m+1}{m}} = m^{p-1} \cdot \frac{1-\left(\frac{m+1}{m}\right)^p}{1-\frac{m+1}{m}} = (m+1)^p - m^p$$

综上讨论,命题得证.

§47 2011年北约自主招生数学试题

1. 已知平行四边形的其中两条边长分别是 3 和 5，一条对角线长是 6，求另一条对角线的长.

2. 求过抛物线 $y=2x^2-2x-1, y=-5x^2+2x+3$ 的交点的直线方程.

3. 在等差数列 $\{a_n\}$ 中，$a_3=-13, a_7=3$，数列 $\{a_n\}$ 的前 n 项和 S_n，问数列 $\{S_n\}$ 的最小项是哪一项，并求出这一项的值.

4. 在 $\triangle ABC$ 中，$a+b \geqslant 2c$，求证：$\angle C \leqslant 60°$.

5. 是否存在四个正实数，它们的两两乘积分别是 $2,3,5,6,10,16$？

6. C_1 和 C_2 是平面上两个不重合的固定圆，C 是该平面上的一个动圆，C 和 C_1, C_2 都相切，则 C 的圆心的轨迹是何种曲线？证明你的结论.

7. 求 $f(x)=|x-1|+|2x-1|+\cdots+|2\,011x-1|$ 的最小值.

参考答案与提示

1. 由平行四边形两条对角线的平方和等于各边的平方和，得答案为 $4\sqrt{2}$.

2. 两式联立消去 x^2 后即得答案 $6x+7y-1=0$.

3. $a_n=4n-25 \leqslant 0 \Leftrightarrow n \leqslant 6$，所以 $(S_n)_{\min}=S_6=-66$.

4. 由 $\cos C = \dfrac{a^2+b^2-c^2}{2ab} \geqslant \dfrac{a^2+b^2-\left(\dfrac{a+b}{2}\right)^2}{2ab} = \dfrac{\dfrac{3}{4}(a^2+b^2)-\dfrac{1}{2}ab}{2ab} \geqslant$

$\dfrac{\dfrac{3}{4} \cdot 2ab - \dfrac{1}{2}ab}{2ab} = \cos 60°$，可得欲证成立.

5. 假设存在四个正实数 a,b,c,d 满足题设，得 $\{ab,ac,ad,bc,bd,cd\}=\{2,3,5,6,10,16\}$，所以 $(abcd)^3 = ab \cdot ac \cdot ad \cdot bc \cdot bd \cdot cd = 2 \cdot 3 \cdot 5 \cdot 6 \cdot 10 \cdot 16$，$abcd=120\sqrt{2}$，说明在 $2,3,5,6,10,16$ 中有两数之积为 $120\sqrt{2}$，这显然不可能！所以满足题设的四个正实数不存在.

6. 可不妨设圆 C_1, C_2, C 的圆心分别为 O_1, O_2, O，半径分别为 r_1, r_2, r. 下面分五大类讨论：

(1) 当两圆 C_1, C_2 内含（不妨设 C_1 内含于 C_2）时：

① 若动圆 C 外切于圆 C_1 内切于圆 C_2，得 $OO_1=r_1+r, OO_2=r_2-r$，所以 $OO_1+OO_2=r_1+r_2$;

② 若动圆 C 与圆 C_1, C_2 均内切，得 $OO_1=r-r_1, OO_2=r_2-r$，所以

$\infty_1 + \infty_2 = r_2 - r_1$.

所以:当 O_1,O_2 不重合时,所求轨迹是两个椭圆(它们均以 O_1,O_2 为焦点,长半轴长分别等于 $\frac{r_1+r_2}{2}, \frac{r_2-r_1}{2}$);当 O_1,O_2 重合时,所求轨迹是两个圆(它们均以 O_1 为圆心,半径分别等于 $\frac{r_1+r_2}{2}, \frac{r_2-r_1}{2}$);

(2)当两圆 C_1, C_2 内切(不妨设 C_1 内切 C_2 于点 A)时:可得所求轨迹是线段 O_1O_2 及以 O_1,O_2 为焦点且长半轴长等于 $\frac{r_1+r_2}{2}$ 的椭圆,且两者都要去掉点 A.

(3)当两圆 C_1, C_2 相交(不妨设交点为 A,B)时:

① 若 $r_1 \neq r_2$,得所求轨迹是以 O_1,O_2 为焦点且长半轴长等于 $\frac{r_1+r_2}{2}$ 的椭圆及以 O_1,O_2 为焦点且实半轴长等于 $\frac{|r_1-r_2|}{2}$ 的双曲线,且两者都要去掉点 A,B;

② 若 $r_1 = r_2$,得所求轨迹是线段 AB 及以 O_1,O_2 为焦点且长半轴长等于 r_1 的椭圆,且两者都要去掉点 A,B.

(4)当两圆 C_1, C_2 外切(不妨设切点为 A)时:

① 若 $r_1 \neq r_2$,得所求轨迹是线段 O_1O_2 及以 O_1,O_2 为焦点且实半轴长等于 $\frac{|r_1-r_2|}{2}$ 的双曲线,且两者都要去掉点 A;

② 若 $r_1 = r_2$,得所求轨迹是线段 O_1O_2 及线段 O_1O_2 的中垂线,且两者都要去掉点 A.

(5)当两圆 C_1, C_2 相离时:

① 若 $r_1 \neq r_2$,得所求轨迹是以 O_1,O_2 为焦点且实半轴长等于 $\frac{r_1+r_2}{2}$ 的双曲线及以 O_1,O_2 为焦点且实半轴长等于 $\frac{|r_1-r_2|}{2}$ 的双曲线;

② 若 $r_1 = r_2$,得所求轨迹是线段 O_1O_2 的中垂线及以 O_1,O_2 为焦点且实半轴长等于 $\frac{r_1+r_2}{2}$ 的双曲线.

7. $f(x) = |x-1| + \left(\left|x-\frac{1}{2}\right| + \left|x-\frac{1}{2}\right|\right) + \cdots + \left(\left|x-\frac{1}{2\,011}\right| + \left|x-\frac{1}{2\,011}\right| + \cdots + \left|x-\frac{1}{2\,011}\right|\right)$(共 $1+2+3+\cdots+2\,011 = 1\,006 \cdot 2\,011$ 项)

运用结论"对于函数 $g(x) = |x-a| + |x-b|$ $(a \leqslant b)$,则当且仅当 $a \leqslant x \leqslant b$ 时,$g(x)$ 取到最小值"并运用首尾配对法可得:

考虑 $1006 \cdot 2011$ 项的数列 $1, \dfrac{1}{2}, \dfrac{1}{2}, \cdots, \dfrac{1}{2011}, \cdots, \dfrac{1}{2011}$,得当且仅当 x 取第 $503 \cdot 2011 + 1$ 项到第 $503 \cdot 2011$ 项之间的实数时,$f(x)$ 取到最小值.下面求该数列的第 $503 \cdot 2011, 503 \cdot 2011 + 1$ 项.

先把该数列分为 2011 组(各组分别为 $1, 2, 3, \cdots, 2011$ 项):
$$1, \left(\dfrac{1}{2}, \dfrac{1}{2}\right), \left(\dfrac{1}{3}, \dfrac{1}{3}, \dfrac{1}{3}\right), \cdots, \left(\dfrac{1}{2011}, \dfrac{1}{2011}, \cdots, \dfrac{1}{2011}\right).$$

因为 $503 \cdot 2011 = (1 + 2 + \cdots + 1421) + 1202$,所以该数列的第 $503 \cdot 2011, 503 \cdot 2011 + 1$ 项均为 $\dfrac{1}{1422}$.

所以当且仅当 $x = \dfrac{1}{1422}$ 时,$f(x)$ 取到最小值,且最小值为
$$f\left(\dfrac{1}{1422}\right) = \left[\left(1 - \dfrac{1}{1422}\right) + \left(1 - \dfrac{2}{1422}\right) + \cdots + \left(1 - \dfrac{1421}{1422}\right)\right] + \left(1 - \dfrac{1422}{1422}\right) +$$
$$\left[\left(1 - \dfrac{1423}{1422}\right) + \left(1 - \dfrac{1424}{1422}\right) + \cdots + \left(1 - \dfrac{2011}{1422}\right)\right] =$$
$$\left(1421 - \dfrac{1 + 2 + 3 + \cdots + 1421}{1422}\right) + 0 +$$
$$\dfrac{1 + 2 + 3 + \cdots + 589}{1422} = \dfrac{592\,043}{711} = 832 \dfrac{491}{711}.$$

§48 2011年华约自主招生数学试题

一、选择题

1. 设复数 z 满足 $|z|<1$ 且 $|\bar{z}+\dfrac{1}{z}|=\dfrac{5}{2}$,则 $|z|=$(　　)

   A. $\dfrac{4}{5}$ 　　　　B. $\dfrac{3}{4}$ 　　　　C. $\dfrac{2}{3}$ 　　　　D. $\dfrac{1}{2}$

2. 在正四棱锥 $P-ABCD$ 中,M、N 分别为 PA、PB 的中点,且侧面与底面所成二面角的正切值为 $\sqrt{2}$,则异面直线 DM 与 AN 所成角的余弦值为(　　)

   A. $\dfrac{1}{3}$ 　　　　B. $\dfrac{1}{6}$ 　　　　C. $\dfrac{1}{8}$ 　　　　D. $\dfrac{1}{12}$

3. 过点 $(-1,1)$ 的直线 l 与曲线 $y=x^3-x^2-2x+1$ 相切,且点 $(-1,1)$ 不是切点,则直线 l 的斜率为(　　)

   A. 2 　　　　B. 1 　　　　C. -1 　　　　D. -2

4. 若 $A+B=\dfrac{2\pi}{3}$,则 $\cos^2 A+\cos^2 B$ 的最小值和最大值分别为(　　)

   A. $1-\dfrac{\sqrt{3}}{2},\dfrac{3}{2}$ 　　B. $\dfrac{1}{2},\dfrac{3}{2}$ 　　C. $1-\dfrac{\sqrt{3}}{2},1+\dfrac{\sqrt{3}}{2}$ 　　D. $\dfrac{1}{2},1+\dfrac{\sqrt{2}}{2}$

5. 如图1,圆 O_1 和圆 O_2 外切于点 C,圆 O_1 和圆 O_2 又都和圆 O 内切,切点分别为 A,B,设 $\angle AOB=\alpha,\angle ACB=\beta$,则(　　)

   A. $\cos\beta+\sin\dfrac{\alpha}{2}=0$

   B. $\sin\beta-\cos\dfrac{\alpha}{2}=0$

   C. $\sin 2\beta+\sin\alpha=0$

   D. $\sin 2\beta-\sin\alpha=0$

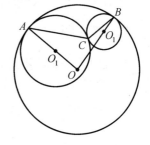

图1

6. 已知异面直线 a,b 成 $60°$ 角,A 为空间一点,则过点 A 与 a,b 都成 $45°$ 角的平面(　　)

   A. 有且只有一个 　　　　　　B. 有且只有两个
   C. 有且只有三个 　　　　　　D. 有且只有四个

7. 已知向量 $\boldsymbol{a}=(0,1)$,$\boldsymbol{b}=(-\dfrac{\sqrt{3}}{2},-\dfrac{1}{2})$,$\boldsymbol{c}=(\dfrac{\sqrt{3}}{2},-\dfrac{1}{2})$,$x\boldsymbol{a}+y\boldsymbol{b}+z\boldsymbol{c}=$

$(1,1)$,则 $x^2+y^2+z^2$ 的最小值为( )

A. 1   B. $\dfrac{4}{3}$ C. $\dfrac{3}{2}$ D. 2

8. AB 为过抛物线 $y^2=4x$ 焦点 F 的弦,O 为坐标原点,且 $\angle OFA=135°$,C 为抛物线准线与 x 轴的交点,则 $\angle ACB$ 的正切值为( )

A. $2\sqrt{2}$ B. $\dfrac{4\sqrt{2}}{5}$ C. $\dfrac{4\sqrt{2}}{3}$ D. $\dfrac{2\sqrt{2}}{3}$

9. 如图2,已知 $\triangle ABC$ 的面积为 2,D,E 分别为边 AB,AC 上的点,F 为线段 DE 上的点,设 $\dfrac{AD}{AB}=x$,$\dfrac{AE}{AC}=y$,$\dfrac{DF}{DE}=z$,且 $y+z-x=1$,则 $\triangle BDF$ 面积的最大值为( )

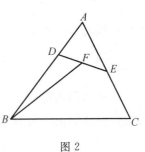

图 2

A. $\dfrac{8}{27}$ B. $\dfrac{10}{27}$

C. $\dfrac{14}{27}$ D. $\dfrac{16}{27}$

10. 将一个正 11 边形用对角线划分为 9 个三角形,这些对角线在正 11 边形内两两不相交,则( )

A. 存在某种分法,所分出的三角形都不是锐角三角形

B. 存在某种分法,所分出的三角形恰有两个锐角三角形

C. 存在某种分法,所分出的三角形至少有 3 个锐角三角形

D. 任何一种分法所分出的三角形都恰有 1 个锐角三角形

二、解答题

11. 已知 $\triangle ABC$ 不是直角三角形.

(1) 证明:$\tan A+\tan B+\tan C=\tan A\tan B\tan C$;

(2) 若 $\sqrt{3}\tan C-1=\dfrac{\tan B+\tan C}{\tan A}$,且 $\sin 2A,\sin 2B,\sin 2C$ 的倒数成等差数列,求 $\cos\dfrac{A-C}{2}$ 的值.

12. 已知圆柱形水杯质量为 a g,其重心在圆柱轴的中点处(杯底厚度及重量忽略不计,且水杯直立放置).质量为 b g 的水恰好装满水杯,装满水后的水杯的重心在圆柱轴的中点处.

(1) 若 $b=3a$,求装入半杯水的水杯的重心到水杯底面的距离与水杯高的比值;

(2) 水杯内装多少克水可以使装入水后的水杯的重心最低?为什么?

13. 设 $f(x) = \dfrac{2x}{ax+b}$，$f(1) = 1$，$f\left(\dfrac{1}{2}\right) = \dfrac{2}{3}$，数列 $\{x_n\}$ 满足 $x_{n+1} = f(x_n)$，且 $x_1 = \dfrac{1}{2}$.

(1) 求数列 $\{x_n\}$ 的通项公式；

(2) 求证：$x_1 x_2 \cdots x_n > \dfrac{1}{2\mathrm{e}}$.

14. 已知双曲线 $C: \dfrac{x^2}{a^2} - \dfrac{y^2}{b^2} = 1 (a > 0, b > 0)$，$F_1, F_2$ 分别为 C 的左、右焦点. P 为 C 右支上一点，且使 $\angle F_1 P F_2 = \dfrac{\pi}{3}$，又 $\triangle F_1 P F_2$ 的面积为 $3\sqrt{3} a^2$.

(1) 求 C 的离心率 e；

(2) 设 A 为 C 的左顶点，Q 为第一象限内 C 上的任意一点，问是否存在常数 $\lambda (\lambda > 0)$，使得 $\angle Q F_2 A = \lambda \angle Q A F_2$ 恒成立. 若存在，求出 λ 的值；若不存在，请说明理由.

15. 将一枚均匀的硬币连续抛掷 n 次，以 p_n 表示未出现连续 3 次正面的概率.

(1) 求 p_1, p_2, p_3, p_4；

(2) 探究数列 $\{p_n\}$ 的递推公式，并给出证明；

(3) 讨论数列 $\{p_n\}$ 的单调性及其极限，并阐述该极限的概率意义.

参考答案与提示

(1) D. 由 $\left| \bar{z} + \dfrac{1}{z} \right| = \dfrac{5}{2}$，通分得 $|z|^2 + 1 = \dfrac{5}{2}|z|$，已经转化为一个实数的方程，解得 $|z| = \dfrac{1}{2}$.

(2) B. 可建系求解.

(3) C.

(4) B. $\cos^2 A + \cos^2 B = \dfrac{1 + \cos 2A}{2} + \dfrac{1 + \cos 2B}{2} =$

$$1 + \dfrac{1}{2}(\cos 2A + \cos 2B) =$$

$$1 + \cos(A+B)\cos(A-B) =$$

$$1 - \dfrac{1}{2}\cos(A-B) =$$

$$1 - \dfrac{1}{2}\cos\left(2A - \dfrac{2\pi}{3}\right)$$

(5) B. 联结 $O_1 O_2$，点 C 在 $O_1 O_2$ 上，则

$$\angle OO_1O_2 + \angle OO_2O_1 = \pi - \alpha$$

$$\angle O_1AC = \angle O_1CA = \frac{1}{2}\angle OO_1O_2$$

$$\angle O_2BC = \angle O_2CB = \frac{1}{2}\angle OO_2O_1$$

所以

$$\angle O_1CA + \angle O_2CB = \frac{1}{2}(\angle OO_1O_2 + \angle OO_2O_1) = \frac{\pi-\alpha}{2}$$

$$\beta = \pi - (\angle O_1CA + \angle O_2CB) = \frac{\pi+\alpha}{2}$$

得 $\sin\beta = \cos\frac{\alpha}{2}$.

6. D. 已知平面过点 A,再知道它的方向,就可以确定该平面了. 因为涉及平面的方向,我们考虑它的法线,并且假设 a,b 为相交直线也没关系. 于是原题简化为:已知两条相交直线 a,b 成 $60°$ 角,求空间中过交点与 a,b 都成 $45°$ 角的直线. 答案是 4 个.

7. B. 由 $x\boldsymbol{a}+y\boldsymbol{b}+z\boldsymbol{c}=(1,1)$,得 $\begin{cases}-\frac{\sqrt{3}}{2}y+\frac{\sqrt{3}}{2}z=1\\ x-\frac{y}{2}-\frac{z}{2}=1\end{cases}$,$\begin{cases}-\frac{\sqrt{3}}{2}(y-z)=1\\ x-\frac{y+z}{2}=1\end{cases}$.

$$x^2+y^2+z^2=x^2+\frac{(y+z)^2+(y-z)^2}{2}=x^2+2(x-1)^2+\frac{2}{3}=$$

$$3x^2-4x+\frac{8}{3}=$$

$$3\left(x-\frac{2}{3}\right)^2+\frac{4}{3}\geq\frac{4}{3}$$

当且仅当 $x=\frac{2}{3}, y=-\frac{\sqrt{3}+1}{3}, z=\frac{\sqrt{3}-1}{3}$ 时取等号,即 $x^2+y^2+z^2$ 的最小值为 $\frac{4}{3}$.

8. A.

9. D. $S_{\triangle BDF}=\frac{DF}{DE}S_{\triangle BDE}=zS_{\triangle BDE}$,$S_{\triangle BDE}=\frac{BD}{AB}S_{\triangle ABE}=(1-x)S_{\triangle ABE}$,$S_{\triangle ABE}=\frac{AE}{AC}S_{\triangle ABC}=yS_{\triangle ABC}$,于是 $S_{\triangle BDF}=(1-x)yzS_{\triangle ABC}=2(1-x)yz$. 将 $y+z-x=1$,变形为 $y+z=x+1$,暂时将 x 看成常数,欲使 yz 取得最大值必须 $y=z=\frac{x+1}{2}$,于是 $S_{\triangle BDF}=\frac{1}{2}(1-x)(x+1)^2$,解这个一元函数的极值问题,

$x = \frac{1}{3}$ 时取极大值 $\frac{16}{27}$.

10. D. 我们先证明所分出的三角形中至多只有一个锐角三角形. 如图 3, 假设 △ABC 是锐角三角形, 我们证明另一个三角形 △DEF (不妨设在 AC 的另一边, 其中边 EF 有可能与 AC 重合) 的 ∠D 一定是钝角. 事实上, ∠D ⩾ ∠ADC, 而四边形 ABCD 是圆内接四边形, 所以 ∠ADC = 180° − ∠B, 所以 ∠D 为钝角. 这样就排除了 B, C.

下面证明所分出的三角形中至少有一个锐角三角形.

如图 4, 假设 △ABC 中 ∠B 是钝角, 在 AC 的另一侧一定还有其他顶点, 我们就找在 AC 的另一侧的相邻 (指有公共边 AC) △ACD, 则 ∠D = 180° − ∠B 是锐角, 这时如果是钝角, 我们用同样的方法继续找下去, 则最后可以找到一个锐角三角形. 所以答案是 D.

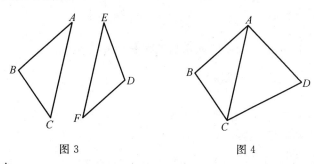

图 3　　　　图 4

11. (1) 略.

(2) 由 $\sqrt{3}\tan C - 1 = \frac{\tan B + \tan C}{\tan A}$, 得

$$\tan A + \tan B + \tan C = \sqrt{3}\tan A \tan C$$

再由 (1) 的结论及 $\tan A \tan C \neq 0$, 得 $\tan B = \sqrt{3}$, $B = \frac{\pi}{3}$, $A + C = \frac{2\pi}{3}$.

又由 $\sin 2A, \sin 2B, \sin 2C$ 的倒数成等差数列, 得

$$\frac{1}{\sin 2A} + \frac{1}{\sin 2C} = \frac{4}{\sqrt{3}}$$

$$\frac{2\sin(A+C)\cos(A-C)}{-\frac{1}{2}[\cos(2A+2C) - \cos(2A-2C)]} = \frac{4}{\sqrt{3}}$$

$$3\cos(A-C) = 1 + 2\cos(2A-2C) = 4\cos^2(A-C) - 1$$

$$\cos(A-C) = 1 \text{ 或 } -\frac{1}{4}$$

由 $A, C \in \left(0, \frac{2\pi}{3}\right)$, 得 $\cos\frac{A-C}{2} \in \left(\frac{1}{2}, 1\right]$, 所以

$$\cos\frac{A-C}{2}=\sqrt{\frac{1+\cos(A-C)}{2}}=1 \text{ 或 } \frac{\sqrt{6}}{4}$$

12. 不妨设水杯高为 1.

(1) 这时,水杯质量:水的质量 $= 2:3$. 水杯的重心位置(我们用位置指到水杯底面的距离)为 $\frac{1}{2}$,水的重心位置为 $\frac{1}{4}$,所以装入半杯水的水杯的重心位置为 $\frac{2\cdot\frac{1}{2}+3\cdot\frac{1}{4}}{2+3}=\frac{7}{20}$.

(2) 当装入水后的水杯的重心最低时,重心恰好位于水面上. 设装 x g 水. 这时,水杯质量:水的质量 $= a:x$. 水杯的重心位置为 $\frac{1}{2}$,水的重心位置为 $\frac{x}{2b}$,水面位置为 $\frac{x}{b}$,于是 $\frac{a\cdot\frac{1}{2}+x\cdot\frac{x}{2b}}{a+x}=\frac{x}{b}$,解得 $x=\sqrt{a^2+ab}-a$,即水杯内装 $(\sqrt{a^2+ab}-a)$ g 水可以使装入水后的水杯的重心最低.

13. (1) $x_n = \frac{2^{n-1}}{2^{n-1}+1}$ (过程略).

(2) 因为 $x_n = \frac{1}{2^{1-n}+1}$,所以即证 $(2^0+1)(2^{-1}+1)\cdots(2^{1-n}+1) < 2e$,也即证

$$\ln(2^0+1)+\ln(2^{-1}+1)+\cdots+\ln(2^{1-n}+1) < \ln(2e)$$

这由 $\ln(x+1) \leqslant x$ 得,上式左边 $< 2^0 + 2^{-1} + \cdots + 2^{1-n} + \cdots = 2 < \ln(2e)$,所以欲证成立.

14. (1) 如图 5,利用双曲线的定义,将原题转化为:在 $\triangle PF_1F_2$ 中,$\angle F_1PF_2 = \frac{\pi}{3}$,$\triangle F_1PF_2$ 的面积为 $3\sqrt{3}a^2$,E 为 PF_1 上一点,$PE = PF_2$,$EF_1 = 2a$,$F_1F_2 = 2c$,求 $\frac{c}{a}$.

作 $FF_2 \perp PF_1$ 于点 F,可设 $PE = PF_2 = EF_2 = x$,$FF_2 = \frac{\sqrt{3}}{2}x$,得

$$S_{\triangle F_1PF_2} = \frac{1}{2}PF_1 \cdot FF_2 = \frac{1}{2}(x+2a)\frac{\sqrt{3}}{2}x = 3\sqrt{3}a^2, x = (\sqrt{13}-1)a$$

在 $\triangle EF_1F_2$ 中由余弦定理可得 $c = 2a, e = 2$.

(2) $\lambda = \frac{1}{2}$ (过程略).

15. (1) $p_1 = p_2 = 1, p_3 = \dfrac{7}{8}, p_4 = \dfrac{13}{16}$.

(2)① 如果第 n 次出现反面,那么前 n 次不出现连续 3 次正面和前 $n-1$ 次不出现连续 3 次正面是等价的,所以此时不出现连续 3 次正面的概率是 $\dfrac{1}{2} p_{n-1}$;

② 如果第 n 次出现正面,第 $n-1$ 次出现反面,那么前 n 次不出现连续 3 次正面和前 $n-2$ 次不出现连续 3 次正面是等价的,所以此时不出现连续 3 次正面的概率是 $\dfrac{1}{4} p_{n-2}$;

③ 如果第 n 次出现正面,第 $n-1$ 次出现正面,第 $n-2$ 次出现反面,那么前 n 次不出现连续 3 次正面和前 $n-2$ 次不出现连续 3 次正面是等价的,所以此时不出现连续 3 次正面的概率是 $\dfrac{1}{8} p_{n-3}$;

④ 如果第 n 次出现正面,第 $n-1$ 次出现正面,第 $n-2$ 次出现正面,那么已经出现连续 3 次正面,所以不需考虑.

所以 $p_n = \dfrac{1}{2} p_{n-1} + \dfrac{1}{4} p_{n-2} + \dfrac{1}{8} p_{n-3} (n \geqslant 4)$,且 $p_1 = p_2 = 1, p_3 = \dfrac{7}{8}, p_4 = \dfrac{13}{16}$.

(3) 还可得 $\dfrac{1}{2} p_{n-1} = \dfrac{1}{4} p_{n-2} + \dfrac{1}{8} p_{n-3} + \dfrac{1}{16} p_{n-4} (n \geqslant 5)$,再由第(2)问得到的递推式,得 $p_n = p_{n-1} - \dfrac{1}{16} p_{n-4} (n \geqslant 5)$.

由第(2)问的递推式及数学归纳法可证得 $p_n > 0 (n \in \mathbf{N}^*)$,所以 $p_n \geqslant p_{n+1}$(当且仅当 $n=1$ 时取等号).

设 $\lim\limits_{n \to \infty} p_n = x$,由第(2)问得到的递推式,可求得 $\lim\limits_{n \to \infty} p_n = 0$,该极限的概率意义是:当投掷的次数足够多时,不出现连续 3 次正面向上的概率几乎为 0.

§49 2011年卓越联盟自主招生数学试题

一、选择题

1. 已知向量 a,b 为非零向量,$(a-2b) \perp a$,$(b-2a) \perp b$,则 a,b 夹角为( )

   A. $\dfrac{\pi}{6}$ B. $\dfrac{\pi}{3}$ C. $\dfrac{2\pi}{3}$ D. $\dfrac{5\pi}{6}$

2. 已知 $\sin 2(\alpha+\gamma)=n\sin 2\beta$,则 $\dfrac{\tan(\alpha+\beta+\gamma)}{\tan(\alpha-\beta+\gamma)}=$( )

   A. $\dfrac{n-1}{n+1}$ B. $\dfrac{n}{n+1}$ C. $\dfrac{n}{n-1}$ D. $\dfrac{n+1}{n-1}$

3. 在正方体 $ABCD-A_1B_1C_1D_1$ 中,E 为棱 AA_1 的中点,F 是棱 A_1B_1 上的点,且 $A_1F:FB_1=1:3$,则异面直线 EF 与 BC_1 所成角的正弦值为( )

   A. $\dfrac{\sqrt{15}}{3}$ B. $\dfrac{\sqrt{15}}{5}$ C. $\dfrac{\sqrt{5}}{3}$ D. $\dfrac{\sqrt{5}}{5}$

4. i 为虚数单位,设复数 z 满足 $|z|=1$,则 $\left|\dfrac{z^2-2z+2}{z-1+i}\right|$ 的最大值为( )

   A. $\sqrt{2}-1$ B. $2-\sqrt{2}$ C. $\sqrt{2}+1$ D. $2+\sqrt{2}$

5. 已知抛物线的顶点在原点,焦点在 x 轴上,$\triangle ABC$ 三个顶点都在抛物线上,且 $\triangle ABC$ 的重心为抛物线的焦点,若 BC 边所在的直线方程为 $4x+y-20=0$,则抛物线方程为( )

   A. $y^2=16x$ B. $y^2=8x$ C. $y^2=-16x$ D. $y^2=-8x$

6. 在三棱柱 $ABC-A_1B_1C_1$ 中,底面边长与侧棱长均不等于 2,且 E 为 CC_1 的中点,则点 C_1 到平面 AB_1E 的距离为( )

   A. $\sqrt{3}$ B. $\sqrt{2}$ C. $\dfrac{\sqrt{3}}{2}$ D. $\dfrac{\sqrt{2}}{2}$

7. 若关于 x 的方程 $\dfrac{|x|}{x+4}=kx^2$ 有四个不同的实数解,则 k 的取值范围为( )

   A. $(0,1)$ B. $(\dfrac{1}{4},1)$ C. $(\dfrac{1}{4},+\infty)$ D. $(1,+\infty)$

8. 如图1,$\triangle ABC$ 内接于圆 O,过 BC 中点 D 作平行于 AC 的直线 l,l 交 AB 于点 E,交圆 O 于点 G,F,交圆 O 在点 A 处的切线于点 P,若 $PE=3$,$ED=2$,

$EF = 3$,则 PA 的长为(　　)

A. $\sqrt{5}$ B. $\sqrt{6}$

C. $\sqrt{7}$ D. $2\sqrt{2}$

9. 数列 $\{a_k\}$ 共有 11 项,$a_1 = 0, a_{11} = 4$,且 $|a_{k+1} - a_k| = 1, k = 1, 2, \cdots, 10$,满足这种条件的不同数列的个数为(　　)

A. 100   B. 120

C. 140   D. 160

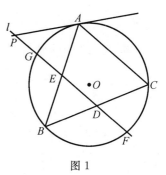

图 1

10. 设 σ 是坐标平面按顺时针方向绕原点做角度为 $\dfrac{2\pi}{7}$ 的旋转,τ 表示坐标平面关于 y 轴的镜面反射. 用 $\tau\sigma$ 表示变换的复合,先做 τ,再做 σ. 用 σ^k 表示连续 k 次 σ 的变换,则 $\sigma\tau\sigma^2\tau\sigma^3\tau\sigma^4$ 是(　　)

A. σ^4 B. σ^5 C. $\sigma^2\tau$ D. $\tau\sigma^2$

二、解答题

11. 设数列 $\{a_n\}$ 满足 $a_1 = a, a_2 = b, 2a_{n+2} = a_{n+1} + a_n$.

(1) 设 $b_n = a_{n+1} - a_n$,证明:若 $a \neq b$,则 $\{b_n\}$ 是等比数列;

(2) 若 $\lim\limits_{n\to\infty}(a_1 + a_2 + \cdots + a_n) = 4$,求 a, b 的值.

12. 在 $\triangle ABC$ 中,$AB = 2AC, AD$ 是 $\angle A$ 的平分线,且 $AD = kAC$.

(1) 求 k 的取值范围;

(2) 若 $S_{\triangle ABC} = 1$,问 k 为何值时,BC 最短?

13. 已知椭圆的两个焦点为 $F_1(-1, 0), F_2(1, 0)$,且椭圆与直线 $y = x - \sqrt{3}$ 相切.

(1) 求椭圆的方程;

(2) 过椭圆焦点 F_1 作两条互相垂直的直线 l_1, l_2,与椭圆分别交于点 P, Q 及点 M, N,求四边形 $PMQN$ 面积的最大值与最小值.

14. 一袋中有 a 个白球和 b 个黑球. 从中任取一球,如果取出白球,则把它放回袋中;如果取出黑球,则该黑球不再放回,另补一个白球放到袋中. 在重复 n 次这样的操作后,记袋中白球的个数为 X_n.

(1) 求 $E(X_1)$;

(2) 设 $P(X_n = a + k) = p_k$,求 $P(X_{n+1} = a + k)(k = 0, 1, \cdots, b)$;

(3) 证明:$E(X_{n+1}) = \left(1 - \dfrac{1}{a+b}\right)E(X_n) + 1$.

15. 设 $f(x) = x \ln x$.

(1) 求 $f'(x)$;

(2) 设 $0<a<b$，求常数 c，使得 $\dfrac{1}{b-a}\displaystyle\int_a^b |\ln x - c|\,\mathrm{d}x$ 取得最小值；

(3) 记(2)中的最小值为 $M_{a,b}$，证明：$M_{a,b} < \ln 2$.

参考答案与提示

1. B 2. D 3. B 4. C 5. A 6. D 7. C 8. B 9. B 10. D

11. (1) 证：由 $a_1 = a, a_2 = b, 2a_{n+2} = a_{n+1} + a_n$，得 $2(a_{n+2} - a_{n+1}) = -(a_{n+1} - a_n)$.

令 $b_n = a_{n+1} - a_n$，则 $b_{n+1} = -\dfrac{1}{2} b_n$，所以 $\{b_n\}$ 是以 $b-a$ 为首项，以 $-\dfrac{1}{2}$ 为公比的等比数列.

(2) 由(1)可知 $b_n = a_{n+1} - a_n = (b-a)\left(-\dfrac{1}{2}\right)^{n-1}$ $(n \in \mathbf{N}^*)$，

所以由累加法得 $a_{n+1} - a_1 = (b-a)\dfrac{1-\left(-\dfrac{1}{2}\right)^n}{1-\left(-\dfrac{1}{2}\right)}$，即

$$a_{n+1} = a + \dfrac{2}{3}(b-a)\left[1-\left(-\dfrac{1}{2}\right)^n\right]$$

所以

$$a_n = a + \dfrac{2}{3}(b-a)\left[1-\left(-\dfrac{1}{2}\right)^{n-1}\right] \quad (n \geqslant 2)$$

$n=1$ 时，$a_1 = a$ 也适合该式.

所以

$$a_n = a + \dfrac{2}{3}(b-a)\left[1-\left(-\dfrac{1}{2}\right)^{n-1}\right] \quad (n \in \mathbf{N}^*)$$

得

$$a_1 + a_2 + \cdots + a_n = na + \dfrac{2}{3}(b-a)\left[n - \dfrac{1-\left(-\dfrac{1}{2}\right)^n}{1+\dfrac{1}{2}}\right] =$$

$$na + \dfrac{2}{3}(b-a)n - \dfrac{4}{9}(b-a) + \dfrac{4}{9}(b-a)\left(-\dfrac{1}{2}\right)^n$$

由于 $\lim\limits_{n\to\infty}(a_1 + a_2 + \cdots + a_n) = 4$，所以 $a + \dfrac{2}{3}(b-a) = 0, -\dfrac{4}{9}(b-a) = 4$，

解得 $a = 6, b = -3$.

12. (1) 如图 2，过点 B 作直线 $BE \parallel AC$ 交 AD 的延长线于点 E，得 $\dfrac{BD}{CD} = \dfrac{AB}{AC} = 2$，所以 $\dfrac{DE}{AD} = \dfrac{BE}{AC} = \dfrac{BD}{DC} = 2$，即 $BE = 2AC, AE = 3BD$.

在 $\triangle ABE$ 中,有
$$AE^2 = AB^2 + BE^2 - 2AB \cdot BE\cos\angle EBA$$
$$(3AD)^2 = (2AC)^2 + (2AC)^2 + 2(2AC \cdot 2AC) \cdot \cos A$$
$$9(kAC)^2 = 8AC^2 + 8AC^2 \cdot \cos A$$
$$k^2 = \frac{8}{9}(1+\cos A) \in \left(0, \frac{16}{9}\right)$$

得 $k^2 \in \left(0, \frac{16}{9}\right), k \in \left(0, \frac{4}{3}\right).$

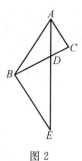

图 2

(2) $S_{\triangle ABC} = \frac{1}{2}AB \cdot AC \cdot \sin A = AC^2 \sin A = 1.$

在 $\triangle ABC$ 中,有
$$BC^2 = AB^2 + AC^2 - 2AB \cdot AC\cos A = 5AC^2 - 4AC^2\cos A = \frac{5-4\cos A}{\sin A}$$

记 $y = \frac{5-4\cos A}{\sin A}$,则
$$y\sin A + 4\cos A = 5, \sqrt{y^2+4^2}\sin(A+\varphi) = 5$$

当 $\sin(A+\varphi) = 1$ 时,$\sqrt{y^2+4^2} = 5 \Rightarrow y = 3$,此时 y 取最小值,此时 $\cos A = \frac{3}{5}.$

所以当且仅当 $k = \frac{8\sqrt{5}}{15}$ 时,BC 取最小值 $\sqrt{3}$.

13. 设椭圆方程为 $\frac{x^2}{a^2} + \frac{y^2}{b^2} = 1(a>b>0)$,因为它与直线 $y = x - \sqrt{3}$ 只有一个公共点,所以方程组 $\begin{cases} \frac{x^2}{a^2} + \frac{y^2}{b^2} = 1, \\ y = x - \sqrt{3}. \end{cases}$ 只有一解,整理得
$$(a^2+b^2)x^2 - 2\sqrt{3}a^2 x + 3a^2 - a^2b^2 = 0$$

所以 $\Delta = (-2\sqrt{3}a^2)^2 - 4(a^2+b^2)(3a^2 - a^2b^2)) = 0$,得 $a^2 + b^2 = 3.$

又因为焦点为 $F_1(-1,0), F_2(1,0)$,所以 $a^2 - b^2 = 1$,联立上式解得 $a^2 = 2, b^2 = 1.$

所以椭圆方程为 $\frac{x^2}{2} + y^2 = 1.$

(2) 若 PQ 斜率不存在(或为 0) 时,则
$$S_{\text{四边形}PMQN} = \frac{|PQ| \cdot |MN|}{2} = \frac{2\sqrt{2} \times 2\sqrt{1-\frac{1}{2}}}{2} = 2$$

若 PQ 斜率存在时,设为 $k(k \neq 0)$,则 MN 为 $-\frac{1}{k}.$

所以直线 PQ 方程为 $y=kx+k$. 设 PQ 与椭圆交点坐标为 $P(x_1,y_1)$, $Q(x_2,y_2)$.

得方程组 $\begin{cases}\dfrac{x^2}{2}+y^2=1,\\ y=kx+k.\end{cases}$ 化简得 $(2k^2+1)x^2+4k^2x+2k^2-2=0$, 所以

$$x_1+x_2=\frac{-4k^2}{2k^2+1}, x_1x_2=\frac{2k^2-2}{2k^2+1}$$

$$|PQ|=\sqrt{1+k^2}\,|x_1-x_2|=\frac{\sqrt{(1+k^2)[16k^4-4(2k^2-1)(2k^2+1)]}}{2k^2+1}=2\sqrt{2}\,\frac{k^2+1}{2k^2+1}$$

同理可得 $|MN|=2\sqrt{2}\,\dfrac{k^2+1}{2+k^2}$.

所以

$$S_{\text{四边形}PMQN}=\frac{|PQ|\cdot|MN|}{2}=4\,\frac{(k^2+1)^2}{(2+k^2)(2k^2+1)}=$$

$$4\,\frac{k^4+2k^2+1}{2k^4+5k^2+2}=4\left(\frac{1}{2}-\frac{\frac{1}{2}k^2}{2k^4+5k^2+2}\right)=$$

$$4\left(\frac{1}{2}-\frac{k^2}{4k^4+10k^2+4}\right)=4\left(\frac{1}{2}-\frac{1}{4k^2+4\frac{1}{k^2}+10}\right)$$

因为 $4k^2+4\dfrac{1}{k^2}+10\geqslant 2\sqrt{4k^2\cdot\dfrac{4}{k^2}}+10=18$(当且仅当 $k^2=1$ 时取等号),
所以

$$\frac{1}{4k^2+4\frac{1}{k^2}+10}\in\left(0,\frac{1}{18}\right]$$

$$4\left(\frac{1}{2}-\frac{1}{4k^2+4\frac{1}{k^2}+10}\right)\in\left[\frac{16}{9},2\right]$$

综上所述,得 $S_{\text{四边形}PMQN}$ 的面积的最小值为 $\dfrac{16}{9}$, 最大值为 2.

14.(1)当 $n=1$ 时,袋中的白球的个数可能为 a 个(即取出的是白球),概率为 $\dfrac{a}{a+b}$;也可能为 $a+1$ 个(即取出的是黑球),概率为 $\dfrac{b}{a+b}$, 故 $EX_1=a\cdot\dfrac{a}{a+b}+(a+1)\cdot\dfrac{b}{a+b}=\dfrac{a^2+ab+b}{a+b}$.

(2)首先,$P(X_{n+1}=a+0)=P_0\cdot\dfrac{a}{a+b}$;$k\geqslant 1$ 时,第 $n+1$ 次取出来有 $a+$

k 个白球的可能性有两种：

第 n 次袋中有 $a+k$ 个白球，显然每次取出球后，球的总数保持不变，即 $a+b$ 个白球（故此时黑球有 $b-k$ 个），第 $n+1$ 次取出来的也是白球，这种情况发生的概率为 $P_k \cdot \dfrac{a+k}{a+b}$；

第 n 次袋中有 $a+k-1$ 个白球，第 $n+1$ 次取出来的是黑球，由于每次球的总数为 $a+b$ 个，所以此时黑球的个数为 $b-k+1$. 这种情况发生的概率为 $P_{k-1} \cdot \dfrac{b-k+1}{a+b}(k \geqslant 1)$.

所以 $P(X_{n+1}=a+k)=P_k \cdot \dfrac{a+k}{a+b}+P_{k-1} \cdot \dfrac{b-k+1}{a+b}(k \geqslant 1)$.

(3) 第 $n+1$ 次白球的个数的数学期望分为两类：

第 n 次白球个数的数学期望，即 $E(X_n)$. 由于白球和黑球的总个数为 $a+b$，第 $n+1$ 次取出来的是白球，这种情况发生的概率是 $\dfrac{E(X_n)}{a+b}$；第 $n+1$ 次取出来的是黑球，这种情况发生的概率是 $\dfrac{a+b-E(X_n)}{a+b}$，此时白球的个数是 $E(X_n)+1$.

所以

$$E(X_{n+1})=\dfrac{E(X_n)}{a+b}E(X_n)+\dfrac{a+b-E(X_n)}{a+b} \cdot [E(X_n)+1]=$$

$$\dfrac{[E(X_n)]^2}{a+b}+\left[1-\dfrac{E(X_n)}{a+b}\right][E(X_n)+1]=$$

$$\dfrac{[E(X_n)]^2}{a+b}+E(X_n)-\dfrac{[E(X_n)]^2}{a+b}+1-\dfrac{E(X_n)}{a+b}=$$

$$\left(1-\dfrac{1}{a+b}\right)E(X_n)+1$$

15. (1) $f'(x)=\ln x+1$.

(2) 设 $g(c)=\dfrac{1}{b-a}\displaystyle\int_a^b |\ln x-c| \mathrm{d}x$.

当 $c \leqslant \ln a$ 时，$|\ln x-c|=\ln x-c$，所以当且仅当 $c=\ln a$ 时，$\dfrac{1}{b-a}\displaystyle\int_a^b |\ln x-c| \mathrm{d}x$ 取得最小值 $g(\ln a)$.

当 $c \geqslant \ln b$ 时，$|\ln x-c|=c-\ln x$，所以当且仅当 $c=\ln b$ 时，$\dfrac{1}{b-a}\displaystyle\int_a^b |\ln x-c| \mathrm{d}x$ 取得最小值 $g(\ln b)$.

当 $\ln a \leqslant c \leqslant \ln b$（即 $a<e^c<b$）时，由结论（Ⅰ）得

$$\dfrac{1}{b-a}\int_a^b |\ln x-c| \mathrm{d}x=\dfrac{1}{b-a}\int_a^{e^c}[(c+1)-(\ln x+1)] \mathrm{d}x+$$

$$\frac{1}{b-a}\int_{e^c}^{b}[(\ln x+1)-(c+1)]\mathrm{d}x=$$

$$\frac{1}{b-a}[2e^c-(a+b)c+a\ln a+b\ln b-(a+b)]$$

再用导数可求得,当且仅当 $c=\ln\dfrac{a+b}{2}$ 时,$\dfrac{1}{b-a}\int_{a}^{b}|\ln x-c|\mathrm{d}x$ 取得最小值. 即所求的常数 $c=\ln\dfrac{a+b}{2}$.

综上所述,当且仅当 $c=\ln\dfrac{a+b}{2}$ 时,$\dfrac{1}{b-a}\int_{a}^{b}|\ln x-c|\mathrm{d}x$ 取得最小值 $\dfrac{1}{b-a}[2e^c-(a+b)c+a\ln a+b\ln b-(a+b)]$.

(3) 由(2)知,即证

$$\frac{b}{a}\ln\frac{a+b}{b}>\ln\frac{4a}{a+b}\quad(0<a<b)$$

可设 $b=ka(k>1)$,即证

$$(k+1)\ln(k+1)-k\ln k>2\ln 2\quad(k>1)$$

而这用导数极易获证.

§50 2010年北约自主招生数学试题

1. 已知 $0 < \alpha < \dfrac{\pi}{2}$，求证：$\sin \alpha < \alpha < \tan \alpha$.

2. 已知 A, B 为边长为 1 的正五边形上的点，证明：线段 AB 长度的最大值为 $\dfrac{\sqrt{5}+1}{2}$.

3. 已知 A, B 为抛物线 $y = 1 - x^2$ 上在 y 轴两侧的点，求该抛物线过点 A, B 的切线与 x 轴围成的图形面积的最小值.

4. 向量 $\overrightarrow{OA}$ 与 $\overrightarrow{OB}$ 的夹角已知，$|\overrightarrow{OA}| = 1$，$|\overrightarrow{OB}| = 2$，$\overrightarrow{OP} = (1-t)\overrightarrow{OA}$，$\overrightarrow{OQ} = t\overrightarrow{OB} (0 \leqslant t \leqslant 1)$，$|\overrightarrow{PQ}|$ 在 $t = t_0$ 时取得最小值，问当 $0 < t_0 < \dfrac{1}{5}$ 时，夹角的取值范围.

5. （仅理科做）存不存在 $0 < x < \dfrac{\pi}{2}$，使得 $\sin x, \cos x, \tan x, \cot x$ 为等差数列？

参考答案与提示

1. 用导数易证. 也有初等证法：设扇形 OAB 的半径为 1，直线 OB 与单位圆 O 在点 A 处的切线交于点 T，则 $S_{\triangle OAB} < S_{\text{扇形} OAB} < S_{\triangle OAT}$，由此可得欲证.

2. 以正五边形一条边上的中点为原点，此边所在的直线为 x 轴，建立如图 1 所示的平面直角坐标系.

(1) 当 A, B 中有一点位于点 P 时，知另一点位于 R_1 或者 R_2 时有最大值为 $|PR_1|$；当有一点位于点 O 时 $|AB|_{\max} = |OP| < |PR_1|$；

(2) 当 A, B 均不在 y 轴上时，知 A, B 必在 y 轴的异侧方可能取到最大值（否则取点 A 关于 y 轴的对称点 A'，有 $|AB| < |A'B|$）.

不妨设点 A 位于线段 OR_2 上（由正五边形的中心对称性，知这样的假设是合理的），则使 $|AB|$ 最大的点 B 必位于线段 PQ 上.

且当点 B 从点 P 向点 Q 移动时，$|AB|$ 先减小后增大，于是 $|AB|_{\max} = |AP|$ 或 $|AQ|$；对于线段 PQ 上任意一点 B，都有 $|BR_2| \geqslant |BA|$. 于是 $|AB|_{\max} = |R_2P| = |R_2Q|$，由(1),(2) 知 $|AB|_{\max} = |R_2P|$. 不妨设为 x.

下面研究正五边形对角线的长.

如图 3，做 $\angle EFG$ 的角平分线 FH 交 EG 于点 H. 易知

$$\angle EFH = \angle HFG = \angle GFI = \angle IGF = \angle FGH = \frac{\pi}{5}$$

于是四边形 $HGIF$ 为平行四边形. 所以 $|HG|=1$.

由角平分线定理知 $\dfrac{|EF|}{|FG|}=\dfrac{x}{1}=\dfrac{1}{x-1}=\dfrac{|EH|}{|HG|}$, 解得 $x=\dfrac{1+\sqrt{5}}{2}$.

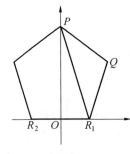

图 1　　　　图 2　　　　图 3

3. 不妨设过点 A 的切线交 x 轴于点 C, 过点 B 的切线交 x 轴于点 D, 直线 AC 与直线 BD 相交于点 E, 如图 4, 设 $B(x_1,y_1), A(x_2,y_2)$, 且有 $y_2=1-x_2^2, y_1=1-x_1^2, x_1>0>x_2$.

由于 $y'=-2x$, 于是 AC 的方程为
$$2x_2 x = 2-y_2-y \qquad ①$$
BD 的方程为
$$2x_1 x = 2-y_1-y \qquad ②$$

联立 AC, BD 的方程, 解得
$$E\left(\frac{y_1-y_2}{2(x_2-x_1)}, 1-x_1 x_2\right)$$

对于 ①, 令 $y=0$, 得 $C\left(\dfrac{2-y_2}{2x_2},0\right)$;

对于 ②, 令 $y=0$, 得 $D\left(\dfrac{2-y_1}{2x_1},0\right)$.

于是
$$|CD|=\frac{2-y_1}{2x_1}-\frac{2-y_2}{2x_2}=\frac{1+x_1^2}{2x_1}-\frac{1+x_2^2}{2x_2}$$

图 4

$$S_{\triangle ECD}=\frac{1}{2}|CD|(1-x_1 x_2)$$

不妨设 $x_1=a>0, -x_2=b>0$, 则
$$S_{\triangle ECD}=\frac{1}{4}\left(\frac{1+a^2}{a}+\frac{1+b^2}{b}\right)(1+ab)=\frac{1}{4}\left(2a+2b+\frac{1}{a}+\frac{1}{b}+a^2 b+ab^2\right)=$$

$$\frac{1}{4}(a+b)\left(2+ab+\frac{1}{ab}\right) \geqslant \frac{1}{4} \cdot 2\sqrt{ab}\left(2+ab+\frac{1}{ab}\right) \qquad ③$$

不妨设 $\sqrt{ab}=s>0$，则有

$$S_{\triangle ECO}=\frac{1}{2}\left(s^3+2s+\frac{1}{s}\right)=\frac{1}{2}\Big(s^3+\underbrace{\frac{1}{3}s+\cdots+\frac{1}{3}s}_{6\uparrow}+\underbrace{\frac{1}{9s}+\cdots+\frac{1}{9s}}_{9\uparrow}\Big) \geqslant$$

$$\frac{1}{2} \cdot 16 \cdot \left[s^3 \cdot \left(\frac{1}{3}s\right)^6 \cdot \left(\frac{1}{9s}\right)^9\right]^{\frac{1}{16}}=8 \cdot \left(\frac{1}{3}\right)^{\frac{24}{16}}=$$

$$8 \cdot \left(\frac{1}{3}\right)^{\frac{3}{2}}=\frac{8}{9}\sqrt{3} \qquad ④$$

又由当 $x_1=a=\frac{\sqrt{3}}{3}, x_2=-b=-\frac{\sqrt{3}}{3}, s=\frac{\sqrt{3}}{3}$ 时，③，④ 处的等号均可取到. 所以

$$(S_{\triangle ECO})_{\min}=\frac{8}{9}\sqrt{3}$$

注 不妨设 $g'(s)=\frac{1}{2}\left(s^2+2s+\frac{1}{s}\right)$，事实上，其最小值也可用导函数的方法求解. 由 $g'(s)=\frac{1}{x}(3s^2+2-\frac{1}{s^2})$ 知当 $0<s^2<\frac{1}{3}$ 时 $g'(s)<0$；当 $\frac{1}{3}<s^2$ 时 $g'(s)>0$.

则 $g(s)$ 在 $\left(0,\frac{\sqrt{3}}{3}\right)$ 上单调递减，在 $\left(\frac{\sqrt{3}}{3},+\infty\right)$ 上单调递增. 于是当 $s=\frac{\sqrt{3}}{3}$ 时 $g(s)$ 取得最小值.

4. 不妨设 OA, OB 夹角为 α，则 $|OP|=1-t, |OQ|=2t$，令

$$g(t)=|PQ|^2=(1-t)^2+4t^2-2 \cdot (1-t) \cdot 2t\cos\alpha=$$
$$(5+4\cos\alpha)t^2+(-2-4\cos\alpha)t+1$$

其对称轴为 $t=\frac{1+2\cos\alpha}{5+4\cos\alpha}$，而 $f(x)=\frac{1+2x}{5+4x}$ 在 $\left(-\frac{5}{4},+\infty\right)$ 上单调递增，

故 $-1 \leqslant \frac{1+2\cos\alpha}{5+4\cos\alpha} \cdot \frac{1}{3}$.

当 $0 \leqslant \frac{1+2\cos\alpha}{5+4\cos\alpha} \cdot \frac{1}{3}$ 时，$t_0=\frac{1+2\cos\alpha}{5+4\cos\alpha} \in \left(0,\frac{1}{5}\right)$，解得 $\frac{\pi}{2}<\alpha<\frac{2\pi}{3}$.

当 $-1 \leqslant \frac{1+2\cos\alpha}{5+4\cos\alpha}<0$ 时，$g(t)$ 在 $[0,1]$ 上单调递增，于是 $t_0=0$，不合题意.

于是夹角的范围为 $\left[\frac{\pi}{2},\frac{2\pi}{3}\right]$.

5. 不存在. 否则有

$$\cos x-\sin x=\cot x-\tan x=\frac{(\cos x-\sin x)(\cos x+\sin x)}{\sin x\cos x}$$

则 $\cos x - \sin x = 0$ 或者 $1 = \dfrac{\cos x + \sin x}{\sin x \cos x}$.

若 $\cos x - \sin x = 0$,有 $x = \dfrac{\pi}{4}$.而此时 $\dfrac{\sqrt{2}}{2}, \dfrac{\sqrt{2}}{2}, 1, 1$ 不成等差数列；

若 $1 = \dfrac{\cos x + \sin x}{\sin x \cos x}$,有 $(\sin x \cos x)^2 = 1 + 2\sin x \cos x$. 解得 $\sin x \cos x = 1 \pm \sqrt{2}$.

而 $\sin x \cos x = \dfrac{1}{2}\sin 2x \in \left(0, \dfrac{1}{2}\right]$,矛盾！

§51 2010年华约自主招生数学试题

一、选择题

1. 设复数 $w = \left(\dfrac{a+i}{1+i}\right)^2$,其中 a 为实数,若 w 的实部为 2,则 w 的虚部为( )

   A. $-\dfrac{3}{2}$ B. $-\dfrac{1}{2}$ C. $\dfrac{1}{2}$ D. $\dfrac{3}{2}$

2. 设向量 $\boldsymbol{a}, \boldsymbol{b}$,满足 $|\boldsymbol{a}|=|\boldsymbol{b}|=1, \boldsymbol{a} \cdot \boldsymbol{b}=m$,则 $|\boldsymbol{a}+t\boldsymbol{b}|\ (t \in \mathbf{R})$ 的最小值为( )

   A. 2 B. $\sqrt{1+m^2}$ C. 1 D. $\sqrt{1-m^2}$

3. 如果平面 α, β,直线 m, n,点 A, B,满足: $\alpha \parallel \beta, m \subset \alpha, n \subset \beta, A \in \alpha, B \in \beta$,且 AB 与 α 所成的角为 $\dfrac{\pi}{4}$,$m \perp AB$,n 与 AB 所成的角为 $\dfrac{\pi}{3}$,那么 m 与 n 所成的角大小为( )

   A. $\dfrac{\pi}{3}$ B. $\dfrac{\pi}{4}$ C. $\dfrac{\pi}{6}$ D. $\dfrac{\pi}{8}$

4. 在四棱锥 $V-ABCD$ 中,B_1, D_1 分别为侧棱 VB, VD 的中点,则四面体 AB_1CD_1 的体积与四棱锥 $V-ABCD$ 的体积之比为( )

   A. $1:6$ B. $1:5$ C. $1:4$ D. $1:3$

5. 在 $\triangle ABC$ 中,三边长 a, b, c,满足 $a+c=3b$,则 $\tan\dfrac{A}{2}\tan\dfrac{C}{2}$ 的值为( )

   A. $\dfrac{1}{5}$ B. $\dfrac{1}{4}$ C. $\dfrac{1}{2}$ D. $\dfrac{2}{3}$

6. 如图 1,$\triangle ABC$ 的两条高线 AD, BE 交于点 H,其外接圆圆心为 O,过 O 作 OF 垂直 BC 于点 F,OH 与 AF 相交于点 G,则 $\triangle OFG$ 与 $\triangle GAH$ 面积之比为( )

   A. $1:4$ B. $1:3$
   C. $2:5$ D. $1:2$

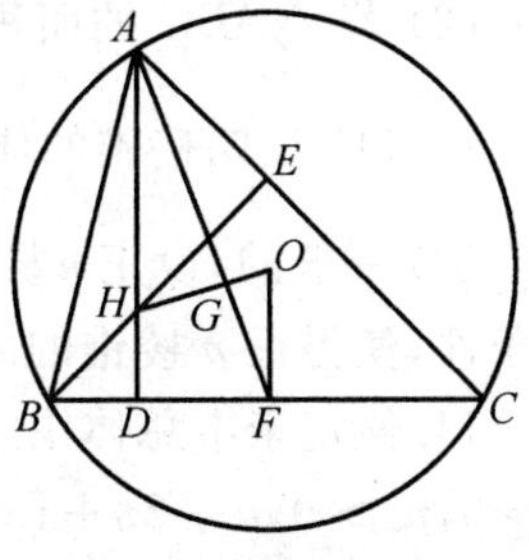

7. 设 $f(x) = e^{ax}\ (a>0)$. 过点 $P(a, 0)$ 且平行于 y 轴的直线与曲线 $C: y=f(x)$ 的交点为 Q,曲线 C 过点 Q 的切线交 x 轴于点 R,则 $\triangle PQR$ 的面积的最小值是( )

图 1

A. 1　　　　B. $\dfrac{\sqrt{2e}}{2}$　　　　C. $\dfrac{e}{2}$　　　　D. $\dfrac{e^2}{4}$

8. 设双曲线 $C_1: \dfrac{x^2}{a^2} - \dfrac{y^2}{4} = k(a>2, k>0)$，椭圆 $C_2: \dfrac{x^2}{a^2} + \dfrac{y^2}{4} = 1$. 若 C_2 的短轴长与 C_1 的实轴长的比值等于 C_2 的离心率,则 C_1 在 C_2 的一条准线上截得线段的长为(　　)

A. $2\sqrt{2+k}$　　　　B. 2　　　　C. $4\sqrt{4+k}$　　　　D. 4

9. 欲将正六边形的各边和各条对角线都染为 n 种颜色之一,使得以正六边形的任何 3 个顶点作为顶点的三角形有 3 种不同颜色的边,并且不同的三角形使用不同的 3 色组合,则 n 的最小值为(　　)

A. 6　　　　B. 7　　　　C. 8　　　　D. 9

10. 设定点 $A、B、C、D$ 是以点 O 为中心的正四面体的顶点,用 σ 表示空间以直线 OA 为轴满足条件 $\sigma(B)=C$ 的旋转,用 τ 表示空间关于 OCD 所在平面的镜面反射,设 l 为过 AB 中点与 CD 中点的直线,用 ω 表示空间以 l 为轴的 $180°$ 旋转. 设 $\sigma \circ \tau$ 表示变换的复合,先作 τ,再作 σ,则 ω 可以表示为(　　)

A. $\sigma \circ \tau \circ \sigma \circ \tau \circ \sigma$　　　　B. $\sigma \circ \tau \circ \sigma \circ \tau \circ \sigma \circ \tau$

C. $\tau \circ \sigma \circ \tau \circ \sigma \circ \tau$　　　　D. $\sigma \circ \tau \circ \sigma \circ \sigma \circ \tau \circ \sigma$

二、解答题

11. 在 $\triangle ABC$ 中,已知 $2\sin^2 \dfrac{A+B}{2} + \cos 2C = 1$,外接圆半径 $R=2$.

(1) 求 $\angle C$ 的大小;

(2) 求 $\triangle ABC$ 面积的最大值.

12. 设 $A、B、C、D$ 为抛物线 $x^2 = 4y$ 上不同的四点,$A、D$ 关于该抛物线的对称轴对称,BC 平行于该抛物线在点 D 处的切线 l. 设点 D 到直线 AB,直线 AC 的距离分别为 d_1, d_2,已知 $d_1 + d_2 = \sqrt{2}|AD|$.

(1) 判断 $\triangle ABC$ 是锐角三角形、直角三角形、钝角三角形中的哪一种三角形,并说明理由;

(2) 若 $\triangle ABC$ 的面积为 240,求点 A 的坐标及直线 BC 的方程.

13. (1) 正四棱锥的体积 $V = \dfrac{\sqrt{2}}{3}$,求正四棱锥的表面积的最小值;

(2) 一般的,设正 n 棱锥的体积 V 为定值,试给出不依赖于 n 的一个充分必要条件,使得正 n 棱锥的表面积取得最小值.

14. 假定亲本总体中三种基因型式:AA, Aa, aa 的比例为 $u:2v:w(u>0, v>0, w>0, u+2v+w=1)$ 且数量充分多,参与交配的亲本是该总体中随机的两个.

(1) 求子一代中,三种基因型式的比例;

(2) 子二代的三种基因型式的比例与子一代的三种基因型式的比例相同吗?并说明理由.

15. 设函数 $f(x) = \dfrac{x+m}{x+1}$,且存在函数 $s = \varphi(t) = at + b \left(t > \dfrac{1}{2}, a \neq 0\right)$,满足 $f\left(\dfrac{2t-1}{t}\right) = \dfrac{2s+1}{s}$.

(1) 证明:存在函数 $t = \psi(s) = cs + d (s > 0)$,满足 $f\left(\dfrac{2s+1}{s}\right) = \dfrac{2t-1}{t}$;

(2) 设 $x_1 = 3, x_{n+1} = f(x_n), n = 1, 2, \cdots$. 证明:$|x_n - 2| \leqslant \dfrac{1}{3^{n-1}}$.

参考答案

1—10 ADBCC ABDBD

11. (1) 由 $2\sin^2\dfrac{A+B}{2} + \cos 2C = 1$,得 $2\cos^2\dfrac{C}{2} - 1 = -\cos 2C$,$2\cos^2 C + \cos C - 1 = 0, C = \dfrac{\pi}{3}$.

(2) $c = 2R\sin C = 4 \cdot \dfrac{\sqrt{3}}{2} = 2\sqrt{3}$.

由余弦定理得 $c^2 = a^2 + b^2 - 2ab\cos C$,即 $12 = a^2 + b^2 - ab$,得 $ab \leqslant 12$.

有 $S_{\triangle ABC} = \dfrac{1}{2}ab\sin C = \dfrac{\sqrt{3}}{4}ab \leqslant \dfrac{\sqrt{3}}{4} \cdot 12 = 3\sqrt{3}$,当且仅当 $a = b$ 即 $\triangle ABC$ 为等边三角形时,$\triangle ABC$ 的面积取得最大值为 $3\sqrt{3}$.

12. (1) 设 $A\left(x_0, \dfrac{1}{4}x_0^2\right), B\left(x_1, \dfrac{1}{4}x_1^2\right), C\left(x_2, \dfrac{1}{4}x_2^2\right)$,得 $D\left(-x_0, \dfrac{1}{4}x_0^2\right)$.

由 $y' = \dfrac{1}{2}x$ 可知的斜率 $k = -\dfrac{1}{2}x_0$,因此可设直线 BC 的方程为 $y = -\dfrac{1}{2}x_0 x + b$.

把它代入 $y = \dfrac{1}{4}x^2$,整理得 $x^2 + 2x_0 x - 4b = 0$,所以 $x_1 + x_2 = -2x_0$.

因为 AB, AC 都不平行于 y 轴,所以直线 AB, AC 斜率之和为

$$k_{AB} + k_{AC} = \dfrac{\dfrac{1}{4}(x_1^2 - x_0^2)}{x_1 - x_0} + \dfrac{\dfrac{1}{4}(x_2^2 - x_0^2)}{x_2 - x_0} = (x_1 + x_2 + 2x_0) = 0$$

即直线 AB, AC 的倾角互补,而 AD 平行于 x 轴,所以 AD 平分 $\angle CAB$.

作 $DE \perp AB, DF \perp AC, E, F$ 为垂足,得 $\triangle ADE \cong \triangle ADF$,所以 $|DE| =$

$|DF|$.

由已知 $|DE|+|DF|=\sqrt{2}|AD|$，可得 $|DE|=\sqrt{2}|AD|$，所以 $\angle DAE = \angle DAF = 45°$，$\angle CAB = 90°$，$\triangle ABC$ 为直角三角形.

(2) 由(1)的解答，可以设直线 AB，AC 的方程分别为 $y - \frac{1}{4}x_0^2 = -(x - x_0)$，$y - \frac{1}{4}x_0^2 = x - x_0$.

把它们分别代入 $y = \frac{1}{4}x^2$，得

$$x^2 + 4x - x_0^2 - 4x_0 = 0, x^2 - 4x - x_0^2 + 4x_0 = 0,$$

所以 $|AB| = 2\sqrt{2}|x_0 + 2|$，$|AC| = 2\sqrt{2}|x_0 - 2|$.

由题设，得 $\frac{1}{2}|AB||AC| = 240$，所以 $\frac{1}{2} \times 8|x_0^2 - 4| = 240$，解得 $x = \pm 8$，得 $A(8,16)$ 或 $A(-8,16)$.

当取 $A(-8,16)$ 时，求得 $B(4,4)$，又 BC 斜率 $-\frac{1}{2}x_0 = 4$，所以直线 BC 方程为 $y - 4 = 4(x - 4)$，

即 $4x - y - 12 = 0$.

同理，当取 $A(8,16)$ 时，直线 BC 方程为 $4x + y + 12 = 0$.

13.(1) 设正四棱锥的底面正方形的边长为 $2a$，高为 h，则正四棱锥的体积 $V = \frac{4}{3}a^2 h = \frac{\sqrt{2}}{3}$. 表面积

$$S = 4(a^2 + a\sqrt{a^2 + h^2})$$

得

$$h^2 = \frac{1}{8a^4}, S = 4\sqrt{a^4 + \frac{1}{8a^2}} + 4a^2$$

用导数可求得：当且仅当 $a = \frac{1}{2}$，$h = \sqrt{2}$ 时，$S_{\min} = 4$.

(2) 设正 n 棱锥的底面正 n 边形的内切圆半径为 r，高为 h，则 $h = \dfrac{3V}{nr^2 \tan \dfrac{\pi}{n}}$，所以

$$S_{\text{底}} = nr^2 \tan \frac{\pi}{n}, S_{\text{侧}} = nr \tan \frac{\pi}{n} \sqrt{r^2 + h^2}$$

$$S_{\text{表}} = S_{\text{底}} + S_{\text{侧}} = n\tan \frac{\pi}{n} \left(r^2 + \sqrt{r^4 + \frac{9V^2}{n^2 r^2 \tan^2 \dfrac{\pi}{n}}} \right)$$

用导数可求得:当且仅当 $r=\sqrt[3]{\dfrac{3V}{2\sqrt{2}n\tan\dfrac{\pi}{n}}}$, $h=2\sqrt[3]{\dfrac{3V}{n\tan\dfrac{\pi}{n}}}$ 也即 $S_{表}=4S_{底}$

时,$(S_{表})_{\min}=2\sqrt[3]{9nV^2\tan\dfrac{\pi}{n}}$.

14.(1)参与交配的两个亲本(一个称为父本,一个称为母本)的基因型式的情况,及相应情况发生的概率和相应情况下子一代的基因型式为 AA,Aa,aa 的概率如下表:

父本、母本的 基因型式	相应情况 出现的概率	子一代基因 为 AA 的概率	子一代基因 为 Aa 的概率	子一代基因 为 aa 的概率
父 AA 母 AA	u^2	1	0	0
父 AA 母 Aa	$2uv$	$\dfrac{1}{2}$	$\dfrac{1}{2}$	0
父 AA 母 aa	uw	0	1	0
父 Aa 母 AA	$2uv$	$\dfrac{1}{2}$	$\dfrac{1}{2}$	0
父 Aa 母 Aa	$4v^2$	$\dfrac{1}{4}$	$\dfrac{1}{2}$	$\dfrac{1}{4}$
父 Aa 母 aa	$2vw$	0	$\dfrac{1}{2}$	$\dfrac{1}{2}$
父 aa 母 AA	uw	0	1	0
父 aa 母 Aa	$2vw$	0	$\dfrac{1}{2}$	$\dfrac{1}{2}$
父 aa 母 aa	w^2	0	0	1

子一代的基因型式为 AA 的概率为

$$p_1=u^2\times 1+2uv\times\dfrac{1}{2}+2uv\times\dfrac{1}{2}+4v^2\times\dfrac{1}{4}=(u+v)^2$$

由对称性知子一代的基因型式为 aa 的概率为 $p_3=(v+w)^2$.

子一代的基因型式为 Aa 的概率为

$$p_2=2uv\times\dfrac{1}{2}+uw\times 1+2uv\times\dfrac{1}{2}+4v^2\times\dfrac{1}{2}+2vw\times\dfrac{1}{2}+uw\times 1+$$

$$2vw\times\dfrac{1}{2}=2(uv+uw+v^2+vw)=2(u+v)(v+w)$$

若记 $p=u+v$,$q=v+w$,则 $p>0$,$q>0$,$p+q=1$,子一代三种基因型式:AA,Aa,aa 的比例为 $p^2:2pq:q^2$.

(2)由(1)可知子二代的基因型式为 AA,Aa,aa 的比例为 $\alpha^2:2\alpha\beta:\beta^2$,其

中 $\alpha = p^2 + pq, \beta = pq + q^2$.

由 $p + q = 1$, 可得 $\alpha = p, \beta = q$.

所以子二代三种基因型式 AA, Aa, aa 的比例为 $p^2 : 2pq : q^2$, 与子一代基因型式的比例相同.

15.（1）把 $s = at + b$ 代入 $f\left(\dfrac{2t-1}{t}\right) = \dfrac{2s+1}{s}$, 化简得

$$a(m-4)t^2 + [b(m-4) + a - 3]t + (b+1) = 0$$

因为该等式对所有 $t > \dfrac{1}{2}$ 成立, 所以

$$\begin{cases} b + 1 = 0 \\ b(m-4) + a - 3 = 0 \\ a(m-4) = 0 \end{cases}$$

解得 $b = -1, m = 4, a = 3$. 所以 $f(x) = \dfrac{x+4}{x+1}$.

把 $t = cs + d$ 代入 $f\left(\dfrac{2s+1}{s}\right) = \dfrac{2t-1}{t}$, 化简得 $cs + d = 3s + 1$.

所以存在 $t = \psi(s) = 3s + 1 (s > 0)$, 使得 $f\left(\dfrac{2s+1}{s}\right) = \dfrac{2t-1}{t}$.

(2) 令

$$s_1 = 1, t_1 = \psi(s_1) = 3s_1 + 1 = 4$$
$$s_{n+1} = \varphi(t_n) = 3t_n - 1$$
$$t_{n+1} = \psi(s_{n+1}) = 3s_{n+1} + 1 \quad (n = 1, 2, \cdots)$$

注意到 $x_1 = \dfrac{2s_1 + 1}{s_1}$, 由 (1) 知

$$x_{2n-1} = \dfrac{2s_n + 1}{s_n}, x_{2n} = \dfrac{2t_n - 1}{t_n} \quad (n = 1, 2, \cdots)$$

由 $s_{n+1} = 3t_n - 1 = 9s_n + 2$, 得 $s_{n+1} + \dfrac{1}{4} = 9\left(s_n + \dfrac{1}{4}\right)$, 所以

$$s_n = \dfrac{1}{4}(5 \cdot 3^{2n-2} - 1), t_n = 3s_n + 1 = \dfrac{1}{4}(5 \cdot 3^{2n-1} + 1)$$

得

$$x_{2n-1} = 2 + \dfrac{1}{s_n} = 2 + \dfrac{4}{5 \cdot 3^{2n-2} - 1}, x_{2n} = 2 - \dfrac{1}{t_n} = 2 - \dfrac{4}{5 \cdot 3^{2n-1} + 1}$$

即 $x_n = 2 + (-1)^{n+1} \dfrac{4}{5 \cdot 3^{n-1} + (-1)^n} (n = 1, 2, \cdots)$ 所以

$$|x_n - 2| = \dfrac{4}{4 \cdot 3^{n-1} + [3^{n-1} + (-1)^n]} \leq \dfrac{1}{3^{n-1}}$$

另解 （1）可求出 $f(x) = \dfrac{x+4}{x+1}$.

取 $t = 3s+1$ 即 $s = \dfrac{t-1}{3}$,得

$$f\left(\dfrac{2s+1}{s}\right) = f\left(\dfrac{2t+1}{t-1}\right) = \dfrac{\dfrac{2t+1}{t-1}+4}{\dfrac{2t+1}{t-1}+1} = \dfrac{2t-1}{t}$$

(2) 由 $f(x) = \dfrac{x+4}{x+1}, x_{n+1} = f(x_n)$,得

$$x_{n+1} = \dfrac{x_n+4}{x_n+1}, x_{n+1}-2 = -\dfrac{x_n-2}{x_n+1}$$

若存在 $k(k \in \mathbf{N}^+)$,使 $x_k = 2$,得 $x_{k-1} = x_{k-2} = \cdots = x_1 = 2$,与 $x_1 = 3$ 矛盾!
所以不存在 $k(k \in \mathbf{N}^+)$,使 $x_k = 2$.
还可得 $\dfrac{x_{n+1}+2}{x_{n+1}-2} = -3\dfrac{x_n+2}{x_n-2}, \cdots$ 可求得 $x_n = 2 + \dfrac{4}{5 \cdot (-3)^{n-1}-1}$,所以

$$|x_n - 2| = \dfrac{4}{|5 \cdot (-3)^{n-1}-1|} \leqslant \dfrac{4}{|5 \cdot (-3)^{n-1}|-1} = \dfrac{4}{5 \cdot 3^{n-1}-1} =$$

$$\dfrac{4}{4 \cdot 3^{n-1}+3^{n-1}-1} \leqslant \dfrac{4}{4 \cdot 3^{n-1}} = \dfrac{1}{3^{n-1}}$$

再解 (1) 可求出 $f(x) = \dfrac{x+4}{x+1}, s = \varphi(t) = 3t-1$.

当 $f\left(\dfrac{2t-1}{t}\right) = \dfrac{2s+1}{s}$ 中的 $t = -s$ 时,得 $f\left(\dfrac{2s+1}{s}\right) = \dfrac{2t-1}{t}$,所以存在 $-t = 3(-s)-1$,即 $t = 3s+1$.

(2) 用数学归纳法来证.

(a) 当 $n = 1$ 时,显然成立.

(b) 易得

$$x_{n+1} = f(x_n) = 1 + \dfrac{3}{x_n+1} > 1$$

$$f\left(2+\dfrac{1}{s}\right) = 2 - \dfrac{1}{3s+1} \Rightarrow 2 - f\left(2+\dfrac{1}{s}\right) = \dfrac{1}{3s+1} < \dfrac{1}{3} \times \dfrac{1}{s}$$

假设当 $n = k$ 时,欲证成立,即 $|x_k - 2| \leqslant \dfrac{1}{3^{k-1}}$. 则当 $n = k+1$ 时:

$$|x_{k+1} - 2| = |2 - f(x_k)| = \left|1 - \dfrac{3}{x_k+1}\right|$$

当 $x_k > 2$ 时

$$|x_{k+1} - 2| = |2 - f(2+(x_k-2))| < \dfrac{1}{3}|x_k - 2| < \dfrac{1}{3^k}$$

当 $x_k \leqslant 2$ 时

$$|x_{k+1} - 2| = \dfrac{3}{x_k+1} - 1$$

所以只需证 $\dfrac{3}{x_k+1}-1\leqslant \dfrac{1}{3^k}$，即证 $\dfrac{3}{x_k+1}\leqslant \dfrac{3^k+1}{3^k}$，$x_k-2\geqslant \dfrac{3\cdot 3^k}{3^k+1}-3=-\dfrac{3}{3^k+1}$，也即 $2-x_k\leqslant \dfrac{3}{3^k+1}<\dfrac{3}{3^k}=\dfrac{1}{3^{k-1}}$，而此式是假设成立的，所以当 $n=k+1$ 时成立.

证毕.

编辑手记

谁是甘志国,凭什么给他出这么多书?

红学家周汝昌在其《献芹集》之《椽笔谁能写雪芹》中对曹雪芹是这样评价的:

"……曹雪芹,前无古人,后无来者:家门显赫,不是纨袴膏粱;文采风流,不是江南才子.却召辞荣,不是山林高隐;诗朋酒侣,不是措大穷酸.他异乎所有一般儒士文人.不同于得志当时、弯弓耀马的满洲武勇.他思想叛逆,但不是'造反者';他生计穷愁,但不是叫化儿.其为'类型',颇称奇特;欲加理解,实费揣摩."

仿此笔者也来评价一下甘志国:

甘志国,前有古人,后有来者:学识渊博,不是书香门第;著述等身,不是名校高才;奇思妙想,不是民间隐士;课业精进,不为升官发财.他是一位逐渐由青涩走向成熟,由偏隅走向中心的一位优秀中青年数学教师.那么他写的书到底好在哪里?

"文革"期间林彪的女儿林豆豆有一篇文章广为流传,文章名为《爸爸教我怎样学会写文章》.想想"文化大革命"时期全国都流行甚至现在仍有"流毒"的林氏语录.我们不得不承认,林彪还是有些文章之道的.其中有两段,给人留下深刻印象.

第一段:"不要写那些又臭又长,干干巴巴的文章,这种文章像机器造出来的一样,只有零度的感情,就会使人感到没有兴趣."

第二段:"为什么(苏绣)那么漂亮呢?就是因为丝线的品种很多,听说有4 800多种,光红色的就有几十样.颜色的花样很多,所以绣出来的东西好看,逼真.写文章也是一样,词汇好比丝线,掌握词汇越多,就能运用自如,变化无穷,随手拈来就能选出那些浓淡相宜的颜色,'织成'最美好的作品."

甘志国的作品首先是短小精悍,言之有物.虽不顶天但总是立地.素材皆取自中学数学教学实际,绝无凌波微步.每一篇小文章都是有感而发.每一个例题都是就地取材,没有一点八股痕迹.虽然早几年笔者曾劝过他不要在一块薄板上钻许多眼,而要想办法在厚板上钻一个眼.但这是爱因斯坦的人才观.要求一个中学教师不合适.作为一个基层的数学教师,能至于此,更复何求?在此笔者郑重地向甘志国老师说:别听我那些"高论",坚持做最好的自己.

其次,甘志国先生的作品引用的例题非常之多.恰似苏绣之丝线远不止4 800个.而且都是从一些我们熟视无睹的问题中看出问题来.西谚说:"魔鬼藏在细节之中."对这些教材、教参、试题中大量细节的处理才是最能体现出一位优秀中学教师的功力.从这些小文章中我们也同时看到了一个中学教师对理想的追求.有人说:在物质主义盛行的今天,理想早已褪去了一分纯粹,增添了更多世俗;少了一分为人瞻仰的深刻,多了几分人所共驱的浅薄.

因为工作的关系,笔者也接触到很多中学数学教师.令笔者吃惊的很少是因为他们的敬业与操守,更多的是为他们的所谓"社会化".现在说一个人很社会相当于赞扬一个人很成熟.它的反义词一定含有书生气.中学教师因其职业原因会接触到社会各阶层人士,可谓见多识广,沾染上不良社会习气也难免.但以能混社会,吃得开引以为自豪就是大问题了.甘志国老师与笔者素未谋面(只有一次有机会在北京站约好见面也因故未成),但笔者敢断定,他一定是个书生气很重的人,甚至是书呆子.因为无法想象一个没有书生气的人几十年如一日,孜孜以求,自甘寂寞,发表如此之多的作品.

沈从文在20世纪30年代就看到,很多青年偷懒,缺少主见,投机取巧,媚世悦俗.他说:"右倾革命的也罢,革右倾命的也罢,一切世俗热闹皆有他们的份.就由于应世技巧的圆熟,他们的工作常常容易见好,也容易成功,这种人在作家中就不少."

编辑的核心能力是价值判断,什么书好什么书差.但书的后面是人,所以对作者的选择是重要的.有些人的书挣钱也不出,有些人的书赔钱也要出.出版甘志国先生这一系列作品,是想借此宣染一个青年数学教师的成才之路,不是投机取巧,媚世悦俗,而是脚踏实地,岗位成才.不要去蝇营狗苟,汲汲以求,刚有一点小成绩就想升官发财,多想想老一辈教育家的教诲."要想着干大事,不要想着当大官."如果中国的中学数学界有千万个甘志国出现,则学生幸甚.

波兰裔社会学家和哲学家齐格蒙·鲍曼在描述现代世界时说:"今天看上去确凿无疑又恰如其分的事情,明天可能就徒劳无用了,只是流于臆想或令人懊悔不迭的失误."

对于本套书的出版,笔者相信今天、明天都是有价值的.

刘培杰
2013 年 10 月 24 日
于哈工大

哈尔滨工业大学出版社刘培杰数学工作室
已出版(即将出版)图书目录

书　名	出版时间	定　价	编号
新编中学数学解题方法全书(高中版)上卷	2007—09	38.00	7
新编中学数学解题方法全书(高中版)中卷	2007—09	48.00	8
新编中学数学解题方法全书(高中版)下卷(一)	2007—09	42.00	17
新编中学数学解题方法全书(高中版)下卷(二)	2007—09	38.00	18
新编中学数学解题方法全书(高中版)下卷(三)	2010—06	58.00	73
新编中学数学解题方法全书(初中版)上卷	2008—01	28.00	29
新编中学数学解题方法全书(初中版)中卷	2010—07	38.00	75
新编中学数学解题方法全书(高考复习卷)	2010—01	48.00	67
新编中学数学解题方法全书(高考真题卷)	2010—01	38.00	62
新编中学数学解题方法全书(高考精华卷)	2011—03	68.00	118
新编平面解析几何解题方法全书(专题讲座卷)	2010—01	18.00	61
新编中学数学解题方法全书(自主招生卷)	2013—08	88.00	261
数学眼光透视	2008—01	38.00	24
数学思想领悟	2008—01	38.00	25
数学应用展观	2008—01	38.00	26
数学建模导引	2008—01	28.00	23
数学方法溯源	2008—01	38.00	27
数学史话览胜	2008—01	28.00	28
数学思维技术	2013—09	38.00	260
从毕达哥拉斯到怀尔斯	2007—10	48.00	9
从迪利克雷到维斯卡尔迪	2008—01	48.00	21
从哥德巴赫到陈景润	2008—05	98.00	35
从庞加莱到佩雷尔曼	2011—08	138.00	136
数学解题中的物理方法	2011—06	28.00	114
数学解题的特殊方法	2011—06	48.00	115
中学数学计算技巧	2012—01	48.00	116
中学数学证明方法	2012—01	58.00	117
数学趣题巧解	2012—03	28.00	128
三角形中的角格点问题	2013—01	88.00	207
含参数的方程和不等式	2012—09	28.00	213

哈尔滨工业大学出版社刘培杰数学工作室
已出版(即将出版)图书目录

书　名	出版时间	定　价	编号
数学奥林匹克与数学文化(第一辑)	2006—05	48.00	4
数学奥林匹克与数学文化(第二辑)(竞赛卷)	2008—01	48.00	19
数学奥林匹克与数学文化(第二辑)(文化卷)	2008—07	58.00	36
数学奥林匹克与数学文化(第三辑)(竞赛卷)	2010—01	48.00	59
数学奥林匹克与数学文化(第四辑)(竞赛卷)	2011—08	58.00	87
发展空间想象力	2010—01	38.00	57
走向国际数学奥林匹克的平面几何试题诠释(上、下)(第1版)	2007—01	68.00	11,12
走向国际数学奥林匹克的平面几何试题诠释(上、下)(第2版)	2010—02	98.00	63,64
平面几何证明方法全书	2007—08	35.00	1
平面几何证明方法全书习题解答(第1版)	2005—10	18.00	2
平面几何证明方法全书习题解答(第2版)	2006—12	18.00	10
平面几何天天练上卷·基础篇(直线型)	2013—01	58.00	208
平面几何天天练中卷·基础篇(涉及圆)	2013—01	28.00	234
平面几何天天练下卷·提高篇	2013—01	58.00	237
平面几何专题研究	2013—07	98.00	258
最新世界各国数学奥林匹克中的平面几何试题	2007—09	38.00	14
数学竞赛平面几何典型题及新颖解	2010—07	48.00	74
初等数学复习及研究(平面几何)	2008—09	58.00	38
初等数学复习及研究(立体几何)	2010—06	38.00	71
初等数学复习及研究(平面几何)习题解答	2009—01	48.00	42
世界著名平面几何经典著作钩沉——几何作图专题卷(上)	2009—06	48.00	49
世界著名平面几何经典著作钩沉——几何作图专题卷(下)	2011—01	88.00	80
世界著名平面几何经典著作钩沉(民国平面几何老课本)	2011—03	38.00	113
世界著名解析几何经典著作钩沉——平面解析几何卷	2014—01	38.00	273
世界著名数论经典著作钩沉(算术卷)	2012—01	28.00	125
世界著名数学经典著作钩沉——立体几何卷	2011—02	28.00	88
世界著名三角学经典著作钩沉(平面三角卷Ⅰ)	2010—06	28.00	69
世界著名三角学经典著作钩沉(平面三角卷Ⅱ)	2011—01	38.00	78
世界著名初等数论经典著作钩沉(理论和实用算术卷)	2011—07	38.00	126
几何学教程(平面几何卷)	2011—03	68.00	90
几何学教程(立体几何卷)	2011—07	68.00	130
几何变换与几何证题	2010—06	88.00	70
计算方法与几何证题	2011—06	28.00	129
立体几何技巧与方法	2014—05		293
几何瑰宝——平面几何500名题暨1000条定理(上、下)	2010—07	138.00	76,77
三角形的解法与应用	2012—07	18.00	183
近代的三角形几何学	2012—07	48.00	184
一般折线几何学	即将出版	58.00	203
三角形的五心	2009—06	28.00	51
三角形趣谈	2012—08	28.00	212
解三角形	2014—01	28.00	265
圆锥曲线习题集(上)	2013—06	68.00	255

哈尔滨工业大学出版社刘培杰数学工作室
已出版(即将出版)图书目录

书　名	出版时间	定　价	编号
俄罗斯平面几何问题集	2009—08	88.00	55
俄罗斯立体几何问题集	2014—03	58.00	283
俄罗斯几何大师——沙雷金论数学及其他	2014—01	48.00	271
来自俄罗斯的5000道几何习题及解答	2011—03	58.00	89
俄罗斯初等数学问题集	2012—05	38.00	177
俄罗斯函数问题集	2011—03	38.00	103
俄罗斯组合分析问题集	2011—01	48.00	79
俄罗斯初等数学万题选——三角卷	2012—11	38.00	222
俄罗斯初等数学万题选——代数卷	2013—08	68.00	225
俄罗斯初等数学万题选——几何卷	2014—01	68.00	226
463个俄罗斯几何老问题	2012—01	28.00	152
近代欧氏几何学	2012—03	48.00	162
罗巴切夫斯基几何学及几何基础概要	2012—07	28.00	188
超越吉米多维奇——数列的极限	2009—11	48.00	58
Barban Davenport Halberstam均值和	2009—01	40.00	33
初等数论难题集(第一卷)	2009—05	68.00	44
初等数论难题集(第二卷)(上、下)	2011—02	128.00	82,83
谈谈素数	2011—03	18.00	91
平方和	2011—03	18.00	92
数论概貌	2011—03	18.00	93
代数数论(第二版)	2013—08	58.00	94
代数多项式	2014—05		289
初等数论的知识与问题	2011—02	28.00	95
超越数论基础	2011—03	28.00	96
数论初等教程	2011—03	28.00	97
数论基础	2011—03	18.00	98
数论基础与维诺格拉多夫	2014—03	18.00	292
解析数论基础	2012—08	28.00	216
解析数论基础(第二版)	2014—01	48.00	287
数论入门	2011—03	38.00	99
数论开篇	2012—07	28.00	194
解析数论引论	2011—03	48.00	100
复变函数引论	2013—10	68.00	269
无穷分析引论(上)	2013—04	88.00	247
无穷分析引论(下)	2013—04	98.00	245

哈尔滨工业大学出版社刘培杰数学工作室
已出版(即将出版)图书目录

书　名	出版时间	定　价	编号
数学分析中的一个新方法及其应用	2013—01	38.00	231
数学分析例选:通过范例学技巧	2013—01	88.00	243
三角级数论(上册)(陈建功)	2013—01	38.00	232
三角级数论(下册)(陈建功)	2013—01	48.00	233
三角级数论(哈代)	2013—06	48.00	254
基础数论	2011—03	28.00	101
超越数	2011—03	18.00	109
三角和方法	2011—03	18.00	112
谈谈不定方程	2011—05	28.00	119
整数论	2011—05	38.00	120
随机过程(Ⅰ)	2014—01	78.00	224
随机过程(Ⅱ)	2014—01	68.00	235
整数的性质	2012—11	38.00	192
初等数论100例	2011—05	18.00	122
初等数论经典例题	2012—07	18.00	204
最新世界各国数学奥林匹克中的初等数论试题(上、下)	2012—01	138.00	144,145
算术探索	2011—12	158.00	148
初等数论(Ⅰ)	2012—01	18.00	156
初等数论(Ⅱ)	2012—01	18.00	157
初等数论(Ⅲ)	2012—01	28.00	158
组合数学	2012—04	28.00	178
组合数学浅谈	2012—03	28.00	159
同余理论	2012—05	38.00	163
丢番图方程引论	2012—03	48.00	172
平面几何与数论中未解决的新老问题	2013—01	68.00	229
历届美国中学生数学竞赛试题及解答(第一卷)1950—1954	2014—05		277
历届美国中学生数学竞赛试题及解答(第二卷)1955—1959	2014—05		278
历届美国中学生数学竞赛试题及解答(第三卷)1960—1964	2014—05		279
历届美国中学生数学竞赛试题及解答(第四卷)1965—1969	2014—05		280
历届美国中学生数学竞赛试题及解答(第五卷)1970—1972	2014—05		281

哈尔滨工业大学出版社刘培杰数学工作室
已出版(即将出版)图书目录

书 名	出版时间	定 价	编号
历届 IMO 试题集(1959—2005)	2006—05	58.00	5
历届 CMO 试题集	2008—09	28.00	40
历届加拿大数学奥林匹克试题集	2012—08	38.00	215
历届美国数学奥林匹克试题集:多解推广加强	2012—08	38.00	209
历届国际大学生数学竞赛试题集(1994—2010)	2012—01	28.00	143
全国大学生数学夏令营数学竞赛试题及解答	2007—03	28.00	15
全国大学生数学竞赛辅导教程	2012—07	28.00	189
历届美国大学生数学竞赛试题集	2009—03	88.00	43
前苏联大学生数学奥林匹克竞赛题解(上编)	2012—04	28.00	169
前苏联大学生数学奥林匹克竞赛题解(下编)	2012—04	38.00	170
历届美国数学邀请赛试题集	2014—01	48.00	270
整函数	2012—08	18.00	161
多项式和无理数	2008—01	68.00	22
模糊数据统计学	2008—03	48.00	31
模糊分析学与特殊泛函空间	2013—01	68.00	241
受控理论与解析不等式	2012—05	78.00	165
解析不等式新论	2009—06	68.00	48
反问题的计算方法及应用	2011—11	28.00	147
建立不等式的方法	2011—03	98.00	104
数学奥林匹克不等式研究	2009—08	68.00	56
不等式研究(第二辑)	2012—02	68.00	153
初等数学研究(Ⅰ)	2008—09	68.00	37
初等数学研究(Ⅱ)(上、下)	2009—05	118.00	46,47
中国初等数学研究 2009卷(第1辑)	2009—05	20.00	45
中国初等数学研究 2010卷(第2辑)	2010—05	30.00	68
中国初等数学研究 2011卷(第3辑)	2011—07	60.00	127
中国初等数学研究 2012卷(第4辑)	2012—07	48.00	190
中国初等数学研究 2014卷(第5辑)	2014—02	48.00	288
数阵及其应用	2012—02	28.00	164
绝对值方程—折边与组合图形的解析研究	2012—07	48.00	186
不等式的秘密(第一卷)	2012—02	28.00	154
不等式的秘密(第一卷)(第2版)	2014—02	38.00	286
不等式的秘密(第二卷)	2014—01	38.00	268

Ⅴ

哈尔滨工业大学出版社刘培杰数学工作室
已出版(即将出版)图书目录

书　　名	出版时间	定价	编号
初等不等式的证明方法	2010—06	38.00	123
数学奥林匹克问题集	2014—01	38.00	267
数学奥林匹克不等式散论	2010—06	38.00	124
数学奥林匹克不等式欣赏	2011—09	38.00	138
数学奥林匹克超级题库(初中卷上)	2010—01	58.00	66
数学奥林匹克不等式证明方法和技巧(上、下)	2011—08	158.00	134,135
近代拓扑学研究	2013—04	38.00	239
新编640个世界著名数学智力趣题	2014—01	88.00	242
500个最新世界著名数学智力趣题	2008—06	48.00	3
400个最新世界著名数学最值问题	2008—09	48.00	36
500个世界著名数学征解问题	2009—06	48.00	52
400个中国最佳初等数学征解老问题	2010—01	48.00	60
500个俄罗斯数学经典老题	2011—01	28.00	81
1000个国外中学物理好题	2012—04	48.00	174
300个日本高考数学题	2012—05	38.00	142
500个前苏联早期高考数学试题及解答	2012—05	28.00	185
546个早期俄罗斯大学生数学竞赛题	2014—03	38.00	285
博弈论精粹	2008—03	58.00	30
数学 我爱你	2008—01	28.00	20
精神的圣徒　别样的人生——60位中国数学家成长的历程	2008—09	48.00	39
数学史概论	2009—06	78.00	50
数学史概论(精装)	2013—03	158.00	272
斐波那契数列	2010—02	28.00	65
数学拼盘和斐波那契魔方	2010—07	38.00	72
斐波那契数列欣赏	2011—01	28.00	160
数学的创造	2011—02	48.00	85
数学中的美	2011—02	38.00	84
王连笑教你怎样学数学——高考选择题解题策略与客观题实用训练	2014—01	48.00	262
最新全国及各省市高考数学试卷解法研究及点拨评析	2009—02	38.00	41
高考数学的理论与实践	2009—08	38.00	53
中考数学专题总复习	2007—04	28.00	6
向量法巧解数学高考题	2009—08	28.00	54
高考数学核心题型解题方法与技巧	2010—01	28.00	86
高考思维新平台	2014—03	38.00	259
数学解题——靠数学思想给力(上)	2011—07	38.00	131
数学解题——靠数学思想给力(中)	2011—07	48.00	132
数学解题——靠数学思想给力(下)	2011—07	38.00	133
我怎样解题	2013—01	48.00	227

哈尔滨工业大学出版社刘培杰数学工作室
已出版(即将出版)图书目录

书　　名	出版时间	定　价	编号
2011年全国及各省市高考数学试题审题要津与解法研究	2011—10	48.00	139
2013年全国及各省市高考数学试题解析与点评	2014—01	48.00	282
新课标高考数学——五年试题分章详解(2007~2011)(上、下)	2011—10	78.00	140,141
30分钟拿下高考数学选择题、填空题	2012—01	48.00	146
全国中考数学压轴题审题要津与解法研究	2013—04	78.00	248
高考数学压轴题解题诀窍(上)	2012—02	78.00	166
高考数学压轴题解题诀窍(下)	2012—03	28.00	167
格点和面积	2012—07	18.00	191
射影几何趣谈	2012—04	28.00	175
斯潘纳尔引理——从一道加拿大数学奥林匹克试题谈起	2014—01	18.00	228
李普希兹条件——从几道近年高考数学试题谈起	2012—10	18.00	221
拉格朗日中值定理——从一道北京高考试题的解法谈起	2012—10	18.00	197
闵科夫斯基定理——从一道清华大学自主招生试题谈起	2014—01	28.00	198
哈尔测度——从一道冬令营试题的背景谈起	2012—08	28.00	202
切比雪夫逼近问题——从一道中国台北数学奥林匹克试题谈起	2013—04	38.00	238
伯恩斯坦多项式与贝齐尔曲面——从一道全国高中数学联赛试题谈起	2013—03	38.00	236
卡塔兰猜想——从一道普特南竞赛试题谈起	2013—06	18.00	256
麦卡锡函数和阿克曼函数——从一道前南斯拉夫数学奥林匹克试题谈起	2012—08	18.00	201
贝蒂定理与拉姆贝克莫斯尔定理——从一个拣石子游戏谈起	2012—08	18.00	217
皮亚诺曲线和豪斯道夫分球定理——从无限集谈起	2012—08	18.00	211
平面凸图形与凸多面体	2012—10	28.00	218
斯坦因豪斯问题——从一道二十五省市自治区中学数学竞赛试题谈起	2012—07	18.00	196
纽结理论中的亚历山大多项式与琼斯多项式——从一道北京市高一数学竞赛试题谈起	2012—07	28.00	195
原则与策略——从波利亚"解题表"谈起	2013—04	38.00	244
转化与化归——从三大尺规作图不能问题谈起	2012—08	28.00	214
代数几何中的贝祖定理(第一版)——从一道IMO试题的解法谈起	2013—08	38.00	193
成功连贯理论与约当块理论——从一道比利时数学竞赛试题谈起	2012—04	18.00	180
磨光变换与范·德·瓦尔登猜想——从一道环球城市竞赛试题谈起	即将出版		
素数判定与大数分解	即将出版	18.00	199
置换多项式及其应用	2012—10	18.00	220
椭圆函数与模函数——从一道美国加州大学洛杉矶分校(UCLA)博士资格考题谈起	2012—10	38.00	219
差分方程的拉格朗日方法——从一道2011年全国高考理科试题的解法谈起	2012—08	28.00	200

哈尔滨工业大学出版社刘培杰数学工作室
已出版（即将出版）图书目录

书 名	出版时间	定 价	编号
力学在几何中的一些应用	2013—01	38.00	240
高斯散度定理、斯托克斯定理和平面格林定理——从一道国际大学生数学竞赛试题谈起	即将出版		
康托洛维奇不等式——从一道全国高中联赛试题谈起	2013—03	28.00	337
西格尔引理——从一道第18届IMO试题的解法谈起	即将出版		
罗斯定理——从一道前苏联数学竞赛试题谈起	即将出版		
拉克斯定理和阿廷定理——从一道IMO试题的解法谈起	2014—01	58.00	246
毕卡大定理——从一道美国大学数学竞赛试题谈起	即将出版		
贝齐尔曲线——从一道全国高中联赛试题谈起	即将出版		
拉格朗日乘子定理——从一道2005年全国高中联赛试题谈起	即将出版		
雅可比定理——从一道日本数学奥林匹克试题谈起	2013—04	48.00	249
李天岩-约克定理——从一道波兰数学竞赛试题谈起	即将出版		
整系数多项式因式分解的一般方法——从克朗耐克算法谈起	即将出版		
布劳维不动点定理——从一道前苏联数学奥林匹克试题谈起	2014—01	38.00	273
压缩不动点定理——从一道高考数学试题的解法谈起	即将出版		
伯恩赛德定理——从一道英国数学奥林匹克试题谈起	即将出版		
布查特-莫斯特定理——从一道上海市初中竞赛试题谈起	即将出版		
数论中的同余数问题——从一道普特南竞赛试题谈起	即将出版		
范·德蒙行列式——从一道美国数学奥林匹克试题谈起	即将出版		
中国剩余定理——从一道美国数学奥林匹克试题的解法谈起	即将出版		
牛顿程序与方程求根——从一道全国高考试题解法谈起	即将出版		
库默尔定理——从一道IMO预选试题谈起	即将出版		
卢丁定理——从一道冬令营试题的解法谈起	即将出版		
沃斯滕霍姆定理——从一道IMO预选试题谈起	即将出版		
卡尔松不等式——从一道莫斯科数学奥林匹克试题谈起	即将出版		
信息论中的香农熵——从一道近年高考压轴题谈起	即将出版		
约当不等式——从一道希望杯竞赛试题谈起	即将出版		
拉比诺维奇定理	即将出版		
刘维尔定理——从一道《美国数学月刊》征解问题的解法谈起	即将出版		
卡塔兰恒等式与级数求和——从一道IMO试题的解法谈起	即将出版		
勒让德猜想与素数分布——从一道爱尔兰竞赛试题谈起	即将出版		
天平称重与信息论——从一道基辅市数学奥林匹克试题谈起	即将出版		

哈尔滨工业大学出版社刘培杰数学工作室
已出版(即将出版)图书目录

书　名	出版时间	定　价	编号
艾思特曼定理——从一道CMO试题的解法谈起	即将出版		
一个爱尔特希问题——从一道西德数学奥林匹克试题谈起	即将出版		
有限群中的爱丁格尔问题——从一道北京市初中二年级数学竞赛试题谈起	即将出版		
贝克码与编码理论——从一道全国高中联赛试题谈起	即将出版		
帕斯卡三角形	2014—01	18.00	294
蒲丰投针问题——从2009年清华大学的一道自主招生试题谈起	2014—01	38.00	295
斯图姆定理——从一道"华约"自主招生试题的解法谈起	2014—01		296
许瓦兹引理——从一道加利福尼亚大学伯克利分校数学系博士生试题谈起	2014—01		297
拉格朗日中值定理——从一道北京高考试题的解法谈起	2014—01		298
拉姆塞定理——从王诗宬院士的一个问题谈起	2014—01		299

书名	出版时间	定价	编号
中等数学英语阅读文选	2006—12	38.00	13
统计学专业英语	2007—03	28.00	16
统计学专业英语(第二版)	2012—07	48.00	176
幻方和魔方(第一卷)	2012—05	68.00	173
尘封的经典——初等数学经典文献选读(第一卷)	2012—07	48.00	205
尘封的经典——初等数学经典文献选读(第二卷)	2012—07	38.00	206

书名	出版时间	定价	编号
实变函数论	2012—06	78.00	181
非光滑优化及其变分分析	2014—01	48.00	230
疏散的马尔科夫链	2014—01	58.00	266
初等微分拓扑学	2012—07	18.00	182
方程式论	2011—03	38.00	105
初级方程式论	2011—03	28.00	106
Galois理论	2011—03	18.00	107
古典数学难题与伽罗瓦理论	2012—11	58.00	223
伽罗华与群论	2014—01	28.00	290
代数方程的根式解及伽罗瓦理论	2011—03	28.00	108
线性偏微分方程讲义	2011—03	18.00	110
N体问题的周期解	2011—03	28.00	111
代数方程式论	2011—05	18.00	121
动力系统的不变量与函数方程	2011—07	48.00	137
基于短语评价的翻译知识获取	2012—02	48.00	168
应用随机过程	2012—04	48.00	187
概率论导引	2012—04	18.00	179
矩阵论(上)	2013—06	58.00	250
矩阵论(下)	2013—06	48.00	251

哈尔滨工业大学出版社刘培杰数学工作室
已出版（即将出版）图书目录

书　　　名	出版时间	定　价	编号
抽象代数：方法导引	2013—06	38.00	257
闵嗣鹤文集	2011—03	98.00	102
吴从炘数学活动三十年(1951～1980)	2010—07	99.00	32
吴振奎高等数学解题真经(概率统计卷)	2012—01	38.00	149
吴振奎高等数学解题真经(微积分卷)	2012—01	68.00	150
吴振奎高等数学解题真经(线性代数卷)	2012—01	58.00	151
高等数学解题全攻略(上卷)	2013—06	58.00	252
高等数学解题全攻略(下卷)	2013—06	58.00	253
高等数学复习纲要	2014—01	18.00	384
钱昌本教你快乐学数学(上)	2011—12	48.00	155
钱昌本教你快乐学数学(下)	2012—03	58.00	171
数贝偶拾——高考数学题研究	2014—01	28.00	274
数贝偶拾——初等数学研究	2014—01	38.00	275
数贝偶拾——奥数题研究	2014—01	48.00	276
集合、函数与方程	2014—01	28.00	300
数列与不等式	2014—01	38.00	301
三角与平面向量	2014—01	28.00	302
平面解析几何	2014—01	38.00	303
立体几何与组合	2014—01	28.00	304
极限与导数、数学归纳法	2014—01	38.00	305
趣味数学	即将出版		306
教材教法	即将出版		307
自主招生	即将出版		308
高考压轴题(上)	即将出版		309
高考压轴题(下)	即将出版		310
从费马到怀尔斯——费马大定理的历史	2013—10	198.00	Ⅰ
从庞加莱到佩雷尔曼——庞加莱猜想的历史	2013—10	298.00	Ⅱ
从切比雪夫到爱尔特希(上)——素数定理的初等证明	2013—07	48.00	Ⅲ
从切比雪夫到爱尔特希(下)——素数定理100年	2012—12	98.00	Ⅲ
从高斯到盖尔方特——虚二次域的高斯猜想	2013—10	198.00	Ⅳ
从库默尔到朗兰兹——朗兰兹猜想的历史	2014—01	98.00	Ⅴ
从比勃巴赫到德布朗斯——比勃巴赫猜想的历史	2014—02	298.00	Ⅵ
从麦比乌斯到陈省身——麦比乌斯变换与麦比乌斯带	2014—02	298.00	Ⅶ
从布尔到豪斯道夫——布尔方程与格论漫谈	2013—10	198.00	Ⅷ
从开普勒到阿诺德——三体问题的历史	2014—05	298.00	Ⅸ
从华林到华罗庚——华林问题的历史	2013—10	298.00	Ⅹ

哈尔滨工业大学出版社刘培杰数学工作室
已出版(即将出版)图书目录

书　名	出版时间	定　价	编号
三角函数	2014—01	38.00	311
不等式	2014—01	28.00	312
方程	2014—01	28.00	314
数列	2014—01	38.00	313
排列和组合	2014—01	28.00	315
极限与导数	2014—01	28.00	316
向量	2014—01	38.00	317
复数及其应用	2014—01	28.00	318
函数	2014—01	38.00	319
集合	即将出版		320
直线与平面	2014—01	28.00	321
立体几何	2014—01	28.00	322
解三角形	即将出版		323
直线与圆	2014—01	18.00	324
圆锥曲线	2014—01	38.00	325
解题通法(一)	2014—01	38.00	326
解题通法(二)	2014—01	38.00	327
解题通法(三)	2014—01	38.00	328
概率与统计	2014—01	28.00	329
信息迁移与算法	即将出版		330

第19～23届"希望杯"全国数学邀请赛试题审题要津详细评注(初一版)	2014—03	28.00	
第19～23届"希望杯"全国数学邀请赛试题审题要津详细评注(初二、初三版)	2014—03	38.00	
第19～23届"希望杯"全国数学邀请赛试题审题要津详细评注(高一版)	2014—03	28.00	
第19～23届"希望杯"全国数学邀请赛试题审题要津详细评注(高二版)	2014—03	38.00	

联系地址：哈尔滨市南岗区复华四道街10号　哈尔滨工业大学出版社刘培杰数学工作室
　　网　　址：http://lpj.hit.edu.cn/
　　邮　　编：150006
　　联系电话：0451—86281378　　13904613167
　　E-mail:lpj1378@163.com